Joanna Szczęk Absageschreiben auf Bewerbungen

Sprachwissenschaft, Band 24

Joanna Szczęk

Absageschreiben auf Bewerbungen

Eine pragmalinguistische Studie

Frank & Timme
Verlag für wissenschaftliche Literatur

Gutachterin: Prof. Dr. Silvia Bonacchi
Sprachliche Redaktion: Małgorzata Gruntkowski

Die Veröffentlichung ist durch den Dekan der Philologischen Fakultät der Universität Wrocław finanziell gefördert worden.

ISBN 978-3-7329-0146-3
ISSN 1862-6149

Herstellung durch Frank & Timme GmbH,
Wittelsbacherstraße 27a, 10707 Berlin.
Printed in Germany.
Gedruckt auf säurefreiem, alterungsbeständigem Papier.

www.frank-timme.de

Die Menschen sind alle so geartet,
dass sie lieber eine Lüge als eine Absage hören wollen.
Cicero

Inhaltsverzeichnis

Vorwort

Neinsagen zu können ist eine wahre Kunst, denn wie Kurt Tucholsky sagt: „Nichts ist schwieriger und nichts erfordert mehr Charakter als sich im offenen Gegensatz zu seiner Zeit zu befinden und laut zu sagen: *Nein*!“ Aber Neinsagen zu können und dabei keinen bzw. einen geringeren sozialen Schaden davon zu tragen und in eigener Meinung keine größeren Schäden zu verursachen, ist die Kunst *par excellence*. Versuche solcher Art stellen Absageschreiben dar, in denen einem zwar abgesagt wird, jedoch an vielen Stellen Mechanismen eingesetzt bzw. aktiviert werden, um die Aussagekraft der Ablehnung zu mildern und ein positives Verhältnis zu dem Empfänger aufzubauen. Die Studie ermöglicht einen Einblick in die breit verstandene Thematik des Neinsagens überhaupt und leistet einen kleinen Beitrag zur Beschreibung dieses Phänomens.

Die vorliegende Arbeit ist Ergebnis meines Habilitationsprojektes am Institut für Germanische Philologie der Universität Wrocław.

Mein großer Dank gilt Frau Prof. Dr. Iwona Bartoszewicz, die mich auf meinem wissenschaftlichen Weg begleitet und unaufhörlich mit gutem Wort, mit Rat und Tat unterstützt hat. Für viele konstruktive sprachliche und inhaltliche Hinweise bedanke ich mich ganz herzlich bei Frau Prof. Dr. Silvia Bonacchi, die die Aufgabe der Erstgutachterin übernommen hat.

Was die Veröffentlichung der Arbeit betrifft, gilt mein Dank dem Dekan der Philologischen Fakultät, Herrn Prof. Dr. Marcin Cieński. Bei Frau Dr. Karin Timme bedanke ich mich für die freundliche Aufnahme des Manuskripts in das Verlagsprogramm.

Małgorzata Gruntkowski, die die ganze Arbeit unermüdlich Korrektur gelesen hat, und alle meine Stilblüten korrigiert hat, gebührt mein aufrichtiger Dank. Małgorzata Wierzbicka danke ich für die Übersetzung der Zusammenfassung ins Englische.

Ein abschließender Dank gilt Personen, deren Leistung für die Entstehung der vorliegenden Arbeit von besonderem Charakter ist. Ich bedanke mich bei Frau Prof. Dr. Nadine Rentel, Małgorzata Gruntkowski und anderen für die Hilfe bei der Zusammenstellung des Korpus, das Impuls für die vorliegende Studie war.

1. Einleitung

Das Neinsagen gehört zu den Reaktionen, die *nolens volens* alltäglich von jedem in bestimmten Kommunikationssituationen, in denen von einem eine klare Stellungnahme oder Willenserklärung gefordert bzw. erwartet wird, vollzogen werden. Die kulturellen und sprachlichen Mechanismen, die dem Neinsagen zu Grunde liegen, scheinen dabei sehr vielfältig zu sein. Genauso vielfältig und facettenreich können die Formen und Typen von Manifestationen des Neinsagens sein. Eines haben sie jedoch gemeinsam: Neinsagen impliziert eine Nichtakzeptanz der früher genannten Bedingung und steht in einer klaren Opposition zum Zustimmen/Annehmen[1].

Mit der gleichen Situation haben wir es im Falle des schriflichen Neinsagens in Form von Absageschreiben auf Bewerbungen zu tun, obwohl dem Verfassen von Absagebriefen im Gegensatz zum Erstellen von Bewerbungen nicht viel Platz und Zeit gewidmet wird:

> Zu Bewerbungsschreiben gibt es einen großen Stapel an Literatur, die die Erwartungen von Personalleuten beschreiben: Der Lebenslauf soll lückenlos sein, die Zeugnisse vollständig, die Formalia sind penibel einzuhalten und – das ist für viele Recruiter ein ganz wichtiger Punkt – das Bewerbungsschreiben ist individuell zu verfassen. (…) Bei den Absageschreiben sieht das ganz anders aus. Die Unternehmen schicken häufig Standardbriefe an die abgelehnten Bewerber. Die Recruiter beschäftigen sich überwiegend mit den Such- und Auswahlprozessen, dem Thema Absagen wird kaum Aufmerksamkeit gewidmet – obwohl sie mehr Absage- als Zusageschreiben verschicken. (Straub 2014: 30).

Die Thematik des Neinsagens beschäftigt einige Forscher seit Langem. Im breiten Spektrum der Problematik lassen sich jedoch in der Forschungsliteratur einige Forschungsstränge unterscheiden. Im Folgenden werden die Arbeiten genannt, die für die Untersuchungen im Bereich des Neinsagens (Ablehnen, Absagen, Verweigern, Zurückweisen) relevant sind, wobei es an dieser Stelle angemerkt werden soll, dass die größten Verdienste in diesem Bereich wohl der englischsprachigen Sprachwissenschaft zu verdanken sind. Der präsentierte Überblick erhebt keinen Anspruch auf Vollständigkeit.

[1] So wird es in der Forschungsliteratur betrachtet, vgl. Krüger (1993), Weigand (1989) u.a.

1.1. Neinsagen – Forschungsüberblick

Die bisherigen Untersuchungen im Bereich des Ablehnens / Absagens / Verweigerns / Zurückweisens lassen sich in einige Bereiche aufteilen. Die meisten Studien betreffen die gesprochene Sprache und mündlich geäußerte Ablehnungen, deren Grundlage und Stimulus unterschiedliche kommunikative Situationen sind.

Einen Überblick über die englischsprachige Forschung zu den Ablehnungen liefert Nixdorf (2002). Den ersten thematischen Kreis bilden ihrer Auffassung nach soziolinguistisch bis kulturell geprägte Arbeiten zu ablehnenden Reaktionen. Dabei geht es v.a. um die Präsentation der Möglichkeiten, wie eine Ablehnung in der jeweiligen Sprache vollzogen werden kann. Den Untersuchungsrahmen bilden gewöhnlich Sprechakte des Typs: EINLADUNG[2], BITTE, ANGEBOT, VORSCHLAG, die erwartungsgemäß als Stimuli für reaktive Sprechakte, hier des ABLEHNENs, gelten.

In diesem Kontext erwähnt Nixdorf (2002: 39) die Arbeit von Rubin (1983), in der auf die sozialen Werte einer Kultur eingegangen und ein Katalog von möglichen ablehnenden Reaktionen erarbeitet wird[3].

Das methodologische Vorgehen bei muttersprachlichen Ablehnungen von Bitten ist Gegenstand der Arbeiten von Beebe/Cummings (1985a, b), in denen Ablehnungssequenzen in natürlichen Daten – Telefongesprächen – analysiert werden. Dabei wird eine Typologie der ablehnenden Reaktionen erarbeitet, die sich ganz grob in direkte oder indirekte unterteilen lassen.

An diese Ansätze knüpft Nixdorf (2002) an, die Ablehnungen im Deutschen, Englischen und Russischen vergleichend analysiert und folglich direkte und indirekte semantische Formeln in den untersuchten Sprachen identifiziert, mittels deren abgelehnt wird. Sie werden im Großen und Ganzen mit Hilfe von gleichen sprachlichen Strukturen realisiert. Charakteristisch sei dabei, dass direkte Ablehnungen immer in Begleitung von Höflichkeitsmarkierungen vorkommen. Es wird dabei hervorgehoben, dass „bei Ablehnungen allerdings nur die indirekten semantischen Formeln herangezogen werden, da eine direkte Ablehnung des propositionalen Inhalts mit strategischer Höflichkeit im Sinne von

---

[2] Sobald es sich um die Benennung von Sprechakten handelt, werden in der vorliegenden Studie gemäß der Konvention zu deren Bezeichnung Versalien verwendet.

[3] Vgl. hierzu Kapitel 6.1.3.

Leech (1983) wenig zu tun hat (…)“ (Nixdorf 2002: 58). Dabei kommt den eingesetzten Maximen die Rolle zu, den Empfänger auf die eigentliche Absage vorzubereiten[4]. Auf dieser Grundlage erstellt Nixdorf eine Typologie der Strategiebezeichnungen für Ablehnungen eines Angebots.

In diese Forschungsrichtung reihen sich die Studien von Bonacchi (2011b, 2013) ein, in denen höfliche Verweigerungen in der deutschen, italienischen und polnischen Kultur analysiert und miteinander verglichen werden. Bonacchi unterscheidet zwei Typen von Verweigerungen: direkte Verweigerungen von „direkten Nein-Sagern“, die „ein Selbstbild vermitteln, das durch Selbstbewusstsein, Mut, Ichzentrierung bzw. Individualismus, aber auch Egoismus, Gleichgültigkeit, Fehlen an Empathie, Mangel an Empfindlichkeit, mangelnde Hilfsbereitschaft bzw. Solidarität charakterisiert wurde.“ (Bonacchi 2011b: 126) und indirekte Verweigerungen von „Ja-Sagern“, die als „indirekte Nein-Sager bezeichnet werden“, und die „ein Eigenbild des selbstlosen Märtyrers vermitteln, der auf die eigenen Ziele verzichtet, um die Ziele der anderen zu verwirklichen.“ (ebd.). Als Stimulus wurden eine Frage / Bitte, Frage / Einladung und Bitte um Hilfe genommen. Als Ergebnis werden Gebote und Verbote rekonstruiert, die höfliche Verweigerungen in allen drei Kulturen steuern, worauf in Kapiteln 1.1. und 2.1. der vorliegenden Studie eingegangen wird.

Einen weiteren thematischen Kreis bilden vergleichende Studien zur Ablehnung in verschiedenen, oft nicht verwandten Kulturen. Oft handelt es sich dabei um Sprachen und Sprachkulturen, die eher distanziert sind, und in denen Neinsagen mit einem Tabu belegt wird. Hierbei ist die Studie von Kinjo (1987, zit. in Nixdorf (2002: 39)) zu nennen, in der ablehnende Reaktionen auf Einladungen und Bitten im Englischen und Japanischen verglichen werden. Die Autorin zieht dabei Schlüsse über Ähnlichkeiten in der Verwendung von semantischen Formeln in beiden Kulturkreisen und konfrontiert diese mit den Kriterien der Direktheit und Indirektheit.

Zu nennen sind in diesem Kontext auch die Analysen von Beebe/Takahashi/Uliss-Weltz (1990, zit. in Nixdorf 2002: 39), in denen Ablehnungen auf Bitten, Einladungen, Angebote und Vorschläge im Japanischen, Englischen und durch Japaner gesprochenen Englisch untersucht werden.

[4] Von Nixdorf (2002: 58) werden sie „Adjunkte“ genannt, deren Aufgabe darin besteht, die sog. „Vorbereitungsarbeiten“ zu erledigen; vgl. hierzu auch Nęcki (1996).

In der Studie von Bardovi-Harlig/Hartford (1991, zit. in Nixdorf (2002: 40)) werden Unterschiede zwischen den muttersprachlichen und nichtmuttersprachlichen Ablehnungen im Englischen präsentiert. Die Grundlage der Untersuchung ist eine authentische akademische Situation.
Interkulturell angelegt ist die Studie von Asmali (2013). Der Autor analysiert die Strategien des Neinsagens im Englischen am Beispiel von Nicht-Muttersprachlern – der Englischlehrer aus Polen, Litauen und der Türkei und nennt als Ergebnis der durchgeführten Umfrage direkte und indirekte Strategien. Zu den indirekten Strategien gehören: „statement of regret“, „excuse, reason, explanation“, „statement of Positive opinion/ feeling or agreement“ (ebd.: 123).

Im Mittelpunkt vieler Untersuchungen zu den Absagen steht das Japanische, da es immer wieder hervorgehoben wird, dass eben in dieser Kultur Neinsagen besonders schwer zu äußern ist. Japaner verfügen nämlich über ein sehr komplexes System von Strategien, um Neinsagen nicht direkt auszudrücken. Einen Überblick darüber liefern Itakura (2001, 2004) und in ihrer sehr umfangreichen Studie Grein (2007).
Weitere erwähnenswerte Arbeiten sind solche, in denen Englisch mit anderen Sprachen kontrastiert wird, z.B.: mit Persisch von Ghazanfari/Bonyadi/Malekzadeh (2013), Chinesisch von Guo (2012), Japanisch von Kinjo (1987).

Auf das Verhalten von Deutschen und Japanern bei Verkaufsgesprächen konzentriert sich Itakura (2001) und erstellt auf Grund ihrer Analyse einen Katalog von möglichen ausweichenden Antworten, die Züge der ablehnenden Reaktion tragen, wobei sie aber deutlich hervorhebt, dass es für Japaner der Eindruck, den sie auf andere machen oder hinterlassen, am wichtigsten sei, und sie deswegen sehr selten deutlich und klar ihren Willen manifestieren. In ihrer nächsten Studie unterteilt Itakura (2004: 220) die Untersuchungen im Bereich des Absagens grob in drei Bereiche, d.h.: Forschungen hinsichtlich der Strategien, der semantischen Formeln und der pragmatischen Übertragung. Im Bereich der Strategien wird v.a. auf die Arbeit von Vollmer/Olshtain (1989) verwiesen, in der ablehnende Reaktionen in verschiedenen Situationen im Deutschen untersucht werden.

Die Untersuchungen zu den asiatischen Sprachen vertreten u.a. Chen/Ye/Zhang (1995) und Yang (2008), die ihre Studien den Ablehnungsmechanismen im Chinesischen widmen. Liao (1994, zit. in Nixdorf (2002: 40)) untersucht Ablehnungsstrategien im Mandarin-Chinesischen und beweist zugleich, dass der Einsatz der Höflichkeit beim Ablehnen kulturspezifisch sei. Morrow (1995 zit. in Nixdorf (2002: 40)) analysiert das Problem der Übertragung von bestimmten Verhaltensweisen – Ablehnungen – auf andere Kulturen.

Itakura (2004) bespricht in ihrer Studie die Einkaufs-/Verkaufshandlung im Deutschen und Japanischen und konzentriert sich dabei auf die häufig anzutreffende Sprechhandlung – ABSAGEN. Es handelt sich dabei um eine institutionelle Situation im interkulturellen Kontext, wobei auf den Zusammenhang in der deutsch-japanischen Kommunikation eingegangen wird. Im Mittelpunkt ihrer Untersuchung stehen die „semantischen Formeln" (vgl. Beebe et al. 1990). In Anlehnung an das analysierte Korpus unterscheidet sie drei Gruppen von Absageformulierungen:

- von den Gesprächsteilnehmern bestimmte Formulierungen: Nationalitätskonstellation,
- vom Geschehensort bestimmte Formulierungen, v.a. im Japanischen,
- Formulierungen je nach der Rolle der Teilnehmer; hierzu gehören Formulierungen, deren Anwendungsbedingungen je nach Kunde oder je nach Verkäufer unterschiedlich sind.

Im Kontext der von Itakura verglichenen Kulturen scheint der Geschehensort das Hauptkriterium zu sein, der das Absage-Verhalten v.a. der Japaner wesentlich beeinflusst.

Das Deutsche und das Japanische im Vergleich stehen auch im Mittelpunkt der schon oben erwähnten Studie von Grein (2007). Die Autorin untersucht den Sprechakt ABLEHNEN im sequentiellen Zusammenhang mit dem Direktiv im Rahmen des Modells des dialogischen Handlungsspiels. Das Ziel ist die Beschreibung der erwähnten Sequenz auf der Grundlage einer kommunikativen Grammatik. Als initiative Direktive werden Aufforderung, Befehl, Einladung, Vorschlag angenommen. Die beiden Interaktanten, die die Sequenz: Direktiv-Ablehnung realisieren, „verhandeln mittels der Sprache über ihre Position." (Grein 2007: 3). Es wird von der Autorin zu Recht angenommen, dass „jede Äußerung vom Rezipienten auf Grundlage seines sprachlichen und außersprachlichen Wissens verarbeitet und evaluiert wird." Die Verfasserin strebt drei Hauptziele an: 1. vollständige Auflistung der Äußerungsformen der Ablehnung in beiden Sprachen und deren Vergleich, 2. sprachspezifischen Vergleich des reaktiven Sprechakts Ablehnen in Bezug auf: Indirektheit, Ablehnungsparadigmen, Höflichkeitsmarkierung, 3. Geschlechtsdifferenzierung im Verhalten beim Ablehnen in beiden Kulturen. Sie formuliert dabei eine wichtige These, die auf dialogische Interaktionen überhaupt und allgemein bezogen werden kann: „Über die Wahl der sprachlichen Mittel innerhalb einer dialogischen Interaktion (...) entscheiden der initiative Sprechakt, die Wahrnehmung der Handlungssituation und deren Evaluation sowie kulturspezifische Höflichkeitsmechanismen“ und leitet von dieser Prinzipen der kommunikativen Grammatik ab. In Anlehnung an Blum-Kulka et al. (1989) entwickelt Grein (2007: 117) eine Typologie von möglichen Reaktionen und Sprechakt-Kombinationen beim ABLEHNEN, die 17 Muster umfasst. Nach der vergleichenden Analyse erstellt sie einen Katalog von Faktoren, die Einfluss auf die Entscheidung des Sprechers bezüglich der Wahl einer sprachlichen Form des reaktiven Sprechakts ausüben. Zu diesen gehören (Grein 2007: 405):

- regulatives Prinzip der Höflichkeit, Eigeninteresse vs. Respekt
- Wahrnehmung der Situation, gestresst?, entspannt?
- Geschlecht
- initiativer Sprechakt: direkt/indirekt?, Einsatz welcher kommunikativ-sprachlichen Mittel?, Einsatz welcher nonverbalen Mittel?
- sozio-kulturell geprägte Werte wie Bescheidenheit, Harmonie, Macht, Freiheit
- kognitive Einschätzung der interpersonalen Konstellation (Hierarchie, soziale Distanz).

Blum-Kulka et al. (1989) analysieren Ablehnungen als Komponenten von Sprechaktsequenzen mit folgenden initialen Sprechhandlungen: Bitte, Einladung, Angebot, Vorschlag und unterscheiden folgende die Ablehnung begleitende Sprechakte: Entschuldigung, Ablehnung, Begründung, Alternative.

In der umfangreichen Studie von Gass/Houck (1999) werden Ablehnungen als Reaktionen auf einen Vorschlag, ein Angebot, eine Einladung und eine Bitte seitens der englischen Muttersprachler analysiert, die an japanische Lerner des Englischen gerichtet werden. Die Grundlage der Studie bilden auf Video aufgezeichnete Interaktionen.

Der andere Aspekt, der im Rahmen der Forschungen zu den ablehnenden Reaktionen berücksichtigt wird, ist die didaktische Dimension, die in einem engen Zusammenhang mit den Didaktisierungsvorschlägen von Neinsagen beim Unterrichten der Lerner aus unterschiedlichen Kulturen steht. Dabei wird das Problem des Transfers von ablehnenden Reaktionen ins Zentrum gestellt. Hierbei ist u.a. Studie von King/Silver (1993) zu erwähnen, in deren Zentrum das Beibringen von höflichen Ablehnungen den Lernern aus Spanien, Griechenland und Japan steht. In diese Thematik reiht sich auch die Analyse von Silva (2003) ein, in der die Ergebnisse einer Untersuchung präsentiert werden, die auf das Lernen von Strategien der Ablehnung von Nicht-Englischsprechern fokussiert war. Zu erwähnen ist auch die Studie von Tanck (2004), in der die Sprechakte des Ablehnens im Englischen in den Interaktionen von Muttersprachlern und Nicht-Muttersprachlern verglichen werden. An diese Forschungsdimension knüpft auch der Beitrag von Farahian (2012) an, in dem die Methoden thematisiert werden, mit welchen den Englisch-Lernern das Neinsagen beigebracht werden kann.

Kasper (1981) widmet ihre Studie den initiierenden und respondierenden Sprechakten, darunter auch dem Ablehnen. Die Analyse erfolgt am Beispiel deutscher Lerner, die Englisch auf fortgeschrittenem Niveau lernen. Sie analysiert zugleich auch Mittel und Signale, mit welchen verschiedene Abstufungen des Ablehnens zum Ausdruck gebracht werden können.

Meireles (2003) untersucht in ihrer Studie die Beziehung zwischen Konversationsstil und Interkulturalität in Anlehnung an den Ausdruck von Dissens und dies aus der Perspektive der Face-Work-Strategien. Die Grundlage der Analyse bilden zwölf Diskussionen aus dem Freiburger Corpus, anhand deren sie 38 unterschiedliche „formale Möglichkeiten sprachlichen Ausdrucks von Dissens und/oder ihrer Kompensation, die auf die Bewahrung der positiven bzw. negativen *Faces* des Gesprächspartners ausgerichtet sind und aus denen vier Hauptstrategien abgeleitet sind“ (ebd.: 221) unterscheidet.

Untersuchungen zum Ablehnen gibt es auch in Bezug auf die polnische Sprachkultur. Hierbei sind die Studien von Chojak (2006), Kleszczowa/Termińska (1983), Zaron (1980), Czekańska (1988) und Gałczyńska (2003, 2005) zu erwähnen. Diese lassen drei Forschungsdimensionen erkennen.

Der erste Bereich umfasst Studien, in denen die syntaktisch-semantischen Aspekte des Ablehnens erörtert werden. Es handelt sich um die Analysen der

Verben des Neinsagens, v.a. des Verbs *odmawiać*, die im Rahmen der Analyse der Verben des Sprechens erfolgen.

Chojak (2006) analysiert in ihrer Studie Verben, die sprachliche Reaktionen auf Äußerungen beschreiben. Sie konzentriert sich auf deren Semantik und Syntax. Den Gegenstand ihrer Analyse bestimmt sie folgendermaßen: „Czasowniki oznaczające reakcje słowne na wypowiedzi to – w przyjętym tu rozumieniu – czasowniki, które konstytuują zdania zdające sprawę z replik, tzn. wypowiedzi wygłaszanych przez odbiorców innych wypowiedzi i, co ważne, zwracających się ze swoją kwestią do ich nadawców." (Chojak 2006: 5). Von dieser Annahme ausgehend fokussiert sie ihre Analyse auf drei Prädikate: „[ktoś] *zgodził się na* [coś], [ktoś] *odmówił* [komuś] [zrobienia czegoś] oraz [ktoś] *odpowiedział* [komuś] na [coś], *że_// żeby_*.", von denen das Prädikat *odmówić* für uns besonders relevant ist. Anhand bestimmter kommunikativer Situationen entwirft die Autorin in Anlehnung an Wierzbicka syntaktisch-semantische Modelle der analysierten Prädikate und deren semantischen Repräsentation. In Bezug auf das für uns wichtige Prädiakt *odmówić* wird ein achtelementiges Modell vorgeschlagen, das im Kapitel 6.1. präsentiert wird. Der Analyse liegen folgende initiierende Sprechakte zu Grunde: FORDERUNG, BEFEHL, EINLADUNG, BITTE. Im Endergebnis kommt sie zu der Schlussfolgerung, dass das syntaktisch-semantische Modell des Verbs *odmówić* drei Elemente umfassen soll, deren Grundlage Namen für Tätigkeiten bilden: „Podstawą pierwszego jest nazwa czynności mownej nadawcy wypowiedzi-reakcji, czyli sam czasownik *odmawiać*, podstawą drugiego – nazwy czynności mownych nadawców wypowiedzi-akcji, podstawą trzeciego – nazwy czynności, które są treścią wypowiedzi-akcji i stanowią zarazem przedmiot wypowiedzi-reakcji." (Chojak 2006: 99). Sie zählt das Verb *odmówić* zu den „responsiven Verben". Mit Hilfe dieser Verben entstehen „relacjonujące wypowiedzi, których nadawca wypowiedzi-reakcji powiadamia o decyzji negatywnej (wyborze ‚nie chcę')." (ebd.: 106). Sie analysiert auch die Situationen, in denen ein Befehl erfolgen kann, dem als Reaktion eine Ablehnung folgen kann, und stellt Folgendes fest: „Mogą się one [zdania z czasownikiem *odmawiać* – J. S.] również odnosić do replik, w których nadawca wypowiedzi-reakcji powiadamia swego adresata, nadawcę wypowiedzi-akcji, że nie zamierza działać zgodnie z jego zakomunikowaną wolą w sytuacji, która nie zostawia miejsca na wybór." (ebd.: 107). Sie nennt auch weitere Verben im Polnischen, mit deren Hilfe man nicht direkt ablehnen/absagen kann, z.B.: *wymówić się*, *wykręcić się*, *wyłgać się*, *wymigać się*, *wykpić się*, *wywinąć się*. Nach der Analyse formuliert sie zwei Bedeutungskomponenten, die das Verb *odmawiać* im Polnischen umfasst. Es handelt sich um folgende:

1. powiedzenie przez kogoś x komuś y, że nie spowoduje on stanu rzeczy z;
2. wiedza lub przekonanie x, że y chce, żeby x spowodował z i że y wie lub sądzi, że x spowoduje z dlatego, że na podstawie skierowanej przez y do x wypowiedzi u zaczął wiedzieć lub sądzić, że y tego chce.

Auch in der Studie von Zaron (1980) wird das syntaktisch-semantische Modell des Verbs *odmówić* präsentiert, in dem Stellen für verschiedene Typen von Argumenten eröffnet werden, die sich sowohl auf Gegenstände als auch auf Ereignisse beziehen.

Marcjanik (1987), die zum Gegenstand ihrer Analyse Verben des Sprechens macht, zählt das Verb *odmawiać* zu der Gruppe „czasowniki adresatywne“ (ebd.: 72) und stellt fest, dass es in den Dialogen zwischen Personen in symmetrischem und asymmetrischem Verhältnis vorkommt.

Auch Greń (1994) untersucht im tschechisch-polnischen Vergleich die Verben des Sprechens, wobei er das Verb *odmawiać* zu den reaktiven und volunativen Prädikaten zählt.

In die Studien, deren Gegenstand die syntaktisch-semantische Analyse des Verbs *odmawiać* ist, reiht sich auch der Beitrag von Czekańska (1988) ein. Die Autorin definiert das analysierte Verb mittels zwei Komponenten: <<mówić>> und <<nie>> (1988: 657), wobei sie jedoch Folgendes anmerkt „wydaje się, że wstępnie można także przyjąć, że sferą oddziaływania operatora negacji nie jest objęty komponent semantyczny <<mówić>> badanego leksemu, co znaczy, że czasownik ten we wszystkich znaczeniach odnosi się do czynności mówienia.” (ebd.: 657f.). Sie listet 15 in den Wörterbüchern des Polnischen erwähnte und bestätigte Kontexte auf, in denen das von ihr charakterisierte Verb auftreten kann und unterscheidet vier Grundbedeutungen des Verbs *odmawiać*, die im Kapitel 2.2. besprochen werden.

Der zweite Interessenbereich der polonistischen Forschung umfasst Analysen des Ablehnens im Rahmen der Sprechakttheorie, wobei das Augenmerk der Autoren auch den initiierenden Sprechakten gilt[5].

Kleszczowa/Termińska (1983) schlagen eine Typologie der Direktiva vor, die eine Absage/Ablehnung zur Folge haben können. Die Autorinnen betrachten Absage- / Ablehnungssprechakte als reaktive Sprechakte und unterscheiden auf der Grundlage des Inhalts, der Situation, der sozialen Rollen von Sender und Empfänger, des Ausmaßes der (Un)Höflichkeit und der metasprachlichen Kategorisierung drei Gruppen von Direktiva, auf die folglich mit einer Absage /Ablehnung reagiert werden kann.

„Akty odmowy we współczesnym języku polskim“ von Gałczyńska (2003) sind Gegenstand der wohl umfangreichsten polonistischen Studie zu den ablehnenden Sprechakten. Die Grundlage der Analyse bilden „wypowiedzi mówione współczesnych Polaków pochodzące z lat 90 XX wieku – zanotowane przede wszystkim w trakcie obserwacji uczestniczącej.” (ebd.: 31). Ergänzt wird das Korpus mit den aus literarischen Werken exzerpierten Dialogen sowie aus den Radio- und Fernsehprogrammen aus den Jahren 1996-2000. Die Anzahl der untersuchten Dialoge (3000) und das breite Spektrum der Kommunikationssituationen ermöglichen es nach Ansicht der Autorin „pewne powtarzające się prawidłowości“ (ebd.: 31) bei den Absage- / Ablehnungssprechakten zu entdecken. Das Besondere dieser Analyse besteht darin, dass es sich meistens um eine *Face-to-Face*-Kommunikation handelt, die sofortige und spontane Reaktionen evoziert und nicht viel Spielraum für mögliche Varianten gewährt. Nonverbale Elemente wurden nicht berücksichtigt. Die Teilnehmer der Dialoge waren einander sozial neben- und untergeordnet und vertraten beide Geschlechter unterschiedlichen Alters: Kinder, Jugendliche, Erwachsene. In ihrem Korpus findet Gałczyńska Beispiele für drei Typen der Direktiva: Bitte, Vorschlag, Befehl[6], die eine ablehnende Reaktion nach sich ziehen können. Demzufolge gliedert sie die Sprechakte des ABLEHNENs / ABSAGENs in drei Gruppen: als Reaktionen auf Anordnun-

[5] Vgl. Kapitel 6.1.1.1.

[6] Im Falle des Befehls spricht sie über „rozkazy cywilne“, die in Form von Anordnungen, Anweisungen realisiert und von einer Person formuliert werden, „która sądzi, że ma władzę nad odbiorcą, który musi robić wszystko, cokolwiek nadawca mówi, żeby robił.“ (Gałczyńska 2003: 38) und unterscheidet diese von Befehlen, die in hierarchischen Abhängigkeiten, z.B. bei der Armee erteilt werden.

gen/Anweisungen, als Reaktionen auf Bitten und als Reaktionen auf Vorschläge, worauf im Kapitel 6.1.3. näher eingegangen wird. Sie betrachtet die Sprechakte des ABLEHNENs / ABSAGENs jedoch in einer breiteren Perspektive und gelangt zu dem Schluss, dass sie nicht nur als Repliken der direktiven Sprechakte zu verstehen sind, sondern auch als ein Stimulus für weitere Sprechakte gelten können, wodurch ihr sequenzieller Charakter hervorgehoben wird.

Den dritten Kreis der polonistischen Forschung stellen Studien dar, in denen Erkenntnisse der sprechakttheoretischen Untersuchungen zum Ablehnen / Absagen im Zusammenhang mit dem Phänomen der (Un)Höflichkeit verbunden werden. Hierbei sind die Beiträge und Studien von Gałczyńska (2005) und Marcjanik (2006) zu erwähnen, in denen auf die Rolle des höflichen Ablehnens eingegangen wird und andere das Ablehnen begleitende Sprechakte besprochen werden, worauf im Kapitel 8.2. der vorliegenden Studie eingegangen wird.

Für unsere Analyse sind aber v.a. Studien relevant, in deren Fokus Deutsch steht. Es lassen sich hier wiederum Arbeiten nennen, die sich nur auf Deutsch beziehen, oder vergleichende Studien, in denen ablehnende Reaktionen im Kontrast zu anderen, oft entfernten und von uns meist als exotisch eingestuften Kulturen erforscht werden.

Es sei auch auf Aspekte der Höflichkeit bei Ablehnungen im Vergleich von Deutsch und Japanisch in der Studie von Grein (2007) hingewiesen, die eindeutig feststellt: „Grundsätzlich sind jedoch sprachliche Sympathie- und Solidaritätsbekundungen im Deutschen häufiger als im Japanischen.“ (ebd.: 416) und folgende Mittel der Höflichkeit im Deutschen auflistet: Verwendung des Konjunktivs, Einsatz von Modalverben, grammatische Paraphrasen, lexikalische Paraphrasen. Dies wird im Kapitel 8.2.3. genauer thematisiert.

Deutsche und japanische Strategien der Ablehnung werden auch im Beitrag von Hayashi (2000, zit. in Grein (2007: 120)) verglichen. Die Autorin formuliert in Bezug auf das Deutsche folgende Beobachtungen:

- Im Deutschen sind keine einleitenden Routine-Formulierungen zu finden.
- Im Deutschen wird Ablehnung häufiger durch Angabe einer Alternative formuliert.
- Im Deutschen signalisiert das Verständnis für die ‚Bitte‘, dass der Angesprochene nicht abgelehnt wird.

Bei Fetzer (1998: 183), die Nein-Sagen als „ein äußerst komplexes Handlungsmuster“ einstuft, „bei dessen oberflächensprachlicher Realisierung nicht nur soziale und interpersonale, sondern auch kulturelle Faktoren von einer nicht zu unterschätzenden Bedeutung sind, v.a. im Hinblick darauf, was durch ein NEIN zum Ausdruck gebracht wird bzw. zum Ausdruck gebracht werden kann.“ finden wir fünf Varianten des Nein-Sagens (ebd.: 183ff.):

- Variante I, die „dadurch charakterisiert ist, daß B den durch A erhobenen Geltungsanspruch zurückweist, wobei alle die Sprechhandlung konstituierenden Handlungen ZURÜCKWEISUNGEN werden.“
- Variante II, bei der „nur partielles ZURÜCKWEISEN“ stattfindet.
- Variante III, bei der „die sprachliche Handlung an sich zurückgewiesen wird, wobei im Rahmen der Sprechakttheorie nicht die Proposition, sondern die Illokution zurückgewiesen wird.“
- Variante IV, die als indirekte Realisierung des Nein-Sagens fungiert und bei der der Kontext entscheidend ist.
- Variante V, die als EINE-FRAGE-STELLEN eingestuft wird.

Zugleich schlägt sie einen Kriterienkatalog vor, nach dem NEIN-Sagen beschrieben werden soll (ebd.: 185, Hervorhebung im Original). Es handelt sich um die Spezifizierung, ob es „um ZURÜCKWEISEN des GESAMTEN bzw. PARTIELLEN geht, um die Art und Weise, WIE dieses ZURÜCKWEISEN oberflächensprachlich realisiert wird, d.h. als DIREKTE bzw. INDIREKTE Sprechhandlung.“

In ihrer früheren Studie (1993) analysiert Fetzer im Rahmen der Kategorie der NEGIERUNG sprachliche HANDLUNGSMUSTER und die entsprechenden MUSTERSTRUKTUREN unter spezieller Berücksichtigung des Phänomens der Sequenzierung für negative Interaktionen im britischen Englisch. Die Sprechakte des Negierens bezeichnet sie als „negative Sprechhandlungen“. Die Analyse bezieht sich auf den öffentlichen und nicht öffentlichen Gebrauch, die Grundlage bilden TV-Interviews. Das Anliegen der Autorin ist, interkulturelle Interferenzen zu entdecken.

Es sei hier auch auf Hindelang (1980) hingewiesen, der sich mit einem Typ des Ablehnens – dem argumentativen Ablehnen – befasst. Dabei wird die Sequenz BITTE-ABLEHNEN analysiert und deren Realisierungsformen besprochen, wobei auch Wert auf die didaktische Komponente gelegt wird.

Heilmann (1990) bespricht argumentative Zurückweisung als Mittel der kommunikativen Partnerakzeptanz und dies an Hand der von Kohnen (1987) erarbeiteten Typologie der Zurückweisungen.

Die weitere Forschungsperspektive stellt die Geschlechtsproblematik beim Ablehnen dar. Darauf geht Heilmann (1993) ein, indem sie Zurückweisungen im Deutschen untersucht. Die Grundlage der Analyse bilden aufgezeichnete Fernsehdiskussionen, wobei die Studie auf geschlechtsspezifische Unterschiede fokussiert ist. Die Autorin verifiziert die von ihr selbst aufgestellte These, dass Frauen und Männer andere Gesprächsverhaltensweisen beim Zurückweisen aufweisen, was jedoch im Lichte der Untersuchung nicht bestätigt wird.
Auch die Studie von Hoffmann (1982) ist in diesem Rahmen anzusiedeln. Der Autor analysiert das kommunikative Verhalten von deutschen PolitikerInnen im Fernsehen, wobei das Hauptgewicht auf das Argumentationsverhalten gelegt wird. Zugleich werden auch Strategien der Zurückweisungen von Kritik seitens der Journalisten untersucht.

Kleinke (2007) bespricht die Strategien verbaler Ablehnung am Beispiel öffentlicher Diskussionsforen im Internet. Sie versteht unter „verbaler Ablehnung" „jeden nicht unterstützenden Gesprächsschritt, in dem eine Person Dissens/Nichteinverstandensein mit einem vorausgegangenen Gesprächsschritt bzw. der Person oder Handlungsweise der Diskussionsteilnehmer/innen innerhalb oder außerhalb der unmittelbaren Diskursdomäne äußert." (ebd.: 312). In Anlehnung an Brown/Levinson (1978/1987) betrachtet sie verbale Ablehnungen als gesichtsbedrohende Sprechakte und schlägt anhand der Typologie von Kohnen (1987) einen Katalog von Strategien verbaler Ablehnung vor (vgl. Kapitel 8.2.).

In die Untersuchung der Strategien des Ablehnens reiht sich auch der Beitrag von Werlen (1983) ein, in dem das Verhältnis zwischen Vermeidungsritual und Höflichkeit diskutiert wird. Der Autor untersucht die Mittel der Abschwächung in Form von indirekten Sprechakten. Zu diesen gehören Heckenausdrücke, Konditionalsätze, Konjunktiv, Klammerabschwächungen.

Beckers (1999, zit. in Grein (2007: 119)) vergleicht die Strategien des Ablehnens im Deutschen und Amerikanischen und formuliert in Bezug auf das Deutsche Schlussfolgerungen, die im Folgenden in Anlehnung an Grein (2007: 119f.) angeführt werden:

- Im Deutschen ist die soziale Distanz ausschlaggebender für die Wahl des reaktiven Sprechakts der Ablehnung als die Hierarchie bzw. der Status.
- Das Deutsche hat ein geringeres Set an Ablehnungsparadigmen als das Amerikanische Englisch.
- Im Deutschen kommen mehr Höflichkeitsstrategien, sowohl Strategien der Einbindung als auch Strategien der Unabhängigkeit, zum Einsatz als im Amerikanischen.
- Deutsche sind insgesamt weniger direkt in ihren Ablehnungen.
- Das Paradigma <Begründung> ohne weitere Adjunkte ist im Deutschen häufiger. Dabei variieren die Begründungen inhaltlich. Während Amerikaner ihre eigenen Interessen äußern, nennen Deutsche häufiger Verpflichtungen, die sie wegen Dritter eingehen müssen. Ferner geben Amerikaner sehr viel detailliertere Begründungen als Deutsche.
- In beiden Sprachen gibt es geschlechtsspezifische Unterschiede, so verwenden Frauen in beiden Kulturen mehr Höflichkeitsstrategien.
- Amerikaner setzen häufiger das Wort ‚Nein' ein als Deutsche.
- Deutsche sind gegenüber Menschen in ihrer *in-group* besonders höflich, während sie gegenüber Fremden zurückhaltend und unhöflich sind.

Kohnen (1987) befasst sich in seiner Studie mit den Arten von Zurückweisungen. Er entwirft dabei eine Typologie von Sprechakten, die im Kapitel 6.1. besprochen werden, thematisiert deren Funktionen und Realisierungsformen.

Eine andere Dimension des Betrachtens wird in dem Beitrag von Müller/ Moser (2006) geboten. Die Autoren untersuchen nämlich die Ablehnungsschreiben aus der Perspektive des Bewerbers. Sie besprechen dabei die „Merkmale von Absageschreiben", die in der Meinung der Empfänger (= Bewerber) eine wichtige Rolle bei der Wirkung von Absagen haben mögen, vgl. Kapitel 3.

Im Rahmen der Untersuchungen zum Ablehnen oder Neinsagen werden auch andere Aspekte erforscht. Es handelt sich dabei um den Faktor Geschlecht, der in folgenden Studien zum Ablehnen berücksichtigt wird: Trillitzsch (2008), Heilmann (1990, 1993), Grein (2007).

Eine weitere Dimension stellen Bearbeitungen dar, in denen Ansätze der Erforschung von nonverbalem Verhalten beim Neinsagen zu finden sind.

Exemplarisch sei hier auf Bonnafont (1999), Cerwinka/Schranz (1999), Grein (2007), Nagel (2012) hingewiesen.

Einen anderen großen und für uns relevanten Bereich stellen Analysen der Textsorte Absageschreiben dar, die sich auf zwei Feldern vollziehen. Zum einen sind es wissenschaftliche Untersuchungen, in deren Zentrum Absageschreiben in ihren allen Ausprägungen stehen. Zum anderen ist in diesem Zusammenhang die Ratgeberliteratur zu erwähnen, angefangen mit den Briefstellern bis hin zu den Ratgebern, die speziell auf Absageschreiben fokussiert sind.

Im Beitrag von Drescher (1994) wird auf das Problem der Formelhaftigkeit von Absagebriefen eingegangen. Die Autorin beschreibt die sog. „inhaltliche Gleichförmigkeit" dieser Schreiben, indem sie von der Annahme ausgeht, dass „ein nicht unerheblicher Teil unserer brieflichen Kommunikation sich an vorgegebenen Mustern orientiert." (ebd.: 118). Sie bespricht die Formelhaftigkeit in Bezug auf die Struktur und die in diesen Schreiben verwendete Lexik.

Den anderen Pol stellen Beschreibungen der Absagebriefe instruktiven Charakters dar. Es handelt sich um Briefsteller, Korrespondenzbücher und diverse Ratgeber, wie man eine Absage verfassen soll. Es sei hier auf die Ratgeber von Lubbers (1982), Duden (1997, 2005a, b), Menzel/Kuhn (2005) hingewiesen, in denen Absageschreiben neben anderen Briefen und Schreiben charakterisiert werden. Es sind aber auch Ratgeber zu finden, wie etwa Hovermann (2009), die sich auf das Erstellen von Absageschreiben spezialisieren.
In diese Thematik reiht sich auch das Werk von Schindler (2004) ein, in dem auf den Aspekt des zielorientierten Schreibens eingegangen wird. Im Zentrum des Interesses der Autorin steht die Adressatenorientierung beim Verfassen der Texte. Als Stimuli gelten dabei folgende Textsorten: Spielanleitungen, Bewerbungsbriefe und Absagebriefe, wobei es sich bei den letzteren um ablehnende Briefe des Akademischen Auslandsamtes an der Universität Bielefeld handelt. Die Autorin analysiert anhand von aufgezeichneten Gesprächen die einzelnen Schritte bei der Verfassung dieser Schreiben.

Im Kontext unserer Studie sind auch Publikationen zum assertiven Verhalten zu erwähnen. Es handelt sich hier v.a. um Ratgeber, in denen Strategien des assertiven Neins und assertiven Verhaltens gezeigt und geübt werden. Exemplarisch sei hier auf Balters (2001), Benedict (2003), Berkhan (2006), Cloud/Townsend (2010), Fensterheim/Baer (2006), Hare (1997), Król-Fijewska

(1993), Mansfield (1995), Radecki (2010), Stolarczyk (2010), Smith (2010) u.a. hingewiesen.

In Sachen Neinsagen verdient auch die Untersuchung von Negationen ihre Aufmerksamkeit, obwohl in der vorliegenden Studie auf dieses Problem nicht eingegangen wird. Es handelt sich hier v.a. um die Analyse des Gesamtphänomens „Negation“, z.B. von Hentschel (1995), in der die Autorin auf lexikalische und syntaktische Aspekte der Negation eingeht. Zu erwähnen sind auch die Studien von Stickel (1970), Helbig/Ricken (1973), Heinemann (1983), Kürschner (1983) sowie Analysen zu einzelnen Negationen wie z.B. bei Dölling (1988) und Untersuchungen neueren Datums, z.B. von Blühdorn (2012).

Ergänzend kann auch auf Werke unterhaltenden Charakters hingewiesen werden, wie z.B.: „Die besten Absageschreiben an Bewerber“ (2009), „Die besten Aperitif-Briefe an Bewerber“ (2006), „Die besten Eisschreiben an Bewerber“ (2004), in denen die Ergebnisse der Wettbewerbe um das beste Absageschreiben präsentiert werden oder die Publikation von Sprenzinger (2008): „Sehr geehrter Herr Hornbach, um ein Haar hätte ich mich bei Ihnen beworben. Absagen auf unverlangte Stellenangebote“, in der das Schreiben von Absagebriefen als ein Kuriosum dargestellt wird, indem der Verfasser die Situation umkehrt und Absagen auf Stellenanzeigen veröffentlicht.

1.1.1. Eigene Beiträge

Eine kleine Ergänzung des präsentierten Überblicks zur Absageschreiben-Forschung stellen meine eigenen Beiträge dar, die in den Jahren 2006 – 2014 veröffentlicht wurden. Der Analyse von Absageschreiben habe ich eine Reihe von Beiträgen gewidmet, von denen bereits 15 erschienen sind. Sie bilden jeweils den Ausgangspunkt und die Grundlage für die Entstehung der einzelnen Kapitel der vorliegenden Studie, was an entsprechenden Stellen markiert wird.

Man kann sie in einige thematische Bereiche unterteilen, die die verschiedenen Aspekte der analysierten Textsorte zum Gegenstand haben.

In die erste Gruppe reihen sich die Beiträge ein, in denen Absageschreiben in ihren drei Ausprägungen: Aperitif-Briefe, eigentliche Absageschreiben, Eisschreiben aus der Perspektive der Text- und Textsortenlinguistik beschrieben werden. Zu diesem Zwecke wird versucht, Absageschreiben als Texte zu definieren (Szczęk 2006a) und ihre thematische Struktur anhand authentischer Texte zu rekonstruieren. Hierbei sind Beiträge zu erwähnen, in denen Antworten auf Bewerbungen analysiert werden (Szczęk 2006b, 2007, 2011b, 2012a), und solche, in denen auf einzelne Textsortenvarianten der Absageschreiben, konkret Eisschreiben, eingegangen wird (Szczęk 2009c). Zu dieser Gruppe zählen folgende Beiträge:

- (2006a): Absageschreiben im Deutschen – Auf der Suche nach einer neuen (?) Textsorte. In: Kotin, M. L. / Krycki, P. / Laskowski, M. / Zuchewicz, T. (Hrsg.): *Das Deutsche als Forschungsobjekt und als Studienfach. Synchronie – Diachronie – Sprachkontrast –Glottodidaktik.* Akten der Internationalen Fachtagung anlässlich des 30jährigen Bestehens der Germanistik in Zielona Góra / Grünberg (= Sprache – System und Tätigkeit 53), Frankfurt am Main u.a., S. 319–325;
- (2006b): Formelhaft aber höflich abgefertigt – Zur Analyse der deutschen Absageschreiben auf Bewerbungen. In: Balzer, B. / Tomiczek, E. (Hrsg.): *Wrocław – Berlin. Germanistischer Brückenschlag im deutsch-polnischen Dialog.* II. Kongress der Breslauer Germanistik, Bd. 1. Sprachwissenschaft. Wrocław / Dresden, S. 236–246;
- (2007): Die Kunst des Absagens im Deutschen (am Beispiel der Analyse von Absageschreiben auf Bewerbungen). In: *Orbis Linguarum* 32, S. 283–297;
- (2011b): Absage, Eisschreiben, Aperitif-Brief? – Zur Analyse der Antworten auf Bewerbungen. In: *Orbis Linguarum* 37, S. 301–308;
- (2012a): List odmowny w języku niemieckim jako gatunek tekstu (na przykładzie odpowiedzi na podania o pracę). In: *Język a Kultura* 23, S. 243–256.

Die zweite Gruppe bilden Beiträge, in denen die rhetorischen Aspekte der in den Absageschreiben angewandten Strategien hervorgehoben werden. Es handelt sich hier um Argumentationsstrategien (Szczęk 2009d) und Persuasion (Szczęk 2008, 2009b). Hierzu gehören folgende Beiträge:

- (2009d): *Bei mehreren gleich qualifizierten Bewerbern sind schon kleine Details ausschlaggebend.* Zu den Argumentationsstrategien in den Absageschreiben auf Bewerbungen im Deutschen. In: *Studia Germanistica* 5, Ostrava, S. 103–112;
- (2008): Formen der Persuasion in den Antworttexten auf Bewerbungen (Absageschreiben, Aperitif-Briefe, Eisschreiben). In: *Acta Philologica*, S. 71–80;

- (2009b): *Bitte nicht böse sein!* – Zu den Formen der Persuasion in den deutschen Absageschreiben. In: *Germanica Wratislaviensia* 129, S. 107–116.

Den nächsten thematischen Kreis vertreten Texte, in denen das Problem der Höflichkeit in den Absageschreiben thematisiert wird. Hier werden die Höflichkeitsstrategien im Lichte der *face*-Konzeption von Brown/Levinson (1978, 1987) besprochen (Szczęk 2013b) sowie die Aspekte der positiven und negativen Höflichkeit in den untersuchten Texten analysiert (Szczęk 2012c).

Die weitere Perspektive, aus der Absageschreiben untersucht werden, bildet die Theorie der Lüge (Szczęk 2012b). Es handelt sich dabei darum, Lüge als eine bewusste Strategie einzusetzen, um die Aussagekraft der Absage abzumildern. An diese Thematik knüpft auch der nächste Beitrag (Szczęk 2013c) an, in dessen Zentrum Absage-Komplimente stehen.

In diese Thematik reihen sich folgende Beiträge ein:

- (2012b): Lügt man im Deutschen, wenn man höflich absagt? In: *Persuasive Texte als Objekt linguistischer Rezension.* (= Forum Artis Rhetoricae 4, 31, 2012), S. 64–81;
- (2012c): Zur positiven und negativen Höflichkeit in den deutschen Absageschreiben. In: *Studia Germanica Gedanensia,* 27, S. 66–78;
- (2013b): *Das Gesicht wahren oder verlieren*? – Zur Analyse der deutschen Absageschreiben im Lichte der Höflichkeitstheorie. In: Knipf-Komlósi, E. / Öhl, P. / Péteri, A. / Rada, R. V. (Hrsg.): *Dynamik der Sprache(n) und der Disziplinen. 21. internationale Linguistiktage der Gesellschaft für Sprache und Sprachen in Budapest* (= Budapester Beiträge zur Germanistik, Band 70). Budapest, S. 97–104;
- (2013c): *Ihre fachliche Qualifizierung steht für uns außer Frage oder da ist ein gutes Kompliment teuer!* – Zur Analyse der Komplimente in den deutschen Absageschreiben. In: *Folia Germanica* 9, S. 105–118.

Dem assertiven Verhalten in der deutschen Sprache wird der nächste Beitrag gewidmet (Szczęk 2013a), in dem Spuren der Selbstbehauptungstheorie in den Absageschreiben analysiert werden. Es handelt sich um den folgenden Beitrag:

- (2013a): Assertiv sprechen – Absageschreiben im Lichte der Selbstbehauptungstheorie. In: Błachut, E. / Jarosz, J. / Małgorzewicz, A. / Opiłowski, R.

(Hrsg.): *Sprachwissenschaft im Fokus germanistischer Forschung und Lehre*. Wrocław / Dresden, S. 193–204.

Die grammatischen Aspekte im Bereich des Ablehnens / Absagens stehen im Mittelpunkt des nächsten Beitrags (2011a). Dabei wird auf die grammatische Ebene der Kohärenz eingegangen, indem die syntagmatischen Beziehungen zwischen den einzelnen Elementen in den Absageschreiben hervorgehoben werden. Es werden Formen der Wiederaufnahme (explizit, implizit, Tempusformen), Mittel zur Herstellung des Textzusammenhangs, Performativa, Satztypen und Satzmuster sowie Partikelgebrauch besprochen. Es handelt sich um den folgenden Text:

- (2011a): Zur Analyse der grammatischen Ebene in den Absageschreiben. In: Wierzbicka, M. / Wawrzyniak, Z. (Hrsg.): *Grammatik im Text und im Diskurs*. Frankfurt am Main, S. 205–220.

Die Analyse der emotionalen Struktur in den Absageschreiben ist das Thema des nächsten Beitrags.

- *Über Ihre Bewerbung habe ich mich gefreut!* – Zu den Emotionen in den deutschen Absageschreiben auf Bewerbungen, im Druck.

Geplant sind noch Beiträge zu weiteren Aspekten der Absageschreiben, v.a. zur Unhöflichkeit in den Absageformulierungen, zu den in den Absageschreiben gebrauchten lexikalischen Strukturen sowie zu deren Makrostruktur.

1.2. Zielsetzung

Das Ziel der Untersuchungen im Rahmen des Ablehnens wird ganz treffend von Grein (2007: 420) folgendermaßen umrissen:

> Jedes Individuum wählt seine kommunikativen Mittel in Abhängigkeit seiner ganz individuellen Wahrnehmung der Handlungssituation: Der Mensch nimmt den Rahmen wahr, in dem die Handlung stattfindet (öffentlich vs. privat), er schätzt seine soziale Distanz zum Interaktionspartner ein (liiert, befreundet, bekannt, Chef, Kollege, etc.), er hat seine ganz eigenen Interessen, die er gerne verwirklichen würde, und er bedient sich der Höflichkeitskonventionen seiner Kultur. Ferner hat er das Bedürfnis, von seinem Kommunikationspartner respektiert und akzeptiert zu werden (oder auch als sympathisch empfunden zu werden), und gleichermaßen ist ihm bewusst, dass auch sein Gesprächspartner Respekt und Akzeptanz von ihm erhofft. (Grein 2007: 420)

Anknüpfend an diesen von Grein (2007) skizzierten Rahmen der Untersuchung im Bereich des Ablehnens im Deutschen wird in der vorliegenden Studie versucht, die Absageschreiben aus pragmalinguistischer Perspektive zu beschreiben und ihre textlinguistischen Merkmale zu bestimmen, was einen Beitrag zur Verortung dieser Texte im Rahmen der Textsortenlinguistik leisten kann. Zugleich wird von der Komplexität der beschriebenen Kommunikationssituation ausgegangen.

Im Einzelnen werden in der vorliegenden Studie folgende Ziele verfolgt:

- die Bestimmung der Bedingungen – Begleitumstände – und der Aspekte der kommunikativen Situation, unter welchen eine ablehnende Reaktion in Form von Absageschreiben erfolgt;
- die Bestimmung der wesentlichen Merkmale der Textsorte Absageschreiben sowie deren Textsortenvarianten: Aperitif-Brief, eigentliches Absageschreiben, Eisschreiben mit besonderer Berücksichtigung der Makrostruktur und Analyse der thematischen Entfaltung; es wird dabei auf die Gemeinsamkeiten und Unterschiede zwischen den genannten Textsortenvarianten eingegangen, sowie die Bestimmung der Textsortenzugehörigkeit von Absageschreiben und die Überprüfung ihrer textsortenspezifischen Merkmale, die sie als solche bestimmen lassen.
- die Beschreibung der Textsorte Absageschreiben im Lichte der zugänglichen Ratgeberliteratur, Online-Quellen sowie das Herausarbeiten gemeinsamer Aspekte;
- die Bestimmung der Textfunktion(en) von Absageschreiben in Bezug auf die kommunikative Situation, in der sie verfasst werden;
- die Beschreibung der Illokutionsstruktur der Absageschreiben, wobei der Schwerpunkt auf die Erarbeitung der Typologie von ablehnenden Reaktionen / Ablehnungsstrategien und Kombinationen von Sprechaktsequenzen in den analysierten Texten gelegt wird; das Augenmerk gilt dabei auch den initiierenden Sprechakten, die eine ablehnende Reaktion zur Folge haben können.
- die Beschreibung der Absageschreiben aus der Perspektive der Rhetorik; dabei wird auf zwei Aspekte eingegangen: die Argumentation und die Persuasion.

- die Darstellung der lexikalischen Möglichkeiten in der deutschen Sprache, eine Absage / Ablehnung – Neinsagen zu äußern. Es wird dabei auch nach festen Phrasen gegriffen.
- die Beschreibung der Höflichkeitsmechanismen, die in den Absageschreiben Anwendung finden. Es handelt sich v.a. um bestimmte Strategien, mit deren Hilfe die ablehnende Reaktion abgeschwächt wird. Zu diesem Zwecke wird auch die Struktur der Absageschreiben in Bezug auf die Platzierung von gewissen Höflichkeitsausdrücken analysiert.
- die Besprechung der Formelhaftigkeit in den Absageschreiben, die sich sowohl auf die Form als auch auf die Struktur dieser Texte bezieht.
- die Bestimmung der emotiven Struktur in den analysierten Texten. Der Schwerpunkt wird dabei auf die von dem Sender (= Absageschreiber) evozierten Emotionen gelegt.

1.3. Terminologisches

Die empirische Grundlage der vorliegenden Studie bilden Absageschreiben, auch Absagebriefe oder Ablehnungsschreiben genannt. Diese drei Bezeichnungen werden in der vorliegenden Studie als Synonyme betrachtet und auch so verwendet. Sie gelten als eine hyperonymische Textsortenbezeichnung für die Textsortenvarianten der Absageschreiben: Aperitif-Brief, eigentliches Absageschreiben, Eisschreiben (vgl. Kapitel 5.1.). Diese werden auf der Grundlage der mitgeteilten Senderintention[7] differenziert:

	Aperitif-Briefe	eigentliche Absageschreiben	Eisschrieben
Intention	über den Fortgang eines nicht beendeten Auswahlverfahrens informieren und dadurch vielleicht Appetit auf die künftige Stelle anregen;	Ablehnung/Absage in Bezug auf die in der Bewerbung formulierte Bitte um Einstellung formulieren;	Ablehnung und Information über die Speicherung der Daten zur Bekundung des Interesses an einer künftigen Zusammenarbeit mitteilen;

Tabelle 1. Typen der Absageschreiben nach der Senderintention

In der vorliegenden Studie wird auf folgende Typen des Neinsagens eingegangen: Ablehnen, Absagen, Verweigern, Zurückweisen, wobei für die Zwecke der Analyse die Bezeichnungen „Ablehnen“ oder „Absagen“ auch als dementsprechende Bezeichnungen der damit ausgedrückten Illokutionen:

[7] Es handelt sich um die Intention der Person, die den Absagebrief verfasst.

ABSAGEN/ABLEHNEN bevorzugt werden, da sie eine Affinität mit den Bezeichnungen der besprochenen Textsorte: Absageschreiben, Absagebrief, Ablehnungsschreiben aufweisen.

Demgemäß werden Absageschreiben als Texte betrachtet, in denen ablehnende Antworten auf gewisse Stimuli initiativen Charakters erfolgen. Da es sich in unserem Falle um schriftlich verfasste Texte handelt, gelten hier als Stimuli die Bewerbungsunterlagen, die als Angebote seitens des Bewerbers (vgl. Kapitel 6.1.1.1.) identifiziert werden können. Sie haben also einen reaktiven oder respondierenden[8] Charakter und drücken einen Dissens mit dem in dem Bewerbungsschreiben enthaltenen Angebot aus.

Die an der Interaktion teilnehmenden Personen sind der Sender, der im Folgenden auch Absageschreiber genannt wird, und als Verfasser der ablehnenden Antwort auf eine Bewerbung gilt, und der Empfänger, d.h. Bewerber, der der Adressat des ablehnenden Schreibens ist.

1.4. Charakteristik des Korpus

Das Korpus, das der vorliegenden Studie zu Grunde liegt, umfasst 253 Beispiele für Absageschreiben, die im Zeitraum 2001 – 2012 gesammelt wurden. Es handelt sich dabei um authentische Antworten seitens der Firmen und Unternehmen auf Bewerbungen der Arbeitssuchenden.

Das Korpus ist in sich relativ homogen, umfasst Beispiele aus 12 Jahren, die jedoch nicht im gleichen Maße vertreten sind. Die Verteilung der Anzahl von Beispielen auf die einzelnen Jahre wird in der folgenden Tabelle präsentiert:

2001	2002	2003	2004	2005	2006	2007	2008	2009	2010	2011	2012
26	123	2	12	45	11	9	7	5	6	3	4

Tabelle 2. Anzahl der Absageschreiben verteilt auf die einzelnen Jahre

Die Analyse erfolgt in Anlehnung an den Ratschlag von Spillner (1978: 174f.), der die Kriterien für eine Textanalyse folgendermaßen definiert: „Geeignete Textauswahl, hinreichender Umfang des Textcorpus, statistische Absicherung, Ergänzung durch Sachinformationen aus anderem Quellmaterial, Verzicht auf Generalisierungen und Wertungen vermögen vor Einseitigkeiten zu bewahren."

Im Korpus sind drei Typen der Antworten auf Bewerbungen zu finden:

[8] Diese Bezeichnung bezieht sich eher auf den mündlichen Gebrauch.

- Aperitif-Briefe: 16 Beispiele
- Eigentliche Absageschreiben: 232 Beispiele
- Eisschreiben: 5 Beispiele

Sie werden im Kapitel 3.5.1.1.1. näher charakterisiert.

Im gesammelten Korpus sind 103 Beispiele für Absageschreiben auf Bewerbungen von Frauen, und 150 Beispiele für Antworten für männliche Bewerber zu finden, was in Bezug auf das Kriterium Geschlecht relativ vergleichbar ist.

Die Analysebeispiele stammen von zwei Bewerberinnen und zwei Bewerbern, die in verschiedenen Teilen Deutschlands wohnhaft sind. In den meisten Fällen handelt es sich um Langzeitarbeitslose, die auf der Suche nach einer Stelle waren. Das Alter der Bewerber bewegt sich zwischen 36–50 Jahren. Im Falle eines Bewerbers aus Berlin ist die Anzahl der Absageschreiben sehr hoch[9]. Den auf den Absageschreiben vorhandenen Anschriften der Sender (= Absageschreiber) ist zu entnehmen, dass es sich im beschriebenen Falle um fast alle möglichen und denkbaren Institutionen handelt, an die sich die erwähnten Bewerber gewandt haben, und in denen einem Arbeitslosen eine geistige Tätigkeit angeboten werden könnte. Es handelte sich dabei um Tätigkeiten in folgenden Bereichen und Branchen:

- Schul- und Bildungswesen, darunter: Universitäten und wissenschaftliche Institute – 59 Beispiele, Fachhochschulen – 9 Beispiele, Akkreditierungsagentur für Studiengänge – 1 Beispiel, DAAD – 2 Beispiele, Stiftung zur Förderung der Hochschulrektorenkonferenz – 1 Beispiel, Stiftverband für die deutsche Wissenschaft – 1 Beispiel, Politische Akademie – 1 Beispiel, Konvent für Technikwissenschaften – 1 Beispiel, Robert Bosch Stiftung – 1 Beispiel, Deutsche Forschungsgemeinschaft – 1 Beispiel.
- Verwaltungsorgane:
  - Organe der EU – 1 Beispiel,
  - Bundesverwaltungs- und Bundesregierungsorgane: Bundespräsidialamt – 1 Beispiel, Kammergericht – 1 Beispiel, Bundestag – 1 Beispiel, Bundesbauamt – 2 Beispiele, Bundesverwaltungsamt – 2 Beispiele, Bundeskanz-

[9] Das ist als eine Antwort auf die Anforderungen seitens der Agentur für Arbeit zu interpretieren.

leramt – 1 Beispiel, Finanzamt – 2 Beispiele, Bundesanstalt / -agentur für Arbeit – 2 Beispiele, Bundesrat – 2 Beispiele, Abgeordnetenhaus – 1 Beispiel, Bundesministerien – 1 Beispiel, Umweltbundesamt – 1 Beispiel, Senatsverwaltung für Justiz – 1 Beispiel, Oberfinanzdirektion – 2 Beispiele, Hauptzollamt – 1 Beispiel,
  - Landesverwaltungs- und Landesregierungsorgane: Landesschulamt – 1 Beispiel, Landesamt für Gesundheit und Soziales – 1 Beispiel, Landesverwaltungsamt – 1 Beispiel,
  - Bezirks-/Stadtverwaltung: Bezirksämter – 6 Beispiele, Bürgermeister / Stadtamt – 3 Beispiele,
  - Verkehrsbetriebe – 1 Beispiel,
  - Wasserbetrieb – 1 Beispiel,
  - Deutsche Post – 1 Beispiel,
  - Deutsche Bahn – 1 Beispiel,
  - Bundesarchiv – 1 Beispiel,
  - Bildarchiv – 1 Beispiel,
- Verbände, Vereine: Arbeitgeberverband – 1 Beispiel, Gewerkschaftsbund – 2 Beispiele,
- Versicherungsanstalten und Krankenkassen – 7 Beispiele,
- Medien:
  - Zeitschriftenredaktionen, auch online – 26 Beispiele,
  - Radio – 1 Beispiel,
  - Fernsehen – 1 Beispiel,
  - Medienagenturen – 4 Beispiele,
  - Werbeagenturen – 2 Beispiele,
- Kulturinstitutionen:
  - Bibliotheken – 1 Beispiel,
  - Museen – 1 Beispiel,
  - Theater – 2 Beispiele,
  - Oper – 1 Beispiel.
- Verlage – 23 Beispiele.
- Andere, darunter Firmen, Geschäfte, Aktiengesellschaften, Immobilienagenturen, Mietvereine – 32 Beispiele.

Eine kleine Gruppe (26 Beispiele) bilden Antworten seitens der Verlage auf das Angebot des Bewerbers, seine Manuskripte zu veröffentlichen.
In Bezug auf die Tätigkeiten, um die sich die Bewerber und Bewerberinnen beworben haben sind hier folgende Stellen zu nennen: Marketing-Assistent/-in, Presse- und Öffentlichkeitsreferent/-in, Professur für Angewandte Sprachwissenschaft, wissenschaftliche(r) Mitarbeiter/-in, Arbeitsvermittler/-in, Wissenschaftsjournalist/-in, Lektor/-in für das Aufgabengebiet …, Referent/-in des Geschäftsführers und Vorstands, Redakteur/-in, der/die vorläufige Geschäftsführende(r) Beauftragte(r), akademischer Rat/akademische Rätin, Referentin des Präsidiums, Junior-Pressesprecherin, Mitarbeiter/-in PR/Marketing-Kommunikation, PR-Assistent/-in, Lehrkraft für besondere Aufgaben für DaF, Juniorprofessur, wissenschaftliche(r) Mitarbeiter/-in/Referent/-in im Projekt, Lehrkraft für besondere Aufgaben als Leiter/-in für das neu zu gründende Sprachlernzentrum, Referent/-in für Unternehmenskommunikation, Koordinator/-in für Bologna Prozess, Referatsleiter/-in für das Referat, wissneschaftliche(r) Assistent/-in im Fach, Pressesprecher/-in bei der Stadt, Projektkoordinator/-in für den Bologna-Prozess, wissenschaftliche Referentin, Mitarbeiter/-in im höheren Dienst, Frauenbeauftragte, Pressesprecherin der Universität, persönliche Referentin des Rektors/Referentin für Öffentlichkeitsarbeit, Leiter/-in des Sprachenzentrums, Referent/-in für Berufung/Lehre, Studienrat/Studienrätin, stellvertretende Leitung im Akademischen Auslandsamt der Universität, Studienrätin im Hochschuldienst, wissenschaftliche(r) Mitarbeiter/-in im wissenschaftlichen Lektorat, Mitarbeit im Online-Bereich, Bürokauffrau, Ausbildungsstelle für Informatiker, Mitarbeiter mit medizinischen Vorkenntnissen, Online-Redakteur, Redakteur, Arbeitsvermittler/-in, Vertriebssachbearbeiterin im Innendienst.

Fast alle Texte sind mit dem Computer geschrieben, nur ein Beispiel – handgeschrieben, ein Text auf einem Kopiergerät vervielfältigt, wobei das Kuriose darin besteht, dass derselbe Bewerber dieses Schreiben mit demselben Wortlaut zweimal von unterschiedlichen Firmen erhalten hat.

In einigen Absageschreiben gibt es Fehler. Sie betreffen die formale Seite der Texte. Auf einem Schreiben wird in der Anredeformel ein falscher Name des Empfängers genannt, was ein Zeichen der Geringschätzung wenn nicht gar Verachtung interpretiert werden kann. Es gibt auch grammatische Fehler, z.B.: **mit **besten** Dank*, **Leider müssen wir Ihnen mitteilen, **das** wir im Moment keine*

*Einsatzmöglichkeit ..., *viel Erfolg für* ***Ihren weiteren*** *Bemühungen, *Es ist nicht möglich, Ihr Stellen****besuch*** *für einen späteren Zeitpunkt vorzumerken., *Leider ist es mir nicht möglich, Ihnen* ***einem*** *Ihrem Wunsch entsprechenden Arbeitsplatz ... anzubieten., *da zur Zeit kein Bedarf an neuen* ***Mitarbeiter*** *besteht.*

Die meisten Beispiele folgen bestimmten Mustern solcher Schreiben und weisen kaum Besonderheiten auf.

1.5. Methodologisches Vorgehen

Im Falle textlinguistischer Analysen sollen Kriterien angewendet werden, nach denen die Analyse erfolgt. Das Ziel ist dabei, ein Spektrum der Charakteristika der jeweils untersuchten Texte zu präsentieren. Der Text wird dabei als eine komplexe Größe verstanden, in der unterschiedliche Aspekte der Kommunikation auf verschiedenen Ebenen manifestiert werden. Darauf wird genauer im Kapitel 3.3. eingegangen.

Der vorliegenden Studie liegt die Auffassung zu Grunde, dass Texte in größeren Zusammenhängen untersucht werden sollten[10]. Es handelt sich dabei um deren Kontextualisierung, die auf folgenden Ebenen erfolgt (vgl. Bilut-Homplewicz 2013: 102ff.):

- Kontextualisierung 1 – Gruppen von Texten derselben Textsorte,
- Kontextualisierung 2 – paradigmatische Beziehungen (verwandte Textsorten),
- Kontextualisierung 3 – syntagmatische Beziehungen,
- Kontextualisierung 4 – Textsorten in Kommunikationsbereichen,
- Kontextualisierung 5 – Textsorten im Diskurs.

In unserem Falle handelt es sich überwiegend um die Untersuchung von Gruppen der Texte derselben Textsorte – Absageschreiben – wobei der Schwerpunkt auf deren Individualität und Spezifik gelegt wird. Die Analyse aus einer solchen Perspektive kann dann wertvolle Schlüsse liefern, wie es Bilut-Homplewicz (2013: 102) erklärt: „(...) es kann sich zeigen, welche Möglichkeiten innerhalb einer bestimmten Textsorte im Vergleich zu anderen Textsorten genutzt werden, kreative Komponenten einzusetzen."

[10] Vgl. hierzu Heinemann (2000a, b), Adamzik (2001) sowie einen Überblick über die Forschung im Bereich der Kontextualisierung in Bilut-Homplewicz (2013).

Den Ausgangspunkt für die text- und pragmalinguistische Analyse ist der Versuch, das Neinsagen und dessen Manifestationen: Ablehnen, Absagen, Verweigern, Zurückweisen kulturell und sprachlich zu verorten (Kapitel 2.1.), wobei darauf hinzuweisen ist, dass sowohl Kultur als auch Sprache Phänomene sind, die eng miteinander verbunden sind, wie es Żebrowska (2013: 31) zusammenfasst: „Die Verwendung der Sprache ist kulturell bedingt, hängt mit dem jeweiligen Entwicklungsstand der Menschheit zusammen und ist in den jeweiligen Kulturraum eingebettet." Aus diesem Grunde scheint die Analyse der gewählten Beispiele für die Manifestation der Sprache – hier Absageschreiben – besonders relevant zu sein, da man dadurch zu dem die jeweilige Zeit und Kultur charakterisierenden Wissen gelangen kann. Dies betrifft auch die Analyse der Absageschreiben, wie es Gałczyńska (2003: 24) in Bezug auf das Polnische expliziert: „Dlatego opisanie odmowy, jej uwarunkowań i sposobów realizacji w konkretnych sytuacjach jest ważne nie tylko dla językoznawcy. Może pokazać jej aspekt społeczny i kulturowy, a przez to stać się przyczynkiem do opisu obyczajów i kultury współczesnych Polaków." Dieses Zitat trifft auch auf das Deutsche und andere Kulturen zu, was durchgeführte Analysen z.B. von Grein (2007), Bonacchi (2013), Rauch (2004) u.a. bestätigen und was in der einschlägigen Literatur hervorgehoben wird:

> Kulturelle Prozesse manifestieren sich in der Praxis der Bedeutungsaushandlung, d.h. in semiotisch vermittelten Darstellungsformen, die soziales Handeln zum Ausdruck bringen. Durch Kommunikationsvorgänge werden also kulturelle Vorstellungen, Konventionen, Werte etc. konstruiert und reproduziert, welche wiederum zugleich die Art, wie wir sprechen und handeln (…), beeinflussen. (Günthner 2003: 193)

Deswegen liegt der vorliegenden Studie die Perspektive von F. Grucza (2012a: 27) zu Grunde, im Rahmen deren „każde konkretne wyrażenie, każdy konkretny tekst stanowi nie tylko pewien fakt językowy, lecz zarazem, a właściwie nawet najpierw i przede wszystkim, pewien fakt kulturowy."

Dazu muss zugleich angemerkt werden, dass gerade Texte als Träger und Zeugen von kulturellen Veränderungen gelten, an denen der Mensch aktiv und passiv teilnimmt, da sie diese Veränderungen dokumentieren, wie es Antos (2007), Bonacchi (2011) hervorheben und Żebrowska (2013) wie folgt expliziert: „Er [der Mensch – J. S.] kann auch selbst als Schöpfer und Autor tätig sein, indem er

Werke hervorbringt, andererseits kann er als ihr Adressat gelten, indem er sie empfängt und interpretiert.“

Dies wird auch von Bonacchi (2012a: 41) bestätigt, die die Aufgaben der anthropozentrischen Kulturologie und Linguistik in Anlehnung an Grucza F. (2012b: 90) folgendermaßen umschreibt:

> Forschungsgegenstand der anthropozentrischen Kulturologie ist der Mensch als Kultursubjekt, d.h. der Mensch und seine kulturellen Eigenschaften, im weiteren Schritt die idiokulturellen Hervorbringungen, weiter die Untersuchung der wirklichen (Poly)Kulturen von Menschengruppen und deren polykulturellen Hervorbringungen. (…) Die anthropozentrische Linguistik beschäftigt sich vor allem mit verbalen Äußerungen, die eine Teilmenge der sprachlichen Äußerungen darstellen. (…)

In diesem Sinne wird der Mensch „mit seinen kulturellen Eigenschaften“ als „das primäre Erkenntnisobjekt der anthropozentrisch orientierten Kulturwissenschaft“ bezeichnet (vgl. Bonacchi 2010a: 78).

Die Analyse der Absageschreiben erfolgt demgemäß im Lichte der Erkenntnisse von Grucza F. (1988), der in der kulturell-schöpferischen Tätigkeit der Menschen die Wirkung „menschlicher Faktoren“, „Konstituenten oder Formanten des Menschen“, „kultureller Eigenschaften“[11] (Bonacchi 2011a: 62) sieht, die „einerseits – sowohl das geistige als auch das körperliche – Verhalten und Tun[12] der Menschen (ihr Denken, ihre Arbeit, ihre Einstellung zu sich selbst und zu ihrer Umwelt etc.) bestimmen und andererseits selbst als Ergebnis früherer menschlicher Aktivitäten geschaffen worden sind (…)“ (Grucza F. 1988: 325f.). Diese, wie Bonacchi (2011a: 63) erklärt,

> liegen idiokulturellen und polykulturellen Äußerungen zugrunde, namentlich: Texten im engeren Sinne des Wortes (schriftliche und mündliche verbale Texte), Texten im weiteren Sinne des Wortes (etwa Bildtexte), nicht sprachlichen Äußerungen (Gesten, Mimik, Körpersprache), Werken, Artefakten, Mentefakten, Behavioremen (darunter Riten und Ritualen), Arten des Denkens, Wahrnehmens, Fühlens und Wertens.[13]

---

[11] Sie umfassen nach Bonacchi (2009: 39) „kommunikative Eigenschaften“, „pragmatische soziale Eigenschaften“, „expressive und artefaktive Eigenschaften“.

[12] Wie Żebrowska (2013: 30) erklärt, „sind sie [kulturelle Eigenschaften – J. S.] selbst Ergebnis von früheren menschlichen Handlungen (…)“, was das ganze schöpferische Werk des Menschen als ein Kontinuum interpretieren lässt, dessen Grundlage frühere Erfahrungen, Erkenntnisse und Werke bilden.

[13] Vgl. hierzu auch „Anthropozentrisches Modell zur Produktion und Rezeption von kulturellen Äußerungen“ in Bonacchi (2011a: 64).

In diesem Sinne sind Texte auch als Ergebnis der schöpferischen Tätigkeit des Menschen einzustufen, in welchen „Sprache nicht nur als Schrift sondern auch als ‚Werk' wahrnehmbar ist." (Antos 2007: 37). Daher kann sich bei der Analyse von Texten – hier auch der Absageschreiben – die von F. Grucza stammende anthropozentrische Perspektive als besonders wertvoll erweisen, denn wie der Autor hervorhebt, versteht er aus der Perspektive der anthropozentrischen Linguistik unter „Text"[14]

> nie tylko wszelkiego rodzaju uzewnętrznione (konkretne) wyrażenia językowe wytworzone i ‚przedstawione' w funkcji znaków, czyli wytworzone zamiast czegoś, czym one (te teksty) same nie są. Za jego [wyrażenia tekst – J. S.] pomocą wyróżniam także wszelkiego rodzaju uzewnętrznione (konkretne) wyrażenia kulturowe wytworzone i ‚przedstawione' w funkcji znaków, czyli wytworzone zamiast czegoś, czym one same nie są. W szczególności wyróżniam za jego pomocą wyrażenia kulturowe skorelowane z wyrażeniami językowymi i/lub traktowane jako ich pewnego rodzaju substytuty. (Grucza F. 2012a: 26)

Die Sprache wird dabei – wie es Olpińska-Szkiełko (2012: 240f.) in Anlehnung an Grucza F. (1993a, 1993b) anführt – „als eine bestimmte Eigenschaft des Menschen definiert, als seine Fähigkeit zu kommunizieren. Dank ihrer Kommunikationsfähigkeiten sind die Menschen imstande, sprachliche Äußerungen zu produzieren, sie gezielt im Kommunikationsprozess einzusetzen sowie sprachliche Äußerungen anderer Menschen zu empfangen und zu interpretieren."

Die Analyse der gewählten Texte: der Aperitif-Briefe, der eigentlichen Absageschreiben, der Eisschreiben, erfolgt auch unter Einbeziehung der methodologischen Verfahren der Textlinguistik, darunter der Textsortenlinguistik. Das Ziel ist dabei, ein linguistisches Charakteristikum der gewählten Texte zu präsentieren, sie als Texte im Lichte der modernen Textlinguistik-Forschung zu definieren (Kapitel 3.3.) und bestimmten Textsorten und Textsortenvarianten (Kapitel 5.1. und 5.2.1.) zuzuordnen. In Anlehnung an Grucza S. (2007b: 87f., 2007a) werden die der Untersuchung zu Grunde liegenden Texte – Absageschreiben – in ihrer konkreten Realisation untersucht, wobei angemerkt werden

[14] Vgl. hierzu auch die Bestimmung in Bonacchi (2010a: 78): „das sekundäre Erkenntnisobjekt der anthropozentrisch orientierten Kulturwissenschaft sind die Realisierungsformen dieser Eigenschaften (die kulturellen Hervorbringungen, die Texte, die Werke, die Manufakte, die Artefakte und Mentefakte, bzw. Werte, Ideen sowie die Verhaltensweisen usw.) vor allem vor dem Hintergrund der kulturellen Konstituenten (…)."

muss, dass sich hinter diesen Realisierungen gewisse Konzepte – „fakty mentalne“ (vgl. Grucza S. 2007b: 89) – verstecken.
Im Zusammenhang damit werden auch die thematische Struktur der Absageschreiben analysiert und die Funktionen dieser Schreiben bestimmt (Kapitel 4.2.1.).

Die Analyse erfolgt auf der Grundlage des handlungsorientierten Ansatzes zur Textsortenanalyse[15], im Lichte deren „Handeln mit Sprache als eine spezifische Form menschlicher Tätigkeit (und somit gesellschaftlicher Tätigkeit)“ angesehen wird, „durch welche die Handelnden die Wirklichkeit verändern, und zwar indem sie Zwecke ausbilden, die ihre Handlungen im Vollzug determinieren.“ (von der Lage-Müller 1995: 49). Diese Handlungen stellen dabei eine Grundlage für die Herausbildung von „Handlungsmustern“, auch „sprachlichen Handlungsmustern“ dar, die

> Formen von standardisierten Handlungsmöglichkeiten sind, die im konkreten Handeln aktualisiert und realisiert werden. Die Handelnden verwirklichen in ihrem Handeln ihre Zwecke. Die einzelnen Muster bilden Potentiale für die Realisierung von Zwecken, derer sich die Handelnden bei ihren Handlungen bedienen. Jedes Muster ist auf einen spezifischen Zweck potentieller Handelnder bezogen: es wird durch diesen Zweck strukturiert. Dieser Zusammenhang kann abkürzend auch so benannt werden: das Muster hat einen Zweck; auf ihn ist es funktional bezogen. (Ehlich/Rehbein 1979: 250).

Sie gehören zum „kommunikativen Handlungswissen, das im konkreten Handeln aktiviert wird“ und in Bezug auf die Realisierungsart in einem Text werden sie somit zu Textmustern, also „gesellschaftlich determinierten, von Individuen interiorisierten Schemata/Mustern, die auf komplexe Interaktions- und Textganzheiten bezogen sind.“ (Heinemann 2000b: 23). Die Texte dagegen werden als „Mittel zum Vollzug gesellschaftlich relevanter Handlungen und insofern als Handlungsträger verstanden.“ (von der Lage-Müller 1995: 50), also in unserem Kontext als Folge von auf eine bestimmte Art und Weise vorkommenden Sprechakten. Darauf wird im Kapitel 6 und 6.1.2. näher eingegangen.

Eine solche Perspektive des Betrachtens reiht sich teilweise in den von Adamzik (2001) vorgeschlagenen Forschungsrahmen ein, in dem die Textsortenwahl für die Beschreibung in Bezug auf deren Standardisierungsgrad erfolgen soll. Diese bedeute „eine Abkehr von der Untersuchung hochstandardisierter

[15] Vgl. hierzu die Ansätze der illokutiven Textanalyse, denen die Analyse von Motsch/Viehweger (1981) zu Grunde liegt.

Texte“, wie es Bilut-Homplewicz (2013: 95) beurteilt und zugleich anwendet, dass die zur (kontrastiven) Untersuchung herangezogenen Texte, wenn auch standardisiert und konventionalisiert, trotzdem interessante Ergebnisse liefern können, und dies schon wegen des „skalaren Standardisierungsgrads“. Aus diesem Grunde sind die im Mittelpunkt der vorliegenden Studie stehenden Texte – die Absageschreiben – obgleich im hohen Grad formelhaft, worauf im Kapitel 8.4.1. eingegangen wird, als solche zu verstehen, die eine ganze Palette an strukturellen und sprachlichen Aspekten aufweisen und ein interessantes Untersuchungsfeld darstellen. Dies schon deswegen, auch in Übereinstimmung mit Bilut-Homplewicz (2013: 97), dass „alle Texte für die Textlinguistik von Interesse sind (…)“.

Im Lichte der Sprechakttheorie werden die in den Absageschreiben ausgedrückten Illokutionen analysiert (Kapitel 6.3.1.). In unserem Falle handelt es sich um eine komplexe Analyse, die wichtige Schlüsse für den Aufbau der Illokutionsstruktur in den Absageschreiben liefern kann. Die Sprechakte des ABLEHNENs/ABSAGENs werden als sequenzabhängige Sprechakte betrachtet, denen ein Stimulus in Form einer früher eingereichten Bewerbung vorangeht. Dieser wurde in der vorliegenden Studie als ANGEBOT identifiziert. Bei der Analyse der Illokutionsstruktur wird der Versuch unternommen, zu zeigen, in welcher Begleitung die Sprechakte des ABLEHNENs/ABSAGENs realisiert werden und in welcher Kombination sie vorkommen, was zugleich einen Einblick in die Strategien des Neinsagens ermöglicht.

Dies bildet eine Übergangsbrücke zur Besprechung der Absageschreiben im Lichte der Höflichkeitsforschung (Kapitel 8), was in Anlehnung an den *face*-Begriff von Goffman (1955, 1967), die Theorie der Höflichkeit von Brown/Levinson (1978, 1987) und die modernere Auffassung der Höflichkeitskompetenz von Bonacchi (2011, 2013) erfolgt. Dabei wird auf die Strategien der Höflichkeit in den untersuchten Texten eingegangen. Höflichkeit wird als ein Mittel aufgefasst, das bewusst eingesetzt wird, um bestimmte Ziele – hier Reaktionen seitens des Bewerbers – zu erreichen. Die in den Absageschreiben angewendeten Strategien der Höflichkeit werden in Bezug auf ihren Wahrheitsgehalt hin überprüft, was in der Analyse der Absageschreiben im Lichte der Theorie der Lüge gipfelt. Zu diesem Zwecke wird auf die thematischen Teile der Absageschreiben eingegangen, in denen *white-lies* eingesetzt werden. Dieselben Ziele werden bei der Besprechung der Komplimente, darunter auch der Absage-Komplimente, in den Absageschreiben verfolgt.

Zum Schluss wird versucht, die emotionale Seite der Absageschreiben zu besprechen (Kapitel 9). Dabei handelt es sich um den Einsatz der expressiven Sprechakte in den besprochenen Texten sowie deren Anteil an der Illokutionsstruktur und Beitrag zum Ausdruck gewisser Emotionen seitens des Senders. Dies erfolgt in Anlehnung an die Typologie der Expressiva von Marten-Cleef (1991).

1.6. Kommunikationsstruktur in den Absageschreiben

Es wird davon ausgegangen, dass „Sprache ein Mittel zu einem Zweck" ist, und dass die sprachliche Kommunikation „grundlegend kooperativ zwischen einem Sprecher S und einem Hörer H erfolgt", wobei „Kommunikation eine spezifische Form der Interaktion ist" und „Interaktion eine wesentliche Erscheinungsweise menschlicher Handlungen ist" (Redder 2010: 11), die in einer bestimmten Situation stattfindet.

Wie es aber Grucza F. (2005: 60) anführt, „bez odwołania się do aktu komunikacyjnego, w którego efekcie powstał (...) tekst, nie sposób ustalić jego statusu, a bez uwzględnienia statusu tekstu oraz kontekstu, w którym zostało umieszczone (...) wyrażenie nie sposób adekwatnie określić ani jego wartości, ani jego znaczenia."

Im Falle der Absageschreiben handelt es sich um eine Situation, in der es zur Interaktion zwischen dem Sender (= Absageschreiber) und dem Empfänger (= Bewerber) kommt, wobei die Reaktionen der Bewerber schwer überprüfbar sind. Beide Interaktanten sind in eine bestimmte Gruppe und Gesellschaft eingebettet und befinden sich in einem Interaktionsprozess (vgl. Große 1976: 11). Sie interagieren auf Grund von bestimmten Regeln und als Mitglieder von bestimmten Gruppen in Rollen, „die sich innerhalb eines gegebenen Feldes sozialer Beziehungen aus dem wechselseitigen Bezug zwischen einer sozialen Position (…) und anderen, z.B. unter- oder gleichgeordneten Positionen (…) ergibt." (Große 1976: 13).

Die grundlegenden Komponenten einer Kommunikationssituation werden schon auf der Ebene der Äußerung sichtbar. Simmler (1984: 32) unterscheidet hierbei zwischen den externen Bedingungen für sprachliche Äußerungen, zu denen gehören: Sprecher / Schreiber, Hörer / Leser, Ort, Zeitpunkt / Zeitabschnitt, Medium, und den internen Bedingungen, zu denen er die Existenz eines Kodes rechnet.

Bei Zimmermann (1978: 52) werden mehrere Komponenten der schriftlichen Kommunikation genannt:

1. Schreiber und seine Merkmale:
   a. sein sozialer Status,
   b. seine persönliche Sozialisation:
      - sein enzyklopädisches Wissen,
      - seine literarische Kompetenz,
      - seine Kenntnisse der Medien,
   c. seine Annahme über den Leser:
      - dessen Wissen,
      - dessen literarische Kompetenz,
      - dessen Vertrautheit mit Medien,
      - die Antizipation der Lesestrategie,
   d. seine Absichten, die er mit der Abfassung des Textes verfolgt,
   e. seine psycho-physische Disposition,
2. Leser und seine Merkmale:
   a. sein sozialer Status,
   b. seine persönliche Sozialisation,
      - sein enzyklopädisches Wissen,
      - seine literarische Kompetenz,
      - seine Kenntnisse der Medien,
   c. Annahmen über den Schreiber:
      - dessen Zeit und Ort,
      - dessen Status innerhalb von Medien,
      - dessen sozialer Status,
3. Kanäle: Computerschrift,
4. Raum und Zeit,
5. Referenz,
6. Botschaft (Textstruktur),
7. Codes – sprachlich.

Die kommunikative Situation, mit der wir es im Falle der Absageschreiben zu tun haben, hat eigentlich eine einfache Struktur, auch wenn sie nur auf das bekannte Kommunikationsmodell von Jakobson (1960) bezogen wird[16]. Wir finden in der von uns analysierten Situation die gleichen Komponenten einer Kommunikationssituation wie in anderen Fällen. Dimter (1981: 39ff.) nennt sie „situative Merkmale". Sie bilden die Grundlage der Textklassifikation und umfassen folgende Komponenten:

1. Textproduzent; nach Dimter (1981: 40) ist dieses Merkmal „ein distinktives Element für verschiedene Textklassen." In unserem Falle wird der Textproduzent als jemand identifiziert, der in der jeweiligen Firma für das Verfassen der Antworten auf Bewerbungen zuständig ist, kurz: Absageschreiber.
2. Textrezipient, der nach Dimter (ebd.: 41) als „situatives Merkmal textklassendifferenzierend wirken kann." In den Absageschreiben erfüllt der Bewerber die Rolle des Textrezipienten.
3. Definitheit vs. Anonymität der Kommunikanten; es handelt sich dabei um die Antwort auf die Frage, wer für wen den Text verfasst hat. Im Falle der Absageschreiben ist das Kriterium der Definitheit auf beiden Seiten erfüllt.
4. Kanal, wobei man zuerst zwischen dem akustischen und optischen Übertragungskanal unterscheidet. Bei dem Medium Schrift, wie in unserem Fall, geht es um die optische Wahrnehmungsperspektive.
5. Zeitrelation, d.h. Zeitpunkt der Äußerung, bei der es um die Relation zwischen dem Zeitpunkt der Textproduktion und Textrezeption geht.
6. Ortsrelation, mit der das Verhältnis zwischen dem Produktions- und Rezeptionsort angegeben wird.
7. Kontakt, bei dem in Bezug auf die Gleichzeitigkeit der Kommunikation symmetrische und asymmetrische Relation unterschieden werden.
8. Anzahl der Kommunikationsteilnehmer, die sich in unserem Falle auf zwei beläuft.

In Bezug auf den Charakter der Kommunikation, mit der wir es im untersuchten Fall zu tun haben, handelt es sich in der besprochenen Konfiguration um

[16] Vgl. hierzu auch die Ausführungen zu den Kommunikationsmodellen von Grucza F. (1978, 1992).

die sog. „Beziehungsrollen“[17], die „sich aufgrund der Beziehungen konstituieren, die Individuen in gruppen- oder paardynamischen Prozessen miteinander entwickeln (...)“ (vgl. Rauch 1992: 48).

Eine Absage wird in einer Situation ausgedrückt, der eine Bitte[18], ein Vorschlag[19], ein Angebot[20] (schriftlich oder mündlich formuliert) oder eine Einladung[21] vorangegangen ist[22]. Man spricht in diesem Zusammenhang über „sequenzabhängige sprachliche Handlungen“ (Hindelang 2010: 9) und ABLEHNEN/ABSAGEN gilt in diesem Kontext als „Reaktion auf einen vorhergehenden Zug des Kommunikationspartners“ (ebd.). Die Sequenzabhängigkeit sowie der reaktive Charakter der Absageschreiben werden in Kapiteln 6.1.2. und 6.1.1. thematisiert. Die Charakteristik der Kontextsituation ermöglicht es, die Konstellation der Interaktanten zu bestimmen. Dazu gehören der Sender und der Empfänger, die in einer gewissen Relation zueinander stehen und sprachlich handeln, die Situation, in die sie verwickelt sind, und ihr Wissen, v.a. Weltwissen[23].

Ein solcher Zusammenhang setzt das Vorhandensein von mindestens zwei Partnern voraus, die in einer bestimmten Kommunikationssituation interagieren. Das lässt sich schematisch folgendermaßen darstellen:

[17] Zur Typologie der Rollentypen in Ritualen vgl. Rauch (1992: 48ff.).

[18] Der Sprechakt BITTE gehört zu den direktiven Sprechakten, mit denen seitens des Sprechers versucht wird, eine bestimmte Handlung beim Adressaten hervorzurufen (vgl. Searle 1975) und wird folgendermaßen verstanden: es sei ein „an jdn. gerichteter Wunsch“ (Duden 2007: 311); vgl. auch Kapitel 6.1.1.1.

[19] Der Sprechakt VORSCHLAG gehört auch zu den „direktiven Sprechakten“, (vgl. Searle 1975) und bedeutet „etw., was jd. jdm. vorschlägt; die Empfehlung eines Plans“ (Duden 2007: 1870); vgl. auch Kapitel 6.1.1.1.

[20] Der Sprechakt ANGEBOT gehört auch zu den „direktiven Sprechakten (vgl. Searle 1975) und bedeutet „etw., was jmdm. angeboten, vorgeschlagen wird“ (Duden 2007: 141).

[21] Im Falle der Absageschreiben ist es schwer von einer Einladung im Sinne der vorangegangenen Bewerbung zu sprechen. Aus diesem Grunde wird es nicht näher thematisiert.

[22] Vgl. hierzu die Typen von initialen Sprechakten im Kapitel 6.1.1.1.

[23] Vgl. hierzu van Dijk (1980).

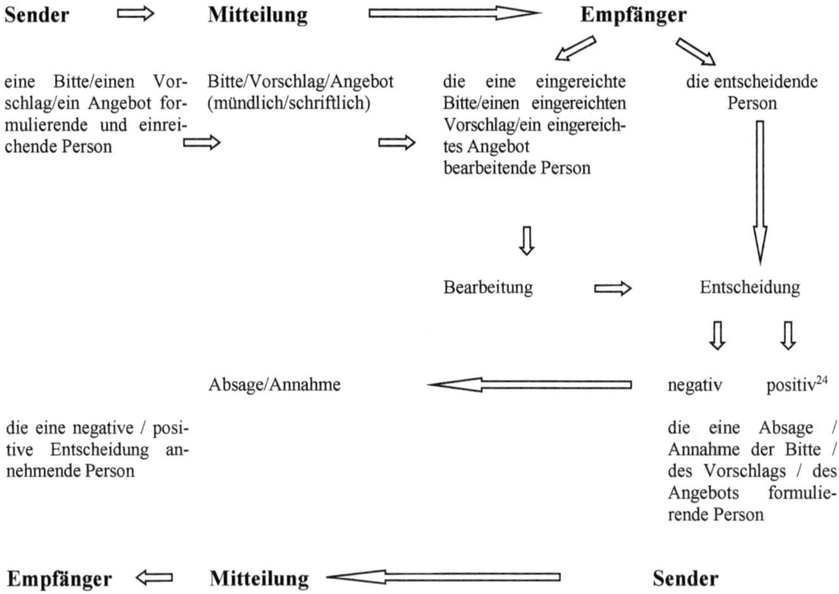

Schema 1. Verlauf der Kommunikation bei der Realisierung der Sequenz Angebot/Bitte – Entscheidung

Bemerkenswert ist dabei der sequentielle Rollenwechsel von Sender und Empfänger, der von der kommunikativen Situation erzwungen wird. Dabei werden in den beiden Sequenzen den Interaktanten bestimmte „Aufgaben" zugeordnet:

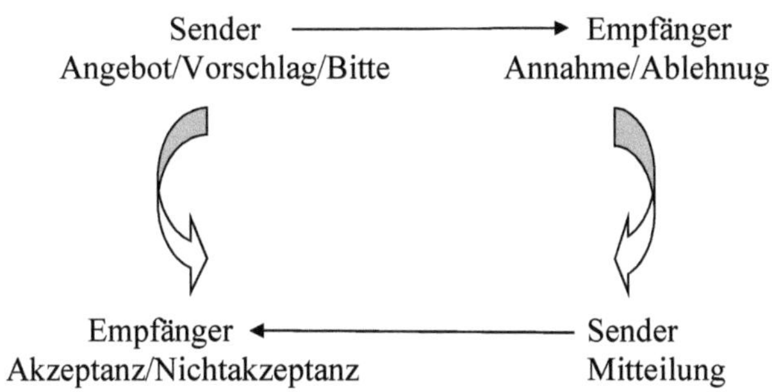

Schema 2. Rollenwechsel in der Sequenz Angebot/Vorschlag/Bitte – Annahme/Ablehnung

[24] Es wird, wie im Falle aller Entscheidungen, angenommen, dass auf eine Bitte, einen Vorschlag oder ein Angebot eine positive Antwort erfolgen kann. Da der Gegenstand der vorliegenden Studie Absageschreiben sind, wird der Schwerpunkt nur auf negative Antworten gelegt.

Wenn man diese Kommunikationssituation auf den Bewerbungsprozess überträgt, erhält man Folgendes:

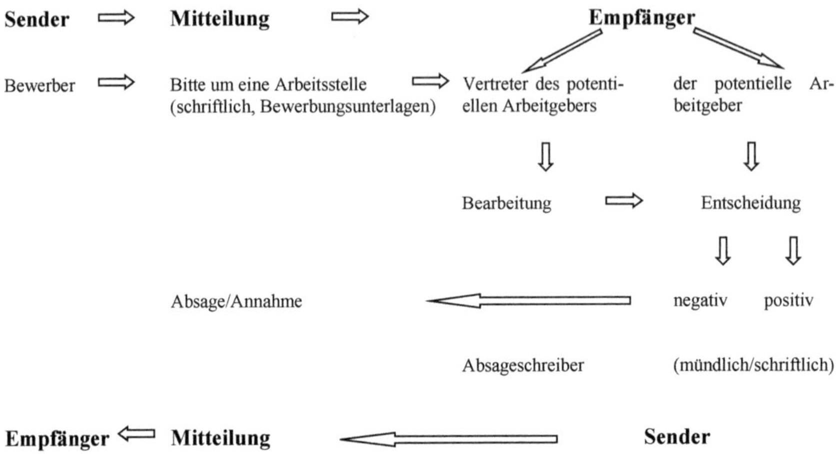

Schema 3. Darstellung der Kommunikation zwischen dem Bewerber und dem Absageschreiber

Beim Verfassen einer Absage, wie es Drescher (1994: 120) expliziert, „kommt es seitens (…) des potentiellen Arbeitgebers in der Regel zu einer, sich aus der Arbeitsteilung ergebenden Aufspaltung der Sender- bzw. Empfängerrolle – etwa in Absender (= Unternehmen, Schreiber = Sekretariat) und Verfasser (= Sachbearbeiter/in).“

Im Lichte dessen kann man dann die Absageschreiben auf Bewerbungen als solche Texte[25] definieren,

> die 1. auf der Grundlage einer schriftlichen Bewerbung[26], 2. die von einem Kommunikationspartner (= Bewerber) 3. an den anderen Kommunikationspartner (= den potentiellen Arbeitgeber) gerichtet wird, 4. von dem anderen Kommunikationspartner (= dem potentiellen Arbeitgeber) verfasst werden, 5. und eine negative Entscheidung in Bezug auf die eingereichte Bewerbung enthalten.[27]

[25] Die Definition bezieht sich auf die im Korpus dominierende Textsorte – eigentliches Absageschreiben. Die zwei weiteren Typen der Absagen (Aperitif-Briefe, Eisschreiben) werden im Weiteren besprochen.

[26] Hier verstanden als Angebot, vgl. hierzu Kapitel 6.1.1.1.

[27] Die Definition der Absageschreiben wurde in den folgenden Beiträgen 2006a, 2006b, 2007, 2009 von Szczęk thematisiert. Im Lichte der andauernden Analyse wurde sie im Vergleich zu den angeführten Werken für die vorliegende Studie erweitert und ergänzt.

Die in den Absageschreiben dominierende Absicht des Textproduzenten (= des Senders, Absageschreibers) ist das Ausdrücken einer Absage, als Reaktion auf einen Stimulus (= Bewerbung), daher gehört ABLEHNEN/ABSAGEN zu den reaktiven Sprechakten[28]: es sei eine Reaktion-Äußerung auf eine Aktion-Äußerung (vgl. Gałczyńska 2003: 33), also eine Reaktion auf direktive Sprechakte. Darauf wird genauer im Kapitel 6.1.1. eingegangen.

[28] Zum ABSAGEN/ABLEHNEN in der Sprechakttheorie vgl. Kapitel 6.1.

2. Die Kunst des Neinsagens in Kultur und Sprache

Neinsagen[29] ist nicht leicht zu vollziehen und in der verbalen und nonverbalen Ausführung kulturell geprägt. Daher – wie es Mikołajczyk (2007: 256) anführt – „(…) ist das Wissen um den angemessenen und zielführenden Sprachgebrauch eine notwendige Voraussetzung für verbale Kommunikation."

Hinzu kommt die Tatsache, dass jede Sprachkultur ihre Strategien entwickelt, um jede Intention – in unserem Falle das Neinsagen – zum Ausdruck zu bringen. Und dies nicht nur mittels sprachlicher Ausdrücke, sondern auch mit Hilfe nonverbalen Verhaltens, die ein friedliches Zusammen-, Neben- und Miteinanderleben erleichtern, was Tomiczek (1992: 16) folgendermaßen zusammenfasst: „Rzadko też zdajemy sobie sprawę z tego, że każdy język dysponuje sporym potencjałem form, które nie tylko umożliwiają człowiekowi działanie w ramach przyjętych norm społecznych (konwencji), lecz jakże często w sposób subtelny, acz zamierzony stają się narzędziem bezpośredniego oddziaływania na partnera (partnerów) interakcji." Die Sprache stellt einem also eine breite Palette an Mitteln zur Verfügung, die es ermöglichen, seine Intention – hier Neinsagen – zu verbalisieren. Das größte Problem besteht jedoch darin, dass es vielen Menschen einfach schwerfällt, „Nein"/„nein" zu sagen und die Gründe dafür mögen unterschiedlich sein. Hinzu kommen auch andere Faktoren, die Fetzer (1998: 183, Hervorhebung im Original) wie folgt zusammenfasst:

> NEIN-SAGEN ist als ein äußerst komplexes Handlungsmuster einzustufen, bei dessen oberflächensprachlicher Realisierung nicht nur soziale und interpersonale, sondern auch kulturelle Faktoren von einer nicht zu unterschätzenden Bedeutung sind, v.a. im Hinblick darauf, WAS durch ein NEIN zum Ausdruck gebracht wird, bzw. zum Ausdruck gebracht werden kann.

In der Ratgeberliteratur sind ganz klare und direkte Ratschläge zu finden, wie man lernen kann, Nein/nein zu sagen. Darauf wird im Kapitel 2 ausführlicher eingegangen.

Im Folgenden wird das Problem des Neinsagens näher thematisiert. Zuerst werden die Aspekte der kulturellen Verankerung des Neinsagens beschrieben. Diese Ausführungen ergänzt ein Exkurs zur Assertivität. Im Weiteren werden die sprachlichen Aspekte der Sprechhandlung ABLEHNEN/ABSAGEN präsentiert.

[29] Neinsagen ist „ein lokutiver Teilsprechakt (…)" (Wagner 2001: 253).

2.1. Kulturelle Verankerung des Neinsagens

Grein (2008: 16) stellt fest: „Grundlegend für die individuelle sprachliche Handlung ist meines Erachtens die kulturelle Prägung der Sprecher und Sprecherinnen“ (Grein 2008: 16). Dies trifft auch auf unsere Untersuchung zu, was anhand der pragmalinguistischen Analyse von ausgewählten Aspekten der Absageschreiben im Weiteren gezeigt wird.

ABSAGEN oder ABLEHNEN sind Sprechhandlungstypen (vgl. Kapitel 6), die uns jeden Tag begleiten. In vielen Situationen werden wir gezwungen, eine bestimmte Stellungnahme zu beziehen und deutlich „Ja“ oder „Nein“ zu sagen. Eine solch offene Willensdeklaration, v.a. in Bezug auf die Antwort „Nein“, fällt uns aber nicht leicht[30], weil – wie Gałczyńska (2005: 113) feststellt – „Akt ten jest bowiem sprzeczny z oczekiwaniem nadawcy wypowiedzi-akcji i narusza jego godność.“ Dies wird auch von Bonacchi (2011b: 112) bestätigt, die anführt: „Verweigerungen gehören zu den kritischen[31] Sprechakten, die auf pragmatischer Ebene gegen das Kooperationsprinzip verstoßen, da sie den Einklang zwischen Interaktanten gefährden.“

In Bezug auf das Polnische räumt Marcjanik (2014: 197) zwar ein, dass „odmowa nie pociąga za sobą żadnych poważnych sankcji (...)”, aber die anderen Folgen sind desto deutlicher sprürbar: „(…) konsekwencje towarzyskie odmowy są na tyle uciążliwe, że Polakom – nie przyjmującym w większości postawy asertywnej – odmawianie przychodzi z trudnością.”

ABLEHNEN/ABSAGEN erfolgt immer in einem gewissen Kontext und unter bestimmten Umständen. Die außersprachlichen Faktoren, wie etwa das Rollenverhältnis zwischen Sender und Empfänger, deren sozialer Status, die temporale und räumliche Dimension u.a.[32], sind ebenfalls relevant und üben einen wesentlichen Einfluss auf die Form des Neinsagens aus, denn „sposób formułowania odmowy świadczy o stosunku nadawcy do adresata aktu. (...)”[33]

---

[30] Vgl. hierzu z.B. das *face*-Konzept nach Goffman (1955) und die Strategien der Höflichkeit, die im Falle der Gesichtsbedrohung wie Ablehnen, Absagen, Neinsagen, eingesetzt werden (können), sowie Kapitel 8.

[31] Sie werden auch konfliktive Sprechakte genannt, vgl. Unwerth/Buschmann (1981).

[32] Die kommunikative Struktur in den Absageschreiben wird im Kapitel 1.6. besprochen.

[33] Vgl. hierzu auch die Feststellung Krügers (1993: 122f.): „Wie bei kooperativen Bestätigungen auch, sind die einzelnen Typen von Sprechhandlungen des Nicht-AKZEPTIERENs (–AKZEPTIERENs) eng an die aktuelle Rollenbeziehung zwischen E und I gebunden.“

(Gałczyńska 2005: 117). Die Sprache bietet uns dabei vielfältige Mittel, auf die wir zurückgreifen können, um unsere oft (un)gewollte ABLEHNUNG auszudrücken. Auch das nonverbale Verhalten beim Neinsagen soll nicht übersehen werden, wobei dies in der Forschung nicht oft thematisiert wird.[34]

ABLEHNEN/ABSAGEN wird, wie andere Redegattungen (vgl. Bachtin 1979/1986), in der Forschungsliteratur als ein Typ der „Redegenres“ (vgl. Wierzbicka 1983) betrachtet, die vom soziokulturellen Kontext abhängig sind. Demgemäß können Redegenres als eine Informationsquelle über die jeweilige Kultur angesehen werden, was auch Duszak (1998: 239) im folgenden Zitat bestätigt: „Rejestry genrów są zawsze ustalane względem jakiejś społeczności językowej, a tym samym także i względem jakiejś kultury. Są one rozpoznawalne jako coś, co daje się wyodrębnić w świadomości językowej danego społeczeństwa i co odbija główne jego potrzeby w sferze zachowań językowych” (Duszak 1998: 239).

Im Kapitel 6 wird ABLEHNEN/ABSAGEN als ein komplexer Sprechhandlungstyp definiert. Dies erfolgt im Kontext der deutschen Kultur, denn die Grundlage für eine solche Betrachtungsweise stellen Erzeugnisse der deutschen Kultur in Form von bestimmten Textsorten – hier Absageschreiben – dar, in denen dieser Sprechhandlungstyp manifest wird und dominiert[35]. Daher betrachten wir ABLEHNUNG/ABSAGE als ein Element der jeweiligen Kultur, hier der deutschen[36], und versuchen die für diese Kultur typischen Charakteristika der

[34] Diese Thematik wird sehr oft nur auf die Manifestation des Neinsagens in anderen Sprachkulturen reduziert. Als das markanteste Beispiel wird hierbei Bulgarien angeführt. Ergänzt werden solche Ausführungen um einige Bemerkungen in Bezug auf asiatische Kulturen; vgl. hierzu auch die Diskussion über den Einsatz der neuen Medien zur Vermittlung der nichtverbalen Mittel in Adamzik (im Druck: 3), was weitgehend mit dem Ansatz zusammenhängt, Texte multimodal und multikodal zu betrachten und sie interdisziplinär zu untersuchen (vgl. hierzu auch z.B. Bilut-Homplewicz 2013, Berdychowska/Bilut-Homplewicz/Mikołajczyk 2013).

[35] Das bestätigen die Ergebnisse unserer Analyse im Bereich der Sprechakte in den Absageschreiben (vgl. hierzu Kapitel 6.3.) und der dominierenden Textfunktion in den untersuchten Texten (vgl. hierzu Kapitel 4.2.1.).

[36] Gałczyńska (2003) analysiert die Sprechakte ABLEHNEN/ABSAGEN im Polnischen, Grein (2007) macht die Sprechaktsequenz Direktiv und Ablehnung im Deutschen und Japanischen zum Gegenstand ihrer Untersuchung. Bekannt sind auch konfrontative Untersuchungen zum höflichen Verhalten und dessen Manifestation in der Sprache in Bezug auf Deutsch und weit entfernte und aus unserer Perspektive immer noch als „exotisch“ empfundene Kulturen, z.B. Chinesisch, Japanisch, in denen auch auf die Problematik des „Neinsagens“ eingegangen wird. Ein Überblick über die Forschung in diesem Bereich wird im Kapitel 1.1. präsentiert.

Sprechhandlung ABLEHNEN/ABSAGEN in Anlehnung an das gesammelte Korpus darzustellen. Es lassen sich natürlich auch gewisse Verallgemeinerungen nicht vermeiden, welche die in verschiedenen Kulturen geltenden Verhaltensmuster in bestimmten Situationen betreffen.

Der Analyse liegt das Konzept der Kultur[37] von Grucza F. (1988: 325) zu Grunde, in dem sie folgendermaßen expliziert wird: „Kultur ist alles, was Menschen geschaffen, erfunden bzw. geformt haben, gleichgültig, ob es sich auf sie selbst oder auf ihre Umwelt bezieht, ob es als Bestandteil ihrer selbst, ihres Bewusstseins, ihrer Mentalität in ihnen (internalisiert) zurückgeblieben oder zu externalisierten Objekten verarbeitet worden ist.“ Dabei gilt das Hauptaugenmerk dem Menschen, der im Zentrum steht, da – wie Żebrowska (2013: 29) in Anlehnung an Grucza (1992: 49) anführt –

> sich die Kultur in einem Menschen internalisiert, so dass er fähig ist, sich ihrer zu bedienen und konkrete Gegenstände oder Äußerungen der Kultur hervorzubringen. In jedem Individuum konstituiert sich kulturelle Kompetenz, die die angeborenen menschlichen kulturellen Fähigkeiten und sein Kulturwissen[38] umfasst. Auf dieser Grundlage kann sich jeder Mensch der Kultur als einem System von Regeln und ihrer Werke (darunter auch der Texte) bedienen.

Bisherige Untersuchungen im Bereich des ABLEHNENs/ABSAGENs, wie etwa in Bonacchi (2011a, 2011b, 2013) bestätigen die These, dass höfliche Verweigerungen durch Gebote und Verbote, die kulturell verankert sind, gesteuert werden[39]. Für das Polnische und Italienische nennt Bonacchi (2013: 213) z.B. folgende:

Gebote:

Berücksichtige Deinen Gesprächspartner, unterstütze ihn!

Minimalisiere Deine Verdienste und Deine Leistungen!

Verbote:

Verletze Deinen Partner nicht, auch auf Kosten deiner Individualität!

---

[37] Auf weitere Definition(en) von Kultur wird in der vorliegenden Studie nicht eingegangen, vgl. aber hierzu Studien zu der heutigen Kulturauffassung, z.B. in: Grucza F. (2000, 2012a, b), Bonacchi (2010a, 2012a, 2013), Vivelo (1981), Krąpiec (1991) u.a.

[38] Darunter versteht man Wissen, das Konzeptionswissen, Realisierungswissen und Routinewissen umfasst, vgl. hierzu das Modell des Kulturwissens von Fix (2006: 263ff.).

[39] In den formulierten Geboten und Verboten ist das Konzept der „Höflichkeitsmaximen“ von Leech (1983) erkennbar, wobei in dem besprochenen Falle Gebote und Verbote als Schlüsse der Analyse im Rahmen der von Bonacchi (2011b) interkulturell angelegten Studie zu interpretieren sind.

Wecke den Neid Deines Partners nicht!

Zugleich merkt sie an, dass für beide erwähnten Sprachen eher Minimierungsstrategien typisch sind.

Für Deutsch hingegen nennt Bonacchi (2013: 214) folgende Strategien:

Gebote:

Handle konsequent, sei kohärent in Wort und Tat! Betone Deine Individualität, Du wirst dafür geschätzt! Schütze Dein Recht auf Privatraum und Privatleben![40]

Verbote:

Überschreite den Handlungsspielraum Deines Partners nicht!

Dabei bestätigt sie, dass für das Deutsche Zuverlässigkeit und Worthalten sehr wichtig sind.

Beim Neinsagen handelt es sich oft um auf alltäglichen Beobachtungen und Erfahrungen im Kontakt mit anderen Kulturen basierende stereotype Meinungen, die sich auf die in der jeweiligen Kultur entwickelten Verhaltensmuster[41] / Handlungsschemata[42] beziehen. Bonacchi (2013: 18) verweist in diesem Kontext auf die kulturelle Entwicklung des Menschen in Gruppen, „in denen er bestimmte Handlungsmuster, Verhaltensmuster, Werte, Denkschemata vorfindet, die sein Handeln prägen.“[43] Dies trifft auch auf das Neinsagen zu, zumal man in diesem Kontext an die stereotypen Meinungen in Bezug auf bestimmte Verhaltensweisen in den jeweiligen Sprachkulturen denkt.

Es wird z.B. immer wieder angeführt, dass in den asiatischen Kulturen Neinsagen vermieden wird[44], da es als unhöflich und gesichtsbedrohend gilt (vgl. Brown/Levinson 1978, 1987). Aus diesem Grunde werden von den Asiaten vielerlei „Ausweichmanöver“ gebraucht, um der Gefahr, *Nein*/*nein* sagen zu

[40] Das entspricht weitgehend den Rechten eines assertiven Menschen, vgl. hierzu Kapitel 2.1.2.

[41] Vgl. hierzu den Begriff der „kulturellen Deutungsmuster“, den Bonacchi (2013: 37) in Anlehnung an Altmayer (2004: 156) anführt.

[42] Vgl. hierzu die Definition der Schemata nach Mandl/Spada (1988: 124) zit. in Bonacchi (2013: 39).

[43] Vgl. hierzu auch die These von Bonacchi (2013: 37), die besagt, dass „das Subjekt in seiner Lebenswelt bzw. in seinem konkreten alltäglichen Handeln von Denk- und Handlungsschemata gesteuert wird und mit Denk- und Handlungsschemata konfrontiert ist, die polykulturell bestimmt sind und polylektal vermittelt werden können. Diese Denk- und Handlungsschemata sind ihm gleichsam vor-gegeben.“, wobei der Mensch als „Kultursubjekt“ (ebd.: 20) mit der Welt interagiert.

[44] Vgl. hierzu die interkulturell angelegten Studien zur Höflichkeit in Marcjanik (2007a).

müssen, zu entkommen. Als Beispiel mögen hier meine Kontakte mit einem Japaner während eines DAAD-Stipendiumaufenthalts an der Julius-Maximilians-Universität in Würzburg 1997/1998 angeführt werden, der auf viele Vorschläge meinerseits auf gleiche Art reagierte, indem er diese mit dem Satz quittierte: „Ich werde mich bemühen." Aus unserer Perspektive kündigte der Satz „Ich werde mich bemühen." ein VERSPRECHEN an, daher wurde dieses Verhalten im Kontext der im Nachhinein nichterfüllten Versprechen seitens unseres Kollegen anfangs als unhöflich interpretiert. Es hat ein wenig gedauert, bis wir in dieser Formulierung eine versteckte Absage entschlüsselt haben. Es ist nur ein Beispiel für Missverständnisse in der Kommunikation, die sich aus der Unkenntnis anderer Kulturen und v.a. der in diesen geltenden Verhaltensmuster ergeben können. Es zeigt auch, dass im Kontakt mit anderen Kulturen das mindeste Grundwissen über die jeweilige Kultur erforderlich ist, denn es wirkt sich in gewissem Masse auf die Kommunikation aus und verhilft dazu, Missverständnisse zu vermeiden. Es handelt sich also um das „nicht wissenschaftliche Wissen", das „eine Art des Wissens ist, das für die Orientierung im Leben unentbehrlich ist. Es ist nicht nur praktisches Wissen, sondern auch ein Weltwissen, das die Menschen u.a. in Form von Denk- und Handlungsschemata verinnerlicht haben und ständig anhand ihrer Lebenserfahrungen erweitern." (Bonacchi 2013: 35).

In diesem Kontext kann man auch den Begriff der *fremdkulturellen Höflichkeitskompetenz* anführen, mit der nach Simon (2009: 268) „das Wissen um situationsgebundene Höflichkeitskonventionen, um deren Bedeutung für den Erfolg von sprachlichen Handlungen sowie um diesbezüglich feststellbare kulturelle Unterschiede (…)" gemeint wird.

Mit einer solchen Art des Wissens haben wir es auch im Falle der Verhaltens- bzw. Handlungsmuster beim Neinsagen zu tun. Hierzu sind auch die alltäglichen und oft stereotypen Zuordnungen der Kulturen in Bezug auf das Neinsagen zu bestimmten Charakteristika zuzurechnen, z.B. die Beobachtung, dass Amerikaner offener in ihrer Ausdrucksweise seien und keine Probleme mit einem klaren Ausdrücken der Ablehnung / Absage hätten, und dass Polen dagegen nichtassertiv und eher defensiv beim Ablehnen / Absagen reagieren[45]. In Bezug

[45] Vgl. hierzu Marcjanik (1997) zit. in Gałczyńska (2003: 24): „Odmawianie nie jest zgodne z normami polskiego modelu grzeczności, który nakazuje między innymi aprobatę i życzliwość

auf das Deutsche gibt Bonacchi (2013: 214) an, dass dafür Sachorientierung charakteristisch sei, und als Folge dessen Deutsche keine Probleme damit hätten, direkt *Nein/nein* zu sagen. Dieselben Beobachtungen verzeichnet Itakura (2001: 383), die das Verhalten von Deutschen und Japanern bei Verkaufsgesprächen im Vergleich analysiert, und sich neben Empfehlungen auch auf Absagen konzentriert. Solche Beobachtungen schlagen sich auch in den geltenden Konventionen – Verhaltens- und Handlungsschemata – bei der Bewältigung von Kommunikationssituationen nieder, und können als die für diese Kulturen typischen Verhaltensmuster betrachtet werden[46].

Für südländische Kulturen dagegen, wie Bonacchi (2013: 77) angibt, seien positive Höflichkeitsstrategien charakteristisch, und dementsprechend „werden Verweigerungen und Ablehnungen oft indirekt ausgedrückt“, wobei diese aber vom Empfänger ohne Probleme nachvollziehbar sind. Im Kontrast dazu stehen die sog. westlichen Kulturen, zu denen auch Deutschland gehört. Für diese seien die „(…) Betonung der Eigenständigkeit, Unabhängigkeit und Privatsphäre der an der Kommunikation Beteiligten“ typisch (vgl. Bonacchi 2013: 77).
Was die polnische Kultur angeht, so lesen wir bei Marcjanik (2014: 197) wie folgt: „Polski savoire-vivre traktuje odmowę jako zachowanie, które sprawia przykrość odbiorcy (ale też powoduje dyskomfort nadawcy). Dlatego z odmowy trzeba się z reguły tłumaczyć, uciekając się niekiedy do tzw. grzecznościowych kłamstw[47], byle tylko nie urazić partnera – nie pozbawić go ‚twarzy'.” Diese These wird auch von Gałczyńska (2003: 180) bestätigt, die nach einer Analyse der Absagesprechakte im Polnischen zu dem Schluss gelangt, dass „rzadko spotykamy się w języku polskim z asertywnym sposobem odmawiania. (...) odmawianie – używanie aktów odmowy – sprawia Polakom wiele trudności pozajęzykowych. Polacy w większości nie umieją odmawiać, stanowi to dla nich ogromny dyskomfort psychiczny.” Die Gründe dafür sieht sie in den grundlegenden Regeln des polnischen Brauchtums, v.a. in der Regel des Untergeordnet-

---

dla poczynań partnera, deklarowanie pomocy, a także eksponowanie osoby partnera kosztem podporządkowania mu siebie.”

[46] Vgl. hierzu auch den Begriff der „Distanzkultur“, der in Bonacchi (2013: 77) in Bezug auf England diskutiert wird, und für die „(…) Indirektheit, routinierte Formen (Etikette), Förmlichkeit, Vermeidung persönlicher Involviertheit, Vermeidung des Zeigens von Emotionen“ typisch sind.

[47] Vgl. Kapitel 8.2.5.

seins, die „nakazuje eksponować osobę partnera, nawet kosztem podporządkowania się; zaleca skromność i sytuowanie mówiącego na niższej pozycji (...)", von der „zasada umniejszania własnej wartości, pomniejszania własnych zasług, bagatelizowania przewinień partnera i wyolbrzymiania winy własnej" abgeleitet wird (ebd.: 181). Aus diesem Grunde werden von Polen strategische Verfahren angewendet, um der Gefahr zu entkommen, das Gesicht des Gegenübers[48] zu gefährden. Die Polen „(…) obudowują akty mowy aktami uzasadnienia bądź formułami grzecznościowymi, które mają pomóc im w osiągnięciu celu komunikacyjnego, ale jednocześnie przekonać partnera, iż postępują w sposób zgodny z polską normą obyczajową." Dabei weist sie auf ein Wechselverhältnis im Verhalten beider Interaktanten beim Ablehnen/Absagen hin: „Jeżeli Polacy odmawiają, to starają się to zrobić w taki sposób, aby nie naruszać pozytywnej twarzy partnera i zachować się w sposób jak najbardziej zbliżony do tego, którego oczekuje współrozmówca. Robią tak, ponieważ jako potencjalni odbiorcy takich zachowań zdają sobie sprawę, czego w podobnych sytuacjach oczekiwaliby od swoich partnerów." (ebd.: 181)[49].

Aus den oben erwähnten Gründen ist es notwendig, die genannten Handlungs- bzw. Verhaltensmuster, in unserem Falle in Bezug auf die Absageschreiben, im Rahmen des jeweiligen Kultursystems zu analysieren, das – wie Bonacchi (2013: 46) zu Recht feststellt – „den Rahmen für das kohärente, akzeptable und adäquate soziale Handeln schafft, d.h. (…) den Handlungsrahmen für das sozial handelnde Subjekt definiert." Dies sei mit der „Höflichkeitskompetenz" eng verbunden, denn

> die ‚Beherrschung' der Strategien des Neinsagens kann daher nicht auf die Beherrschung eines Inventars an Instruktionen Soll/Muss reduziert werden, sondern sie setzt eine hohe (inter)kulturelle kommunikative Höflichkeitskompetenz voraus, die zur Beherrschung von komplexen (fremd)kulturellen Deutungsmustern befähigt. (Bonacchi 2013: 215)

2.1.1. Konventioneller Charakter des Neinsagens

Gałczyńska (2003: 21) betrachtet ABLEHNUNG/ABSAGE als Element eines gesellschaftlichen Spiels[50]: „Odmowę traktuję jako element gry, czyli postępo-

[48] Auf die Aspekte der Höflichkeit beim Ablehnen/Absagen wird im Kapitel 8 eingegangen.
[49] Vgl. hierzu auch Nęcki (2000).
[50] Den Ausgangspunkt für ihre These stellt offensichtlich der Begriff des „Sprachspiels" von Wittgenstein (1971) dar.

wania zgodnego z przyjętymi przez interlokutorów jako członków danej społeczności językowej regułami, które określają możliwe posunięcia konwersacyjne na każdym etapie konwersacji."[51] und bedient sich dabei des Begriffs der *Regel*[52]. Meines Erachtens ist für die Analyse der Absageschreiben der Begriff *Strategie* jedoch besser geeignet. Darunter wird ein „genauer Plan des eigenen Vorgehens, der dazu dient, ein militärisches, politisches, **psychologisches** o.ä. **Ziel**[53] zu erreichen, und in dem man diejenigen Faktoren, die in die eigene Aktion hineinspielen könnten, von vornherein einzukalkulieren versucht."[54] (Duden 2007: 1629, Hervorhebung – J. S.) verstanden. In diesem Kontext wird in Bezug auf die Absageschreiben die These aufgestellt, dass im Falle der besprochenen Texte seitens des Senders (= Absageschreiber) ein strategisches Vorgehen bewusst eingesetzt wird, um bestimmte Ziele zu erreichen.

Mit Recht hebt Gałczyńska (2003) den konventionellen Charakter des Neinsagens hervor, beschränkt diesen aber nur auf die Sprache. Demzufolge kann man annehmen, dass der Sender beim Neinsagen bestimmte Regeln befolgt. Sie bestimmen v.a. die Art und Weise, wie das Neinsagen formuliert wird. Diese ergibt sich aus dem Verhältnis (Status, Beziehung zueinander) zwischen beiden Interaktanten, z.B.: direkt oder indirekt. Demgemäß werden auch bestimmte sprachliche Mittel gebraucht, mit denen gewisse Abstufungen z.B. höflichen Verhaltens – hier höflichen Neinsagens – manifestiert werden können.

Nach Gałczyńska (2003) können wir dementsprechend zwar annehmen, dass angeblich[55] jede Sprachgemeinschaft über ihre eigenen Konventionen (= Spielregeln) verfügt, die das Neinsagen bestimmen. Diese Konventionen dürfen unserer Meinung nach jedoch nicht nur auf ihre sprachliche Manifestation be-

[51] Vgl. hierzu auch Marcjanik (2007a: 20), die in jedem höflichen Verhalten Elemente eines von jedem Mitglied der Gemeinschaft akzeptierten Spiels sieht.

[52] Die Verstehensweise des Begriffs „Regel" bei Gałczyńska (2003) entspricht der in Duden (2007: 1370) unter 1.a. angegebenen Definition: „aus bestimmten Gesetzmäßigkeiten abgeleitete, aus Erfahrungen u. Erkenntnissen gewonnene, in Übereinkunft festgelegte, für einen jeweiligen Bereich als verbindlich geltende Richtlinie; [in bestimmter Form schriftlich fixierte] Norm, Vorschrift." und ist im Kontext der von der Autorin durchgeführten Analyse völlig gerechtfertigt.

[53] Es handelt sich hier v.a. um die Beeinflussung der Reaktionen seitens des Empfängers (= Bewerbers) durch z.B. Form, Struktur, gebrauchte Formulierungen, was oft in den Ratgebern hervorgehoben wird, vgl. z.B. Duden (1997: 236).

[54] Vgl. hierzu auch die Auslegung bei Wagner (2001: 99ff.).

[55] Die Verallgemeinerung der Art, dass **jede** Sprachgemeinschaft über Konventionen und Strategien des Neinsagens verfügt, betrachten wir als nicht überprüft.

schränkt werden[56], denn außer den sprachlichen Realisierungen von bestimmten Mustern, die Elemente von Strategien des Neinsagens in der jeweiligen Sprachgemeinschaft sind[57], werden die gesellschaftlichen Konventionen, wenn auch nicht immer, mit Hilfe von nonverbalen Zeichen als Manifestation der nonverbalen Kommunikation[58] realisiert (vgl. hierzu Bonacchi 2013). Das verwundert nicht, denn – wie Kercher (2013) feststellt – „nonverbale Kommunikation ist ein wesentlicher Bestandteil unseres täglichen Lebens. (…) Dass Forscher mittlerweile herausgefunden haben, dass nonverbale Kommunikation einen weit größeren Anteil an der zwischenmenschlichen Verständigung ausmacht als der Inhalt unserer Worte, dürfte daher für viele unglaublich klingen (…).“

Im vorliegenden Fall sind solche körpersprachlichen Zeichen besonders relevant. Sie werden alltagssprachlich unter dem Begriff *Körpersprache* zusammengefasst, die Gestik, Körperhaltung, Orientierung, Berührung, persönlichen Raum (Distanzwahrung), Kopf, Stimme, Augen, Gesichtsausdruck und Geruch umfasst[59] (vgl. hierzu Eunson (1990: 124f.)). Körpersprachliche Zeichen werden von den Mitgliedern einer Sprachgemeinschaft bewusst ausgeführt, z.B. Kopfschütteln, Handbewegungen, um die Wirkung des Neinsagens zu verstärken, oder erfolgen unbewusst, was im Kontext der jeweiligen Kultur immerhin als Konvention gilt. Es gilt nämlich als ein natürliches und unreflektiertes Zeichen, wenn man in Deutschland beim Neinsagen mit dem Kopf schüttelt, denn dieses Zeichen wird einem seit seiner Geburt beigebracht und ist ein in der Gesellschaft anerkanntes Signal des Neinsagens[60]. In anderen Sprachgemeinschaften, z.B. in Bulgarien, was als ein markantes Beispiel immer wieder angeführt wird, wird dieses Kopfschütteln anders gedeutet, da es dort andere Konventionen bezüglich des nonverbalen Verhaltens gibt. Das Übertragen der eigenen

[56] Diese Einschränkung verwundert, zumal Gałczyńskas Korpus „wypowiedzi mówione współczesnych Polaków“ (2003: 31) umfasst.

[57] Zu den Strategien des Ablehnens vgl. Kapitel 6.1.3.

[58] Alltagssprachlich verstanden als „Verständigung ohne Worte“, d.h. „alle Arten von Signalen, die in der menschlichen Kommunikation eingesetzt werden und dabei nicht zur Sprache gehören oder zusätzlich zur Sprache verwendet oder rezipiert werden.“, vgl. Glück (1993: 424); vgl. hierzu auch Ansätze zur Beschreibung der nonverbalen Kommunikation bei Scherer (1972), Argyle (1979, 2005, 2013), Fast (1988), Bonnafont (1990), Cerwinka/Schranz (1999), Nagel (2012), Kercher (2013), Rauch (2004), Bonacchi (2013) u.a.

[59] Auf andere Bereiche der Kinesik wird in der vorliegenden Studie nicht eingegangen, vgl. hierzu z.B.: Leathers (2007).

[60] Es gehört zu den kulturellen Normen, vgl. „skrypty kulturowe“ bei Marcjanik (2007b).

(verbalen und nonverbalen) Konventionen, hier in Bezug auf das Neinsagen, auf andere Kulturen kann zu erheblichen und oft grotesken Kommunikationsstörungen führen (vgl. hierzu Gałczyńska (2003: 22).

Zu anderen nonverbalen Zeichen des Neinsagens gehören u.a. auch das Vermeiden des direkten Kontakts, Vermeiden des Blickkontakts beim Neinsagen, bestimmte Hand- und Fingerbewegungen, Mimik oder Körperhaltung etc., wobei der Katalog durch die in der jeweiligen Sprachgemeinschaft geltenden Konventionen des Neinsagens entweder erweitert oder begrenzt werden kann. Abhängig von der Kommunikationssituation können manche körpersprachlichen Zeichen beim Neinsagen ganz natürlich sein oder von den Mitgliedern der jeweiligen Sprachgemeinschaft ganz bewusst eingesetzt werden.

Die Analyse des nonverbalen Verhaltens beim Neinsagen gehört jedoch zu denjenigen Untersuchungsfeldern, die wenig erforscht sind. Die verbale und nonverbale Manifestation des Neinsagens wird entweder den Strategien des assertiven Verhaltens (vgl. Kapitel 2.1.2.) subsumiert und in Assertiveness-Trainings geübt, oder im Rahmen der Interkulturellen Kommunikation v.a. im Kontakt zwischen der eigenen und sehr entfernten „exotischen“ Kulturen, z.B. der japanischen oder koreanischen (z.B. Rauch (2004), Grein (2007)), thematisiert.

Eine weitere Forschungsperspektive bietet die Höflichkeitsforschung[61] an, im Rahmen deren (un)höfliches nonverbales Verhalten u.a. auch beim Neinsagen diskutiert wird. Demgemäß eröffnet sich hier eine neue interessante Perspektive v.a. im Vergleich von nicht weit entfernten Kulturen (vgl. hierzu Bonacchi 2013).

In der vorliegenden Studie wird das nonverbale Verhalten beim Neinsagen nicht thematisiert, da wir es hier mit einer schriftlichen Form zu tun haben, die in unserem Falle das Registrieren nonverbaler Zeichen unmöglich macht. Es werden jedoch die in den Absageschreiben angewendeten Strategien des Ablehnens/Absagens im Sinne der in der jeweiligen Sprachgemeinschaft, hier der deutschen, geltenden Konventionen analysiert. Demgemäß können die erforschten Strategien als signifikant für den deutschen[62] Sprachraum betrachtet werden.

---

[61] Darauf wird im Kapitel 8 eingegangen.
[62] „die Deutschen, Deutschland betreffend“, vgl. Duden (2007: 394).

2.1.2. Exkurs: Assertivität und Neinsagen[63]

„Neinsagen ist tabu"
(Monika Radecki)

Eine andere Perspektive der Betrachtung bietet die Psychologie, in der dem Neinsagen viel Platz, v.a. in Bezug auf „Assertivität" (*assertiveness*) gewidmet wird. Unter *Assertivität* wird nach Król-Fijewska (1993: 10) „posiadanie i wyrażanie własnego zdania oraz bezpośrednie wyrażanie emocji i postaw w granicach nienaruszających praw i psychicznego terytorium innych osób oraz własnych, bez zachowań agresywnych, a także obrona własnych praw w sytuacjach społecznych"[64] verstanden.

Assertivität bezieht sich auf eine bestimmte Art und Weise des Verhaltens, das von bestimmten Regeln gesteuert wird, zu denen gehören: das offene Ausdrücken eigener Meinungen, Präferenzen, Gefühle, Gedanken, Werte, ohne dabei Schuldgefühle zu haben und den Gesprächspartner gering zu schätzen oder zu verachten, die Fähigkeit, in Konfliktsituationen einen Kompromiss zu erreichen, ohne die eigene Würde zu opfern oder auf die eigenen Werte zu verzichten.

Assertivität wird im Rahmen der Analysen von Reaktionen auf Bitten, Vorschläge, Befehle u.a. (Hare 1997) als eine von möglichen Verhaltensweisen des Menschen genannt und bezeichnet dabei „die Fähigkeit, seine Rechte geltend zu machen und zugleich seine Gedanken und Meinungen offen und aufrichtig zu äußern, ohne dabei Rechte anderer zu verletzen." (ebd.). Dabei steht *Assertivität* in klarer Opposition zu zwei weiteren Reaktionstypen: der *Aggressivität*, bei der es um „Geltendmachung eigener Rechte und Ausdrücken eigener Gedanken und Gefühle auf die Art und Weise, die nicht ehrlich ist und die Rechte anderer verletzt" (ebd.) geht und der *Nichtassertivität*, die „Verletzen eigener Rechte durch fehlende Fähigkeit, eigene Gefühle, Meinungen und Gedanken auszudrücken, Zulassen, dass andere eigene Rechte verletzen" (ebd.) bedeutet. Sie gilt also als „das goldene Mittel" im Spiel zwischen eigenen Rechten und den Rechten anderer und bezeichnet einen Zustand des Gleichgewichts

---

[63] Vgl. hierzu den Beitrag von Szczęk (2013).

[64] Im Deutschen wird der Terminus *Assertivität* selten gebraucht und kommt in den Wörterbüchern der deutschen Sprache nicht vor; er gilt als eine Lehnbildung aus dem Englischen.

zwischen *Aggressivität* und *Nichtassertivität*, zwischen dem Verletzen und dem Wahren der Rechte. Dies lässt sich schematisch folgendermaßen darstellen:

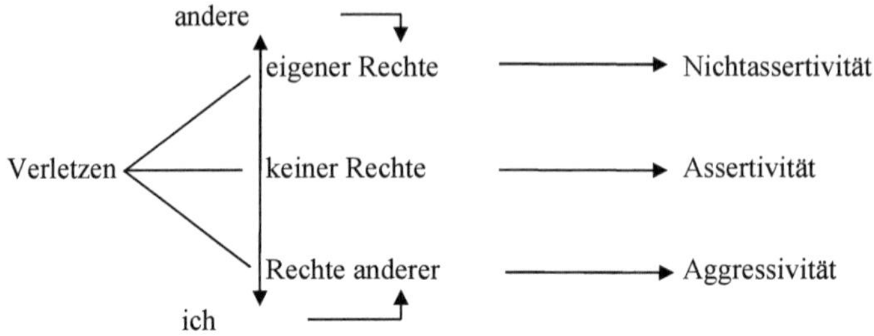

Schema 4. Abhängigkeiten zwischen der Nichtassertivität, Assertivität und Aggressivität

In den Untersuchungen zur *Assertivität* wird diese auch in Bezug auf die Skala: Verlieren – Gewinnen dargestellt[65].

In Anlehnung an die gebrauchte Terminologie ergeben sich hierbei einige Probleme. Im Deutschen findet man folgende Bezeichnungen: *Selbstbehauptung*, *Durchsetzungsfähigkeit*, *Durchsetzungsvermögen*, *Assertivität*, wobei der letzte Terminus viel seltener gebraucht wird.

Unter *Selbstbehauptung* versteht man „die Fähigkeit, sich in grenzüberschreitenden Situationen der eigenen Grenzen und Rechte bewusst zu sein und diese deutlich machen zu können“[66], oder: „das Sichbehaupten eines Individuums in seiner Umwelt“ (Duden 2007: 1527).

Durchsetzungsfähigkeit bedeutet, dass „eine Person in der Lage ist, ihre eigenen Ziele und Absichten wahrzunehmen, sie zu verfolgen und für sie einzustehen.“[67] Sie wird auch als die Fähigkeit definiert, die eigenen Ziele und Vorstellungen auch gegen den Widerstand anderer umzusetzen. Dabei ist die Fähigkeit kohärent und überzeugend zu argumentieren, sowie die eigene Stabilität auch bei Widerstand nicht gleich aufzugeben, entscheidend.[68]

Beim *Durchsetzungsvermögen* wird überwiegend auf das Ergebnis der menschlichen Handlung verwiesen, und zwar: es „ist das Vermögen einer Per-

[65] Siehe hierzu: http://www.templeilluminatus.com/group/empathsupportgroup/forum/topics/the-empath-and-assertiveness, Zugriff am 2.07.2014.

[66] Siehe hierzu: http://www.enzyklo.de/Begriff/Selbstbehauptung, Zugriff am 2.11.2011.

[67] Siehe hierzu: http://www.projekt-kaktus.ch/downloads/Kaktus_Kommunikationsfaehigkeit.pdf, Zugriff am 2.11.2011.

[68] Mehr hierzu: http://www.testtube.de/index2.php?option=com_content&do_pdf=1&id=97, Zugriff am 2.11.2011.

son, unterschiedliche Methoden, Techniken und Strategien einzusetzen, um auch gegen Widerstände andere Menschen für die eigenen Ziele zu gewinnen, damit sich diese Personen für die Realisierung der Ziele einsetzen."[69]

Auf eine solche Vorgehensweise beziehen sich auch einige Adjektive. Das Adjektiv *assertiv* wird in Duden (2007), auch in der Online-Ausgabe nicht verzeichnet[70]. Deswegen wird im Folgenden eine Definition von *asertywny* in der polnischen Sprache angeführt: „umiejący otwarcie i jednoznacznie wyrażać swoje potrzeby, uczucia i opinie"[71]; wyrażający swoje poglądy w jasny i otwarty sposób i dbający o jak najlepsze zaspokojenie swoich potrzeb, ale przy tym szanujący zdanie i potrzeby innych ludzi; domagający się respektowania swoich praw, ale nie kosztem innych"[72]. Andere Adjektive, die in diesem Kontext gebraucht und als Synonyme für das bereits Explizierte verwendet werden, sind *selbstbehauptend, assertorisch, durchsetzungsfähig.*

Die Grundlage der Selbstbehauptungstheorie bildet die Überzeugung, dass jede Person über bestimmte Grundrechte verfügt – „Grundrechte eines *assertiven* Menschen" (Fensterheim/Baer 2006: 63) – zu denen folgende gehören:

1. Sie haben das Recht, alles zu tun, solange es niemand anderem schadet.
2. Sie haben das Recht auf Ihre persönliche Würde, indem Sie richtiges Selbstbewusstsein zeigen – auch wenn es einen anderen verletzt, solange dahinter Selbstbehauptung, nicht Aggressivität steht.
3. Sie haben immer das Recht, von jemand anderem etwas zu erbitten, solange Sie daran denken, dass der Andere das Recht hat, ihre Bitte abzulehnen.
4. Sie müssen sich dessen bewusst sein, dass es in zwischenmenschlichen Beziehungen bestimmte Grenzfälle gibt, wo die Rechte nicht genau abzugrenzen sind. Aber Sie haben immer das Recht, das Problem mit dem Betreffenden zu diskutieren und zu klären.
5. Sie haben das Recht, Ihre Rechte zu verwirklichen!

---

[69] Vgl. hierzu: http://www.epa.admin.ch/themen/ausbildung/00268/index.html?lang..., Zugriff am 2.11.2011.

[70] Was aber nicht ausschließt, dass das Adjektiv im Gebrauch ist, was z.B. die Ergebnisse der Google-Suche bestätigen.

[71] Vgl. hierzu: http://sjp.pwn.pl/lista.php?co=asertywny, Zugriff am 2.11.2011.

[72] Im Falle dieses Adjektivs muss man auf die Bedeutungen achten, denn *assertiv* ist auch ein Terminus aus der Sprechakttheorie zur Bezeichnung der Sprechaktklasse „Assertiva", vgl. hierzu Searle (1969, 1971) und Kapitel 6.

Für die vorliegende Studie scheinen die ersten beiden Rechte besonders relevant zu sein.

Anhand der angeführten Definitionen lassen sich einige Eigenschaften anführen, die eine assertive Handlungsweise charakterisieren. Es sind Merkmale, die einem **assertiv handelnden** Menschen zugeschrieben werden (Weiland 1993: 117ff.):

- Sie verfügen über ein hohes Selbstbewusstsein und begegnen anderen mit hoher innerer Sicherheit und Bestimmtheit.
- Die Verwirklichung ihrer Absichten hat für sie oberste Priorität und dabei ist nicht von großer Bedeutung, was andere über sie denken.
- Sie handeln verantwortungsbewusst.
- Sie können *nein*/*Nein* sagen und sind kaum empfänglich für unehrliche Komplimente.
- Ihre Denkweise verhilft ihnen dazu, sich entschieden für eine Sache einzusetzen, auch wenn Hindernisse auftreten.
- Sie fühlen sich frei, ihre Gefühle, Gedanken und Wünsche zum Ausdruck zu bringen.
- Sie sind „auch in der Lage zu initiieren und zu pflegen komfortable Beziehungen mit [anderen] Menschen".
- Sie kennen ihre Rechte.

Assertivität wird auch sprachlich ausgedrückt und mit Hilfe bestimmter Sprechakte zum Ausdruck gebracht. Es handelt sich dabei um „Assertiva", „Direktiva" oder „Expressiva" (vgl. die Taxonomie der Sprechakte nach Searle ([1969] 1971) und Kapitel 6). Dazu verhelfen bestimmte sprachliche Mittel, z.B.: Ich-Aussagen: *Ich denke, ..., Ich fühle mich ..., Ich möchte ...*, Aussagen zur eigenen Perspektive und Einschätzung, zur eigenen Bedeutung: *Dies ist das, wie ich es sehe, Meiner Meinung nach ..., Das ist, wie ich mich fühle..., Das ist, was es mir bedeutet.*, Aussagen mit einem Fragecharakter: *Ich will..., Ich brauche...*, Kompromissaussagen: *Ich möchte diese ..., Was möchten Sie?, Was denken Sie?, Was wäre ein akzeptabler Kompromiss?, Können wir dies..., Welche Zeit ist angenehm für Sie?*, Schuld-Aussagen: *Du machst mich ..., Du denkst ..., Sie sollte ..., Es ist deine Schuld ..., Glaubst du nicht, ..., Wenn du nur ... würdest ...*, Angaben zum persönlichen Zustand in einer bestimmten Situation, Angaben der

Bedingungen in Konditionalsätzen oder konkreter Wirkung von einer Situation in Kausalsätzen.

Aus den aufgelisteten Eigenschaften eines assertiven Menschen sowie den oben angeführten Definitionen ist ersichtlich, dass assertives Verhalten nicht nur auf Neinsagen zu beziehen ist, wie man es gewöhnlich im Alltag zu tun pflegt. Neinsagen bildet **nur** einen Aspekt im Rahmen der beschriebenen Verhaltensweise und gehört neben Bitten, Kritikannahme und -ablehnung, Lobannahme und -ablehnung zu assertiven Verhaltensweisen. Somit ist *Assertivität* „selbstsicheres Agieren (…), das ohne die Interessen anderer zu beeinträchtigen, souverän auf ein bestimmtes Ziel gerichtet ist. Sie manifestiert sich sprachlich v.a. durch Direktheit, positive Rückkoppelung und die Verwendung der Ich-Form." (Ullrich de Muynck, Ullrich: 1990: 26). Sie ist an drei Merkmalen erkennbar (vgl. hierzu Trillitzsch 2008: 16): der Zielgerichtetheit, d.h. Beachtung der Grundregel der Zusammenarbeit, Sachlichkeit, d.h. klare Form der mündlichen Kommunikation, frei von relativierenden sprachlichen Mitteln und Direktheit, die auf die entsprechende Reaktion des Gesprächspartners hin gerichtet ist[73].

Neinsagen ist demgemäß als ein Aspekt zu verstehen, in dem sich *Assertivität* manifestiert/manifestieren kann. Aus diesem Grunde wird auch assertives Neinsagen als Neinsagen unter bestimmten Bedingungen verstanden, wie es Gałczyńska (2003: 25) in Anlehnung an Gut/Haman (1993) expliziert: „W podręcznikach asertywności za asertywną uznaje się taką odmowę, która oprócz słowa *Nie* zawiera nazwanie tego, czego nie chce się wykonać, oraz krótkie i prawdziwe uzasadnienie odmowy." Im Alltag sind diese Bedingungen eigentlich nicht immer erfüllbar und Neinsagen wird selten direkt formuliert, weil es oft als unhöflich gilt (vgl. Gałczyńska (2005)). Deshalb wird es entweder nicht realisiert[74] oder nicht assertiv ausgedrückt, indem z.B. begründet, gerechtfertigt, entschuldigt wird.

[73] Diese Merkmale stehen im Einklang mit dem „Kooperationsprinzip" und den „Konversationsmaximen" von Grice (1979), verstoßen aber gegen die Regeln der Höflichkeit, vgl. hierzu Kapitel 8.

[74] Das heißt, es wird zugesagt, was oft gegen den eigenen Willen erfolgt, und einerseits als Folge der geltenden Konvention, andererseits als „Angst" vor einer unkomfortablen Situation gedeutet werden kann.

Auf dem Markt stehen einem heutzutage viele Lehrbücher und Ratgeber[75] zur Verfügung, die dabei helfen sollen, zu lernen, sich assertiv zu verhalten. Dabei wird der Schwerpunkt jedoch auf Neinsagen gelegt. Der Grund dafür mag darin liegen, dass Neinsagen für die beste Manifestation der *Assertivität* gehalten wird. Es geht also nicht nur um bloßes „Neinsagen", sondern um entsprechende Reaktionen, wie es Radecki (2010: 4) in ihrem Ratgeber erklärt: „Neinsagen ist tabu. Zwar nehmen wir uns hier und da Freiheiten. Aber nicht immer erlauben wir es uns, die Grenzen, die wir brauchen, offen und deutlich auszusprechen." Nach der Analyse potentieller Fallen, in denen es einem schwer fällt, Nein zu sagen (z.B. Selbstbild, Harmoniestreben, Perfektionismus, Fehleinschätzung u.a. (ebd.: 7ff.)) und einigen Ratschlägen der Art wie z.B.: „Sagen Sie Nein – das schenkt Energie", „Sparen Sie Zeit – mit einem angemessenen Nein", listet Radecki (ebd.: 69ff.) Strategien auf, die einem zu einem „konstruktiven Nein" verhelfen sollen. Zu diesen gehören: Grenzen akzeptieren oder erweitern, Nein sagen für sich selbst, nicht gegen andere, klar und deutlich sein, den Anderen würdigen, Wahlmöglichkeiten anbieten, die Sprache des Körpers nutzen, die weitgehend den oben besprochenen Grundsätzen der Assertivität entsprechen.

In diesem Zusammenhang erhebt sich die Frage, ob die Absageschreiben assertiven Charakters sind. Diese müsste meines Erachtens mit Jein beantwortet werden. Einerseits hat man es hier nämlich eindeutig mit Neinsagen zu tun, andererseits aber suchen die Autoren der Absagebriefe nach verschiedenen Mitteln und Wegen, um die Aussagekraft der Absage abzumildern und drücken sich dabei nicht ganz direkt aus[76]. Daher ist es fraglich, ob die Absageformulierungen in den untersuchten Beispielen als assertiv zu interpretieren sind, da die eigentlich obligatorisch vorkommenden Begründungen der Absagen nicht immer wahr sind, sondern eher dem Muster solcher Schreiben folgen[77].

---

[75] z.B.: Cloud/Townsend (2010), Balters (2001), Smith (2011), Berkhan (2006) in deutscher Sprache oder Alberti/Emmons (2011), Bishop (2010), Stolarczyk (2010), Benedict (2003) in polnischer Sprache.

[76] Vgl. die Rolle der Höflichkeit beim ABLEHNEN/ABSAGEN im Kapitel 8 sowie die indirekten Sprechakte im Kapitel 6.3.2.

[77] Das wird auch in den Ratgebern zur Briefkorrespondenz bestätigt, vgl. z.B. Duden (1997: 236); vgl. hierzu auch Kapitel 8.4.1.

Die Analyse der Absageformulierungen in den Absageschreiben lässt die These aufstellen, dass man durch deren Anwendung „mehrere Eisen im Feuer" haben will: man will sich aus einer eher schwierigen Situation retten, einem Bewerber *Nein* sagen zu müssen, und dies meist in einer schwierigen ökonomischen Situation, man will trotzdem eine eher positive Reaktion des Bewerbers hervorrufen, man will sein Gesicht wahren und einen positiven Eindruck von der Firma hinterlassen. Das alles erfolgt im Sinne von Ratschlägen folgender Art:

> Eine Absage ist und bleibt eine negative Nachricht. (...) Aber es besteht für den Empfänger ein großer Unterschied, ob diese negative Nachricht höflich und korrekt ist, völlig gleichgültig oder sogar arrogant und hochnäsig vermittelt wird. Sie sind es sich selbst und dem „Bild" des Unternehmens schuldig, eine Absage so zu vermitteln, dass sich der Empfänger ‚anständig' behandelt fühlt (Hovermann 2009: 5).

2.2. Sprachliche Realisierungsmöglichkeiten der Illokution ABLEHNEN/ABSAGEN

Wie angeführt, werden Absageschreiben in der vorliegenden Studie als Manifestation des ABLEHNENS/ABSAGENS betrachtet. Dieser Illokution entsprechen auch bestimmte sprachliche Mittel, unter denen die Verben *ablehnen* und *absagen* den genannten Sprechakt explizit zum Ausdruck bringen können. Beide gehören zu reaktiven Verben voluntativen Charakters, mit denen die Entscheidung des Senders in einer Sache/bezüglich eines Sachverhalts mitgeteilt wird.
In der polonistischen Forschung wird das Verb *odmówić* von Greń (1994) der Gruppe „predykaty wolitywne" subsumiert, und das mit folgender Begründung: „Referują one akty mowy, w których następuje przekazywanie treści wolitywnych takich jak rozkaz, życzenie lub chęć, wyrażających określone intencje nadawcy, objęte aktem jego woli. (...)"
Chojak (2006: 88ff.) analysiert das Verb *odmówić* im Kontext von Verben, die sie „czasowniki oznaczające reakcje słowne" nennt, und schreibt diesem folgende Bedeutungskomponenten zu: „powiedzenie przez kogoś x komuś y, że nie spowoduje on stanu rzeczy z;" und „wiedza lub przekonanie x, że y chce, żeby x spowodował z i że y wie lub sądzi, że x spowoduje z dlatego, że na podstawie skierowanej przez y do x wypowiedzi u zaczął wiedzieć lub sądzić, że y chce tego."

Czekańska (1988) dagegen unterscheidet vier folgende Grundbedeutungen des Verbs *odmawiać* (ebd.: 658f.):

1. *odmawiać*1: X odmawia Y-kowi Z = << X odpowiadając Y-kowi mówi, że nie zrobi Z lub nie zgodzi się na Z>>
2. *odmawiać*2: X odmawia Z = << X, który uprzednio zobowiązał siebie i Y-ka co do Z, mówi, że zobowiązanie co do Z zostaje usunięte >>
3. *odmawiać*3: X odmawia Y-kowi Z = << X twierdzi, że Y nie ma cechy Z >>
4. *odmawiać*4: X odmawia Y-ka od Z = << X stara się mówieniem spowodować, żeby Y nie zrobił lub nie robił dalej Z>>.

Im Deutschen werden beide Verben: *ablehnen* und *absagen* z.B. von Dornseiff (2000: 374) den „Verben des Verneinens" dem semantischen Feld „Zeichen. Mitteilung. Sprache" zugeordnet und neben solchen Verben wie *abrücken von, abschlagen, abschwören, negieren, verneinen, widerrufen* u.a. platziert. *Ablehnung* dagegen ist in dem semantischen Feld „Gesellschaft und Gemeinschaft" (Dornseiff 2000: 395) zu finden. Andere Zuordnungen bei Dornseiff (2000) sind: 4.49 Nicht zugehörig, 9.5 Widerwille, 10.56 Abneigung, 11.47 Meinungsverschiedenheit, wobei diese für uns nicht von Belang sind.

Wehrle/Eggers (1968: 16, 23) platzieren das Verb *ablehnen* zunächst in der Gruppe der „begrifflichen Beziehungen", Untergruppe „Ordnung" neben solchen Verben und Ausdrücken wie: *über Bord werfen, zurückweisen, abweisen, verwerfen, verweisen, relegieren, ausschließen, ausstoßen, verstoßen, ausweisen, ausschalten, streichen, nicht zulassen, die Aufnahme / Zulassung verweigern, sperren.* Weitere Zuordnungen sind: „Gebiet des Wollens", Untergruppe „mitmenschliche Willensbeziehungen" (ebd.: 263), in welcher *ablehnen* in Begleitung folgender Verben verortet wird: *abweisen, zurückweisen, ausschlagen, abschlagen, versagen, verschmähen, verwerfen, weigern, verweigern, widerstehen, verneinen, dagegen sein, den Kopf schütteln, nicht anerkennen, widerrufen.* Das semantische Feld wird auch mit hierzu gehörenden adjektivischen Konstruktionen folgenden Typs ergänzt: *abschlägig, abweisend, ablehnend, abgelehnt, abgewiesen, abgeblitzt, nicht einverstanden, Annahme verweigert,* sowie mit einigen Ausdrücken phraseologischen Charakters: *von der Hand weisen, den Rücken wenden, die kalte Schulter zeigen* u.a. Weitere Zuordnungen sind: „Gefühlsleben", Untergruppe „Gemeinschaftsgefühle" (ebd.: 305), „sittliche Gefühle“ (ebd.: 315). Das Verb *absagen* in seiner Hauptbedeutung wird zunächst dem Feld „Geistesleben“, Untergruppe „Arten der Mitteilung“ – „Nachrichtenwesen“ (ebd.: 179) subsumiert, wobei diese Bedeutung für uns nicht von Belang ist. Das zweite semantische Feld, das das Verb *absagen* umfasst, ist „Verneinung“. Dieses enthält für unseren Fall relevante Nomen: *Verneinung, Ablehnung, Absage, Verweigerung, Kopfschütteln, Leugnung, Ableugnung, Dementi, Verleugnung, Verwerfung, Widerruf* und verbale Ableitungen: *Neinsager, Verneiner, Leugner*. Es finden sich hier auch einige Verben und Ausdrücke: *nein sagen, verneinen, negieren, in Abrede stellen, abstreiten, leugnen, den Kopf schütteln, sich verwahren, Verwahrung einlegen, protestieren, anfechten, verzichten, verwerfen, aberkennen, absprechen, bestreiten, widersprechen, in Frage stellen / ziehen.*

2.2.1. Was wird in den Absageschreiben „gemacht“? Zur Semantik und Syntax der Verben *ablehnen, absagen, verweigern, zurückweisen* und zu der Konstruktion *Nein/nein sagen*

Die von uns analysierten Verben: *ablehnen, absagen, verweigern* und *zurückweisen* gehören zu der Gruppe der Verben des Verneinens oder des Zurückweisens[78].

In erster Hinsicht entsprechen die Verben *ablehnen, absagen, verweigern, zurückweisen* den von ihnen bezeichneten Typen von Illokutionen. Sie sind reaktiven Charakters und werden von den Kommunikationspartnern in der Interaktion in einer Situation gebraucht, der ein Stimulus in Form eines Vorschlags, Angebots, einer Einladung u.a. vorangeht (vgl. hierzu Kapitel 6.1.1.1.). Schon auf den ersten Blick sind bei den genannten Verben einige Schwierigkeiten zu erkennen.

Das Verb *ablehnen* hat folgende Bedeutungen (Duden 2007: 90): 1. ‚(Angebotenes) nicht annehmen‘: *jmds. Einladung a.*; *ein Geschenk a.*; *er hat die Wahl abgelehnt*; 2. ‚einer Forderung o. Ä. nicht stattgeben‘: *einen Antrag a.*; *die Zahlung von tausend Euro a.*; 3. ‚nicht gelten lassen, nicht gutheißen; missbilligen‘: *jede Gewalt a.*; *die moderne Malerei a.*; *er lehnt seinen Schwiegersohn ab*; 4. ‚als nicht in Betracht kommend zurückweisen‘: *ich muss jede Verantwortung a.*; *jmdn. als Zeugen a.*; 5. ‚sich weigern, etw. zu tun; verweigern‘: *die Ausfüh-*

[78] Vgl. hierzu die Zuordnungen in Helbig/Buscha (2001), Ebert/Reichmann/Solms/Wegera (1993), Kürschner (1983).

rung eines Befehls a.; *er lehnte es ab, einen mitzutrinken*; *sich ablehnend verhalten*; *ablehnend antworten.* Für unsere Analyse scheinen die unter 1 und 4 angeführten Bedeutungen relevant zu sein, da Absageschreiben als Antworten auf Angebote seitens des Bewerbers zu verstehen sind und in Bezug auf eine ausgeschriebene Stelle als „nicht in Betracht kommend" negativ beantwortet werden. Das wird auch im Duden online[79] bestätigt, denn das *Angebot* wird dort unter den typischen Verbindungen des Verbs *ablehnen* genannt[80].

Im Duden (1997: 18) werden auch Synonyme zu *ablehnen* genannt, die sich folgendermaßen gruppieren lassen:

- Verben, die unterschiedliche stilistische Zugehörigkeit haben: *zurückweisen, desavouieren, ausschlagen, abweisen, abwimmeln* (ugs., abwertend), [kurz] *abfertigen, verschmähen, abschlagen, etwas verweigern, versagen, abwinken, abfahren / abblitzen / ablaufen lassen* (salopp), *verachten, nicht billigen*; *beanstanden, entledigen (sich jemandes / einer Sache), ignorieren, missachten, verabscheuen, verbieten, verweigern (sich jemandem)*; *nicht genehmigen / gewähren / stattgeben, zurückweisen, refüsieren, abwehren, abweisen, boykottieren, verweigern, von sich weisen*; (gehoben) *meiden*; (bildungssprachlich) *negieren*;
- Funktionsverbgefüge: *auf Ablehnung stoßen, eine Abfuhr erteilen*;
- Phraseologismen: *jemandem einen Korb geben / die kalte Schulter zeigen, jemandem die Tür vor der Nase zuschlagen, jemand / etwas kann jemandem gestohlen bleiben* (ugs.), *jemandem etwas husten / niesen* (salopp);
- andere Ausdrücke: *abschlägig bescheiden.*

Dem von dem Verb *ablehnen* abgeleiteten Nomen *Ablehnung* werden folgende Synonyme zugeordnet (Duden 1997: 18): *Abfuhr, ablehnende Antwort,* ***Absage***, *abschlägige Antwort, abschlägiger Bescheid, Abweisung, Korb, negativer Bescheid, Nein, Verweigerung, Verwerfung, Weigerung, Zurückweisung*; (gehoben) *Versagung*; (bildungssprachlich) *Negation*; (bildungssprachlich veraltet) *Refus*; (Rechtssprache) *Rejektion* (salopp).

---

[79] Vgl. http://www.duden.de/rechtschreibung/ablehnen, Zugriff am 28.08.2013.

[80] Vgl. auch das Stichwort *ablehnen* im Leipziger Korpus unter www.wortschatz.uni-leipzig.de.

In Bezug auf die Valenz werden im elektronischen Valenzwörterbuch deutscher Verben (= E-VALBU) sieben Valenzmuster des Verbs *ablehnen* genannt, die in der folgenden Tabelle zusammengestellt sind:

	Strukturbeispiel	Bedeutung	Satzbauplan
ablehnen 1	jd. lehnt etw. ab	jemand verweigert die Annahme von etwas Angebotenem, nimmt etwas nicht in Anspruch	K_{sub}, K_{akk}
ablehnen 2	jd. lehnt etw. ab	jd. genehmigt etw. nicht	K_{sub}, K_{akk}
ablehnen 3	jd. lehnt etw. ab	jd. weigert sich, etwas, das verlangt oder erwartet wird, zu tun	K_{sub}, K_{akk}
ablehnen 4	jd./etw. lehnt jdn./etw. ab	jd./etw. hält jdn./etw. für schlecht oder falsch	K_{sub}, K_{akk}
ablehnen 5	jd. lehnt jdn./etw. ab	jemand weist jemanden/etwas zurück oder verweigert jemandem/etwas die Zulassung	K_{sub}, K_{akk}
ablehnen 6	jd./etw. lehnt jdn./etw. ab	jemand/etwas akzeptiert jemanden/etwas nicht oder mag jemanden/etwas nicht	K_{sub}, K_{akk}
ablehnen 7	jd. lehnt etw. irgendwie ab	jemand spricht sich bei einer Abstimmung o.Ä. irgendwie gegen etwas aus	K_{sub}, K_{akk}, (K_{adv})

Tabelle 3. Valenzmuster des Verbs ablehnen in Anlehnung an E-VALBU[81]

Für unsere Zwecke scheinen die Valenzmuster 1 und 3 relevant zu sein, da in diesen Fällen auf einen vorangegangenen Stimulus eingegangen wird.

Das zweite der oben erwähnten Verben: *absagen* wird wie folgt ausgelegt (Duden 2007: 94): 1. ‚nicht stattfinden lassen': *eine Veranstaltung, das Training a.*; 2. ‚(von einem Vorhaben) mitteilen, dass es nicht stattfindet': *seinen Besuch, die Teilnahme a.*; 3. ‚jmdm. mitteilen, dass etw. Vereinbartes nicht stattfindet': *ich habe dem Mann, mit dem ich mich treffen wollte, abgesagt*; 4. (geh.) ‚etw. aufgeben, einer Sache entsagen': *dem Alkohol a.*; 5. (Rundf.) ‚die Absage (2) machen, sprechen'.

Im vorliegenden Fall ist es jedoch nicht möglich, diese Bedeutungen eindeutig auf die Absageschreiben zu beziehen. Am nächsten ist wohl die unter Punkt 2 angeführte Bedeutung, wobei es jedoch schwer ist, in unserem Kontext von einem Vorhaben seitens des Senders zu sprechen. Einen Anhaltspunkt finden wir bei dem Nomen *Absage*, das folgende Bedeutungen trägt[82]: 1. a) ‚Zurücknahme [eines Übereinkommens], ablehnender Bescheid': *eine A. erhalten*; b) ‚Ablehnung, Zurückweisung': *eine A. an totalitäre Politik*. 2. (Rundf.) ‚am Schluss einer Sendung folgende Bemerkungen des Ansagers'. Die im Punkt 2 angegebene Bedeutung in Bezug auf *Bescheid* entspricht nämlich dem Charakter der Absageschreiben (vgl. hierzu Kapitel 5.2.2.). Interessant ist auch, dass unter den Sy-

[81] Vgl. http://hypermedia.ids-mannheim.de/evalbu/index.html, Zugriff am 16.03.2014.

[82] Vgl. http://www.duden.de/rechtschreibung/Absage, Zugriff am 5.02.2015.

nonymen zu dem Nomen *Absage* auch *Ablehnung* genannt wird, was bezeugt, dass es hier Überschneidungen gibt. Diese werden jedoch im Bereich der verbalen Semantik von *ablehnen* und *absagen* nicht gezeigt.

Die im Duden online[83] angeführten Synonyme zu *absagen* in Bedeutung 2 sind: *abbrechen, absetzen, aufheben, ausfallen lassen, canceln, nicht stattfinden lassen, rückgängig machen, streichen*; (umgangssprachlich) *abblasen.*

Dabei muss noch eingeräumt werden, dass unter den im Duden online aufgelisteten typischen Verbindungen des genannten Verbs das Nomen *Bewerbung* nicht erwähnt wird.

Ein anderes Verb, mit dem *Neinsagen* ausgedrückt werden kann, ist *verweigern.* Es wird wie folgt expliziert: 1.a. ‚etwas von jemandem Gefordertes, Erwartetes o.Ä. nicht gewähren, geben, ausführen; ablehnen'; 1.b. ‚sich verschließen, unzugänglich zeigen für etwas'[84]. In der Gruppe der Synonyme für die für uns relevante Bedeutung 1.a. finden wir folgende Verben: *ablehnen, abschlagen, abwehren, abweisen, blockieren, nicht erlauben / gestatten / gewähren, unterbinden, untersagen, verbieten, verhindern, verwehren, vorenthalten, zurückweisen*; (gehoben) *nicht zuteilwerden lassen, versagen.* Unter den typischen Verbindungen wird das Nomen *Annahme* erwähnt, was als Verweigerung der Annahme eines Angebots – hier einer Bewerbung – interpretiert werden könnte. Die Google-Suche ergibt bei dem Suchbegriff „Bewerbung verweigern" in dem für uns relevanten Kontext jedoch keine Treffer.

Eine Analyse der Valenz des Verbs *verweigern* ergibt, dass mit diesem Verb „einer Bitte/Aufforderung nicht zugestimmt wird." (Morciniec/Cirko/Ziobro 1995: 306f.).

Interessant ist zudem, in diesem Kontext das Verb *zurückweisen* anzuführen. Im Duden online[85] finden wir unter 2 und 3 folgende Explikationen: 2. ‚von sich weisen, abweisen', und 3. ‚sich (gegen etwas) verwahren, (einer Sache) widersprechen; für falsch, für unwahr erklären'. Für unsere Zwecke scheint die zweite Bedeutung von Belang zu sein, zumal ihr folgende Synonyme zugeordnet werden: ***ablehnen***, *abschlagen, ausschlagen, sich dagegen aussprechen, dagegen stimmen, Einspruch erheben, missbilligen,* ***Nein sagen***, *nicht akzeptieren /*

[83] Vgl. http://www.duden.de/rechtschreibung/absagen, Zugriff am 28.08.2013.
[84] Vgl. http://www.duden.de/rechtschreibung/verweigern, Zugriff am 9.10.2013.
[85] Vgl. http://www.duden.de/rechtschreibung/zurueckweisen, Zugriff am 22.02.2014.

durchgehen lassen, nicht genehmigen / gewähren, nicht stattgeben, opponieren, Protest einlegen, protestieren, widersagen, sich widersetzen, zurückgehen lassen; (gehoben) *versagen, verschmähen*; (schweizerisch, sonst gehoben) *aufbegehren*; (umgangssprachlich) *sich querlegen, sich querstellen*; (derb) *scheißen auf*; (schweizerisch, sonst bildungssprachlich veraltend) *refüsieren*; (veraltend) *verpönen*; (Amtssprache) *abschlägig bescheiden.*
Im Lichte der Valenz wird hervorgehoben, dass sich *zurückweisen* mit *ablehnen* deckt (Morciniec/Cirko/Ziobro 1995: 342).

In diesem Zusammenhang entsteht die Frage, was in den Absageschreiben eigentlich „gemacht" wird? Wird ein Bewerber / seine Bewerbung abgelehnt oder wird dem Bewerber / seiner Bewerbung abgesagt? Diese Frage ist schwer zu beantworten, zumal das Nomen *Absage* zu einem festen Bestandteil der Komposita *Absageschreiben, Absagebriefe*[86] geworden ist und dabei die höchste Frequenz unter anderen Benennungen für die analysierte Textsorte aufweist[87]. Das betrifft auch den Gebrauch des Nomens *Absage*, das als eine abgekürzte Form der Benennung für dieselbe Textsorte verwendet wird.
Eine Benennung, die eine fast gleich hohe Frequenz aufweist, ist *Ablehnungsschreiben*, wobei jedoch bei der Google-Suche erst die Kombination *Ablehnungsschreiben + Bewerbung* so hohe Frequenz ergibt[88].

In der alltäglichen Verwendung haben jedoch die Benennungen *Absageschreiben / Absage* die höchste Frequenz. In zahlreichen Foren, in denen über Bewerben und Bewerbungsunterlagen diskutiert wird, ist das Thema des Umgangs mit ablehnenden Antworten auf Bewerbungen immer präsent. Man bedient sich dabei überwiegend der Benennungen: *Absageschreiben, Absage*[89].

---

[86] Zu der in dieser Arbeit gebrauchten Terminologie in Bezug auf die analysierte Textsorte sowie zu der Benennung der ablehnenden Antworten auf Bewerbungen siehe Kapitel 1.3.
[87] Vgl. die Ergebnisse der Google-Suche bei dem Nomen *Absageschreiben*: 23 300 Treffer, *Absagebrief*: 14 700 Treffer, *Ablehnungsbrief*: 4 950 Treffer, Stand für 28.08.2013.
[88] Vgl. https://www.google.pl/search?q=absageschreiben&ie=utf-8&oe=utf-8&rls=org.mozilla:de:official&client=firefox-a&gws_rd=cr#fp=15c073715b598ea5&q=ablehnungsschreiben+bewerbung&revid=1342781830&rls=org.mozilla:de:official, Zugriff am 28.08.2013.
[89] Vgl. hierzu z.B. folgende Foren: http://www.bewerbung-forum.de/forum/absagen-und-bewerbungserfahrungen-f25.html, http://www.bewerbung-tipps.com/forum/forum28.html, http://www.elo-forum.org/job-netzwerk/78112-skurrilsten-absagen-bewerbungen.html u.a., Zugriff am 28.08.2013.

Bei der Beantwortung der von uns gestellten Frage, was in den Absageschreiben gemacht wird, kann in gewisser Hinsicht die Analyse der Bedeutung und v.a. der typischen verbalen Verbindungen des Nomens *Angebot* helfen, denn wie oben und im Kapitel 6.1.1.1. angeführt, wird von uns angenommen, dass die Sprechhandlung ANGEBOT als Stimulus bei der Auslösung einer, hier negativen (?) Reaktion, gilt. Unter typischen Verben, die mit dem Nomen *Angebot* kollokieren, finden wir im Duden online[90] auch das Verb *ablehnen*. In diesem Zusammenhang ist auf die Analyse der Kollokationen des Nomens *Bewerbung* zu verweisen, denn hier finden sich nur folgende Verben: *schreiben*, *losschicken*, *auswählen*, *abschicken*, *eingehen*, *einreichen*, *zurückziehen*, und keines, das auf die in den Absageschreiben ausgedrückte Handlung des ABLEHNENs hindeuten könnte. Bei dem Nomen *Bewerber* in der Bedeutung ‚jemand, der sich um etwas bewirbt'[91] finden wir in Duden online auch keine Verben, die diese Sprechhandlung bezeichnen könnten. Gleiche Ergebnisse erzielen wir bei dem Nomen *Kandidat*[92] (= ‚jemand, der sich um etwas bewirbt, sich zur Wahl stellt').

Die Google-Suche[93] ergibt dazu folgende Formulierungen: *Absage der Bewerbung* (4440 Treffer), *Absage an die Bewerbung* (4 Treffer), *Absage auf die Bewerbung* (über 5000 Treffer), wobei die genitivische Konstruktion und die Konstruktion mit dem präpositionalen Attribut die höchste Frequenz erzielen. Daraus könnte man schließen, dass folgende Transformationen möglich wären:

- die Transformation von *Genitivus obiectivus*[94] in der Konstruktion: *Absage der Bewerbung* in den folgenden Satz: (?) *jd. sagt der Bewerbung ab*, wobei aber die Google-Suche keine Treffer dieser Art ergibt und bei der Suche nach der Nominalisierung: *Absagen der Bewerbung* nur 5 Treffer auffindbar sind.
- die Transformation der Konstruktion mit dem präpositionalen Attribut *Absage auf die Bewerbung* in den Satz: (?) *jd. sagt auf die Bewerbung ab*,

[90] Vgl. http://www.duden.de/rechtschreibung/Angebot, Zugriff am 10.09.2013.
[91] Vgl. http://www.duden.de/rechtschreibung/Bewerber, Zugriff am 10.09.2013.
[92] Vgl. http://www.duden.de/rechtschreibung/Kandidat, Zugriff am 10.09.2013.
[93] Zugriff am 28.08.2013.
[94] Ein Attribut, bei dem „das regierende Nomen ein Geschehen oder dessen Ergebnis, der *Genitivus obiectivus* dagegen eine von dem Geschehen betroffene Größe bezeichnet.", vgl. hierzu Engel et al. (2000: 928).

aber auch in diesem Falle erzielt man bei der Google-Suche keine Ergebnisse.

Wir kehren also zu unserer Frage zurück, was in den Absageschreiben eigentlich „gemacht“ wird, und erwägen in diesem Zusammenhang auch die Konstruktion *nein/Nein*[95] *sagen.* Dabei kann *Nein/nein* entweder als Nomen (= ‚verneinende Antwort auf eine Entscheidungsfrage; Ablehnung‘[96]) oder als Partikel (= ‚drückt eine verneinende Antwort [auf eine Entscheidungsfrage] aus‘[97]) betrachtet werden.

Dem Nomen *Nein* werden folgende Synonyme zugeordnet: *ablehnende Antwort, Ablehnung, Absage, abschlägige Antwort, abschlägiger Bescheid, Abweisung, negativer Bescheid*; (gehoben) *Versagung*; (bildungssprachlich) *Negation*; (bildungssprachlich veraltet) *Refus*; (Rechtssprache) *Rejektion*, von denen für uns die erste Gruppe von Belang ist, da hier Überschneidungen zu den oben erwähnten Nomina *Absage* und *Ablehnung* nachweisbar sind. Demgemäß wären vielleicht z.B. folgende Konstruktionen möglich: (?) *jd. sagt auf eine / einer Bewerbung Nein*, aber auch in diesem Falle ergibt die Google-Suche keine Ergebnisse.

Bei der Klärung der oben gestellten Frage leisten uns Beispiele aus den Absageschreiben eine kleine Hilfe, in denen zum Ausdruck der ABSAGE/ABLEHNUNG vielfältige Konstruktionen gebraucht werden. Es handelt sich dabei um das Verb *absagen,* das jedoch in ganz wenigen Fällen gebraucht wird. Es finden sich einige Funktionsverbgefüge, z.B.: *eine Absage erteilen, Abstand nehmen, eine (negative) Antwort geben, keine (günstige) Mitteilung machen* und andere Konstruktionen, z.B.: *einen ablehnenden Bescheid zukommen lassen, kein Angebot machen, der Bewerbung nicht näher treten können, der Bewerbung nicht nachkommen können, keine Möglichkeit der Beschäftigung sehen, kein Angebot unterbreiten können.*

Resümierend kann man im Lichte der angeführten Definitionen und möglichen Kollokationen feststellen, dass eine eindeutige Antwort auf die Frage, was in den Absageschreiben „gemacht“ wird, schwer möglich ist. Wir können zwar ohne Probleme den Hauptsprechhandlungstyp als ABLEHNEN/ABSAGEN

---

95 In Duden (2007) werden Groß- und Kleinschreibung von *nein/Nein* zugelassen.

96 Vgl. Duden (2007: 1201).

97 Vgl. Duden (2007: 1201).

identifizieren, aber auf der sprachlichen Ebene, wie es gezeigt wurde, ist es nicht so einfach. Für die Zwecke unserer Analyse halten wir also fest, dass man es im Falle der Absageschreiben mit dem Sprechhandlungstyp ABLEHNEN/ABSAGEN zu tun hat, und betrachten diese als ablehnende Antworten auf Bewerbungen im Sinne der Formeln: ‚jd. gibt/erteilt jdm. eine ablehnende Antwort auf seine Bewerbung‘ oder ‚jd. beantwortet ablehnend jds. Bewerbung‘. Darüber hinaus bedienen wir uns im Weiteren bei der Bestimmung des Sprechhandlungstyps der Benennungen ABLEHNEN/ABSAGEN, die in unserem Kontext als synonym betrachtet werden.

3. Absageschreiben – Analyse der Textstruktur[98]

Es wird, wenn überhaupt gesprochen wird, nur in Texten gesprochen.
(Hartmann 1968: 212)

Die politisch-wirtschaftliche Situation und der damit verbundene Anstieg der Arbeitslosigkeit sind die Hauptursachen dafür, dass immer mehr Menschen auf Arbeitssuche sind. Andererseits aber hatten und haben das Einreichen von Bewerbungen und das ständige Sich-Bemühen einen großen Einfluss auf den immer häufigeren Gebrauch einer bestimmten Textsorte, und zwar der Absageschreiben auf Bewerbungen, die sich sehr gut in den soziokulturellen Kontext einfügen, wie es Wierzbicka (1983: 125) feststellt: „struktura gatunków mowy jest uzależniona od konkretnego kontekstu społeczno-kulturalnego, a same gatunki wyodrębniane w danym języku są jednym z lepszych kluczy do kultury danego społeczeństwa." (Wierzbicka 1983: 125). Im vorliegenden Fall trifft dies vollkommen zu, denn man kann hier ein Wechselverhältnis zwischen der ökonomischen Situation und den damit verbundenen Erfordernissen sowie Bedürfnissen der Menschen und deren Manifestation in der Sprache in Form von konkreten Textsorten beobachten.
Zur offiziellen Schriftkultur gehört nämlich, auf Anträge, Bewerbungen, Angebote u.Ä. eine schriftliche Antwort zu erteilen. Dies ist auch bei Bewerbungen der Fall, da in einer solchen Situation der Bewerber irgendeine positive oder negative Antwort seitens des Senders (= Absageschreibers) erwartet, zumal er die Beweise seiner Bemühungen sammeln muss.

In der einschlägigen Literatur findet man diverse Vorschläge und Ratschläge, wie man Absageschreiben verfassen soll und welche Faktoren dabei eine Rolle spielen mögen. Eine Darstellung der bei einem Bewerbungsverfahren und bei der Beantwortung von Bewerbungen relevanten Aspekte findet sich in der Studie von Müller/Moser (2006), in der die Perspektive des Empfängers (= Bewerbers) berücksichtigt wird. Die Autoren besprechen die Merkmale der Absageschreiben, die wichtig beim Erstellen dieser Bescheide sind. Zu diesen Merkmalen gehören „Informationen zum Auswahlverfahren", die als „Möglichkeit" angesehen werden „abgelehnte Bewerber positiv zu beeinflussen." (Müller/Moser (2006: 347). Das

[98] Die Grundlage für die Erarbeitung dieses Kapitels stellen folgende Publikationen von Szczęk (2006a, 2006b, 2007, 2009, 2011) dar.

zweite Merkmal ist das Timing der Absagen, bei dem zwei Möglichkeiten erwogen werden: „Einerseits gibt es gute Gründe, den Bewerber möglichst lange im Auswahlprozess zu belassen und ihm erst nach intensiver Informationssammlung eine Absage mitzuteilen. Auf diese Weise kann man dem Kandidaten ‚etwas Gutes' tun und ihm die besondere Wertschätzung seitens des Unternehmens mitteilen.", wobei es aber seitens des Bewerbers nicht so interpretiert werden könnte: „Allerdings könnten Bewerber eine verzögerte Reaktion auch als unorganisierte Verwaltung oder Schikane des Unternehmens interpretieren und eine Ablehnung besonders negativ erleben, wenn bereits umfassend Informationen gesammelt wurden." (ebd.) Die zweite Möglichkeit sei eine frühzeitige Zustellung der Absage, die wiederum als Zurückweisung empfunden werden kann, denn „eine schnelle und völlig unbegründete Absage könnte beim Bewerber allerdings auch zum Eindruck führen, dass sich das Unternehmen überhaupt nicht mit der Bewerbung beschäftigt hat." (ebd.). Deswegen wird in dem Kontext dazu geraten, „das Resultat eines Vorstellungsinterviews ca. eine Woche intern ‚zu bearbeiten' oder ‚sorgfältig abzuwägen', bevor eine Absage verschickt wird." (ebd.). Ein weiteres erwähntes Merkmal der Absagebriefe ist die Klarheit in der Kommunikation der Absage. Dabei geht es um ein „individuelles Aussehen" der Absage und das Anführen „fachsachlicher Gründe", die den „persönlichkeitsbedingten" vorzuziehen seien. Diese sollten sich ausschließlich auf die Qualifikationen des Bewerbers beziehen (vgl. ebd.: 348). Als eine weitere Lösung, die m. E. im Bereich guter Ausreden zu platzieren ist, wird das „Verweisen auf äußere Umstände" vorgeschlagen. Das letzte wichtige Merkmal seien Ratschläge an die Kandidaten, die als eine „Variante" gesehen werden, „das Ablehnungsschreiben für den Empfänger akzeptabler zu machen." (ebd.: 349). Diese Elemente, wie im Kapitel 3.5.1.1.1. dargestellt, sind unter den makrostrukturellen Komponenten der von uns analysierten Absageschreiben auffindbar und als Strategien des Absagens zu interpretieren.

In diesem Kontext ist jedoch schwer entscheidbar, ob man es im Falle der Absageschreiben auf Bewerbungen mit einer völlig neuen Textsorte[99] zu tun hat. ABLEHNEN/ABSAGEN ist nämlich ein alltäglicher Sprechhandlungstyp, sowohl in der gesprochenen als auch in der geschriebenen Form, worauf im folgenden Kapitel eingegangen wird.

[99] Das Thema der neuen (?) Textsorte wurde in folgenden Beiträgen Szczęk (2006a, 2006b, 2007) behandelt.

3.1. Typen der Absageschreiben im Lichte der Ratgeberliteratur

Absageschreiben als solche sind in der Textlinguistik[100] bekannt. Es verwundert aber, dass sie in den einschlägigen Textsortenklassifikationen und -typologien kaum vorkommen[101]. Erst die neueren Ratgeber zur Erstellung von Texten verzeichnen diese Textsorte, jedoch zum größten Teil nur in Bezug auf Antworten auf Bewerbungen[102]. Nur in wenigen Fällen z.B. bei Hovermann (2009) werden auch andere Typen von Absagen berücksichtigt, die sich an einem Stimulus orientieren, der eine ablehnende Reaktion nach sich ziehen kann. Hovermann (2009) konzentriert sich auf das Geschäftsleben und betrachtet Absageschreiben als Schreiben, die eine Form der möglichen Geschäftsbriefe in der Geschäftskorrespondenz sind. Sie nennt folgende Bereiche, in denen Absagen als Reaktionen auf bestimmte Stimuli erfolgen können: Absagen von vereinbarten Geschäftsterminen, Besprechungen, Konferenzen, Meetings, Vorträgen, Seminaren, Absagen bei festlichen Anlässen wie Empfang, Geburtstag, Betriebsjubiläum, Eröffnung eines Geschäfts, unternehmensinterne Absagen von Feiern: Weihnachtsfeier, Betriebsfest, Betriebsausflug, Absagen an Restaurants, Tagungsstätten, Hotels, Absagen auf Angebote, Absagen auf Anfragen, Absagen auf Bitten um eine Spende, Absagen auf Bewerbungen.

Lubbers (1982) gibt Beispiele für Absagen bei anderen Anlässen an, die unter den „persönlichen Briefen des Privatmanns" zu finden sind, und präsentiert einen breiten Katalog von gesellschaftlichen Anlässen, im Falle deren eine Reaktion in Form einer Absage möglich wäre. Es sind Beispiele für Absagen bei familiären Festen wie Hochzeitsfeier (S. 51), Silberhochzeit (S. 53), Weihnachten (S. 55) und bei anderen Gelegenheiten: Cocktailpartie (S. 56), Skatrunde (S. 57), Absage eines Kameraden (S. 58), Kaffeeklatsch (S. 59), Tee (S. 61), Gartenparty (S. 63), Forellenangeln (S. 64), Karnevalsparty (S. 65), Geselligkeit (S. 66), Segeltörn (S. 68), Abend am Kamin (S. 69), Dia-Schau (S. 70), Chinesen-Rallye-Party (S. 71).

---

[100] Vgl. z.B.: Drescher (1994), Gałczyńska (2003), Itakura (2001, 2004), Müller/Moser (2006), Wierzbicka (1987), Hayashi (1997), Duden (2005) u.a.

[101] Es wird z.B. den sog. „informativen Formen" in der Kirche zugeordnet (vgl. Fiukowski/Ptok 1996: 664).

[102] Vgl. hierzu exemplarisch Duden (2005a, b) und Lubbers (1982), Menzel/Kuhn (1997) sowie Hovermann (2009).

In dem für uns relevanten Teil „Briefe aus beruflichem Anlass“ (ebd.: 123ff.) werden Absagen in folgenden thematischen Gruppen differenziert: Absage nach Bedenkzeit, Absage nach schriftlichem Arbeitsangebot einer Firma, Absage nach Vorstellungsgespräch, Ablehnung, aber gleichzeitig Türchen offenlassen für später, wobei jedoch in diesem Falle eine andere Perspektive berücksichtigt wird: der Verfasser der Absagen ist nämlich der Bewerber.

In moderneren Ratgebern, wie etwa Duden (1997, 2005a, 2005b), werden Absagen seitens des potentiellen Arbeitgebers berücksichtigt und dem geschäftlichen Bereich unter dem Stichwort „Absagen an Bewerber“ (ebd.: 236f.) oder „Briefe an Bewerber“ (Duden 2005b: 129ff.) zugeordnet.

Menzel/Kuhn (1997: 356) liefern ebenfalls Beispiele für Absagen, wobei diese der „Korrespondenz im Bewerbungsverfahren“ subsumiert werden. Hierbei werden Beispiele für einen Zwischenbescheid (Aperitif-Brief) und für Absagen angegeben. Man findet auch Ratschläge in Bezug auf alle drei Typen von Absageschreiben, wobei das Image des jeweiligen Unternehmens ins Zentrum gestellt wird (vgl. Brucker 2008: 38f.):

Typ des Absagescheibens	Ratschläge
Aperitif-Briefe	- Verabschieden Sie sich vom Telegrammstil der Massenschreiben mit dem Titel „Eingangsbestätigung“ und den Worten „Ihre Bewerbung ist angekommen. Wir werden uns zu gegebener Zeit bei Ihnen melden.“ - Nutzen Sie das Image des Mittelständlers, der sich gerade durch die persönliche Ansprache der Mitarbeiter von Großkonzernen abhebt. - Machen Sie dem Bewerber von Anfang an klar, dass er bei Ihnen ein Individuum ist und nicht die Nummer 102 unter den Bewerbern. Der potenzielle Mitarbeiter soll schließlich Appetit auf Ihr Unternehmen bekommen.
Eisschreiben	- Betreiben Sie ganzheitliches Personalmarketing. Dazu gehört, professionell auf Initiativbewerbungen zu reagieren. Besonders, wenn es sich um gute Kandidaten handelt, zu denen Sie weiterhin Kontakt halten möchten. - Formulieren Sie so, dass der Bewerber nicht das Gefühl hat, eine verkappte Absage zu erhalten. - Senden Sie das eindeutige Signal aus, dass er prinzipiell zum Unternehmen passt. Die Kernbotschaft lautet: „Wir brauchen Leute wie Sie, wenn auch nicht gerade in diesem Moment. Deshalb ist uns der weitere Kontakt zu Ihnen wichtig.“
Eigentliche Absageschreiben	Man sieht sich immer zweimal im Leben, heißt ein Sprichwort. Mit Blick auf den Fachkräftemangel kann es sich kein Unternehmen mehr erlauben, Leute auf ewig zu vergraulen. Vielleicht möchten Sie den Bewerber, wenn er über bessere Qualifikationen verfügt, zu einem späteren Zeitpunkt als Mitarbeiter gewinnen. Denken Sie daran: Mit jedem nach außen gerichteten Schreiben präsentieren Sie sich als Arbeitgeber. Es spricht sich herum, wie eine Firma mit Bewerbern umgeht.

Tabelle 4. Ratschläge für das Erstellen von Absageschreiben nach Bruckner (2008)

In unserem Falle sind Ratschläge in Bezug auf das „Absagen auf Bewerbungen“ besonders relevant, wobei jedoch die allgemeinen Regeln der Art: „Vermitteln Sie eine Absage so konstruktiv wie möglich“ (Hovermann 2009: 5) für alle oben genannten Fälle zutreffen.

3.1.1. Struktur der Absagen in der Ratgeberliteratur

Die immer größere Notwendigkeit, im Verlauf oder nach Ablauf eines Bewerbungsverfahrens nach Absageschreiben zu greifen, gipfelt darin, dass Absagebriefe immer mehr in die Gruppe der formelhaften[103] Texte rücken. Die Verfasser (= Absageschreiber) folgen dabei bestimmten Mustern, die eine gewisse Formelhaftigkeit nicht nur in Form, sondern auch in Sprache aufweisen[104]. Dies wird einerseits von den sog. „Absagesammlern“[105] und andererseits von den Textforschern bestätigt[106]:

> (...) negative Antworten auf Bewerbungen stellen eine in Verwaltungen wie Unternehmen häufig anfallende kommunikative Aufgabe dar. Stehen für die Bewältigung dieser Aufgabe standardisierte Briefe zur Verfügung, so liegt die Vermutung nahe, dass bei deren Anfertigung auch sprachliche Muster Verwendung finden. (Drescher 1994: 117).

In Ratgebern zur Verfassung von Texten finden auch Absagen auf Bewerbungen ihren Platz. Die Autoren der Ratgeber empfehlen nämlich, gewisse Strategien und Formulierungen beim Erstellen von Absagen zu verwenden. Im Duden (1997, 2005a: 239ff. und 2005b: 129ff.) werden drei Möglichkeiten vorgeschlagen, mit Absagen geschickt umzugehen. Sie enthalten folgende thematisch-strukturelle Bausteine:

---

[103] Als formelhaft gelten „sprachliche Einheiten, die durch Rekurrenz, d.h. durch häufigen Gebrauch fest geworden sind oder fest werden. Aufgrund der Festigkeit im Gebrauch sind oder werden sie lexikalisiert, d.h. sie sind Bestandteile oder werden zu Bestandteilen des Wortschatzes, so dass sie von den Sprachteilhabern als fertige komplexe Einheiten reproduziert werden.“ (Stein 1995: 57), vgl. hierzu auch Kapitel 8.4., in dem die Formen der Höflichkeit im Lichte der Routinekonzeption von Coulmas (1981) und die Merkmale der Formelhaftigkeit in den Absageschreiben in Anlehnung an Lüger (1992) besprochen werden.

[104] Zur Formelhaftigkeit auf der Ebene der Form und des Ausdrucks vgl. Kapitel 8.4.1.

[105] Gemeint sind Bewerber, die Beweise ihrer ständigen Bemühungen um Arbeit sammeln müssen, um sie bei den zuständigen Behörden vorweisen zu können.

[106] Als Beweis dafür kann man fertige Schablone für Absageschreiben, sowie Absagegeneratoren anführen, im Falle deren man nur die gewählte Formulierung anzuklicken braucht, vgl. z.B. http://www.absage-bewerbung.de/absagen-generator-absagen-individuell-zusammenstellen/, Zugriff am 13.09.2013.

1. *Möglichkeit 1*:
   - Dank für die ausführliche/übersichtliche/ansprechende Bewerbung aussprechen
   - Hinweis auf die vielen Bewerbungen, die auf die Stellenanzeige eingegangen sind, geben
   - Grund für die lange Bearbeitungszeit nennen: Auswahl war wegen der gleichen Qualifikation der Bewerber schwierig
   - Dem Bewerber mitteilen, dass er zwar in die engere Wahl gekommen ist, aber die Wahl schließlich auf einen anderen fiel
   - Unterlagen mit diesem Brief zurück
   - Ermutigung: sicher bei der nächsten Bewerbung Erfolg
2. *Möglichkeit 2*:
   - Dank für die ausführliche/übersichtliche/ansprechende Bewerbung aussprechen
   - Dem Bewerber mitteilen, dass er den Anforderungen der ausgeschriebenen Stelle voll entsprach, aber seine Gehaltsvorstellungen über den Etat für diese Stelle hinausgehen
   - Mut machen: Bestimmt wird eine Bewerbung bei einem größeren Unternehmen erfolgreich sein
   - Unterlagen mit diesem Brief zurück
   - *Möglichkeit 3*:
   - Dank für die ausführliche/übersichtliche/ansprechende Bewerbung aussprechen
   - Dem Bewerber erklären, dass es mehrere Interessenten mit hoher Qualifikation gab, einer von ihnen jedoch bereits über einschlägige Erfahrungen im ausgeschriebenen Arbeitsbereich verfügt
   - Wertschätzung zeigen: Sie hätten den Bewerber gerne kennen gelernt, aber die Stelle kann leider nur einmal besetzt werden
   - Um Verständnis bitten
   - Unterlagen mit diesem Brief zurück
   - Erfolg wünschen

Im Duden (2010: 234) findet man eine Reihe von Ratschlägen, die sich auf die thematische Struktur der Absagen beziehen:

- Danken Sie für die Bewerbung oder das Angebot.
- Sagen Sie etwas Positives über den Bewerber oder Anbieter und bedauern Sie die Ablehnung.
- Erklären Sie, warum Sie einen anderen bevorzugt haben.
- Falls denkbar: Schreiben Sie, dass Sie den Bewerber gern beim nächsten Mal wieder berücksichtigen möchten.
- Wünschen Sie dem Bewerber für die Zukunft alles Gute.
- Absage per E-Mail ausschließlich bei Online-Bewerbungen und Online-Angeboten.

Eine Ergänzung bilden Textbausteine für die strukturellen Teile der Absage: Einleitung, Mittelteil und Schlussformel (ebd.: 235), denen fertige Formulierungen zugeordnet werden, die je nach Charakter der Absage in die Schreiben eingefügt werden können.

Aus einer anderen Perspektive werden Absagen in Lubbers (1982: 145f.) präsentiert. Die besprochenen Absagen stammen von Bewerbern, die in Bezug auf ein Arbeitsangebot eine Absage verfassen. Für unsere Studie scheinen sie aber dennoch von Belang zu sein, da in den Absagebriefen an Arbeitgeber die gleichen strukturellen Elemente und sprachlichen Strukturen folgender Art: *Inzwischen habe ich mich jedoch schon anders entschieden. Meine berufliche Zukunft habe ich mir jedoch anders vorgestellt. Bitte verstehen Sie, dass ich die Stelle in der ... nicht annehmen möchte.* wie in den Absagebriefen auf Bewerbungen gebraucht werden. Überraschend wirken in diesem Kontext die große Direktheit und Offenheit in den verwendeten Absage-Formulierungen.

3.2. Rechtliche Grundlagen für den Umgang mit Bewerbungen

Der Umgang mit Bewerbungen wird seit 2006 in Deutschland durch das „Allgemeine Gleichbehandlungsgesetz“[107] (= AGG) geregelt. Daher sollen Absageschreiber sehr behutsam mit den eingegangenen Unterlagen umgehen. Dies findet in den Antworten auf Bewerbungen, die bestimmten Regeln folgen (sollen), seinen Niederschlag. Es gilt nämlich, „den Bewerbern diskriminierungsfrei zu antworten“[108] und den Inhalt des Absageschreibens entsprechend dem AGG zu formulieren. Daraus ergibt sich, dass „die im AGG vorgesehene Beweislastverteilung klar zu Lasten des Arbeitgebers geht“ und man sich „bei der Absage möglichst vorsichtig und zurückhaltend ausdrücken“ soll. Ein Absageschreiben darf vor allem keinen Hinweis auf eines der acht in § 1 AGG genannten Kriterien (Rasse, ethnische Herkunft, Geschlecht, Religion oder Weltanschauung, Behinderung, Alter oder sexuelle Identität) enthalten.[109] Das Gesetz betrifft auch Auszubildende und Bewerber für ein Beschäftigungsverhältnis und ist für Arbeitgeber bindend. Es gilt zugleich als eine Art Orientierungshilfe für Absageschreiber, „um Verstöße gegen das Benachteiligungsverbot zu vermeiden“ (Hovermann 2009: 79). Es kann daher auch nicht verwundern, dass unter vielen

---

[107] Vgl. http://www.gesetze-im-internet.de/agg/BJNR189710006.html, Zugriff am 17.07.2012.

[108] Vgl. http://www.azubee.de/fileadmin/user_upload/.pdf/azubee_allgemein/Bewerbern_diskriminierungsfrei_absagen.pdf, Zugriff am 24.07.2013.

[109] Vgl. http://www.azubee.de/fileadmin/user_upload/.pdf/azubee_allgemein/Bewerbern_diskriminierungsfrei_absagen.pdf, Zugriff am 23.07.2013.

Ratschlägen zum Verfassen der Absageschreiben auch solche zu finden sind: „Vermeiden Sie daher möglichst eine Rechtfertigung Ihrer Entscheidung. Die Begründung für eine Ablehnung könnte als Diskriminierung angesehen werden.“ (ebd.). Aus der Perspektive des Bewerbers klingen sie eher kurios, denn gerade aus der Begründung der Absage könnte man Schlüsse ziehen, um in Zukunft bessere und effektivere Bewerbungen zu erstellen[110]. Im Gegensatz dazu stehen die Ratschläge im Duden (2005b: 129), wo folgende Empfehlungen zu lesen sind: „Machen Sie sich die Mühe, eine Absage zu schreiben, die dem Bewerber einen Grund für die Absage nennt!“ und zu diesem Zwecke mögliche Begründungen aufgelistet werden.

Da die Situation, in der man den Bewerbern absagt, unkomfortabel ist, sucht man nach Möglichkeiten, dies zu umgehen[111]:

> Es ist sicher nicht angenehm, einem Bewerber, der sich Mühe mit der Zusammenstellung seiner Unterlagen gemacht hat, eine Absage zu erteilen. Manche Unternehmen drücken sich deshalb um diese unangenehme Aufgabe. Sie antworten entweder gar nicht oder schicken allen Bewerbern das gleiche fotokopierte Schreiben.[112] (Duden 1997: 236)

Die Analyse der Absageschreiben scheint diese Strategie zu bestätigen, da man in vielen Schreiben standardisierte Formulierungen findet, in denen „kein Verständnis, kein bisschen Ermunterung, keine persönlichen Absagegründe“ (ebd.) ausgedrückt werden. Andererseits findet man viele gutgemeinte Ratschläge, wie man negative Nachrichten konstruktiv und korrekt vermitteln kann, „(…) denn eine wasserdichte Ausrede ist nicht leicht zu finden.“ (Hovermann 2009, Vorwort von Johannes Dohler: 3), bis hin zu fertigen Check-Listen, was eine Absage enthalten muss/soll, und was sie nicht enthalten darf.[113] Das oberste zu beachtende Prinzip lautet aber: „Versetzen Sie sich in die Lage des Empfängers!“ (Duden 2010: 234), von dem weitere Ratschläge folgender Art abgeleitet werden: „Geben Sie dem abgelehnten Bewerber das Gefühl, individuell wahrge-

---

[110] Inzwischen ist das Problem der Zusammenstellung von Bewerbungsunterlagen zu einem großen Geschäft geworden. Es gibt zahlreiche Schulungsfirmen, die Bewerbungstrainings anbieten, ohne jedoch die Wirksamkeit der dargebotenen Methoden überprüft zu haben.

[111] Vgl. hierzu Kapitel 8, in dem die Strategien und Mittel der Höflichkeit in den Absageschreiben analysiert werden.

[112] Vgl. Beispiel Nr. 7 im Anhang.

[113] Vgl. http://www.azubee.de/fileadmin/user_upload/.pdf/azubee_allgemein/Bewerbern_diskriminierungsfrei_absagen.pdf, Zugriff am 23.07.2013.

nommen worden zu sein. Versuchen Sie, ihm auch irgendeine positive Bewertung zu geben – natürlich sollte diese nicht unrealistisch sein." (ebd.) und zusätzlich Hinweise zur Verfassung und Formulierung der Absagen, z.B.: „Danken Sie für die Bewerbung oder das Angebot. Sagen Sie etwas Positives über den Bewerber (...) und bedauern Sie die Ablehnung. Erklären Sie, warum Sie einen anderen bevorzugt haben. (...) Schreiben Sie, dass Sie den Bewerber beim nächsten Mal wieder berücksichtigen möchten. Wünschen Sie dem Bewerber für die Zukunft alles Gute." (ebd.). Dazu werden dem Absageschreiber fertige Formulierungen für die Einleitung, den Mittelteil und die Schlussformel dargeboten. Zugleich wird die Funktion der Absageschreiben bei der Aufrechterhaltung des Kontakts hervorgehoben und auf den Nutzen für die jeweilige Firma hingewiesen: „Lieblose Absagen auf Bewerbungen schaffen immer auch ein negatives Image für Ihr Unternehmen." (ebd.) und dies sollte eigentlich nicht passieren, „denn ein gut formuliertes Absageschreiben (...) kann noch viel mehr: den Bewerber bei der Stange halten, die Firma, positionieren, Werbung machen, sich als guter Arbeitgeber präsentieren." (Markt & Technik 2005: 64).

3.3. Absageschreiben als Texte

Der Terminus *Text* stammt aus der römischen Antike (*textus* oder *textum,* auch *contextus* = ‚Geflecht', ‚Gewebe' im Sinne von ‚Stil') und ist mit dem griechischen *téchnē* (= ‚Handwerk, Kunst, Fertigkeit') verwandt (vgl. Kluge 2002: 914).

In der einschlägigen Literatur gibt es zahlreiche Versuche, *Text*[114] zu definieren, die auf unterschiedlichen Kriterien und Konzepten beruhen. Aus diesem Grunde ist es schwer zu entscheiden, welche Definition[115] die beste ist, denn

[114] Vgl. auch andere zahlreiche Definitionen des Textes bei: Werlich (1975), Agricola (1979), Schmidt (1973: 150), van Dijk (1980), Wawrzyniak (1980: 7), de Beaugrande/Dressler (1981: 3), Heinemann/Viehweger (1991), Vater (1994, 2005), Coseriu (2007), Adamzik (2004: 38ff.), wo man eine Übersicht und Analyse der Textdefinitionen finden kann u.a.; vgl. auch die Textdefinitionen bei Żydek-Bednarczuk (2005: 54ff.), sowie ihre komplexe Definition, die fünf Definitionsebenen umfasst (ebd.: 70), und die kritische Auseinandersetzung mit den Textdefinitionen bei Klemm (2002a, b). Darüber hinaus sei auch auf die Diskussion des Textbegriffs in Grucza S. (2004) und den Überblick über die Textdefinitionen in Żebrowska (2013) hingewiesen.

[115] Vgl. hierzu exemplarisch z.B. die Zusammenstellung der Textdefinitionen bei Heinemann/ Heinemann (2002: 110ff.) oder Adamzik (2004).

główny mankament dotychczasowych wypowiedzi/definicji tekstów polega na tym, że wszystkie są adekwatne i nieadekwatne zarazem, że żadna z nich nie jest w pełni zadowalająca, że każda uwypukla tylko jakiś istotny aspekt czy właściwość lub funkcję tekstów, albo jakiś aspekt, jakąś właściwość, czy funkcję pewnego rodzaju tekstów, a nie wszystkich, ale jednocześnie sugeruje, że definiuje wszystkie teksty.[116] (Grucza S. 2009: 98)

Dieser Zustand wird auch von Vater (1992: 25) bestätigt: „Die Schwierigkeiten bei der Textdefinition sind teilweise objektiver, teilweise subjektiver Natur: Sie liegen sowohl im Phänomen „Text" selbst begründet als auch in der Verschiedenheit der verwendeten Ansätze."

Auch in der Forschungsliteratur wird diese Lage beklagt und auf unterschiedliche Ansätze bei der Textanalyse zurückgeführt[117]. Dabei treten verschiedene Konzepte zum Vorschein (vgl. hierzu Klemm 2002a: 24): „Text als ein Sprachzeichen" (Viehweger 1976, Hartmann 1971), „Text als eine logische Verkettung von Sätzen", „Text als sprachliches Handlungsmittel" (Ehlich 1984), „Text als Produkt einer sozialen Handlung" (Heinemann/Viehweger 1991), „Text als Mittel der Wissensrepräsentation und Wissensarchivierung" (Antos 1997)[118].

Die Versuche, *Text* als Gegenstand der Textlinguistik zu definieren, werden ebenfalls kritisiert, wobei eingeräumt wird, dass

---

[116] Vgl. hierzu auch die formale Definition des Gegenstandes einer Wissenschaft bei Grucza F. (1983).

[117] Dabei wird hervorgehoben, dass man sich bisher nicht auf einen Begriff hat einigen können, vgl. hierzu Adamzik (2004: 31) und Fix et al. (2002) sowie die Tatsache, dass die bisherigen Versuche, den Gegenstand der Textlinguistik zu bestimmen, einen eher tautologischen Charakter haben, vgl. hierzu Grucza S. (2009: 99).

[118] Zu verschiedenen Konzepten und Ansätzen bei der Textbetrachtung siehe z.B. Adamzik (2004), wo im Lichte der Geschichte der Textlinguistik folgende Ansätze diskutiert werden: „Text als Sprachverwendung", „Text als Sinnträger", „Text als strukturierte Ganzheit", „Text als Produkt mentaler Prozesse", „Text als Folge von Sätzen"; vgl. hierzu auch Vater (2002b: 20), der die Ursache für die Uneinheitlichkeit im Bereich der *Text*-Definitionen „in der Verschiedenheit der verwendeten Ansätze" sieht und den Überblick über verschiedene Ansätze zur *Text*-Analyse bei Heinemann/Heinemann (2002), die folgende Konzepte kurz erläutern: „der grammatische Zugriff" (Heinemann/Viehweger 1991), „der semantische Zugriff" (Daneš 1976), im Rahmen dessen „der Isotopie-Ansatz" (Greimas 1974), „Texte als Propositionskomplexe", „Text-Thema-Modell" erwähnt werden, „der pragmatisch-kommunikative Zugriff", der in den „kommunikationsorientierten Modellen" manifest ist, „der kognitive Zugriff" sowie die Diskussion über die *Text*-Merkmale und die Textualität in Heinemann/ Heinemann (2002: 95); in diesem Kontext sei auch auf die polonistische textologische Forschungsliteratur hingewiesen. Einen Überblick darüber findet man bei Rzeszutko-Iwan (2009) und in der Monographie von Bartmiński/Niebrzegowska-Bartmińska (2009).

> w żadnym razie celem finalnym lingwistyki tekstu nie jest sama tylko analiza, opisanie lub eksplikacja konkretnych tekstów jako konkretnych ciągów wyrażeniowych. Celem tym jest poznanie (rekonstrukcja) mentalnych form (struktur i reguł), na podstawie których ludzie z jednej strony tworzą teksty jako znaczące ciągi wyrażeniowe, a z drugiej rozumieją konkretne teksty, a także reguły praktycznego (komunikacyjnego) posługiwania się nimi. (Grucza S. 2009: 100)

In manchen Untersuchungen zum *Text* wird dessen kommunikativer Wert hervorgehoben. Es sei in diesem Kontext auf Wawrzyniak (1980: 7, Hervorhebung im Original) hingewiesen, der diesen relevanten Aspekt unterstreicht: „Kommunikation erfolgt durch T e x t e, die zwischen den Kontaktpartnern (Sprecher und Versteher, Schreiber und Leser) ausgetauscht werden. Unter Texten verstehen wir hier sowohl schriftliche als auch mündliche Äußerungen, die unterschiedlicher Länge sein können: von einem Ein-Wort-Text bis zum Gesamttext eines mehrbändigen Romans." Somit wird *Text* der Sprechakttheorie und der Pragmatik angenähert, was für unsere Untersuchung besonders wichtig ist, denn damit wird ein Schritt in Richtung der kommunikationsorientierten Textlinguistik gewagt, die „(...) nach den Zwecken, zu denen Texte in Kommunikationssituationen eingesetzt (...) werden" (Brinker 1991: 9) fragt und auch in früheren Untersuchungen begründet war, v.a. in dem Konzept „Text als Sprachverwendung", das z.B. auf Dressler (1978: 2) zurückzuführen ist[119]. Dieser Ansatz findet auch in den *Text*-Definitionen von Harweg (1968: 148), Ehlich (1984: 17) sowie in älteren Studien, z.B. von Hartmann (1971) seinen Niederschlag.

Einen Überblick über moderne Textdefinitionen sowie Texteigenschaften, mittels deren *Text* definiert wird, präsentiert Adamzik (2004: 38ff.), indem sie eine Merkmalmatrix erstellt, in der die in den *Text*-Definitionen genannten Eigenschaften als Kriterien herangezogen werden.

Eine kritische Analyse der „traditionellen" Textauffassungen präsentiert dagegen Grucza S. (2007a, 2007b) und entwirft dabei das Konzept, Texte einer relativistischen Betrachtungsweise zu unterziehen, denn erst diese Perspektive ermögliche nach Meinung des Autors „die textlinguistische Text-

[119] Vgl. die folgende These: „Zur Textlinguistik rechnet gewöhnlich jede sprachwissenschaftliche Forschung, die vom **Text** (in schriftlicher und mündlicher Form oder Konzipierung) **als Grundeinheit menschlicher Sprache** ausgeht, oder die zumindest die Satzgrammatik so weit überschreitet, dass sie Satzsequenzen oder noch größere Textstücke als Einheiten sui generis behandelt." (Dressler 1978: 2, Hervorhebung – J. S.).

Beschreibungsproblematik durch konkrete Fragen zuerst systematisch zu erfassen und dann ihre grundlegenden Fragen zu lösen." (ebd.: 904). Der Autor unterscheidet zwei Ebenen, auf denen der Text als solcher untersucht werden kann, und zwar „Text" = „die konkrete sprachliche Äußerung" und *Text*[120] = „das, worauf sich eine Äußerung bezieht, worauf es referiert, was es repräsentiert, was es bedeutet." (ebd.: 910) und verweist zugleich darauf, dass „ ‚Texte' (konkrete Äußerungen) eine Ersatzfunktion ausüben, weil sie Bedeutungen ersetzen, die ihnen Sprecher-Hörer zugeschrieben haben." (ebd.: 911). Diese Dichotomie in der Text-Auffassung wird von Grucza S. folgendermaßen näher erklärt:

> 'Formy (struktury) tekstu' to w wypadku konkretnego mówcy-słuchacza obiekty (fakty) mentalne, tzn. obiekty istniejące w jego mózgu jako pewne elementy jego wiedzy strukturalnej i operacyjnej. 'Konkretne realizacje tekstów' to obiekty eksternalizowane, czyli istniejące samodzielnie w postaci (z reguły) dźwiękowej (fonicznej) lub literowej (graficznej), a czasem także dotykowej (taktylnej). (Grucza S. 2007b: 90)

Für unsere Zwecke sind v.a. pragmalinguistisch und funktional ausgerichtete Konzepte von *Text* relevant[121]. Es handelt sich dabei um Funktionen, welche bestimmte Texte erfüllen, die auch die Existenz der Texte garantieren, wie Dobrzyńska (2009: 38) feststellt: „Teksty zawdzięczają swe istnienie funkcji, jaką konstytuujące je elementy językowe spełniają łącznie w procesie komunikacji.", wobei das Schwergewicht auf die „Ganzheitlichkeit des Textes" gelegt wird: „(...) tekstem jest ciąg zdań przekazanych jako całościowy komunikat lub uznanych za całość komunikacyjną przez odbiorcę." (Dobrzyńska 2009: 37). Dabei gilt die Funktion des Textes zugleich als ein Charakteristikum für die Bestimmung der Zugehörigkeit des jeweiligen Textes zur bestimmten Textsorte. Darauf wird im Kapitel 4 näher eingegangen.

Den Ausgangspunkt für die vorliegenden Ausführungen bildet die Definition[122] des Textes nach Brinker (2010: 17), nach dem der *Text* „eine begrenzte Folge von sprachlichen Zeichen ist, die in sich kohärent ist und die als Ganzes

---

[120] Die kursive Schreibweise entspricht der Schreibweise im Original, vgl. Grucza, S. (2007a).

[121] Diese Perspektive ist auch in der polonistischen Textforschung anwesend, vgl. hierzu z.B. Mayenowa (1971), Bogusławski (1983).

[122] Wawrzyniak (1980: 37ff.) verweist auf die Textdefinitionen von Helbig (1975), Bellert (1972), Harweg (1968), Isenberg (1968) u.a.

eine erkennbare kommunikative Funktion signalisiert."[123] Ergänzt werden kann diese Definition durch die frühere und bekannte Bestimmung von Agricola (1979: 7), im Rahmen deren Texte unter den handlungsorientierten Analysen platziert werden. Nach Agricola ist *Text* „Produkt und Mittel des konkreten Kommunikationsprozesses" und „eine spezifische Art sozialer menschlicher Handlungen"[124].

Bei der Bestimmung des Wesens eines Textes werden auch äußere Merkmale des Textes unterschieden, v.a. ihre innere (thematische) und äußere Gliederung. Es handelt sich dabei um die graphische Präsentation des jeweiligen Textes, Gliederung in Kapitel, Abschnitte. Hinzu kommt auch das Kriterium der Linearität.

Im Falle der Absageschreiben handelt es sich um Texte, die überwiegend schriftlich produziert werden. Sie gehören zur Korrespondenz des jeweiligen Betriebes und jeder Institution, die Mitarbeiter einstellt. Ihre Linearität ist leicht erkennbar. Sie weisen auch eine graphische Gliederung in einzelne thematische Bausteine auf. Darauf wird im Kapitel 3.5.1.1.1. eingegangen.

Aufgrund ihrer Merkmale[125] und im Lichte der angeführten Textdefinition lassen sich Absageschreiben auf Bewerbungen als Texte bestimmen. Sie erfüllen auch Kriterien der Textualität[126], auf die im Weiteren eingegangen wird.

---

[123] Der Ansatz, den Text als eine kommunikations- und handlungsorientierte Größe zu sehen, ist nicht neu, vgl. hierzu z.B. die Textdefinition nach de Beaugrande/Dressler (1981: 3): der Text sei „eine kommunikative Okkurrenz", und die Diskussion in Fix (2008a: 19ff.).

[124] Vgl. hierzu auch die pragmatische Definition des Textes in der polonistischen Forschung bei Mayenowa (1971), Bogusławski (1983) und Dobrzyńska (1993).

[125] Es handelt sich um folgende Merkmale, die den Text als einen solchen im Alltag bestimmen lassen: geschriebenes, sprachliches Gebilde, einheitliches Thema, Folge von Sätzen, begrenzt, abgeschlossen, selbständig u.a., die in der Definition: „Text ist eine (schriftlich) fixierte sprachliche Einheit, die in der Regel mehr als einen Satz umfasst." zusammengefasst werden, vgl. Brinker (2010: 10ff.).

[126] Unter der *Textualität*, auch *Textur* oder *Textlichkeit* wird Folgendes verstanden: „die Gesamtheit aller Eigenschaften, die einen Text zum Text machen", vgl. auch Vater (1994, 2005: 28) und Kallmeyer/Meyer-Hermann (1980: 242f.). Es handelt sich hier um folgende Kriterien, die in zwei Gruppen unterteilt werden: konstitutive Kriterien: Kohäsion, Kohärenz, Intentionalität, Akzeptabilität, Informativität, Situationaliät, Intertextualität; regulative Kriterien: Effizienz, Effektivität, Angemessenheit, Kulturalität, vgl. dazu de Beaugrande/Dressler (1981), Vater (1994, 2005) u.a. sowie die analytische Übersicht der Texteigenschaften bei Adamzik (2004: 48ff.) u.a.

3.4. Analyse der Absageschreiben

Es gibt verschiedene Ansätze, Texte zu beschreiben, deren Ausmaß in gewisser Hinsicht von den Kriterien abhängt, die man sich zu Grunde legt.

Żydek-Bednarczuk (vgl. 2005: 71, Übersetzung – J. S.) unterscheidet drei Perspektiven der Textanalyse:

- grammatische: Flexion und Wortbildung, Lexik, Syntax, Rechtschreibung, Zeichensetzung;
- semantische: Thema und dessen Explikation, semantische Relationen, lexikalisches Feld, Textfunktionen, Kohärenz;
- pragmatische: Kommunikationsakt, Interaktionen, Sprechakte, Konversationsimplikaturen, Kontexte: sprachlich, kulturell, sozial, Determinanten der Textgattung.

Eine Darstellung der Aspekte, die bei einer Textbeschreibung berücksichtigt werden können/müssen präsentiert auch Adamzik (2008: 165), und unterteilt diese dabei in zwei Gruppen: „textinterne“ und „textexterne Texteigenschaften“, wobei folgende Komponenten der Textbeschreibung vorgeschlagen werden: sprachliche Gestalt, Thema/Inhalt, Funktion, situativer Kontext[127] (Adamzik 2004). Diese decken sich weitgehend mit den von Brinker (2010: 137ff) erarbeiteten Analysekriterien und -kategorien, die um drei folgende Aspekte gruppiert werden:

1. der strukturelle Aspekt:
   a. grammatische Strukturebene: die grammatische Kohärenz, d.h. die syntaktischen und semantischen Verknüpfungsbeziehungen zwischen den Sätzen des Textes;
   b. thematische Ebene: die Struktur des Textinhalts, d.h. das „Gefüge von Beziehungen zwischen dem thematischen Kern und den in Propositionen bzw. propositionalen Komplexen des Textes ausgedrückten Teilinhalten bzw. Teilthemen“, darunter das Textthema, die Form der Themenentfaltung.

[127] Bei Dressler (1972) und Brinker (1983) werden die Funktion des Textes und der situative Kontext unter dem Begriff „Textpragmatik/Pragmatik“ zusammengefasst.

2. der kommunikativ-funktionale Aspekt, d.h. die Bedeutung des Textes in der kommunikativen Beziehung zwischen Emittent und Rezipient, die sich aus der Bestimmung der Textfunktion ergibt.
3. der situative Aspekt, d.h. die Faktoren der Kommunikationssituation, die die Ausprägung der Textstruktur beeinflussen, darunter die Kommunikationsform und der Handlungsbereich.

Im Folgenden werden die Absageschreiben in Bezug auf diese Kriterien charakterisiert.

3.4.1. Analyse der Textstruktur

Die *Struktur des Textes*[128] wird als ein „Gefüge von Relationen, die zwischen den Sätzen bzw. den Propositionen als den unmittelbaren Strukturelementen des Textes bestehen und die den inneren Zusammenhang, die Kohärenz des Textes bewirken." (Brinker 2010: 21) definiert. Das ergibt sich daraus, dass

> ein Text aus einer endlichen, geordneten Menge von semantisch kohärenten und in ihrer Bedeutung integrierten Sätzen (...) oder anderen satzwertigen Einheiten besteht, die kraft ihres Charakters von komplexen Zeichen Abbilder von Sachverhaltskomplexen repräsentieren. (Agricola 1979: 32)

In der Forschungsliteratur wird darauf hingewiesen, dass ein Text eine komplexe Größe[129] ist und auf vielen Ebenen untersucht werden muss. Es wird zwischen der sog. Binnenstruktur, also „der materialen Grundlage des gattungstypischen Handelns in Gestalt der verwendbaren Ausdruckssysteme (...)"[130], und der sog. Außenstruktur unterschieden. Die letztere zeigt, „in welchen kommunikativen Milieus, kommunikativen Situationen und mit welchen sozialen Rollen die Gattung verbunden ist" (Luckmann 1986: 204 zit. in Auer 1999: 180).

Funktional gesehen werden drei Beschreibungsebenen des Textes – der Textstruktur – genannt (Wilske 2000: 74f.):

- die makrostrukturelle, kompositorisch-architektonische Strukturebene: Teiltexte, Absätze, Paragraphen u.a.,

[128] Vgl. auch die Definition der „Textstruktur" nach Daneš (1970), der darunter „eine Sequenz von Themen" versteht, sowie die Charakteristika der „Textstruktur" bei Wilske (2000: 68).
[129] Diese Annahme geht auf die in der textlinguistischen Forschung weit verbreitete Annahme von einer Mehrebenenstruktur zurück, vgl. Wilske (2000: 73).
[130] Hierzu gehören folgende Elemente: passende sprachliche Varietät, prosodische Gestaltung, Wahl bestimmter syntaktischer Muster, Topoi und Figuren, Themen und poetischer Mittel, vgl. Auer (1999: 179).

- die Ebene der propositional-kognitiven Aktualisierung: lexikalische Nominationen, syntaktisch-semantische Prädikationsstrukturen,
- die Ebene der funktional-kommunikativen Aktualisierung: thematisch-rhematische Aktualisierungen, deiktische Einheiten, inferentielle und/oder assoziative Informationen.

Brinker (2010) analysiert die Textstruktur auf zwei eng verbundenen Ebenen. Zum einen handelt es sich um die Ebene „der grammatischen Kohärenz“ (ebd.: 21), im Rahmen deren „die für den Textzusammenhang relevanten syntaktisch-semantischen Beziehungen zwischen aufeinanderfolgenden Sätzen eines Textes“ untersucht werden sollen. In diesem Kontext sei auf die „Kriterien der Textualität“ (de Beaugrande/Dressler 1981) hingewiesen, unter denen „Kohäsion“ als ein für die Identifikation der Texte relevantes Kriterium genannt wird und sich mit Brinkers (2010) Verstehensweise der grammatischen Kohärenz deckt.
Die zweite Analyseebene ist die „thematische Ebene“, auf der „es um die Analyse des kognitiven Zusammenhangs [geht – J. S.], den der Text zwischen den in den Sätzen ausgedrückten Sachverhalten (Satzinhalten, Propositionen) herstellt.“ (Brinker 2010: 21).

Diese Zweiteilung der Textebenenbeschreibung scheint für unseren Fall besonders relevant zu sein. Im Folgenden werden die Absageschreiben in ihren drei von uns analysierten Ausprägungen: Aperitif-Briefe, eigentliche Absageschreiben und Eisschreiben im Lichte des präsentierten dichotomischen Vorschlags von Brinker (2010) besprochen.

3.4.1.1. Grammatische Ebene der Textstruktur[131]

In Bezug auf die grammatische Ebene der Textstruktur[132] spricht man von der *Kohäsion*[133], die „dann vorliegt, wenn grammatisches Wissen verwendet wird, um einen Zusammenhang herzustellen.“ (Duden 2006: 1072).

[131] Die Grundlage für die Entstehung dieses Kapitels stellt der Beitrag von Szczęk (2011a) dar.

[132] Vgl. hierzu auch die Übersicht über verschiedene textgrammatische Ansätze und Modelle der Textbeschreibung bei Gansel/Jürgens (2007: 55ff.).

[133] Es handelt sich um die sog. Oberflächenstruktur, „auf der viele – aber durchaus nicht alle – Informationseinheiten des Textes realisiert und – allerding auch nur zum Teil – durch Kohäsionsmittel verbunden sind.“ (Linke/Nussbaumer/Portmann 2001: 225).

Zur Herstellung dieses Zusammenhangs dienen kohäsive Mittel, die „(...) anzeigen sollen, wie die schon verwendeten Strukturen und Muster wiederverwendet, verändert oder zusammengefasst werden können. Diese Mittel tragen zur STABILITÄT bei und (...) zur ÖKONOMIE von Material und Verarbeitungsaufwand.“ (de Beaugrande/Dressler1981: 51, Hervorhebung im Original).

Im Folgenden werden die Mittel der grammatischen Kohärenz in den Absageschreiben in Anlehnung an Brinker (2010) besprochen.

3.4.1.1.1. Wiederaufnahme (Rekurrenz)

Rekurrenz kommt vom lat. *recurrere* – ‚zurücklaufen, wiederkehren, sich wiederholen, auf Zurückliegendes Bezug nehmen, verweisen‘ (vgl. HSKTG 2000: 305) und bezeichnet „das Phänomen der Wiederholung, des Rückverweises bzw. des Ersetzens.“ (ebd.)

Man spricht von der „direkten Rekurrenz“[134], wenn das ursprüngliche Element noch einmal vorkommt und von „der partiellen Rekurrenz“ im Falle der Verwendung desselben Wortmaterials mit Wortartveränderung (vgl. de Beaugrande/Dressler1981: 57ff.).
Dabei kommt der Wiederaufnahme die Aufgabe zu, „die Einheitlichkeit des Textgegenstandes“ (vgl. Brinker 2010: 42) sprachlich auszudrücken, was sich wiederum in der thematischen Struktur[135] des jeweiligen Textes niederschlägt.

Eine besondere Form der Wiederaufnahme ist die *Substitution*[136], bei der ein Ausdruck den anderen ersetzt (vgl. HSKTG 2000: 309), genauer „wenn ein Textelement, also ein Wort oder eine Wortgruppe, im nachfolgenden Text durch ein ihm inhaltlich verbundenes Textelement wieder aufgenommen wird und wenn sich beide Textelemente auf dasselbe außersprachliche Objekt beziehen (...)“ (Linke/Nussbaumer/Portmann 2001: 216). Sie kann durch Ober- und Unterbegriffe, Metaphern, Lexeme aus demselben Wortfeld realisiert werden; hierzu gehören auch Paraphrasen, also „Rekurrenz von Inhalt mit einer Änderung des Ausdrucks“ (de Beaugrande/Dressler 1981: 62).

---

[134] Dafür wird auch der Ausdruck „lexikalische Rekurrenz“ gebraucht, vgl. de Beaugrande/ Dressler (1981: 58) oder „Rekurrenz des Ausdrucksseitigen“, vgl. HSKTG (2000: 307).

[135] Die thematische Struktur wird im nachfolgenden Kapitel besprochen.

[136] Damit ist „die Ersetzung eines sprachlichen Ausdrucks durch einen anderen sprachlichen Ausdruck“ gemeint (Harweg 1968: 20, zit. in Brinker 2010: 37). Sie wird auch „Rekurrenz des Inhaltsseitigen“ genannt, vgl. HSKTG (2000: 307).

Die Wiederaufnahme[137] wird als eines der wichtigsten konstitutiven Mittel der Kohärenz betrachtet[138] und gilt „als Träger-Struktur für die thematischen Zusammenhänge des Textes“ (Brinker: 2010: 37).

Brinker (2010: 26) unterscheidet dabei zwei Formen. Zum einen ist es die explizite Wiederaufnahme, bei der es um den Ausdruck der Referenz durch bestimmte Mittel geht, die deutlich machen, dass es sich um dieselben Referenzträger handelt. Zwischen dem wiederaufnehmenden Ausdruck und dessen Bezugsausdruck besteht das Verhältnis der Referenzidentität.

Die explizite Wiederaufnahme erfolgt v.a. durch Pronomen und Artikelwörter; in diesem Falle spricht man über die sog. „pronominale Referenz“ (Wawrzyniak 1980: 95) oder „Pronomination“, d.h. durch den Einsatz von Wörtern, „die stellvertretend für Substantive, genauer substantivische Wortgruppen“ (Brinker 2010: 30) sind.

In den Absageschreiben handelt es sich v.a. um Wiederholungen des Personalpronomens *Sie*, das sich auf den in der Anrede genannten Namen bezieht und diesen ersetzt. Das Pronomen hat dementsprechend eine überwiegend anaphorische Funktion. Es dient der Exponierung der Rollen von Interaktanten (vgl. hierzu Berdychowska 2003: 91ff.), wobei folgende Typen der Sprecherrollen unterschieden werden (vgl. hierzu Tomiczek 1983: 25): die *ich*-Form – der Sprecher spricht als Ich, die *wir*-Form – der Sprecher spricht als Wir. In den Absageschreiben kommen diese beiden Typen auch in gemischter Kombination vor. Sowohl die *wir*-Form als auch die *ich*-Form betreffen den Absageschreiber. In unserem Falle überwiegt die *wir*-Form, die die Verantwortung für die getroffene negative Entscheidung auf mehrere Personen verteilen lässt, was jedoch im Gegensatz zu den Ratschlägen für Absageschreiber steht, denn man liest in den Ratgebern „ich statt wir lässt (…) persönlicher wirken.“ (Duden 2010: 237).

In den untersuchten Texten kommen flektierte Formen der Personal- oder Possessivpronomina vor, die den Bezug zu der angesprochenen Person eindeutig herstellen und die Rollen der Interaktanten definieren, z.B.:

[137] Die Wiederaufnahme umfasst die sog. Pronominalisierung, die „als textkonstitutiv“ gilt (Harweg 1968: 148) und ein obligatorisches Element der Textdefinition ist.

[138] Vgl. hierzu z.B. Brinker (2010: 40), Harweg (1968) u.a.

(1)

Sehr geehrter Herr ... [Nachname des Bewerbers],

*haben **Sie** vielmals Dank für ..., ... **wir** sehen keine Möglichkeit **Sie** einzustellen ..., haben **Sie** Verständnis ..., Trotz **Ihres** interessanten beruflichen Werdegangs ..., ... zu **unserer** Entlastung senden wir **Ihnen** ..*;

(2)

Sehr geehrter Herr ... [Nachname des Bewerbers],

*vielen Dank für **Ihre** Bewerbung. Leider müssen **wir Ihnen** mitteilen, dass ... . Daher erhalten **Sie** mit diesem Brief Ihre Bewerbungsunterlagen zurück. Für **Ihre** berufliche Zukunft wünschen **wir Ihnen** viel Erfolg ... .*

Der Gruppe der Wörter, die die gleiche Funktion wie Pronomen haben, werden auch andere Pro-Formen subsumiert, d.h. Wörter, die „(...) aufgrund ihres minimalen Bedeutungsinhalts ausschließlich dazu dienen, andere sprachliche Einheiten referenzidentisch wieder aufzunehmen." (Brinker 2010: 31), z.B. Adverbien und Pronominaladverbien. Es handelt sich um „ökonomische, kurze Wörter ohne besonderen Inhalt, die für determinierte, inhaltsaktivierende Ausdrücke an der Oberfläche des Textes entstehen können."[139] (de Beaugrande/ Dressler1981: 64).

In den Absageschreiben weisen diese Pro-Formen einen innertextlichen Bezug auf, z.B.: *Wir können Sie daher nicht weiter berücksichtigen und reichen **dementsprechend** Ihre eingereichten Unterlagen zurück*; *Gleichzeitig möchte ich Sie **darüber** informieren, dass wir ...*; *Leider muss ich Ihnen mitteilen, dass Sie bei der Besetzung der Stelle nicht berücksichtigt werden konnten. Die verbindliche Entscheidung **hierüber** ist jedoch dem ... vorbehalten. Da sich in der Regel **hieran** nichts ändert, erhalten Sie bereits jetzt diese Mitteilung*; oder einen Bezug auf die frühere Korrespondenz, z.B.: ***Derzeit** stellen wir jedoch keine neuen Mitarbeiter ein*; *Wir danken Ihnen für Ihre Bewerbung vom ... und das **hierdurch** an einer Tätigkeit in unserem Hause zum Ausdruck gebrachte Interesse*; *Wir bedanken uns für Ihre Bewerbung und das **damit** verbundene Interesse an unserem Unternehmen.*

[139] Sie werden auch „inhaltsleere sprachliche Elemente" genannt, die „als eine Art Suchanweisung gelten", die „eine starke textverknüpfende Kraft" haben, vgl. Linke/Nussbaumer/ Portmann (2001: 217f.).

Artikelwörter hingegen stellen „eine Art Anweisung an den Leser bzw. die Leserin [dar – J. S.], im umgebenden Text nach Bezugselementen zu suchen." (Linke/Nussbaumer/Portmann: 2001: 219). Bei einem unbestimmten Artikel lautet die Anweisung: „es gibt etwas, aber das kennst du noch nicht bzw. wir haben noch nicht davon gesprochen." (ebd.). Die Vorwissensdeixis ist dagegen ein Verweis auf textexternes Weltwissen, welches für das Textverständnis vorausgesetzt wird und die Anweisung hier lautet: „es gibt etwas, was du bereits kennst; suche im Text danach! (...) oder außerhalb des Textes in den dir zur Verfügung stehenden Wissensbeständen (...)" (ebd.). Diese Anweisung steht im Einklang mit der Verstehensweise von Brinker (2010: 28), der hervorhebt, dass der „Signalwert" der Artikelwörter auf die Kategorien „bekannt", „nicht bekannt" zurückzuführen ist, und „lediglich nur ein Signal für den Hörer (Leser) ist, dass der Sprecher (Autor) bestimmte Informationen beim Hörer (Leser) als bekannt oder nicht bekannt voraussetzt."

Wiederaufgenommen werden können auch dieselben Substantive, z.B. das Nomen *Bewerbung*.

Ein anderes Mittel ist der Einsatz eines anderen Substantivs; es handelt sich dabei um Nomina, zwischen denen bestimmte Bedeutungsbeziehungen bestehen, die auf ihrer Ähnlichkeit beruhen[140]. Dabei folgt der Oberbegriff immer auf den Unterbegriff (Brinker 2010: 30). In diesem Falle spricht man auch über die „synonymische Referenz" (Wawrzyniak 1980: 99).

In unserem Falle sind es v.a. textuelle Synonyme, z.B.: *Vielen Dank für Ihre* ***Bewerbung*** *... Daher erhalten Sie Ihre* ***Bewerbungsunterlagen*** *zurück; Wir nehmen Bezug auf die vorausgegangene* ***Korrespondenz*** *... Die uns übersandten* ***Unterlagen*** *reichen wir Ihnen zurück; Wir bedanken uns für Ihr* ***Schreiben*** *... und senden Ihnen Ihre* ***Bewerbungsunterlagen*** *zurück ..;*

Haben Sie vielen Dank für Ihr ***Bewerbungsschreiben*** *... deshalb senden wir Ihnen ihren* ***Lebenslauf*** *zurück ..;*

Besten Dank für Ihre ***Bewerbung*** *... wir senden Ihnen deshalb Ihre* ***Kopien*** *zurück; Ihre* ***Eigeninitiative*** *hat uns gefreut ... Ihre* ***Bewerbungsunterlagen*** *erhalten Sie daher mit Dank zurück;*

---

[140] Natürlich nur im Rahmen eines bestimmten Textes, in dem manche Substantive als Synonyme auftreten können, da auf diese die Bedeutung des Bezugswortes übertragen wird. Manchmal sind es Hyperonyme.

Wir haben die Möglichkeiten Ihres ***Einsatzes*** *... geprüft. Zu unserem Bedauern müssen wir Ihnen mitteilen, dass wir Ihnen keinen Ihrem Qualifikationsprofil entsprechenden* ***Arbeitsplatz*** *anbieten können; Leider haben wir keine geeignete* ***Stelle*** *in unserem Hause ... umso mehr wünschen wir Ihnen, dass Sie bald den* ***Arbeitsplatz*** *finden ..; Wir bedanken uns für Ihr Schreiben, in dem Sie sich um eine* ***Stelle*** *bewerben ... Wir müssen ... Ihnen mitteilen, dass wir keine Ihrer Ausbildung entsprechende* ***Position*** *anbieten können, da wir leider jetzt und in absehbarer Zeit keine freien* ***Stellen*** *zur Verfügung haben ... wir hoffen, dass Sie in Kürze anderweitig ein geeignetes* ***Tätigkeitsfeld*** *finden werden; Nach eingehender Prüfung unserer* ***Einsatzmöglichkeiten*** *können wir Ihnen leider keine* ***Stelle*** *als ... anbieten; Wir müssen Ihnen mitteilen, dass wir uns bei der Besetzung der* ***Stelle*** *nicht für Sie entschieden haben ... wir hoffen, dass Sie bald eine befriedigende* ***berufliche Herausforderung*** *finden werden; Mangels freier* ***Planstellen*** *ist die* ***Einstellung*** *beim ... nicht möglich; wir danken Ihnen für Ihre Bewerbung und das Interesse an einer* ***Mitarbeit*** *in unserem Unternehmen ... Leider können wir Ihnen keine Ihrer Qualifikation entsprechende* ***Tätigkeit*** *anbieten; Ihre Unterlagen und entsprechende* ***Einsatzinitiativen*** *wurden intensiv geprüft ... Zu unserem Bedauern müssen wir Ihnen mitteilen, dass wir Ihnen keine* ***Position*** *anbieten können ... in der Hoffnung, dass Sie recht bald eine ...* ***Anstellung*** *finden wünschen wir Ihnen alles Gute; Wir danken Ihnen für Ihr Interesse an einer* ***Tätigkeit*** *bei ... Inzwischen haben wir alle* ***Einsatzmöglichkeiten*** *in unserem Unternehmen geprüft. Da die Ihrer beruflichen Entwicklung und Qualifikation entsprechenden* ***Arbeitsplätze*** *besetzt sind, sehen wir leider keine Möglichkeit, Ihnen ein für Sie interessantes* ***Angebot*** *zu unterbreiten; Leider können auch in* ***unserem Unternehmen*** *... keine Neueinstellungen vorgenommen werden ... Somit können wir Ihnen keine Ihren Neigungen entsprechende Tätigkeit in* ***unserem Hause*** *anbieten; Leider können wir Ihnen zurzeit keine passende* ***Position*** *anbieten ... wenn Sie sich weiterhin für eine* ***Mitarbeit*** *in ... interessieren ... falls Sie sich von einem* ***Angebot*** *angesprochen fühlen ...;*

*Leider muss ich Ihnen mitteilen, dass wir zurzeit keine **Vakanzen** haben, um Ihnen eine **Stelle** anzubieten*;

*Nach Prüfung der **Vakanzen** ... müssen wir Ihnen mitteilen, dass wir über keine **offenen Stellen** verfügen. Derzeit sind alle **Positionen** ... besetzt und es stehen in absehbarer Zeit keine **Erweiterungen** ... an. Somit können wir Ihnen leider keine **Position** anbieten*;

*Ich muss Ihnen **eine Absage** erteilen. Es tut mir leid, dass ich Ihnen **keine positive Nachricht** zukommen lassen kann.*

Es ergeben sich daraus folgende Synonymreihen:

Bewerbung/ Bewerbungsunterlagen:	*Bewerbungsmaterial, Kopien, Unterlagen, die mir überlassenen/eingereichten Unterlagen, Antragsunterlagen, Lebenslauf, Material, Angebot, Projekt, Vorschlag*;
Arbeitsstelle:	*Angebot, Tätigkeit, Beschäftigung, Vakanz, Stelle, Position, Anstellung, Stellenbesetzung, Planstelle, Einsatzalternativen, Arbeitsplatz, Neueinstellung, Dauerstelle, Einstellungsmöglichkeit, Tätigkeitsfeld, Besetzung, Tätigkeit als ..., Beschäftigungsmöglichkeit, Einstellung, Tätigkeitsbereich, Einstellungswunsch, Mitarbeit, Betätigungsfeld, Position, Dienstposten, Stellenangebot, Stellenvakanz, Verwendung*;
Unternehmen:	*unser Haus*;
Mitarbeit:	*Position, Angebot*;
Freie Stelle:	*Vakanz, offene Stelle, Position, Erweiterung (der Positionen)*;
Absage:	*keine freie Stelle, keine Möglichkeit, kein Angebot, keine Vakanzstelle, keine Zusage, kein Einstellungsangebot, keine Planstelle, ablehnender Bescheid, keine Verwendung, keine Vakanzen, keine Kapazitäten für ...*;

Manche Synonyme haben einen euphemistischen Charakter[141], besonders in der Benennung der Absage, z.B.: *kein positiver Bescheid, keine günstigere Mitteilung, keine positive / günstigere Nachricht, eine anderweitige Entscheidung, keine Zusage, kein Gebrauch von Ihrer Bewerbung, kein besserer Bescheid, ungünstige Antwort, keine anderweitige Information, keine andere Auskunft* oder in der Benennung der Stellensuche: *ein beruflicher Neuanfang, berufliche Zukunft, beruflicher Lebensweg, weitere berufliche Entwicklung, Suche nach einer beruflichen Herausforderung* u.a.

Zu den syntaktischen Mitteln der Wiederaufnahme gehören auch Paraphrasen[142], die Mittel der „paraphrastischen Referenz“ (Wawrzyniak 1980: 103) genannt werden. Eine *Paraphrase* ist „eine syntaktische Einheit, die mehr als

---

[141] Zum Gebrauch der Euphemismen vgl. Kapitel 5.3.2.

[142] Brinker (2010) erwähnt unter den Mitteln der expliziten Wiederaufnahme zwar keine Paraphrasen, aber sie können den von ihm in diesem Kontext genannten „substantivischen Wortgruppen“ subsumiert werden. In unserem Korpus kommen zahlreiche Beispiele für Paraphrasen vor, deswegen schien es für uns als begründet, diese gesondert hervorzuheben.

ein Lexem (oder Paralexem) und zugleich eine semantische Einheit, die mehr als ein Semem umfasst." (Agricola 1979: 13). Sie werden auch als wichtige Vertextungsmittel betrachtet, die für die stilistische Ebene des Textes wichtig sind. In Anlehnung an Ungeheuer (1972: 82f.) unterscheidet Wawrzyniak (1980: 104) folgende Typen der Textparaphrasen: elliptische Nominalparaphrasen[143], d.h. kontextbedingte Substitutionsausdrücke, die in kondensierter Form die Bedeutung des paraphrasierten Ausdrucks wiedergeben, abundante Nominalparaphrasen, die einen expandierenden Charakter haben[144], expressive Nominalparaphrasen, die emotional gefärbt sind, und in Bezug auf die Haltung des Textherstellers einen wertenden Charakter haben, und textadäquate Nominalparaphrasen, unter denen die „definitionsähnlichen Gleichsetzungen nominaler Ausdrücke verstanden werden" (Wawrzyniak 1980: 104ff.).

In den Absageschreiben kommen folgende Paraphrasen vor, die zum größten Teil expandierenden Charakters sind:

Bewerbung/ Bewerbungsunterlagen:	*Bewerbungsmaterial, Kopien, die eingereichten/eingesandten/übersandten Unterlagen, die mit überlassenen / eingereichten Unterlagen, Antragsunterlagen, die uns freundlicherweise überlassenen Unterlagen, Unterlagen, die Sie uns übermittelt haben, die nicht benötigten Unterlagen, die mir zur Verfügung gestellten Unterlagen, Lebenslauf, Material; Angebot, Projekt, Vorschlag;*
Arbeitsstelle:	*Angebot, Tätigkeit, Beschäftigung, Einstellung, Vakanz, Stelle, Position, Anstellung, Stellenbesetzung, Planstelle, Einsatzalternativen, Arbeitsplatz, Neueinstellung, Dauerstelle, Einstellungsmöglichkeit, eine Ihren Erwartungen und Qualifikationen entsprechende Position, die engere Auswahl, geeignetes Tätigkeitsfeld, Möglichkeit einer Einstellung, Besetzung freier Stellen, ein interessantes Angebot, Tätigkeit als..., eine zu besetzende Stelle, eine Möglichkeit Sie zu beschäftigen, berufliche Herausforderung, Möglichkeit der Einsetzung, Beschäftigungsmöglichkeit, Tätigkeitsbereich, Einstellungswunsch, eine für Sie in Frage kommende Einsatzmöglichkeit, Mitarbeit, Betätigungsfeld, freie Position, vakanter Dienstposten, eine Position frei, eine geeignete Stelle, Stellenangebot, offene Stelle, Stellenvakanz, berufliche Verwendung;*
Unternehmen:	*unser Haus;*
Mitarbeit:	*Position, Angebot;*
Freie Stelle:	*Vakanz, offene Stelle, Position, Erweiterung (der Positionen);*
Absage:	*kein Gebrauch von der Bewerbung, keine freie Stelle, keine Möglichkeit,* kein *Angebot, kein positiver Bescheid, keine günstigere Mitteilung, keine Vakanzstelle, keine positive/günstigere Nachricht, keine Möglichkeit, Sie zu beschäftigen, eine anderweitige Entscheidung, Entscheidung nicht für Sie, kein Bedarf, keine Zusage, kein adäquater Arbeitsplatz, kein Gebrauch von Ihrer Bewerbung, keine Beschäftigung für Sie, keine Ihren Erwartungen entsprechende Einsatzmöglichkeit, kein Platz für Sie, kein besserer Bescheid, ungünstige Antwort, keine freie Stelle zur Verfügung, keine Stelle vakant, keine anderweitige Information, keine Möglichkeit, Sie in unserem Unternehmen zu integrieren, keine Stelle in Ihrer Fachrichtung, keine freie Position, keine für Sie geeignete Beschäftigungsmöglichkeit, kein für Sie in Frage kommender Arbeitsplatz, keine andere Auskunft, kein Einstellungsangebot, keine Planstelle, ablehnender Bescheid, keine Verwendung, keine Vakanzen, keine Kapazitäten für ...;*

[143] Bei Agricola (1979: 13) werden sie in Bezug auf ihre Funktion der Kondensation der Bedeutung definiert.

[144] Bei Agricola (1979: 13) werden sie in Bezug auf ihre Funktion der Expansion definiert.

Stellensuche:	*Bemühungen um einen beruflichen Neuanfang, Chance für die berufliche Zukunft, beruflicher Lebensweg, weitere Bemühungen, die Zukunft, berufliche Zukunft, weiterer Weg, entsprechende Aufgabe, weitere Suche, weitere Jobsuche, Suche nach einer neuen beruflichen Herausforderung, berufliche Karriere, weiterer Berufsweg, zukünftiger Berufsweg, weitere Suche nach einem geeignetem Platz, berufliche Neuorientierung, weiterer Werdegang, zukünftige Bewerbungen, weitere berufliche Entwicklung, Realisierung beruflicher Ziele woanders, weitere berufliche Tätigkeit;*

Die zweite Form der Wiederaufnahme ist die implizite Wiederaufnahme[145], bei der es sich darum handelt, dass „zwischen dem wiederaufnehmenden Ausdruck (…) und dem wiederaufgenommenen Ausdruck keine Referenzidentität besteht. Beide Ausdrücke beziehen sich auf verschiedene Referenzträger; zwischen diesen bestehen aber bestimmte Relationen“ (Brinker 2010: 33). Es ist die sog. „semantische Kontiguität“[146] oder „partielle Koreferenz“ (vgl. Gansel/Jürgens 2007: 59). Meistens handelt es sich um die Teil-von-Relationen, die oft auf dreierlei Art und Weise begründet werden können: logisch (begrifflich), ontologisch (naturgesetzlich), kulturell (Brinker 2010: 34).

Unter den Formen der Wiederaufnahme wird in der Forschungsliteratur auch der Parallelismus genannt, der eine besondere Form der Wiederaufnahme ist, und „die Wiederholung syntaktischer Oberflächenstrukturen zur Folge hat, sie aber mit verschiedenen Ausdrücken ausfüllt“ (de Beaugrande/Dressler 1981: 61).

3.4.1.2. Andere Mittel der grammatischen Kohärenz

In der einschlägigen Literatur werden auch andere Mittel der grammatischen Kohärenz genannt. Es handelt sich dabei um Mittel, die im Kontext der Kohäsion (de Beaugrande/Dressler 1981) erwähnt werden. Sie werden im Folgenden besprochen.

3.4.1.2.1. Explizite (metakommunikative) Textverknüpfung

Mittel der metakommunikativen Textverknüpfung sind „Formen der Textverknüpfung, bei denen der Textautor sich auf seinen eigenen Text bezieht und explizit einen Textverweis herstellt, indem er im Text über den Text spricht.“ (Linke/Nussbaumer/Portmann (2001: 222)). Das Vorkommen solcher Formen

---

[145] Sie werden auch „mittelbare Anaphora“ (Behagel 1923-32 zit. in Adamzik 2004) oder „Text-Kontiguitäts-Substitutionen“ (Harweg 1968) genannt.

[146] Es handelt sich dabei um die sog. „begriffliche Nähe“, „inhaltliche Berührung“ (vgl. Brinker 1997: 37), zu dem Begriff vgl. z.B.: Harweg (1968: 192ff.), de Beaugrande/Dressler (1981: 38).

wird auch zu den Hauptcharakteristika von Texten gezählt (vgl. hierzu Dobrzyńska 2009: 39ff.) und „Element der Delimitation“ von diesen genannt.

In den Absageschreiben kann man Beispiele für zweierlei Bezüge finden. Es handelt sich zum einen um den innertextlichen Bezug, z.B.: *aufgrund* ***der in diesem*** *Schreiben enthaltenen Angaben...*; *Ich habe Ihre* ***o.g.*** *Bewerbung erhalten*; *Ihre Bewerbung um die* ***o.g. Stelle*** *...*; *derzeit stellen wir jedoch keine neuen Mitarbeiter ein.* ***Diesbezüglich*** *müssen wir Ihnen leider mitteilen ...*, und zum anderen um Bezug auf andere Texte, in unserem Falle die vorangegangene Bewerbung, z.B.: ***Ihren eingereichten Unterlagen*** *entnehme ich ...*; *Bezug nehmend auf* ***Ihre Bewerbung*** *vom ...*;

3.4.1.2.2. Tempusformen

Die verwendeten Tempora[147] dienen als Hinweis für die Reihenfolge der erzählten Ereignisse. Durch die Wahl des Tempus kann auch die zeitlich-lineare Ordnung markiert werden. Dabei wird auch darauf hingewiesen, dass Tempora in erster Linie Sprechhaltungen und nicht Zeitrelationen ausdrücken (vgl. Weinrich 1964: 20).

Neben anderen grammatischen Kategorien bestimmen Tempusformen die Satzmuster und aus diesem Grunde werden sie zu Illokutionsindikatoren gezählt[148]. In den untersuchten Texten werden folgende Tempora gebraucht:

- Perfekt zum Ausdruck der Vergangenheit; es handelt sich dabei um Sachverhalte, die „wirklich, abgeschlossen sind und zwar zu einer bestimmten, anderweitig festgelegten Zeit und dass sie die Gesprächsbeteiligten unmittelbar angehen (bei telischen Verben) oder die wirklich sind und zu einer anderweitig festgelegten Zeit vergangen sind, und dass sie die Gesprächsbeteiligten unmittelbar angehen (bei atelischen Verben).“ (Engel et al. 2000: 638). Wichtig ist dabei die Tatsache, dass der Sachverhalt für den Sprecher und Hörer von Belang ist. Es lassen sich dafür folgende Beispiele finden:
    - im thematischen Teil Dank für die Bewerbung: *Vielen Dank für die Zusendung Ihrer Bewerbung, die wir mit großem Interesse / mit großer Aufmerksamkeit gelesen haben*; *Leider haben wir in dem Bereich, in dem Sie sich beworben haben, ...*; *Ihre Bewerbung haben wir dankend erhalten*;

[147] In der Forschungsliteratur wird hervorgehoben, dass die Wahl des Tempus auch ein Textformmerkmal ist, vgl. hierzu Werlich (1975: 52).

[148] Zu Illokutionsindikatoren in den Absageschreiben vgl. Kapitel 6.2.

Sie haben sich auf eine Stelle bei ... beworben; Ihre Eigeninitiative und Ihr Interesse an einer Tätigkeit in ... haben uns gefallen; Ihre Bewerbung ist mir zugeleitet worden; Ihre Bewerbung ist bei uns eingegangen; Sie haben sich bei meiner Behörde beworben; Über Ihre Bewerbung habe ich mich gefreut; Für das Interesse, das Sie mit Ihrem Schreiben unserem Unternehmen entgegengebracht haben, danken wir Ihnen; vielen Dank für Ihre Bewerbung, die Sie uns übermittelt haben;

- im thematischen Teil Beschreibung der Auswahlrituale, z.B.: *Wir haben die Möglichkeiten Ihres Einsatzes in unserem Hause geprüft; Wir haben die Einsatzmöglichkeiten in unserem Hause sorgfältig geprüft; Wir haben Ihre Unterlagen sorgfältig geprüft; Wir haben Ihre Bewerbung mit unserem Personalbedarf abgestimmt; Heute haben wir das Bewerbungsverfahren abgeschlossen. Die hohe Zahl der Bewerber hat uns zu einer sehr engen Auswahl gezwungen;*
- im thematischen Teil Formulieren der Absage, z.B.: *Wir müssen Ihnen mitteilen, dass unsere Entscheidung nicht zu Ihren Gunsten ausgefallen ist; Die Auswahl ist auf eine andere Bewerberin gefallen; Inzwischen haben wir unsere Wahl getroffen und uns zugunsten eines anderen Bewerbers entschieden; Nach eingehender Prüfung Ihrer Bewerbung bin ich zu dem Ergebnis gekommen, dass ich Ihnen kein Angebot machen kann; Leider müssen wir Ihnen mitteilen, dass wir die Stelle zwischenzeitlich an einen anderen Bewerber vergeben haben; Wir müssen Ihnen mitteilen, dass Sie nicht in die engere Wahl gekommen sind; Wir haben alle relevanten Positionen bereits besetzt;*
- im thematischen Teil Dank für die Mühe bei der Anfertigung der Bewerbungsunterlagen, z.B.: *für die Mühe, die Sie für die Bewerbung aufgewendet haben, danken wir Ihnen;*

- Präteritum zum Ausdruck der Vergangenheit; es handelt sich dabei um einen Sachverhalt, der „in der Vergangenheit wirklich und für die Gesprächsbeteiligten nicht weiter von Belang ist." (Engel et al. 2000: 602), z.B.: *Vielen Dank für Ihre Zeilen, die uns über unsere Personalabteilung erreichten; Ihre Unterlagen wurden intensiv geprüft; Leider müssen wir Ihnen mitteilen, dass wir Ihre Bewerbung bei der zu treffenden engsten Wahl nicht berücksichtigen konnten*; *Es war für uns nicht einfach, eine Entscheidung zu treffen*; *Die Resonanz auf unsere Stellenausschreibung war sehr groß*;

- Präsens zum Ausdruck der Gegenwart; hier wird ein Sachverhalt gemeint, „der wirklich ist, zu einer bestimmten Zeit passiert und zugleich die Gesprächsbeteiligten unmittelbar angeht." (Engel et al. 2000: 594), z.B.: *Sie erhalten anbei Ihre Unterlagen zurück*; *Wir müssen Ihnen mitteilen ...*; *Leider haben wir an Ihrem Angebot derzeit kein Interesse*;
- Präsens zum Ausdruck der Zukunft; hierzu gehören Situationen, in denen die Aktzeit nach der Sprechzeit liegt und der Zeitpunkt des Geschehens durch eine Zeitbestimmung oder durch Kontextelemente deutlich gemacht wird (vgl. Engel et al. 2000: 595). Der Bezug auf die Zukunft wird durch die Verwendung bestimmter zukunftsbezogener Adverbien, Nominalphrasen oder Adjektive markiert, z.B.: ... *dennoch wünschen wir Ihnen **weiterhin** viel Erfolg*; *für **Ihre Zukunft** wüschen wir alles Gute / viel Erfolg, wir wünschen Ihnen, dass Sie **bald** einen Arbeitsplatz finden*; *in der Hoffnung, dass Sie **recht bald** eine Ihren Vorstellungen und Interessen entsprechende Anstellung finden*; *wir wünschen Ihnen auf Ihrem **weiteren** Weg alles Gute*; *ich wünsche Ihnen, dass Sie auf der Suche nach einer geeigneten Stelle **bald** erfolgreich sein mögen*;
- Futur I zum Ausdruck der Zukunft; hier geht es um „einen Sachverhalt in der Zukunft" (Helbig/Buscha 2001: 1138), z.B.: *wir hoffen, dass Sie bald eine Stelle finden werden.*

Wawrzyniak (1980: 81ff.) klassifiziert Texte in Bezug auf die gebrauchten Tempusformen und unterscheidet einerseits „temporal monotone Texte", in denen „sämtliche Sätze in dem gleichen Tempus stehen" und der Tempus „die gleiche temporale Funktion erfüllt" und „temporal polytone Texte", „die mindestens zwei Sätze mit unterschiedlichen temporalen Funktionen enthalten". Im Falle der Absageschreiben haben wir es mit den temporal polytonen Texten zu tun. Und dies findet auch seine Begründung in dem Inhalt der Texte, denn „die temporale Polytonie innerhalb eines und desselben Textes dient zur Signalisierung verschiedener Informationen zeitreferentiellen Charakters." (Wawrzyniak 1980: 83). In den Absageschreiben kommen folgende Tempuskombinationen vor: Präsens + Perfekt, Präsens + Präteritum, Präsens + Perfekt + Futur I.

3.4.1.2.3. Konnektive Mittel

Die konnektiven Mittel gelten als „Kohäsionsmittel par excellence" (Linke/Nussbaumer/Portmann 2001: 223) und umfassen „sprachliche Ausdrücke mit satzverknüpfender Funktion." (Bussmann 2002: 367). Hierzu gehören v.a. Junktionen. Diese signalisieren Relationen zwischen Ereignissen und Situationen (vgl. de Beaugrande/Dressler 1981: 76), sind aber keine obligatorische Kategorie (vgl. Vater 1994, 2005: 39). Durch den Gebrauch von Junktiven „können die Textproduzenten eine Kontrolle darüber ausüben, auf welche Weise Relationen von den Textrezipienten rekonstruiert und aufgestellt werden." (de Beaugrande/ Dressler 1981: 80).

Es werden folgende Typen von Junktionen unterschieden (de Beaugrande/ Dressler 1981: 76f.):

- die Konjunktion, die Dinge desselben Status verbindet; es handelt sich dabei um folgende Konjunktionsmittel: *und*, *außerdem*, *auch*, *daneben*, *überdies*, *dazu* u.a., z.B.: *Wir bedanken uns für die Einreichung Ihrer Bewerbungsunterlagen* ***und*** *Ihr Interesse an einer Mitarbeit in unserem Unternehmen*; *Wir freuen uns über Ihr Interesse an einer Mitarbeit in unserem Unternehmen* ***und*** *danken Ihnen für die Zusendung Ihrer Bewerbungsunterlagen*; *Für Ihren weiteren Berufsweg wünschen wir Ihnen viel Erfolg* ***sowie*** *alles Gute*;
- die Disjunktion, die Dinge mit alternativem Status verbindet; in unserem Falle sind es: *oder*, *entweder ... oder*, *sonst* u.a., z.B.: *Die Entscheidung bedeutet keine generelle Bewertung Ihrer fachlichen* ***oder*** *persönlichen Qualifikation*;
- die Kontrajunktion, die Dinge desselben Status verbindet, die jedoch innerhalb der Textwelt inkongruent oder unvereinbar erscheinen; in den Absageschreiben kommen folgende vor: *aber*, *doch*, *dagegen*, *jedoch*, *nichtsdestoweniger*, *indessen* u.a., z.B.: *Dies bedauere ich sehr,* ***dennoch*** *hat uns die hohe Bewerberzahl zu einer sehr engen Wahl gezwungen*; *Für Ihr Interesse an einer Mitarbeit in unserem Haus danken wir Ihnen, können* ***jedoch*** *zu unserem Bedauern von Ihrer Bewerbung keinen Gebrauch machen*; *Diese Entscheidung bedeutet kein Werturteil über Ihre Kenntnisse und Qualifikation,* ***sondern*** *lediglich,*

dass wir einem anderen Bewerber mit einer für uns wichtigen Fachrichtungskenntnis den Vorzug geben wollen; *Vielen Dank für die Zusendung,* ***aber*** *leider können wir Ihren Text nicht verwenden*;
- die Subordination, die Dinge verbindet, bei denen der Status des einen von dem des anderen abhängt; es handelt sich dabei um folgende Verknüpfungsmittel: *weil*, *da*, *denn*, *daher*, *deshalb*, *während* u.a.

Man kann diese Relationen auch semantisch bestimmen und folgende junktive Mittel unterscheiden:
- Mittel zur Herstellung des kausalen Zusammenhangs, v.a. Subjunktoren: *weil*, *da*, Konjunktoren: *deshalb*, *daher*, Präpositionen: *wegen*, *aufgrund*, *mangels*, z.B.: *Es ist uns nicht leicht gefallen, eine Entscheidung zu treffen und wir bitten Sie* ***deshalb*** *...*; ***Deswegen*** *sende ich Ihnen zu unserer Entlastung Ihre Unterlagen rétour*; *Leider konnte Ihre Bewerbung nicht berücksichtigt werden,* ***da*** *sich der Arbeitgeber für einen anderen Bewerber entschieden hat*; *Leider ist es uns nicht möglich, Ihnen eine Position anzubieten,* ***weil*** *die Auswahl auf eine andere Bewerberin gefallen ist*;
- Mittel zur Herstellung des konzessiven Zusammenhangs: Subjunktoren: *obwohl*, Konjunktoren: *trotzdem*, Präpositionen: *trotz*, z.B.: *Obwohl wir jede helfende Hand brauchen ...*;
- Mittel zur Herstellung des finalen Zusammenhangs: Präpositionen: *zugunsten*, *zwecks*; Subjunktoren: *damit*, *um ... zu*, z.B.: *Ihr Bewerbungsschreiben lege ich gern auf Wiedervorlage,* ***um*** *zu gegebener Zeit darauf zurückgreifen* ***zu*** *können*; *Wir haben zurzeit keine Vakanzen,* ***um*** *Ihnen einen Stelle als ... an**zu**bieten*;
- Mittel zur Herstellung des referentiellen Zusammenhangs: *betreffend*, *bezüglich*, *hinsichtlich*, z.B.: *Bezüglich Ihrer Bewerbung ...*, *Bezugnehmend auf Ihre Bewerbung ...*;
- Mittel zur Herstellung des kausativen Zusammenhangs, z.B.: *Darüber hinaus besteht im öffentlichen Dienst des Landes Berlin zurzeit aufgrund der Sparmaßnahmen eine Stellenbesetzungssperre,* ***so dass*** *grundsätzlich keine Stellen besetzt werden dürfen*; *zu besetzende Stellen werden ebenfalls an die Arbeitsämter gemeldet,* ***so dass*** *Sie sich auch dort informieren können*;

3.4.1.2.4. Partikeln[149]

Partikeln sind unveränderliche Wörter, die keine referenzielle Bedeutung haben. Sie können auch einen unterschiedlichen Mitteilungswert haben, der vom Kontext abhängig ist.

Die in den Absageschreiben vorkommenden Partikeln drücken die Einstellung des Sprechers aus, bewerten die Äußerung, indem sie sie abschwächen oder auch dem Partner Einstellungen, Erwartungen, Wissen zuschreiben[150]. Sie machen es möglich, die „eigene Einstellung zur eigenen Äußerung, zum Hörer und zum situativen Kontext in seine Äußerung einzubringen."[151] (Ankenbrand 2006: 2). In der Forschungsliteratur werden sie zu den „Illokutionsindikatoren" gezählt[152] und ihre Rolle wird in zwei Dimensionen gesehen: als „illokutionsindizierend" (vgl. hierzu Hindenlang 2010) oder als nur „illokutionsmodifizierend"[153] (vgl. hierzu Sandig 1979: 89, Wunderlich 1976: 137 zit. in Kotorova 2010: 249).

In den Absageschreiben werden folgende Typen von Partikeln[154] gebraucht:

- Modalpartikeln[155], „die als Antwort auf Ja-/Nein-Fragen gebraucht werden können. (...)" und die Aufgabe haben, „Sachverhalte zu bewerten oder Stellungnahmen zu Sachverhalten abzugeben" (Engel et al. 2000: 1127). Es kommt ihnen auch eine weitere Funktion zu, „den propositionalen Gehalt des Gesagten abzumildern."[156] (Erndl 1998: 52), z.B.: *allerdings*[157] (‚freilich, jedoch'[158]) in dem thematischen Teil

[149] Vgl. hierzu Kapitel 8.2.3., in dem auf den Beitrag der Partikeln zur Höflichkeit eingegangen wird.
[150] Vgl. Engel et al. (2000: 1181).
[151] Vgl. hierzu auch die kommunikative Leistung der Modalpartikeln bei Rathmayr (2003: 160): Modalpartikeln dienen „der fürsorglichen Aufforderung des Sprechers an seinen Hörer, sich gut zu fühlen."
[152] Vgl. Kapitel 6.2.
[153] Vgl. hierzu die Einstufung der Partikeln als „Sekundärindikatoren" bei Sökeland (1980: 56).
[154] Zur Typologie der Partikeln vgl. Engel et al. (2000).
[155] In der einschlägigen Literatur ist der Status der Modalpartikeln immer noch umstritten. Als kennzeichnende Merkmale werden ihre Unflektierbarkeit, Unbetonbarkeit, Weglassbarkeit genannt (Thurmair 1989) und dazu sind sie nicht satzgliedfähig, nicht erfragbar, nicht pronominalisierbar, nicht negierbar und beziehen sich auf den ganzen Satz. Im grammatischen Informationssystem des Instituts für Deutsche Sprache werden Modalpartikeln auch den Abtönungspartikeln subsumiert (vgl. http://hypermedia.ids-mannheim.de/call/public/termwb.ansicht?v_app=g&v_id=146, Zugriff am 10.01.2015).
[156] Vgl. hierzu die sprachlichen Realisierungsformen der Abschwächung bei Langner (1994).
[157] In der Duden-Grammatik wird es der Klasse der Kommentaradverbien subsumiert (vgl. Duden 2006: 593).

Absage: *Nach Prüfung Ihrer Unterlagen müssen wir Ihnen allerdings mitteilen, dass ...*; *möglicherweise*[159] (‚vielleicht') im Teil: Wünsche für die Arbeitssuche: *Sie können sich möglicherweise bewerben ....*; *sicherlich*[160] (‚ganz gewiss') in den Teilen: Wünsche für Arbeitssuche: *dass Sie sicherlich eine Arbeit finden*; oder Informationen zum Auswahlverfahren: *Sie werden sicherlich wissen, dass ...*;

- Rangierpartikeln, „die sich meist auf den gesamten Satz beziehen (...) und eine Stellungnahme des Sprechers zum Sachverhalt ausdrücken" (Engel et al. 2000: 1134), z.B.: *bedauerlicherweise*[161] (‚leider') in dem thematischen Teil Absage: *bedauerlicherweise müssen wir...*; *freundlicherweise* (‚aus Freundlichkeit') im thematischen Teil Rücksendung der Unterlagen: *die uns freundlicherweise überlassenen Unterlagen*; *jedoch* (‚aber') beim Formulieren der Absage: *jedoch müssen wir absagen*; *zu unserem Bedauern müssen wir Ihnen jedoch mitteilen, dass ...*; *Eine Vielzahl von Bewerbern impliziert jedoch auch immer eine Vielzahl von Absagen*;
- Gradpartikeln, die eine „graduierende, identifizierende oder intensivierende Funktion haben" und „im Prinzip einem speziellen Element der Äußerung zugeordnet sind" (Engel et al. 2000: 1168). Es handelt sich hier um folgende: *ebenfalls* (‚gleichfalls, auch') in den guten Ratschlägen für den Bewerber: *Zu besetzende Stellen werden ebenfalls an die Arbeitsämter gemeldet*; *besonders* (‚ausdrücklich, mit Nachdruck') in den Beschreibungen des Auswahlverfahrens: *Zur Besetzung dieser Position haben wir besonders viele gute Bewerbungen erhalten.*

3.4.1.2.5. Modusgebrauch

Der Modus ist „eine obligatorische Verbalkategorie, die zur Kennzeichnung der Modalität dient." (Wawrzyniak 1980: 86). Modus und andere modale Mittel (le-

---

[158] Die Bedeutungsangaben der Partikeln nach Duden (2007) und Engel et al. (2000).
[159] In der Duden-Grammatik wird es der Klasse der Kommentaradverbien subsumiert (vgl. Duden 2006: 593).
[160] In der Duden-Grammatik wird es der Klasse der Kommentaradverbien subsumiert (vgl. Duden 2006: 593).
[161] In der Duden-Grammatik werden solche kommentierenden Wörter mit dem Suffix *-weise* den Kommentaradverbien subsumiert (vgl. Duden 2006: 593).

xikalisch: Modalverben, Modalwörter, syntaktisch: modal gebrauchte Tempora) bilden zusammen „die modale Informationslinie eines Textes“ (Wawrzyniak 1980: 87). Die Wahl des Modus informiert darüber, „welche Seinsweise der Sprecher Personen, Gegenständen und Sachverhalten zuweist.“ (Werlich 1975: 54). Dabei leistet der Modus auch einen Beitrag zur Bestimmung der Satzmuster und wird dementsprechend zu den „Illokutionsindikatoren“ gezählt, die im Kapitel 6.2. besprochen werden.
Auch im Falle des Modus wird zwischen monotoner und polytoner modaler Informationslinie eines Textes unterschieden (Wawrzyniak 1981: 87).

Hinsichtlich dieser verbalen Kategorie sind die Absageschreiben eher monoton. Die Texte werden überwiegend im Indikativ verfasst, der „die allgemeine Form sprachlicher Äußerungen (…) ist“ und „sowohl zur Führung eines Gesprächs als auch zur Erzählung und zur sachlichen Darstellung.“ dient (Helbig/Buscha 2001: 174).
In ganz wenigen Fällen gebraucht man Konjunktiv II, der „in seiner Hauptbedeutung einen Sachverhalt als nur hypothetisch wirklich (bedingt real)“ bezeichnet (Engel et al. 2000: 610), und den man benutzt,

> um Höflichkeit zum Ausdruck zu bringen. Höflichkeit ist nichts anderes als das sprachliche Offenlassen von Optionen. Es deutet dem Hörer an, dass man nicht böse ist, wenn die Antwort negativ ausfällt. Natürlich sollte der Frager oder Sprecher nicht böse sein, wenn die angesprochene Person sich für eine abschlägige Antwort entscheidet. Darum Vorsicht bei falscher Höflichkeit, man sollte sie nur da anwenden, wo man wirklich mit einer Absage leben kann, wenn nicht, ist es besser, gleich auf (dann ja) leere Formeln dieses Typs zu verzichten, den Indikativ zu benutzen und die Wahlmöglichkeit des Angesprochenen einzuschränken.[162] (Genzmer 1995: 123).

Die Formen des Konjunktivs kommen v.a. in dem thematischen Teil: Formulieren der Absage vor, z.B.: *gern hätten wir Ihnen einen positiven Bescheid erteilt*, um den Inhalt – die Absage – indirekt zu formulieren.

Der Imperativ[163] ist eine Form, mit deren Hilfe „der Sprechende den Angesprochenen auffordert, eine bestimmte Handlung im unmittelbaren Anschluss an die rezipierte Äußerung auszuführen“ (Wawrzyniak 1980: 91) und wird gebraucht, „um eine Aufforderung direkt an die angesprochene(n) Person(en) zu richten. Bei der Aufforderung kann es sich um eine Bitte, einen Wunsch, eine Anweisung, einen Befehl o.Ä. handeln.“ (Duden 2006: 547).

---

[162] Vgl. Kapitel 8.2.3., in dem Konjunktiv als eines der Höflichkeitsmittel genannt wird.
[163] Es ist „die Grundform der Aufforderung (…), die auch Bitte und Wunsch umfasst“ (vgl. Helbig/Buscha 2001: 174).

Imperativische Formulierungen[164] appellativischen Charakters kommen v.a. in den thematischen Teilen: gutgemeinte Ratschläge für die weitere Arbeitssuche und Entschuldigung des potentiellen Arbeitgebers für die Erteilung der Absage vor. Es wird dabei die Distanzform des Imperativs gebraucht, z.B.: *Scheuen Sie nicht, sich erneut zu bewerben; Seien sie bitte nicht böse.*

3.4.1.2.6. Modalverben und Modalwörter

Andere Mittel zum Ausdruck der Modalität werden in den Absageschreiben eher spärlich eingesetzt. Es handelt sich v.a. um die Modalverben[165] und Modalwörter.

In unserem Falle werden die Modalverben überwiegend in ihrer objektiven Bedeutung[166] gebraucht. Nach Werlen (1983) gehören sie zu den konstruktiven Elementen der sog. „Heckenausdrücke“ und sind Mittel zum Ausdruck indirekter Sprechakte, vgl. Kapitel 6.3.2. Bei Langner (1994) werden sie unter den „sprachlichen Realisierungsformen von Abschwächungen“ genannt.

Das erste Verb ist *müssen*, das beim nichtepistemischen Gebrauch folgende Grundbedeutung hat: Notwendigkeit, die im Subjekt selbst liegen oder auch äußere Gründe verschiedener Art haben kann (vgl. Helbig/Buscha 2001: 119). In der Duden-Grammatik (2006: 563f.) wird auch auf weitere Bedeutungsaspekte dieses Modalverbs hingewiesen, indem zwei Aspekte der Notwendigkeit hervorgehoben werden:

a. die „extrasubjektiv bedingte Notwendigkeit“ (ebd.: 563f.), die durch die Natur der Dinge, die Beschaffenheit der Welt, durch konkrete äußere Umstände, einen extrasubjektiven Willen, einen Zweck oder ein Ziel, Normen und Vorschriften mit hoher Verbindlichkeit bedingt ist.
b. die „intrasubjektiv bedingte Notwendigkeit“ (ebd.: 564), die durch einen inneren Zwang bedingt ist.

Im Falle der Absageschreiben handelt es sich beim Gebrauch des Modalverbs *müssen* eindeutig um die „extrasubjektiv bedingte Notwendigkeit“, und zwar bedingt durch konkrete äußere Umstände und einen extrasubjektiven Willen. Es kommt in folgenden Teilen der Absageschreiben vor: Formulieren der

---

164 Zum Beitrag des Imperativs zur Höflichkeit vgl. Kapitel 8.2.3.

165 Vgl. hierzu „konventionelle Indirektheit“ (Brown/Levinson 1987, zit. in Bonacchi 2013: 67), zu deren Ausdruck der Gebrauch des Modalverbs *können* und der *möchte*-Form gehören.

166 Man spricht in diesem Falle auch über die „subjektbezogene (deontische) Verwendung der Modalverben“, vgl. Engel et al. (2000: 669).

Absage, z.B.: *Nach Prüfung Ihrer Unterlagen bedauern wir Ihnen heute mitteilen zu müssen, ...*; *Nach sorgfältiger Prüfung der eingegangenen Bewerbungen müssen wir Ihnen heute leider mitteilen ...*; *Wir bedauern jedoch, Ihnen mitteilen zu müssen ...*; *Leider müssen wir Ihnen jedoch mitteilen ...*; *Es tut uns leid, Ihnen absagen zu müssen*; *Sie gehören zu den vielen guten Bewerbern, denen wir leider absagen müssen; Bedauerlicherweise muss ich Ihnen mitteilen ...*; *Bezug nehmend auf Ihre Bewerbung müssen wir Ihnen zu unserem Bedauern einen ablehnenden Bescheid zukommen lassen; Leider muss ich Ihnen absagen*; *Leider müssen wir Ihnen eine ungünstige Antwort geben;* Nennen der Absagegründe, z.B.: *Da unser Haus (...) aufgrund eines Organisationsgutachtens durch Umstrukturierungsmaßnahmen weitere Stellen abbauen muss ...; ... dass wir wegen der großen Zahl an Einsendungen diesen Weg der Absage wählen müssen*; Information über die Rücksendung der Bewerbungsunterlagen, z.B.: *Leider müssen wir Ihnen jedoch Ihre Unterlagen zu unserer Entlastung zurücksenden.*

In den meisten Fällen sind es Konstruktionen des Modalverbs *müssen* mit performativen Verben, z.B.: des Sagens: *mitteilen, absagen* oder Formulierungen performativen Charakters, z.B.: *einen ablehnenden Bescheid zukommen lassen, eine ungünstige Antwort geben*;

In ganz wenigen Fällen wird die *möchte*-Form[167] gebraucht, z.B.: *Für die Mühe, die Sie für die Bewerbung aufgewendet haben, möchten wir Ihnen herzlich danken*; *Für das Interesse an ... möchte ich Ihnen danken*; *Nach sorgfältiger Prüfung möchte ich Ihnen mitteilen ...*; *Wir möchten Sie aber darauf aufmerksam machen ...* .

Dabei kommt die *möchte*-Form am häufigsten in Konstruktionen mit dem performativen Verb *danken* vor. Es sind auch Konstruktionen mit den Verben des Sagens, wie z.B. *mitteilen* zu finden.

Das Modalverb *dürfen* hat die Bedeutung der Erlaubnis, die den Willen einer fremden Instanz einschließt, die als Möglichkeit angesehen wird (vgl. Helbig/ Buscha 2001: 117). Dabei wird hervorgehoben, dass es „eine extrasubjektive Quelle der Modalität voraussetzt", die durch folgende Aspekte bedingt wird: Gesetze, Normen, Vorschriften, allgemeine Prinzipien, konkrete äußere Umstände, ein Handlungsziel, einen extrasubjektiven Willen (vgl. Duden 2006: 564ff.).

[167] Auf das Problem des Status der *möchte*-Form im Deutschen wird in der vorliegenden Studie nicht eingegangen.

Das Modalverb *dürfen* wird in folgenden Teilen der Absageschreiben verwendet: Dank, z.B.: *Für Ihr Schreiben vom ... darf ich Ihnen danken*; Rücksendung der Bewerbungsunterlagen, z.B.: *Zu unserer Entlastung darf ich Ihnen Ihr Material zurücksenden*; Datenschutzhinweis, z.B.: *Wir dürfen noch darauf hinweisen, dass personenbezogene Daten zu Ihrer Bewerbung in einer speziell dafür eingerichteten Datei gespeichert werden*; *Bei dieser Gelegenheit dürfen wir Sie darauf hinweisen, dass wir im Rahmen der Bearbeitung Ihre Daten speichern*, wobei es zur indirekten Wiedergabe von Aufforderungen dient (ebd.: 565) und in Verbindung mit performativen Verben, hier *hinweisen*, gebraucht wird.

Es lassen sich auch Formulierungen finden, in denen das Modalverb *sollen* verwendet wird. Dieses hat u.a. die Bedeutung der Eventualität / Zukunft und in Bezug auf Notwendigkeit gleiche Quellen der Modalität wie das Modalverb *dürfen* (ebd.: 564ff.).
Das Modalverb *sollen* wird in folgenden thematischen Teilen der Absageschreiben[168] gebraucht: Aufmunterung, z.B.: *Dies soll Sie doch nicht entmutigen*; Ratschläge für die weitere Arbeitssuche, z.B.: *Sollte eine für Sie geeignete Stelle inseriert werden, zögern Sie nicht, sich erneut zu bewerben*; Aufs-Eis-Legen, z.B.: *Sollten wir unsere Internet-Präsentation einmal in dieser Richtung ausbauen, komme ich gerne auf Sie zurück.*

In vielen Formulierungen kommt das Modalverb *können* vor, das v.a. die Bedeutung der Möglichkeit und Fähigkeit hat. Die Quellen der Möglichkeit liegen in denselben Bereichen wie im Falle des Modalverbs *müssen* (ebd.: 563f.).
Können kommt v.a. in Kombination mit performativen Verben in folgenden Teilen der Absageschreiben vor: Formulieren der Absage, z.B.: *Wir bedauern, Ihnen keine günstigere Nachricht/Mitteilung geben zu können*; *Ich bedauere, Ihnen keine andere Auskunft geben zu können*; *... so dass Ihrer Bewerbung nicht näher getreten werden kann*; *Somit können wir Ihnen leider keine Position anbieten*; *Ich bedauere, dass ich Ihnen keinen positiven Bescheid geben kann*; *Leider können wir Ihnen keine positive Antwort geben*; *Ihre Bewerbung um die o.g. Stelle konnte leider nicht berücksichtigt werden*; *Leider kann ich in unserer Redaktion keinen Platz für Sie finden*; *Leider können wir Ihnen keinen Arbeitsplatz anbieten*; Nennen der Absagegründe, z.B.: *Aufgrund der Vielzahl der bei uns*

[168] Zu weiteren Bedeutungen des Modalverbs *sollen* vgl. Helbig/Buscha (2001: 119f.).

eingegangenen Bewerbungen können wir leider nicht mit allen Bewerbern ein Gespräch führen; *Aufgrund der Fülle an Bewerbungen konnten wir leider nicht alle Bewerber berücksichtigen*; *Letztendlich kommt es bei der Auswahl des passenden Bewerbers auf eine Vielzahl von Faktoren an, die einen Gesamteindruck ergeben, den wir auch nur abschätzen können*; Bitte um Verständnis, z.B.: *Wir bitten um Ihr Verständnis, dass wir Sie für das laufende Jahr nicht mehr einplanen können*; Aufs-Eis-Legen, z.B.: *Ihr Bewerbungsschreiben lege ich gern auf Wiedervorlage, um zu gegebener Zeit darauf zurückgreifen zu können*; Ratschläge für die weitere Arbeitssuche, z.B.: *Sie können sich aber gerne auf der Jobbörse nach interessanten Stellen informieren*; Rücksendung der Bewerbungsunterlagen, z.B.: *Weitere Unterlagen kann ich aus Kostengründen nicht zurücksenden.*

Der bewusste Einsatz von Modalverben in Konstruktionen mit performativen Verben oder Ausdrücken performativen Charakters hat Einfluss darauf, dass die Bedeutung solcher Formulierungen bis zu einem gewissen Grad abgeschwächt wird. Dadurch klingen solche Konstruktionen, v.a. beim Erteilen der Absage, weniger zwingend.

Man findet auch Konstruktionen modalen Charakters. Es handelt sich dabei um die „Passiv-Paraphrasen des Passivs mit modaler Nebenbedeutung" (vgl. Helbig/Buscha 2001: 163ff.), von denen in den Absageschreiben folgende zu finden sind:

- sein + zu + Infinitiv, z.B.: *Diese Entscheidung ist in Verbindung mit der spezifischen Berufssituation zu sehen*; *dass eine für Sie geeignete Stelle zurzeit nicht zu besetzen ist*; *... dass auch in den nächsten Jahren kaum Dauerstellen zu besetzen sein werden*;
- haben + zu + Infinitiv, z.B.: *... dass das ... zurzeit keine freie Stelle zu besetzen hat*; *... da wir im Moment keine Ihren Wünschen und Fähigkeiten entsprechende vakante Stelle zu besetzen haben*; *Leider habe ich keine geeignete Stelle zu besetzen*;
- sein + Adjektiv, z.B.: *Da es uns nicht möglich ist, Ihnen den gewünschten Arbeitsplatz zur Verfügung zu stellen*; *Leider ist es nicht möglich, Ihrer Bewerbung zu entsprechen.*

Ein weiteres Mittel zum Ausdruck der Modalität sind Modalwörter.[169] Sie „bezeichnen nicht das objektive Merkmal des Geschehens (wie die Adverbien), sondern drücken die subjektiv-modale Einschätzung des Geschehens durch den Sprechenden aus." (Helbig/Buscha 2001). In den analysierten Absageschreiben dominiert das eine Modalwort: *leider*[170], das in fast allen Schreiben vorkommt und als Höflichkeitsmarker einzustufen ist.

3.4.1.2.7. Interpunktionszeichen

Die Interpunktionszeichen haben eine formale Aufgabe, denn „sie reflektieren syntaktische Bezüge in Sätzen und Texten (...)" (Duden 2006: 1072). Sie hängen „mit den kulturellen Normen des Schreibens eng zusammen" und helfen bei der Interpretation der Texte, da sie darin bestimmte Rollen zu erfüllen helfen.

In Bezug auf die geschriebene Sprache gehört Interpunktion zu den „Illokutionsindikatoren"[171], denn der gezielte Einsatz von bestimmten Interpunktionszeichen kann eine entsprechende Interpretation der Äußerung ermöglichen.

In den untersuchten Absageschreiben werden überwiegend Deklarativsätze gebraucht, die mit einem Punkt enden. Imperativsätze kommen nicht oft vor, wobei die meisten von ihnen ebenfalls mit einem Punkt enden. Der Gebrauch der Ausrufezeichen wird bis auf eine Formel: *Bitte nicht böse sein!* reduziert.

3.4.1.2.8. Wortfolge

Bestimmte Intentionen des Textproduzenten können auch mit der Wortfolge signalisiert werden. Die Regeln der Satzgliedstellung können entweder eingehalten oder modifiziert werden. Dementsprechend unterscheidet man die sog. „neutrale" und „hervorhebende" Satzgliedstellung (vgl. Helbig/Buscha 2001).

In den untersuchten Absageschreiben sind Beispiele für beide Stellungsarten zu finden:

1. die neutrale Satzgliedstellung, die zwei Funktionen hat:

a. die Funktion der Satzverflechtung; sie wird dadurch sichtbar, dass am Satzanfang Glieder stehen, die den Anschluss an den vorhergehenden Satz mar-

---

[169] Der Status der Modalwörter wird in der Wortartenforschung seit Langem diskutiert. In der neueren Forschung werden sie eher der Gruppe der Partikeln, genauer der Modalpartikeln zugeordnet, vgl. hierzu exemplarisch Engel et al. (2000: 1127ff.).

[170] In der Duden-Grammatik wird es den Kommentaradverbien subsumiert, vgl. Duden (2006: 592).

[171] Vgl. Kapitel 6.2.

kieren, z.B.: ***Aus diesem Grunde** vermag ich Ihrer Bewerbung zu meinem Bedauern nicht zu entsprechen*; *Nach Prüfung Ihrer Unterlagen müssen wir Ihnen allerdings mitteilen, dass Sie nicht in die engere Wahl gezogen wurden. **Diese Entscheidung** bedeutet kein Werturteil über Ihre Kenntnisse und Qualifikation*; *Wir haben eine Vielzahl von Bewerbungen erhalten. **Daher** sind wir leider gezwungen ...*; *Im Personalbereich sind außerdem umfangreiche Stellenreduzierungen umzusetzen, **wodurch** ein erheblicher Personalüberhang entsteht*;

b. die Funktion der Differenzierung des Mitteilungswertes der Satzglieder[172], z.B.: *Aufgrund der in diesem Schreiben enthaltenen Angaben haben wir etwaige Einsatzmöglichkeiten geprüft. Leider müssen wir Ihnen mitteilen, dass wir Ihnen keine Ihren Vorstellungen und Fähigkeiten entsprechende Tätigkeit anbieten können*;

2. die hervorhebende Satzgliedstellung, bei der auch die Intonation und Betonung wichtig sind; in den Absageschreiben handelt es sich v.a. um die Platzierung bestimmter Satzglieder an die erste Stelle in Deklarativsätzen. Es geht dabei um die besondere Hervorhebung bestimmter Inhalte, z.B.: eines Präpositionalobjekts,
   - das ein Teil der Danksagung ist, z.B.: *Für das unserem Haus entgegengebrachte Interesse danken wir Ihnen*; *Für Ihre Bewerbung und das damit bekundete / verbundene Interesse an einer Tätigkeit in ... danken wir Ihnen*; *Für Ihr Schreiben vom ... darf ich Ihnen danken*; *Für die Mühe, die Sie für die Bewerbung aufgewendet haben, möchten wir Ihnen herzlich danken*; *Für Ihr Interesse an einer Mitarbeit in unserer Einrichtung bedanken wir uns nochmal*;
   - das Wünsche für die weitere berufliche Zukunft ausdrückt, z.B.: *Für Ihren weiteren beruflichen Lebensweg wünschen wir Ihnen alles Gute*; *Für Ihre persönliche und berufliche Zukunft wünschen wir Ihnen viel Glück und Erfolg*; *Für Ihre weiteren Bemühungen wünsche ich Ihnen viel Erfolg*;
   - das eine Bitte um Verständnis enthält, z.B.: *Für diese Entscheidung bitten wir um Ihr Verständnis*;

[172] Vgl. hierzu Kapitel 3.5.1.

3.5. Thematische Ebene der Textstruktur

Die im vorherigen Kapitel thematisierte grammatische Ebene der Textstruktur bildet eine wesentliche Komponente im Prozess der Herstellung der Textstruktur überhaupt. Die besprochenen Mittel der „grammatischen Kohärenz“ (Brinker 2010) verweisen jedoch auf eine „andere ‚tiefere‘ Schicht“ – die „thematische Struktur“ (Brinker 2010: 41).

Mit der thematischen Ebene der Textstruktur wird der kognitive Zusammenhang gemeint, den der Text zwischen den in den Sätzen ausgedrückten Sachverhalten herstellt (vgl. Brinker 2010: 44). Es handelt sich um die *Kohärenz*[173], also die „systematische Beschreibung des spezifischen Zusammenhangs zwischen Textkonstituenten auf verschiedenen Ebenen“ (Brinker et al. 2000: 164). Sie ist das nächste konstitutuive Kriterium der „Textualität“ (vgl. de Beaugrande/Dressler 1980: 5) und „betrifft die Funktionen, durch die die Komponenten der TEXT-WELT, d.h. die Konstellation von KONZEPTEN (Begriffen) und RELATIONEN (Beziehungen), welche dem Oberflächentext zugrundeliegen, für einander *gegenseitig zugänglich* und *relevant* sind.“ (ebd., Hervorhebungen im Original).

Bei einer Analyse eines Textes ist die Berücksichtigung der Kohärenz notwendig, denn „auf Kohärenz baut (…) ein Textzusammenhang auf, der nicht durch grammatisches, sondern durch **kulturelles Wissen** hergestellt wird.“ (Duden 2006: 1145, Hervorhebung im Original). Es geht also um „die Fähigkeit oder das *Potential* eines sprachlichen Ausdrucks (oder eines anderen Zeichens), Wissen (d.h. mögliche = *virtuelle* Bedeutung) darzustellen oder zu übermitteln (…)“ (de Beaugrande/Dressler 1981: 88). Sie wird auch „Sinnkontinuität“ (de Beaugrande/Dressler 1981: 88) genannt. Sie schließt Konzepte, Relationen, Alltagswissen mit ein und „bezeichnet speziell den semantischen, der Kohäsion zugrunde liegenden Sinnzusammenhang eines Textes, seine inhaltlich-semantische bzw. kognitive Strukturierbarkeit.“ (Bussmann, 1990: 351).

Adamzik (2001: 284 ff.) interpretiert den Kohärenzbegriff als den „inhaltlich thematischen Zusammenhang” eines Textes, was mit dem „konzeptuellen Zusammenhang des Textes“ bei Pörings/Schmitz (1999: 192ff.) vergleichbar ist. Pörings/Schmitz (ebd.) unterscheiden zwei Arten der Kohärenz:

---

173 Zum Begriff ‚Kohärenz‘ vgl. auch Harweg (1980), sowie Simmler (1984: 37), der sich des Begriffs „Kompletion“ bedient.

1. die referentielle Kohärenz, d.h. die wiederholte Referenz auf dieselben Objekte innerhalb eines Textes,
2. die relationale Kohärenz, d.h. die Verknüpfung von Textteilen durch sogenannte Kohärenzrelationen wie „Ursache – Wirkung", „Kontrast" und „Beweis".

Bei der Analyse der thematischen Struktur eines Textes werden die sog. „Steuerungsmittelpunkte" untersucht, d.h. die „strategisch günstigen Punkte für Zugriff und Verarbeitung des Textes" (de Beaugrande/Dressler, 1981: 5). Dabei werden Primär- und Sekundärkonzepte unterschieden. Zu den ersten gehören „OBJEKTE: begriffliche Entitäten mit stabiler Beschaffenheit, SITUATIONEN: Konfigurationen von aufeinander bezogenen Objekten, EREIGNISSE: Vorkommensfälle, die eine Situation oder einen Zustand innerhalb einer Situation ändern und HANDLUNGEN: Ereignisse, die ein Agens mit Absicht herbeiführt." (de Beaugrande/Dressler, 1981: 101, Hervorhebungen im Original).

Zu den sog. „Sekundärkonzepten" dagegen gehören nach Beaugrande/Dressler (1981: 101ff.): ZUSTAND: die gegenwärtigen, nicht unbedingt typischen Umstände einer Entität, AGENS: die kraftbesitzende Entität, die eine Handlung durchführt und so eine Situation ändert, HANDLUNGSGEGENSTAND: die Entität, deren Situation durch ein Ereignis oder eine Handlung verändert wird, in der sie weder Agens noch Instrument ist, RELATION: eine Restkategorie für übriggebliebene Detailbeziehungen, EIGENSCHAFT: ein charakteristischer Umstand einer Entität, LOKALISIERUNG: die räumliche Lage einer Entität, ZEIT: die zeitliche Lage einer Situation (eines Zustandes) oder eines Ereignisses, BEWEGUNG: Ortsveränderung, INSTRUMENT: ein Objekt ohne eigene Absicht, das die Mittel für ein Ereignis bereitstellt, FORM: Gestalt, Umriss, TEIL: ein Bestandteil oder Glied einer Entität, SUBSTANZ: Materialien, aus denen eine Einheit zusammengesetzt ist, ENTHALTENSEIN: die Lokalisierung einer Entität innerhalb einer anderen, aber weder als Teil noch als Substanz, URSACHE: eine notwendige Bedingung für ein späteres Ereignis, ERMÖGLICHUNG: eine hinreichende Bedingung für ein späteres Ereignis, GRUND: für ein sinnvolles, vorhersagbares Ereignis, ZWECK, REPRÄSENTANT: ein Element einer Klasse, das alle nicht-getilgten Eigenschaften dieser Klasse erbt, SPEZIFIZIERUNG: die Beziehung zwischen einer

Oberklasse und einer Unterklasse mit der Angabe der besonderen Eigenschaften der letzteren.

In der Forschungsliteratur gibt es unterschiedliche Konzepte und Modelle der Kohärenz, auf die in der vorliegenden Studie nicht eingegangen wird.[174]

3.5.1 Funktionale Satzperspektive[175]

Dem Konzept der funktionalen Satzperspektive liegt das Konzept der Thema-Rhema-Gliederung von Mathesius (1929) zu Grunde, das zuerst auf Sätze bezogen war. Die *Thema-Rhema-Gliederung*[176] ist ein Element der Herstellung der thematischen Struktur des Textes und verdient unserer Meinung nach gesonderte Betrachtung. Darunter wird „eine Organisation und Hierarchie der semantischen Einheiten entsprechend ihrem Mitteilungswert" (Lewandowski 1980: 1005) verstanden. Sie wird auch *funktionale Satzperspektive* genannt, d.h. „aktualkommunikative Gliederung des Satzes nach seinem Informationsgehalt für den Empfänger" (Lewandowski 1980: 216). Im Lichte dieses Konzepts kann man in jedem Satz zwei Teile unterscheiden: das Thema und das Rhema[177] (*Kern der Aussage*). Dieses Konzept wurde von Daneš (1970) erweitert und auf die Textanalyse übertragen. Dabei bedeutet *Thema* „das, worüber etwas mitgeteilt wird", d.h. die Information „die bekannt, vorgegeben, auf Grund der Situation erschließbar oder vom Rezipienten auf Grund seines Vorwissens bzw. seiner Weltkenntnis identifizierbar" ist und *Rhema* „das, was über das Thema mitgeteilt wird (...) die neue, nicht vorher erwähnte und nicht aus dem Text- bzw. Situationszusammenhang ableitbare Information" (Daneš 1970: 72ff.).

Das Thema macht den gegebenen Text zu einer Ganzheit, das Rhema liefert die neue Information. Dabei wird untersucht, „wie textuelle Kohäsionsmittel und satzsyntaktische Zeichen (...) bei der Verteilung von Informationen in Sät-

[174] Es handelt sich u.a. um das Isotopie-Konzept, die Präsuppositionen, die Frame und Script-Theorie. Einen Überblick über die Grundlagen der genannten Konzepte findet man in Linke/ Nussbaumer/Portmann (2001: 229ff.).

[175] Vgl. hierzu Gülich/Raible (1977), Lötscher (1983).

[176] In der einschlägigen Literatur werden unterschiedliche Ansätze zu der Thema-Analyse vorgeschlagen, z.B. „Themen als Nominalgruppen" Fritz (1982: 207ff.), „Thema als Bezug" Fritz (1982: 211), „Thema als Fokus" (Kallmeyer 1978), „Thema als Fragestellung" Schank (1981), „Thema als Informationskern" (Agricola 1976); siehe hierzu auch den Überblick über das Themaverständnis bei Lötscher (1987: 73ff.).

[177] Bei Engel: Thema = Rahmeninformation, Rhema = Informationskern, vgl. Engel et al. (2000: 49ff.).

zen und Texten zusammenwirken.“ (Duden 2006: 1130), denn was „eine Folge von Sätzen zu einer kohärenten Satzfolge, eben zum Text macht, ist somit nicht primär das Prinzip der Wiederaufnahme, sondern letztlich die thematische Orientierung.“ (Brinker 2010: 42).

Der Thema-Rhema-Zusammenhang wird in Texten durch entsprechende lexikalische Mittel hergestellt. Es handelt sich dabei um[178]:

- Mittel zur Herstellung des kausalen Zusammenhangs, v.a. Subjunktoren, z.B.: *weil*, *da*, Konjunktoren, z.B.: *deshalb*, *daher*, Präpositionen, z.B.: *wegen*, *aufgrund*, *mangels*;
- Mittel zur Herstellung des konzessiven Zusammenhangs: Subjunktoren, z.B.: *obwohl*, Konjunktoren, z.B.: *trotzdem*, Präpositionen, z.B.: *trotz*;
- Mittel zur Herstellung des finalen Zusammenhangs: Präpositionen, z.B.: *zugunsten*, *zwecks*;
- Mittel zur Herstellung des referentiellen Zusammenhangs, z.B.: *betreffend*, *bezüglich*, *hinsichtlich*.

Die Ausführung des Themas[179] in einem Text nennt Daneš „thematische Progression“ und unterscheidet in deren Rahmen fünf Typen (1970: 189, zit. in Brinker 2010: 44f.):

1. die einfache lineare Progression, wenn das Rhema des ersten Satzes zum Thema des zweiten Satzes wird;
2. die Progression mit einem durchlaufenden Thema; das Thema bleibt konstant und in den einzelnen Sätzen wird jeweils ein neues Rhema hinzugefügt.
3. die Progression mit abgeleiteten Themen; die Themen der einzelnen Sätze werden von einem Hyperthema abgeleitet.
4. die Progression eines gespaltenen Rhemas: das Rhema eines Satzes wird in mehrere Themen zerlegt.
5. die Progression mit einem thematischen Sprung; ein Glied der thematischen Kette, das aus dem Kontext leicht zu ergänzen ist, wird ausgelassen.

[178] Die Junktionen, die die genannten Relationen zum Ausdruck bringen, wurden im Kapitel 3.4.1.2.3. besprochen.

[179] Vgl. auch andere Ansätze zur Beschreibung der thematischen Struktur eines Textes, wie z.B. das Konzept der Makrostruktur von Texten bei van Dijk (1980).

Das Thema des Textes ist der „Kern des Textinhalts“ (Brinker 2010: 49) und umfasst auch den „Grund- und Leitgedanken“. Von diesem können im Rahmen eines Textes andere Nebenthemen abgeleitet werden, die hierarchisch angeordnet werden. Man unterscheidet hier v.a. zwischen einem Hauptthema und Nebenthemen. Dabei wird hervorgehoben, dass die thematische Struktur des Textes „in der Verkettung und Konnexität der Themen, in ihrer Wechselbeziehung und ihrer Hierarchie, in den Beziehungen zu den Textabschnitten und zum Textganzen, sowie zur Situation“ besteht (Daneš 1970: 74).

Im Lichte der Sprechakttheorie spricht man über die sog. „Texthandlungen“, die solche Sprechhandlungen sind, „die ausgeführt werden, indem Texte hergestellt werden.“[180] (Rothkegel 1984: 248). Sie leisten einen großen Beitrag zur Kohärenz der Texte, wie es Rothkegel (ebd.) anführt: „Texthandlungen sind mit Thema und Textfunktion verbunden und bestimmen die globale Textstruktur. (…) Sie sind kohärenzstiftend und sorgen für die Kompletion des Textes.“ Von diesen sind „Nebenhandlungen“ zu unterscheiden, „die nicht selbständig vorkommen, sondern nur in Verbindung mit Haupthandlungen. (…) Sie erscheinen eingebettet in die Propositionen, die die Haupthandlungen repräsentieren.“ (ebd.: 250). Es wird hervorgehoben, dass sich das Hauptthema eines Textes meist in mehreren verschiedenen Subthemen realisiert, die dem Hauptthema zu- bzw. untergeordnet sind und die ihrerseits wieder in einer hierarchischen Beziehung zueinander stehen können (vgl. hierzu Linke/Nussbaumer/Portmann 2001: 237). Man unterscheidet auch die sog. „Nebenthemen“, die dem Hauptthema beigeordnet sind.

Das Hauptthema kann von den Nebenthemen nach zwei Prinzipien unterschieden werden (Brinker 2010: 50f.):

- nach dem Ableitungsprinzip; dieses ermöglicht aus dem Hauptthema die Nebenthemen abzuleiten;
- nach dem Kompatibilitätsprinzip; dabei handelt es sich um die Übereinstimmung des Hauptthemas mit der Hauptfunktion des Textes[181].

In den Absageschreiben dominiert das eine Thema: die ablehnende Antwort auf eine Bewerbung[182], die eigentlich nicht schwer identifizierbar ist[183].

---

[180] Vgl. hierzu die Performativa im Kapitel 6.2.1.

[181] Die Problematik der Textfunktion sowie der Analyse der Textfunktionen in den Absageschreiben werden im Kapitel 4 präsentiert.

In der Forschungsliteratur werden auch andere Themen genannt, die in den Absagebriefen angesprochen werden (Müller/Moser 2006: 346), und zwar folgende: Erläuterungen zum Auswahlverfahren, Timing der Absagen, Klarheit in der Kommunikation der Absage, Ratschläge an die Kandidaten zum weiteren Vorgehen, der zukünftige Umgang mit Bewerbungen.

Aus dem in jedem Absageschreiben formulierten Hauptthema werden in den untersuchten Texten folgende Nebenthemen abgeleitet:

- Information bezüglich des Auswahlverfahrens, z.B.: *Es ist uns nicht leicht gefallen, eine Auswahl aus der Menge von qualifizierten Bewerbungen zu finden*; *Wir müssen Ihnen mitteilen, dass Sie sich nicht in der engeren Auswahl befinden*;
- Klagen über die schlechte wirtschaftliche Situation des Landes, z.B.: *Aus personalwirtschaftlichen Gründen können wir keine Einstellung vornehmen*; *Es ist uns wegen des bestehenden Einstellungstopps nicht möglich ...*; *Auf Grund der dramatischen Haushaltslage des Landes Berlin ist es in diesem Jahr zu drastischen Einsparungen im Bereich der Personalmittel gekommen. Dieser massive Stellenabbau wird sich auch in den kommenden Haushaltsjahren fortsetzen*; *Da unser Haus aufgrund eines Organisationsgutachtens weitere Stellen abbauen muss*; *da die vom Deutschen Bundestag beschlossenen Haushaltseinsparungen unserem Hause im Personalbereich Einsparungen auferlegt sind, die die Berücksichtigung externer Bewerber zum jetzigen Zeitpunkt grundsätzlich ausschließen*; *Unter Hinweis auf die Haushaltssituation des Landes Berlin besteht die personalwirtschaftliche Regelung, dass die Besetzung von freien Stellen und das Eingehen neuer unbefristeter Beschäftigungsverhältnisse auf bereits beim Land Berlin dauerhaft beschäftigte Personen beschränkt ist. Demzufolge findet die Besetzung freier Stellen ausschließlich aus dem Personalüberhang des Landes Berlin statt*; *Im Personalbereich sind außerdem umfangreiche Stellenreduzierungen umzusetzen, so dass ein erheblicher Personal-*

[182] Hier sei auch auf die Hauptillokution in den Absageschreiben hingewiesen, worauf im Kapitel 6 eingegangen wird.

[183] Vgl. hierzu die Feststellung Brinkers (2010: 51): „Der Text stellt – kommunikativ-pragmatisch gesehen – eine komplexe Informationshandlung dar (...) Es gilt nun, das Textthema zu bestimmen."

überhang entsteht; Wir müssen Ihnen sicher nicht sagen, wie desaströs die finanzielle Lage Berlins ist;

- Informationen über die interne Politik bei der Stellenbesetzung in der jeweiligen Firma, z.B.: *Im Haushaltsentlastungsgesetz wurde nun festgelegt, dass Nachbesetzungen von Stellen im Wege von Neueinstellungen grundsätzlich nicht möglich sind. Der entstehende Personalbedarf kann daher nur aus dem vorhandenen Personalvolumen bzw. aus dem Personalüberhang ausgeglichen werden; Hier bin ich aus Fürsorgegründen gehalten, diese (vom personellen Überhang) betroffenen Bediensteten auf frei werdende Stellen zu berücksichtigen; dass Sie sich nicht in der engeren Auswahl befinden; Das Höchstalter bei den Bewerbern/innen ist auf 30 Jahre beschränkt; nach weiteren Etatkürzungen sehen wir uns gezwungen, Einsparungen vorzunehmen;*
- Informationen über Stellenausschreibungen, z.B.: *Sofern Stellen für eine externe Besetzung vorgesehen sind, werden diese in der regionalen bzw. überregionalen Presse, über das Internet veröffentlicht; Wir weisen darauf hin, dass freie und besetzbare Stellen grundsätzlich ausgeschrieben werden; Sie finden unsere aktuellen Stellenangebote in der Tagespresse;*
- diverse Absagegründe, z.B.: *aufgrund betrieblicher Umstrukturierung können wir keine externen Bewerbungen berücksichtigen; aufgrund struktureller Maßnahmen können in unserem Unternehmen keine Neueinstellungen vorgenommen werden; Im Ergebnis organisatorischer und personalwirtschaftlicher Veränderungen besteht im Geschäftsbereich ein personeller Überhang; da mir aufgrund der bei meiner Behörde durchzuführenden Sparmaßnahmen im Personalbereich gegenwärtig und auf absehbare Zeit keine freien Stellen zur Verfügung stehen; Leider muss ich Ihnen mitteilen, dass aufgrund des bestehenden Personalüberhanges derzeit für Bewerber/innen, die nicht dauerhaft beim Land Berlin beschäftigt sind, keine Einstellungsmöglichkeit besteht; Unsere Personalplanung für die nächsten Jahre ist jedoch leider abgeschlossen; mangels entsprechender Stellen; aufgrund der angespannten Haushaltssituation des Landes Berlin können keine Einstellungen vorgenommen werden.*

Die allgemeine thematische Struktur der Nebenthemen in den Absageschreiben erstreckt sich auf zwei Ebenen. Dies lässt sich tabellarisch folgendermaßen darstellen:

Hauptthema	Nebenthema	Ebene 1	Ebene 2
Absage auf Bewerbung			
	1. Bestätigung	-jd. hat sich beworben -jd. hat die Bewerbung mit Interesse gelesen	
	2. Dank	-jd. dankt für die Bewerbung -jd. dankt für das Interesse an der Arbeit -jd. dankt für die Mühe bei der Anfertigung der Bewerbung	
	3. Auswahlrituale	-es gibt viele Bewerber	- jd. überprüft die Unterlagen -jd. sucht nach einer Stelle für den Bewerber
	4.Absagegründe	-es gibt keine freie Stelle	
		-es gibt keine entsprechende freie Stelle	
		-es wird keine Einstellung vorgenommen	-das Land befindet sich in einer dramatischen Haushaltslage -es gibt Einsparungen -es gibt Etatkürzungen -es gibt Stellenreduzierungen/ Stellenabbau
		-andere Bewerber sind besser	- andere Bewerber haben bessere Qualifikation -andere Bewerber entsprechen besser den Anforderungen
		-es gibt zu viele Bewerber	
	5.Entschuldigung	-Bedauern -Mitleid mit dem Bewerber -Hoffnung/ Bitte auf/ um Verständnis	
	6.Aufmunterung	-die Absage ist kein Werturteil	-der Bewerber ist trotz der Absage gut qualifiziert
		-die Absage soll den Bewerber nicht entmutigen	-der Bewerber soll sich weiter bewerben
	7.Trost	-Hoffnung, dass der Bewerber bald eine Stelle findet	
	8.Ratschläge	-der Bewerber soll auf Stellenausschreibungen achten -der Bewerber soll sich weiter bewerben -der Bewerber soll sich gezielt bewerben	
	9.Wünsche	-der Bewerber bekommt sicher eine Stelle	
	10.Bewerbungsunterlagen	-die Bewerbungsunterlagen sind nicht nötig	-die Bewerbungsunterlagen werden zurückgeschickt -die Bewerbungsunterlagen kann man abholen -die Bewerbungsunterlagen werden vernichtet
		-die Bewerbungsunterlagen/das Profil des Bewerbers werden/wird gespeichert	

Tabelle 5. Die allgemeine thematische Struktur in den Absageschreiben

3.5.1.1. Thematische Entfaltung

Das Thema des Textes wird in dem jeweiligen Text unterschiedlich realisiert. Es handelt sich dabei um die *thematische Entfaltung*, d.h. „die gedankliche Ausführung des Themas“ (Brinker 2010: 56). Es ist:

> die Verknüpfung bzw. Kombination relationaler, logisch-semantisch definierter Kategorien (...), welche die internen Beziehungen der in den einzelnen Textteilen (Überschrift, Abschnitten, Sätzen usw.) ausgedrückten Teilinhalte bzw. Teilthemen zum thematischen Kern des Textes (dem Textthema) angeben. (Brinker 2010: 54)

Brinker (2010: 56ff.) unterscheidet folgende Typen der Themenentfaltung:

- die deskriptive Themenentfaltung: Ein Thema wird in seinen Komponenten (Teilthemen) dargestellt und in Raum und Zeit eingeordnet. Die wichtigsten thematischen Kategorien sind also die Spezifizierung (Aufgliederung) und die Situierung (Einordnung). Die Ausprägungen der deskriptiven Themenentfaltung sind: Bezeichnung eines einmaligen Vorgangs, Bezeichnung eines als regelhaft dargestellten Vorgangs, Bezeichnung eines Lebewesens oder eines Gegenstandes.
- die narrative Themenentfaltung: ein Thema wird durch ein abgeschlossenes singuläres Ereignis repräsentiert. Zentrale thematische Kategorien sind: „Komplikation“ (Darstellung eines [ungewöhnlichen] Ereignisses), „Resolution“ (Auflösung der Komplikation), „Evaluation“ (Bewertung des Ereignisses), „Orientierung“ (Angaben zu dem Ort, zu der Zeit, zu den Personen) und „Coda“ (Moral, Lehre), vgl. hierzu Labov/Waletzky (1967).
- die explikative Themenentfaltung[184]: Ein Sachverhalt (*Explanandum*) wird aus einem bestimmten anderen Sachverhalt (*Explanans*) logisch abgeleitet. Das *Explanans* besteht aus Anfangs-/ Randbedingungen und allgemeinen Gesetzmäßigkeiten. Eine explikative Themenentfaltung liegt immer dann vor, wenn eine Einteilung in *Explanandum* (das, was erklärt werden soll) und *Explanans* (das, was erklärend ist) erkennbar/rekonstruierbar ist.

[184] Diese Art der Themenentfaltung ist auf Hempel/Oppenheim (1948) zurückzuführen, vgl. Brinker (2010: 65).

- die argumentative Themenentfaltung[185]: Der Emittent begründet eine Behauptung/These (Konklusion), die das Textthema repräsentiert, durch Argumente. Die Begründung wird durch eine allgemeine hypothetische Aussage gerechtfertigt (wenn die Daten x, y, z gegeben sind, dann ist anzunehmen, dass die Konklusion wahr ist) und durch Aussagen gestützt. Ausnahmebedingungen für die Begründung werden angegeben.

In den Absageschreiben lassen sich Elemente verschiedener Typen der Themenentfaltung finden, worauf im Kapitel 5.2.1.7. eingegangen wird.

3.5.1.1.1. Makrostruktur der Absageschreiben

Im Folgenden werden die Absageschreiben in ihren drei Ausprägungen: Aperitif-Briefe, eigentliche Absageschreiben, Eisschreiben beschrieben. In deren Gliederung lassen sich einige thematische Teile unterscheiden, die in der Forschungsliteratur Makrostruktur[186] genannt werden[187]. Darunter wird nach Engel et al. (2000: 88) „die Grobeinteilung des Textganzen“ verstanden. Die Makrostrukturen sind semantisch und geben „eine Vorstellung des globalen Zusammenhangs und der Textbedeutung“[188] (van Dijk 1980: 42, zit. in Vater 1994: 87).

Bei Simmler (1996: 612, Hervorhebung im Original) wird der konstitutive Charakter der Makrostrukturen hervorgehoben, indem sie folgendermaßen definiert werden:

> [Es sind – J. S.] textinterne, aus Ausdrucksseite und Inhaltsseite bestehende satzübergreifende Einheiten der *langue*, die gegenüber anderen satzübergreifenden Einheiten und hierarchisch gesehen kleineren Einheiten wie Satztypen eine distinktive Funktion besitzen und bei ihrem Auftreten mit ihnen zusammen größere Einheiten der *langue*, nämlich Textsorten, konstituieren, wobei sich je nach extern gewähltem Medium bzw. bei Medienkombinationen verschiedene auditive und/oder visuelle Realisierungsformen ergeben können.

---

[185] Diese Art Themenentfaltung ist auf den Namen des englischen Philosophen Toulmin ([1958] 1975) zurückzuführen.

[186] Sie umfasst nach Krause (2010: 75) die sog. „Architektonik des Textes“, d.h. die äußere Gestaltungsweise von Texten und die „Komposition“, die sich auf die Strukturierung der Inhaltsseite des Textes bezieht.

[187] Bei Wawrzyniak (1980) werden sie „illokutive Prädikate“ genannt und haben „eine textstiftende Rolle“; vgl. auch Wawrzyniak (2006: 38).

[188] Die Definition der Makrostruktur der Texte entspricht der makrostrukturellen kompositorisch-architektonischen Strukturebene des Textes bei Wilske (2000: 74) und bezieht sich auf eine semantische Grobgliederung.

Zugleich verweist er auf deren Funktionen, indem er sie als sprachliche Zeichen definiert, die „spezifische kommunikative Funktionen besitzen." (Simmler 1997: 66).

Die im Korpus vorkommenden drei Typen der Absagebriefe werden nach dem Kriterium der mitgeteilten Senderintention[189] ermittelt (vgl. Kapitel 1.3.). Im Folgenden wird ihre thematische Struktur – Makrostruktur – analysiert.

3.5.1.1.1.1. Aperitif-Briefe

Die kürzeste Antwort auf eine Bewerbung ist ein Aperitif-Brief[190]. Er ist auch „der erste Kontakt zum potentiellen Mitarbeiter" (Brucker 2008: 29). Der Name leitet sich von der Bezeichnung eines „appetitanregenden alkoholischen Getränks" (Duden 2007: 164) her, das *per definitionem* eine bestimmte und fast ähnliche Aufgabe zu erfüllen hat. In unserem Fall ist es über den Fortgang eines noch nicht beendeten Bewerbungsverfahrens zu informieren und dadurch vielleicht „Appetit" auf die künftige Stelle anzuregen. In Ratgebern zur Erstellung solcher Briefe werden sie „Zwischenbescheide" genannt (vgl. Menzel/Kuhn 1997: 357f.), in denen der Eingang der Unterlagen bestätigt und um Geduld gebeten wird.

Die Aperitif-Briefe haben eine wenig ausgebaute Makrostruktur, die aus folgenden Elementen[191] besteht:

1. Eröffnung[192]: Sie beginnt entweder mit der Adresse des Absenders oder mit dem Zeichen der potenziellen Arbeitgeber[193]. Danach folgt die Adresse des Empfängers. Ort und Datum des Briefes werden gewöhnlich im rechten oberen Feld platziert. Danach folgt die sog. Betreffzeile, z.B.: *Ihre Bewerbung, Bewerbung für eine Mitarbeit, Ihre Bewerbung als ..., Ihre Bewerbung vom ..., Ihr Interesse an einer Mitarbeit, Ihr Schreiben vom ..., Initiativbewerbung, Ihre Bewerbung zum ..., Ihr Anschreiben*;

[189] Es handelt sich um die Intention der Person, die den Absagebrief verfasst.
[190] Vgl. „listy zaostrzające apetyt" in Szczęk (2012).
[191] Zur Aufteilung der Textstruktur in drei Hauptteile vgl. Engel et al. (2000: 89).
[192] Die Eröffnung eines Textes ist stark kanonisiert. Zu ihren Elementen gehören: Absender, Betreff, Anlass, Überschrift, Anrede, vgl. hierzu Engel et al. (2000: 90f.), Lüger (1992) u.a.
[193] Dies ergibt sich oft daraus, dass man die Absage auf Firmenpapier druckt.

2. Hauptteil: Es handelt sich hier um den Inhalt des Briefes, der folgende strukturell-inhaltliche Teile umfasst:
    a. die Anredeform[194], die als „eine besondere Klasse von Sprechakten aufgefasst wird“ (Wunderlich 1979: 281) und dazu dient, „einen Adressaten zu identifizieren und seine Aufmerksamkeit zu erlangen.“

Anredeformen sind „performative Äußerungen (…), die mittels pronominaler, nominaler, attributiver Formen oder ihrer möglichen Kombinationen eine gesellschaftlich herausgebildete Distanz zwischen dem Sprecher und dem Angesprochenen in einem Kommunikationsakt und unter bestimmten Situationsbedingungen (…) signalisieren.“ (Miodek 2012: 94 und Tomiczek 1983: 21ff.). Es wird zugleich hervorgehoben, dass ihre Aufgabe nicht in der Vermittlung bestimmter Informationen über die außersprachliche Realität besteht, sondern „in der Herstellung des interpersonalen Kontaktes zwischen den Gesprächspartnern. (…) durch die entsprechende Anredeform wird der Kontakt stabilisiert, teilweise aufgenommen oder abgeschlossen. Beide haben die gemeinsame interpersonale Funktion, die sozialen Verhältnisse zwischen den Interlokutoren zu spiegeln.“ (ebd.).

In der Forschungsliteratur werden auch die Funktionen der Anrede thematisiert, zu denen nach Kohz (1982: 21) Herstellen, Aufrechterhalten und Abschließen des Kontakts gehören, wobei zugleich „Phasen“ des zwischenmenschlichen Kontakts markiert werden. Überdies handelt es sich auch um den Ausdruck der Intensität der Relation(en) zwischen den Gesprächspartnern und der sozialen Beziehung zwischen ihnen. Daher sind Anredeformen als „Spiegelbild der geordneten Sprachgemeinschaft“ zu verstehen.

Bei Yakovleva (2004: 205) werden sie als Mittel zur Verminderung der Expressivität des Ablehnens bezeichnet.

Es werden grundsätzlich zwei Arten der Anredeformen unterschieden:

- pronominale Anredeformen, die im Deutschen mit den Personalpronomen *du, Sie* realisiert werden; in den Absageschreiben wird überwiegend die Form *Sie* gebraucht, nur in einem Schreiben wird der Bewerber per *du*

[194] „Anredeformen sind sprachliche Einheiten, die eine bestimmte kommunikative Aufgaben ‚lösen‘ bzw. eine bestimmte Funktion im Rahmen menschlicher Interaktion erfüllen. Ihre allgemeine Aufgabe ist, an der Strukturierung dieser Interaktion mitzuwirken. Die typische Funktion von Anredeformen ist die Kontaktaufnahme.“, vgl. Zifonun/Hoffmann/Strecker (1997: 914).

angeredet, was vermutlich bewusst eingesetzt wird, um die Distanz zwischen dem Sender (= Absageschreiber) und dem Empfänger (= Bewerber) abzubauen.

- nominale Anredeformen, unter denen Miodek (2012: 96f.) folgende Unterklassen aufzählt: Vorname, Familienname, Standardtitulatur (*Herr, Frau, Fräulein*), kollegiale Titulatur, Berufs- und Funktionstitulatur, symbolische Titulatur, familiäre Titulatur, Gelegenheitstitulatur. In unserem Falle sind es v.a. Standardtitulaturen des Typs *Sehr geehrte(r) Herr / Frau X* (Nachname des Bewerbers). Es finden sich auch einige Schreiben, in denen der Nachname des Bewerbers in der Anredeform gemieden wird, und man statt dessen die Form *Sehr geehrter Herr Bewerber ...* gebraucht, was vielleicht den in der oben angeführten Klassifizierung Berufs- und Funktionstitulaturen am nächsten steht[195].

Die nominale Anredeform wird in zwei Formen realisiert:

- offiziell, mit deren Hilfe man Distanz wahren kann[196], z.B.: *Sehr geehrte(-r) Frau / Herr*; *Sehr geehrter Bewerber ...*;
- vertraulich, durch die man versucht, die Distanz zu dem Bewerber zu verringern, und die „eine höhere Vertrautheitsstufe zwischen den Kommunikationsteilnehmern signalisiert" (Lüger 1992: 145), z.B.: *Liebe(-r) Frau / Herr*[197] *..., Lieber Bewerber ...*;

In unserem Kontext sind die Anredeformen mit den „Grußworten" gleichzusetzen (vgl. Bonacchi 2013: 124), denen die Funktion „zur Ausübung von sozialen Obligationen" zukommt. Sie erfüllen nicht nur die phatische Funktion, sondern können auch, wie Bonacchi (2013: 173) angibt, „soziokulturelle Werte (...), persönliche Relationen (...) soziale Hierarchien" signalisieren.

b. Bestätigungsformel, mit der mitgeteilt wird, dass man die Unterlagen erhalten hat:
   - Bestätigung (sehr neutral): *Wir bestätigen den Eingang Ihres Schreibens*;

---

[195] Es ist an dieser Stelle anzumerken, dass eine so formulierte Anrede in den Absageschreiben deren formel- und schablonenhaften Charakter umso mehr hervorhebt.

[196] Lüger klassifiziert diese Anredeform als „distanziert, geschäftlich" (1992: 145).

[197] Diese Anredeform ist eher für private Briefe typisch.

- Dank für die Zusendung der Unterlagen[198]: *Wir danken Ihnen für die Zusendung Ihrer Bewerbungsunterlagen*; *Vielen Dank für Ihre Bewerbung*; *Ich danke Ihnen für das ... entgegengebrachte Interesse*; *Für Ihre Bewerbung danke ich Ihnen*; *Wir danken Ihnen für Ihr Interesse an der Mitarbeit*;

Der Dankesformel kommt genauso wie der Anrede die Aufgabe „der Ausübung von sozialen Obligationen" zu (vgl. hierzu Bonacchi 2013: 124).

- Ausdruck der Freude: *Wir freuen uns über Ihr Interesse an einer Mitarbeit in unserem Unternehmen*;

c. Beschreibung der Auswahlrituale/des Auswahlverfahrens:

– lange Bearbeitungszeit der Unterlagen, z.B.: *Die Vielzahl der eingehenden Bewerbungsunterlagen wird einige Zeit in Anspruch nehmen*; *Die Bearbeitung / die Auswertung der eingegangenen Bewerbungsunterlagen wird voraussichtlich einige Zeit in Anspruch nehmen*; *Das Auswahlverfahren wird einige Wochen in Anspruch nehmen und muss in unserem Institut mehrere Gremien durchlaufen*;
– Information über das noch andauernde Auswahlverfahren, z.B.: *Nach Abschluss des Auswahlverfahrens ...*; *Aufgrund zahlreicher Zuschriften wird die Bearbeitung Ihrer Bewerbung einige Zeit beanspruchen*;
– Information über das noch nicht angefangene Auswahlverfahren, z.B.: *Mit dem Auswahlverfahren kann jedoch erst begonnen werden, wenn die erforderlichen haushaltstechnischen Grundlagen geschaffen worden sind*;
– Information über die sukzessive Überprüfung und Auswertung der Unterlagen, z.B.: *Wir werten derzeit die eingehenden Bewerbungen sukzessive aus*;
– Information über die Weiterleitung der Unterlagen, z.B.: *Ich habe Ihre Bewerbungsunterlagen zuständigkeitshalber an ... weitergeleitet*;

d. Bitte um Geduld, z.B.: *Wir bitten Sie um etwas Geduld*; *Bis dahin bitte ich Sie um Geduld*; *Ich bitte Sie deshalb, sich vorerst zu gedulden, bis ich auf die Angelegenheit zurückkomme*;

[198] Auf die Funktion der Dankesformel als Bestätigung wird im Kapitel 6.2.1. eingegangen.

e. Aperitif – Versprechen einer Kontaktaufnahme, z.B.: *Wir werden uns wieder bei Ihnen melden*; *Wir werden Sie über die getroffene Entscheidung so bald wie möglich informieren*; *Wir werden uns unaufgefordert / in Kürze wieder mit Ihnen in Verbindung setzen; Es geht Ihnen unaufgefordert weitere Nachricht zu*; *Sie erhalten zu gegebener Zeit Nachricht / Bescheid von uns*;

f. Vermerk über die Speicherung der Daten, z.B.: *Wir dürfen Sie noch darauf hinweisen, dass personenbezogene Daten zu Ihrer Bewerbung in einer speziell dafür eingerichteten Datei gespeichert werden*; *Im Rahmen der Bearbeitung speichern wir Ihre Daten – selbstverständlich unter Sicherung der vertraulichen Behandlung*;

3. Schluss[199]:
   a. Grußzeile, z.B.: *Mit freundlichen Grüßen*; *Wir verbleiben mit freundlichen Grüßen*; *Mit besten Wünschen*; *Mit Bitte um Verständnis und den besten Grüßen*;

Die Grußzeile ist mit den „Abschiedsworten" (Bonacchi 2013: 124) gleichzusetzen und hat ebenfalls die Funktion „der Ausübung von sozialen Obligationen".

   b. Unterschrift.

3.5.1.1.1.2. Eigentliche Absageschreiben

Die eigentlichen Absageschreiben haben die am meisten ausgebaute Textstruktur. Sie besteht aus folgenden Elementen:

1. Eröffnung

Sie beginnt entweder mit der Adresse des Absenders oder mit dem Zeichen der potenziellen Arbeitgeber. Danach folgt die Adresse des Empfängers. Ort und Datum des Briefes stehen gewöhnlich im rechten oberen Feld. Die Betreffzeile kommt nicht in jedem Schreiben vor, doch wenn, wird sie z.B. folgendermaßen formuliert, z.B.: *Ihre Bewerbung*, *Bewerbung für eine Mitarbeit*, *Ihre Bewerbung als ...*, *Ihre Bewerbung vom ...*, *Ihr Interesse an einer Mitarbeit*, *Ihr Schreiben vom ...*, *Initiativbewerbung*, *Ihre Bewerbung zum ...*, *Ihr Anschreiben*,

[199] Der Schluss wird durch bestimmte Schlusssignale markiert, zu denen Ort, Datum, Absender gehören, vgl. Engel et al. (2000: 91). In den Absageschreiben stehen diese Elemente eher in der Eröffnung; vgl. hierzu auch Elemente der „Kontaktbeendigung" bei Lüger (1992).

Ihre Kurzbewerbung, Einstellung bei ..., Ihre Bewerbung zur Stellenausschreibung, Bewerbung um eine Einstellung, Ihre Bewerbung hier eingegangen / Eingang ..., Bewerbung um eine Position in ...;

2. Hauptteil

Es handelt sich hier um den Inhalt des Briefes, der folgende strukturell-inhaltliche Teile umfasst:

a. Anrede[200]: offiziell: *Sehr geehrte(-r) Frau / Herr ...*; *Sehr geehrter Bewerber...*; vertraulich: *Liebe(-r) Frau / Herr...*; *Lieber Bewerber...*;
b. Bestätigungsformel:

- Feststellung der Tatsache, dass sich der Bewerber beworben hat, z.B.: *Sie haben sich bei uns beworben*; *Ich bestätige den Eingang Ihrer Bewerbung*; *Sie haben sich bei meiner Behörde beworben*; *Wir nehmen Bezug auf die vorausgegangene Korrespondenz*;
- Bestätigung und Dank[201] für die Bewerbung, z.B.: *Wir danken Ihnen für die Zusendung Ihrer Bewerbung*; *Vielen Dank für Ihre Post / Ihre Bewerbung*; *Vielen Dank für die Zusendung Ihrer Bewerbung, die wir mit großem Interesse gelesen haben*; *Ich danke Ihnen für Ihr Schreiben vom ..*; *Vielen Dank für Ihre Zeilen, die uns über unsere Personalabteilung erreichten*;
- Entschuldigung für das lange Warten auf die Antwort: *Entschuldigen Sie, dass wir Ihnen erst jetzt antworten*;
- Dank für das Interesse an der Arbeit, z.B.: *Wir danken Ihnen für das unserem Hause / unserer Firma entgegengebrachte Interesse / Vertrauen*; *Wir danken Ihnen für das Interesse an der Mitarbeit*; *Vielen Dank für die Bewerbung, mit der Sie Interesse für eine Tätigkeit in unserem Hause zum Ausdruck bringen*; *Ich danke Ihnen für das Interesse an einer Tätigkeit in meinem Amt*; *Ich danke Ihnen für das gezeigte Interesse an unserer Firma*; *Wir möchten uns für das entgegengebrachte Vertrauen und Interesse bedanken*; *Für das uns entgegengebrachte Interesse bedanken wir uns*; *Wir bedanken uns recht herzlich für Ihr Interesse an einer Mitarbeit in unserem Hause*; *Wir bedanken uns für Ihre Bewerbung und das damit zum Ausdruck gebrachte Interesse an ..*; *Für das Interesse an einer Tätigkeit in / bei ... danke ich Ihnen*; *Wir danken für das in uns gesetzte Vertrauen*;

[200] Vgl. „Grußworte“ bei Bonacchi (2013: 124).
[201] Vgl. „Ausdruck der Dankbarkeit“ bei Bonacchi (2013: 124).

- Freude[202] über das Interesse an der Arbeit, z.B.: *Über Ihre Bewerbung bei ... als ... habe ich mich gefreut*; *Ihre Eigeninitiative und Ihr Interesse an einer Tätigkeit in ... haben uns gefallen*; *Es freut uns, dass Sie uns gewählt haben*; *Es freut uns, dass Sie Ihre berufliche Perspektive in unserem Unternehmen sehen*; *Gleichwohl hat es und gefreut, dass Sie bereit gewesen sind, uns Ihre Fähigkeiten anzudienen.*

c. Beschreibung der Auswahlrituale und des abgeschlossenen Auswahlverfahrens[203]:

- Überprüfung der Unterlagen, z.B.: *Nach eingehender Prüfung Ihrer Bewerbungsunterlagen ...*; *Wir haben Ihre Unterlagen mit großer Aufmerksamkeit gelesen; Aufgrund des vorgenommenen Eignungsvergleichs ...*; *Ihre Unterlagen und entsprechende Einsatzalternativen wurden intensiv geprüft*;
- Beurteilung der Bewerbungsunterlagen, z.B.: *Ihre Bewerbung (...) hat uns eindrücklich Ihre hohe Motivation und Leistungsfähigkeit vermittelt, die Sie für (...) einzusetzen bereit sind. Dank Ihrer ausführlichen und aussagekräftigen Unterlagen konnten wir uns ein sehr gutes Bild von Ihrer Qualifikation und Ihrer Persönlichkeit machen*;
- Information über die Umstände, unter denen die Entscheidung getroffen wurde, wobei in vielen Fällen mit solchen Formulierungen auch eine indirekte Absage ausgedrückt wird, z.B.: *Es ist uns nicht leicht gefallen, eine Auswahl aus der Menge von qualifizierten Bewerbungen zu finden*; *Sicher werden Sie Verständnis dafür haben, dass bei mehreren guten Bewerbungen bei der Auswahl oft nur Details entscheiden*; *Bedauerlicherweise kommt es bei Bewerbungen immer zu der gleichen Situation: Wir müssen einer Reihe guter Bewerber absagen, weil es noch bessere gibt*; *Eine Vielzahl von Bewerbern impliziert zwangsläufig auch eine Vielzahl von Absagen*; *Bei mehreren gleich qualifizierten Bewerbern sind schon kleine Details ausschlaggebend*; *Es ist uns nicht leicht gefallen, aus der „Flut" von mehr als 160 Bewerbungen eine Auswahl zu treffen*; *Wir haben es uns bei der Vorauswahl nicht leicht gemacht*; *Wir haben eine hohe Anzahl von*

[202] Zu den Emotionen in den Absageschreiben vgl. Kapitel 9.1.
[203] Dieses Strukturelement kommt auch in den Aperitif-Briefen vor, wobei im Falle der eigentlichen Absageschreiben Bezug auf die Vergangenheit genommen wird.

qualifizierten Bewerbungen erhalten, und es war keine einfache Aufgabe, eine Entscheidung zu treffen, die gleichermaßen die Qualifikationsprofile der BewerberInnen und die strukturellen Belange des Fachs und der zu bedienenden Studiengänge berücksichtigt;

- Information über die durchgeführte Suche nach einer Stelle, z.B.: *Auf Grund Ihrer Bewerbung um eine Tätigkeit in ... / als ... habe ich geprüft, ob eine Beschäftigungsmöglichkeit besteht*; *Wir haben die Einsatzmöglichkeiten in unserem Hause sorgfältig geprüft*; *Wir haben Ihre Bewerbung mit unserem Personalbedarf abgestimmt*;

d. Formulieren der Absage:

- direkt, z.B.: *Leider müssen wir Ihnen mitteilen, dass eine Einsatzmöglichkeit in unserem Hause nicht gegeben ist*; *Bezüglich Ihrer Frage nach freier Mitarbeit müssen wir Sie enttäuschen*; *Ihrer Bewerbung vermag ich zu meinem Bedauern nicht zu entsprechen*; *Leider müssen wir Ihnen mitteilen, dass wir keine Möglichkeit sehen, Ihrer Bewerbung zu entsprechen*; *Leider müssen wir von Ihrem Angebot Abstand nehmen*; *Es tut mir leid, Ihnen nur diese negative Antwort geben zu können*; *Leider müssen wir Ihnen mitteilen, dass wir Ihnen zurzeit kein Angebot unterbreiten können. Wir bitten hierfür um Ihr Verständnis; Leider haben wir kein Interesse*; *Leider haben wir keine gute Nachricht für Sie*; *Ihre Bewerbung hat leider nicht zu dem von Ihnen gewünschten Erfolg geführt*; *(...) dass Ihre Bewerbung um die Stelle bedauerlicherweise nicht positiv beschieden werden konnte.*
- als Ergebnis des Auswahlverfahrens, z.B.: *Wir müssen Ihnen mitteilen, dass Sie sich nicht in der engeren Auswahl befinden*; *Nach eingehender Prüfung Ihrer Bewerbung bin ich zu dem Ergebnis gekommen, dass ich Ihnen kein Angebot in unserem Hause machen kann*; *Nach eingehender Prüfung haben wir uns anderweitig entschieden*; *Nach eingehender Prüfung Ihrer Bewerbungsunterlagen müssen wir Ihnen leider mitteilen, dass wir zur Zeit keine Stelle frei haben*; *Wir teilen Ihnen mit, dass die Möglichkeit einer Einstellung zurzeit nicht gesehen wird und auch in absehbarer Zeit nicht in Aussicht gestellt werden kann*; *Leider müssen wir Ihnen mitteilen, dass Sie sich nicht in der engeren Auswahl befinden*; *Leider müssen wir Ihnen mitteilen, dass wir nach intensiver Prüfung aller für Sie*

in Frage kommenden Einsatzmöglichkeiten keine Ihren Fähigkeiten und Vorstellungen entsprechende Position anbieten können; *Obwohl wir jede helfende Hand gebrauchen können, sind wir leider nicht in der Lage, Ihnen ein entsprechendes Stellenangebot zu machen*; *Nach reifer Überlegung wird unsere Wahl für die Besetzung der vakanten Position auf einen Mitbewerber fallen*; *Leider müssen wir bei der Vielzahl der Interessenten auch qualifizierte Bewerber ablehnen.*

e. Nennen der Absagegründe:

- nur Ankündigung des Willens, eine Begründung in Bezug auf die Bewerbungsunterlagen anzugeben, im Konjunktiv, z.B.: *Gern hätte ich Ihnen eine noch detailliertere Rückmeldung zu Ihren Unterlagen gegeben, um den negativen Beigeschmack einer Absage etwas zu mildern. Ich bitte um Ihr Verständnis, dass mir dies bei der Vielzahl an Bewerbern nicht möglich war.*
- keine freie Stelle, z.B.: *Es steht uns keine Stelle zur Verfügung, die wir Ihnen im Hinblick auf Ihre Qualifikationen anbieten könnten*; *In meiner Stelle ergibt sich jedoch in absehbarer Zeit keine für Sie geeignete Beschäftigungsmöglichkeit*; *Aufgrund fehlender Vakanzen ...*; *Wir haben auch in absehbarer Zeit keine Stelle frei*; *Wir sagen Ihnen in Ihrem Fall nicht gerne ab, können Ihnen jedoch keine Position in unserem Unternehmen anbieten.*
- Einstellungsstopp, z.B.: *Wir nehmen keine Einstellung vor*; *Wegen bestehenden Einstellungsstopps*; *... weil wir zur Zeit keine Einstellung vornehmen*; *Da es uns wegen des bestehenden Einstellungsstopps nicht möglich ist, Ihnen den gewünschten Arbeitsplatz zur Verfügung zu stellen*; *Leider sehen wir im Moment auch keine Möglichkeit, zusätzliche Stellen in unserem Haus zu schaffen.*
- Personalüberhang, z.B.: *Auf Grund des bestehenden Personalüberhanges besteht derzeit für Bewerber/innen, die nicht dauerhaft bei ... beschäftigt sind, keine Einstellungsmöglichkeit.*
- keine entsprechende freie Stelle, z.B.: *mangels entsprechender Stellen*; *Zur Zeit ist keine Ihren Qualifikationen entsprechende Position vorhanden*; *Leider haben wir zur Zeit keine Ihrer Qualifikation entsprechende Stelle zu besetzen*; *Leider muss ich Ihnen mitteilen, dass mangels ent-*

sprechender Stellen keine Möglichkeit besteht, Sie hier zu beschäftigen; Wir haben keine Ihrer Qualifikation entsprechende freie Stelle zu besetzen, so dass Ihrer Bewerbung nicht näher getreten werden kann; Derzeit sehen wir jedoch keine Einsatzmöglichkeiten, die Ihrem Profil entsprechen würden; Leider kann ich Ihnen heute nur mitteilen, dass wir zur Zeit und auch in absehbarer Zeit keine adäquate Stelle im Haus frei haben werden; da die Ihrer beruflichen Entwicklung und Qualifikation entsprechenden Arbeitsplätze besetzt sind, sehen wir leider keine Möglichkeit, Ihnen ein für Sie interessantes Angebot zu unterbreiten; Zu unserem Bedauern müssen wir Ihnen mitteilen, dass wir Ihnen keine Ihren Fähigkeiten und Wünschen entsprechende Stelle anbieten können; Auch unter Würdigung des von Ihnen dargelegten qualifizierten beruflichen Werdegangs ... muss ich Ihnen mitteilen, dass ich Ihnen zur Zeit und in absehbarer Zeit kein Ihren Wünschen und Ihrer Qualifikation entsprechendes Stellenangebot unterbreiten kann; Zu unserem Bedauern müssen wir Ihnen jedoch mitteilen, dass wir Ihnen keine Ihren Qualifikationen entsprechende Position anbieten können; Zur Zeit ist jedoch keine entsprechende Position vorhanden;

- wirtschaftliche Gründe, z.B.: *Aus personalwirtschaftlichen Gründen können wir leider keine Einstellungen vornehmen; aufgrund struktureller und personalwirtschaftlicher Maßnahmen ...; aufgrund der angespannten Konkurrenzsituation ...; Auf Grund der dramatischen Haushaltslage des Landes ... ist es in diesem Jahr zu drastischen Einsparungen im Bereich der Personalmittel gekommen. Dieser massive Stellenabbau wird sich auch in den kommenden Haushaltsjahren fortsetzen. Im Haushaltsentlastungsgesetz wurde nun festgelegt, dass Nachbesetzungen von Stellen im Wege von Neueinstellungen grundsätzlich nicht möglich sind. Ich sehe daher keine Möglichkeit Ihre Bewerbung bei Stellenbesetzungen zu berücksichtigen; Aufgrund dieser Situation wurde uns ein absoluter Einstellungsstopp auferlegt, dem wir uns beugen müssen;*
- Sparmaßnahmen und Etatkürzungen, z.B.: *Nach weiteren Etatkürzungen sehen wir uns gezwungen, Einsparungen vorzunehmen; ... da mir auf Grund der bei meiner Behörde durchzuführenden Sparmaßnahmen im Personalbereich gegenwärtig und auf absehbare Zeit keine freien Stellen*

zur Verfügung stehen; ... dass, durch die vom Deutschen Bundestag beschlossenen Haushaltseinsparungen dem ... im Personalbereich Einsparungen auferlegt sind, die die Berücksichtigung externer Bewerber zum jetzigen Zeitpunkt grundsätzlich ausschließen;

- Stellenabbau, z.B.: *aufgrund des fortgesetzten Stellenabbaus; aufgrund betrieblicher Umstrukturierung; Wir müssen Ihnen nunmehr leider mitteilen, dass wir trotz Prüfung Ihrer Unterlagen und auf Grund betrieblicher Umstrukturierung keine externen Bewerbungen berücksichtigen können; im Personalbereich sind umfangreiche Stellenreduzierungen umzusetzen, wodurch ein erheblicher Personalüberhang entsteht;*
- stellenspezifische Kriterien, die von dem Bewerber nicht erfüllt werden, z.B.: *Nach Prüfung der eingegangenen Bewerbungen müssen wir Ihnen heute leider mitteilen, dass Sie aufgrund stellenspezifischer Kriterien nicht in den engsten Kreis der Bewerber einbezogen werden konnten;*
- bessere Qualifikationen der anderen Bewerber, besseres Anforderungsprofil anderer Kandidaten[204], z.B.: *... weil es Mitarbeiter gibt, die unseres Erachtens besser mit dem von uns beschriebenen Anforderungsprofil harmonieren; Die Anzahl der Bewerbungen war sehr hoch, so daß wir auch Personen absagen müssen, deren Qualifikation uns angesprochen hat; Leider konnten wir Ihre Bewerbung hierbei nicht berücksichtigen, da wir uns auf diejenigen Bewerber konzentrieren mussten, die dem geforderten Profil am nächsten kommen; Ihre Bewerbung kam leider nicht in die engere Auswahl, da andere Kandidatenprofile den speziellen Anforderungen der zur Diskussion stehenden Position näher kamen.*
- zu hohe Zahl der Bewerber, z.B.: *Bitte haben Sie Verständnis, dass wir wegen der großen Zahl an Einsendungen diesen Weg der Absage wählen müssen; Leider müssen wir Ihnen mitteilen, dass wir die Stelle zwischenzeitlich an einen anderen Bewerber vergeben haben;*
- Schuld des Bewerbers, z.B.: *Leider können wir Ihrer Bewerbung nicht entnehmen, auf welche Stelle Sie sich beworben haben. (...) Ihre Bewer-*

[204] Im Lichte des AGG und auch den in den Ratgebern formulierten Ratschlägen zufolge, gelten solche Formulierungen als Verstoß gegen das Gesetz, v.a. gegen das Diskriminierungsverbot.

bung können wir nicht einordnen und senden daher Ihre Bewerbungsunterlagen zu unserer Entlastung zurück;

- Alter des Bewerbers[205], z.B.: *Wie Sie aus dem aktuellen Merkblatt ersehen, ist das Höchstalter für Bewerber/innen um ... bei ... auf 30 Jahre festgelegt worden. Da Sie diese Altersgrenze überschritten haben, können wir Ihre Bewerbung leider nicht in das nächste Auswahlverfahren einbeziehen*;

f. Entschuldigung[206] des potenziellen Arbeitgebers für das Erteilen der Absage:

- Bedauern I[207], z.B.: *Wir bedauern, Ihnen keinen günstigeren Bescheid geben zu können*; *wir wissen, wie viel Arbeit es macht, eine Bewerbung aufzusetzen und die Unterlagen zusammenzustellen. Oft sitzt man ganze Wochen daran. Auch werden Sie viel Zeit investiert haben, umso mehr bedauern wir, dass wir Ihnen heute eine Absage erteilen müssen*;
- Mitleid mit dem Bewerber, z.B.: *Es tut mir leid, Ihnen nur diese negative Antwort geben zu können*;
- Hoffen auf / Bitte um Verständnis, z.B.: *Wir hoffen auf Ihr Verständnis*; *Sicher werden Sie Verständnis dafür haben*; *Sicher werden Sie Verständnis dafür haben, dass bei mehreren guten Bewerbungen bei der Auswahl nur Details entscheiden*; *Bitte haben Sie Verständnis dafür, dass wir unsere Entscheidung nicht näher begründen können*; *Bitte haben Sie Verständnis ...*; *Wir hoffen auf Ihr Verständnis; Wir hoffen, Sie haben Verständnis für unsere Absage*; *bitte haben Sie Verständnis, dass wir diesen Weg der Absage wählen müssen*; *Wir bitten um Verständnis, dass wir Ihnen Ihre Unterlagen heute zurückschicken müssen*;
- Bitte, z.B.: *bitte nicht böse sein*;

g. Entschuldigung für die lange Dauer des Auswahlverfahrens, z.B.: *Zugleich bitten wir Sie um Nachsicht für die ungebührlich lange Dauer des Auswahlverfahrens, die allerdings nicht durch Verschulden der von mir geleiteten Berufungskommission entstanden ist; Die Bearbeitung der Un-*

[205] Diesen Absagegrund kann man als Verstoß gegen das „Allgemeine Gleichbehandlungsgesetz“ betrachten, vgl. §10 AGG. Im Korpus ist dieser nur einmal vorgekommen.

[206] Vgl. „Entschuldigungen“ bei Bonacchi (2013: 124).

[207] Mit Bedauern I bezeichne ich die Formen des Bedauerns, die im thematischen Teil des Briefes direkt nach der Erteilung der Absage vorkommen.

terlagen hat eine sehr lange Zeit in Anspruch genommen. Wir bitten für die Verzögerung um Ihr Verständnis; Ich möchte damit um Ihr Verständnis für den doch recht langwierigen Auswahlprozess bitten (...);

h. Trost und Aufmunterung:

- Aufwertung des Bewerbers, z.B.: *Bitte betrachten Sie die Entscheidung nicht als Wertung Ihrer kreativen Leistung*; *wenn wir Ihnen hiermit absagen, ist das kein Werturteil*; *Bitte sehen Sie dies nicht als persönliche Bewertung*; *Sehen Sie kein Werturteil darin, wenn wir Ihnen heute mitteilen müssen, dass unsere Entscheidung leider nicht zu Ihren Gunsten ausgefallen ist*; *... dass wir Ihre Bewerbung leider nicht berücksichtigen können, ist keinesfalls als ein Werturteil Ihrer bisherigen Arbeit anzusehen. Ihre fachliche Qualifizierung steht für uns außer Frage*; *Wir bitten Sie, diese Absage nicht als persönliches oder fachliches Werturteil zu verstehen*; *Bitte verstehen Sie daher unsere Entscheidung nicht als Wertung Ihrer Person und Qualifikation/Ihrer kreativen Leistung*; *Dieser Bescheid stellt selbstverständlich keine inhaltliche Beurteilung Ihrer ... dar*; *Bitte haben Sie Verständnis und betrachten unsere Entscheidung nicht als Wertung Ihrer kreativen Leistung*; *Sehen Sie in unserer Entscheidung auf keinen Fall eine Geringschätzung Ihrer Qualifikationen oder Ihrer Person*; *Das bedeutet auf keinen Fall, dass Ihre Bewerbung nicht gut genug war. Ganz im Gegenteil: Vielen Bewerbern hätten wir gar nicht gerecht werden können, da sie einfach überqualifiziert waren*;
- Hinweis auf die Details der Stellenausschreibung: *Betrachten Sie dieses Ergebnis bitte nicht als gezielt gegen Sie gerichtete Entscheidung, sondern als unvermeidbare Folge der Tatsache, dass nur eine Stelle verfügbar war*;
- Anregung zur weiteren Arbeitssuche, z.B.: *Wir hoffen, dass Sie dieses Ergebnis bei Ihrer Suche nach einem neuen Wirkungskreis nicht entmutigt*;

i. Dank für die Mühe, die man sich bei der Anfertigung der Bewerbungsunterlagen gibt, z.B.: *Wir wissen, wie viel Arbeit es macht, eine Bewerbung aufzusetzen und die Unterlagen zusammenzustellen. Oft sitzt man das ganze Wochenende daran*; *Für Ihre Mühe bedanken wir uns*; *wir bedanken uns für Ihre Geduld und Ausdauer*;

j. Gutgemeinte Ratschläge für die weitere Arbeitssuche:

- Hinweis auf Stellenanzeigen, z.B.: *Frei werdende Stellen werden von uns in regionalen Zeitungen ... und in entsprechenden Zeitschriften ausgeschrieben*; *Wir bitten Sie, auf eventuelle Stellenanzeigen zu achten und sich gegebenenfalls auf eine konkrete Ausschreibung hin zu bewerben*; *Sofern Stellen für eine externe Besetzung vorgesehen sind, werden diese grundsätzlich in der regionalen bzw. überregionalen Presse veröffentlicht*; *Wir weisen darauf hin, dass freie und besetzbare Stellen grundsätzlich ausgeschrieben werden. Wir empfehlen, von entsprechenden Ausschreibungen Kenntnis zu nehmen und sich gegebenenfalls erneut zu bewerben*; *Wenn Sie sich weiterhin für eine Mitarbeit in ... interessieren, finden Sie unsere aktuellen Stellenangebote in der Tagespresse und auch im Internet unter ..*; *Im Falle des Freiwerdens einer entsprechenden Stelle werden wir eine öffentliche Ausschreibung vornehmen, so dass Sie sich zu diesem Zeitpunkt bewerben können*;
- Hinweise in Bezug auf die Form und künftige Gestaltung der Bewerbungsunterlagen, z.B.: *Zugleich erlauben wir uns die Empfehlung, künftigen Bewerbungen ein Anschreiben beizufügen, in dem ein konkreter Bezug Ihrer offenbar vorhandenen Qualifikationen auf die gewünschte Tätigkeit hergestellt wird*;
- Aufmunterung / Anregung zur erneuten Bewerbung, z.B.: *Lassen Sie sich von dieser Absage nicht entmutigen*; *Lassen Sie in Ihren Bemühungen nicht nach*; *Probieren Sie es weiter*; *Bitte scheuen Sie sich jedoch nicht, sich zu einem späteren Zeitpunkt nochmals bei uns zu bewerben, auch wenn wir Ihnen heute Ihre Unterlagen erst einmal wieder zurücksenden müssen*; *Falls Sie sich von einem Angebot angesprochen fühlen, würden wir uns über Ihre gezielte Bewerbung freuen*; *Weiter so mit Ihren Bewerbungsbemühungen*;

k. Ausdruck des Bedauerns II[208], z.B.: *Wir bedauern, Ihnen keinen günstigeren Bescheid / keine günstigere Mitteilung geben zu können*; *Wir bedauern sehr, Ihnen nicht behilflich sein zu können*; *Gern hätten wir Ihnen einen positiven Bescheid erteilt*; *Ich bedauere, Ihnen keine günstigere Mitteilung geben zu können; Wir bedauern, Ihnen mitteilen zu müssen ...*; *Es*

[208] Mit Bedauern II bezeichne ich die Formen des Bedauerns, die im thematischen Teil des Briefes kurz vor oder in der Schlusszeile vorkommen.

tut mir leid, dir keinen anderen Bescheid geben zu können; *Es tut uns leid, aber etwas anderes können wir Ihnen nicht sagen*; *Sehr zu unserem Bedauern stehen uns jedoch nur wenige Stellen zur Verfügung und die Zahl der Bewerbungen ist dagegen überaus groß*; *Ich bedaure Ihnen keine Zusage machen zu können; es tut uns wirklich leid*;

l. Wünsche für die weitere Arbeitssuche, z.B.: *Wir wünschen Ihnen für Ihren weiteren beruflichen Lebensweg alles Gute*; *Für Ihren weiteren beruflichen/und privaten (Lebens-)Weg viel Erfolg sowie persönlich alles Gute*; *Wir wünschen Ihnen, dass Sie bald einen interessanten beruflichen Wirkungskreis finden werden*; *Für Ihre Zukunft alles Gute*; *Viel Erfolg anderswo*; *An anderer Stelle viel Erfolg*; *Bei der weiteren Arbeitssuche viel Glück und Erfolg*; *Ich wünsche Ihnen Erfolg für Ihre weitere berufliche Zukunft*; *Für Ihre weiteren Bemühungen um einen attraktiven Arbeitsplatz wünschen wir Ihnen viel Erfolg*; *Wir wünschen Ihnen, dass Sie bald einen Arbeitsplatz finden, der Ihren Vorstellungen entspricht*; *Wir wünschen Ihnen für Ihre weiteren beruflichen Absichten alles Gute und viel Erfolg*; *Wir wünschen Ihnen viel Erfolg bei Ihren Bemühungen um einen beruflichen Neuanfang*;

m. Ausdruck der Hoffnung, z.B.: *Wir hoffen, dass Sie bald eine Ihren Qualifikationen, Fähigkeiten und Neigungen entsprechende Stelle finden*; *... dass Sie bald ein interessantes berufliches Wirkungsfeld finden*; *In der Hoffnung, dass Sie recht bald eine Ihren Vorstellungen und Interessen entsprechende Anstellung finden, wünschen wir Ihnen für die Zukunft alles Gute; Wir hoffen, dass Sie dieses Ergebnis bei Ihrer Suche nach einem neuen Wirkungskreis nicht entmutigt und Sie bald den Arbeitsplatz finden werden, der Ihren Fähigkeiten und Neigungen voll entspricht*; *Wir hoffen, dass Sie bald eine Ihren Wünschen entsprechende Aufgabe finden mögen*; *Wir hoffen, dass Sie bald eine befriedigende berufliche Herausforderung finden werden*;

n. Ausdruck der Überzeugung, z.B.: *Wir sind überzeugt, dass Sie schon bald einen Arbeitsplatz finden, der Ihren Vorstellungen entspricht. Hierzu und für Ihren weiteren Berufsweg wünschen wir Ihnen viel Erfolg*;

o. Rücksendung der eingereichten Unterlagen, z.B.: *Ihre Bewerbungsunterlagen erhalten Sie anbei zurück*; *Leider können wir die Unterlagen wegen der Vielzahl von Bewerbungen aus Kostengründen nicht mehr zurücksenden; aus Portoersparnissen können wir deshalb Ihnen die Unterlagen nicht mehr zurückschicken. Bitte holen Sie diese selbst ab; Die eingereichten Unterlagen senden wir Ihnen zu unserer Entlastung zurück; die uns zur Verfügung gestellten Bewerbungsunterlagen senden wir Ihnen zur weiteren Verfügung zurück; Das eingesandte Bewerbungsmaterial liegt bei; Die eingereichten Bewerbungsunterlagen sind zu meiner Entlastung wieder beigefügt; Als Anlage erhalten Sie Ihre Unterlagen mit Dank zurück; Die uns freundlicherweise überlassenen Unterlagen senden wir Ihnen anbei zurück; Leider kann ich die mir übersandten Unterlagen auf Grund der Vielzahl der Bewerbungen aus Kostengründen nicht mehr zurücksenden. Sie haben die Möglichkeit, mir innerhalb von 14 Tagen einen Freiumschlag zur Rücksendung Ihrer Bewerbungsunterlagen zu übersenden oder Ihre Unterlagen bei mir persönlich abzuholen. Die mir zur Verfügung gestellten Unterlagen liegen hier bis ... zur Abholung bereit, anschließend werden sie aus Gründen des Datenschutzes vernichtet; Aus Portoersparnisgründen bitte ich bei künftigen Bewerbungen einen Freiumschlag beizufügen;*

3. Schluss: In diesem die Absage schließenden Teil findet man nur zwei Elemente:
   a. Grußzeile[209], z.B.: *Mit freundlichen Grüßen; Wir verbleiben mit freundlichen Grüßen, Mit besten Wünschen; Mit Bitte um Verständnis und den besten Grüßen;*
   b. Unterschrift, oft mit der Abkürzung i.A.

3.5.1.1.1.3. Eisschreiben[210]

Den dritten Typ der Absageschreiben bilden die sog. *Eisschreiben*, die den Bewerber „aufs Eis legen“, d.h. „[vorläufig] zurückstellen; für spätere Verwendung vormerken“ (Duden 2007: 478). Die Bezeichnung dieser Textsorte impliziert auch die Funktion solcher Texte, die folgendermaßen definiert werden: „[der Name – J. S.] stammt von ‚Ice Letter‘ und bezeichnet Reserveschreiben. Damit wird Bewerbern mitgeteilt, dass die ausgeschriebene Stelle schon besetzt ist,

[209] Vgl. „Abschiedsworte“ bei Bonacchi (2013: 124).
[210] Vgl. hierzu die Publikationen von Szczęk (2008, 2009, 2011).

ihnen also keine Stelle angeboten werden kann. Die Ablehnung wird jedoch damit verbunden, den Kontakt zu dem Bewerber aufrecht zu erhalten, um ihn bei Bedarf doch einzustellen. (...)".[211] Somit wird das Interesse an einer späteren Zusammenarbeit bekundet[212], wie es auch Müller/Moser (2006: 349) hervorheben: „Die Aussage, die Bewerbungsunterlagen bei künftigen offenen Stellen berücksichtigen zu wollen, stellt (…) eine weitere Möglichkeit dar, die Absage bewerberfreundlich zu gestalten." Die zweite Aufgabe, die solche Schreiben zu erfüllen haben, betrifft den Empfänger (= Bewerber): es wird nämlich versucht, Frustration durch eine endgültige Absage zu verhindern und den weiteren Dialog mit dem Bewerber zu führen.[213] Müller/Moser (2006: 350) formulieren in diesem Zusammenhang drei Hypothesen, die sich auf die Wirkung der Eisschreiben auf die Bewerber beziehen:

1. „Bewerber, die ein Eisschreiben erhalten, fühlen sich prozedural gerechter behandelt als Bewerber, die eine Standardabsage erhalten."
2. „Bewerber, die ein Eisschreiben erhalten, schätzen das Feedback des Unternehmens positiver ein als Bewerber, die eine Standardabsage erhalten."
3. „Bewerber, die ein Eisschreiben erhalten, beurteilen das Unternehmen positiver als Bewerber, die eine Standardabsage erhalten."[214]

Diese Beobachtungen scheinen im Einklang mit den Erwartungen der Bewerber zu stehen, die als Ergebnis der Studie zu den Erwartungen der Bewerber folgendermaßen formuliert wurden: „Die Bewerber erwarten ein personalisiertes Absageschreiben. Sie möchten als Person wahrgenommen werden und erwarten eine Wertschätzung. Wenn sie sich schon sehr viel Mühe mit ihrer Bewerbung und dem Anschreiben gemacht haben, so erwarten sie das auch vom Unternehmen." (Straub 2014: 30) und im Einzelnen folgende Aspekte betreffen (ebd.):

- Die Bewerber erwarten eine zeitnahe Rückmeldung und einen konkreten Ansprechpartner. Da die Bewerbungen heutzutage meist digital eingehen,

[211] Vgl. http://www.p8n.net/5790.0.html, Zugriff am 4. November 2007.
[212] Die Frage, ob die Kontaktaufnahme in Zukunft wirklich erfolgt, ist schwer zu beantworten. Dies bedürfte einer zusätzlichen Untersuchung, die jedoch schwer durchzuführen wäre.
[213] Vgl. http://www.p8n.net/5790.0.html, Zugriff am 4. November 2007; vgl. auch die Darstellung der möglichen Verlaufssequenz bei diesem Typ des Schreibens im Kapitel 6.1.2.
[214] Diese Hypothese ist auf die Ratschläge in den Absageratgebern zurückzuführen, vgl. Kapitel 3.1.1. und z.B. Hovermann (2009).

erwarten die Bewerber eine Eingangsbestätigung und eine Statusmeldung. Das ist nicht die Regel, wie die Antworten zeigen.

- Bewerber erwarten Kommunikation auf Augenhöhe. Statt Ausreden oder langen Formulierungen erwarten die Bewerber freundliche, knappe und einfach gehaltene Absageschreiben.
- Bewerber erwarten nachvollziehbare Gründe in Absageschreiben. Für Unternehmen ist das nicht einfach einzulösen. Doch wenn es ein Vorstellungsgespräch oder formale Gründe für die Absage gab, sollte das in das Absageschreiben eingebaut werden.
- Bewerber möchten wissen, ob sie weiterhin erwünscht sind. Viele Bewerber sind heute sehr realistisch und wissen, dass man sich auch zum falschen Zeitpunkt bewerben kann. Sie erwarten deshalb einen Hinweis, ob eine spätere Bewerbung erwünscht ist.

Im Lichte dessen und in Anbetracht der ökonomischen Situation auf dem deutschen Arbeitsmarkt einerseits und die Lage der Bewerber andererseits kann man die *Eisschreiben* also als eine Art „Notausgang" für Firmen betrachten, was in der folgenden Feststellung bestätigt wird:

> Wenn Unternehmen Bewerbern absagen müssen, dann tun sie das meist gestelzt, etwas plump und barsch. Aber sie können auch anders – und sorgen mit freundlichen oder sogar originellen Briefen für einen Tiefkühl-Vorrat guter Kandidaten. Den Firmen geht es nicht allein darum, den ohnehin enttäuschten Bewerbern Formulierungen im Kasernenhofton oder Beamtendeutsch zu ersparen. Sie wollen auch vermeiden, gute Kandidaten ohne Not zu verprellen. Denn im Leben trifft man sich immer zweimal.[215]

In den Eisschreiben kommen Elemente der Makrostruktur vor, die denen in den eigentlichen Absageschreiben[216] ähnlich sind. Den Unterschied bildet die Vormerkung – der Teil, in dem der Bewerber „aufs Eis gelegt wird"[217]. Diese Vormerkung kommt im Hauptteil des Eisschreibens, oft nach dem Ausdruck des Bedauerns und den Wünschen für die weitere Arbeitssuche, vor. Sie wird mit folgenden Formulierungen ausgedrückt, z.B.: *Ich komme gerne auf Sie zurück*; *Ihr Bewerbungsschreiben lege ich gern auf Wiedervorlage, um zu gegebener*

---

[215] Vgl. http://www.manager-magazin.de/koepfe/karriere/0,2828,321132,00.html, Zugriff am 4. 11.2007.

[216] Vgl. Kapitel 3.5.1.1.1.

[217] ‚etwas verschieben, unterbrechen, vorläufig nicht weiter bearbeiten oder fortführen', vgl. http://www.duden.de/rechtschreibung/Eis_Wasser_Speise, Zugriff am 13.09.2013.

Zeit darauf zurückgreifen zu können; *Ihre Einwilligung vorausgesetzt, werden wir Ihre Bewerbung gerne in unserer Boxengasse parken. Bei einer freien Startposition werden wir uns mit Ihnen in Verbindung setzen*; *Sobald wir eine neue Kollegin suchen, werden wir uns bei Ihnen melden, versprochen!*; *Wir haben Ihr Profil elektronisch gespeichert.*

4. Absageschreiben – Analyse der Textfunktionen

Unter *Textfunktion* wird „der Sinn, den ein Text in einem Kommunikationsprozess erhält, bzw. der Zweck, den ein Text im Rahmen einer Kommunikationssituation erfüllt." verstanden (Brinker 2010: 81). Brinker (2010: 92) hebt zugleich hervor, dass die *Textfunktion* auf einem Kriterium beruhe, und zwar „auf der Art des kommunikativen Kontakts, die der Emittent mit dem Text dem Rezipienten gegenüber zum Ausdruck bringt." Dabei fokussiert er die Textfunktion auf die Interaktion zwischen dem Sender und Empfänger, wobei im Zentrum, wie er selbst expliziert, deutlich die Absicht des Senders steht: „es handelt sich also **um die Absicht des Emittenten**, die der Rezipient erkennen soll, sozusagen um die Anweisung (Instruktion) des Emittenten an den Rezipienten, als was dieser den Text insgesamt auffassen soll (…)"[218] (Brinker 2010: 88, Hervorhebung – J. S.).

Der Textfunktion wird eine große Rolle bei der Bestimmung der Textstruktur und der sprachlichen Realisierung des jeweiligen Textes zugeschrieben, denn „sie bestimmt etwa Struktur und sprachliche Ausgestaltung wesentlich mit." (vgl. Fandrych/Thurmair 2011: 29), was im vorliegenden Fall auch zutrifft, denn die im Kapitel 3.5.1.1.1. besprochene Struktur der Absageschreiben ergibt sich weitgehend aus den Funktionen dieser Texte, worauf auch im Weiteren eingegangen wird.

In jedem Text lassen sich mehrere Funktionen bestimmen und aus diesem Grunde kann man auch von einer gewissen Polyfunktionalität der Texte sprechen, da sie sehr selten auf eine einzelne Funktion hin fokussiert sind[219]. Man spricht in diesem Kontext über die „dominanten Textfunktionen", deren Bestimmung „aus dem Wechselspiel zwischen der Analyse der kommunikativen und gesellschaftlichen Einbettung und der empirischen Textsortenanalyse entsteht." (Fandrych/Thurmair 2011: 29).

---

[218] Vgl. hierzu auch Dimter (1981: 52ff.), der die Textfunktionen in Bezug auf die Grundannahme bespricht, dass im Vordergrund die Sprechhandlung steht.

[219] Das deckt sich weitgehend mit der von uns formulierten These, dass Absageschreiben als komplexe Texte zu verstehen sind, in denen man es mit verschiedenen Aspekten zu tun hat; es sei in diesem Kontext z.B. auf die Analyse der Sprechhandlungsstruktur hingewiesen (Kapitel 6.3.), in der die dominierende Illokution zwar leicht identifizierbar , aber von anderen „unterstützenden" Illokutionen nicht zu trennen ist, oder auf die Textstruktur (Kapitel 3.5.1.1.1.), in der Merkmale unterschiedlicher thematischer Entfaltung erkennbar sind.

Der vorliegenden Arbeit liegt die Definition der Textfunktion nach Brinker (2010: 93) zu Grunde:

> Der Terminus **„Textfunktion"** bezeichnet die im Text mit bestimmten, konventionell geltenden, d.h. in der Kommunikationsgemeinschaft verbindlich festgelegten Mitteln ausgedrückte **Kommunikationsabsicht** des Emittenten. Es handelt sich also um die Absicht des Emittenten, die der Rezipient erkennen soll, um die Anweisung, wie er den Text insgesamt auffassen soll.[220] (Brinker 2010: 88, Hervorhebung – J. S.).

Die angeführte Definition der Textfunktion verschiebt die Texte in Richtung der Sprechakttheorie, denn erst durch die Analyse der Illokutionsstruktur in dem jeweiligen Text, deren Ergebnis die Bestimmung des Globalziels des Textes ist, kann man zu seiner kommunikativen Grundfunktion gelangen[221] und somit die Absicht des Senders identifizieren (vgl. Brinker 2010: 92). Einer solchen Perspektive der Betrachtung liegt die Annahme zu Grunde, dass der Text eine „hierarchisch strukturierte Abfolge von elementaren sprachlichen Handlungen" ist (vgl. Motsch 1987, Brinker 2010). Dabei entspricht die Textfunktion dem illokutiven Sprechakt[222] und bezieht sich auf die kommunikative Handlung des Senders, der bei Einhaltung bestimmter Regeln sprachlichen und kommunikativen Charakters etwas zu erkennen gibt oder geben will (vgl. hierzu auch Brinker 2010: 94).

4.1. Indikatoren der Textfunktion

Nicht in allen Fällen wird die Textfunktion für den Empfänger an der Oberfläche des Textes erkennbar. Daher werden dem Empfänger in dem jeweiligen Text „Verstehenshilfen" – „bestimmte innertextliche (vor allem sprachliche) und außertextliche (kontextuelle) Mittel" (Brinker 2010: 91), im Weiteren „Indikato-

---

[220] Vgl. hierzu auch die Definition der Textfunktion nach Große (1976: 20): „senderintentional bestimmte Instruktionen an den Empfänger eines Textes" und „die in einem Text encodierte, sich in einem Text als Kommunikationsinstrument ausprägende Intention.", de Beaugrande/Dressler (1981) „Beitrag der Texte zur Interaktion", sowie die Forderungen bei Heinemann/Viehweger (1991), die Textfunktion in Texten/Diskursen „in ihrem Eingebettetsein in die soziale Interaktion, in ihrem Funktionieren also für die Lösung individueller oder gesellschaftlicher Aufgaben auf der Basis von Einstellungs- und Zielkonstellationstypen aller am Kommunikationsakt Beteiligten" zu untersuchen.

[221] Vgl. hierzu die früheren Ansätze zur Beschreibung der Textfunkionen bei Große (1976), der zur Bestimmung der Textfunktion folgende Kriterien heranzieht: der überwiegende Typus semantischer Sätze, Appellfaktor, Präsignal und Handlungsregeln, die sich jedoch als untauglich erwiesen haben; zur Kritik dieses Ansatzes vgl. exemplarisch Brinker (1983, 1997, 2010).

[222] Zur Analyse der Absageschreiben im Lichte der Sprechakttheorie vgl. Kapitel 6.

ren der Textfunktion“ genannt, dargeboten, die ihm ermöglichen oder mindestens dabei helfen, die kommunikative Handlung des Senders zu identifizieren. Brinker (2010: 91f.) unterscheidet drei Typen der Indikatoren der Textfunktion. Es sind:

1. sprachliche Formen und Strukturen, mit deren Hilfe der Sender die Art des intendierten kommunikativen Kontakts explizit zum Ausdruck bringt; dabei wird die Textfunktion direkt signalisiert. Diese Funktion erfüllen z.B. explizit performative Formeln;
2. sprachliche Mittel und Strukturen, mit denen der Sender seine Einstellung zum Textinhalt ausdrückt; dabei wird die Textfunktion indirekt signalisiert.
3. kontextuelle Indikatoren, d.h. der situative, institutionelle Rahmen des Textes, der gesellschaftliche Handlungsbereich, das vorausgesetzte Grundwissen.

Im Folgenden wird in Anlehnung an die Typologie von Brinker (2010) gezeigt, wie die Indikatoren der Textfunktion in den Absageschreiben realisiert werden. Es werden Beispiele für diese angeführt.

4.1.1. Indikatoren der Textfunktion in den Absageschreiben

In den Absageschreiben wird die Textfunktion zum größten Teil in den Texten selbst deutlich manifestiert. Dies geschieht durch Indikatoren, die den Texten gewisse Funktionen zuschreiben lassen. Es handelt sich dabei um folgende Hinweise:

1. Direkte Indikatoren der Textfunktion; hierzu gehören überwiegend explizit performative Formeln, die folgende Sprechhandlungen zum Ausdruck bringen[223]:
   - DANKEN/SICH BEDANKEN, z.B.: *Wir bedanken uns für das unserer Firma entgegengebrachte Interesse*;
   - ABLEHNEN, z.B.: *Wir müssen Ihnen leider absagen*;
   - BEDAUERN, z.B.: *Wir bedauern, Ihnen keinen günstigeren Bescheid geben zu können*;
   - WÜNSCHEN, z.B.: *Wir wünschen Ihnen viel Erfolg anderswo*;
   - AUFFORDERUNG, z.B.: *Lassen Sie sich nicht entmutigen*;

---

[223] Vgl. hierzu die Analyse der direkten Sprechakte in den Absageschreiben im Kapitel 6.3.1.

- VERSPRECHEN, v.a. in den Eisschreiben, z.B.: *Bei einer freien Position werden wir uns bei Ihnen melden. Versprochen!*

2. Einstellung zum Textinhalt:
   - Wahrheit des Textinhalts, z.B.: *Ich weiß, wie viel Zeit es kostet, eine Bewerbung aufzusetzen*;
   - Sicherheitsgrad des Wissens, das in den Absageschreiben v.a. in dem thematischen Teil Wünsche für die weitere Arbeitssuche zum Ausdruck gebracht wird, z.B.: *Wir sind sicher, dass Sie eine Arbeitsstelle finden*; *Wir hoffen, dass Sie bald eine Stelle finden*; *Sicher werden Sie Verständnis dafür haben, ...*;
   - Wertung (Evaluation), die im untersuchten Falle Teil der ABLEHNUNG ist und auch als verdecktes Kompliment[224] zugunsten des Empfängers (= Bewerbers) verstanden werden kann, z.B.: *Unter Würdigung Ihrer Qualifikation ...*; *Trotz Ihrer generell guten Qualifikation ...*; *Bei einer Reihe guter Bewerber entscheiden nur Details...*; *Dieser Bescheid ist kein Werturteil Ihrer Qualifikation*;
   - psychische Haltung[225], wobei eigentlich zwei Typen von Haltungen geäußert werden: Freude, z.B.: *Über Ihre Bewerbung habe ich mich gefreut*; und Bedauern, z.B.: *zu meinem / unserem Bedauern, es tut uns wirklich leid*;
3. Kontextuelle Indikatoren:
   - situativ, die sich auf das ganze Bewerbungsverfahren und die damit verbundenen Prozeduren der Bewerbung beziehen, z.B.: *Sie haben sich beworben ...*; *Ihre Unterlagen wurden sorgfältig geprüft.*
   - gesellschaftlich, die in dem thematischen Teil Begründung / Absagegründe vorkommen, z.B.: *Diese Absage ist mit der Situation im ganzen Lande in Zusammenhang zu setzen.*

4.2. Grundfunktionen der Texte

Texte sind Manifestationen bzw. Realisierungen bestimmter Sprechhandlungen und in Bezug darauf erfüllen sie verschiedene Funktionen. In der Forschungsliteratur sind verschiedene Konzepte zu finden, wie Textfunktionen aufgefasst

224 Zum Komplimentieren in den Absageschreiben vgl. Kapitel 8.2.4.1.

225 Vgl. hierzu die Analyse der emotionalen Struktur in den Absageschreiben im Kapitel 9.1.

werden können, die sich auf unterschiedliche Ansätze stützen, z.B. auf das Modell der drei Funktionen bei Bühler (1934), Searles Klassifikation ([1969] 1971), die auf der Unterteilung der Äußerungen in Klassen von Sprechakten beruht, oder die Konzepte von Große (1976) und Heinemann/Viehweger (1991).

Die Textfunktionen hängen weitgehend von den Textsorten ab. Eine Typologie in Bezug auf diese schlagen Fandrych/Thurmair (2011: 29ff.) vor. Sie gruppieren Texte in drei Bereiche, denen auch entsprechende Funktionen zugeordnet werden[226]:

1. wissensbezogene Texte, die „der wissensspeichernden und -tradierenden Funktion der Sprache dienen" und demgemäß drei Funktionen zu erfüllen haben (ebd.: 30):
   - die konstatierend-assertierende, wissensbereitstellende Funktion,
   - die argumentative Funktion,
   - die bewertende Funktion.
2. handlungsbeeinflussende und handlungspräformierende Texte, die „primär der Beeinflussung von Handlungen anderer dienen oder aber eigene Handlungen des Textautors präformieren bzw. festlegen" (ebd.: 31), und in denen sich folgende Funktionen manifestieren:
   - die instruktive Funktion,
   - die reglementierend-direktive Funktion,
   - die obligativ-sprecherbezogene Funktion[227],
   - die deklarierende (performative) Funktion,
   - die appellative Funktion,
   - die handlungsvorbereitende Funktion,
   - beratend-moralisierende Funktion.
3. expressiv-soziale, sinnsuchende Texte, in denen es „um die Selbstvergewisserung, Kohärenzbildung, Selbstdarstellung, Regelung der Beziehung zwischen Selbst und Umwelt/Gesellschaft, Wahrung und Pflege der Fremdwahrnehmung, Anteilnahme an der Umwelt/der sozialen Gemeinschaft, um das gemeinschaftliche Erleben und den gemeinschaftlichen Genuss an bestimm-

[226] Vgl. hierzu auch die Typologie der Textfunktionen nach Große (1974) und Kapitel 4.
[227] Diese Funktion erfüllen in unserem Kontext die Eisschreiben.

ten Ausdrucksformen."[228] geht. In diesen Texten sind folgende Funktionen erkennbar:

- die expressiv-sinnsuchende Funktion,
- die kollektiv selbstvergewissernde Funktion,
- die phatische Funktion,
- die unterhaltend-spielerische Funktion,
- die ästhetische Funktion.

Brinker (vgl. 2010: 98ff.) legt seiner Klassifikation der Textfunktionen den kommunikativ-funktionalen Aspekt der interpersonalen Beziehung zwischen dem Sender und Empfänger zu Grunde[229] und unterscheidet dementsprechend fünf textuelle Grundfunktionen:

1. Informationsfunktion, bei der der Emittent dem Rezipienten zu verstehen gibt, dass er ihm Wissen vermitteln und ihn über etwas informieren will; das erfolgt nach der Formel:

Ich (S[230]) informiere dich (den E[231]) über den Sachverhalt X (Textinhalt).

Mittel, die zum Indizieren dieser Funktion eingesetzt werden, sind in erster Linie die explizit performativen Formeln. Dabei kann der Sender seinen Sicherheitsgrad in Bezug auf den mitgeteilten Sachverhalt ausdrücken, indem er seine Einstellung unter Anwendung von Modalverben, Modalwörtern und anderen sprachlichen Mitteln manifestiert. Es ist auch möglich, dass bei der Realisierung der Informationsfunktion eine Bewertung des Sachverhalts – die wertende Stellungnahme[232] – seitens des Senders geäußert wird. In diesem Kontext dominiert die Informationsfunktion in den Texten, die sachbetont (z.B. Rundfunknachrichten) oder meinungsbetont orientiert sind.

2. Appellfunktion

In diesem Falle gibt der Emittent dem Rezipienten zu verstehen, dass er ihn dazu bewegen will, eine bestimmte Einstellung einer Sache gegenüber einzunehmen und/oder eine bestimmte Handlung zu vollziehen; das geschieht nach der Formel:

---

[228] Diese Funktion erfüllen alle in der vorliegenden Studie besprochenen Typen von Absagebriefen.

[229] Als Basis für diese Klassifikation gilt die Unterteilung der Äußerungen in Sprechaktklassen von Searle ([1969] 1971).

[230] = Sender, bei Brinker (2010) Emittent genannt.

[231] = Empfänger, von Brinker (2010) Rezipient genannt.

[232] Zu dem Terminus vgl. Große (1976).

Ich (S) fordere dich (den E) auf, die Einstellung (Meinung) X zu übernehmen/die Handlung X zu vollziehen

Zum Ausdruck der Appellfunktion werden in erster Linie explizit performative Formeln gebraucht, die jedoch in den Texten eher selten vorkommen. Diese Funktion kann aber auch mit grammatischen Indikatoren indiziert werden. Es handelt sich hier um Imperativsätze, Infinitivkonstruktionen, Interrogativsätze, Satzmuster mit *sollen* oder *müssen* + Infinitiv, *haben / sein* + zu + Infinitiv. Zugleich werden dabei die Einstellungsarten seitens des Senders zum Ausdruck gebracht. Es handelt sich hier um thematische Einstellungen, die die Appellfunktion indizieren. Dazu gehören „die normative Einstellung", d.h. die Verpflichtung gegenüber dem Empfänger, den thematischen Sachverhalt zu realisieren, sowie Einstellungen, die die Interessen des Senders selbst bezeichnen. Der zweite Typ der Einstellungen betrifft die evaluative Einstellung mit welcher die Bewertung des jeweiligen Sachverhalts ausgedrückt wird.

3. Obligationsfunktion, bei der es darum geht, dass der Emittent dem Rezipienten zu verstehen gibt, dass er sich ihm gegenüber dazu verpflichtet, eine bestimmte Handlung zu vollziehen; das wird mit folgender Formel dargestellt:

   Ich (S) verpflichte mich (dem E gegenüber), die Handlung X zu tun.

Die Obligationsfunktion wird direkt durch explizit performative Formeln signalisiert.

4. Kontaktfunktion, im Falle deren der Emittent dem Rezipienten zu verstehen gibt, dass es ihm um eine personale Beziehung zum Rezipienten geht, insbesondere um die Herstellung und Erhaltung des persönlichen Kontakts; sie wird mit explizit performativen Formeln manifestiert.
5. Deklarationsfunktion, mit der der Emittent dem Rezipienten zu verstehen gibt, dass der Text eine neue Realität schafft und dass die erfolgreiche Äußerung eines Textes die Einführung eines bestimmten Faktums bedeutet; das wird mit folgender Formel expliziert:

   Ich (S) bewirke hiermit, dass X als Y gilt.

Sie wird mit explizit performativen Formeln direkt ausgedrückt und ist oft auch an Textüberschriften erkennbar.

4.2.1. Textfunktionen in den Absageschreiben

Die in den Absageschreiben vorkommenden Typen von Textfunktionen werden in Anlehnung an Brinker (2010) untersucht. Der Analyse muss vorangestellt werden, dass die Hauptfunktion der untersuchten Texte in der Übermittlung der Information besteht. Diese wird mit Hilfe des „Dominanzkriteriums" (Heinemann/Viehweger 1991: 149) ermittelt. Somit erfüllen die Absageschreiben eine überwiegend informative Funktion. Auf Grund der Komplexität der Texte wird davon ausgegangen, dass es sich im untersuchten Falle um mehrere Funktionen handelt, die in der behandelten Textsorte zwar nicht dominant sind, aber in Bezug auf die Hauptfunktion hin einander unterstützend wirken.

Was die Informationsfunktion betrifft, so handelt es sich v.a. um die Hauptillokution: das Ausdrücken des ABLEHNENs/ABSAGENs. Diesem Ziel werden alle anderen in den Absageschreiben ausgedrückten Illokutionen sowie Ausdrucksmittel untergeordnet, die dabei eine deutlich fördernde Aufgabe zu erfüllen haben. Es werden folgende explizit performative Formeln wie z.B.: *hiermit teilen wir Ihnen mit, dass ..., wir sehen uns / sind gezwungen ..., wir informieren Sie, dass ...*, explizierende Paraphrasen, z.B.: *Wir wissen ...*, oder evaluative Formen, z.B.: *Ihr Interesse ... hat uns / mir gefallen* verwendet. Demgemäß sind Absageschreiben auch den INFORMATIONS-vermittelnden Texten[233] zuzuordnen, die „Informationen über soziale Konsequenzen vermitteln, die mit Text-Handlungen verbunden sind" (Heinemann/Viehweger 1991: 151).

Neben der Hauptillokution, die in der Informationsfunktion in den Absageschreiben sichtbar ist, lassen sich in den untersuchten Texten andere Textfunktionen feststellen, die in den Texten nicht im gleichen Maße realisiert werden.

Die zweite in den Absageschreiben realisierte Funktion ist die Appellfunktion. Sie ist v.a. im Falle der Illokution TIPP[234] deutlich erkennbar, und wird z.B. mit Hilfe folgender Imperativsätze realisiert: *Scheuen Sie sich nicht, sich erneut zu bewerben., Achten Sie auf die öffentlichen Stellenausschreibun-*

---

[233] Zu den anderen Typen der INFORMATIONS-Texte vgl. Heinemann/Viehweger (1991: 151f.).

[234] Vgl. dazu Kapitel 6.3.

gen.; *Scheuen Sie sich nicht, sich zum späteren Zeitpunkt zu bewerben.*, *Schauen Sie im Internet*, auch mit Infinitivkonstruktionen, z.B.: *bitte nicht böse sein.*

In den Eisschreiben kommt die Obligationsfunktion zum Ausdruck. Es handelt sich um die oben angesprochene Vormerkung = „Aufs-Eis-Legen", z.B.: *Ihre Bewerbung lege ich gerne zur Wiederverwendung zurück, um später darauf greifen zu können. Wir werden uns bei Ihnen melden. Versprochen!* oder um konjunktivische Formeln, die die Appellfunktion indizieren und den Wunsch des Senders ausdrücken, z.B.: *Gern hätten wir Ihnen eine positive Nachricht erteilt.*

Die Kontaktfunktion kommt v.a. in den Dankesformeln zum Ausdruck, z.B.: *Wir bedanken uns für Ihre Bewerbung ...* . Sie ist auch in den Textfragmenten sichtbar, in denen auf die psychische Einstellung des Senders eingegangen wird, z.B.: *Es tut uns sehr leid ..., wir bedauern ... oder wir freuen uns ...*. Dabei wird die Anteilnahme des Senders (= Absageschreibers) manifestiert und somit haben solche Textfragmente einen Partizipationscharakter[235].

Die gewisse Polyfunktionalität der Absageschreiben ergibt sich teilweise aus den normierten Voraussetzungen der Geschäftskorrespondenz, die das Vorkommen von bestimmten Elementen (Betreff, Anrede, Gruß) vorschreiben, was sich auch in der im Kapitel 3.5.1.1.1. beschriebenen thematischen Struktur widerspiegelt.

[235] Vgl. hierzu Brinker (2010: 111).

5. Absageschreiben – Bestimmung der Textsorte

Textsorten[236] oder Textgattungen[237] sind seit Langem Gegenstand textlinguistischer Untersuchungen[238] im Rahmen der sog. „Textsortenlinguistik“[239], deren Ziel und Aufgaben folgendermaßen umrissen werden: „Gemeint sind vielmehr, ohne jeden (sub-)disziplinären Abgrenzungsversuch, Untersuchungen, die den Aspekt der Textsorten- oder Gattungsbezogenheit von Texten berücksichtigen, bzw. in den Vordergrund stellen.“ (Adamzik 2001: 25)[240]. Dies ist auch als eine Frucht der „pragmatischen Wende“ in der Linguistik zu interpretieren, in deren Kontext „alle sprachlichen Handlungen als Teil von Gattungen beschrieben werden können“ und als „Teil des sozialen Milieus“ betrachtet werden (Bachtin 1979/1986). Die Anzahl und der Reichtum der Gattungen[241] gelten daher als Maßstab für den Reichtum der jeweiligen Kultur (vgl. Bartmiński/Niebrzegowska Bartmińska 2009: 128). Das ergibt sich daraus, dass „sich in ihnen [den Texten – J. S.] gesellschaftliche Veränderungen besonders schnell ankündigen und niederschlagen, weil sie aber andererseits auch zu solchen Veränderungen beitragen, wenn sie sich verändern.“ (Bachtin 1979/1986, zit. in Auer 1999: 226).

---

[236] In der Textsortenforschung herrscht Uneinigkeit hinsichtlich der Textsorten-Terminologie, vgl. z.B.: „Textklassen“, „Texttypen“, „Textarten“ bei Hartmann (1971), „Textformen“ bei Werlich (1975), „Textmuster“ bei Sandig (1986) u.a., vgl. auch den historischen Überblick über die in der Entwicklung der Textsortenlinguistik gebrauchten Termini bei Krause (2000).

[237] Vgl. die Definition der *Textgattung* nach Żydek-Bednarczuk (2005: 259) „modele tekstu, zbudowane z heterogenicznych kryteriów, ale posiadające cechy wspólne należące do modelu – wzorca.”, sowie die Definition der „kommunikativen Gattungen” bei Luckmann (1986, zit. in Auer 1999: 177f., Hervorhebung – J. S.): „gesellschaftlich vorgeprägte komplexe Abläufe (‚Muster‘), die ein gewisses Maß an Verbindlichkeit erreicht haben und die sich als historisch und kulturell **spezifische Sedimentierungen gesellschaftlicher Problemlösungen** verstehen lassen.”

[238] Vgl. z.B.: Gülich, Raible (1972, 1974, 1977), Ermert (1979), Sandig (1972), Wawrzyniak (1980), Żydek-Bednarczuk (2005), Adamzik (1995, 2000a, b, 2001), Heinemann (2000a, b), Rolf (1993), Bartmiński/Niebrzegowska-Bartmińska (2009) u.a. sowie die Übersicht über die Textsortenforschung bei Krause (2000), Heinemann/Viehweger (1991).

[239] In der einschlägigen Literatur wird die Textsortenlinguistik „ein Herzstück der Textlinguistik“ genannt, vgl. hierzu Antos/Tietz (1997: VIII); vgl. hierzu auch Berdychowska/Bilut-Homplewicz/Mikołajczyk (2013).

[240] Vgl. hierzu auch das folgende Zitat von Adamzik (2001: 25), in dem die Wichtigkeit der Textsortenlinguistik und deren Nutzen für textlinguistische Beschreibungen hervorgehoben werden: „Deskriptive textlinguistische Studien ohne die Kategorie ‚Textsorte‘ sind kaum vorstellbar; die Beschreibung von Textsorten, die nur das allen Texten der Klasse Gemeinsame herausarbeitet und Einzeltexte solchen Klassen zuordnet, bleibt weitgehend unergiebig.“

[241] In der Forschungsliteratur werden unterschiedliche Termini gebraucht. In der germanistischen Forschung bevorzugt man eher „Textsorte“ / „Textklasse“, in der polonistischen „Gattung“ / „Genre“, vgl. z.B. Wierzbicka (1983), Bachtin (1979/1986) u.a.

Damit verbindet sich die These, dass „einzelne Texte und Textsorten nicht verbindungslos nebeneinander stehen, sondern ein Gesamtsystem bilden, innerhalb dessen sie einen bestimmten Platz und Stellenwert haben.“[242] (Adamzik 2001: 16). Daraus resultiert, dass „jeder Text nicht nur die allgemeine Größe ‚Text‘ realisiert, sondern auch eine bestimmte Textsorte repräsentiert.“ (Bilut-Homplewicz 2013: 64).

Den Textsorten kommt in der Kommunikation eine wichtige Aufgabe zu, denn „die Kenntnis von Textsorten, bzw. der mehr oder weniger stark vorgeprägten Muster stellt (…) ein wesentliches Element für kommunikativ erfolgreiches sprachliches Handeln dar und ist ein wichtiger Baustein im Erwerb einer Sprachkompetenz (…)“ (Fandrych/Thurmair 2011: 16). Dabei wird deren praktischer Nutzen exponiert, weil „Textsorten zur **wiederkehrenden Bearbeitung**[243] gesellschaftlich relevanter kommunikativer Probleme bzw. Bedürfnisse dienen.“ (Fandrych/Thurmair 2011: 29, Hervorhebung – J. S.).

In der Textsortenforschung wird davon ausgegangen, dass „ein einzelner Text dadurch zustande kommt, dass übersprachliche (textgrammatische) Regeln befolgt und nach spezifischen Ausdruckserfordernissen textgattungsgerecht ausgestaltet werden.“ (Hartmann 1971: 24). Textsorten werden demgemäß als „Kombinationen von situativen Faktoren, funktionalen und strukturellen Eigenschaften“ betrachtet. Aus diesem Grunde ist deren komplexe Analyse möglich (vgl. Fandrych/Thurmair 2011: 17), die sich auf mehreren Ebenen vollzieht/vollziehen soll. Fandrych/Thurmair (ebd.) erwähnen in diesem Kontext folgende Faktoren: die Kommunikationssituation, die Textfunktion, die thematisch-strukturelle und formal-grammatische Ebene. Diese sind auch für unsere Analyse relevant und werden in der vorliegenden Studie näher thematisiert.

Es wird deutlich hervorgehoben, dass bei der Analyse von Textsorten auch andere Faktoren – Begleitumstände[244], auch situative Faktoren – genannt

---

[242] Vgl. hierzu die Termini „Textsortennetze“, „Textsortenfelder“, „Texte im Verbund“ in Adamzik (2001) sowie die Anmerkungen von Fix (2009: 17): „Texte existieren ja nicht als Gesamtphänomen – dies ist nur ein gedankliches Konstrukt – sondern als Menge realer Textexemplare, die sich in wesentlichen Merkmalen gleichen, nämlich in jenen, die sie Gruppen zuordnen.“

[243] Dies ist in Zusammenhang mit der Tatsache zu setzen, dass diese „wiederkehrende Bearbeitung“ in Situationen stattfindet, die gleiche oder ähnliche Anforderungen an die Textproduzenten stellen. Aus diesem Grunde ist es für sie leichter und auch „bequemer“, nach festgeprägten Textmustern zu greifen.

[244] Vgl. hierzu die „Situationskomponenten“ bei Vater (2002: 169) oder die „Situationstypen“ bei Heinemann/Viehweger (1991) sowie die „Umstände“ bei Searle ([1969] 1971) und die

werden müssen, weil sie von dem besonderen Charakter der jeweiligen Textsorte zeugen und sie von den anderen auch unterscheiden lassen, wie es Spillner (1981: 242) expliziert: „Da Textsorten nicht nur durch spezifische textlinguistische Regeln konstituiert werden, sondern prinzipiell durch Merkmale aller sprachlichen Ebenen, muß die Textsortenkonstituierung nicht nur textlinguistische Prozeduren erfassen, sondern alle sprachlichen Phänomene, die die Spezifik einer Textsorte determinieren."

Textsorten weisen gewisse Musterhaftigkeit auf und fungieren daher als: „komplexe Muster sprachlicher Kommunikation" (Brinker 2010: 126). Sie stellen dabei bestimmte Hilfen zur Bewältigung der alltäglichen kommunikativen Aufgaben dar, sind also als Frucht kommunikativer Bedürfnisse von Menschen[245] zu verstehen (ebd.: 126) und gelten als „Handlungsmittel zur Lösung gesellschaftlicher Standardprobleme."[246] (Sandig 2000).

Im Folgenden wird von der Definition der *Textsorte* nach Brinker (2010: 125) ausgegangen, die besagt:

> Textsorten sind konventionell geltende Muster für komplexe sprachliche Handlungen und lassen sich als jeweils typische Verbindungen von kontextuellen (situativen), kommunikativ-funktionalen und strukturellen (grammatischen und thematischen) Merkmalen beschreiben. Sie haben sich in der Sprachgemeinschaft historisch entwickelt und gehören zum Alltagswissen[247] der Sprachteilhaber.[248]

Diskussion in Fix (2013), die die Notwendigkeit betrifft, Textlinguistik als eine Querschnittsdisziplin zu betrachten, d.h. eine Disziplin, „die sich mit Kategorien und Wissenselementen befasst, die nicht oder nicht nur disziplinenspezifisch sind, sondern quer durch mehrere Disziplinen Bedeutung haben." (ebd.: 14) und ihre Darstellung der Beziehungen von Textlinguistik und anderen Disziplinen, die mit der These abgerundet wird, dass „die Textsortenlinguistik, mit ihrem Textsortenbegriff, mit ihren Textklassifizierungen ein interdisziplinäres Potential bildet und mögliche Raster für die Beschäftigung anderer Disziplinen mit Textsorten anbietet." (ebd.: 25); vgl. auch die Diskussion in Grucza, S. (2013), Spillner (2013).

245 Vgl. hierzu auch die Definition bei Adamzik (2001: 28): „Textsorten sind (…) historisch gewachsene Einheiten der kommunikativen Praxis einer Gesellschaft.", sowie Textsorten als „historische Kategorie" bei Krause (2007: 48) und bei Gläser (1990b: 85): „Unter Textsorte verstehe ich ein historisch entstandenes, gesellschaftlich akzeptiertes, produktives und in der Regel empirisch beherrschtes, graphisch oder akustisch materialisiertes Textbildungsmuster zur geistig-sprachlichen Verarbeitung eines komplexen Sachverhalts."

246 Vgl. hierzu auch die „soziale Sanktionierung" der Textmuster bei Weidacher (2007: 48), die nach deren erfolgreichem und häufigem Einsatz „zur kommunikativen Problemlösung" erfolgt.

247 Es handelt sich hier um „Textsortenwissen und -können" (Krause 2007: 49) bzw. „Textsortenkompetenz" Heinemann (1989) und Gläser (1990a) oder „Wissen über globale Textstrukturen" (Heinemann/Viehweger 1991: 128).

248 Vgl. hierzu auch Ermert (1979: 66), Lux (1981).

Den Textsorten werden demnach zwei wichtige Aufgaben zugeschrieben: die normierende Wirkung[249] und die Erleichterung des kommunikativen Umgangs[250]. Im ersten Falle handelt es sich um deren vorschreibende Funktion als Maßstab und Bezugspunkt für mögliche kommunikative Handlungen. Im zweiten Falle wird gemeint, dass sie für Sprachbenutzer als „bequeme" und erprobte Muster gelten, die zwar wenig Kreativität und Eigenleistung zulassen, die aber aufgrund ihres häufigen Gebrauchs als erprobt und bewährt gelten.

In vielen Definitionen und Ausführungen wird die Gebundenheit der Texte an Menschen hervorgehoben, denn „Texte bzw. Textsorten sind nur verständlich und erklärbar im Zusammenhang mit den Menschen, die sie hervorbringen und nutzen." (Krause 2007: 48), was im Lichte der angeführten Definition eine logische Folgerung ist. In diesem Sinne können sie als Widerspiegelung der kommunikativen Bedürfnisse[251] der Sprachbenutzer in der jeweiligen Kultur angesehen werden.

In der neueren Forschung wird neuerdings eine immer größere Rolle der *Kulturkomponente* zugeschrieben, über die Textsorten verfügen (sollen). Es handelt sich dabei um „(…) Elemente der nationalen Kultur und Psychologie, aber auch in der jeweiligen Gesellschaft obwaltende politische, ideologische und ökonomische Verhältnisse"[252] (Krause 2007: 50). Sie gelten demnach als „ordnende Zugriffe auf die Welt", als „kulturelle Artefakte und Instrumente", d.h. „als Hervorbringungen einer Kultur und als Mittel zu deren Aufrechterhaltung" (Fix 2008a: 86) und können als eine Art „Schlüssel" zum Verstehen der Kultur der jeweiligen Sprachgemeinschaft verstanden werden. Wie Zhao (2011: 124f.) hervorhebt, sind Textsorten „ein Teil der Kultur, nicht nur weil der Sprache zugesprochen wird, dass sie im Sozialisationsprozess eine spezifische Kultur und Weltanschuung vermittelt, sondern weil Textsorten als Handlungsmuster auch Aussagen organisieren und pragmatische Deutungsformen einer Kultur darstellen."

---

[249] Vgl. hierzu die in Adamzik (2008: 171) besprochenen Kriterien der „Normiertheit" und „Standardisiertheit".

[250] Es sind Anhaltspunkte für die Orientierung bei der Produktion und Rezeption der Texte, sowie deren Formelhaftigkeit gemeint, vgl. hierzu Kapitel 8.4.

[251] Und das in vielerlei Hinsicht: wissenschaftlich-technisch, politisch, ideologisch, religiös, vgl. Krause (2007: 48f.).

[252] Vgl. hierzu z.B. die Studie von Ayata (2009), „Aspekt der Kulturalität" bei Fix (2008a), Warnke (2001) und auch den Beitrag von Fries (2006).

Dabei werden unter Handlungsmustern „spezifische Ensembles von Tätigkeiten und Tätigkeitsabfolgen“ (Ehlich/Rehbein 1986: 137) verstanden, die bezogen auf Texte Texthandlungsmuster sind, also „Einheiten für das Sprachhandeln mit Texten.“ (Sandig 1989: 135).

5.1. Terminologisches: *Textmuster*, *Texttyp*, *Textklasse*, *Textsorte*, *Textsortenvariante*

Bei den Typologien oder Klassifikationen von Texten werden grundsätzlich drei Ebenen: *Textyp, Textklasse, Textsorte* unterschieden, die zueinander in einem Zusammenhang stehen. Von Heinemann/Viehweger (1991) wird noch eine weitere Ebene – die *Textsortenvariante* – unterschieden.
Textsorten werden oft im Zusammenhang mit Textmustern definiert, daher führen wir zuerst die Definitionen der Letzteren an.

Sandig (2006: 488, Hervorhebung – J. S.) definiert den Begriff des *Textmusters* als „ein standardisiertes (konventionelles) Muster **zur Lösung von Standardproblemen** (…), die in einer Gesellschaft immer wieder auftreten.“ In der angeführten Explikation sind Ansätze der Textmusterkonzepte von Heinemann (2000a) erkennbar, bei dem *Textmuster* als „komplexe kognitive Muster für die Lösung spezifischer kommunikativer Aufgaben, einschließlich der Herstellung von Texten“ und „Teilmenge des Interaktionswissens der Kommunizierenden“ definiert werden. Bei Adamzik (1995: 28) werden sie „Routineformeln auf der Textebene genannt.“, was sich weitgehend mit unserer Analyse im Bereich der Formelhaftigkeit von Absageschreiben deckt, vgl. Kapitel 8.4.1., da in den Textmustern „kommunikative Erfahrungen der Handelnden gespeichert sind.“ (Rada 2013: 114), die sich auf Grund der Wiederholbarkeit von bestimmten Handlungen herausgebildet und verfestigt haben. Daher ist ein *Textmuster* standardisiert und stereotypen Charakters, also, wie es Sandig (2006: 487, Hervorhebung – J. S.) weiter expliziert: es ist eine „gesellschaftlich relevante prototypische Gestalt, die **zum Lösen bestimmter, immer wiederkehrender gesellschaftlicher Aufgaben** dient.“ Sie erstellt hierzu ein holistisches Modell zur Beschreibung der Textmuster:

Textmuster(wissen) Benennung(en) in der Sprache	
Handlungstyp	Handlungsmittel: Textsorte, prototypische Textsorteneigenschaften
Gesellschaftlicher Zweck - sozialer Sinn - Art der Problemlösung	Handlungshierarchie a. konstitutive und fakultative Teilhandlungen b. generelle Textherstellungshandlungen, die genutzt werden c. eingelagerte Themenstruktur
Situationseigenschaften - Problemsituation - Institution/Handlungsbereich - Kanal - Medium	Sequenzmuster - textmusterspezifisch - allgemeine Sequenzmuster, die nutzbar sind -
Situationsbeteiligte (Rollen) - Sprecherschreiber - Adressaten - Beziehungsart	Formulierungsmuster 1. nach Heinemann/Viehweger 2. allgemeine Textherstellungsmuster 3. global (Fachsprachen, Stilebenen, Sprachökonomie ...) 4. auf (Teil-)Themen bezogen: Frames 5. auf Teilhandlungstypen (auch Sequenzpositionen) bezogen 6. allgemeine Darstellungsmuster: Dialogisieren, Kontrastieren, Erzählen ...
	materielle Textgestalt graphische/bildliche, prosodische ... Gestalt
	Durchschnittsumfang (Länge, Dauer)

Tabelle 6. Textmustermodell nach Sandig (1997)

Textmustern werden bestimmte Eigenschaften zuerkannt, mittels deren sie auch definiert werden. Zu diesen gehören (vgl. HSKTG 2000: 517f.): Multidimensionalität / Komponentionalität, Repetitivität, Vagheit, Flexibilität und Variabilität.

Texttyp wird dagegen als eine eher theoretische Kategorie betrachtet, die zum Zwecke der wissenschaftlichen Klassifikation herangezogen wird und „(...) eine Bezeichnung für eine Erscheinungsform von Texten [ist – J. S.], die im Rahmen einer Texttypologie theoretisch erfassbar sind.“ (Isenberg 1983: 308). Alltagssprachlich wird mit *Texttyp* „ein Sammelbegriff für eine beliebige Menge von Texten“[253] gemeint (HSKTG 2000: 519). Gansel/Jürgens (2007: 69) verstehen unter *Texttypen* „auf linguistischen Kategorien beruhende Zusammenfassungen von Texten, die quer zu Textsorten in verschiedenen Kommunikationsbereichen verlaufen.“ Eine Präzisierung hierzu findet sich in der Definition von Große (1974: 63, Hervorhebung – J. S.), der unter Texttypen „historisch bedingte **Sprachverwendungsmuster**“ versteht, „die aufgrund der Interaktionsformen

[253] Vgl. die Feststellung bei Adamzik (2008: 168), die Texttypen „Klassen hohen Abstraktionsniveaus“ nennt.

und -möglichkeiten innerhalb einer sich wandelnden Gesellschaft entstanden und sich entwickelten."

Im Allgemeinen werden fünf Texttypen[254] unterschieden[255] (Stede (2007: 47f.), vgl. auch hierzu Dimter (1981: 12f.)):

1. deskriptive Texttypen, für die lokale Beziehungen mit räumlichen Verknüpfungen typisch sind, die also phänomenregistrierende Sätze umfassen;
2. narrative Texttypen, für die eine temporale Verknüpfung über die zeitliche Folge typisch ist, und die handlungsaufzeichnende Sätze umfassen;
3. expositorische Texttypen, für die eine analytische Verknüpfung über Differenzierung oder Synthese charakteristisch ist; es handelt sich hierbei um phänomenidentifizierende oder -verknüpfende Sätze;
4. argumentative Texttypen, die Beziehungen zu Konzepten oder Aussagen der Sprecher betreffen und demgemäß qualitätsattribuierende Sätze sind;
5. instruktive Texttypen, die das künftige Verhalten von Sprecher / Hörer betreffen und handlungsfordernde Sätze umfassen.

Textklasse ist hingegen ein Begriff, der in der Forschungsliteratur nicht eindeutig von dem des *Texttyps* abgegrenzt wurde, und oft dem der *Textsorte* gleichgesetzt wird. Dieser Terminus sei „textlinguistisch nicht so vorbelastet" (Dimter 1981: 2). *Textklasse* bezeichnet „das Vorkommen einer Menge von Texten in einem abgegrenzten, durch situativ-funktionale und soziale Merkmale definierten kommunikativen Bereich, in dem sich Textsorten ausdifferenzieren." (Gansel/Jürgens 2007: 70). *Textklassen* sind also „Klassen von Textstrukturen ohne pragmatische Situierung" (HSKTG 2000: 519). Bei Große (1974: 63) werden sie als „feste Größen, als Universalien" betrachtet und demgemäß in sieben Gruppen unterteilt, die weitegehend den von Große (1976) unterschiedenen Textfunktionen entsprechen. Es handelt sich um folgende Klassen (Große 1974: 64): die Klasse der primär interaktionsregelnden Texte, die Klasse der primär gruppenindizierenden Texte, die Klasse der primär auf die Interaktion selbst gerichteten Texte, die Klasse der selbstdarstellungszentrierten Texte, die Klasse der aufforderungszentrierten Texte, die Klasse der bizentrierten Texte, die Klasse der sachinformationszentrierten Texte.

[254] Bei Dimter (1981: 11) werden sie in Anlehnung an Werlich (1975) „grundlegende texttypische thematische Textbasen" genannt.

[255] Sie entsprechen weitgehend den Typen der Themenentfaltung, vgl. Kapitel 3.5.1.1.

Unter *Textsorten* werden „konventionell geltende Muster für komplexe sprachliche Handlungen“ (Brinker 2010: 123) verstanden. Ergänzt werden kann diese Definition durch frühere Bestimmungen von Ermert (1979: 29): „die aufgrund eines oder mehrerer gemeinsamer Merkmale zusammengefasst und aus der Menge aller Texte ausgegrenzt werden können.“[256]. In diesem Kontext reiht sich die Bestimmung der *Textsorte* in das Konzept der „durch die kommunikative Funktion determinierten Einheiten“ ein, das von Heinemann (2000a) unter anderen Konzepten[257] besprochen wird. Es handelt sich also um „sprachliche Manifestationen von (…) kognitiven Mustern (…), die sich zur Erreichung spezifischer Interaktionsziele als effektiv erwiesen haben.“ (Heinemann 2000a: 523). In diesem Sinne bildet die Grundlage für die Bestimmung der jeweiligen Textsorte nur die Intention des Textproduzenten[258].

Der intentionale Charakter von Textsorten wird auch von Simmler (1984: 37) unterstrichen, der den Begriff *Textsorte* folgendermaßen erklärt[259]:

> Eine nach dem Willen der beteiligten Kommunikationspartner abgeschlossene, komplexe α-Einheit, die aus einer begrenzten Auswahl, einer besonderen Kombinatorik und einem regelmäßigen Vorkommen von externen und internen α-Einheiten, den textuellen Merkmalen, besteht, die in konstituierender, identifizierender und differenzierender Sinnfunktion zu einem neuen, spezifischen Merkmalbündel zusammengeschlossen sind.

Im Unterschied zum *Texttyp* ist *Textsorte* eine „bewusst vage gehaltene Bezeichnung für jede Erscheinungsform von Texten, die durch die Beschreibung bestimmter, nicht für alle Texte zutreffender Eigenschaften charakterisiert werden kann, unabhängig davon, ob und auf welche Weise diese Eigenschaften im Rahmen einer Texttypologie theoretisch erfassbar sind.“ (Isenberg 1983: 308).

Die letzte Ebene bilden die *Textsortenvarianten*, die als „Unterarten von Textsorten, die sich aus der Variation eines einmal produktiven Textmusters ergeben“ definiert werden (Gansel/Jürgens 2007: 72).

---

[256] Vgl. auch die Definition der Textsorte bei Gülich (1986: 18): „Erscheinungsformen von Texten, die die Kommunikationsteilnehmer aufgrund ‚bestimmter, nicht für alle Texte zutreffender Eigenschaften‘ als unterschiedlich oder unterscheidungsbedürftig definieren.“

[257] Andere Konzepte sind: „Textsorten als grammatisch geprägte Einheiten“, „Textsorten als semantisch-inhaltlich geprägte Einheiten“, „Textsorten als situativ determinierte Einheiten, vgl. Heinemann (2000b: 12ff.).

[258] Vgl. hierzu Große (1976), Motsch/Viehweger (1981), Franke (1991), Brinker (1983) u.a.

[259] Simmler (1984: 38) differenziert zwischen den Text-Einheiten auf der Ebene der *parole*, auf der man es mit *Textexemplaren* zu tun hat, denen auf der Ebene der *langue* *Textsorten* entsprechen.

Die hierarchischen Abhängigkeiten zwischen den genannten Einheiten werden von Heinemann/Heinemann (2002: 143) folgendermaßen dargestellt[260]:

Text-Typ

↑

Textsortenklasse 2

↑

Textsortenklasse 1

↑

TEXTSORTE

↑

Textsortenvariante

Schema 5. Hierarchische Stufung von Text-Klassen nach Heinemann/Heinemann (2002)

Bei Simmler (1996: 617) werden noch kleinere Einheiten unterschieden, in die sich die Textsortenvarianten zergliedern lassen. Es handelt sich um *Textteile*, die kleiner als das gesamte Textexemplar sind und über „potentielle Texthaftigkeit verfügen."

Im Lichte des Gesagten lässt sich die Textsortenzugehörigkeit der von uns besprochenen Formen der Absageschreiben (Aperitif-Brief, eigentliches Absageschreiben, Eisschreiben) folgendermaßen darstellen:

Texttyp informierender Text

↑

Textsortenklasse 2 Schrift-Text

↑

Textsortenklasse 1 (halb-)offizieller Brief

↑

Textsorte Absageschreiben

↗ ↑ ↖

Textsortenvariante: Aperitif-Brief eigentliches Absageschreiben Eisschreiben

Schema 6. Textsortenzuordnung der Absageschreiben in Anlehnung an Heinemann/Heinemann (2002)

Die Absageschreiben entsprechen der bereits angeführten Definition der *Textsorte* als „Muster sprachlichen Handelns" und folgen demnach gewissen Mus-

[260] Vgl. hierzu auch die Typologie der Texte nach Werlich (1975), der folgende hierarchische Kriterienebenen nennt: „Texttyp", „Textform", „Textformvariante", „Textexemplar", die mit dem Modell der hierarchischen Abhängigkeiten von Heinemann/Heinemann (2002) vergleichbar sind.

tern solcher Texte[261]. Dabei werden *Muster* als „etwas Idealtypisches verstanden, als abstraktes Modell, in dem atypische Elemente keinen Platz haben." (HSKTG 2000: 516). Demgemäß sind *Textmuster* „Teilaspekte von Interaktionsmustern", d.h. „Muster zur Herstellung und Wiedererkennung von Textganzheiten" (ebd.). Sie gelten demnach als „Verlaufsschemata" – kognitive Muster – bei bestimmten Kommunikationsereignissen, die von den Kommunizierenden erfolgreich eingesetzt wurden[262] (vgl. hierzu HSKTG 2000: 517) und von den *Textsorten* unterschieden werden sollen, wie es Fix (2008b: 195) expliziert:

> Mit ‚Textmuster' soll der qualitative Aspekt der jeweiligen Textgruppe erfasst werden. Man kann es als eine Anweisung für den Umgang mit Textsorten betrachten, die Prototypisches und Freiräume enthält. Es informiert über die jeweiligen inhaltlichen, funktionalen und formalen Gebrauchsbedingungen für Texte dieser Textsorte, also über gemeinsame thematisch-propositionale Grundelemente, gemeinsame handlungstypisch-illokutive Grundelemente und über die gemeinsamen stilistisch-formulativen Mittel.

Aus diesem Grunde wird nach Textmustern oft auch später, bei wiederkehrenden Ereignissen gegriffen. Sie bilden demnach einen „allgemeinen Orientierungsrahmen für das kommunikative Handeln von Individuen" (HSKTG 2000: 517) und stellen potenzielle prozedurale Hilfen dar, die unterschiedliche Wissensbestände umfassen (vgl. Fix 2008b: 84): Weltwissen, Normenwissen, Situationswissen, Sprachwissen, Kulturwissen. Sie werden also routinehaft[263] gebraucht.

Zu charakteristischen Merkmalen von Textmustern gehören: Multidimensionalität/Komponentionalität, d.h. deren Komplexität aus Elementen verschiedener Ebenen, Repetitivität, die an den gebrauchten stereotypen Formeln, Formen und Handlungen erkennbar ist, Vagheit, Flexibilität und Variabilität (vgl. ebd.: 517f. und Heinemann/Viehweger (1991), Ehlich/Rehbein (1979), de Beaugrande/Dressler (1981), Heinemann (1989)).

[261] Es handelt sich hier um Textmuster, die oft Textsorten gleichgesetzt werden, vgl. hierzu HSKTG (2000: 516).

[262] Dabei spielt das Kriterium der Frequenz eines solchen Einsatzes eine große Rolle.

[263] Zu den Routinen in den Absageschreiben vgl. Kapitel 8.4.1.

5.2. Typologien und Klassifikationen von Textsorten[264]

In der einschlägigen Literatur findet man diverse Vorschläge, Textsorten zu definieren, sowie deren Typologien[265] zu erstellen, denen unterschiedliche Kriterien[266] zu Grunde liegen. Im Weiteren wird auf die eingegangen, die für unsere Analyse von Belang sind.

Textsortenmerkmale sind auf allen Sprachebenen zu finden. Aus diesem Grunde gibt es Kriterien[267], die bei der Bestimmung der jeweiligen Textsorte berücksichtigt werden sollten. Diese Kriterien lassen sich grundsätzlich in zwei Gruppen unterteilen (Stede (2007: 26), vgl. auch Große (1974: 66)):

- textinterne Kriterien[268], die an die Textoberfläche oder an die Texttiefenstruktur gebunden sind und von Große (1974: 66) „sprachliche Charakteristika, die sich direkt an den Texten ‚ablesen‘ lassen“ genannt werden; sie umfassen folgende Elemente: graphische Ebene (Layout), Textlänge, Textstrukturmuster, Signale der Textgliederung, Eröffnungs- und Schlussformeln, Wortwahl, typische Lexeme und Kollokationen[269], Art und Häufigkeit von Satzbaumustern und grammatischen Kategorien, Thema und Themenverlauf, Thema-Rhema-Gliederung;

---

[264] In der gegenwärtigen Forschung wird darauf hingewiesen, dass es sich im Falle der Textsortenforschung mehr um Beschreiben und weniger um Klassifizieren oder Typologisieren handelt, vgl. dazu Adamzik (2001: 16), wobei allerdings auch darauf hingewiesen wird, dass „die Beschreibung von Texten und Textsorten ja wesentlich in ihrer Zuordnung zu bestimmten Klassen bzw. Kategorien besteht (…).“ (ebd.); vgl. auch die Diskussion über verschiedene Ansätze zur Klassifikation / Typologie / Beschreibung der Textsorten bei Franke (1987), Heinemann/Viehweger (1991), Diewald (1991), Adamzik (2008), in HSKTG (2000: 507ff.), den Ansatz in Bezug auf Karl Bühlers Organon-Modell und den semiotischen Ansatz nach Morris bei Belke (1973), sowie den Überblick mit den Eigenschaften von Texttypologien bei Isenberg (1983). Auf ältere Versuche der Klassifizierung oder Typologisierung von Texten wird nicht näher eingegangen.

[265] Vgl. z.B.: Morris (1946), Harweg (1968), Glinz (1970), Kern (1976) Werlich (1975), Große (1976), Ermert (1979), Sandig (1972, 2006), Gülich/Raible (1972), Dimter (1981), Isenberg (1983), Engel et al. (2000), Heinemann/Viehweger (1991), Brinker (1983) u.a.

[266] Vgl. u.a. das Konzept der Textgattungen bei Bachtin (1979/1986: 348-402), die semantische Konzeption der Textgattungen bei Wierzbicka (1983) oder die Klassifikation bei Dimter (1981).

[267] Zur Übersicht über mögliche Kriterien – Aspekte der Textbeschreibung vgl. Adamzik (2008: 161ff.).

[268] In Adamzik (2001: 20) „sprachliche Basisebene“ genannt. Diese Kriterien bilden auch die Grundlage der Klassifikation von Texten bei Harweg (1968).

[269] Vgl. die Diskussion über die Zugehörigkeit der lexikalischen Ebene zu den internen Textmerkmalen in Adamzik (2001: 20).

- textexterne Kriterien, die an den Kommunikationszusammenhang gebunden sind, und sich auf Textfunktion, Kommunikationsmedium, Kommunikationssituation und Handlungsbereich beziehen; Große (1974: 66) zählt zu diesen: die Redesituation, das Enthaltensein der übermittelten Information, die Gesamtheit nichtsprachlicher Zeichen wie Gestik, Mimik, Bewegungen des Körpers.

Vater (1994, 2005: 161) wendet bei der Unterscheidung von Textsorten drei Kriterien an: Gegenstand und Zielsetzung[270], die in Texten vorkommenden Typen von Teiltexten[271] und kommunikationsorientierte Kriterien[272].

Bei Engel et al. (2000: 116f.) gilt als Hauptkriterium das Ziel, welches ein Text verfolgt. Diesem zufolge werden folgende Ziele der Texte unterschieden: Information, Veranlassung zum Handeln, Überzeugung, Belehrung, Kontaktpflege, Emphase-Abbau, die zugleich die Grundlage für die Unterscheidung von gleich benannten Textsorten[273] bilden.

Einen anderen Ansatz bietet Krause (1990) an, indem er sich des Kriteriums der „kognitiven Repräsentation" von Textsorten bzw. Kommunikationsformen bedient und diese in vier Gruppen klassifiziert: Textsorten der ikonischen Speicherung, d.h. Formular- Standardtexte, Texte mit fester Rahmenstruktur und freier Ausgestaltung, Textsorten mit prototypischer Struktur, aber mit einem relativ festen Aufbauschema, und Kommunikationsmuster mit Modularcharakter.

Einen interessanten und für uns relevanten Ansatz für eine handlungsorientierte Texttypologie findet man bei Große (1974). Die Grundlage für diese Typologie bilden die kommunikativen Funktionen eines Textes. Große (1974) bedient sich dabei der Begriffe *Handlungssorten* oder *Handlungsmuster*. Es werden demgemäß folgende Textklassen unterschieden:

---

270 Vater (1994) beruft sich hier auf Oomen (1971).

271 Vater (1994) beruft sich hier auf Gülich/Raible (1977) und Wawrzyniak (1980).

272 Vater (1994) beruft sich hier auf Brettschneider (1972), Sandig (1972), Helbig (1975), Ermert (1979).

273 Es handelt sich hier dementsprechend um informierende, veranlassende, der Überzeugung, der Belehrung, der Kontaktpflege und dem Emphase-Abbau dienende Texte und ihnen entsprechende Funktionen, vgl. Engel et al. (2000: 116f.).

Textklasse	Textfunktion	Beispiele
normative Texte	normative Funktion	Gesetze, Satzungen, Vertrag, Geburtsurkunde
Kontakttexte	Kontaktfunktion	Glückwunschschreiben, Kondolenzschreiben
gruppenindizierende Texte	gruppenindizierende Funktion	Texte der Gruppenlieder
poetische Texte	poetische Funktion	Gedicht, Roman, Komödie
selbstdarstellende Texte	selbstdarstellende Funktion	Tagebuch, Autobiographie
auffordernde Texte	Aufforderung	Warenwerbung, Parteiprogramme, Bittschrift, Gesuch
sachinformierende Texte	Informationstransfer	Nachricht, Wettervorhersage, wissenschaftlicher Text
Übergangsklasse	verschiedene Funktionen dominieren gleichermaßen	

Tabelle 7. Textklassen nach Große (1974)

Von Heinemann/Viehweger (1991) wird das sog. „Modell der Mehr-Ebenen-Klassifikation“[274] vorgeschlagen, das folgende Typologisierungsebenen[275] umfasst: Funktionstypen, die den vier Primärfunktionen des Kommunizierens entsprechen[276], Situationstypen[277], Verfahrenstypen[278], Text-Strukturierungstypen (vgl. Heinemann/Viehweger 1991: 128).

In der neueren Forschung wird von Fandrych/Thurmair (vgl. 2011: 17ff.) ein Kriterienkatalog zur Analyse der Textsorten vorgeschlagen, der folgende Ebenen umfasst:

- Kommunikationssituation, d.h. situativ und kontextuell relevante Merkmale, zu denen Weltspezifik, Kommunikationsbereich, medialer Aspekt, Textproduzent und Textrezipient sowie kulturräumliche Gebundenheit von Textsorten gehören.
- Textfunktion;
- Thema, Textstruktur und sprachliche Ausgestaltung.

[274] In seinem späteren Werk unterscheidet Heinemann (2000a) vier Dimensionen in der Auffassung der Textsorten: formal-grammatisch, semantisch-inhaltlich, situativ, funktional, die als „grundlegende Text- und Textsortenkonstituentia“ zu verstehen sind. Vgl. auch den Überblick über die Konzepte der Textsortenbeschreibung und -klassifizierung in Czachur (2007).
[275] Vgl. auch Adamzik (2001).
[276] Es handelt sich um folgende Funktionen: „sich psychisch entlasten“, „Kontakt mit Partnern aufnehmen oder erhalten“, „Informationen von Partnern ermitteln“, „Partner veranlassen, etwas zu tun“ (Heinemann/Viehweger 1991: 149).
[277] Sie umfassen „interaktionale Rahmentypen“, „Differenzierung nach der sozialen Organisation der Tätigkeiten“, „Anzahl der Partner“, „soziale Rolle der Interagierenden“, „Gemeinsamkeit von LOC und TEMP“, vgl. Heinemann/Viehweger (1991: 153ff.).
[278] d.h. „strategische Konzepte des Texterzeugens“, zu denen „Textentfaltungsprozesse“, „strategische Verfahrensschritte“ und „taktisch-spezifizierende Einzelverfahren“ gehören, vgl. Heinemann/Viehweger (1991: 158ff.).

Anhand dieser Kriterien werden drei große Textgruppen unterschieden (vgl. Fandrych/Thurmair 2011: 29ff.): wissensbezogene Texte, handlungsbeeinflussende und handlungspräformierende Texte, expressiv-soziale, sinnsuchende Texte.

Brinker (2010) nennt drei Kriterien, die die Textsortendifferenzierung möglich machen. Es handelt sich um folgende (ebd.: 126ff.):

1. Basiskriterium: Textfunktion[279], die den Kommunikationsmodus des Textes bestimmt, d.h. die Art des kommunikativen Kontakts zwischen Sender und Empfänger (ebd.: 128). Brinker (ebd.: 126) unterscheidet dabei folgende Textklassen: Informationstexte, Appelltexte, Obligationstexte, Kontakttexte, Deklarationstexte[280].
2. kontextuelle Kriterien, die die Einbettung des Textes in eine Kommunikationssituation betreffen. Sie werden durch zwei Aspekte bestimmt:
   a. durch die Kommunikationsform, die sich auf das Medium bezieht, durch das die Kommunikation erfolgt; dabei werden folgende Medien differenziert: *Face-to-Face*-Kommunikation, Telefon, Rundfunk, Fernsehen, Schrift[281].
   b. durch den Handlungsbereich, der die Art der Rollenverhältnisse zwischen den Kommunikationspartnern betrifft, und folgende Bereiche umfasst: privat[282], offiziell, öffentlich, wobei es bei den zwei letzten Überschneidungen geben kann.
3. strukturelle Kriterien, die folgende Dimensionen umfassen[283]:
   a. Textthema, das sich v.a. auf die sog. temporale Orientierung, d.h. die zeitliche Fixierung des Themas in der Relation zum Sprechzeitpunt, und die sog. lokale Orientierung, d.h. die Relation zwischen Sender/Empfänger und Thema, bezieht;

---

[279] Zur Analyse der Textfunktion vgl. Kapitel 4.

[280] Diese Textsorten fallen auch mit der von Brinker (2010) vorgeschlagenen Typologie der Textfunktionen zusammen, vgl. hierzu Kapitel 4.

[281] Die Liste müsste um die Formen der moderneren Kommunikation in den elektronischen Medien erweitert werden.

[282] Diese ist dadurch gekennzeichnet, dass „sich die Kommunikationspartner als Privatpersonen gegenübertreten, dass sie in ‚privaten Rollen‘ handeln.“ (Ermert 1979: 76). Da es sich im Falle der Absageschreiben um keine private Korrespondenz handelt, wird darauf nicht näher eingegangen.

[283] Vgl. hierzu auch Ermert (1979).

b. thematischen Entfaltung, die folgende Formen umfasst: deskriptiv, narrativ, explikativ, argumentativ[284].

5.2.1. Absageschreiben – Bestimmung der Textsortenmerkmale

Eine eindeutige Zuordnung der Absageschreiben zu einer bestimmten Textsorte ist nicht so einfach. Absageschreiben sollen eher als eine Gruppe von Texten betrachtet werden, die je nach den angewendeten Kriterien unterschiedlich klassifiziert werden können. Es unterliegt jedoch keinem Zweifel, dass sie in erster Linie Gebrauchstexten zuzuordnen sind, also solchen „(…) die nicht, wie poetische Texte, ihren Gegenstand selber konstituieren, sondern die primär durch außerhalb ihrer selbst liegende Zwecke bestimmt werden.“ (Belke 1973: 320).

Franke (1987) nennt Absageschreiben „entscheidung-explizierende Texttypen“[285], da die in ihnen ausgedrückte Hauptillokution – ABLEHNEN/ABSAGEN – zu den reaktiven Sprechakten gehört und sequenzgebunden ist[286]. Dabei gehören Absageschreiben zu den „reaktiven Texttypen des zweiten Zugs“ (vgl. hierzu Franke 1987, Hindenlang 2010).

Bei Rolf (1993: 179) werden sie in der Gruppe der „assertiven, admittierenden Textsorten“ platziert, bei denen „eine den Textadressaten betreffende Überlegung Anstoß zur Informationsübermittlung gibt.“

In der Ratgeberliteratur zur Erstellung von Briefen findet man auch Zuordnungen der Absageschreiben und Hinweise, wie diese verfasst werden sollen. Von Lubbers (1982) werden Absagen der Gruppe der „Briefe aus beruflichem Anlass“ subsumiert, und zwar werden sie unter „sonstigen Schreiben“ aufgezählt (vgl. Lubbers 1982: 142). Es handelt sich in diesem Falle jedoch um Briefe, die seitens des Bewerbers an Firmen gerichtet werden, in denen der Bewerber seine Ablehnung hinsichtlich der ihm angebotenen Stelle ausdrückt. Es werden hier Typen solcher Schreiben unterschieden, und zwar: „Absage nach Bedenkzeit“, „Absage nach schriftlichem Arbeitsangebot einer Firma“, „Absage nach Vorstellungsgespräch“, „Ablehnung, aber gelichzeitig Türchen offenlassen für später“[287].

[284] Bei Werlich (1975) werden sie „Textbasen“ genannt und bilden die Grundlage für die Textklassifikation. Werlich fügt noch ein „Grundmuster von Textbasen“, nämlich instruktive Texte hinzu.
[285] Zu den weiteren Gruppen reaktiver Texttypen zweiten Zugs vgl. Franke (1987: 265).
[286] Vgl. hierzu Kapitel 6.1.2.
[287] Diese Schreiben können als Eisschreiben seitens des Bewerbers interpretiert werden.

Menzel/Kuhn (1997: 356ff.) rechnen Absageschreiben neben Stellenangebot, Zwischenbescheid, Einladung zum Vorstellungsgespräch und Einstellung zu der Korrespondenz im Bewerbungsverfahren.

In Duden (1997: 236f.) werden Absageschreiben den Briefen des geschäftlichen Bereichs subsumiert und vier Möglichkeiten deren Zusammenstellung angeführt. Diese wurden bereits im Kapitel 3.1.1. präsentiert.

Bei Drescher (1994: 120) wird die gesamte Korrespondenz, die im Zusammenhang mit der Bewerbung anfällt, der „halboffiziellen Kommunikation" zugeordnet, und dies auf Grund der Tatsache, dass hier „der Vertreter einer Institution und eine Person miteinander in Kontakt treten."

Im Folgenden werden die Absageschreiben auf ihre Textsortenmerkmale hin beschrieben. Als Bezugspunkt gelten dabei die von Brinker (2010) dargelegten und oben genannten Kriterien.

5.2.1.1. Textfunktion[288]

In Anlehnung an die im Kapitel 4.2.1. durchgeführte Analyse der Textfunktion(en) in den Absageschreiben können diese dem Texttyp der Informationstexte zugeordnet werden. Es handelt sich nämlich um die Übermittlung einer Nachricht und dies wird als die Hauptfunktion dieser Texte bestimmt. Die Informationsfunktion wird dadurch realisiert, dass dem Empfänger Wissen über vergangene oder gegenwärtige Sachverhalte vermittelt wird. Bei vergangenen Ereignissen handelt es sich v.a. um Informationen zum laufenden (in Aperitif-Briefen) oder durchgeführten und abgeschlossenen Auswahlverfahren (eigentliche Absageschreiben, Eisschreiben). Die sich auf die Gegenwart beziehenden Informationen betreffen v.a. die Entscheidung des Senders (= Absageschreibers) bezüglich der eingereichten Unterlagen. Die Informationsfunktion wird zum größten Teil direkt manifestiert. Dies geschieht unter Anwendung von explizit performativen Formeln, darunter auch der Verben des Sagens, z.B. *mitteilen*. Andere Informationen, die mitgeteilt werden[289], sind: Information über das Be-

[288] Bei Heinemann/Viehweger (1991: 132) „funktionale Gesichtspunkte", d.h. Verwendung und Zweck eines Textes.

[289] Vgl. Nebenthemen in den Absageschreiben im Kapitel 3.5.1.

werbungsverfahren, Information über die Firma[290], Information über die finanzielle Lage der Firma, der Stadt, des Bundeslandes, des Staates, Informationen zur weiteren Arbeitssuche, Informationen zu Stellenausschreibungen. Es finden sich auch Hinweise, die es möglich machen, die Absageschreiben anderen Textsortenklassen zu nähern, was auch die These bestätigt, dass keine Textsorte in der „reinen“ Gestalt in der sprachlichen Wirklichkeit vorkommt, sondern eher eine gemischte Form aufweist, in der die Dominanz einer Funktion in dem jeweiligen Text feststellbar ist und demgemäß ein Kriterium für die Zuordnung des jeweiligen Textes zu einem Texttyp darstellt (vgl. hierzu Belke 1973). Und so lassen sich auch die Absageschreiben – die eigentlichen Absageschreiben – auch den Appelltexten zuordnen. Es handelt sich hierbei um Formulierungen, die der Veranlassung zum weiteren Bewerben, der Veranlassung zum „positiven Denken“ dienen und somit die Auslösung einer Handlung zum Ziel haben. Man findet auch zahlreiche Hinweise auf die Kontaktfunktion. Diese kommen v.a. im thematischen Teil Dank für die Bewerbung vor. Im Falle der Eisschreiben findet man zusätzlich Textfragmente, die von einem Obligationscharakter der Texte zeugen. Es handelt sich dabei um die Vormerkung – „Aufs-Eis-Legen“, wodurch sich der Sender zur späteren Kontaktaufnahme verpflichtet.

5.2.1.2. Kommunikationsform

Die Kommunikation zwischen dem Sender (= Absageschreiber) und dem Empfänger (= Bewerber) erfolgt in unserem Falle durch das Medium Schrift. Die Texte sind nämlich Briefe[291], und zwar deren Subkategorie: Absagebriefe auf Bewerbungen, die dem (halb-)offiziellen Handlungsbereich[292] subsumiert werden können, wie es auch in der einschlägigen Literatur bestimmt wird (vgl. hierzu exemplarisch Duden (1997), Menzel/Kuhn (1997) u.a.).

Im Korpus kommen folgende Formen dieser schriftlichen Korrespondenz vor:

- Standardbrief auf Firmenpapier. Es handelt sich hier um offizielle Briefe, die auf unterschiedliche Weise formuliert werden können:

[290] Es wurden zwei Absageschreiben gefunden, die in dem Text der offiziellen Absage auch Werbung für Ihr Unternehmen unterbringen, vgl. Abbildung Nr. 2 und Beispiel Nr. 8 im Anhang.
[291] Verstanden als Kommunikationsform, vgl. Werlich (1975), Ermert (1979).
[292] Zu den Kommunikationsformen vgl. Kapitel 5.2.1.3.

a) ganz individuell, angepasst an die jeweilige Bewerbung, vgl. Beispiele Nr. 1 und 2 im Anhang;
b) als Formbrief[293], vgl. Beispiele Nr. 3 und 4 im Anhang;

- Brief in Form einer E-Mail-Nachricht. Diese Form wird vermutlich aus ökonomischen Gründen immer häufiger bevorzugt.
- Postkarte mit einem standardisierten Text, vgl. Beispiel Nr. 5 im Anhang.
- Formblatt, auf dem man die entsprechende Variante nur anzukreuzen braucht, ergänzt mit einer handschriftlich erstellten Notiz, in der Bezug auf die Bewerbung genommen wird, vgl. Beispiel Nr. 6 im Anhang.

Die Absageschreiben haben in fast allen Fällen die Form eines Computerschreibens, entweder als Vorlage oder frei geschrieben. Es wurde nur ein Schreiben gefunden, das handschriftlich verfasst und für weitere Bewerber auf einem Kopiergerät vervielfältigt wurde, vgl. Beispiel Nr. 7 im Anhang. In vielen Fällen erhält man auch keine Antwort und die Auskunft ist nur telefonisch möglich[294].

Die außerlinguale (= graphische) Gliederung der Absageschreiben entspricht auch ihrer lingualen (= thematischen) Gliederung[295].

Die formale Seite der Briefe ist gesetzlich normiert, und zwar durch die Norm DIN 5008.[296] In den Korrespondenzlehrbüchern und Ratgebern wird daher der formalen Seite der Briefe große Bedeutung beigemessen[297]. In der Forschungsliteratur wird auch auf Folgendes hingewiesen:

> In der Tat hängt nicht nur die Entscheidung, ob ein vorliegender schriftlicher Text überhaupt ein Brief ist, sondern auch die vorläufige Zuordnung eines konkreten Briefes zu einer Briefsorte durch den Briefempfänger zu einem entscheidenden Teil von den äußeren Formalien ab. Die äußere Gestalt eines Briefes ist das Erste, was sein Empfänger wahrnimmt. (Ermert 1979: 107)

---

293 Interessant ist dabei die Tatsache, dass sich der/die „Absageschreiber“ schon in den ersten Worten des Schreibens dazu bekennt/bekennen, indem er/sie schreibt/schreiben: „ein Formbrief. Ja. Leider.“

294 Die heutige Lage auf dem Arbeitsmarkt zeigt auch, dass man seine Bewerbungsunterlagen nicht immer zurückbekommt. Oft erhält man nur telefonisch die Nachricht, dass man sie entweder persönlich bei der Firma abholen kann, oder dass sie per Post zurückgeschickt werden können, wenn man einen frankierten Briefumschlag an die Firma schickt.

295 Die thematische Struktur der Absageschreiben wird im Kapitel 3.5.1.1.1. besprochen.

296 Vgl. http://www.nia.din.de/cmd;jsessionid=F1775A4E5A514966FFDB89BA07B48D43.3?level=tpl-artikel&menuid=46419&cmsareaid=46419&cmsrubid=46422&menurubricid=46422&cmstextid=125498&bcru, Zugriff am 26.07.2012.

297 Vgl. Ermert (1979: 107ff.).

Alle Absageschreiben sind standardisiert. Sie werden auf Firmenpapier gedruckt, das bestimmte formale Zeichen trägt, die „ein wesentlicher Teil der Zeichenstruktur von Briefen und Briefsorten." sind (Ermert 1979: 108). Die graphischen Elemente der Briefe haben einen Informationswert für den Empfänger, denn sie liefern „insbesondere Informationen über pragmatische Gegebenheiten bzw. über die ‚Beziehungsebene' der Kommunikation, d.h. z.B. die Information darüber, wie der Brief hinsichtlich seines Offizialitätsstatus aufzufassen ist, welche soziale Position der Briefschreiber hat." (Ermert 1979: 108).

Als Zeichen, die einen symbolhaften Charakter haben, gelten: Verschriftungsarten eines Briefes, Farbe, Format, ikonische Zeichen (vgl. Ermert 1979: 108ff.). Diese Elemente der graphischen Gestaltung spielen nämlich in der Kommunikation eine wichtige Rolle, wie Bonsiepe (1996: 80) schreibt: „Graphische Gestaltung ist (...) eine zentrale Kategorie der Sprache (...). Wenn Sprache Wirklichkeit erkennbar macht, so macht ihrerseits Typographie Sprache als Text sichtbar, ist also konstitutiv für das Verständnis."[298]

Das Briefblatt besitzt auch seine Merkmale, die einen Text als Brief erkennen und bestimmen lassen. Elemente, nach denen Briefsorten differenziert werden können, sind: Format, Farbe, Qualität, Textanordnung, Verschriftungsart, Briefkopf, Unterschrift, Firmenangabe, die zwischen Grußformel und Unterschrift platziert wird, Anlagenvermerk, Bearbeitungsvermerk (Ermert 1979: 114ff.).

In den Absageschreiben handelt es sich um folgende formale Eigenschaften:

- Format; die meisten der gesammelten Absageschreiben werden auf dem DIN A4-Papier gedruckt. Die Briefe sind einseitig, nur zwei Absageschreiben sind zwei Seiten lang und dies wegen einer ausgebauten Begründung. Ein Schreiben (Aperitif-Brief) hat die Form einer Postkarte, die mit einem standardisierten Text bedruckt wurde. Daten, die zur Identifikation des Bewerbers (Name, Vorname, Adresse) sowie Zeitangaben (Datum) und Unterschrift werden handschriftlich ergänzt, vgl. Beispiel Nr. 5 im Anhang.

---

[298] Vgl. hierzu auch Stöckl (2004), Antos/Spitzmüller (2007) sowie die Feststellung Antos' (2007: 38): „Typographie spielt neben kulturellen, ideologischen oder ästhetischen Gründen auch die Funktion der besseren Wahrnehmbarkeit eine wichtige Rolle."

- Farbe: die Mehrheit der untersuchten Absageschreiben wurde auf weißem Papier gedruckt. Es lassen sich auch andersfarbige Blätter finden, z.B.: gelbe, lachsfarbene oder grüne Blätter, die Standardfarben der jeweiligen Firma oder des jeweiligen Unternehmens sind und nichts mit der Qualität der Bewerbung zu tun haben. Mit Farben wird eher spärlich umgegangen. Farbige Elemente erscheinen beim Firmenlogo im Briefkopf der Absageschreiben.
- Qualität des Papiers: es wird glattes, holzfreies Papier verwendet. Besondere Papierarten werden nicht benutzt.
- Textanordnung: es werden zwei Formen gebraucht: Blocksatz und Flattersatz, der eine Satzfigur mit frei auslaufendem Zeilenende ist, wodurch die Zeilen unterschiedlich lang sind. Die zweite Form überwiegt, was darauf hindeuten mag, dass es sich um eher kürzere Schreibformen handelt.
- Verschriftungsart: im gesammelten Material wurde nur ein Schreiben gefunden, das handschriftlich[299] erstellt wurde, vgl. Beispiel Nr. 7 im Anhang. Die übrigen Absageschreiben sind computergeschrieben.

Auch im Brieftext selbst lassen sich einige formale Merkmale bemerken. Sie machen die sog. „Architektonik von Texten" (Krause 2007: 51), d.h. die formale Anordnung der Textteile aus. In unserem Falle sind es folgende in der Reihenfolge ihres Vorkommens genannte Elemente:

1. Briefkopf[300], der folgende Elemente umfasst:
   - Name des Absenders, ganz oben oder direkt über der Adresse des Absenders;
   - Adresse des Absenders, die entweder ganz links in getrennter Spalte oder rechts oben platziert wird;
   - Firmenlogo über der Anschrift des Absenders;
   - Werbung für die jeweilige Firma[301];
   - Kalenderdatum, entweder rechts oben unter der Adresse des Absenders oder in der Bezugszeichenzeile;

[299] Es ist eher unüblich, dass offizielle Schreiben handgeschrieben werden, denn Handschriftlichkeit „verweist in der Regel auf den privaten Handlungsbereich", vgl. Ermert (1979: 115).

[300] Elemente, die im Briefkopf vorkommen, sind: Absender-, Adressatenangaben, Bezugszeichenzeile, Vorgangskennzeichnung, Betreffzeile, Firmensymbole, Warenindizes, vgl. Ermert (1979: 115).

[301] Dieses Element kommt eher selten vor.

- Bezugszeichenzeile, direkt über der Anrede; sie enthält folgende Elemente: Name der Bearbeiterin/des Bearbeiters, Telefonnummer, Faxnummer, Geschäftszeichen, Name der Abteilung;
- Betreffzeile[302];

2. Anrede[303];
3. Brieftext[304];
4. Grußzeile[305];
5. Unterschrift: sie schließt den Brieftext und ist handschriftlich, oft mit den Zusätzen „i. A.“, „ppa.“, „f. d. R.“ und der Angabe der Funktion (z.B. Sekretärin, Direktor, Vertriebsassistentin, Personalreferent, stellv. Verwaltungsleiter, Vorstandsassistentin u.a.) oder der Abteilung (Personalstelle, Personalagentur, Personalbetreuung, Personalleitung u.a.) versehen.
6. Firmenangabe: sie wird zwischen die Grußzeile und die Unterschrift gesetzt.
7. Anlagenvermerk: dieses Element kommt nur in den Absageschreiben vor, in denen das Thema der Rücksendung von eingereichten Bewerbungsunterlagen im Brieftext angekündigt wurde.
8. Brieffuß, der folgende Informationen beinhaltet: Inhaber der Firma, Geschäftsführer, Vorstand, Aufsichtsrat, Bankverbindung, Konten, Geschäftszeiten, auch telefonisch, Gerichtsangabe, Handelsregister, Anschriften: Brief-, Haus-, Lieferanschrift, Fahrverbindungen, in einem Fall mit zusätzlicher Aufforderung: *Bitte benutzen Sie nach Möglichkeit öffentliche Verkehrsmittel!*, Hinweise: für Behinderte auf den Eingang, auf den Parkplatz, für Hörbehinderte auf Schreibtelefon, Datenschutzhinweis, Information über das verwendete Papier, z.B.: *Für dieses Schreiben wurde alterungsbeständiges Papier verwendet.*

In der Forschungsliteratur findet man verschiedene Ansätze, Briefe zu klassifizieren. Es werden dabei unterschiedliche Kriterien angewendet, die folgende Ebenen umfassen (vgl. Ermert 1979: 69ff.):

[302] Die Inhalte der Betreffzeile werden im Kapitel 3.5.1.1.1. detailliert dargestellt.

[303] Arten und Formen der Anrede in den Absageschreiben werden im Kapitel 3.5.1.1.1. dargestellt.

[304] Die Struktur des Brieftextes in den Absageschreiben wird im Kapitel 3.5.1.1.1. präsentiert.

[305] Arten und Formen der Grußzeilen in den Absageschreiben werden im Kapitel 3.5.1.1.1. präsentiert.

1. die Intentionen des Handelnden (= des Briefschreibers); es werden dabei vier dominierende Typen der Intentionen unterschieden:
   - Kontaktintention: es geht hier um die Herstellung / Pflege / Verbesserung / Beendigung des sozialen Kontakts zum Kommunikationspartner.
   - Darstellungsintention: es ist die Intention, „einen Sachverhalt (Gegenstände, Ideen, Gefühle, Vorgänge, Zusammenhänge usw.) objektiv darzustellen".
   - Wertungsintention, bei der ein Sachverhalt gewertet wird.
   - Aufforderungsintention, deren Ziel ist, „jemanden zu einem bestimmten Verhalten zu veranlassen".

In den Absageschreiben hat man es mit allen diesen Intentionen zu tun, die jedoch im unterschiedlichen Grade realisiert werden. In den thematischen Teilen: Anrede, Bestätigung und Dank für die Bewerbung wird der Kontakt zu dem Bewerber hergestellt, indem man z.B. folgende Formeln verwendet: *Sehr geehrter / Lieber Bewerber...*, *Ich bestätige den Eingang Ihrer Bewerbung*; *Wir danken Ihnen für die Zusendung Ihrer Bewerbung* u.a. Dieselbe Intention finden wir in den die Absageschreiben abschließenden Grußzeilen. Die Intention der Kontaktpflege kommt v.a. in den Aperitif-Briefen und Eisschreiben besonders explizit zum Ausdruck. Es handelt sich dabei um folgende thematische Teile: Aperitif – Versprechen der Kontaktaufnahme, z.B.: *Wir werden uns wieder bei Ihnen melden*; *Wir werden Sie über die getroffene Entscheidung so bald wie möglich informieren*; und Aufs-Eis-Legen, z.B.: *Ich komme gerne auf Sie zurück*; *Ihr Bewerbungsschreiben lege ich gern auf Wiedervorlage, um zu gegebener Zeit darauf zurückgreifen zu können*; *Ihre Einwilligung vorausgesetzt, werden wir Ihre Bewerbung gerne in unserer Boxengasse parken*; *Bei einer freien Startposition werden wir uns mit Ihnen in Verbindung setzen.* In den meisten Absageschreiben, v.a. in den eigentlichen Absagen, dominiert jedoch die Intention der Beendigung des Kontakts. Diese ist v.a. in dem thematischen Teil: Erteilen der Absage, z.B.: *Leider müssen wir Ihnen mitteilen, dass eine Einsatzmöglichkeit in unserem Hause nicht gegeben ist*; *nach eingehender Prüfung Ihrer Bewerbungsunterlagen müssen wir Ihnen leider mitteilen, dass wir zur Zeit keine Stelle frei haben*; *Bezüglich Ihrer Frage nach freier Mitarbeit müssen wir Sie enttäuschen* u.a., und Vermerk über Rücksendung der eingereichten Unterlagen, z.B.: *Ihre Bewerbungsunterlagen erhalten Sie anbei zurück*; *Leider können wir die*

Unterlagen wegen der Vielzahl von Bewerbungen aus Kostengründen nicht mehr zurücksenden besonders sichtbar, wobei der Eindruck entsteht, dass man auf diese Art und Weise den Bewerber für immer los werden will, was z.B. in folgenden Zitaten explizit mit zeitlicher Beschränkung: *Wir teilen Ihnen mit, dass die Möglichkeit einer Einstellung ...* ***zurzeit*** *nicht gesehen wird bzw.* ***in absehbarer Zeit*** *auch nicht in Aussicht gestellt werden kann.* oder räumlicher Beschränkung: *Diese Absage gilt auch* ***für alle zu meinem Geschäftsbereich gehörenden Berliner Amtsgerichte*** zum Ausdruck gebracht wird.

Die Darstellungsintention[306] kommt v.a. in der Beschreibung der Auswahlrituale und des Auswahlverfahrens, sowie im Teil: Absagegründe zum Vorschein. Es werden dabei objektive Sachverhalte beschrieben, z.B.: *Das Auswahlverfahren wird einige Wochen in Anspruch nehmen und muss in unserem Institut mehrere Gremien durchlaufen*; *Nach weiteren Etatkürzungen sehen wir uns gezwungen, Einsparungen vorzunehmen*; *Wir müssen Ihnen nunmehr leider mitteilen, dass wir trotz Prüfung Ihrer Unterlagen und auf Grund betrieblicher Umstrukturierung keine externen Bewerbungen berücksichtigen können* u.a.

Mit der Wertungsintention[307] hat man es überwiegend in den eigentlichen Absageschreiben in dem Teil zu tun, in dem die Ergebnisse des Auswahlverfahrens genannt werden, z.B.: *Nach eingehender Prüfung Ihrer Bewerbung, bin ich zu dem Ergebnis gekommen, das ich Ihnen kein Angebot in unserem Hause machen kann*; *Nach eingehender Prüfung haben wir uns anderweitig entschieden* u.a.

Die Aufforderungsintention[308] wird in den Aperitif-Briefen und in den eigentlichen Absageschreiben realisiert. Oft wird sie durch den Gebrauch des Imperativs exponiert. Sie ist in folgenden thematischen Teilen sichtbar: Trost und Aufmunterung: *Bitte nicht böse sein*; *Bitte haben Sie Verständnis dafür, dass wir unsere Entscheidung nicht näher begründen können*; *Bitte betrachten Sie die Entscheidung nicht als Wertung Ihrer kreativen Leistung*; *Wenn wir Ihnen hier-*

[306] Sie ist mit der Bühlerschen Funktion der Darstellung zu vergleichen, vgl. Bühler (1934).

[307] „Sie liegt dann vor, wenn der Schreiber eines Briefes damit vor allem die Intention verfolgt, zu einem beliebigen Sachverhalt einen wertenden Kommentar abzugeben“ (Ermert 1979: 71) und ist mit den „verdiktiven“ und „konduktiven Äußerungen“ bei Austin (1972: 170ff.) zu vergleichen.

[308] Sie liegt dann vor, „wenn der Briefschreiber den Adressaten zu einem bestimmten Verhalten veranlassen will.“ (Ermert 1979: 72) und ist mit der Bühlerschen „Funktion des Appells“, vgl. Bühler (1934) und den „exerzitiven Äußerungen“ bei Austin (1972: 171) zu vergleichen.

mit absagen, ist das kein Werturteil; *Bitte sehen Sie dies nicht als persönliche Bewertung*; Gutgemeinte Ratschläge für die weitere Arbeitssuche, z.B.: *Lassen Sie sich von dieser Absage nicht entmutigen*; *Lassen Sie in Ihren Bemühungen nicht nach*; *Probieren Sie es weiter*, Bitte um Geduld (Aperitif-Briefe), z.B.: *Wir bitten Sie um etwas Geduld*; *bis dahin bitte ich Sie um Geduld*; *ich bitte Sie deshalb, sich vorerst zu gedulden, bis ich auf die Angelegenheit zurückkomme.*

5.2.1.2.1. Textdesign in den Absageschreiben

Textdesign ist ein Begriff, der auf eine starke Beziehung zwischen Form und Inhalt verweist, wobei darunter die „zielorientierte Strategie, als ‚Schnittstelle' zwischen Produzent, Rezipient und Produkt, mit deren Hilfe das jeweilige Handlungsziel erreicht werden kann." (Roth/Spitzmüller 2007: 10) verstanden wird. *Textdesign* umfasst daher formale Merkmale von Texten (Layout, Typographie), sprachliche Aspekte der Textorganisation sowie syntaktische, lexikalische und semantische Aspekte. Es handelt sich also um die wirkungsorientierte typographische Gestaltung eines Textes[309], wie es Dürscheid (2006: 297) expliziert.

Stöckl (2004: 40) nennt zwölf Ziele der typographischen Gestaltung, zu denen folgende gehören: 1. Lesbarkeit / Sichtbarkeit garantieren, 2. expressive Schreibereigenschaften verdeutlichen, 3. Materialität fokussieren – Herstellungskontext / Verwendungsdomäne illustrieren, 4. emotionale Assoziationen / Anmutungen auslösen, 5. inhaltliche oder formale Bezüge zu Textthema / Textinhalt / Textgenre herstellen, 6. sprachliche Struktur des Textes verdeutlichen, 7. Leserorientierung bieten, Infoselektion garantieren, 8. illokutionäre Kraft von Aussagen verstärken / überformen, 9. prosodische Qualitäten sprachlicher Äußerungen evozieren, 10. Bildbedeutungen durch Schrift aufbauen, 11. Symmetrie, Balance und optische Ausgeglichenheit gewährleisten, 12. kulturelle Epoche, zeitliche Mode anzeigen.

Textdesign schließt verschiedene Aspekte ein, die diverse Gestaltungsebenen umfassen. Hagemann (2003: 105f.) unterscheidet hierbei mikrostrukturelle (Schrifttyp, Strichstärke, Schriftgröße, Schriftfarbe, Abstand zwischen den Schriftzeichen, Unterstreichungen, Sonderzeichen, Emoticons, Smileys), makro-

309 Vgl. hierzu die Funktionen der Textgestaltung in Antos (2001) und Spitzmüller (2006).

strukturelle (Zeilenabstand, Satzart[310], Zeilenanfangsposition, Trennlinien, Rahmen, Hintergrundfarbe) und paratextuelle typographische Gestaltungsebenen (Fußnoten, Marginalien u.a.). Von der Funktionalität der Typographie ausgehend unterscheidet Stöckl (2004) vier typographische Ebenen: Mikrotypographie, deren Elemente sich mit denen von Hagemann decken, Mesotypographie, die die Gestaltung des Schriftbilds auf der Fläche bzw. den Gebrauch von Schrift im Text umfasst, Makrotypographie, die sich auf den Zeichen-, Wort- und Zeilenabstand, die Textmenge auf der Seite, die Ausrichtung des Textes (Satz) und verschiedene Schriftmischungen bezieht, und Paratypographie, die die Materialität der Dokumentgestaltung und deren Elemente (Papierqualität, Praktiken des Signierens) betrifft.

Im Falle der Absageschreiben handelt es sich um Briefe offiziellen Gebrauchs. Daher ist der Einsatz von typographischen Mitteln und Techniken bei der Textgestaltung nur beschränkt möglich. Die Typographie gleicht den Standards, die für die Geschäftskommunikation gelten, und entspricht der in jeder Firma vorgeschlagenen Stilisierung, die sich u.a. in der Gestaltung des Firmenpapiers äußert. Wegen des offiziellen Status solcher Briefe wird der Kreativität in der typographischen Gestaltung kaum Freiraum gelassen.

5.2.1.2.2. Absageschreiben als Werbetexte

Neben den oben besprochenen inhaltlichen Komponenten, die die Gesamtstruktur der Absageschreiben ausmachen, kann man in den Texten Elemente finden, die ihnen den Charakter anderer Textsorten verleihen. Es handelt sich um solche Beispiele, in denen neben den erwähnten thematischen Fragmenten Textpassagen zu finden sind, die einen Werbecharakter aufweisen.

Ein Absageschreiben als Werbung ist eher schwer vorstellbar, dennoch werden die Texte auch zu solchen Zwecken genutzt. Die angesprochenen Fragmente werden meistens nach der Bestätigungs- und Dankesformel platziert, vgl. Beispiel 8 im Anhang, z.B.: *Das Theater am Halleschen Ufer, 1993 als zentrale Spielstätte der freien Gruppen Berlins eingerichtet, ist heute einer der profiliertesten und anerkanntesten Spiel- und Produktionsorte für die Darstellenden Künste mit Schwerpunkt im Tanz-, Performancebereich.* Man findet auch direkte

[310] Satz in der Bedeutung Ausrichtung des Textes.

Werbung, die nach der Absage ausgedrückt wird, z.B. in dem Absageschreiben von IKEA: *Bis dahin wünschen wir Ihnen viel Erfolg für Ihre berufliche Zukunft und* ***richten Sie sich doch einfach mit uns ein****!*, wobei durch die Anwendung des Imperativsatzes versucht wird, die Aufmerksamkeit des Empfängers/Lesers von der mit diesem Schreiben erfolgten Absage abzulenken. Dieselbe Vorgehensweise finden wir auch in der Absage von Yello Strom: *Sie denken, dass Sie gut zu Yello passen – auch wir sind dieser Meinung. Jedoch sind die Mitarbeiter genauso zufrieden wie unsere Kunden: daher gibt es zur Zeit leider keine Position im Marketing.*

Es finden sich auch Absageschreiben, die als Ganzes der Werbung des jeweiligen Unternehmens dienen und in der Stilistik der jeweiligen Firma formuliert werden, die dem Warensortiment der Firma entspricht, z.B.:

Ihre Bewerbung

Sehr geehrte Frau Eisberg,

wir bedanken uns für Ihr Interesse an einer Mitarbeit in unserem Unternehmen und freuen uns, dass Sie mit MAHLE nicht nur in der Formel 1 ganz vorne dabei sein möchten.

Ihre Bewerbungsunterlagen haben uns gut gefallen. Leider können wir Ihnen zum jetzigen Zeitpunkt keinen geeigneten Arbeitsplatz anbieten, der Ihrer Qualifikation entspricht. Engagierte und motivierte Mitarbeiter, die ihren Motor zu Höchstleistungen bringen möchten, suchen wir in unserem „Rennstall" immer wieder.
Ihre Einwilligung vorausgesetzt, würden wir gerne Ihre Bewerbung in unserer „Boxengasse" parken. Bei einer freien Startposition werden wir uns mit Ihnen in Verbindung setzen.

Bis dahin wünschen wir Ihnen alles Gute!

Abbildung 1. Beispiel für eine Absage mit Werbeinhalt[311]

5.2.1.3. Handlungsbereich[312]

Beim Handlungsbereich handelt sich um die Kommunikation zwischen einem Kommunizierenden (Sender = Absageschreiber) in der offiziellen Funktion – einem Vertreter der Firma, und dem Empfänger (= Bewerber). Eine offizielle Rolle kommt vor, „wenn die Position des Handelnden eine offizielle ist, d.h. wenn das Beziehungsgefüge, in dem Briefschreiber oder Briefempfänger in Be-

[311] www.spiegel.de/unispiegel/jobundberuf/html, Zugriff am 8.07.2014.

[312] Es wird hervorgehoben, dass „die verschiedenen Handlungsbereiche der Briefkommunikation zu den entscheidenden determinativen Faktoren für die sprachliche Ausformung von Briefen und damit zu den entscheidenden Kriterien für die Briefsortenbestimmung gehören." (Ermert 1979: 77), vgl. hierzu auch „das kontextuelle Kriterium des Handlungsbereichs" bei Brinker (2010: 127).

zug auf die in Frage stehende Interaktion handeln, durch makrosoziale Funktionen gekennzeichnet ist“ (Ermert 1979: 76).

Der Handlungsbereich in den Absageschreiben lässt sich folgendermaßen bestimmen:

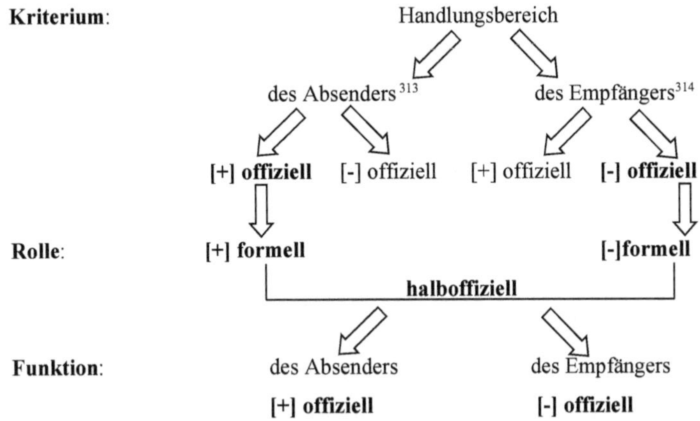

Schema 7. Darstellung des Handlungsbereichs in den Absageschreiben in Anlehnung an Ermert (1979: 76f.), eigene Darstellung

Dies wird auch von Drescher (1994: 120) bestätigt, die Absagebriefe der „halboffiziellen Kommunikation“ zuordnet.

5.2.1.4. Partnerbezug

Mit Patnerbezug wird gemeint, dass man sich in einem Brief auf seinen Partner einstellt und seine aktuelle Situation mitberücksichtigt. Man unterscheidet dabei zwei Typen der Relationen zwischen den Partnern, die vom Prinzip der Gleichberechtigung abgeleitet werden: den „symmetrischen“, d.h. gleichberechtigten und den „asymmetrischen“, d.h. nicht gleichberechtigten Partnerbezug. Diese Differenzierung erfolgt in Bezug auf „Eröffnung und Abschluss der Kommunikation, auf das Ansprechen bestimmter Themen, auf den Gebrauch bestimmter Worte, auf die Bestimmung der Kommunikationsrichtung.“ (Ermert 1979: 77).

In den Absageschreiben auf Bewerbungen finden sich v.a. in der Anrede und den Dankesformeln Elemente der Adressatenbezogenheit, für die „die Dominanz der angesprochenen Person“ charakteristisch ist. Dabei ist es möglich,

---

[313] = Absageschreiber.

[314] = Bewerber.

dass „neben der zweiten Person gelegentlich die sprechende Person (der Texthersteller) signalisiert werden kann." (vgl. Wawrzyniak 1980: 76), z.B.:

Sehr geehrter Herr ...[Nachname des Bewerbers],

haben Sie vielmals Dank für ..., ... ***wir*** *sehen keine Möglichkeit Sie einzustellen ..., haben Sie Verständnis ..., Trotz Ihres interessanten beruflichen Werdegangs ..., ... zu* ***unserer*** *Entlastung senden* ***wir*** *Ihnen ...*

In den Absageschreiben hat man es offensichtlich mit einem asymmetrischen Partnerbezug zu Gunsten des Absenders (= Absageschreibers) zu tun. Der Absageschreiber verfügt nämlich über die Macht, Entscheidungen, die den Bewerber, v.a. seine Lage angehen, zu treffen, wie es auch Drescher (1994: 120) unterstreicht, dass „dem Vertreter der Institution aufgrund seiner Entscheidungsbefugnis – die ‚höhere' Position zukommt."

5.2.1.5. Handlungszusammenhang

Unter Handlungszusammenhang wird die Rolle des Briefes im Gesamtzusammenhang der Kommunikation zwischen den Briefpartnern verstanden. Man unterscheidet hier zwei Bereiche: monologische[315] und dialogische Briefe, für die ein vergangener oder zukünftiger Richtungswechsel in der Gesamtkommunikation charakteristisch ist (vgl. Ermert 1979: 78).

Im Falle der Absageschreiben hat man es mit dialogischen Texten zu tun, die einen rückwärtsweisenden Charakter[316] haben, d.h. sich auf einen vorangegangenen Brief des Empfängers (= Bewerbung) beziehen[317]. Das ergibt sich daraus, dass Absageschreiben Reaktionen auf direktive Sprechakte sind und ihre Hauptintention – ABLEHNEN – zu den sequenzabhängigen Sprechakten gehört (vgl. hierzu Kapitel 6.1.2.). Die Autoren der Absageschreiben beziehen sich in ihren Antworten auf vergangene Ereignisse – Bewerbungs- und Auswahlverfahren – oder in den Eisschreiben auf eventuelle künftige Vorkommnisse. Auf die

[315] Es sind Briefe, „wenn sie weder auf vorhergehende noch auf nachfolgende Briefe des Adressaten keinen Bezug nehmen" (Ermert 1979: 78). Da es sich im Falle der Absageschreiben um dialogische Briefe handelt, wird darauf nicht näher eingegangen.

[316] Es werden noch dialogisch vorwärtsweisende und bidirektionale Briefe unterschieden, vgl. Ermert (1979:79).

[317] Den Stimulus in Form einer Bewerbung haben wir als Angebot identifiziert, vgl. Kapitel 6.1.1.1.

Verwendung von Tempora in den Absageschreiben und die Folgen deren Anwendung wird im Kapitel 3.4.1.2.2. eingegangen.

5.2.1.6. Art des Textthemas

Das Hauptthema der Texte, das auf das Informieren über ein negatives Ergebnis bei einem Bewerbungsverfahren fokussiert ist, betrifft beide Kommunikationspartner, und trägt das Merkmal vorzeitig, d.h. die Schreiben beziehen sich auf vergangene Vorkommnisse – das Einreichen der Bewerbungsunterlagen oder das erfolgte Auswahlverfahren. In den Eisschreiben wird jedoch in dem thematischen Teil Vormerkung Nachzeitigkeit signalisiert, indem auf mögliche künftige Kontaktaufnahme verwiesen wird.

In Bezug auf die Relation zwischen dem Sender (= Absageschreiber) bzw. Empfänger (= Bewerber) und dem Thema werden drei Typen von diesen unterschieden (vgl. Brinker 2010: 131): Thema = Emittent, Thema = Rezipient, Thema = außerhalb der Kommunikationspartner. In unserem Falle handelt es sich eindeutig um die Relation Thema = Rezipient, da die besprochenen Texte an den Empfänger gerichtet sind.

5.2.1.7. Form der thematischen Entfaltung

Mit der thematischen Entfaltung wird nach Brinker (2010: 54) „Verknüpfung bzw. Kombination relationaler, logisch-semantisch definierter Kategorien (...) [verstanden – J. S.], welche die internen Beziehungen der in den einzelnen Textteilen (Überschrift, Abschnitten, Sätzen usw.) ausgedrückten Teilinhalte bzw. Teilthemen zum thematischen Kern des Textes (dem Textthema) angeben (...)."

In den Absageschreiben lassen sich Elemente verschiedener Formen der thematischen Entfaltung finden. Das ergibt sich weitgehend aus der Sprechaktstruktur der besprochenen Texte, die deutlich zeigt, dass Absageschreiben in den drei hier besprochenen Ausprägungen komplexe Texte sind, in denen unterschiedliche Intentionen des Senders ausgedrückt werden.

Schon in der Beschreibung der Auswahlrituale und des andauernden (Aperitif-Briefe) oder abgeschlossenen Auswahlverfahrens (Eisschreiben, eigentliche Absageschreiben) finden sich Spuren der deskriptiven Themenentfaltung. Dabei „wird ein Thema in seinen Komponenten (Teilthemen) dargestellt und in Zeit und Raum eingeordnet." (Brinker 2010: 56). In unserem Falle handelt es sich um Formulierungen folgender Art: *Wir haben Ihre Unterlagen mit großer Aufmerksamkeit gelesen*; *der Vorgang wird noch einige Zeit in Anspruch nehmen*; *Wir haben die Einsatzmöglichkeiten in unserem Hause sorgfältig geprüft*. Deskriptiven Charakters sind auch Fragmente, in denen als Begründung der Absage andere Fakten angeführt werden, die den Situationskontext, in dem die Absage erfolgt, umreißen, z.B.: *Auf Grund der dramatischen Haushaltslage des Landes ... ist es in diesem Jahr zu drastischen Einsparungen im Bereich der Personalmittel gekommen. Dieser massive Stellenabbau wird sich auch in den kommenden Haushaltsjahren fortsetzen. Im Haushaltsentlastungsgesetz wurde nun festgelegt, dass Nachbesetzungen von Stellen im Wege von Neueinstellungen grundsätzlich nicht möglich sind. Ich sehe daher keine Möglichkeit Ihre Bewerbung bei Stellenbesetzungen zu berücksichtigen.*

Von der Darstellung der ökonomischen Lage der Art: *im Personalbereich sind umfangreiche Stellenreduzierungen umzusetzen, wodurch ein erheblicher Personalüberhang entsteht*; *dass, durch die vom Deutschen Bundestag beschlossenen Haushaltseinsparungen dem ... im Personalbereich Einsparungen auferlegt sind, die die Berücksichtigung externer Bewerber zum jetzigen Zeitpunkt grundsätzlich ausschließen* werden Gründe für die Erteilung der Absage abgeleitet. Diese Strategie entspricht der *explikativen Themenentfaltung*, die auf das Modell von Hempel/Oppenheim (1948) zurückzuführen ist, und bei der man „einen Sachverhalt (**„Explanandum“** genannt, d.h. das zu Erklärende) (…) aus bestimmten anderen Sachverhalten, die man zusammen als das **„Explanans“** (d.h. das Erklärende) bezeichnet, logisch ableitet.“[318] (Hempel/Oppenheim (1948) zit. nach Brinker 2010: 65, Hervorhebung im Original). Die Erteilung einer Absage im Lichte der angeführten Erklärung scheint dabei eine logische Schlussfolgerung zu sein.

Es finden sich auch Fragmente, in denen Elemente der argumentativen Themenentfaltung vorkommen. Diese ist „vor allem für appellative Texte kennzeichnend, da es dem Emittenten in diesen Texten zumeist darum geht, den Rezipienten durch Angabe von Gründen von seiner Sichtweise, seiner Wertung eines Sachverhalts zu überzeugen und ihn ggf. zu einem entsprechenden Handeln zu veranlassen.“ (Brinker 2010: 76). Einen begründenden Charakter haben

[318] Das Modell betrifft v.a. wissenschaftliche Texte, jedoch lassen sich in unserem Falle, wie oben angeführt, Spuren dieser Themenentfaltung auch in den Absageschreiben finden.

die Fragmente der Absageschreiben, in denen die Gründe für die Erteilung der Absage angegeben werden, z.B.: *es steht uns keine Stelle zur Verfügung, die wir Ihnen im Hinblick auf Ihre Qualifikationen anbieten könnten*; *weil es Mitarbeiter gibt, die unseres Erachtens besser mit dem von uns beschriebenen Anforderungsprofil harmonieren*; *Nach eingehender Prüfung Ihrer Bewerbung bin ich zu dem Ergebnis gekommen, dass ich Ihnen kein Angebot in unserem Haus machen kann*; *da die Ihrer beruflichen Entwicklung und Qualifikation entsprechenden Arbeitsplätze besetzt sind, sehen wir leider keine Möglichkeit, Ihnen ein für Sie interessantes Angebot zu unterbreiten*; *wie Sie aus dem aktuellen Merkblatt ersehen, ist das Höchstalter für Bewerber/innen um ... bei ... auf 30 Jahre festgelegt worden. Da Sie diese Altersgrenze überschritten haben, können wir Ihre Bewerbung leider nicht in das nächste Auswahlverfahren einbeziehen. Lieder müssen wir Ihnen mitteilen, dass wir die Stelle zwischenzeitlich an einen anderen Bewerber vergeben haben.*

Zusammenfassend kann festgehalten werden, dass Absageschreiben wie jeder Text Elemente verschiedener Textsorten enthalten. Aus diesem Grunde ist die kategorische Textsortenbestimmung nicht eindeutig und nicht scharf. Sie richtet sich nach der Hauptfunktion und dem Hauptziel des Textes, sowie anderen Merkmalen, die den Text als einen solchen überhaupt bestimmen lassen. Die Funktion, die als Basiskriterium herangezogen wird, ergibt sich zum größten Teil aus den vorangegangenen Handlungen (hier der eingereichten Bewerbung). In diesem Sinne bestätigen die Absageschreiben die von Bachtin aufgestellte These, dass „eine Äußerung auf eine Antwort hin gerichtet ist, und diese (erwartete) Erwiderung beeinflusst ihre eigene Form: die antizipierte und provozierte Antwort strukturiert die Äußerung selbst." (Bachtin 1979/1986 zit. in Auer 1999: 227).

5.2.2. Absageschreiben als Texte der Verwaltung

Die Absageschreiben in ihren drei Ausprägungen: Aperitif-Briefe, eigentliche Absageschreiben, Eisschreiben sind in gewisser Hinsicht den Textsorten der Verwaltung zu subsumieren, da sie auf einen institutionellen Kontext – die offizielle Geschäftskorrespondenz – bezogen sind. Dabei gelten die vom Bewerber angeschriebenen Firmen als Institutionen, in denen infolge eines bestimmten Vorgangs zur „Bearbeitung" von Bewerbungen Entscheidungen bezüglich der eingereichten Bewerbungsunterlagen getroffen werden. Das bestätigt auch die Tatsache, dass sich Institutionen „zur Bewältigung ihrer Aufgaben vor allem schriftkonstituierter Texte bedienen, die funktional auf das Verwaltungshandeln bezogen sind." (HSKTG 2000: 628).

Die Textsorten der Verwaltung lassen sich von anderen Textsortengruppen deutlich dadurch unterscheiden, dass „ihr Hauptzweck in der Bearbeitung von Wissen bzw. Informationen nach vorgegebenen, ja institutionsspezifischen Bearbeitungsverfahren liegt." (HSKTG: 2000: 634). Im Falle der Absageschreiben sind es die Vorschriften, die im „Allgemeinen Gleichbehandlungsgesetz" enthalten sind und den Umgang mit Bewerbungen regeln, was bereits im Kapitel 3.2. angeführt wurde. Dazu kommt das in jeder Firma entwickelte Auswahlverfahren, das nach bestimmten Regeln verläuft.

Je nach der dominanten Funktion unterscheidet man folgende Typen der Vewaltungstextsorten (ebd.: 634f.):

- Texte mit regulierender Funktion, die „das Verwaltungshandeln nach Form und Inhalt vorab festlegen", z.B. Vorschriften, Dienstanweisungen u.a.
- Texte mit wissenserhebender bzw. -vermittelnder Funktion, d.h. Texte, die von den Klienten an Behörden und Institutionen gerichtet werden, z.B. Anträge, Widersprüche, Anfragen und Auskunftsersuche.
- Texte mit wissensbearbeitender Funktion, d.h. „schriftliche Äußerungen, die im Laufe eines Bearbeitungsprozesses entstehen und der verwaltungsinternen Bearbeitung dienen", z.B.: Verwaltungsakte.
- Texte mit handlungsschließender Funktion, die „in bestimmter Form die Ergebnisse des Verwaltungshandelns mitteilen und die einheitliche Verwaltungsmeinung darstellen.", z.B. Bescheide.

Absageschreiben stellen ein Ergebnis eines Verwaltungsvorgangs (= Bewerbungsverfahren) dar, daher sind sie im Lichte der angeführten Typologie in der Gruppe der „Texte mit handlungsschließender Funktion" zu platzieren. Sie haben die Form eines *Bescheids*, also eines „ein einzelnes Verwaltungsverfahren abschließenden Verwaltungsaktes" (Linhart 1975: 56f.), und die Funktion, die von einer Behörde/Institution getroffenen Entscheidungen kundzugeben (vgl. hierzu Büter/Schimke 1993: 14). Linguistisch gesehen sind sie als „reaktive Handlungen des Begünstigens oder Belastens (BEWILLIGEN, ABLEHNEN, ANFORDERN) als Antwort der Verwaltung auf einen ‚Antrag' des Bürgers oder auf vorgängige

Datenerhebung der Verwaltung" zu verstehen." (HSKTG 2000: 638). Im Lichte dieser Definition gelten sie als Teile bestimmter Handlungssequenzen (vgl. Hindenlang 2010), mit denen diese abgeschlossen werden.

Bescheide haben eine vorgeschriebene textuelle Struktur, die als Prototyp solcher Schreiben gilt (vgl. Joerger 1979: 211, Büter/Schimke 1993: 93ff. u.a.). Zu ihrer kommunikativen Rahmenstruktur[319] gehören folgende Elemente (HSKTG 2000: 638ff.):

- Einleitung, in der Angaben zur Bearbeitungserleichterung, Kontaktaufnahme, Kennzeichnung des Sachverhalts, Zustellungsart enthalten sind. Im Falle der Absageschreiben handelt es sich v.a. um die Betreffzeile, Adresse des Absenders, v.a. die Adresse der Firma, Telefon- und Faxnummern, E-Mail-Adresse, Name des Bearbeiters (= Absageschreibers). Der Einleitung kommt dabei die Rolle zu, den Empfänger auf die ihr folgende Entscheidung vorzubereiten.
- Tenor, d.h. der grundlegende Gehalt des Schreibens; sein Platz im Schreiben ist in Bezug auf dessen kommunikative Funktion genau bestimmt. Die Entscheidungsformel – hier die Ablehnung – wird in verschiedenen, oft sehr ausgebauten Konstruktionen mitgeteilt und bedeutet zugleich das Ende eines vorangegangenen Verfahrens.
- Gründe, im Falle deren Rechtsgrundlagen eine wchtige Rolle spielen; in diesem Teil „verbinden sich die mit allgemeinsprachlichen Mitteln durchzuführende ‚Sachverhaltsdarstellung' und ihre ‚rechtliche Würdigung', die mit spezifischer, vom Alltagsverständnis abweichender Fachbegrifflichkeit und juristischem Hintergrund operiert." (HSKTG 2000: 638). Im vorliegenden Fall handelt es sich v.a. um Vorschriften, die das Bewerbungs- und Auswahlverfahren in der jeweiligen Institution bestimmen. Hier werden u.a. die einzelnen Schritte des Verfahrens beschrieben, die Kriterien der Auswahl genannt, Argumente angeführt, mit denen die getroffene Entscheidung untermauert wird. Der Begründung kommt dabei eine dreierlei Rolle zu: einerseits soll der Empfänger (hier: Bewerber) von der Richtigkeit der Entscheidung überzeugt werden, andererseits dient sie zur „Überprüfung der Rechtmäßigkeit der getroffenen Entscheidung" (vgl.

[319] Diese Rahmenstruktur lässt auch zu, Bescheide als Briefe zu betrachten, vgl. hierzu Ermert (1979).

HSKTG 2000: 638f.) und schließlich kommt ihr m. E. auch die Rolle zu, eventuellen Rückfragen des Empfängers vorzubeugen.

- Rechtsbehelfsbelehrung, die nur „fallweise ein verpflichtender Bestandteil des Bescheids ist“ (ebd.). In den Absageschreiben kommt dieses Element nicht vor.
- Grußformel, Unterschrift;
- Bearbeitungsvermerke.

Im Lichte des Gesagten lassen sich die Absageschreiben der Gruppe der Bescheide subsumieren, und zwar der Bescheide ablehnenden Charakters.

5.2.3. Muster der Absageschreiben

Wenn man die Form der Absageschreiben und deren thematische Struktur berücksichtigt, ist es ersichtlich, dass diese Textsorte in verschiedenen Realisierungsmöglichkeiten zur Ausprägung kommt, die von der Intention der Sender (= Absageschreiber) abhängen. In der Forschungsliteratur wird darauf hingewiesen, dass man im Falle einer Absage unter einigen Möglichkeiten zu wählen hat[320]. Man konzentriert sich dabei v.a. auf unterschiedliche Begründungen für die Erteilung einer Absage (Duden 2005: 239f.), unter denen z.B. folgende zu nennen sind:

- Es gibt zu viele Bewerber, die über gleiche Qualifikationen verfügen.
- Die Gehaltsvorstellungen des Bewerbers sind höher als es für die jeweilige Stelle vorgesehen ist.
- Einer der Bewerber verfügt über die geforderte Qualifikation und wird eingestellt, aus diesem Grunde wird den anderen Bewerbern abgesagt.

In der Ratgeberliteratur (vgl. z.B. Duden 1997) sind auch fertige Muster für Absageschreiben zu finden, die mit folgendem Kommentar versehen werden: „Auf dem Computer oder einer Speicherschreibmaschine lassen sich aber einige Absagebriefe mit verschiedenen Informationen einfach formulieren, in die man alle individuellen Daten nachträglich einsetzt.“ (Duden 1997: 236). Ergänzt wird dieser Kommentar mit vier Möglichkeiten für den Inhalt der Absagebriefe, in denen man auch fertige Begründungen für die ablehnende Antwort findet. Noch stärker wirken die Generatoren der Absagebriefe, die online zugänglich sind und

[320] Vgl. hierzu Kapitel 3.1.

im Falle deren man nur eine von den angegebenen Varianten des jeweiligen Textfragments anzuklicken braucht[321], z.B.:

für den thematischen Teil **Einleitung**:

- o vielen Dank für Ihre Bewerbung.
- o vielen Dank für Ihre Bewerbung und Ihr Interesse an einer Anstellung in unserem Unternehmen.
- o wir bedanken uns für Ihre Bewerbung und das damit zum Ausdruck gebrachte Interesse an einer Mitarbeit in unserem Unternehmen.
- o vielen Dank für Ihr Schreiben und die Unterlagen über Ihren bisherigen Werdegang.
- o wir bedanken uns für Ihre Bewerbung und die Zusendung Ihrer Bewerbungsunterlagen.
- o wir bedanken uns für die Einreichung Ihrer Bewerbungsunterlagen und Ihr Interesse an einer Mitarbeit in unserem Unternehmen.

für den **Hauptteil**:

- o Wir müssen Ihnen leider mitteilen, dass wir Sie bei der Besetzung der Stelle nicht berücksichtigen können. Wir bedauern, Ihnen keinen günstigeren Bescheid geben zu können.
- o Leider müssen wir Ihnen mitteilen, dass wir Ihnen derzeit keine Ihren Vorstellungen und Kenntnissen entsprechende Position in unserem Unternehmen anbieten können. Wir bedauern, Ihnen keine positive Rückmeldung geben zu können.
- o Wir haben inzwischen unsere Vorauswahl getroffen. Leider konnten wir Ihre Bewerbung nicht in die engere Wahl ziehen – wir haben uns für einige Kandidatinnen und Kandidaten entschieden, deren Profil noch genauer den Anforderungen der ausgeschriebenen Position entspricht.
- o Ihre Eigeninitiative und Ihr Interesse an einer Tätigkeit in unserem Unternehmen haben uns gefallen. Leider können wir Ihnen zur Zeit keine passende Position anbieten. Ihre Bewerbungsunterlagen erhalten Sie daher mit Dank zurück.
- o Wir haben Ihre Bewerbung im Kollegenkreis eingehend besprochen. Im Ergebnis müssen wir jedoch leider mitteilen, dass wir Ihnen die gewünschte Position nicht anbieten können. Wir bedauern, Ihnen keine günstigere Nachricht geben zu können und reichen die uns überlassenen Bewerbungsunterlagen anbei zurück.
- o Es ist uns nicht leicht gefallen, unter der Vielzahl qualifizierter Bewerbungen eine Auswahl zu treffen. Leider können wir im engeren Kreis der Bewerber nur diejenigen Kandidaten berücksichtigen, deren Qualifikationsprofil den spezifischen Anforderungen der ausgeschriebenen Stelle entspricht.

für die **Danksagung**:

- o Wir bedanken uns für das unserer Sozietät entgegengebrachte Interesse und wünschen Ihnen weiterhin viel Erfolg und alles erdenklich Gute.

---

[321] Vgl. http://www.absage-bewerbung.de/absagen-generator-absagen-individuell-zusammenstellen/, Zugriff am 8.07.2014.

- Wir danken Ihnen für Ihr Interesse an einer Mitarbeit in unserem Unternehmen und wünschen Ihnen für Ihren weiteren beruflichen Weg alles Gute und viel Erfolg.
- Wir bedauern sehr, Ihnen keine günstigere Nachricht geben zu können, und bedanken uns für das unserem Hause entgegengebrachte Interesse.
- Wir danken Ihnen für Ihre Mühe, die Sie sich mit der Bewerbung gemacht haben und wünschen Ihnen alles Gute für Ihren weiteren Weg.
- Bitte sehen Sie unsere Entscheidung nicht als Bewertung Ihrer Kenntnisse und Fähigkeiten an. Für Ihren weiteren Berufsweg wünschen wir Ihnen viel Erfolg sowie alles Gute für Ihre persönliche Zukunft.

Es finden sich auch – wie bei Drescher (1994: 130f.) – fertige Sequenzierungen in den Absagebriefen, die einem Ablaufmuster unterliegen. Drescher (ebd.) listet hierbei folgende Möglichkeiten auf:

1. BEZUG, ANREDE, DANK, ABSAGE, UNTERLAGEN, WÜNSCHE, GRÜSSE;
2. BEZUG, ANREDE, ABSAGE, UNTERLAGEN, BEDAUERN, GRÜSSE;
3. BEZUG, ANREDE, ABSAGE, BEDAUERN, UNTERLAGEN, WÜNSCHE, GRÜSSE;
4. ANREDE, SITUIERUNG, ENTSCHEIDUNGSFINDUNG, ABSAGE, BEGRÜNDUNG, UNTERLAGEN, BEDAUERN, WÜNSCHE, GRÜSSE;
5. BEZUG, ANREDE, SITUIERUNG, DANK, ENTSCHEIDUNGSFINDUNG, ABSAGE, BEGRÜNDUNG, APPELL AN VERSTÄNDNIS, WÜNSCHE, UNTERLAGEN, GRÜSSE;

und räumt ein, dass die Abfolge der Komponenten relativ flexibel ist.

Im Lichte dessen ist es schwer, an die Intention des Senders (= Absageschreibers) zu glauben, denn vorgegebene Muster rauben den Bewerbern alle ihre Illusionen in Bezug auf das Bewerbungsverfahren und die Intentionen des potentiellen Arbeitgebers[322].

Die Analyse der Textsortenmerkmale in den Absageschreiben ermöglicht konventionalisierte Muster[323] der besprochenen Textsorte zu erstellen[324]:

---

[322] In den Ratgebern wird manches sogar ironisch formuliert, vgl. Duden (1997: 237f.).

[323] Vgl. hierzu auch die Elemente der Brieferöffnung und -beendigung im Kapitel 8.4.1. sowie Lüger (1992).

[324] Vgl. hierzu die These von Adamzik (2001: 22): „(…) die typischen Eigenschaften solcher Texte [der standardisierten Texte – J. S.] gehören zum Alltagswissen von Muttersprachlern.“, sowie den Beitrag von Szczęk (2008).

Aperitif-Briefe	Eigentliche Absageschreiben und Eisschreiben
1. **Eröffnung:** faktografische Informationen 2. **Hauptteil:** a. Bestätigungsformel: - Ausdruck der Freude, dass man sich bei der jeweiligen Firma beworben hat, - Bestätigung des Eingangs der Bewerbungsunterlagen, - Dank für die Zusendung der Unterlagen, b. Information über das Auswahlverfahren: - lange Dauer der Prüfung der Unterlagen, - noch nicht begonnenes Auswahlverfahren, - sukzessive Auswertung der Unterlagen, - Weiterleitung der Unterlagen, c. Bitte um Geduld, d. Aperitif – Versprechung einer späteren Kontaktaufnahme, e. Information über die Speicherung der Daten. 3. **Schluss:** Grußzeile und Unterschrift.	1. **Eröffnung:** faktografische Informationen 2. **Hauptteil:** a. Anrede, b. Bestätigungsformel: - Feststellung der Tatsache, dass man sich beworben hat, - Bestätigung und Dank für die Bewerbung, - Dank für das Interesse an der Arbeit, c. Beschreibung der Auswahlrituale, des Auswahlverfahrens, d. Formulieren der Absage + ev. Vormerkung (= „Aufs-Eis-Legen“)[325], e. Nennen der Absagegründe, f. Entschuldigung des potenziellen Arbeitgebers für die Erteilung der Absage, g. Trost, h. Bitte um Verständnis, i. Dank für die Mühe, die man sich bei der Anfertigung der Bewerbung gibt, j. Gutgemeinte Ratschläge für die weitere Arbeitssuche, k. Ausdruck des Bedauerns, l. Wünsche für die weitere Arbeitssuche, m. Rücksendung der eingereichten Unterlagen, 3. **Schluss:** Grußzeile und Unterschrift. 4. **Anlagenvermerk** (nicht obligatorsich)

Tabelle 8. Textmuster für Absageschreiben

5.3. Formulierungsmuster in den Absageschreiben

Unter *Formulierungsmustern* werden „Wörter und Konstruktionen verstanden, die sich bei vorausgehenden standardisierten Kommunikationsaufgaben bewährt haben.“ (Heinemann/Viehweger 1991: 166). Ihnen kommt die Aufgabe zu, die Strukturen des jeweiligen Textes zu füllen. Es handelt sich dabei um textsortenspezifische Einzellexeme, Kollokationen, stereotype Textkonstitutive, Gliederungssignale, vgl. hierzu Heinemann/Viehweger (1991: 165ff.).

In den Absageschreiben lassen sich einige lexikalische Formulierungsmuster finden, die für diese Textsorte typisch sind. Sie werden im Folgenden besprochen.

[325] Dieses Element kommt nur in den Eisschreiben vor.

5.3.1. Gebrauch der Verb-Nomen-Verbindungen

In den Absageschreiben werden viele Verb-Nomen-Verbindungen (= Funktionsverbgefüge) gebraucht, die den offiziellen Charakter solcher Schreiben unterstreichen. Funktionsverbgefüge sind Konstruktionen, die sich „zwischen Phraseologie und Syntax befinden". (van Pottelberge 2007: 436).

Unter Funktionsverbgefüge (= FVG) versteht man Konstruktionen mit „Funktionsverben, die immer mit einer Nominal- oder Präpositionalphrase vorkommen." (Engel et al. 2001: 549). Ein typisches Element der FVG sind Funktionsverben, „die immer zusammen mit einer Nominalphrase oder einer Präpositionalphrase vorkommen. (…) Das Funktionsverb bildet mit diesen Phrasen eine feste Einheit (…)" (Engel et al. 2000: 549). Burger (1998: 51) fasst diese Eigenschaften folgendermaßen zusammen: sie „enthalten ein Substantiv (...), das aus einem Verb (...) nominalisiert wurde, und semantisch ‚leere' Verben, mi denen die Aktionsart differenziert werden kann."

Es hat bestimmte vier Eigenschaften[326] (vgl. van Pottelberge 2007: 437):

- Das Verb der Konstruktion ist „bedeutungsarm" oder wird in einer „verblassten" Bedeutung benutzt.
- Das Substantiv ist im Prinzip ein Verbalabstraktum oder formal mit einem Verb verwandt. Es bezeichnet ein Ereignis oder einen Zustand und ist daher „Träger der Bedeutung". Als zentraler Bestandteil übernimmt das Substantiv teilweise die Rolle des Verbs v.a. im Hinblick auf die Leerstellen im Satz, deren Ausfüllung von der Bedeutung des Substantivs bestimmt wird.
- Substantiv und Verb bilden zusammen eine enge formale und semantische „Einheit" oder ein einziges (mehrteiliges) „Prädikat".
- Die Verb-Substantiv-Verbindung ist mit einem verwandten Verb „paraphrasierbar".

In der phraseologischen Forschung werden FVG „Streckformen des Verbs" (vgl. Burger 1973) genannt und gelten als nichtidiomatische Phraseologismen, die der

[326] In der Phraseologieforschung wird darauf hingewiesen, dass es in Bezug auf Funktionsverbgefüge eine große Uneinigkeit im Bereich der Terminologie und Definition gibt, wie es van Pottelberge (2007: 437f.) hervorhebt.

Peripherie der Phraseologie[327] angehören. Sie sind durch bestimmte Merkmale gekennzeichnet (Burger 1973: 40):

- Die Kette hat die Struktur einer Nominal- oder Präpositionalphrase, die an ein Verb angeschlossen wird: *zum Ausdruck bringen*;
- Es gibt immer ein einfaches Verb, das als Synonym der ganzen Kette gelten kann: *zum Ausdruck bringen → ausdrücken*;
- Dieses Verb gehört zu der gleichen Wurzel, wie das Nomen der Streckform:
- *zum* ***Ausdruck*** *bringen →* ***ausdrück****en*;
- Das Nomen der Kette ist ein Verbal-Abstraktum, das auch in freier Verwendung vorkommt.

FVG weisen einen hohen Grad an Stabilität auf, da ihre Komponenten nicht beliebig austauschbar sind. Sie sind nichtidiomatisch[328] und daher auch durchsichtig. Die starke Bindung des Verbs an das Nomen zeugt weitgehend von ihrer phraseologischen Beschaffenheit.

Der Gebrauch solcher Konstruktionen trägt weitgehend zur Entstehung des Nominalstils, der typisch für die offizielle Sprache ist.

Es wird zugleich deren textlinguistisches Potenzial unterstrichen. Es handelt sich nämlich um die Möglichkeit „der Vorwegnahme oder Wiederaufnahme einer nominalen Komponente in einem breiten Zusammenhang.“ (van Pottelberge 2007: 440).

In den Absageschreiben sind folgende Konstruktionen zu finden:

1. FVG in Form einer Nominalphrase, z.B.: *(k)eine Zusage machen, Einstellung vornehmen, Bescheid erteilen, Anstellung finden, (k)eine positive Antwort geben / erteilen, (k)eine positive Nachricht geben, die Möglichkeit haben, (k)einen Gebrauch machen, ein Angebot machen / unterbreiten, Einsparungen vornehmen, eine Mitteilung machen, eine Stelle vermitteln, eine Position anbieten, Neueinstellung vornehmen, eine Anstellung anbieten, eine Entscheidung treffen, Wahl treffen, keine Verwendung haben, keinen Platz finden, ein Gespräch führen, Stellen einrichten, keinen Bedarf haben, Kenntnis*

[327] Es handelt sich hier um sprachliche Einheiten, die nicht alle phraseologischen Merkmale aufweisen, vgl. Fleischer (1997: 72).

[328] Das ergibt sich daraus, dass ihre Bedeutung aus den Bedeutungen der einzelnen Bestandteile resultiert.

nehmen, eine Nachricht übermitteln, eine Ausschreibung vornehmen, keine Möglichkeit sehen, eine Beschäftigung anbieten, eine Auswahl treffen, einer Bewerbung nachkommen, Abstand nehmen;

2. FVG in Form einer Präpositionalphrase, z.B.: *eine Arbeitsstelle zur Verfügung stellen, über Vakanzen verfügen, zur Verfügung stehen, in Aussicht stellen, zur Kenntnis nehmen, zum Ergebnis kommen, in Betracht ziehen, in der Lage sein, zur Folge haben, zum Ausdruck bringen*;

5.3.2. Gebrauch der Euphemismen

Die Erteilung einer Absage auf eine Bewerbung um eine Arbeitsstelle gehört zu schwierigen Aufgaben, da man sehr oft die Qualifikation des potenziellen Bewerbers in Frage stellt und darauf hinweist, dass es noch bessere Kandidaten gibt. Andererseits bedeutet die negative Antwort für den Bewerber oft auch eine weitere Enttäuschung, wenn nicht Niederlage, wobei man bei Stellenausschreibungen in vielen Fällen „falsche Hoffnungen" hegt. In diesem Sinne gleichen das Sprechen darüber und das Sich-dazu-Bekennen dem Sich-Bekennen zur eigenen Niederlage und das Thema Sich-Bewerben wird zu einer heiklen Angelegenheit, wenn nicht zu einem gesellschaftlichen Tabu[329].

Um dem Bewerber das Ertragen der Absage ein bisschen zu erleichtern, bedient man sich sehr oft der Euphemismen, die dazu helfen das Negative milder auszudrücken. Es handelt sich um „verhüllende Bezeichnung mildernder oder beschönigender Art"[330] (Lewandowski 1980: 188), die – wie Bąk (2012: 7) anführt – „im allgemeinen Bewusstsein der Sprachbenutzer als interessenabhängiges Mittel der Verschleierung fungiert und immer häufiger als Objekt der Betrachtung in verschiedenen Diskursen, (…) und verbale Handlungsstrategie auftritt."

---

[329] Vgl. hierzu die Feststellung von Forster (2009: 75): „Die Definition von ‚Tabu' wird dabei so weit gefasst, dass eine Übertragung des Begriffs auf – nicht nur durch Religion und Aberglauben entstandene – gesellschaftliche Tabus erlaubt, jedoch auch die religiös-abergläubischen Tabus integriert."

[330] Vgl. hierzu auch den Überblick über die Geschichte, die Definitionen und Bedeutungen des Terminus in der polonistischen Forschung in Dąbrowska (1994) sowie die Ausführungen von Dąbrowska (2005: 11): „Eufemizm jest zatem zjawiskiem językowym, którego przyczyny pojawiania się są pozajęzykowe. Jest on zastępczą nazwą jakiegoś zjawiska, stosowaną zamiast nazwy wprost, która nie może być użyta, ponieważ skojarzenia z nią związane są negatywne. Określenie eufemistyczne powinno natomiast wzbudzać pozytywne (lub neutralne) konotacje."

In der einschlägigen Literatur werden dem Euphemismus unterschiedliche Attribute zugeschrieben, wie z.B. Abmilderung, Abschwächung, Beschönigung, Hüllwort/Verhüllung, Periphrase, Umschreibung u.a., die auch Teil der in der Forschungsliteratur präsenten Definitionen sind[331]. In unserem Falle scheinen die abmildernde, abschwächende und verhüllende Funktion der Euphemismen relevant zu sein, wobei in Anlehnung an Luchtenberg (1985) grundsätzlich zwischen zwei Typen der Euphemismen[332] unterschieden wird[333]: den „verhüllenden Euphemismen" und den „verschleiernden Euphemismen". Die ersten gelten als „gesellschaftlich bedingte Ausdrucksweise", „die den anstößig empfundenen Aspekt eines Wortes bzw. Begriffs entweder mildernd formuliert oder durch einen unbeanstandeten Aspekt benennt" (Luchtenberg 1985: 167), während die anderen solche sind, „die zum Ziel haben, beim Hörer eine vom Sprecher intendierte Wirkung hervorzurufen." In unserem Falle handelt es sich gerade um Verschleierung, da sie „in starkem Maße die Beziehung zwischen Sprecher und Hörer betrifft, wobei die Aktion in sprachstrategischem Sinne beim Sprecher liegt, während sich in der Reaktion des Hörers das Gelingen[334] der Verschleierung zeigt." (ebd.: 173). Daher muss sie im Kommunikationsakt geprüft werden, „wo sie einmal in der Intention des Sprechers, um anderen in der getäuschten Erwartung des Hörers zu erkennen, ist." (ebd.). Es wird zugleich hervorgehoben, dass hinter Verschleierung „bewusste Täuschungsabsicht"[335] steht (vgl. Forster 2009: 74), was in unserem Falle vollkommen zutrifft und die Absageschreiben in den Bereich der Lüge rücken lässt (vgl. hierzu Kapitel 8.2.5.1.). Dies wird auch in der einschlägigen Literatur bestätigt: „Im Bereich der sprachlichen Täuschung stellt die Lüge (…) den Grenzfall für den Euphemismus dar (…)" (Forster 2009: 73), wobei zugleich Folgendes hervorgehoben wird: „Ein Euphemismus ist nicht dasselbe wie eine totale Lüge, sondern er integriert zumeist Teile der Wahrheit

[331] Zur detaillierten Darstellung der Eigenschaften von Euphemismen vgl. Bąk (2012: 25).

[332] Eine ähnliche Auffassung der Euphemismen findet man in weiteren Arbeiten zu dieser Thematik, wie etwa in Rada (2001), Forster (2009).

[333] Luchtenberg (1985: 167) berücksichtigt bei der Unterscheidung von zwei Euphemismustypen eine doppelte Betrachtungsweise: „vom Sprecher und seiner Intention und zugleich von der Aufnahme beim Hörer her, also der Wirkung auf ihn."

[334] In unserem Falle sind die Reaktionen der Hörer (= Bewerber) schwer überprüfbar, da man es hier mit schriftlich verfassten Texten zu tun hat.

[335] Forster (2009: 74) spricht in diesem Kontext über die „Funktion der Tarnung", deren Ziel es ist, negative Sachverhalte indirekt anzusprechen.

in seine Bedeutungsstruktur, während er partiell durchaus zur Täuschung und damit zur Verhüllung oder Verschleierung der Wahrheit insgesamt in der Lage ist." (Bohlen 1994: 124f.).

In Bezug auf das Medium, durch das ein Kommunikat mittels Euphemismen übertragen wird, unterscheidet Luchtenberg (1985: 173) die direkte Kommunikation, deren Grundmerkmal darin besteht, dass Sprecher und Hörer „im unmittelbaren Kontakt" zueinander stehen, und die indirekte Kommunikation, bei der „eine Vermittlung durch Massenmedien oder Medien der Literatur" erfolgt. Dieser zweite Typus der Kommunikation entspricht der Kommunikation in den von uns untersuchten Texten, wobei als Medium Schrift gebraucht wird und dadurch – wie Luchtenberg (1985: 174) hervorhebt – „kommt der Verschleierungsintention indirekter Kommunikation gegenüber den (…) Hilfsmitteln mündlicher Rede jedoch die höhere Geltungskraft geschriebener Sprache zugute."

In den Absageschreiben kommen überwiegend verschleiernde Euphemismen vor, mit deren Hilfe v.a. die negative Antwort – Absage – umschrieben wird, z.B.: *kein Gebrauch von der Bewerbung, keine Möglichkeit, kein Angebot, kein positiver Bescheid, keine günstigere Mitteilung, keine positive/günstigere Nachricht, eine anderweitige Entscheidung, kein Bedarf, keine Zusage, kein Gebrauch von Ihrer Bewerbung, keine Ihren Erwartungen entsprechende Einsatzmöglichkeit, kein besserer Bescheid, ungünstige Antwort, keine freie Stelle zur Verfügung, keine Stelle vakant, keine anderweitige Information, keine Möglichkeit, Sie in unserem Unternehmen zu integrieren, keine Stelle in Ihrer Fachrichtung, keine freie Position, keine für Sie geeignete Beschäftigungsmöglichkeit, keine andere Auskunft, kein Einstellungsangebot, keine Planstelle, ablehnender Bescheid, keine Verwendung, keine Kapazitäten für …*;

Verhüllende Euphemismen sind synonymischen Charakters und beziehen sich auf folgende Lexeme: ***Arbeitsstelle***: *Einsatzalternativen, Neueinstellung, Dauerstelle, Einstellungsmöglichkeit, eine Ihren Erwartungen und Qualifikationen entsprechende Position, die engere Auswahl, geeignetes Tätigkeitsfeld, Möglichkeit einer Einstellung, Besetzung freier Stellen, ein interessantes Angebot, eine Möglichkeit Sie zu beschäftigen, berufliche Herausforderung, Möglichkeit der Einsetzung, Beschäftigungsmöglichkeit, Tätigkeitsbereich, Einstellungswunsch, eine für Sie in Frage kommende Einsatzmöglichkeit, Betätigungsfeld,* *berufliche Verwendung*; und ***Stellensuche***: *Bemühungen um einen beruflichen Neuanfang, Chance für die berufliche Zukunft, beruflicher Lebensweg, weitere Bemühungen, die Zukunft, berufliche Zukunft, weiterer Weg, entsprechende Aufgabe, weitere Suche, weitere Jobsuche, weitere berufliche Entwicklung, Suche nach einer neuen beruflichen Herausforderung, berufliche Karriere, weiterer Berufsweg, zukünftiger Berufsweg,* weitere *Suche nach einem geeignetem Platz, berufliche Neuorientierung, weiterer Werdegang, zukünftige Bewerbungen, weitere berufliche Entwicklung, Realisierung beruflicher Ziele woanders, weitere berufliche Tätigkeit*. Dabei lässt sich die Tendenz beobachten, den genannten Begriffen eine positive Wertung zu verleihen.

6. Absageschreiben im Lichte der Sprechakttheorie

„Die Bedeutung eines Wortes ist sein Gebrauch in der Sprache.“ – dieser bekannte Gedanke von Ludwig Wittgenstein ([1953], 2003) gilt in der Sprachwissenschaft als Ankündigung der sog. „pragmatischen Wende“[336]. Infolge der Überlegungen, dass die Bedeutung sprachlicher Zeichen nicht absolut an die Ausdrücke gebunden sei, sondern sich aus deren Gebrauch ergebe (vgl. hierzu Ernst 2002: 91), kam es zu einer Änderung der Perspektive, aus der man die Sprache betrachtete. Zum zentralen Begriff der Sprachbetrachtung wurde „die Sprechhandlung“ und jede Äußerung wurde als Handlung verstanden.

Der kommunikativ-pragmatische Ansatz in der Textlinguistik wird zu den „Meilensteinen in der Entwicklung der Textlinguistik“ (vgl. Bilut-Homplewicz 2013: 22 u. 31) gezählt und in einen engen Zusammenhang mit der Entwicklung der Sprechakttheorie und deren Rezeption gesetzt. Dem liegt die Erkenntnis zu Grunde, „dass Texte als kommunikativ-pragmatisch geprägte Grundeinheiten der Kommunikation, aber auch als komplexe kommunikative Ganzheiten in Interaktionszusammenhängen fungieren.“[337] (Bilut-Homplewicz 2013: 32).

Der erwähnte Ansatz hängt mit dem handlungsorientierten Ansatz zur Textsortenanalyse zusammen, der sich auf folgenden Prinzipien stützt (vgl. Hartung (2000), Czachur (2007)):

- Handeln schließt immer ein, dass ein Handelnder etwas erreichen will, dass er sein Ziel hat, dem er sich in bestimmten Schritten zu nähern sucht.
- Am Handeln sind mehrere Personen beteiligt, es ist Interaktion.
- Sprachliches Handeln als eine interindividuelle Aktivität schafft Beziehungen zwischen den Handelnden, eine bestimmte soziale Welt und bedient sich bereits geschaffener sozialer Welten samt deren Wirklichkeitskonstruktionen und Sinnzuordnungen.

Hierzu findet man einige in der Forschungsliteratur entwickelte Handlungsmodelle (vgl. z.B. Rehbein (1977), von der Lage-Müller (1995), Schröder (2003)), in denen der Rahmen der sprachlichen Handlung umrissen wird, wie

[336] Vgl. hierzu z.B. Ernst (2002), Hindelang (2010), der die Anfänge der pragmatisch orientierten Sichtweise in der „englischen Ordinary-Language-Philosophy“ sieht, und sie neben Wittgenstein auch mit Gilbert Ryle verbindet.

[337] Vgl. hierzu auch die Kritik an dem Einfluss der Sprechakttheorie auf die Textlinguistik in Adamzik (im Druck: 2).

etwa in dem Modell von von der Lage-Müller (1995: 47), das folgende Stadien umfasst:

- Handlungskontext: es gibt ein Vorwissen der Beteiligten über die Situation,
- Situationseinschätzung, die Einfluss auf die Motivation und die Zielsetzung hat,
- Plan, der mit der Wahl der Mittel zum Durchführen einer Handlung zusammenhängt,
- Ausführung,
- Ergebnis/Produkt,
- Folgen (konventionell oder unkonventionell).

Die Sprechhandlungstheorie untersucht also „den Gebrauch, den man von den sprachlichen Formen in der Kommunikation macht. Sie beschreibt, was wir mit den Sätzen tun, wie wir mit ihnen handeln bzw. als was das Äußern bestimmter sprachlicher Formen gilt." (Hindelang 2010: 1).

Die beschriebene Perspektive gipfelte in der Entstehung und Begründung der Sprechakttheorie[338], die von zwei Grundannahmen ausging (vgl. Ernst 2002: 91):

1. Die Bedeutung sprachlicher Zeichen ist relational, d.h. sie folgt aus ihrem Gebrauch[339].
2. Sprechen bedeutet Handeln.

Die sprechakttheoretische Sprachauffassung ist zunächst auf John L. Austin ([1962], 1989) zurückzuführen, dem u.a. und zuerst die Unterteilung der Äußerungen[340] in „konstative"[341] und „performative" Äußerungen zu verdanken ist, und dies nach dem Kriterium der Umstände[342], die die Art der Sprechhandlung bestimmen. Der Unterscheidung von zwei Typen der Äußerungen lag die Beobachtung zu Grunde, dass viele Äußerungen erst dann wirken, wenn sie getätigt werden.

338 Zur Beschreibung der Ansätze der Sprechakttheorie vgl. z.B. Ernst (2002), Hindelang (2010), Staffeldt (2008), Ulkan (1992), Beck Götz (1980), Levinson (1990), Meibauer (2001) u.a.

339 Diese Feststellung ist mit den sog. „inner- und außersprachlichen Voraussetzungen" zu verbinden (Ernst 2002: 92), die mit Austins „Umständen" ([1962] 1989) vergleichbar sind.

340 Diese Unterscheidung wurde später von Austin zugunsten der „explizit und implizit performativen Formeln" aufgegeben.

341 Auch „deklarativ", „darstellend", vgl. Beck Götz (1980: 39ff.).

342 Es handelt sich hier um „innersprachliche und außersprachliche Voraussetzungen", vgl. hierzu Ernst (2002: 92).

Diese Überlegungen führten Austin zu der Feststellung, dass mit jeder Äußerung eine spezifische Handlung ausgeführt wird. Die Folge dessen ist die Unterscheidung von Teilakten, die einen Sprechakt ausmachen. Austin ([1962] 1989: 112ff.) nennt in diesem Zusammenhang folgende Teilakte:

1. der *lokutionäre Akt*, d.h. die gesamte Handlung, „etwas zu sagen"; dabei heißen Äußerungen, mit denen etwas gesagt wird, *Lokutionen*, d.h. „vollständige Einheiten der Rede". Sie sind sprachlicher Natur und bestehen aus dem *phonetischen Akt*, d.h. „dem Äußern gewisser Geräusche", dem *phatischen Akt*, d.h. „dem Äußern gewisser Vokabeln", und dem *rhetischen Akt*, d.h. dem Gebrauch dieser Vokabeln, um „über etwas mehr oder weniger genau Festgelegtes zu reden und darüber etwas mehr oder weniger genau Bestimmtes zu sagen."
2. der *illokutionäre Akt*[343], d.h. „der Vollzug einer Handlung"; der vollzogene Akt heißt *Illokution* und vereint in sich den inner- und außersprachlichen Bereich;
3. der *perlokutionäre Akt*, d.h. „gewisse Wirkungen auf die Gefühle, Gedanken oder Handlungen des oder der Hörer, des Sprechers oder anderer Personen", die als Ergebnis der absichtlich vollzogenen Illokution zu verstehen sind. Perlokutionen sind außersprachlicher Natur;

Die Grundeinheit, die im Rahmen der Sprechakttheorie behandelt wird, ist die *Illokution*, d.h. der Zweck der Handlung, die Absicht des Sprechers. Nach dem Kriterium der *illokutionären Rollen*[344] unterscheidet Austin ([1962] 1989: 168ff.) folgende Klassen von Äußerungen:

1. *verdiktive Äußerungen*, zu denen Urteilen, Schätzen, Bewerten, Taxieren gehören;
2. *exerzitive Äußerungen*, die Machtausüben, Rechtausüben, Einflussausüben umfassen. Es handelt sich hier u.a. um Ernennen, Anweisen, Stimmen für, Drängen, Rat-Geben, Warnen u.a.;

---

[343] Er wird auch als die „Kraft" oder die „illokutionäre Kraft" bezeichnet, vgl. Ernst (2002: 96), Rolf (1997). Darunter wird die „natürliche Art des Sprachgebrauchs" verstanden (Searle/Vanderveken 1985: 179 zit. in Rolf 1997: 135). Sie umfasst die „Eigenschaften sprachlicher Handlungen (…) Bedeutungs- oder Sinnaspekt von Äußerungen" (Rolf 1997: 7).

[344] Die Träger dieser illokutionären Rollen sind die „illokutionären Verben", also Verben, „die illokutionäre Rolle einer Äußerung explizit machen", vgl. Austin ([1969] 1989).

3. *kommissive Äußerungen*, mit denen etwas versprochen wird oder Verpflichtungen übernommen werden. Dabei legt man sich auf Handlungen fest. Hierzu gehören: Willens- und Absichtserklärungen, Erwägen, Einwilligen;
4. *konduktive Äußerungen*, die „mit Einstellungen und *Verhalten in der Gesellschaft* zu tun haben." Hierzu gehören Verhaltensweisen, die sozialen Mustern folgen, wie z.B.: Sich-Entschuldigen, Beglückwünschen, Empfehlen, Beileid-Aussprechen, Verwünschen, Herausfordern;
5. *expositive Äußerungen*, die verdeutlichen „welchen Platz unsere Äußerungen in einer Unterhaltung oder Diskussion haben."

Die Theorie von Austin ([1962] 1989) war Ausgangspunkt für Ausführungen seines Schülers John R. Searle ([1969] 1971). Demgemäß stand im Zentrum seines Interesses der *Sprechakt*, der wie folgt definiert wurde:

> Die Grundeinheit der sprachlichen Kommunikation ist nicht, wie allgemein angenommen wurde, das Symbol, das Wort oder der Satz, oder auch das Symbol-, Wort- oder Satzzeichen, sondern die Produktion oder Hervorbringung des Symbols, des Wortes oder Satzes im Vollzug eines Sprechaktes. (...) Genauer: die Produktion oder Hervorbringung eines Satzzeichens unter bestimmten Bedingungen stellt einen Sprechakt dar, und Sprechakte (...) sind die grundlegenden oder kleinsten Einheiten der sprachlichen Kommunikation. (Searle [1969] 1971: 30)

In Anlehnung an Austin (1962) unterschied Searle ([1969] 1971) in jedem Sprechakt folgende Teilakte:

1. den *Äußerungsakt*, d.h. die Äußerung von Wörtern,
2. den *propositionalen Akt*, d.h. die Referenz und die Prädikation,
3. den *illokutionären Akt*, d.h. den Handlungszweck einer Äußerung,
4. den *perlokutionären Akt*, d.h. bestimmte Wirkungen, die der Sprecher durch seinen Sprechakt absichtlich erzielt.

Das Vollziehen der illokutionären Akte soll dabei von bestimmten Kriterien gesteuert werden, die folgende Bereiche umfassen (vgl. Ernst 2002: 98f.): die regulativen Regeln, die „bestehende Aktivitäten kontrollieren", die konstitutiven Regeln, die „die Aktivität selbst schaffen oder beinhalten" und die essenziellen Bedingungen, die „die im Sprechakt ausgedrückten Perlokutionen sind".

Searle ([1969] 1971) erstellte eine Klassifikation illokutionärer Akte, die sich von folgenden Parametern bestimmen lassen[345]: Einleitebedingungen (*pre-*

[345] Bei Ulkan (1992: 48) werden in Anlehnung an Searle/Vanderveken (1985) zwölf Dimensionen genannt, in denen sich illokutionäre Akte voneinander unterscheiden. Dazu gehören:

paratory conditions), welche den Vollzug einer Handlung überhaupt garantieren, wesentliche Regel (*illocutionary point* = illokutionärer Witz/Zweck, Zweck einer Handlung[346]), propositionaler Gehalt (*direction of fit* = Anpassungsrichtung), der Bezug auf die Beziehung von Wort und Welt zueinander nimmt[347], Aufrichtigkeit (*sincerity conditions* = psychischer Zustand) (vgl. Ernst 2002: 100). Diese gelten als die sog. „Hauptkriterien", wobei ihre Anzahl auch je nach Bedarf variieren kann. Ehrhardt/Heringer (2011: 63) fügen noch zwei hinzu, und zwar die „normalen Eingabe- und Ausgabebedingunen", die „gewährleisten, dass die allgemeinsten Bedingungen für sinnvollstes Sprechen sowie für Verstehen erfüllt sind", und die „bedeutungstheoretische Bedingung", die dafür sorgt, dass „die vorgebrachte Äußerung aufgrund von Konventionen als Vollzug des jeweiligen illoktionären Akts gilt."

Auf die genannten Parameter fokussiert, unterscheidet Searle ([1969] 1971) auch fünf Klassen illokutionärer Akte[348] und diese Typologie gilt für die meisten Forscher als verbindlich.

In der folgenden Tabelle werden Typen von Sprechakten nach der Auffassung von Searle präsentiert (vgl. hierzu Meibauer 2001: 95, Ernst 2002: 102, Staffeldt 2008: 81)[349]:

---

illokutionärer Witz, Ausrichtung, ausgedrückte psychische Zustände, Stärke oder Intensität, mit welcher der illokutionäre Witz vorgebracht wird, Stellung von Sprecher und Hörer zueinander, Interessen von Sprecher und Hörer, Bezug zum restlichen Diskurs, propositionaler Gehalt, sprachliche Äußerung notwendig?, außersprachliche Einrichtungen notwendig?, performative Verwendung des entsprechenden illokutionären Verbs?, Stil, mit dem der illokutionäre Akt vollzogen wird. Die von uns oben genannten Parameter sind die sog. „Hauptkriterien", die bei jeder Sprechaktanalyse herangezogen werden; vgl. hierzu auch die in Anlehnung an Ballmer (1979) erstellte Liste der Kriterien für die Klassifikation der Sprechakte bei Ulkan (1992).

[346] Es werden folgende Zwecke unterschieden, welche die Grundlage für die Unterscheidung der Klassen von Sprechakten bilden (vgl. Staffeldt (2008: 71ff.)): der mit dem Denken zusammenhängende Zweck, d.h. „sagen, wie es sich in einer bestimmten Angelegenheit in der Welt verhält", die beiden mit dem Handeln zusammenhängenden Zwecke, d.h. „sich auf die Ausführung einer zukünftigen Handlung festlegen und den Versuch unternehmen, Hörer zur Ausführung einer Handlung zu bringen", der mit dem Fühlen zusammenhängende Zweck, d.h. „einen Gefühlszustand ausdrücken", der mit dem Seinsschaffen zusammenhängende Zweck, d.h. „mit dem Gesagten die Welt entsprechend dem Gesagten ändern";

[347] Es werden hier zwei mögliche Ausrichtungen unterschieden: „Wort auf Welt" und „Welt auf Wort", mit deren Hilfe Sprechakte bestimmt werden, vgl. Staffeldt (2008: 76f.).

[348] Von Rolf (1997) „Illokutionskraftfamilien" genannt.

[349] Vgl. auch andere Klassifikationen der Sprechakte z.B. bei Wunderlich (1976, 1986), Bach/Harnisch (1979), Brandt/Reis/Rosengren/Zimmermann (1992), Pörings/Schmitz

Illokutionärer Akt	Wesentliche Regel	Propositionaler Gehalt	Aufrichtigkeit	Beispiele
Assertive / Repräsentative	Der Sprecher legt sich auf die Wahrheit einer Proposition fest.	Wort-an-Welt	Glauben	*behaupten, feststellen, andeuten, prophezeien, aussagen, schließen*
Direktive	Der Sprecher will den Hörer dazu bringen, etwas zu tun.	Welt-an-Wort	Wunsch	*auffordern, befehlen, bitten, anordnen, einladen*
Kommissive	Der Sprecher verpflichtet sich zur Ausführung einer künftigen Handlung.	Welt-an-Wort	Ansicht	*versprechen, geloben, drohen, vereinbaren, anbieten*
Expressive	Der Sprecher drückt seinen psychischen Zustand aus.	keiner	variabel	*danken, entschuldigen, gratulieren, kondolieren*
Deklarative	Der Sprecher bewirkt eine sofortige Veränderung am Zustand der Dinge.	Welt-an-Wort Wort-an-Welt	keine	*taufen, kündigen, heiraten*

Tabelle 9. Klassifikation der illokutionären Akte nach Searle ([1979] 1982)

6.1. Sprechakt ABLEHNEN/ABSAGEN in der Sprechakttheorie

Mikołajczyk (2007: 256) stellt Folgendes fest: „das Illokutionswissen nimmt einen zentralen Platz im Interaktionswissen ein." Es „umfasst unser Wissen über die Ziele, die mit sprachlichen Äußerungen erreicht werden können, über die Bedingungen, die erfüllt sein müssen, damit ein Ziel erreicht werden kann, sowie über die Konsequenzen, die durch das sprachliche Handeln eintreten." Hinzu kommen auch gewisse Normen und Prinzipien im kommunikativen Handeln (vgl. hierzu Viehweger 1989). Daraus ergibt sich der Sinn der Analyse von Illokutionsstrukturen, da man dadurch zum tieferen Wissen gelangen kann. Solche kulturgeprägten Normen und Prinzipien steuern auch die Mechanismen des ABSAGENs/ABLEHNENs.

Absagesprechakte stellen dabei besondere Sprechakte dar, wie es Attal (1984: 6, zit. in Antas (1991: 37)) bestimmt: „(…) negacja winna być opisywana w terminach jakiegoś specyficznego aktu językowego. Sprowadza się ona do postawy oporu (resistence), odmowy (refus) i sprzeciwu (opposition)."

(2003), die Klassifikation der Sprechakte nach pragmatischen Kategorien bei Habermas (1981), Habermas/Luhmann (1971), sowie die Vorschläge in der polnischen Forschung z.B. bei Awdiejew (1983), und eine Probe des terminologischen Vergleichs bei Lipczuk (2000).

Die in den Absageschreiben dominierende Absicht des Textproduzenten – die Hauptillokution – ist das Ausdrücken einer ABLEHNUNG/ABSAGE, was zweifelsohne in den analysierten Texten erkennbar ist und einen Einfluss auf das Verstehen dieser Texte ausübt. Darauf weist Duszak (1998: 38) hin, indem sie feststellt, dass das Verstehen des Textes nämlich in der richtigen Zuweisung der Kommunikationsabsicht zu dem jeweiligen Text besteht.

Wagner (2001: 253) zählt die Illokutionen ABLEHNEN/ABSAGEN zu den Bedeutungen des Neinsagens, das folgende Sprechhandlungen umfasst:

- VERNEINEN bei assertiven Entscheidungsfragen,
- ABSCHLAGEN bei direktiven Entscheidungsfragen,
- ABLEHNEN bei kommissiven Entscheidungsfragen,
- VERBIETEN bei deklarativen Entscheidungsfragen.

Das Neinsagen wird dabei folgendermaßen definiert: „Nein-sagen[350] bedeutet Abgrenzung zum Partner und seiner Meinung. Der Sprecher geht auf eine gewisse Distanz. Er verweigert Anerkennung und Aufwertung und geht in die Gegenrichtung.“[351] (Wagner 2001: 446).

Wie im Kapitel 2.2. erwähnt, handelt es sich in unserem Falle um Neinsagen, das in Form des ABLEHNENs oder ABSAGENs erfolgen kann.

Kotorova (2013: 347) zählt die Sprechakte des ABLEHNENs zu den *Kommissiva*, zu denen auch *Versprechen*, *Vereinbaren*, *Drohen*, *Geloben*, *Schwören*, *Zusagen*, *Garantieren*, *Abmachen*, *sich Verabreden* gehören.

Die gleiche Zuordnung finden wir bei Wagner (2001: 169), was zu Recht geschieht, denn ABLEHNEN unterscheidet sich von anderen Sprechakten[352] dieser Klasse dadurch, dass „ABLEHNEN sich nur Sprechakte lassen, die alternative Antworten zulassen.“ (Searle/Vanderveken 1985: 195). Dies entspricht auch der von uns vorgeschlagenen Typologie der möglichen Reaktionen auf Bewerbungen. Darauf wird im Kapitel 6.1.3. eingegangen.

---

[350] Die Schreibweise entspricht der Schreibweise im Originaltext, vgl. Wagner (2001).

[351] An dieser Stelle werden von Wagner (2001: 446) „Sprechpläne“ für das Nein-sagen angeführt. Unter „Sprechplan“ versteht er „den sprechsprachlichen Teil eines Kommunikationsmusters, nach dem der jeweilige Sprecher in ständiger Rückkopplung zur Sprechsituation (O) die taktisch und/oder strategisch wirkungsvollste Sprachmittel-/Sprechaktkombination wählt.“ (Wagner 1978: 14) und zählt zu den Sprechplänen des Nein-sagens folgende: „Mündigkeitsplan“, „Quertreiber-Plan“, „Erziehungs-Plan“, „Beherrschungspläne“, vgl. Wagner (2001: 446).

[352] Es handelt sich hier um ABSCHLAGEN, ABWEISEN, VERWEIGERN, vgl. hierzu Wagner (2001: 169).

In seiner auf Sprachhandlungsfunktionen basierenden Typologie von kommunikativen Routineformeln zählt Lenk (2014: 87) die Formeln des Ablehnens zu der Gruppe der evaluativen Formeln – EVALUATIVA. Sie bilden zusammen mit den Formeln des negativen Bewertens deren Untergruppe.

In der englischsprachigen Forschung, der die meisten Untersuchungen zum Ablehnen v.a. im Englischen, aber auch im Vergleich zu anderen Kulturen zu verdanken sind, wird ABLEHNEN als ein Sprechakt definiert, mit dem der Sprecher „denies to engage in an action proposed by the interlocutor" (Chen/Ye/Zhang 1995: 121, zit. in Gass/Houck (1999: 2)). In diesem Zusammenhang wird Ablehnen unter den responsiven Sprechakten subsumiert, wie es Gass/Houck (1999: 2) erklären: „Refusals are one of a relatively small number of speech acts which can be characterized as a response to another's act (e.g., to a request, invitation, offer, suggestion), rather than as an act initiated by the speaker."

Meireles (2003) fasst ABLEHNEN/ABSAGEN unter dem Begriff des *Dissens* folgendermaßen auf: „Dissens verstehe ich ganz allgemein als eine propositionale Attitüde von Nichtübereinstimmung seitens des Sprechers, die sich auf die Darstellung von Sachverhalten oder Einstellungen bezieht, die er seinem Gesprächspartner zuschreibt."

Bei Wierzbicka (1987: 94, zit. in Gałczyńska (2003: 33)) findet man eine folgende Explikation[353] der Ablehnung/Absage:

> wiem, że chcesz, abym zrobił x (ponieważ tak powiedziałeś)
> myślę, że sądzisz iż to zrobię
> mówię: nie chcę tego zrobić i nie zrobię tego
> sądzę, że nie muszę tego zrobić jeżeli nie chcę
> mówię to ponieważ chcę żebyś to wiedział
> sądzę że rozumiesz że x nie może się zdarzyć z tego powodu.

Eine ähnliche Explikation des allgemeinen Absageinhalts führt Marcjanik (2014: 197) an: „Mówię, że nie zrobię tego, o czym mówisz, że chciałbyś, żebym zrobił; wiem, że wiesz, że robić tego nie muszę."

Engel/Tomiczek (2010: 21) definieren ABLEHNEN als einen Sprechakt, mit dem „der Sprecher seinem Partner signalisiert, dass er dem Inhalt der (vom Partner formulierten) Voräußerung nicht zustimmt." Es handelt sich dabei be-

[353] Zu den anderen Definitionen der Ablehnungssprechakte vgl. z.B. Gałczyńska (2003), Engel/ Tomiczek (2010).

stimmt um gesprochene Sprache, wobei aber die angeführte Definition in unserem Falle zutreffen mag, da die vorangegangene Bewerbung als „Voräußerung" interpretiert werden kann.
Im Lichte dessen und der von Engel/Tomiczek (2010: 14) entworfenen Sprechakttypik gehört der Sprechakt ABLEHNEN zu den partnerorientierten Sprechakten, die dazu eingesetzt werden, um das Wissen des Partners zu vermehren. ABLEHNEN wird neben ZURÜCKWEISEN den „speziellen Mitteilungssprechakten" zugeordnet (ebd.: 13). Es kann sich auf Illokution oder Proposition der Voräußerung beziehen und demnach in drei Formen zum Ausdruck kommen: durch WIDERSPRUCH, ZURÜCKWEISUNG und KORREKTUR.

Bei Grein (2007: 130f.) wird Ablehnung „als negative HANDLUNGSZUSAGE auf einen gestellten Wollensanspruch" definiert, „(…) die von einem Sprecher dann geäußert wird, wenn dieser einen an ihn herangetragenen Wollensanspruch als lästige Pflicht ansieht (Belastung), die gestellte Aufgabe nicht erfüllen kann oder aus verschiedenen Gründen nicht gewillt ist (z.B. andere Eigeninteressen), sie auszuführen." Schematisch stellt Grein (2007: 131) die Ablehnung wie folgt dar:

Wollensanspruch

←

stellen → erfüllen (negativ)

Verständigung

Schema 8. Explikation der Ablehnung nach Grein (2007: 131)

Zugleich stellt sie die These auf, dass „die Ablehnung meist nicht alleine steht. (…) Entschuldigungen, Begründungen und Alternativen stehen der negativen Handlungszusage zur Seite." (Grein 2007: 132), was die bekannte Tatsache bestätigt, dass „ein reaktives schlichtes ‚Nein' aus Gründen der Höflichkeit in den meisten Kulturen vermieden wird."[354] (ebd.).

Chojak (2006: 94) nennt acht Elemente, die beim Erfolgen von ABLEHNEN/ABSAGEN im Polnischen von Belang und die auch für das Deutsche zutreffend sind. Dazu gehören: Bestimmung des Senders einer Aktion-Äußerung, Bestimmung des Typs von Aktion-Äußerung, Bestimmung des In-

[354] Auf den sequenziellen Charakter des Sprechakts ABLEHNEN/ABSAGEN wird im Kapitel 6.1.2. eingegangen. Die die Ablehnung/Absage begleitenden Sprechakte und deren Kombinationen werden im Kapitel 6.3. besprochen.

halts der Aktion-Äußerung, Bestimmung des Empfängers der Aktion-Äußerung, Bestimmung des Senders der Reaktion-Äußerung, Bestimmung des Typs von Äußerung-Reaktion, Bestimmung des Gegenstands von Äußerung-Reaktion, Bestimmung des Empfängers der Äußerung-Reaktion[355]. Dabei ordnet sie das polnische Verb *odmówić* der Gruppe der respondierenden Verben zu (vgl. Chojak 2006: 105).

Gałczyńska (2003: 16) platziert die Sprechakte des ABLEHNENs in der Gruppe der Entscheidungen – sie erfüllen die Funktion der Nicht-Zustimmung. Zugleich weist sie darauf hin, dass ABLEHNEN gegen das Grice'sche (1979) „Kooperationsprinzip" verstößt, denn es wird als eine nichterwartete Reaktion (vom Empfänger wird eher eine Zustimmung erwartet) eingestuft[356] (ebd.: 38). Sie differenziert nach dem Kriterium des initialen Sprechakts[357] zwischen folgenden Typen der Sprechakte des ABLEHNENs: als Reaktion auf EMPFEHLUNG, BITTE und VORSCHLAG.

„Pragmatyczno-kontekstowa typologia aktów mowy" (vgl. Osika 2011: 150) ist die Perspektive, aus der die Sprechakte bei Nęcki (1996) unterteilt werden. Die Grundlage der erstellten Typologie bilden folgende Kriterien (vgl. Nęcki 1996: 100ff.): zeitliche Perspektive, die von den Empfängern wahrgenommen wird, und die Ziele, welche den kommunikativen Handlungen zu Grunde liegen. Die Basis stellt die folgende These dar: „podstawowym celem komunikacji jest koordynacja zachowań instrumentalnych i interpersonalnych osób podejmujących aktywność komunikacyjną. Intencją podstawową jest wzajene oddziaływanie poprzez wymianę znaków słownych i bezsłownych." (Nęcki 1996: 108).

Vor diesem Hintergrund werden zwei Typen von Sprechakten unterschieden, und zwar: „metakommunikative Sprechakte", „których funkcja polega na organizowaniu samego procesu"[358] (ebd.: 110f.) und „pragmatische Sprechakte", d.h. „akty komunikacyjne, których podstawowym celem jest kształtowanie zachowania partnera (czasem też swojego zachowania) (...) Zawierają one wyraźny

[355] Vgl. hierzu auch die Feststellung von Mikołajczyk (2007: 256): „Einen zentralen Platz im Interaktionswissen nimmt das Illokutionswissen ein."

[356] Das ist aber nicht bindend und schließt auch andere Reaktionen nicht aus.

[357] Vgl. Kapitel 6.1.1.1.

[358] Hierzu gehören „długość wypowiedzi, głośność, kolejność zabierania głosu, rytuały rozpoczynania i zamykania procesu wymiany." (Nęcki 1996: 110).

ładunek illokucyjny – wypowiadając je nadawca ujawnia swoje intencje i przekonuje do swych racji, by skłonić odbiorcę do określonego działania lub zaprzestania działań niechcianych." (ebd.:111). Auch diese Sprechakte werden klassifiziert, und zwar nach bestimmten Kriterien, zu denen folgende gehören: Ausgangssituation, erwartete Folgen, Grad der Einschränkung der Handlungsfreiheit von Sender und Empfänger, Symmetrie bzw. Asymmetrie der gegenseitigen Kontrolle (ebd.: 112). In der nach den genannten Kriterien erstellten Typologie von Sprechakten wird auch Ablehnung berücksichtigt, die von folgenden Parametern bestimmt wird:

Nazwa	Sytuacja początkowa, inicjator	Perlokucja, konsekwencje wykonania	Ograniczenie swobody działania	Kontrola – symetria lub asymetria
odmowa (dezaprobata działania)	odpowiedź na poprzednie posunięcie odbiorcy	korzyść nadawcy (najczęściej)	odzyskanie swobody	asymetria, przewaga nadawcy

Tabelle 10. Explikation der Ablehnung nach Nęcki (1996: 113)

Dabei wird deutlich darauf hingewiesen, dass „cechą charakterystyczną wypowiedzi zawierających odmowę jest występowanie zabiegów interpersonalnych mających złagodzić jej znaczenie. Trzeba pamiętać, że odmowa jest 'ostrym' posunięciem interpersonalnym, niesie zapowiedź blokady działania, o które zabiegał partner i na którym mu zależało." (ebd.: 115f.). Auf die die Aussagekraft der Ablehnung abmildernden Mechanismen wird im Kapitel 8 im Rahmen der Höflichkeit eingegangen.

Hindelang (2010: 112ff.) zählt ABLEHNEN zu den auf VORSCHLAGEN folgenden möglichen Reaktionen, die erfolgen, „wenn Sp_2 nicht bereit ist, die von Sp_1 im ersten Zug vorgeschlagene Handlung X mit Sp_1 auszuführen“ (ebd.: 115). Dabei werden folgende Typen des ABLEHNENs genannt (ebd.): die Ausführung von X löst das Problem nicht, Sp_1 und Sp_2 können nicht X-en, X-en ist nicht wünschenswert, man ist nicht bereit zu X-en[359].

In Bezug auf BEGRÜNDEN der ABLEHNUNG nennt Hindelang (1980: 60ff.) drei Typen der Argumentation:

1. VORAUSSETZUNGS-ARGUMENTATION, bei der vom Sp_2 nachgewiesen werden muss, „dass es unmöglich ist, die Bitte zu erfüllen, weil die dafür notwendigen praktischen Bedingungen nicht gegeben sind.“

[359] Im Lichte der Sprechaktsequenztheorie gilt ABLEHNEN als Sprechakt, auf den im nächsten Zug ein weiterer Sprechakt, z.B. HINTERFRAGEN folgen kann, und danach im weiteren Zug BEGRÜNDUNG, vgl. Hindelang (2010: 166) sowie Schema Nr. 12.

2. OBLIGATIONS-ARGUMENTATION, in deren Falle „Sp_2 Sp_1 davon überzeugen muss, dass bestimmte andere Verpflichtungen ihn zwingen, die Bitte abzulehnen.“
3. MOTIVATIONS-ARGUMENTATION, bei der Sp_2 „anführen wird, warum er unter den gegebenen Umständen nicht X-en will und versuchen, Sp_1 so eine Ablehnung plausibel zu machen. Sp_2 lässt dabei (…) aber offen, ob er nicht unter bestimmten Bedingungen doch bereit wäre, die gewünschte Handlung auszuführen.“

Bei Fritz (1982: 255ff.) gehört ABLEHNEN ebenfalls zu möglichen Reaktionen auf einen VORSCHLAG. Er stellt die These auf, dass ABLEHNEN eng an die Warum-Frage gebunden ist (ebd.) und unterscheidet folgende Möglichkeiten, die beim ABLEHNEN eines VORSCHLAGs in Frage kommen:

- die Bereitschaft zu X-en verweigern,
- den Vorschlag für undurchführbar erklären,
- die Möglichkeit zu X-en negativ bewerten,
- einen Grund angeben, warum man nicht X-en kann oder will[360].

Von Unwerth/Buschmann (1981) wird der Sprechakt ABLEHNEN den konfliktiven Sprechakten zugeordnet, von denen zwei Typen unterschieden werden: „äußerungs- und handlungszentrierte“ konfliktive Sprechakte. Unter Ablehnung wird demgemäß ein Sprechakt verstanden, mit dem „der aktuelle Sprecher ausdrückt, daß er die vom aktuellen Hörer im initiierenden Akt geäußerte Meinung nicht teilt, bzw. die von ihm gewünschte Handlung nicht ausführt.“ (Kasper 1981: 196f.).

Bonacchi (2013: 201) interpretiert den Sprechhandlungstyp ABLEHNEN/ ABSAGEN[361] als Teil des illokutionären Ja ------ vielleicht ------ Nein-Kontinuums, das dem perlokutionären Kontinuum Zusage / Bereitschaft zur Zusammenarbeit ------ Unsicherheit / Ungewissheit ------ Verweigerung / Konkurrenz entspricht. Sie platziert Verweigerungen in der Gruppe der kritischen Sprechakte, „die gegen das Kooperationsprinzip verstoßen, da sie den Einklang zwischen Interaktanten gefährden.“ (ebd.: 202) und „potentiell besonders gesichtsbedrohend sein können.“ Zu solchen „kritischen Sprechakten“ zählt Bo-

[360] Das entspricht der „argumentativen Ablehnung“ bei Hindelang (1980: 59).
[361] Bonacchi (2013) bedient sich der Bezeichnung „Verweigerung”.

nacchi (2010: 54) außerdem folgende Sprechhandlungen: aufdringliche Bitten, Aufforderungen, Befehle, Dissens.

Chojak (2006: 106) rekonstruiert im Polnischen Mikrodialoge, die ABLEHNUNG/ABSAGE zur Folge haben können, was auch den von uns im Kapitel 6.1.3. erwähnten Typen der möglichen Reaktionen auf Bewerbung entspricht. Der von ihr vorgeschlagene Verlauf eines Mikrodialogs deckt sich mit dem Konzept der „sequenzabhängigen Sprechakte“ und umfasst folgende Elemente[362], die in der Originalsprache angeführt werden:

- artykulacja skierowanej do adresata woli nadawcy (= wypowiedź-akcja);
- nadawca woli pozostawia odbiorcy wypowiedzi akcji możliwość wyboru;
- odbiorca wypowiedzi-akcji zobowiązany jest ustosunkować się do niej; zdecydować, chce, czy nie chce tego, czego chce nadawca wypowiedzi-akcji;
- odbiorca wypowiedzi-akcji zobowiązany jest do powiadomienia jej nadawcy o podjętej decyzji.

In diesem Kontext ist es relevant, auch die Definition von ZURÜCKWEISEN anzuführen, das „(...) der Klärung der offenen Fragen und strittigen Punkte [dient – J. S.] und zielt damit letztlich auf die gemeinsame Wahrheitsfindung der Diskussionsteilnehmer, die ein kontroverses Thema behandeln.“ (Kohnen 1987: 19). ZURÜCKWEISEN wird von Kohnen (1987: 10) wie folgt expliziert: „(...) Klasse von Zügen[363], die sich durch eine bestimmte globale reaktive Funktion auszeichnen. Es sind diejenigen Züge, mit denen eine durch einen vorausgegangenen Sprechakt vorgebrachte (oder in der Interaktion vorgegebene) Interaktionsbedingung nicht akzeptiert, d.h. zurückgewiesen wird.“ Die Rahmenbedingungen von ZURÜCKWEISEN und ABLEHNEN/ABSAGEN scheinen gleich zu sein, denn „der Sprecher fordert vom Hörer eine Handlung und der Hörer legt sich darauf fest, dass er die geforderte Handlung nicht ausführen wird. Initiativer und reaktiver Zug ergänzen sich gegenseitig: Fremdverpflich-

[362] Chojak (2006: 107) erwägt auch die Sprechakte ABLEHNEN/ABSAGEN im Kontext von Repliken auf Befehle: „Mogą one również odnosić się do replik, w których nadawca wypowiedzi-reakcji powiadamia swego adresata, nadawcę wypowiedzi-akcji, że nie zamierza działać zgodnie z jego zakomunikowaną wolą w sytuacji, która nie pozostawia miejsca na wybór.” In unserem Falle handelt es sich jedoch um keine Befehle, daher wird auf eine nähere Thematisierung dieses Aspekts verzichtet.

[363] Zu den „Zügen“ in den sequenzabhängigen Sprechakten vgl. Kapitel 6.1.2.

tung durch den Sprecher und Selbstverpflichtung durch den Hörer stehen im komplementären Verhältnis zueinander." (Kohnen 1987: 112). Darauf weist auch Wagner (2001: 171) hin, indem er ZURÜCKWEISEN als einen Spezialfall von ABLEHNEN betrachtet.

Kohnen unterscheidet (1987) folgende Möglichkeiten der Zurückweisung[364]:

1. argumentierende Zurückweisungen, bei denen die Zurückweisung erklärt oder begründet wird;
2. kommentierende oder bewertende Zurückweisungen, die emotionalen Charakters und mit der Bewertung des Sachverhalts verbunden sind;
3. direktive Zurückweisungen, die an sich kategorische Ablehnungen sind;
4. erotetische oder nachfragende Zurückweisungen, die Nachfragen bezüglich der Zurückweisung ermöglichen und dadurch dem Sender die Möglichkeit bieten, die Entscheidung zu überdenken;
5. rhetorische oder scheinbare Zurückweisungen, die als versteckte Zustimmungen zu interpretieren sind;
6. elizitierende Zurückweisungen, die partiell zurückweisen, indem durch Rückfragen die Korrektur der ursprünglichen Aussage des Senders erfolgt.

und ordnet ihnen drei mögliche Typen des ZURÜCKWEISENS zu (ebd.: 112):

- der Hörer kann sich auf eine andere Handlung festlegen, deren Ausführung die Ausführung der geforderten Handlung unmöglich macht;
- der Hörer kann sich auf einen Sachverhalt festlegen, der die Ausführung der geforderten Handlung unmöglich macht;
- der Hörer kann sich explizit darauf festlegen, dass er die geforderte Handlung nicht ausführt.

Als eine besondere Form[365] des ZURÜCKWEISENs werden „argumentierende Zurückweisungen" genannt. Es sind solche, die „einen Wahrheitsanspruch vorbringen, so dass aus dessen Proposition und einer zusätzlichen Hypothese die Negation der Proposition des vorausgegangenen Wahrheitsanspruchs logisch zu folgern ist." (Kohnen 1987: 115). Im vorliegenden Fall handelt es sich hierbei

---

[364] Vgl. hierzu die Typologie der Zurückweisungen von Heilmann (1993: 76).

[365] Vgl. auch die anderen Typen des Zurückweisens bei Kohnen (1987) sowie die schematische Darstellung bei Heilmann (1993: 73 u. 76).

um gewisse Argumente, mit denen die Erteilung der ABLEHNUNG/ABSAGE begründet wird[366].

Zum Vergleich ist es u. E. nötig, auch die Explikation von VERWEIGERN anzuführen, das „die negative Antwortreaktion auf eine ‚bindende Aufforderung' ist, die der Adressat eigentlich befolgen müsste" und eigentlich ABLEHNEN „*ohne* echte Alternative ist." (Wagner 2001: 292, Hervorhebung im Original). Im vorliegenden Fall trifft dies jedoch nicht zu, denn im Falle der Bewerbung sind unterschiedliche Reaktionen[367] möglich, auf die wir im Kapitel 6.3.1. eingehen.

Einen besonderen Fall der Realisierung des ABLEHNENs stellen Eisschreiben dar, in denen die Sprechhandlung ABLEHNEN von der Handlung VERSPRECHEN begleitet wird, worauf im weiteren Verlauf HINTERFRAGEN seitens des Empfängers folgen kann. ABLEHNEN wird samt BEGRÜNDUNG als Mehrfachzug realisiert. Dabei spielt die temporale Komponente eine wichtige Rolle, denn die nächste Handlung seitens des Senders wird zwar angekündigt (= Aufs-Eis-Legen), aber zugleich in nicht näher bestimmte Zukunft verschoben. Davon zeugen die gebrauchten Formulierungen wie: *zu gegebener Zeit*, *später*, *auf Wiedervorlage legen* u.a. Die unpräzise Angabe des temporalen Rahmens für den nächsten Zug des Senders kann HINTERFRAGEN seitens des Empfängers (= Bewerbers) zur Folge haben[368]. Es besteht auch die Möglichkeit, dass es keine Reaktion nach sich zieht.

Mit VERSPRECHEN in Bezug auf die Kontaktaufnahme zu dem Empfänger (= Bewerber) haben wir es auch in den Aperitif-Briefen zu tun. Der Unterschied zu den Eisschreiben besteht in einer anderen temporalen Bestimmung. Der nächste Schritt – Zug – seitens des Senders wird angekündigt und zeitlich durch die Angabe einer Bedingung – hier: Beenden des Bewerbungsverfahrens – eingeschränkt. Da diese Bedingung den zeitlichen Rahmen mehr oder weniger genau bestimmt, wird dabei in den meisten Fällen dem nächsten möglichen Zug (= HINTERFRAGEN) seitens des Empfängers (= Bewerbers) vorgebeugt.

In allen angeführten Explikationen wird der Schwerpunkt darauf gelegt, dass sich ABLEHNEN auf vorangegangene Sprechhandlungen bezieht, die so-

[366] Vgl. Kapitel 7.1.1.
[367] Vgl. Kapitel 6.1.3.
[368] In diesem Kontext sei auf eine weitere Untersuchungsperspektive hingewiesen, im Rahmen deren verbale und nonverbale Reaktionen der Bewerber auf Absagen in Form der Absageschreiben überprüft und analysiert werden können.

mit als dessen „Auslöser“ betrachtet werden können. Handlungen, die ABLEHNEN zur Folge haben, können daher als „eine unerlässliche Bedingung“ für das Auftreten dieses Sprechakts gehalten werden, denn ohne die eine bestimmte Reaktion (hier ABLEHNUNG) hervorrufende Handlung eines anderen Typs, kann diese Reaktion nicht ausgelöst werden. Darauf wird in den folgenden Kapiteln eingegangen.

6.1.1. Der responsive Charakter des Sprechakts ABLEHNEN/ABSAGEN

ABLEHNEN/ABSAGEN gehört zu den reaktiven / responsiven / respondierenden Sprechakten, denen ein initialer Sprechakt vorangeht: es sei eine Reaktion-Äußerung auf eine Aktion-Äußerung[369] (vgl. Gałczyńska 2003: 33), also eine Reaktion auf direktive Sprechakte[370], die eine überwiegend impressive Funktion haben[371]. Dabei wird die Kategorie der *Responsivität* eingeführt, die bestimmt, „ob und inwieweit der aktuelle Sprecher auf den initiierenden Akt eingeht.“ (Kasper 1981: 168) und deren folgende drei Stufen unterschieden werden: responsiv, wenn der Empfänger auf die Intention und den Inhalt des initiierenden Sprechakts eingeht, teilresponsiv, „wenn der Empfänger nur auf einen Teil des Inhalts eingeht und sich isoliert“ und nonresponsiv, „wenn er weder auf Inhalt noch auf die Intention eingeht“ (ebd.: 168f.).

Marcjanik (2014: 197, Hervorhebung – J. S.) erklärt es folgendermaßen: „Odmowa jest **reakcją** na prośbę, zaproszenie, częstowanie, zalecenie, radę itp., to jest na wypowiedzi mające na celu spowodowanie, żeby ktoś zrobił coś, czego wprawdzie robić nie musi, ale z obyczajowego punktu widzenia zrobienie tego jest dobrze widziane.”

---

[369] In diesem Sinne bestätigen die Sprechakte des ABLEHNENs die sich im Lichte der Theorie von Austin (1962) aufbietende These, dass „Sprechakte keine ausschließliche Angelegenheit von Sprecher und Empfänger sind. Die meisten Sprechakte benötigen zum Gelingen beide Parteien.“, vgl. hierzu auch Ernst (2002: 94).

[370] Darunter versteht man Sprechakte, mit denen „der Sprecher den Hörer dazu bringen will, etwas zu tun.“, vgl. Searle ([1979] 1982) und auch „exerzitive Äußerungen“ bei Austin ([1962] 1989: 168), die Machtausüben, Rechtausüben, Einflussausüben umfassen, und Klassifikationsvorschläge der direktiven Sprechakte in der polnischen Forschung bei Opałek (1974), Grabias (1994) u.a., sowie Klassifikationen von Direktiva bei Staffeldt (2008).

[371] Vgl. auch die Definition bei Nęcki (1996: 115).

Zugleich unterscheidet sie nach dem Kriterium des konfliktiven Charakters zwei Typen von direktiven Äußerungen, die eine Absage zur Folge haben können (Marcjanik 2009: 70):

Direktiva

- konfliktiv
  - Befehl
  - Verbot
  - Forderung
  - Ratschlag
  - Anordnung
  - Gebot
- nicht konfliktiv
  - Bitte
  - Flehen
  - Vorschlag
  - Empfehlung

Schema 9. Konfliktive und nicht konfliktive Direktiva in Anlehnung an Marcjanik (2009: 90)

In der deutschsprachigen Forschungsliteratur wird ABLEHNEN[372] als „ein Antwortsprechakt auf eine vorausgegangene Aufforderung eines 1. Sprechers, z.B. EINLADEN, ANBIETEN" (Wagner 2001: 169) aufgefasst. „Der Adressat dieser Aufforderung nimmt nun als 2. Sprecher negativ dazu Stellung. Er gibt dem 1. Sprecher zu verstehen, dass er nicht bereit ist, die Fremd- und Selbstverpflichtungen zu übernehmen, die sich für ihn aus der Aufforderung ergeben." (ebd.)

Ähnlich wird ABSAGEN expliziert: es sei „ein reaktiver Sprechakt. Der Sprecher setzt diejenigen Selbst- und Fremdverpflichtungen außer Kraft, die sich für ihn und für den Hörer aus einer vorausgegangenen Vereinbarung ergeben haben (…)". (Wagner (2001: 170)). Dabei – wie Wagner (2001: 170) anführt – „bezieht sich ABSAGEN überwiegend auf Terminabsprachen", was aber in unserem Falle nicht zutrifft.

6.1.1.1. Initiale[373] Sprechakte beim ABLEHNEN/ABSAGEN

Die Sequenz der Sprechhandlungen, bei denen eine der möglichen Reaktionen ABLEHNEN/ABSAGEN ist, beginnt mit einem „initialen Sprechakt"[374]. Im untersuchten Fall kann es sich dabei um einen direktiven Sprechakt handeln, der

[372] Benachbarte Sprechakte sind: ABSCHLAGEN, ABWEISEN, MISSBILLIGEN, VERWERFEN, VERWEIGERN, SICH-WEIGERN, FRAGEN (ABLEHNUNG), ABSTIMMEN, vgl. Wagner (2001: 369).

[373] In der einschlägigen Literatur werden auch andere Bezeichnungen verwendet: initiierend, initiativ. In der vorliegenden Studie werden sie als synonym betrachtet.

[374] Vgl. hierzu z.B. Grein (2007), sowie die „Sprechaktsequenztheorie" von Franke (1990).

eine Entscheidung seitens des Empfängers fordert, wie etwa BITTE, VORSCHLAG, ANGEBOT, EINLADUNG u.a.

In der Forschungsliteratur werden zwei Funktionsklassen von initiativen direktiven Sprechakten unterschieden: direkte DIREKTIVE und indirekte DIREKTIVE, darunter EXPLORATIVE und REPRÄSENTATIVE. Das Vorkommen von initiativen direkten oder indirekten DIREKTIVEN kann eine Ablehnung zur Folge haben, vgl. hierzu Grein (2007: 124). Grein (2007: 125) unterscheidet folgende direktive Sprechaktfunktionen: in der Gruppe der direkten Direktive: CONSENSIVE, SATISFAKTIVE (GEWÄHREN), CONSENSIVE (ZUSAGEN), OBOEDITIVE (GEHORCHEN).

In der Forschungsliteratur findet man auch andere Klassifizierungen der initiierenden Sprechakte, die ABLEHNEN unterschiedlichen Charakters zur Folge haben können. Bei Hundsnurscher (1981: 350f.) sind es: Befehl, um einen Gefallen bitten, eine Frage stellen, Ratschlag / Warnung, Aufforderung / Bitte, Vorschlag, Angebot, Einladung.

Bei Kasper (1981: 203) werden folgende initiierende Sprechakte genannt: Vorschlagen, Auffordern, Anbieten / Einladen, Beschweren, Ablehnen.

In der polonistischen Forschung wird eine Typologie der *Direktiva* von Kleszczowa/Termińska (1983) vorgeschlagen, die eine Absage/Ablehnung als Folge haben können. Die Autorinnen betrachten Absage- / Ablehnungssprechakte als reaktive Sprechakte und unterscheiden anhand des Inhalts, der Situation, der sozialen Rollen von Sender und Empfänger, des Ausmaß der (Un)Höflichkeit und der metasprachlichen Kategorisierung drei Gruppen von Direktiva, auf die folglich mit einer Absage/Ablehnung reagiert werden kann: 1. Bitte, 2. Vorschlag, Ratschlag, Empfehlung, Einladung, Angebot, 3. Befehl, Verbot, Forderung, Gebot, Anordnung, vgl. Kleszczowa/Termińska (1983: 122ff.), wobei bei der dritten Gruppe angemerkt wird, dass eine Ablehnung/Absage in der Situation des Befehls gewisse Folgen – Sanktionen – nach sich zieht.

Hindelang (1980: 59) präsentiert den Sprechakt ABLEHNEN im sequenziellen Zusammenhang mit dem Sprechakt AUFFORDERN und nennt es „die Gesamtarchitektur des AUFFORDERUNGs-Spiels“ (ebd.), in der auch mögliche Reaktionen sichtbar werden. Das wird am folgenden Schema illustriert:

(1)

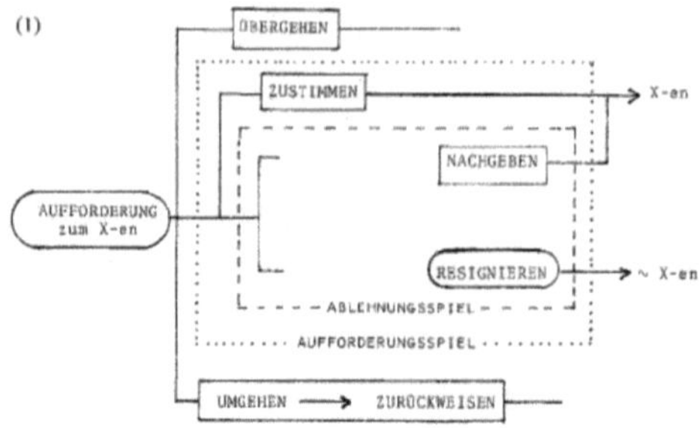

Schema 10. Gesamtarchitektur des AUFFORDERUNGs-Spiels nach Hindelang (1980: 59)

Die für uns relevante Sprechhandlung ABLEHNEN ist dann im Zusammenspiel zwischen zwei möglichen Realisierungsformen der ABLEHNUNG sichtbar, wie Hindelang (ebd.) angibt: „Wenn Sp_2 nicht X-en will, muss er sich entscheiden, ob er auf eine STRIKTE oder eine ARGUMENTATIVE ABLEHNUNG der Aufforderung abzielt.“

Der Unterschied zwischen den genannten Formen liege dann in verschiedenen Reaktionen, und zwar:

> Bei der STRIKTEN ABLEHNUNG versucht Sp_2 Sp_1 möglichst schnell zum RESIGNIEREN zu bringen, indem er von Anfang an klarmacht, dass er nicht bereit ist, mit sich über eine Ausführung von X sprechen zu lassen. Sp_1 kann dann zwar noch insistieren und Sp_2 vorwerfen, dass er nicht gesprächsbereit ist. Sp_2 wird aber nach einiger Zeit solche Versuche (...) abblocken (...). (Hindelang 1980: 59)

Dieser Weg der STRIKTEN ABLEHNUNG solle aber vom Sprecher nur dann gewählt werden, wenn die Ablehnung keinen großen Einfluss auf die Beziehung zwischen beiden Interaktanten haben werde (vgl. hierzu Hindelang 1980: 60), d.h. dass diese mindestens nicht verschlechtert wird[375].

Das Ziel der argumentativen ABLEHNUNG ist dagegen, die Beziehung zwischen den beiden Interaktanten aufrecht zu erhalten, indem zur Begründung der ABLEHNUNG Argumente angeführt werden, wie es Hindelang (1980: 60) weiter erklärt:

> Liegt ihm [Sp_2 – J. S.] daran, Sp_1 durch seine Ablehnung nicht vor den Kopf zu stoßen, so wird er versuchen, Sp_1 durch Argumente dazu zu bewegen, von seiner Aufforderung Abstand zu nehmen. Er will so erreichen, dass Sp_1 einsieht, warum Sp_2 X nicht

[375] Diese Art der Ablehnung steht im Widerspruch zu den Strategien der Höflichkeit, die in den untersuchten Absageschreiben ihre Anwendung finden. Im untersuchten Korpus lassen sich nämlich nur wenige Beispiele für diese so direkt formulierte Ablehnung finden.

> ausführt und möchte, dass Sp_1 die Gründe für die Ablehnung akzeptiert und somit die Ablehnung ratifiziert. Sp_2 ist so der Ausführung von X aus dem Weg gegangen, ohne dass dadurch die Beziehung zu Sp_1 gelitten hat.

Die argumentative ABLEHNUNG bietet noch eine weitere Reaktionsmöglichkeit an. Es handelt sich um NACHGEBEN, dass in dem Falle erfolgt, wenn „Sp_1 bessere Argumente vorbringt" und „Sp_2 wohl oder übel X-en muss", d.h. „er muss NACHGEBEN, will er nicht als unaufrichtig gelten und damit seinen Ruf als glaubwürdiger Gesprächspartner riskieren." (Hindelang 1980: 60).

In unserem Falle, wie im Kapitel 7.1.1. exemplifiziert wird, handelt es sich überwiegend um argumentatives ABLEHNEN, das von folgenden Parametern bestimmt wird (vgl. Hindelang 1980: 60):

- das Gewicht der Handlung X, bemessen nach den Unannehmlichkeiten, dem zeitlichen oder finanziellen Aufwand oder dem Risiko bei der Ausführung von X.
- die Dringlichkeit der Situation, die von der Größe des Verlustes abhängig ist, den Sp_1 erleiden kann, wenn die Bitte abgeschlagen wird.
- die Nähe zwischen Sp_1 und Sp_2.

Die Reaktion der Ablehnung/Absage wird durch einen Stimulus – in unserem Falle: die Bewerbung – ausgelöst, und diese kann demgemäß als ANGEBOT seitens des Senders (= Bewerbers) interpretiert werden.

Der Sprechakt ANGEBOT steht dem Sprechakt VORSCHLAG nahe, der folgendermaßen expliziert wird: „*Vorschlagen* ist eine kommunikative Handlung, mit der der Sprecher den Hörer auffordert, mit ihm zusammen eine Tätigkeit durchzuführen oder eine gemeinsame Entscheidung über die Durchführung einer Handlung zu treffen." (Kantorczyk 2008: 103, Hervorhebung im Original). Der Unterschied zu dem Sprechakt ANGEBOT besteht v.a. in dem Vorhandensein der Komponente „gemeinsam" und auch darin, dass – wie Kantorczyk (2008: 103, Hervorhebung – J. S.) unterstreicht – „aus der Sicht des Sprechers alle von ihm vorgeschlagenen Handlungen im Interesse **beider** Kommunikationspartner liegen."[376]

[376] Vgl. hierzu die folgende Explizierung: „Der Sprecher unterbreitet selbst einen Vorschlag, wenn er davon ausgehen kann, dass mit der Durchführung der von ihm vorgeschlagenen Handlung eine Angelegenheit für ihn selbst und für den Adressaten zu einem guten Ergebnis geführt werden kann." (Kantorczyk 2008: 104).

Aus diesem Grund sind Absageschreiben als Realisierungen der Sprechhandlungen entscheidenden Charakters[377] einzustufen und als Reaktionen auf ein ANGEBOT[378] (= Bewerbung) aufzufassen. Dabei wird *Angebot* laut Duden (2007: 141) als „etwas, was einem vorgeschlagen, angeboten wird" verstanden. Der Sprechakt ANGEBOT[379] gehört zu den *Kommissiva* und wird im vorliegenden Fall in Form der vorangehenden Bewerbung realisiert[380] und in Anlehnung an Wierzbicka (1987: 191, zit. in Gałczyńska 2003: 86) folgendermaßen expliziert:

> myślę o x jak o czymś co mogłoby być dla ciebie dobre
> mówię: spowoduję, żeby x się zdarzyło jeśli powiesz mi że chcesz żebym to zrobił
> myślę że ty możesz chcieć żeby to się zdarzyło
> nie wiem czy chcesz żeby to się zdarzyło
> mówię to ponieważ chcę spowodować żebyś wiedział iż spowoduję że to się zdarzy jeżeli powiesz że chcesz żeby to się zdarzyło
> sądzę że powiesz jeżeli chcesz żeby to się zdarzyło.

Es wird auch dessen konditionaler Wert unterstrichen: „ein Angebot sei ein Versprechen, das davon abhänge, dass der Adressat es annehme." (Vanderveken 1990: 24 zit. in Rolf 1997: 68).

Dabei ist darauf hinzuweisen, dass das ANGEBOT keinen verpflichtenden oder bindenden Charakter hat: der Empfänger des ANGEBOTs verfügt über die Freiheit der Entscheidung: er soll entscheiden, ob er etwas tut (= in unserem Falle die Bewerbung annimmt oder ablehnt) oder nichts tut[381], also keine Reaktion hervorbringt.[382]

---

[377] Vgl. hierzu die Realisierungsformen der kommunikativen Funktion des AKZEPTIERENs in Krüger (1993: 133).

[378] Zu dieser Gruppe der direktiven Sprechakte des VORSCHLAGENs gehören: ANGEBOT, VORSCHLAG, RATSCHLAG, EMPFEHLUNG, EINLADUNG, vgl. hierzu Gałczyńska (2003: 86), Hindelang (2010: 112).

[379] Zur Explikation dieses Sprechaktes vgl. Wierzbicka (1987).

[380] Das ANGEBOT ist von der BITTE dadurch zu unterscheiden, dass der Sprechakt BITTE eher privaten und inoffiziellen Charakters ist, vgl. Wierzbicka (1987).

[381] Vgl. hierzu Kapitel 6.1.3., in dem mögliche Reaktionen auf Bewerbungen genannt werden.

[382] An dieser Stelle bemerkt Gałczyńska (2003: 86f.): „Mówiący nie wymaga od adresata zrobienia czegoś – oferta nie łączy się z żadną akcją ze strony współrozmówcy. To nadawca aktu oferty ma zaangażować się we właściwy przebieg działania będącego przedmiotem aktu." – was aber im Lichte der Entscheidung, die von dem Empfänger des Angebots getroffen wird, nicht zu stimmen scheint, denn ENTSCHEIDEN (= hier Annehmen oder Ablehnen) ist zweifelsohne eine Aktion. Hinzu kommt noch die Tatsache, dass der Sender (= Bewerber) auf das Ergebnis der Entscheidung seitens des Empfängers (= der angeschriebene Arbeitgeber) wartet und dass der Sender (= Bewerber) den Empfänger (= Arbeitgeber) zu einer Entscheidung in gewisser Weise zwingt.

Im Falle unserer Analyse sind die Absageschreiben als Reaktionen auf bestimmte Stimuli impressiven Charakters (= Bewerbungen) aufzufassen. Das Ziel dieser Stimuli besteht darin, bei dem Empfänger (= der angeschriebene Arbeitgeber) eine Reaktion[383] (= Annahme oder Absage[384]) hervorzurufen. Damit dieses zu Stande kommt, müssen bestimmte Bedingungen[385] erfüllt werden[386] (vgl. Gałczyńska 2003: 34):

1. Einleitebedingung: der Empfänger ist im Stande X zu tun;
2. Aufrichtigkeitsbedingung: der Sender will, dass der Empfänger X tut;
3. propositionaler Gehalt: der Sender stellt die künftige Handlung X dar, die von dem Empfänger vollzogen werden soll;
4. wesentliche Regel: der Sender versucht den Empfänger zu zwingen, X zu tun.

Im Lichte der Analyse sind die einzelnen Elemente dieser Struktur auch in Bezug auf Absageschreiben leicht rekonstruierbar und mit folgenden Eigenschaften beschreibbar: Aktion-Äußerung ist die vorangegangene Bewerbung, die ein an den Empfänger (= potenziellen Arbeitgeber) gerichtetes Angebot enthält. Diesem steht völlige Entscheidungsfreiheit zu. Er kann nämlich das Angebot (= Bewerbung) annehmen oder ablehnen. Das ergibt sich aus der Konstruktion des Sprechakts ANGEBOT, das nicht zwingend ist, worauf im Folgenden eingegangen wird. Er trifft seine Entscheidung – im vorliegenden Fall ist sie negativ – und gibt diese dem Sender (= Bewerber) in Form eines Schreibens – hier Absageschreibens – bekannt.

---

383 Zu den Arten von Reaktionen auf Bewerbungen vgl. Kapitel 6.1.3.

384 Die Möglichkeit keiner Reaktion auf eine Bewerbung wird in der vorliegenden Arbeit nicht thematisiert, da der Untersuchungsgegenstand der vorliegenden Arbeit Absageschreiben sind, die als Antworten auf Bewerbungen (Reaktionen) gelten.

385 Sie entsprechen den Kriterien, die Searle ([1969] 1971) zur Unterscheidung von Klassen der Sprechakte anführt.

386 Die Analyse von Gałczyńska (2003) betrifft die polnische Sprache, aber die von der Autorin angeführten Bedingungen treffen auch in Bezug auf das Deutsche zu.

6.1.2. Sequenzabhängigkeit der Sprechhandlung ABLEHNEN/ABSAGEN

Wegen ihres reaktiven Charakters sind ABLEHNUNGEN/ABSAGEN als „sequenzabhängige Sprechhandlungen“[387] (Hindelang (2010: 99ff.), vgl. auch Wunderlich (1976: 300f.) und Fetzer (1998: 185)) zu bezeichnen, die nach bestimmten initialen Handlungen erfolgen, denn „eine bestimmte Illokution zielt **nicht auf eine beliebige**, sondern auf eine spezifische Reaktion, die zwar nicht immer eintritt, aber mit einer gewissen Wahrscheinlichkeit rational wie konventionell zu erwarten ist.“[388] (Weigand 2003: 11, Hervorhebung von J. S.). Dabei bezieht sich der sequentielle Charakter von Handlungen auf „einen kommunikativ und regelhaft bestimmten Zusammenhang von Handlungen“[389] (vgl. Czachur 2007: 69).

Der Ansatz, auf Grund der Dialogizität der Sprache Sprechakte in Sequenzen zu analysieren[390], stammt von Weigand (1989), die von folgender Annahme ausgeht: „Wir handeln im Dialog, indem wir unsere Fähigkeiten zu sprechen, zu denken und wahrzunehmen als kommunikative Mittel einsetzen.“ (ebd.: 25). Demgemäß könnte in unserem Falle eine Zweiersequenz folgendermaßen dargestellt werden:

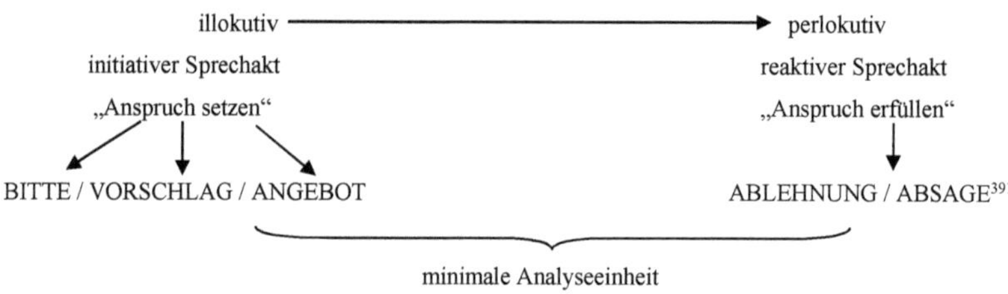

Schema 11. Sequenzabhängigkeit des Sprechakts ABLEHNEN in Anlehnung an Weigand (1989), eigene Darstellung

Dabei wird hervorgehoben, dass „initiativer illokutiver und reaktiver perlokutiver Sprechakt die beiden sich gegenseitig determinierenden, interdependenten

---

[387] Vgl. hierzu auch die Feststellung Hindelangs (1980: 58): „[Es – J. S.] dürfte Einigkeit darüber bestehen, dass sprachliche Handlungen in ihrem dialogischen Zusammenhang beschrieben werden müssen.“, die auch auf die genannte Sprechaktsequenz zutrifft.

[388] Vgl. hierzu auch die „konditionalen Sprechakte“, für die „ein Bedingung-Folge-Verhältnis“ charakteristisch ist in Wunderlich (1972) sowie in Mikołajczyk (2007: 261).

[389] Eine solche Verstehensweise ist dem Einfluss der praktischen Semantik zu verdanken, im Rahmen deren die möglichen Zusammenhänge von sprachlichen Handlungen im Fokus stehen, vgl. hierzu Czachur (2007: 69).

[390] Vgl. hierzu auch die Typologie der Sequenzmuster in Dialogen bei Fritz/Hundsnurscher (1994).

[391] Natürlich ist in diesem Falle auch ZUSTIMMUNG/ANNAHME als Reaktion möglich, was aber nicht Gegenstand unserer Studie ist.

Seiten der kommunikativen Funktion der Verständigung (...)“ sind (Krüger 1993: 20).

Der dialogische Charakter der Absagesprechakte wird auch in der polonistischen Forschung hervorgehoben. Antas (1991: 38) stellt nämlich fest: „(...) akt negatywny zawsze mocno uwikłany jest w tło dialogu i zawsze w jakimś stopniu obraca się w polu asercji, która stanowi niejako tło wszelkich zaprzeczeń i jej dotyka (...).“

Krüger (1993: 9) setzt den Sprechakt ABLEHNEN in einen Zusammenhang mit dem Sprechakt ZUSTIMMEN und hebt hervor, dass: „(...) ‚Zustimmen‘ und ‚Ablehnen‘ somit als sprachliche Handlungen erscheinen, die potentiell durch verschiedene reaktiv gebrauchte Illokutionen realisiert werden können.“ Aus diesem Grunde müssen bei deren Analyse „(...) Relationen berücksichtigt werden, die zwischen reaktiven, Zustimmung oder Ablehnung signalisierenden Äußerungen und ihren initiativen, illokutiv bestimmbaren Bezugsäußerungen in Sprechhandlungssequenzen bestehen.“[392] (ebd.: 19). Sie ordnet die erwähnten Sprechhandlungen den Akten des AKZEPTIERENs[393] zu und betrachtet diese als solche, die „konventionell auf REPRÄSENTATIVE folgen und perlokutive Effekte (...) – Ergebnisse eines durch den mit der initiativ-illokutiven Bezugsäußerung verbundenen perlokutiven Versuch ausgelösten kognitiven Prozesses – sprachlich exteriorisieren.“ (Krüger 1993: 30). Die Sprechakte des ABLEHNENs sind nach ihr die „sequenzabhängigen, primär reaktiven sprachlichen Handlungen (...), die sich in der Reaktion eines Kommunikationsteilnehmers auf vorangegangene Ereignisse (...) oder bestehende (...) Zustände manifestieren.“ (ebd.: 5).

In unserem Fall wäre ABLEHNEN/ABSAGEN als –Akzeptieren zu interpretieren. Dabei „handelt es sich somit um primär auf den propositionalen Gehalt der Bezugsäußerungen referierende, und damit die Zurückweisung des mit ihm verbundenen Wahrheitsanspruchs implizierende Sprechhandlungen.“ (Krüger 1993: 123).

---

[392] Vgl. hierzu auch den Ansatz bei Weigand (1989), die als minimale Analyseeinheit die Sequenz von zwei Sprechakten annimmt.

[393] Vgl. hierzu die folgende Begründung von Krüger (1993: 2): „Konventionell auf repräsentative (d.h. einen Wahrheitsanspruch vorbringende) Bezugsäußerungen folgend, erfüllen sie mit ihnen verbundene Obligationen, können jedoch gleichzeitig initiativ sein, indem sie eigene pragmatische Ansprüche etablieren, selbst zu Bezugsäußerungen für reaktive Sprechhandlungen werden und ein mehr oder weniger offenes Raster von Fortsetzungsmöglichkeiten hinterlassen.“

Wie wir bereits erwiesen haben, handelt es sich in unserem Falle um den initiativen Sprechakt ANGEBOT. Die Reaktionsmöglichkeiten auf ein ANGEBOT (hier: Bewerbung) lassen sich als folgende mögliche Verlaufssequenz darstellen[394]:

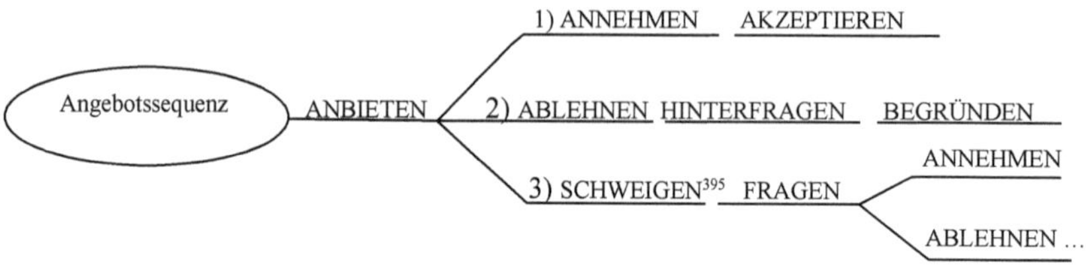

Schema 12. Verlaufssequenz beim Sprechakt ANGEBOT in Anlehnung an Ehrhardt/Heringer (2011)

Dabei ist für uns der zweite Strang der ABLEHNUNG relevant, dem auch weitere Sprechhandlungen, abhängig von der jeweiligen Situation, folgen können. Somit ist bei ANBIETEN eine mehrsträngige Sequenz möglich, wobei ABLEHNEN „rückwärtsorientiert“ ist (vgl. hierzu Ehrhardt/Heringer 2011).

Die Verlaufssequenz im Falle der Absageschreiben in ihren drei Ausprägungen (Aperitif-Brief, eigentliches Absageschreiben, Eisschreiben) könnte man also folgendermaßen darstellen[396]:

[394] Kantorczyk (2008: 125), die den Sprechakt VORSCHLAG analysiert, nennt folgende Typen der Reaktionen auf einen Vorschlag: zustimmende Reaktionen, ablehnende Reaktionen, unbestimmte (ausweichende) Reaktionen, Gegenvorschlag.

[395] Schweigen kann in unserer Situation als Vermeidung gedeutet werden, vgl. hierzu Werlen (1983) sowie „Vermeidungsrituale“ bei Goffman (1967) und deren Explikation bei Bonacchi (2013: 100): „Es sind die stillschweigenden Regeln des menschlichen Umgangs, die jedes Mitglied einer Polykultur kennt, und deren Verletzung streng bestraft wird.“, sowie Kapitel 5.3.2. und die Unterscheidung von sechs grundlegenden Arten des Schweigens in Unrath-Schapernack (2004); es sei allerdings darauf hingewiesen, dass „Schweigeakte kommunikative Funktionen haben, d.h. sie können Illokutionen transportieren.“ (Unrath-Schapernack 2004: 245).

[396] Vgl. hierzu auch das Modell für die Beschreibung der Handlungsstruktur von Texten in Schröder (2003).

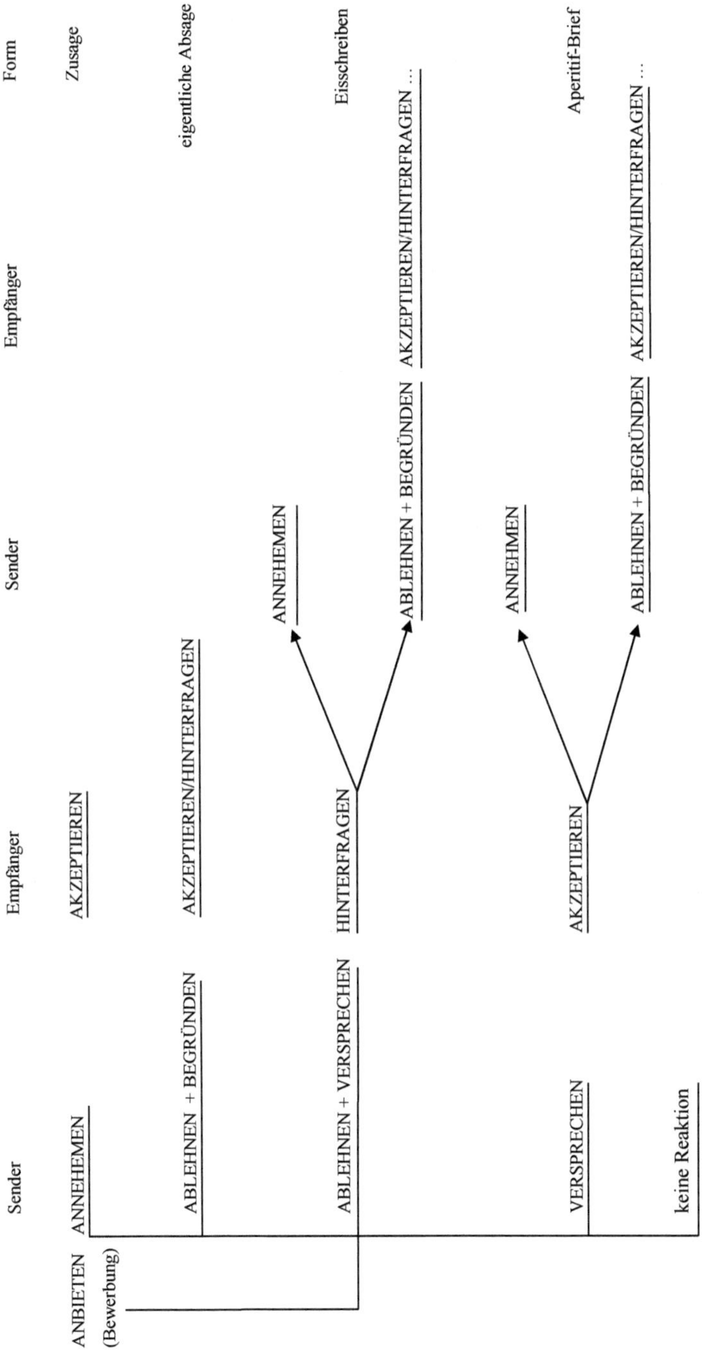

Schema 13. Verlaufssequenz beim Sprechakt ANGEBOT (= Bewerbung)

Die Vielzahl der Illokutionen, die in den Absageschreiben neben ABLEHNEN/ABSAGEN zum Ausdruck kommen, lässt die Letzten als komplexe Größen bezeichnen, in denen zum Zwecke des Ausdrucks der Hauptillokution – ABLEHNUNG/ABSAGE – andere Illokutionen „mitausgedrückt" werden, mit denen im Zusammenhang mit der im Zentrum stehenden ABLEHNUNG/ABSAGE andere Absichten des Senders aus bestimmten Gründen und zu bestimmten Zwecken mitgeteilt werden. Diesen ist also eine unterstützende Funktion zuzuweisen.

Der komplexe Charakter der Illokutionsstruktur in den Absageschreiben stimmt auch mit der Auffassung von Motsch/Viehweger (1981: 128) überein, dass „die Struktur einer komplexen sprachlichen Handlung als hierarchisch geordnete Verknüpfung von Handlungstypen (Handlungstypenhierarchie) zu beschreiben ist."

Dies entspricht auch der Auffassung des Textes, nach der eine illokutive Handlung als „Grundeinheit für die Textkonstitution gilt" (Brinker 2010: 85). Die dominierende illokutive Handlung wird als „Gesamtziel des Textes" bezeichnet, während andere Sprechhandlungen – „subsidiäre Illokutionen" (vgl. Brinker 2010: 86) die Aufgabe haben, diese dominierende Illokution zu unterstützen.

6.1.3. Typen von ablehnenden Reaktionen

Infolge eines initialen Sprechakts kann mit unterschiedlichen Reaktionen gerechnet werden. Die prognostizierbaren Reaktionen reihen sich in das Konzept der Handlungsabläufe ein, die im Rahmen der „Kulturstandards" (vgl. Thomas 1994 zit. in Bonacchi 2013: 76) unterschieden werden können und demgemäß als „normal" (erwartungskonform), wie im Falle der Annahme oder als „untypisch" (erwartungsabweichend), im Falle der Ablehnung/Absage interpretiert werden können (vgl. hierzu Bonacchi 2013: 76)[397].

Eine Antwort auf ein Angebot kann entweder direkt oder indirekt formuliert werden (vgl. Itakura 2004). Das ist von Entsprechung und Nicht-Entsprechung der strukturell-semantischen Besonderheiten der Ausdrucksweise ihrer illokutiven Funktion abhängig (vgl. Trozjuk/Demianiuk o.J.: 312).

---

[397] In unserem Falle kann man die präsentierte Zweiteilung mit der vorgeschlagenen Zuordnung zwar annehmen, aber im Grunde genommen müssten hier Untersuchungen in Bezug auf wirkliche Erwartungen seitens der Bewerber herangezogen werden, an denen es bislang fehlt.

Die grundlegenden Typen von direkten Reaktionen auf initiale Sprechakte sind Annahme und Ablehnung, aber wie Analysen zeigen, bilden sie nur zwei Gegenpole auf der Reaktionen-Achse, auf der dazwischen viele andere nicht so direkte Reaktionen zu platzieren sind. Verschiedene Typologien von möglichen ablehnenden Reaktionen sind v.a. der englischsprachigen Forschung zu verdanken. Sie beziehen sich meist aufs Englisch, auch im Vergleich mit anderen Kulturen, z.B. der japanischen.

Nach Gass/Houck (1999: 3ff.) werden bei Nichtannahme drei Typen von Reaktionen unterschieden: 1. ablehnen, 2. zeitlich verschieben, 3. Alternativen vorschlagen, wobei die letzten zwei als indirekte Ablehnung interpretiert werden können, die einen Weg zu weiteren Verhandlungen eröffnen und rekursiv sind, wie es die Autoren selbst erklären: „With Nonaccepts, the situation becomes more complex, particularly because numerous options confront a refuser. A Nonaccept can be expressed as a refusal, a posponement, or the proposal of an alternative.“ (ebd.: 3). Sie präsentieren eine Typologie von möglichen Reaktionen auf initiale Sprechakte (ebd.: 8), wobei auch der sequenzielle Charakter der Ablehnung hervorgehoben wird:

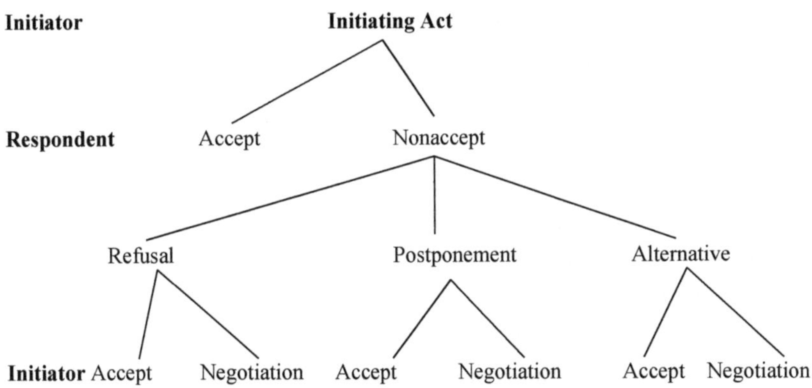

Schema 14. Sprechaktsequenzen beim initialen Sprechakt nach Gass/Houck (1999)

Als Ergebnis einer vergleichenden Studie werden folgende Strategien identifiziert: „conventional nonperformative refusal“, „statement of regret“, „excuse / reason / explanation, proposal of alternative“, „conformations“, „requests for clarification“ / „information, agreement“. Zugleich werden mit Berücksichtigung nonverbaler Faktoren die sog. „Kompensationsstrategien” der

Nichtmuttersprachler genannt, zu denen gehören: Direktheit, Zeichen der sprachlichen oder soziokulturellen Inadäquatheit, Verwendung der Muttersprache, sequentielle Verschiebungen, Alternativen und nichtverbale Affektäußerungen.

Bei Labov/Fanshel (1977) werden ähnliche Ablehnungssequenzen identifiziert: 1. direkt ablehnen, 2. verschieben, 3. indirekt ablehnen.

Beebe/Cummings et. al. (1990: 72f. zit. in Nixdorf 2002: 44) schlagen folgende Typen von Reaktionen vor:

I. Direct

A. Performative (*I refuse.*)

B. Non-performative statement

1. No

2. Negative willingness / ability (*I can't. I won't be able to give them to you.*)

II. Indirect strategies

3. Regret (*I'm very sorry.*)

4. Explanation (*I want to leave now.*)

5. Future acceptance (*I can help you tomorrow after final exam.*)

6. Principle (*I don't like lazy students who like easy note taking.*)

7. Philosophy (*excuse is worse than sin*)

8. Self defense (*you should have attended class*)

9. Criticism

10. Attack

III. Adjuncts to Refusals

11. Positive Opinion (*Congratulations on your promotion. I am very glad!*)

12. Gratitude (*Thanks for the invitation*)

13. Agreement (*Yes, I agree, but ...*)

Rubin (1983: 12f. zit. in Grein (2007: 114)) listet folgende Reaktionen auf: 1. Be silent, hesitate, show lack of enthusiasm, 2. Offer an alternative, 3. Postponement, 4. Put the blame on a third party or something over which you have no control, 5. Avoidance, 6. General acceptance of an offer but giving no details, 7. Divert and distract the addressee, 8. General acceptance with excuse, 9. Say what is offered in inappriopriate.

Für das Japanische zählt Ueda (1972: 189, zit. in Grein (2007: 114)) folgende Möglichkeiten auf: 1.The equivalent of English no, 2. Vague no, 3. Vague and ambiguous yes or no, 4. Silence, 5. Vounter question, 6. Tangential responses, 7. Exiting, 8. Lying, equivocation, 9. Criticizing, 10. Refusing the question, 11. Conditional no, 12. Yes, but, 13. Delaying answers, 14. Internally yes, externally no, 15. Internally no, externally yes, 16. Apology.

Gałczyńska (2003) unterscheidet abhängig von dem Charakter des initialen Sprechakts folgende Typen von ablehnenden Reaktionen im Polnischen:

1. Ablehnen/Absagen „jako reakcja na akty polecenia“, die „nakaz, rozkaz, żądanie i zakaz“ umfassen (ebd.: 38ff.), wobei zwischen selbständigen Ablehnungs- / Absagesprechakten und solchen, die eine Begründung enthalten unterschieden wird;
2. Ablehnen/Absagen „jako reakcja na akty prośby”, die auch „akty błagania” miteinschließen (ebd.: 55ff.), bei denen folgende Untertypen differenziert werden:
   a. in selbständige Sprechakte des Ablehnens/Absagens;
   b. Absagesprechakte mit Sprechakten der Begründung;
   c. Absagesprechakte mit Sprechakten der Entschuldigung und Begründung;
   d. Absagesprechakte mit Sprechakten des Vorschlagens / Versprechens, dass das, worum der Interaktant bittet zu einem anderen Termin gemacht wird.
   e. Sprechakte des Vorschlagens von etwas Anderem in der Funktion des Ablehnungssprechakts.
3. Ablehnen/Absagen „jako reakcja na akty propozycji“, die folgende Sprechakte umfasst: „oferta, propozycja, rada, zalecenie, zaproszenie.“ (ebd.: 88ff.), wobei sechs Untertypen unterschieden werden:
   a. selbständige Ablehnungssprechakte;
   b. Absagesprechakte in Begleitung der Sprechakte der Begründung;
   c. Absagesprechakte in Begleitung der Sprechakte des Dankens;
   d. Absagesprechakte in Begleitung der Sprechakte des Dankens und der Begründung;
   e. Absagesprechakte in Begleitung der Sprechakte der Entschuldigung und Begründung;
   f. Absagesprechakte in Begleitung der Sprechakte des Vorschlagens / Versprechens, dass etwas zu einem anderen Termin gemacht wird.

In der einschlägigen Literatur werden auch andere Typen negativer Reaktionen erwähnt. Den Ausgangspunkt bildet die jedem bekannte Tatsache, dass negative Nachrichten / Bescheide / Entscheidungen u.a. weder gern empfangen noch gegeben werden. Aus der Perspektive des Senders einer negativen Rückmeldung sei hier auf eine Reihe von Vermeidungsverhaltensweisen hingewiesen, die wir in Anlehnung an Müller/Moser (2006: 245) anführen:

- Feedback wird beschönigt[398],
- Feedback wird delegiert[399],
- Feedback wird lange hinausgeschoben[400],
- Feedback wird innerlich distanziert wiedergegeben[401],
- Feedback wird gänzlich vermieden[402].

Grein (2007: 117) entwickelt in Anlehnung an Blum-Kulka et al. (1989) eine Typologie von möglichen ablehnenden Reaktionen und Sprechakt-Kombinationen im Deutschen und Japanischen, die 17 Muster umfasst: 1. keine Ablehnung, 2. nonverbale Ablehnung, 3. nur Entschuldigung, 4. nur Ablehnung, 5. nur Begründung, 6. nur Alternativvorschlag, 7. Entschuldigung + Ablehnung, 8. Entschuldigung + Begründung, 9. Entschuldigung + Alternative, 10. Ablehnung + Begründung, 11. Ablehnung + Alternative, 12. Begründung + Alternative, 13. Entschuldigung + Ablehnung + Begründung, 14. Entschuldigung + Begründung + Alternative, 15. Entschuldigung + Ablehnung + Alternative, 16. Ablehnung + Begründung + Alternative, 17. Entschuldigung + Ablehnung + Begründung + Alternative. Sie erstellt auch einen Katalog von Strategien der Ablehnung, der folgende Sprechaktkombinationen umfasst (vgl. Grein (2007: 407)):

- Entschuldigung + Ablehnung + Begründung + Alternative
- Entschuldigung + Ablehnung
- Ablehnung + Alternative
- Alternative
- Entschuldigung + Ablehnung + Begründung
- Ablehnung + Begründung + Alternative
- Begründung + Alternative
- Entschuldigung + Begründung

398 Vgl. hierzu Waung/Highhouse (1997).
399 Vgl. hierzu Rosen/Grandison/Stewart (1974).
400 Vgl. hierzu Klaas/Dell'omo (1997).
401 Vgl. hierzu Rothaus/Morton/Hanson (1965).
402 Vgl. hierzu Tesser/Rosen/Batchelor (1972), Fried/Tiegs/Bellamy (1992), Waung/Brice (2000).

Eine Typologie der Strategiebezeichnungen für Ablehnungen eines Angebots im Deutschen erstellt auch Nixdrof (2002: 48). Es sind folgende: Nein, Will nicht, Erklärung, Bedauern, Alternative, Angriff, als ob, Vermeidung (Verschiebung, Themawechsel, Wiederholung, Witz).

In unserem Falle sind schon auf der Textebene die globalen Typen von Reaktionen auf Bewerbungen sichtbar, die sich auch mit den im Kapitel 1.3. auf Grund der Hauptintention des Senders unterschiedenen Typen von Absageschreiben decken[403]. Es lassen sich hier folgende Reaktionstypen unterscheiden:

1. keine Reaktion, die nicht Gegenstand der vorliegenden Studie ist;
2. Annahme, die ebenfalls nicht Gegenstand der vorliegenden Studie ist[404];
3. Ablehnung/Absage[405]:
   a. direkt
      - Ablehnung → eigentliches Absageschreiben
      - Ablehnung mit einer Alternative → Eisschreiben
   b. indirekt, zeitlich verschoben → Aperitif-Brief[406]

Die dazugehörenden Formen des Ablehnens im Sinne von Ablehnungsstrategien in den Absageschreiben sowie mögliche Kombinationen von den in den Absageschreiben vorkommenden Sprechakten werden im Kapitel 6.3. beschrieben.

6.2. Illokutionäre Indikatoren in den Absageschreiben

Zur Unterscheidung der Illokutionen führte Searle ([1969] 1971) die Kategorie der *illokutionären Indikatoren*, auch *Illokutionsindikatoren* oder *Indikatoren der illokutionären Rolle*[407] genannt, ein. Darunter werden sprachliche Mittel verstanden, die es ermöglichen, zu erkennen, um welchen illokutionären Akt es sich in einem bestimmten Satz handelt (vgl. Meibauer 2001: 88, Brinker 2010: 87,

[403] Die Ablehnung als Reaktion auf ein Angebot und die mehrsträngige Sequenz des ANBIETENS mit möglichen Varianten werden im Kapitel 6.1.2. besprochen.
[404] Vgl. hierzu die Sprechakte des AKZEPTIERENs in Krüger (1993), unter denen die Autorin die Sprechakte des ZUSTIMMENs unterscheidet.
[405] Vgl. hierzu die Zuordnung der Sprechakte des ABLEHNENs zu den Sprechakten des AKZEPTIERENs bei Krüger (1993).
[406] Im Falle der indirekten Ablehnung wird hervorgehoben, dass sie eine Möglichkeit darstellt, die Handlung weiter zu führen, d.h. sie kann zu weiteren Angeboten – Bewerbungen, einladen, vgl. hierzu „rekursive Ablehnungssequenzen“ bei Nixdorf (2002: 38).
[407] Vgl. hierzu auch „mögliche Realisierungsformen der Sprechakte in einer bestimmten Sprache und einem bestimmten Diskurstyp“ bei Wunderlich (1976: 302).

Sökeland 1980)[408], d.h. „welchen illokutionären Akt der Sprecher vollzieht, indem er den Satz äußert“ (Searle [1969] 1971).

Zu den *illokutionären Indikatoren*[409] gehören nach Brinker (2010) performative Verben / Äußerungen, Satzmuster und Satztypen, Modalverben[410], Abtönungs- und Modalpartikeln[411], Interpunktion[412] sowie der propositionale Gehalt. Sie werden in zwei Gruppen unterteilt (Liedtke 1998: 142): 1. *konstitutive Indikatoren*, die als Elemente einer Äußerung fungieren (performative Verben, Modalverben, Modalpartikeln, Modaladverbien), 2. *qualitative Indikatoren*, die Eigenschaften des geäußerten Satzes sind (Wortstellung und Intonationsstruktur)[413].

Sökeland (1980) nimmt eine andere Aufteilung vor, indem er direkte Sprechakte mit indirekten vergleicht und in den Letzteren die Rolle unterschiedlicher Indikatoren bei der Bestimmung der Illokution untersucht. Dabei unterscheidet er „Basisindikatoren“, zu denen explizit performative Formeln, Satzmuster/Satztyp gehören, und deren Rolle darin besteht, die Basisillokution der Äußerung zu bestimmen, und „Sekundärindikatoren“, d.h. Intonation, Akzent, Abtönungspartikeln, Adverbien, der propositionale Gehalt, die die „tatsächliche Rolle von Äußerungen anzeigen können“ [414] (Sökeland 1980: 72).

---

408 Vgl. hierzu auch die Explikation bei Kotorova (2010: 245): „ein Komplex verschiedenartiger sprachlicher Phänomene (…), die das illokutionäre Ziel einer bestimmten Sprachäußerung erkennen lassen.“

409 Vgl. auch Hindelang (2010: 15f.), der zu den illokutionären Indikatoren auch „bestimmte kleine ‚Füllwörter‘, formelhafte Ausdrücke und besondere lexikalische Elemente“ zählt, sowie die Systematisierung der Illokutionsindikatoren bei Sökeland (1980) und Liedtke (1997: 190), der folgende Haupttypen der Illokutionsindikatoren nennt: explizit performative Formeln, Modalverben und Satzadverbien, Wortfolge im Satz, Modus des Hauptverbs, Intonation für mündliche und Interpunktion für schriftliche Äußerungen.

410 Die Modalverben, deren Bedeutungen und Gebrauch in den Absageschreiben werden im Kapitel 3.4.1.2.6. besprochen.

411 In der Forschungsliteratur wird darauf hingewiesen, dass Partikeln als illokutionäre Indikatoren die jeweils ausgedrückte Illokution eindeutiger machen können, vgl. hierzu Helbig/Kötz (1981: 16); zur Rolle der Partikeln, darunter auch der Modalpartikeln in den Absageschreiben vgl. Kapitel 3.4.1.2.4.

412 Zur Interpunktion in den Absageschreiben vgl. Kapitel 3.4.1.2.7.

413 Sie werden auch „nicht sprechaktklassenspezifische“ Typen der Indikatoren genannt, und zwar „situative Indikatoren“ (Searle [1969] 1971), die die Äußerung ohne Illokutionsindikatoren, abhängig vom Kontext, richtig interpretieren lassen, sowie „diskursive Indikatoren“ (Kotorova 2010: 252), die eine Verbindung zum restlichen Diskurs herstellen.

414 Bei dieser „tatsächlichen Rolle“ handelt es sich überwiegend um indirekte Sprechakte, in denen man es mit dem Phänomen der „doppelten Illokution“ zu tun hat, vgl. hierzu Searle ([1979] 1982). Indirekte Sprechakte werden im Kapitel 6.3.2. besprochen.

In Anlehnung an Searle ([1969] 1971) und Sökeland (1980) werden im Folgenden performative Äußerungen, Satztypen und Satzmuster sowie der propositionale Gehalt in den Absageschreiben besprochen. Die Analyse erfolgt im Lichte der im Rahmen der Illokutionsstrukturanalyse erarbeiteten Textdefinition, nach der der Text als eine „hierarchisch strukturierte Abfolge von elementaren sprachlichen Handlungen" aufzufassen ist (vgl. Brinker 2010: 85).

6.2.1. Performative Äußerungen in den Absageschreiben

Zum Sprechen über Sprechhandlungen benutzt man „sprechhandlungsbezeichnende Ausdrücke" (Hindelang 2010: 24), zu denen einfache Verben illokutionären[415] und performativen[416] Charakters, nominale Ausdrücke und feststehende Redewendungen gehören. Sie sind entweder *performativ,* d.h. „wenn getan wird, was gesagt wird, indem gesagt wird, was getan wird." (Staffeldt 2008: 91) oder *referierend* auch *referentiell,* wenn „der Sprecher sich mit dem sprechaktbezeichnenden Ausdruck auf eine vergangene oder zukünftige Handlung bezieht."[417] (Hindelang 2010: 31). Sie können auch bei der Beschreibung von Sprechhandlungsmustern gebraucht werden[418].

In Anlehnung an Austin (1962) werden zwei Typen sprechhandlungsbezogener Ausdrücke performativen Charakters unterschieden (vgl. hierzu Hindelang 2010: 25):

1. *die explizit performativen Äußerungen*[419], bei denen „das Verb, das zur Benennung der vollzogenen Handlung geeignet ist, zum Vollzug dieser Handlung selbst verwendet wird." (Sökeland 1980: 50). Sie sind an folgenden „Normalformen" erkennbar (Austin [1962] 1989, zit. in Staffeldt

[415] Damit sind Verben gemeint, „die Illokution einer sprachlich vollziehbaren Handlung bezeichnen." (Kotorova 2009: 58).
[416] Es sind Verben, „mit denen man die Sprechhandlung selbst vollziehen kann." (Kotorova 2009: 58).
[417] Es handelt sich v.a. um Redewiedergabe oder Redeerwähnung, vgl. hierzu Hindelang (2010: 31ff.).
[418] Vgl. das Zitat von Austin ([1962] 1989: 32): „Sie fangen alle mit einem eindeutigen Ausdruck an, der sehr viel sagt (er kann auch mitten in der Äußerung vorkommen) (…) und gewöhnlich wird dieser Ausdruck auch gebraucht, um die Handlung zu bezeichnen, die ich mit der performativen Äußerung vollziehe (…)."
[419] Von Austin ([1962] 1989) werden sie „sekundäre Performativa" genannt, die sich aus den implizit performativen Formeln entwickelt haben und als „das letzte und ‚erfolgreichste' von allen Sprachmitteln" zum Ausdruck von Sprechhandlungen" gelten.

2008: 27): ein Verb in der 1. Person Sing, Präsens, Indikativ Aktiv, ein Verb im Passiv und in der 2. oder 3. Person, Präsens, Indikativ, ein performatives Verb in der 1. Person Pl., Indikativ, Präsens, Aktiv.

Hindelang (2010: 27f.) erweitert diesen Katalog um performative Reaktionen und modalisierte performative Fragen[420]. Sie wirken gesichtsbedrohend (vgl. hierzu Brown/Levinson 1978, 1987) und werden gebraucht, „wenn die Intensität der Illokution unterstrichen werden muss." (Kotorova 2010: 254).

2. *die implizit performativen Äußerungen*[421], in denen das die Handlung bezeichnende Verb nicht genannt wird, also die expliziten Formeln fehlen. Dabei kann die Handlung durch Intonation, Verwendung bestimmter Adverbien (z.B. *bestimmt*), Konjunktionen (z.B. *wogegen, darüber hinaus*) und das Verhalten des Sprechenden – die Äußerungsumstände, identifiziert werden.

In den Absageschreiben kommen viele sprechhandlungsbezeichnende Ausdrücke vor, die nicht nur ABLEHNEN/ABSAGEN, sondern auch andere Illokutionen signalisieren. Es handelt sich in erster Linie um performative Verben, die bestimmte Typen von Sprechhandlungen unterscheiden lassen. Sie werden „Kostümierte" (vgl. Austin [1962] 1989: 27) genannt und erfüllen zwei Bedingungen (ebd.: 28):

1. Sie beschreiben, berichten, behaupten überhaupt nichts; sie sind nicht wahr oder falsch;
2. Das Äußern eines Satzes ist, jedenfalls teilweise, das Vollziehen einer Handlung, die man ihrerseits gewöhnlich nicht als „etwas sagen" kennzeichnen würde. Den Satz äußern heißt: es tun.

Performative Äußerungen können gelingen oder nicht gelingen. Damit sie glücken, müssen „Glückensbedingungen"[422] (vgl. Ernst 2002: 93) vorliegen, d.h. „(…) eine ganze Menge anderer Dinge müssen in Ordnung sein und richtig ablaufen, damit man sagen kann, wir hätten unsere Handlung glücklich zustande gebracht." (Austin [1962] 1989: 36).

[420] Vgl. hierzu die schematische Darstellung der Verwendungstypen von sprechhandlungsbezeichnenden Ausdrücken bei Hindelang (2010: 28).
[421] Von Austin ([1962] 1989) als „primäre Performativa" bezeichnet.
[422] Sie werden auch „Gelingensbedingungen" genannt, vgl. Ernst (2002).

Zu diesen Bedingungen gehören nach Austin ([1962] 1989) folgende[423] (ebd.: 37 und Ernst 2002: 93):

(A.1) Es muss ein übliches konventionales Verfahren mit einem bestimmten konventionalen Ergebnis geben; zu dem Verfahren gehört, dass bestimmte Personen unter bestimmten Umständen bestimmte Wörter äußern.

(A.2) Die betroffenen Personen und Umstände müssen im gegebenen Fall für die Berufung auf das besondere Verfahren passen, auf welches man sie beruft.

(B.1) Alle Beteiligten müssen das Verfahren korrekt

(B.2) und vollständig durchführen.

(Γ.1) Die am Verfahren beteiligten Personen müssen ihre Meinungen und Gefühle hegen, die das Verfahren spezifizieren

(Γ.2) und sie müssen sich dann auch so verhalten.

Dabei werden auch bestimmte Voraussetzungen formuliert, die den Vollzug der performativen Handlung möglich machen (vgl. Austin [1962] 1989):

1. Der performative Satz muss von bestimmten Personen gesprochen werden; in den Absageschreiben handelt es sich um den potenziellen Arbeitgeber, der entweder im eigenen[424], oder meist im Namen der von ihm vertretenen Firma eine Absage erteilt. Es ist also eine in der jeweiligen Firma für diese Tätigkeit delegierte und dafür zuständige Person – der Absageschreiber.

   Man kann dabei folgende formale Merkmale unterscheiden[425]:

   - die *ich*-Form; in diesem Falle kann man den Autor des Schreibens direkt identifizieren, da er das Schreiben unterschrieben hat. Es handelt sich dabei um die in jedem Unternehmen für die Bearbeitung der Bewerbungen delegierte Person. Es wurden 79 Beispiele für Absageschreiben gefunden, in denen der potenzielle Arbeitgeber direkt durch die *ich*-Form identifiziert wird. Der individuelle Charakter und die individuelle Entscheidung werden oft durch den Gebrauch von Possessivpronomina verdeutlicht, z.B.: *mein Haus, meine Behörde* u.a.

---

[423] Es wird zugleich hervorgehoben, dass das Nicht-Einhalten von einer oder mehreren Regeln mit einer in der einen oder anderen Weise verunglückten Äußerung endet, vgl. Austin ([1962] 1989: 37) sowie seine Typologie der „Unglücksfälle" (ebd.: 40).

[424] wenn er z.B. Besitzer der Firma ist.

[425] Vgl. hierzu die Beschreibung der Anredeformen in den Absageschreiben im Kapitel 3.5.1.1.1.1.

- die *wir*-Form; hier handelt es sich um eine kollektive Antwort im Namen „aller Mitarbeiter der Firma". Es ist im Grunde genommen eine Möglichkeit, den „Schuldigen an der Absage" nicht exakt „beim rechten Namen" zu nennen. Diese Form überwiegt in den Absageschreiben – es wurden über 200 Beispiele gefunden, in denen der Absageschreiber durch die *wir*-Form identifiziert wird. Hinzu kommt auch der Gebrauch entsprechender Possessivpronomina, z.B.: *unser Haus*, *unsere Firma*, oft in Kombination mit Kollektiva: *unser Personal* u.a. Dahinter kann sich jedoch eine bewusst eingesetzte Strategie verstecken, die *ich*-Form zu vermeiden. Dies geschieht jedoch nicht aus Bescheidenheitsgründen[426], sondern ist eher ein bewusstes Vorgehen, die Verantwortung für die Erteilung der Absage auf mehrere Personen zu verteilen und sich dadurch aus einer unkomfortablen Situation zu retten, z.B.: *unser Unternehmen*, *unsere Firma*, *unser Haus*, *unser Team* u.a. Der Wechsel des Numerus hat alledings in diesem Fall keinen Verlust an der Performativität der Ausdrücke zur Folge.
- die *ich*- und die *wir*-Form; es sind Absageschreiben, in denen man sich im ersten Teil, in dem der Erhalt der Bewerbung bestätigt wird, der *ich*-Form bedient. In dem Teil, in dem die Absage formuliert wird, benutzt man dagegen eher die *wir*-Form, um zu verdeutlichen, dass man nicht alleine die Schuld am Erteilen der Absage trägt, z.B.: ***Ich** habe mich über Ihre Bewerbung sehr gefreut (...) Es tut **uns** leid, Ihnen die Absage erteilen zu müssen* u.a.

2. Der performative Satz muss an eine bestimmte Person gerichtet werden; in unserem Falle handelt es sich um einen Bewerber, der sich um eine Arbeitsstelle beworben hat. Der Bewerber wird bis auf eine Ausnahme mit dem Personalpronomen *Sie* angesprochen. Dem entsprechen auch die gebrauchten Possessivpronomina.
3. Der performative Satz muss unter Beachtung von bestimmten Konventionen ausgesagt werden. Es handelt sich hier um einen Stimulus in Form der eingegangenen Bewerbung, auf die es sich gehört, unter der Einhaltung aller Regeln der Kunst, eine Antwort zu erteilen.

[426] In dem Sinne wären die *wir*-Formen mit dem Bescheidenheitsplural (*pluralis modestiae*) vergleichbar.

4. Die performativen Sätze müssen aus einem bestimmten Anlass ausgesagt werden. Im Falle der Absageschreiben handelt es sich um eine Reaktion auf die Bewerbung.

Im Lichte der angeführten Kriterien kann man in den untersuchten Texten performative Verben – Vollzugsverben – und Ausdrücke, d.h. „sprechhandlungsbezeichnende Ausdrücke“ (Hindelang 2010: 24) finden, mit deren Hilfe folgende Illokutionen zum Ausdruck gebracht werden:

a. BESTÄTIGEN (hier: ‚den Eingang der Bewerbung bestätigen‘), z.B.: *Ich bestätige den Eingang Ihrer Bewerbung.* Die Funktion der Bestätigung erfüllt in vielen Fällen auch DANKEN, worauf im nächsten Punkt eingegangen wird.
b. DANKEN / SICH BEDANKEN (hier: ‚sich bei dem Bewerber bedanken‘); es handelt sich hier um überwiegend implizit performative Äußerungen, in denen das performative Verb *danken / sich bedanken* direkt verwendet wird, z.B.: *Wir danken Ihnen für die Zusendung Ihrer Bewerbung; Vielen Dank für Ihre Post / Ihre Bewerbung; Ich danke Ihnen / Vielen Dank für Ihr Schreiben vom...*; *Wir danken Ihnen für das unserem Hause entgegengebrachte Interesse*; *Wir danken Ihnen für das Interesse an der Mitarbeit*; *Wir danken Ihnen für das unserer Firma entgegengebrachte Vertrauen / Interesse*; *Ich danke Ihnen für das Interesse an einer Tätigkeit in meinem Amt*; *Ich danke Ihnen für das gezeigte Interesse an unserer Firma.*, oder in Konstruktionen mit der *möchte*-Form vorkommt[427], z.B.: *Wir möchten uns für das entgegengebrachte Vertrauen und Interesse bedanken.*

   Der direkte Gebrauch der performativen Verben im Falle des DANKENS ist nicht verwunderlich, denn es gehört zu den *Expressiva*, mit denen der psychische Zustand des Senders zum Ausdruck gebracht wird (vgl. Searle [1969] 1971, 1982). Viel wichtiger scheint hier aber eine weitere Strategie des Senders zu sein. Dem strategischen Einsatz des DANKENS am Anfang des Schreibens kommt nämlich die Aufgabe zu, den Empfänger (= Bewerber) auf das ABLEHNEN vorzubereiten. Es ist eine höfliche Formulierung, mit der der Empfänger darauf aufmerksam gemacht wird,

[427] In ganz wenigen Fällen.

dass man ihn ernst genommen hat. Dabei „tworzy performatywny zwrot *dziękuję* atmosferę grzeczności." (Gałczyńska 2005: 114). Zugleich kommt dem DANKEN auch die Aufgabe zu, den Erhalt der Bewerbung zu bestätigen.

c. ABLEHNEN/ABSAGEN (hier: ‚Bitte um einen Arbeitsplatz ablehnen'); diese Intention wird nur in wenigen Fällen direkt mit dem performativen Verb *absagen* oder mit Hilfe von nominalen Ausdrücken in den performativen Äußerungen ausgedrückt, z.B.: *Wir müssen Ihnen leider absagen*[428], *Aus diesen Gründen müssen wir Ihnen leider eine Absage erteilen*; *Leider müssen wir von Ihrem Angebot Abstand nehmen*; *Es tut mir leid, Ihnen nur diese negative Antwort geben zu können.* Es finden sich auch Formulierungen mit anderen explizit performativen Äußerungen[429]. In den meisten Fällen handelt es sich um ABLEHNEN, das mit Hilfe einer Einleitungsformel gebraucht wird, die aus dem Modalverb *müssen* und dem Verb des Sagens: *mitteilen* besteht. Der strategische Einsatz von *müssen* lässt die erteilte Absage als eine Notwendigkeit[430] interpretieren, die nicht im Sender selbst (= Absageschreiber) liegt. Der Gebrauch des Modaladverbs *leider* in fast jedem Schreiben mildert einerseits die Absage ab, andererseits kündigt diese an, z.B.: *Leider müssen wir Ihnen mitteilen, dass wir die Stelle zwischenzeitlich an einen anderen Bewerber vergeben haben*; *Leider müssen wir Ihnen mitteilen, dass eine Einsatzmöglichkeit in unserem Hause nicht gegeben ist*; *Nach eingehender Prüfung Ihrer Bewerbungsunterlagen müssen wir Ihnen leider mitteilen, dass wir zur Zeit keine Stelle frei haben*; *Leider müssen wir Ihnen mitteilen, dass wir keine Möglichkeit sehen, Ihrer Bewerbung zu entsprechen*; *Ich muss Ihnen leider mitteilen, dass wir keine Ihrer Qualifikation entsprechende freie Stelle zu besetzen haben, so dass Ihrer Bewerbung nicht näher getreten werden kann*;

Zu finden sind auch ausgebaute ABLEHNUNG-Formulierungen, in denen die Kraft der Absage durch den Gebrauch eines zusätzlichen Verbs,

---

[428] Diese so direkt formulierte ABLEHNUNG/ABSAGE kommt nur in einem Absageschreiben vor.

[429] Es handelt sich um entsprechende nominale Ausdrücke und feststehende Redewendungen, vgl. Hindelang (2010: 24).

[430] Vgl. hierzu die Bedeutungen des Verbs *müssen* im Kapitel 3.4.1.2.6.

z.B. *bedauern* abgeschwächt wird, z.B.: *Ich bedauere, Ihnen mitteilen zu müssen, dass wir über keinerlei Vakanz verfügen.* Das kann ebenfalls im strategischen Sinne interpretiert werden: die Voranstellung der Formel, mit der BEDAUERN zum Ausdruck gebracht wird, hat die Aufgabe, den Empfänger (= Bewerber) auf das Erteilen der Absage vorzubereiten.

Der häufige Gebrauch anderer Formulierungen, v.a. nominaler Ausdrücke anstelle des performativen Verbs *absagen,* um die ABLEHNUNG/ ABSAGE zum Ausdruck zu bringen, bestätigt die These, dass die Verfasser der besprochenen Texte (= Absageschreiber) nach anderen Ausdrucksmitteln zu greifen scheinen, um eine Absage zu erteilen und bei deren Ausdruck andere lexikalische Mittel einzusetzen, statt klar und deutlich ihre Intention zu verbalisieren[431].

d. BEDAUERN (hier: ‚Bedauern des Absageschreibers wegen der Erteilung einer Absage ausdrücken'); die Intention des Senders (= Absageschreibers) wird in diesem Falle am häufigsten mit Hilfe des performativen Verbs *bedauern* ausgedrückt, z.B.: *Wir bedauern, Ihnen keinen günstigeren Bescheid geben zu können*; *Wir bedauern, Ihnen keine günstigere Mitteilung geben zu können*; *Wir bedauern sehr, Ihnen nicht behilflich sein zu können*; *Ich bedauere, Ihnen keine günstigere Mitteilung geben zu können.* In vielen Fällen wird die Konstruktion *zu unserem / meinem Bedauern* verwendet, z.B.: *Sehr zu unserem Bedauern stehen uns jedoch nur wenige Stellen zur Verfügung und die Zahl der Bewerbungen ist dagegen überaus groß.* In manchen Situationen gebraucht man andere Konstruktionen, die als Ausdruck der ENTSCHULDIGUNG[432], also „des ersten Schritts zur Korrektur einer kommunikativen Störung" (Shumiatska 2012: 91), interpretiert werden können[433], z.B.: ***Es tut mir leid**, dir keinen anderen Bescheid geben zu können*; ***Es tut uns leid**, aber etwas anderes kön-*

[431] Das hängt mit den Formen der Höflichkeit in den Absageschreiben sowie mit dem Gebrauch der Euphemismen zusammen. Es kann auch als eine in den Ratgebern für Absageschreiber verbreitete Empfehlung gedeutet werden, Absagen freundlich zu vermitteln, vgl. z.B. Hovermann (2009).

[432] Zu dem Sprechakt ENTSCHULDIGUNG vgl. exemplarisch Bergmann/Kasper (1993), Kasper (1981), Czachur (2005), Shumiatska (2012), Rathmayr (1996) sowie die umfangreiche Studie von Lange (1984) u.a.

[433] Vgl. hierzu die Klassifizierung von Entschuldigungen bei Rathmayr (1996), bei der als Kriterium der Aspekt der „Schadensgröße" herangezogen wird.

nen wir Ihnen nicht sagen, wobei in der Forschungsliteratur darauf hingewiesen wird, dass ENTSCHULDIGUNG „als Ausdruck des Bedauerns eines vom Sprecher herbeigeführten Sachverhalts gilt, es umfasst nicht die Begründung des eigenen Verhaltens (…)“ (Shumiatska 2012: 89). Auf diesen Aspekt der Entschuldigungen weist auch Lange (1984: 94ff.) hin, indem er die Kategorie der „indirekten Entschuldigung“ einführt. ENTSCHULDIGUNG gehört zu den *Expressiva* und zu den „korrektiven Tätigkeiten“ (Czachur 2005: 756), deren Ziel ist, wie es Goffman (1974: 156) anführt, „die Bedeutung zu ändern, die andernfalls einer Handlung zugesprochen werden könnte, mit dem Ziel, das, was als offensiv angesehen werden könnte, in etwas zu verwandeln, das als akzeptierbar angesehen werden kann.“ und die – wie es Czachur (2005: 756) hinzufügt – „als eine Beziehungsarbeit[434] aufzufassen sind“. Die Rolle der Entschuldigung beim Absagen / Ablehnen wird von Gałczyńska (2005. 115) auch im Bereich der Höflichkeit gesehen: „Ma on [zwrot performatywny *przepraszam* – J. S.] przede wszystkim wnosić atmosferę grzeczności do dialogu, który z założenia grzeczny nie jest.” In unserem Kontext wird diese Bedingung erfüllt und die ENTSCHULDIGUNG ist als Element des BEDAUERNs zu interpretieren. Es entspricht auch der von Marten-Cleef (1991) formulierten These, dass es sich beim ENTSCHULDIGEN um „die Übernahme der Verantwortung für eine Handlung oder Unterlassung und die emotionale Aversion des Sprechers gegenüber seinem Verhalten“ handelt. Die in den Absageschreiben jedoch selten vorkommenden Entschuldigungen wären demgemäß den „substantiellen Entschuldigungen“ (Rathmayr 1996: 101) zuzuordnen, also denjenigen, die „in komplexe Interaktioszusammenhänge eingebettet“ sind und „die Kooperativität des Schadensverursachers“ voraussetzen (vgl. Rathmayr 1996: 101).

e. WÜNSCHEN[435] (hier: ‚Wünsche für die weitere Arbeitssuche und Zukunft‘); diese Intention wird zum größten Teil mit dem performativen Verb *wünschen* realisiert, z.B.: *Wir wünschen Ihnen für Ihren weiteren beruflichen Lebensweg alles Gute*; *Wir wünschen Ihnen, dass Sie bald einen interessanten beruflichen Wirkungskreis finden werden*; *Für Ihre Zu-*

[434] Vgl. hierzu auch den Begriff „Reparaturarbeit“ bei Muhr (1990).
[435] Zu dem Sprechakt WUNSCH/WÜNSCHEN im Polnischen vgl. z.B. Zgółka (2005).

kunft alles Gute; *Für Ihren weiteren beruflichen / und privaten (Lebens-)Weg viel Erfolg sowie persönlich alles Gute*; *Ich wünsche Ihnen Erfolg für Ihre weitere berufliche Zukunft*; *Für Ihre weiteren Bemühungen um einen attraktiven Arbeitsplatz wünschen wir Ihnen viel Erfolg*; *Wir wünschen Ihnen, dass Sie bald einen Arbeitsplatz finden, der Ihren Vorstellungen entspricht*;

Es finden sich auch Formulierungen, in denen diese Intention mit anderen lexikalischen Mitteln ausgedrückt wird. In unserem Falle handelt es sich um die Formel *ich hoffe / wir hoffen, dass ...*, die zu den Formeln gehört, welche keine Sprechhandlungen, sondern „kognitive und emotionale Zustände bzw. Prozesse sind. Sie scheinen Sprechakte unmittelbar anzuzeigen (...)" (Sökeland 1980: 60), z.B.: *Wir hoffen, dass Sie bald eine Ihren Qualifikationen Fähigkeiten und Neigungen entsprechende Stelle finden*; *Wir hoffen, dass Sie dieses Ergebnis bei Ihrer Suche nach einem neuen Wirkungskreis nicht entmutigt und Sie bald den Arbeitsplatz finden werden, der Ihren Fähigkeiten und Neigungen voll entspricht*;

6.2.2. Satztypen und Satzmuster

Bei einem *Satztyp* handelt es sich um einen „Formtyp, der die wichtigsten Komponenten einer Satzstruktur beinhaltet, die für diesen Satzmodus kennzeichnend sind." (Kotorova 2010: 250). Als Satztypen werden Interrogativ-, Imperativ-, Deklarativ-, Optativ- und Exklamativsätze[436] genannt, zu deren Unterscheidung vier Kriterien herangezogen werden (Altmann 1987, 1993, zit. in Meibauer 2001): 1. Reihenfolgemerkmale, die sich auf die lineare Anordnung von Elementen im Satz beziehen, 2. morphologische Merkmale, darunter Verbmodus, Finitheit des Verbs, 3. kategoriale Merkmale, die sich auf bestimmte Wortarten beziehen und 4. intonatorische Merkmale, die für die gesprochene Sprache gelten.

In den Absageschreiben kommen überwiegend Deklarativsätze vor. Dies ist auf die Tatsache zurückzuführen, dass sie v.a. einen informativen Inhalt zum Ausdruck bringen. Es finden sich auch einige Imperativsätze – v.a. in dem the-

[436] Zur Terminologie vgl. die Begründung bei Meibauer (2001: 70).

matischen Teil: Gut gemeinte Ratschläge für die weitere Arbeitssuche. Es handelt sich dabei um Ratschläge und Hinweise, die folgende Bereiche betreffen:

a. wo der Bewerber nach Stellenausschreibungen suchen soll; dies in Form von Verweisen auf entsprechende Internetseiten, Zeitschriften oder Ausschreibungen,
b. Anregungen, dass sich der Bewerber noch einmal in der Zukunft bei der jeweiligen Firma bewerben soll, sowie Anregungen und Ermutigungen, das Bewerben nicht zu unterlassen. Darunter findet man auch ganz unpersönliche und schroffe Aufforderungen, z.B. *Weiter so mit Ihren Bewerbungen*, die in der Meinung der Absageschreiber vermutlich als anregend zu interpretieren sind und auch so zu wirken haben.
c. Aufforderungen, die die Reaktion des Bewerbers auf die erteilte Absage betreffen, darunter auch eine Form mit der infiniten Form des Verbs: *Bitte nicht böse sein.*

Interrogativsätze kommen in den untersuchten Absageschreiben nicht vor.

Satzmuster dagegen betreffen Satzbaupläne, „in denen Satzgliedstellen vermerkt sind und in denen zwar keine Lexeme aus offenen Paradigmen (Substantive, Verben, Adjektive / Adverbien), wohl aber z.B. Pronomina und Modalverben eingetragen sind, und die alle grundlegenden syntaktischen Informationen (Modus, Tempus, Genus verbi, Person, Numerus enthalten." (Sökeland 1980: 53). Im Falle der Absageschreiben[437] überwiegen Indikativ, Präsens, Perfekt, Sing. oder Pl., durchgehend 1. Person.

6.2.3. Propositionaler Gehalt

Beim *propositionalen Gehalt*, (Searle [1969] 1971) auch *Proposition* genannt, handelt es sich um den Bezug auf die außertextliche Wirklichkeit, also das, was mit der gegebenen Äußerung eines Satzes unter angegebenen Umständen über bestimmte Gegenstände oder Sachverhalte der Welt ausgesagt wird. Es werden damit Elemente gemeint, die auf außertextliche Informationen – bestimmtes (Vor)wissen beider Kommunikationspartner – verweisen, deren Bekanntheit sowohl bei dem Verfasser als auch bei dem Empfänger der Absage vorausgesetzt wird und dies im Sinne der Definition: es ist „jener Teil einer Aussage, der

[437] Zur Analyse der Kategorien Modus, Tempus, Person in den Absageschreiben vgl. Kapitel 3.4.1.2.

im Sinne der Wahrheitslogik oder -semantik beurteilt werden kann.“ (Ernst 2002: 36). Der propositionale Gehalt kann abhängig vom Kontext eine bestimmte illokutive Rolle bezeichnen (vgl. Brinker 2010: 88). Dabei spielen das Rollenverhältnis zwischen Sender und Empfänger sowie die Bedeutung der Proposition in Bezug auf die Beziehung zwischen den beiden Interaktanten eine große Rolle.

In der Forschungsliteratur wird hervorgehoben, dass der *propositionale Gehalt* mit einer „konventionellen Bewertung“ verbunden ist (vgl. Ehrich/Saile 1972), jedoch zu den Sekundärindikatoren gehört (vgl. Sökeland 1980: 60).

6.3. Der Sprechakt ABLEHNEN/ABSAGEN in den Absageschreiben als Reaktion auf ANGEBOT – Analyse des Materials

In den folgenden Kapiteln werden die Realisierungsformen des ABLEHNENs/ABSAGENs in den Absageschreiben besprochen. ABLEHNEN/ABSAGEN wird dabei im Sinne der oben angeführten Kriterien als eine der möglichen Reaktionen auf ANGEBOT betrachtet und als ein Sprechakt, den auch andere ihn „unterstützende“ Sprechakte begleiten. Es unterliegt nämlich keinem Zweifel, dass die Hauptillokution der Absageschreiben ABLEHNEN/ABSAGEN ist, was auch Drescher (1994: 129) bestätigt, indem sie feststellt, dass: „die Absage als zentrale inhaltliche Komponente die kommunikative Funktion des Briefes realisiert.“ Die Analyse erfolgt in zwei Schritten. Der erste Teil wird der ABLEHNUNG/ABSAGE in den direkten, und der zweite in den indirekten Sprechakten gewidmet.

6.3.1. ABLEHNEN/ABSAGEN in direkten Sprechakten

Direkte Sprechakte sind „diejenigen Äußerungen von Sätzen, deren jeweilige kommunikative Funktion (z.B. Behauptung, Frage, Aufforderung) durch ein syntaktisches Korrelat dieser Funktion (Behauptungs-, Frage-, Befehlssatz) oder durch ein entsprechendes performatives Verb bzw. einen anderen, diese Funktion spezifizierenden Indikator realisiert wird.“ (Ehrich/Saile 1972).

Beim direkten ABLEHNEN/ABSAGEN ist dies aus der Sicht des Sprechers maximal explizit, denn das direkte ABLEHNEN/ABSAGEN wird durch einen direkten Sprechakt realisiert.

Im Folgenden werden in Anlehnung an Searle ([1969] 1971, 1982 und Hindelang 2010) die Absageschreiben in Bezug auf die in ihnen vorkommenden direkten Sprechakte analysiert. Es wird dabei untersucht, welche Sprechakte den Sprechakt ABLEHNEN/ABSAGEN (= A) als Reaktionen auf ANGEBOT begleiten, in welchen Kombinationen und in welcher Reihenfolge diese in den Absageschreiben vorkommen. Dies erfolgt in Anlehnung an die Illokutionsstrukturanalyse (vgl. Motsch 1987), im Lichte deren der Text „als hierarchisch strukturierte Abfolge von elementaren sprachlichen Handlungen“ (Brinker 2010: 85) gilt. Behilflich sei dabei auch das Modell von Schröder (2003), dessen Kern die These bildet, dass „sich die Texthandlung als komplexe Handlung beschreiben lässt, da sie eine Handlung ist und aus mehreren aufeinander folgenden und zusammenhängenden Teilhandlungen besteht.“[438] (vgl. auch Czachur 2007: 69). ABLEHNEN/ABSAGEN wird dabei als die zentrale Illokution erachtet, die den Kern jedes Absageschreibens bildet, und „auf das Globalziel des Textes (…) verweist“ (ebd.)[439]. Bezüglich dieses Sprechakts werden die Position und Komposition anderer Sprechakte bestimmt.

Im Folgenden werden die ABLEHNEN/ABSAGEN begleitenden Sprechakte in Anlehnung an die Typologie von Searle beschrieben.

Die erste Gruppe bilden *Repräsentativa/Assertiva*[440], bei denen es darum geht, „den Sprecher darauf festzulegen, dass etwas der Fall ist, d.h. ihn an die Wahrheit der ausgedrückten Proposition zu binden.“ (Searle [1969] 1971: 92f.). Dabei wird mit Assertiva

> (a) ein vom Hörer signalisiertes Wissensdefizit oder ein ihm unterstelltes Informationsbedürfnis im Bereich B [gemeint – J. S.]
> (b) auf der Basis dessen, was er hinsichtlich B schon weiß oder zu wissen scheint,
> (c) mittels einer vollständig ausgedrückten oder partiell erschließbaren Proposition p bearbeitet,
> (d) für die ein Wahrheitsanspruch erhoben wird. (Zifonun/Hoffmann/Strecker 1997: 117)

[438] Es handelt sich um die Teil-Ganzes-Beziehung, im Rahmen deren Teilhandlungen „einen Beitrag zum Vollzug der Gesamthandlung leisten“ (Czachur 2007: 70).

[439] und somit auch die Textfunktion bestimmt.

[440] Vgl. hierzu die Unterteilung der Assertiva in Bezug auf die Funktion der Gebrauchstextsorten bei Rolf (1993, zit. in Staffeldt 2008), sowie die Darstellung der „Familie der Assertiva“ bei Rolf (1997) und die Liste der prototypischen Realisierungsformen der Assertiva bei Kotorova (2009, 2010).

In den Absageschreiben kommen folgende Typen der *Assertiva* vor:

- BEGRÜNDEN, dem die Aufgabe zukommt, die getroffene Entscheidung mit Argumenten zu belegen. Es handelt sich im untersuchten Fall um die Begründung für das Erteilen der Absage. Dabei werden folgende Mittel gebraucht: Konstruktionen mit kausalen Präpositionen, z.B.: *aufgrund der Sparpolitik des Berliner Senats*, *wegen des bestehenden Einstellungsstopps*; Nebensätze mit kausalen Subjunktoren, z.B.: (…) *da wir keine Online-Redaktion in Berlin haben.* (…), (…) *weil geeignete Arbeitsplätze nicht zur Verfügung stehen.* (…); Sätze mit dem Konjunktor *denn*, z.B.: (…) *denn bei uns – wie Sie sicher in den Medien verfolgt haben – herrscht ein weiterer Einstellungsstopp* (…); Deklarativsätze, z.B.: (…) *Wir haben uns für einige Kandidatinnen und Kandidaten entschieden, deren Profil noch genauer den Anforderungen der ausgeschriebenen Position entspricht.* (…).

  Die Begründung wird entweder nach der ABLEHNUNG/ABSAGE oder ganz am Anfang im brieföffnenden Teil, direkt nach der Dankesformel und vor dem ABLEHNEN/ABSAGEN platziert. Das Nebeneinandervorkommen dieser Sprechakte entspricht der oben erwähnten Sequenz der Sprechakte (vgl. Hindelang 2010: 115f.), wobei im Falle der Absageschreiben ein Schritt in der Sequenz ausgelassen wird. Dabei handelt es sich um HINTERFRAGEN, was auf die schriftliche Form des ABLEHNENs/ABSAGENs zurückzuführen ist, und als eine bewusste Strategie der Absageschreiber gedeutet werden kann, in Zukunft eventuellen Fragen nach den Gründen für die negative Entscheidung vorzubeugen. Dieser Mechanismus wird in der Sprechaktsequenztheorie „Mehrfachzug“ genannt (vgl. hierzu Fritz 1982: 266f.) und kommt vor, „wenn ein Sprecher, der am Zug ist, gleich mehrere Handlungen nacheinander macht.“ Er wird aus strategischen Gründen eingesetzt, denn dadurch „verhindert der Sp_2, dass Sp_1 mit einem HINTERFRAGEN (d.h. mit einer FRAGE nach einer BEGRÜNDUNG) überhaupt zu Wort kommt.“ (Hindelang 2010: 115).
- BESTÄTIGEN, das in allen Varianten der Absageschreiben realisiert wird. Dies ergibt sich aus der Tatsache, dass im offiziellen bzw. (halb-)offiziellen

Briefverkehr[441] auf die vorangegangene Korrespondenz Bezug genommen wird. Die Bestätigungsformel erfolgt gleich nach der Anrede und wird mit folgenden Mitteln ausgedrückt: Deklarativsätze mit dem performativen Verb *bestätigen*, z.B.: *Ich **bestätige** den Eingang Ihrer Bewerbung vom ...*; Deklarativsätze mit anderen Verben, z.B.: *Ihre Bewerbung vom ... **haben** wir **erhalten***. Zu dieser Gruppe gehören auch die oben besprochenen Dankesformeln, wie z.B. *Wir **bedanken uns** für Ihre Bewerbung vom ...* ; Mittel der metakommunikativen Textverknüpfung[442], z.B.: *Wir kommen zurück **auf Ihre o.g. Bewerbung**; **Bezug nehmend** auf Ihre Bewerbung vom ....*

Die zweite Gruppe stellen *Direktiva*[443] dar, „zu denen alle sprachlichen Handlungen [gehören – J. S.], mit denen die Handlungsplanung des Adressaten beeinflußt oder Folgehandlungen ausgelöst werden können." (Zifonun/Hoffmann/Strecker 1997: 134). Es handelt sich dabei um folgende Typen der *Direktiva*:

- AUFFORDERN[444]; dabei geht es darum, „einen Handlungsplan auf den Adressaten zu übertragen, so dass der Adressat will und ausführt, was der Sprecher gewollt hat." (Zifonun/Hoffmann/Strecker 1997: 134). Im Falle der Absageschreiben handelt es sich überwiegend um „nicht-bindende Aufforderungen" (Hindelang 2010: 58), denen der Empfänger nicht nachkommen muss. Dazu gehören folgende Typen der Aufforderung, die in den Absageschreiben manifest sind:
  a. BITTEN, das sich in Anlehnung an Hindelang (2010: 58) den „Aufforderungen mit Sprecherpräferenz", die ausschließlich dem Auffordernden Nutzen bringen, zuordnen[445] lässt. Zifonun/Hoffmann/Strecker (1997: 135, Hervorhebungen – J. S.) nennen in diesem Kontext eine wichtige Bedingung, die in unserem Falle von Belang ist: BITTE

[441] Vgl. hierzu Kapitel 8.4.1., in dem auf die Formelhaftigkeit der Absageschreiben eingegangen wird.
[442] Vgl. hierzu Kapitel 3.4.1.2.1.
[443] Vgl. hierzu die Unterteilung der Direktiva in Bezug auf die Funktion der Gebrauchstextsorten bei Rolf (1993, zit. in Staffeldt 2008), sowie die Darstellung der „Familie der Direktiva" bei Rolf (1997) und die Liste der prototypischen Realisierungsformen der Direktiva im Deutschen bei Kotorova (2009, 2010).
[444] Zu dem Sprechakt AUFFORDERN vgl. exemplarisch Cenoz/Valencia (1996), Kasper (1981), House/Kasper (1981) u.a.
[445] Vgl. die Typologie der „nicht-bindenden Aufforderungen" bei Hindelang (2010: 65).

„wird geäußert, wenn der Adressat aufgrund der Art oder Größe des Anliegens oder **der bestehenden sozialen Beziehung** nicht verpflichtet ist, ihr zu entsprechen, vielmehr damit **ein mehr oder minder großes Engagement** zeigt." Dieses wird mit folgenden Formen realisiert: imperativische Konstruktionen[446] mit der Höflichkeitspartikel *bitte* in der Spitzenstellung, z.B.: *Bitte sehen Sie unsere Entscheidung nicht als Bewertung Ihrer Kenntnisse und Fähigkeiten an.* (...); *Bitte sehen Sie in unserer Absage nicht ein Werturteil über Ihre persönliche oder fachliche Qualifikation.*; *Bitte sehen Sie daher unsere Entscheidung nicht als negative Bewertung Ihrer persönlichen und fachlichen Qualifikationen.*; *Bitte seien Sie nicht enttäuscht, wenn wir Ihnen keine positive Nachricht zukommen lassen müssen.* (...); Konstruktionen mit dem performativen Verb *bitten*, bei denen Konstruktionen mit dem Subjekt in der 1. Person Pl. überwiegen, z.B.: (...) *bitten wir um Verständnis, dass wir Sie für das laufende Jahr nicht mehr einplanen können.* (...); (...) *und bitten Sie deshalb diese Absage nicht als Kritik an Ihrer eigenen Person zu sehen.*; *Für diese Entscheidung, die in keiner Weise ein persönliches oder fachliches Werturteil darstellt, bitten wir um Ihr Verständnis.* Konstruktionen mit dem Subjekt in der 1. Person Sing. werden bei dieser Illokution selten gebraucht, z.B.: *Ich bitte hierfür um Verständnis.*

b. EMPFEHLEN, das zu den „nicht-bindenden Aufforderungen mit Adressatenpräferenz" (vgl. Hindelang 2010: 58) gehört, also solchen, bei denen die Ausführung der Aufforderung ausschließlich im Interesse des Empfängers liegt (vgl. Hindelang 2010: 60) und als ein Typ des RATSCHLAGs gilt[447]. Darin wird auch das Vollziehen einer Bewertung mit eingeschlossen. Sie liegt vor, wenn „Sp_1 Sp_2 eine Bewertung anbietet und impliziert, dass S_2 am besten fährt, wenn er diese Bewertung zur Grundlage seines Handelns macht." (Hindelang 2010: 61). In den Absageschreiben sind es z.B. Formulierungen folgenden Typs: (...) *Als Empfehlung verweise ich Sie darauf, dass sämtliche Stellen des Landes Berlin, die zukünftig zu besetzen sind, im Amtsblatt von*

[446] Diese Form entspricht der Schlussfolgerung bei Kotorova (2010: 258).
[447] Vgl. hierzu die Typologie der Ratschläge bei Hindelang (2010: 59ff.).

Berlin veröffentlicht werden. (…), wobei in unserem Kontext EMPFEHLEN als eine bessere Alternative einzustufen ist. Es finden sich auch Fragmente, in denen Empfehlungen und Ratschläge in Bezug auf die Gestaltung der Bewerbungsunterlagen erteilt werden, z.B.: *Zugleich erlauben wir uns die Empfehlung, künftigen Bewerbungen ein Anschreiben beizufügen, in dem ein konkreter Bezug Ihrer offenbar vorhandenen Qualifikationen auf die gewünschte Tätigkeit hergestellt wird*;

c. TIPP, der einen Ratschlag mit Adressatenpräferenz darstellt (vgl. hierzu Hindelang 2010: 60) und dessen Zweck ist „ein dem Sprecher vom Adressaten vorgelegtes Handlungsproblem dadurch zu lösen, dass eine bestimmte Handlungsweise als aus Sprechersicht empfehlenswert für die Ziele des Adressaten herausgestellt wird, ohne dass dieser dadurch in seiner Wahl festgelegt wäre." (Zifonun/Hoffmann/Strecker 1997: 137). Bei diesen Sprechakten geht es also darum, dass „Sp_1 seinem Hörer Sp_2 sagt, was dieser tun soll, um ein bestimmtes praktisches Problem T zu lösen." (Hindelang 2010: 61). Dabei ist zu beachten, dass dieses praktische Problem nur den Empfänger betrifft und der Sender keinen Nutzen davon hat, also kein Interesse daran, dass das Problem gelöst wird. TIPP wird daher als:

> ein RATSCHLAG verstanden, bei dem SP_2's Problem darin besteht, einen bestimmten Ergebniszustand p zu erzielen. Der Ratgeber Sp_1 kennt aufgrund seiner Erfahrung auf dem entsprechenden Gebiet eine Reihe von Lösungswegen für Sp_2's Problem und nennt ihm die Handlung, bei der seines Erachtens die größte Aussicht auf Erfolg besteht.[448] (Hindelang 2010: 61).

Der Sprechakt TIPP wird in den Absageschreiben u.a. mit folgenden Formulierungen ausgedrückt: *implizite* mit Deklarativsätzen, als Übermitteln einer Information, von der der Bewerber Gebrauch machen kann, z.B.: *Das ... schreibt vakante Dienstposten, für die externe Bewerber in Frage kommen, grundsätzlich in der FAZ aus.* (…); *Sofern Stellen für eine externe Besetzung vorgesehen sind, werden diese grundsätzlich in der regionalen bzw. überregionalen Presse, über das Internet, sowie über die zuständigen Dienststellen der Arbeitsverwaltung*

[448] Dies im Vergleich zum RAT, bei dem „zwischenmenschliche oder moralische Probleme Gegenstand der Beratung sein können.", vgl. Hindelang (2010: 60).

veröffentlicht.; *Unsere aktuellen Stellenausschreibungen (…) finden Sie im Internet*, *implizite* in Deklarativsätzen mit Adressatenbezug, wobei dem Bewerber eine Möglichkeit dargeboten wird, z.B.: *Nach Aufhebung der zur Zeit verhängten Stellenbesetzungssperre im öffentlichen Dienst werden frei werdende Stellen jedoch zu gegebener Zeit in der Tagespresse bzw. im Amtsblatt für Berlin ausgeschrieben, so dass es Ihnen freisteht, sich auf eine Stelle, die Ihren Interessen und Ihrer Qualifikation entspricht, erneut zu bewerben.*; *Im Falle des Freiwerdens einer entsprechenden Stelle werden wir eine öffentliche Ausschreibung vornehmen, so dass Sie sich zu diesem Zeitpunkt gezielt bewerben können. (…) Sie können sich aber gerne auf der Jobbörse ... nach interessanten Stellen informieren und sich dann online bewerben. (…)*; *Sofern freiwerdende oder neu eingerichtete Stellen der Bundesverwaltung extern zu besetzen sein sollten, werden sie unter Angabe der erforderlichen Qualifikation bundesweit ausgeschrieben. Des Weiteren finden Sie die Stellenangebote unter ... (…)*, *explizite* in Imperativsätzen mit Adressatenbezug, z.B.: *Ich möchte Sie aber darauf hinweisen, dass freiwerdende Stellen in der Berliner Tagespresse und auf unserer Website ... ausgeschrieben werden. Sollte eine für Sie geeignete Stelle inseriert werden, zögern Sie nicht, sich erneut zu bewerben.*

In den Absageschreiben werden auch *Kommissiva*[449] realisiert, „deren Zweck darin besteht, den Sprecher auf eine zukünftige Handlung festzulegen oder dazu zu verpflichten." (Searle [1969] 1971: 94, zit. in Hindelang 2010: 45). Sie drücken also „Handlungsverpflichtungen, die der Sprecher oder Sprecher und Adressat übernommen haben." aus (Zifonun/Hoffmann/Strecker 1997: 145). Im vorliegenden Fall handelt es sich v.a. um VERSPRECHEN[450], dessen „Zweck darin besteht, dass der Sprecher sich einklagbar auf ein bestimmtes Handeln im Interesse des Adressaten festlegt" (ebd.: 146), wobei gilt, dass „man verspricht, indem man sich verpflichtet, eine Handlungsabsicht wirklich umzusetzen." (ebd.) Dieser Sprechakt kommt in den Eisschreiben, v.a. in Deklarativs-

[449] Vgl. hierzu die Unterteilung der *Kommissiva* in Bezug auf die Funktion der Gebrauchstextsorten bei Rolf (1993, zit. in Staffeldt 2008), sowie die Darstellung der „Familie der Kommissiva" bei Rolf (1997) und auch die Liste der prototypischen Realisierungsformen der Kommissiva im Deutschen bei Kotorova (2009, 2010).

[450] Vgl. hierzu die „Glückensbedingungen für den illokutionären Akt des Versprechens" bei Searle ([1969] 1971, zit. in Meibauer 2001: 90) sowie die Regeln für den Gebrauch des illokutionären Indikators für das Versprechen (ebd.: 92).

ätzen des Typs: *Ihr Bewerbungsschreiben lege ich gern auf Wiedervorlage, um zu gegebener Zeit darauf zurückgreifen zu können.* (…) vor. Sie werden im briefschließenden Teil platziert.

Die letzte Gruppe bilden *Expressiva*[451], die „als elementare Verwendungsweise von Sprache beschrieben werden." (Marten-Cleef 1991: 11). Sie werden als „solche Typen von Sprechhandlungen definiert, mit denen ein Sprecher zu erkennen gibt, wie ihm zumute ist." (ebd.: 1). Und wie die Autorin weiter expliziert, sind für die Klasse der *Expressiva* zwei Besonderheiten typisch: Anders als bei allen anderen Klassen entspricht die Wesentliche Bedingung hier völlig der Aufrichtigkeitsbedingung. Der illokutionäre Punkt der EXPRESSIVA besteht nach Searle ausschließlich darin, eine bestimmte psychische Einstellung zu einem im propositionalen Gehalt spezifizierten Sachverhalt auszudrücken. Aus diesem Merkmal ergibt sich die zweite Besonderheit, daß es bei den EXPRESSIVA keine Entsprechungsrichtung zwischen „Worten" und „Welt" gibt. Die Wahrheit der ausgedrückten Proposition wird einfach vorausgesetzt. (ebd.).

Mit diesen Sprechakten „werden nicht nur bestimmte Emotionen *zum Ausdruck gebracht*, mit expressiven Sprechakten (…) wird auch versucht, auf bestimmte, beim Adressaten vorhandene oder nichtvorhandene oder als vorhanden bzw. nichtvorhanden unterstellte Emotionen *einzuwirken*." (Rolf 1997: 219, Hervorhebung im Original). Die Grundlage für das Vollziehen der *Expressiva* bildet also die emotionale Lage des Empfängers.

In Bezug darauf unterscheidet Rolf (1997: 219) zwei Arten von Situationen, auf die mit *Expressiva* reagiert wird:

- emotions-induzierende Situationen; hier handelt es sich um die Wahrnehmung bestimmter Ereignisse, die Emotionen auslöst, und zwar „insbesondere dann, wenn durch diese Ereignisse Veränderungen des Sozialstatus oder des Personalstatus des Wahrnehmenden zustande kommen." (ebd.). Dabei werden drei Größen unterschieden, die emotions-auslösend sind (vgl. Ortony/Clore/Colins 1988, zit. in Rolf 1997:

[451] Vgl. hierzu die Unterteilung der Expressiva in Bezug auf die Funktion der Gebrauchstextsorten bei Rolf (1993, zit. in Staffeldt 2008), sowie die Darstellung der „Familie der Expressiva" bei Rolf (1997), und auch die Liste der prototypischen Realisierungsformen der Expressiva im Deutschen bei Kotorova (2009, 2010).

220f.): Ereignisse mit ihren Folgen, Akteure und ihre Handlungen, Gegenstände (insbesondere Personen) und ihre Eigenschaften. Dies findet in der Unterscheidung von drei Typen der Emotionen seinen Niederschlag: Ereignis-induzierte Emotionen, die auf Zielen basieren, Verhaltens-induzierte Emotionen, die auf Standards basieren und Objekt-induzierte Emotionen, denen Einstellungen zu Grunde liegen.
- emotions-erfordernde Situationen, in denen in den Augen des Sprechers Emotionen zu induzieren sind.

Hindelang (1978: 65ff.), der von der Annahme ausgeht, dass *Expressiva* stark von Konversations- und Interaktionsroutinen bestimmt sind, betrachtet sie als „sprachliche Ritualia", die weitgehend kulturell bedingt sind, und zählt zu diesen[452] (ebd.: 66f.): BEGEGNUNGS-RITUALIA, DANKES-RITUALIA, ENTSCHULDIGUNGS-RITUALIA, WUNSCH-RITUALIA, GRATULATIONS-RITUALIA, KONDOLIEREN, RITUELLER TROST, RITUELLE ERMAHNUNGEN.
In jedem Falle wird davon ausgegangen, dass Gefühle[453] die psychische Basis expressiver Sprechakte sind (vgl. Marten-Cleef 1991: 49).

In der einschlägigen Literatur werden verschiedene Typologien von Emotionen vorgeschlagen. Einen Überblick dazu liefert Marten-Cleef (1991: 59ff.), die gleichzeitig die grundlegende Frage aufwirft, ob sich Gefühle in Gruppen taxonomisieren lassen.

Ausgehend davon, dass „beim Gefühlserlebnis eines Menschen die Wahrnehmung der Situation immer von ihrer Bewertung in Bezug auf das eigene Ich begleitet ist" (ebd.) unterscheidet Marten-Cleef (1991: 74ff.) folgende Klassen:

1. Expressiva mit Sprecher-Präferenz, „deren genereller Handlungssinn darin besteht, daß der Sprecher mit ihnen eine positive emotionale Reaktion auf einen Sachverhalt zum Ausdruck bringt (…)" (ebd.: 80):

a. beidseitige Präferenz
   - sympathisierend, wobei hier „der Sprecher dem Adressaten zu verstehen gibt, daß dessen Schicksal oder Handlungsweise auf emotionale

[452] Zu den anderen Typologien von Expressiva vgl. Searle/Vanderveken (1985).
[453] In der vorliegenden Studie wird auf einen Überblick über die definitorische Auseinandersetzung mit dem Begriff „Gefühl" sowie die Explizierung der Unterschiede zwischen Gefühl und Emotion verzichtet. Einen umfangreichen Überblick bietet hierzu Marten-Cleef (1991).

Akzeptanz des Sprechers trifft." (ebd.): KOMPLIMENT, GRATULIEREN, GUTER WUNSCH: WOHLERGEHEN WÜNSCHEN, GELINGEN WÜNSCHEN, WILLKOMMEN HEISSEN: JEMANDEN WILLKOMMEN HEISSEN, ETWAS BEGRÜSSEN, SPRACHLICHER GUNSTERWEIS, DANKEN,

b. nur Sprecher-Präferenz:
   - opponierend, wobei es darum geht, „um dem Adressaten zu verstehen zu geben, daß der Sprecher das Ergehen des Adressaten emotional akzeptiert, obwohl – und dies unterschiedet die opponierenden von den sympathisierenden Typen – er annehmen muß, daß der Adressat genau gegenteilig empfindet." (ebd.): SPOTTEN, TRIUMPHIEREN, ANTIPATHISCHER WUNSCH,
   - abreagierend, d.h. in Bezug darauf, „daß sie [abreagierende Expressiva – J. S.] eine positive Reaktion des Sprechers auf die eigene Situation oder Handlungsweise darstellen. Von den sympathisierenden Typen unterscheiden sie sich dadurch, daß die emotionale Reaktion <u>nicht</u> im Hinblick auf das Ergehen oder Handeln eines Adressaten erfolgt." (ebd., Hervorhebung im Original): FROHLOCKEN, JUBELN, HOFFNUNG ÄUSSERN.

2. Expressiva mit Sprecher-Aversion, „deren genereller Handlungssinn darin besteht, daß der Sprecher mit ihnen eine negative emotionale Reaktion zum Ausdruck bringt (…)" (ebd.):

a. beidseitige Aversion:
   - sympathisierend, wobei „der Sprecher dem Adressaten zu verstehen gibt, daß dessen Schicksal auf emotionale Ablehnung des Sprechers trifft." (ebd.: 81): MITLEID BEKUNDEN: BEDAUERN BEKUNDEN, KONDOLIEREN, SORGE BEKUNDEN, SICH ENTSCHULDIGEN,

b. nur Sprecher-Aversion:
   - opponierend, womit „sich die Absicht des Sprechers, seine emotionale Abneigung zum Ausdruck zu bringen und sich damit in Opposition zur Einstellung des Adressaten zu bringen, verbindet." (ebd.: 81): KLAGEN, SCHIMPFEN, KRITTELN,

- abreagierend, deren „spezieller Handlungssinn im Abreagieren eines negativen Gefühls ohne Hinsicht auf eine mögliche Beteiligung eines Adressaten besteht.“ (ebd.: 81): JAMMERN, FLUCHEN, ANGST ÄUSSERN.

Wie im Falle anderer Sprechakte sind bei der Beschreibung der *Expressiva* auch andere Faktoren wichtig, zu denen folgende gehören (ebd.: 81): Angaben über die Rollenverteilung unter den beteiligten Personen, Angaben über den Anlass für ihr Gefühl und die Gefühlsäußerung, Angaben über das zugrundeliegende Gefühl. Aus diesem Grunde können *Expressiva* als sequenzabhängige Sprechakte[454] betrachtet werden.

In den Absageschreiben handelt es v.a. sich um Expressiva mit Sprecher-Präferenz, genauer mit beidseitiger Präferenz, unter denen folgende zu subsumieren sind:

a. KOMPLIMENT[455], das „im Hinblick auf persönliche Eigenschaften oder Besitztümer des Adressaten vollzogen wird (…)“ (Marten-Cleef 1991: 127). Ihm liegt ein vergangener Sachverhalt zu Grunde, der den Adressaten betrifft. In unserem Falle handelt es sich um die eingereichte Bewerbung, die den Stimulus zum Ausdruck der Komplimente gibt. Diese Expressiva kommen v.a. in dem thematischen Teil, in dem seitens des Absageschreibers versucht wird, den Bewerber aufzuwerten, vor. Zugleich werden auch dessen Bewerbungsunterlagen beurteilt. Da Komplimente als eine Strategie der Höflichkeit aufgefasst werden, wird darauf detailliert im Kapitel 8.2.4. eingegangen.
b. GUTER WUNSCH, bei dem „ein Gefühl wie *Hoffnung* oder *Wohlwollen* zum Ausdruck gebracht wird.“ (Marten-Cleef 1991: 160, Hervorhebung im Original). Dabei liegt die Erfüllung des Wunsches weder im Kompetenzbereich des Sprechers noch des Adressaten. Diese Sprechhandlung gehört also „zu den Akten des GEFÜHLE AUSDRÜCKENs im Hinblick auf einen antizipierten Sachverhalt.“ (ebd.: 161).

Im vorliegenden Fall handelt es sich um den sympathisierenden GUTEN WUNSCH, der sich auf das künftige Wohlergehen des Adressaten bezieht. In der von Marten-Cleef (1991: 162) vorgeschlagenen Typologie der Akte in der

---

454 Vgl. hierzu Kapitel 6.1.2.
455 Zur Analyse der Komplimente in den Absageschreiben vgl. Kapitel 8.2.4.1.

Kategorie GUTER WUNSCH reihen sich die in unserem Korpus vorkommenden Beispiele in die Kategorie: GELINGEN WÜNSCHEN ein, mit denen „Hoffnung auf zukünftiges Gelingen einer Tätigkeit des Adressaten zum Ausdruck gebracht wird.“ (ebd.). Dabei liegen den Sprechhandlungen dieses Typs folgende Bedingungen zu Grunde (ebd.: 167): „Der Sprecher Sp1 antizipiert einen zukünftigen Sachverhalt S, von dem der Adressat Sp2 betroffen ist. Sp1 ist nicht, Sp2 ist nicht bzw. nicht allein verantwortlich für das (So-) Eintreten von S.“ und „Sp1 bewertet S positiv für Sp2 und positiv im Rückbezug auf sich selbst.“ Der Sprechakt ist also als „Ausdruck der teilnehmenden Hoffnung“ zu interpretieren (ebd.). Zu dieser Kategorie gehören Beispiele in dem thematischen Teil Ausdruck der Hoffnung, z.B.: *Wir hoffen, dass Sie bald eine Ihren Qualifikationen, Fähigkeiten und Neigungen entsprechende Stelle finden, Wir hoffen, dass Sie bald eine Ihren Wünschen entsprechende Aufgabe finden mögen*; *Wir hoffen, dass Sie bald eine befriedigende berufliche Herausforderung finden werden*, und Wünsche für die weitere Arbeitssuche, z.B.: *Wir wünschen Ihnen für Ihren weiteren beruflichen Lebensweg alles Gute*; *Für Ihren weiteren beruflichen/und privaten (Lebens-)Weg viel Erfolg sowie persönlich alles Gute*; *Wir wünschen Ihnen, dass Sie bald einen interessanten beruflichen Wirkungskreis finden werden*;

c. DANKEN[456], das in Situationen erfolgt, in denen „der Sprecher S der Überzeugung ist, dass eine Handlung h eines Hörers H für ihn von Vorteil war, und sofern S für die Ausführung von h dankbar ist, darf S H für h danken.“[457] (Sander 2003: 10). DANKEN[458] besteht „in der Bekundung des Gefühls der Dankbarkeit“ (Marten-Cleef 1991: 203). Bei Dankbarkeit müssen folgende Bedingungen erfüllt werden: „Sp2 hat eine Handlung H vollzogen, von der der Sp1 betroffen ist. Sp1 bewertet H bzw. die Folgen von H positiv für sich selbst. Sp1 ist Sp2 für H dankbar.“ (ebd.), z.B.: *Wir bedanken uns für Ihre Bewerbung und das damit zum Ausdruck gebrachte Interesse an ...* . Der Sprechakt DANKEN gehört zu den partnerbezoge-

---

[456] Zu dem Sprechakt DANKEN vgl. exemplarisch Eisenstein/Bodman (1993) u.a.

[457] In diesem Sinne kann man im Falle der Absageschreiben jedoch schwer von Vorteilen zugunsten des Empfängers sprechen. Die gebrauchten Dankesformeln haben einen eher floskelhaften Charakter und sind ein fester Bestandteil der Briefkultur, vgl. hierzu Duden (1997), Lubbers (1982), Hovermann (2009) u.a.

[458] Der Sprechakt DANKEN wird ausführlich im Kapitel 6.3.1. besprochen.

nen Expressiva und ist ein fester Bestandteil fast aller Absageschreiben. Er wird in folgenden Situationen realisiert:

- DANKEN für die Bewerbung, darunter für die Zusammenstellung der Bewerbungsunterlagen, für das Bewerben und für die Einreichung der Bewerbungsunterlagen. In diesem Kontext ist DANKEN auch mit dem repräsentativen Sprechakt BESTÄTIGEN vergleichbar[459], wovon bereits oben die Rede war, z.B.: *Vielen Dank für die Zusendung Ihrer Bewerbung.*; *Herzlichen Dank für Ihre Bewerbung als ...*; *Wir danken Ihnen für Ihre Bewerbung als ...*; *Vielen Dank für die Übersendung Ihrer Bewerbungsunterlagen.*; *Wir bedanken uns für die Einreichung Ihrer Bewerbungsunterlagen und Ihr Interesse an einer Mitarbeit in unserem Unternehmen.* Formulierungen dieses Typs eröffnen den thematischen Teil des Briefs und werden oft gleich nach der Anredeformel platziert.
- DANKEN für das Interesse an der Arbeit, z.B.: *Für das Interesse an einer Tätigkeit in ... danke ich Ihnen*; *Für Ihr Interesse an einer Mitarbeit in ... möchte ich Ihnen nochmals danken.* Die Dankesformeln dieses Typs kommen sowohl am Anfang des thematischen Briefteils als auch im briefschließenden Teil vor der Grußzeile vor.
- DANKEN für die Bewerbung und das Interesse an der Arbeit; dieses erfolgt mit einer Formel, z.B.: *Wir danken Ihnen für Ihre Bewerbung und Ihr Interesse an einer Mitarbeit*; *Wir bedanken uns für die Einreichung Ihrer Bewerbungsunterlagen und Ihr Interesse an einer Mitarbeit in unserem Unternehmen*, kann aber auch zweimal ausgedrückt werden, wenn die Dankesformeln den ganzen Text des Absageschreibens umklammern, z.B.: *Vielen Dank für Ihre Bewerbung, die wir mit Interesse gelesen haben.* (...) *Wir danken Ihnen noch einmal sehr herzlich für das entgegengebrachte Interesse*; *Ich danke Ihnen für Ihre Bewerbung bei ...* (...) *Ich bedanke mich für Ihr Interesse an einer Tätigkeit in ...* (...); *Wir danken Ihnen für Ihre Bewerbung.* (...) *Wir möchten Ihnen für das Interesse danken, das Sie unserem Unternehmen entgegengebracht haben*; *Zunächst möchten wir uns für Ihre Bewerbung und das unserem Theater entgegen-*

[459] Es sei an dieser Stelle angemerkt, dass die Unterscheidung und Benennung von Sprechakten in größeren Kontexten und längeren Texten an vielen Stellen zu Überschneidungen führen kann.

gebrachte Interesse bedanken. (…) *Wir danken Ihnen für Ihr Verständnis und Ihre Geduld* (…).

- DANKEN für die Geduld, z.B.: *Wir danken Ihnen für Ihr Verständnis und Ihre Geduld*;

Beim DANKEN werden in den Absageschreiben folgende sprachliche Mittel gebraucht: die Dankesformel *vielen Dank*[460], die einen unpersönlichen und floskelhaften Charakter hat, jedoch zu den Höflichkeitsformeln gehört; Deklarativsätze mit dem performativen Verb *danken / sich bedanken* und dem Subjekt im Sing. oder Pl.; Konstruktionen mit Modalverben, v.a. mit der *möchte*-Form, z.B.: *Für Ihr Interesse an einer Mitarbeit in ... möchte ich Ihnen nochmals danken* (…); imperativische Formen, z.B.: *Haben Sie vielen Dank für Ihre Bewerbung vom ...* (…).

Es soll jedoch unterstrichen werden, dass man es im Falle der Absageschreiben mit formelhaften Danksagungen zu tun hat, was in der Forschungsliteratur in Bezug auf andere Anlässe[461] hervorgehoben wird, wie z.B. bei Stein (1995: 327), der formelhafte Danksagungen in Familienanzeigen untersucht und feststellt, dass es sich dabei eigentlich um eine öffentliche Deklaration des Dankes und nicht um dessen Übermittlung handelt, und dies aufgrund der Tatsache, dass „der Umstand, daß der Dank öffentlich ausgesprochen wird, Ausdruck der Wertschätzung ist und unterstreicht, dass die sozialen Normen eingehalten und respektiert werden." In unserem Falle ist dies desto mehr sichtbar, dass das den Absageschreiben zu Grunde liegende Textmuster das Vorkommen einer solchen Komponente erzwingt und es eigentlich zu den Regeln beim Verfassen der Korrespondenz gehört, auf früher eingegangene Korrespondenz Bezug zu nehmen.

Die zweite Gruppe bilden *Expressiva* mit Sprecher-Aversion, mit denen „der Sprecher dem Adressaten zu erkennen gibt, daß er Anteil an seinem Erlebnis nimmt; ein mögliches Handlungsziel besteht darin, das Bedauern oder die Trauer des anderen zu verringern." (Marten-Cleef 1991: 268). Hierzu gehören folgende Sprechhandlungen:

[460] Bei Kotorova (2009: 60) werden solche Formeln als „Äußerungen mit einem nominalen Komplex mit einem gleichstämmigen Substantiv" bezeichnet.

[461] Vgl. hierzu auch die Ergebnisse der Analyse von König (2000), in der die Sprechhandlungen LOBEN, DANKEN und GEDENKEN in öffentlichen Reden analysiert werden.

a. BEDAUERN BEKUNDEN[462], das in der Situation der negativen Antwort auf die Bewerbung in fast jedem Schreiben erfolgt[463]. Dieser Sprechhandlung liegen folgende Bedingungen zu Grunde: „Sp1 beobachtet einen gegenwärtigen Sachverhalt S, von dem Sp2 betroffen ist. Sp1 bewertet S negativ für Sp2 und negativ im Rückbezug auf sich selbst. Sp1 empfindet angesichts von S Mitleid mit Sp2.“ (ebd.: 269), wobei jedoch für unsere Zwecke eingeräumt werden muss, dass der Sender Urheber der Situation ist, in der ein negativer Sachverhalt erfolgt. BEDAUERN wird mit folgenden Formulierungen ausgedrückt: Konstruktionen mit der adverbialen Präpositionalphrase *zu meinem/unseren Bedauern*, die dazu dient, ‚mitfühlende Anteilnahme, Mitleid, Mitgefühl‘ oder ‚Betrübnis‘ auszudrücken (Duden 2007: 256). Dabei wird die Form des Possessivpronomens in der 1. Person Sing. oder Pl. verwendet, z.B.: *Zu unserem Bedauern müssen wir Ihnen jedoch mitteilen* (…); *Zu meinem Bedauern muss ich Ihnen mitteilen* (…). Die besprochene Phrase wird am häufigsten vor dem Sprechakt ABLEHNEN platziert und zusammen mit dem Modalverb *müssen* gebraucht; Deklarativsätze mit dem performativen Verb *bedauern*, in denen das Subjekt wechselweise in der 1. Person Sing. oder Pl. steht, z.B.: *Ich bedauere, Ihnen keine günstigere / andere Mitteilung / keine andere Nachricht / keinen günstigeren Bescheid / keine andere Auskunft / machen zu können / geben zu können / erteilen zu können* (…); *Wir bedauern, Ihnen mitteilen zu müssen* (…) / *Ihnen keinen positiven Bescheid / keine bessere Nachricht geben zu können* (…). Der Ausdruck des BEDAUERNS wird in den Absageschreiben dem Ausdruck des ABLEHNENS vorangestellt; das Modaladverb *bedauerlicherweise* wird meistens vor dem ABLEHNEN platziert.

Hierzu gehören folgende Beispiele: *Wir bedauern*; *Wir bedauern, Ihnen keinen günstigeren Bescheid geben zu können / Ihnen keine günstigere Mitteilung geben zu können / Ihnen nicht behilflich sein zu können*; *Ich bedauere, Ihnen keine günstigere Mitteilung geben zu können*; *Wir bedau-*

---

[462] Diese Emotion gehört zu der Illokution *sich entschuldigen, jdn. um Verzeihung bitten*, vgl. Rolf (1997: 225f.).

[463] Das obligatorische Vorkommen des BEDAUERNS in den Absageschreiben wird in den Ratgebern oft hervorgehoben, vgl. hierzu z.B.: Duden (1997), Lubbers (1982), Hovermann (2009) u.a.

ern, Ihnen mitteilen zu müssen; *Es tut mir leid, dir keinen anderen Bescheid geben zu können*; *Es tut uns leid, aber etwas anderes können wir Ihnen nicht sagen*; *Sehr zu unserem Bedauern stehen uns jedoch nur wenige Stellen zur Verfügung und die Zahl der Bewerbungen ist dagegen überaus groß*; *Ich bedaure Ihnen keine Zusage machen zu können; Es tut uns wirklich leid*;

b. SICH ENTSCHULDIGEN, wofür folgende Bedingungen erfüllt werden müssen: „Sp1 ist verantwortlich für eine Handlung H oder eine Unterlassung U, von der bzw. deren Folgen Sp2 betroffen ist. Sp1 bewertet H bzw. U negativ für Sp2 und negativ im Rückbezug auf sich selbst. Sp1 bedauert H bzw. U." (Marten-Cleef 1991: 290). Dabei gilt SICH ENTSCHULDIGEN als „Ausdruck des Bedauerns über das eigene Verhalten", was in unserem Falle vollkommen zutrifft, da der Sender (= Absageschreiber) auch der Urheber ist.

In Anlehnung an Marten-Cleef (1991: 219) kann man den oben besprochenen Expressiva folgende Merkmale zuweisen:

Handlungstyp	Handlungsbedingungen		
	Anlass	Primäre Präferenz bei	Emotion
KOMPLIMENT	Eigenschaft SP2	Sp2	Zuneigung
GELINGEN WÜNSCHEN	Zukünftiges Verhalten Sp2	Sp2	Hoffnung
DANKEN	Benefaktive Handlung Sp2	Sp1	Dankbarkeit
BEDAUERN BEKUNDEN	Handlung, Erlebnis, Eigenschaft Sp2	Sp2 und Sp1	Mitleid
SICH ENTSCHULDIGEN	Handlung Sp1	Sp2 und Sp1	Reue

Tabelle 11. Zusammenstellung der Merkmale von EXPRESSIVA in den Absageschreiben

Im Folgenden werden die häufigsten Kombinationen und die Reihenfolge der besprochenen Sprechakte in den Absageschreiben präsentiert. Bei der Bestimmung der Sprechakte werden folgende Abkürzungen verwendet:

ABLEHNEN/ABSAGEN	= A	DANKEN	= D
AUFFORDERN	= AUF	EMPFEHLEN	= EM
BEDAUERN	= BED	SICH FREUEN	= FR
BEGRÜNDEN	= BEG	TIPP	= TIPP
BESTÄTIGEN	= BEST	VERSPRECHEN	= V
BITTEN	= B		

Die angeführten Typen von Illokutionen bestätigen die anhand der untersuchten Beispiele evidente Tatsache: in den Absageschreiben werden andere Sprechakte strategisch eingesetzt, um einen bestimmten perlokutiven Effekt beim Empfänger (= Bewerber) – die Akzeptanz des Textes – zu erreichen. Das wird von Franke (1987: 274) bestätigt:

> Wer eine Bewerbung ablehnend bescheidet, kann davon ausgehen, dass der Empfänger des Ablehnungsschreibens (i) eine Begründung der Ablehnung haben möchte und (ii) auf den negativen Bescheid mit Enttäuschung reagiert. Entsprechend können sekundäre Handlungsziele des Textproduzenten darin bestehen, den Empfänger zu trösten, ihn aufzumuntern, zu sagen, dass die Ablehnung nicht auf mangelnde Qualifikation des Bewerbers zurückzuführen, sondern anders begründet ist, usw.

Die Analyse der Sprechakte in den Absageschreiben lässt die folgende Typologie erstellen:

1. „reines" ABLEHNEN/ABSAGEN

Es sind Absageschreiben, in denen die ABLEHNUNG/ABSAGE fast ohne begleitende Sprechakte ausgedrückt wird. Man findet auch Formulierungen folgender Art, in denen z.B. Verben des Sagens gebraucht werden, darunter das performative Verb *mitteilen*: *Leider muss ich Ihnen mitteilen, dass Sie bei der Besetzung der Stelle nicht berücksichtigt werden konnten. Leider haben wir gegenwärtig keine Kapazitäten für weitere Online-Redakteure. Leider haben wir in ... keine Stelle frei.* In den dargebotenen Texten werden keine weiteren Informationen mitgeteilt, sowie keine weiteren Sprechakte beim Ausdruck der ABLEHNUNG/ABSAGE realisiert. Die Kraft des ABLEHNENs/ABSAGENs wird dabei durch eine Nebensatzkonstruktion mit dem Verb des Sprechens und dem Modalverb abgeschwächt. Dieselbe Rolle kommt auch dem Modaladverb *leider* zu. Beim Formulieren der ABLEHNUNG/ABSAGE wird eine beschreibende Form gebraucht.

2. ABLEHNEN in Begleitung anderer Sprechakte, die nach dem ABLEHNEN/ABSAGEN erfolgen

In dieser Gruppe handelt es sich um Texte, in denen nach dem Formulieren des ABLEHNENs/ABSAGENs andere Sprechakte erfolgen. Diese sind BEGRÜNDEN, BEDAUERN, TIPP, DANKEN, AUFFORDERN. Ihre Platzierung nach dem ABLEHNEN/ABSAGEN hat die Funktion einer Abmilderung der Ablehnung, wobei auch andere Mittel wie Modalverben (*müssen, können*), Modaladverbien (*leider*) gebraucht werden, denen die gleiche Aufgabe zukommt.

Durch ihren Einsatz sowie durch eine bestimmte Komposition in der Sprechaktsequenz wird versucht, die Folgen der erteilten Absage zu minimalisieren[464].

Die oben erwähnten Sprechakte kommen demgemäß in folgenden drei Kombinationen vor:

A+BEG	*Wir können Ihrer Bewerbung als Online-Redakteur in unserer Redaktion leider nicht nachkommen, da wir keine Online-Redaktion in Berlin haben. (…)*
A+TIPP+BED	*Auf Ihre Bewerbung muss ich Ihnen mitteilen, dass in meinem Geschäftsbereich zur Zeit keine für Sie geeignete Stelle zu besetzen ist. Ich bitte Sie, die Stellenausschreibungen in der Presse zu verfolgen und sich gegebenenfalls zu einem späteren Zeitpunkt nochmals zu bewerben. (…) Ich bedauere, Ihnen keine andere Nachricht geben zu können. (…)*
A+BEG+BED+D	*Ihre Bewerbung um die o.g. Stelle konnte bei der Stellenbesetzung leider nicht berücksichtigt werden, da ich mich für einen anderen Bewerber entschieden habe. Ich bedauere, Ihnen keine günstigere Mitteilung machen zu können und danke Ihnen für das gezeigte Interesse. (…)*

3. ABLEHNEN/ABSAGEN in Begleitung anderer Sprechakte, die vor dem ABLEHNEN/ ABSAGEN erfolgen

In dieser Gruppe handelt es sich v.a. um BEDAUERN, BESTÄTIGEN, DANK, TIPP, BEGRÜNDEN, BITTE. Dabei kommen Formulierungen mit dem Sprechakt BEDAUERN bzw. BEGRÜNDEN ziemlich oft vor und erfüllen die Aufgabe, den Empfänger (= Bewerber) auf das Erteilen der Absage vorzubereiten. Die meisten Absageschreiben dieses Typs beginnen mit DANKEN. Das Voranstellen anderer Sprechakte bewirkt, dass die Absage ans Ende des Schreibens rückt und der Empfänger (= Bewerber) durch den Einsatz anderer Sprechakte, darunter der Expressiva, und unter Anwendung von Höflichkeitsstrategien darauf vorbereitet wird. Der strategische Einsatz anderer Sprechakte hat zur Folge, dass die Konzentration des Empfängers zunächst anderen mitgeteilten Informationen gilt, obwohl diese im Grunde genommen an der Tatsache – ABLEHNEN/ABSAGEN – nichts ändern.

Es sind folgende Kombinationen der besprochenen Sprechakte zu finden:

BED+A	*Zu unserem Bedauern müssen wir Ihnen jedoch mitteilen, dass wir Ihnen keine Ihren Qualifikationen entsprechende Position anbieten können.*
D+A	*Vielen Dank für die Zusendung Ihrer Bewerbung. Nach sorgfältiger Prüfung Ihrer Unterlagen teilen wir Ihnen mit, dass die Möglichkeit einer Einstellung in … zurzeit nicht gesehen wird. (…)*
D+BED+A	*Vielen Dank für die Zusendung Ihrer Bewerbungsunterlagen … Wir bedauern, Ihnen mitteilen zu müssen, dass es in absehbarer Zeit keine freie Stelle in unserer Online-Redaktion geben wird. (…)*

[464] Vgl. „Reparaturmechanismen“, „Wiedergutmachung“ im Kapitel 7.1.

D+BED+BEG+A	*Wir danken Ihnen für Ihre Bewerbung als ... in unserem Unternehmen. Zu unserem Bedauern müssen wir Ihnen mitteilen, dass wir Ihnen aufgrund eines unbefristeten Einstellungstopps keine Stelle anbieten können. (...)*
BEST+BEG+TIPP+ BED+A	*Ihre an den Senat von Berlin gerichtete Bewerbung ist mir zur Beantwortung zugeleitet worden. Aufgrund der schwierigen Haushaltssituation des Landes Berlin bestehen innerhalb der gesamten Berliner Verwaltung gegenwärtig keine Möglichkeiten, Neueinstellungen vorzunehmen. Nach Aufhebung der zur Zeit verhängten Stellenbesetzungssperre im öffentlichen Dienst werden frei werdende Stellen jedoch zu gegebener Zeit in der Tagespresse bzw. im Amtsblatt für Berlin ausgeschrieben, so dass es Ihnen freisteht, sich auf eine Stelle, die Ihren Interessen und Ihrer Qualifikation entspricht, erneut zu bewerben. Ich bedauere, Ihnen keine bessere Mitteilung machen zu können. (...)*
D+BEG+B+A	*Herzlichen Dank für Ihre Bewerbung als ... (...). Da wir nur eine limitierte Anzahl von Redakteurplätzen vergeben, bitten wir um Verständnis, dass wir Sie für das laufende Jahr nicht mehr einplanen können. (...)*

4. ABLEHNEN/ABSAGEN in Begleitung anderer Sprechakte, die vor und nach dem ABLEHNEN/ABSAGEN erfolgen

In dieser Gruppe sind Sprechakte zu finden, welche die Hauptillokution – ABLEHNEN/ABSAGEN – umklammern. Es ist die Verbindung der zwei o.g. Gruppen und zwei Mechanismen: der Vorbereitung auf das Erteilen der Absage und der Reparatur – der Minimalisierung der Folgen nach dem Erteilen der Absage. Dabei wird ABLEHNEN durch verschiedene Sprechakte eingeleitet, die im Folgenden präsentiert werden.

a. ABLEHNEN/ABSAGEN, das mit dem Sprechakt BEDAUERN eingeleitet wird

BED+A+D	*Zu meinem Bedauern muss ich Ihnen mitteilen, dass Ihre Bewerbung bei der Personalentscheidung nicht berücksichtigt werden konnte. Für Ihr Interesse an einer Mitarbeit in ... möchte ich Ihnen nochmals danken (...)*

b. ABLEHNEN/ABSAGEN, das mit dem Sprechakt BEGRÜNDEN eingeleitet wird

BEG+A+BED	*Leider besteht in meiner Verwaltung in überschaubarer Zeit keine für Sie geeignete Beschäftigungsmöglichkeit. Aus diesem Grunde vermag ich Ihrer Bewerbung zu meinem Bedauern nicht zu entsprechen. (...)*

c. ABLEHNEN/ABSAGEN, das mit dem Sprechakt BESTÄTIGEN eingeleitet wird

BEST+A+D	*Ihre Bewerbung vom ... haben wir erhalten. Nach eingehender Prüfung müssen wir Ihnen leider mitteilen, dass wir keine Möglichkeit sehen, Sie als Mitarbeiter in unserem Unternehmen zu beschäftigen. (...) Für das unserer Firma entgegengebrachte Interesse bedanken wir uns herzlich (...)*

BEST+A+EM	*Sie haben sich bei uns beworben (…) Leider muss ich Ihnen mitteilen, dass in unserem Geschäftsbereich zum gegenwärtigen Zeitpunkt keine geeignete freie Stelle zu besetzen ist. (…) Als Empfehlung verweise ich Sie darauf, dass sämtliche Stellen des Landes Berlin, die zukünftig zu besetzen sind, im Amtsblatt von Berlin veröffentlicht werden. (…)*

d. ABLEHNEN/ABSAGEN, das mit den Sprechakten BESTÄTIGEN und DANKEN eingeleitet wird

BEST+D+A+BED	*Ich bestätige den Eingang Ihrer Bewerbung vom … und danke Ihnen für Ihr Interesse an der Mitarbeit in … Leider ist es mir nicht möglich, Ihnen einen Ihrem Wunsch entsprechenden Arbeitsplatz in … anbieten zu können. Ich bedauere, Ihnen keine andere Mitteilung zukommen lassen zu können. (…)*
BEST+D+A+BEG +TIPP+BED	*Ich bestätige den Eingang Ihrer Bewerbung vom … und bedanke mich für Ihr Interesse an einer Mitarbeit in … Leider ist für die von Ihnen gewünschte Tätigkeit zur Zeit keine Stelle frei, so dass ich Ihre Bewerbung nicht berücksichtigen kann. Im Personalbereich sind außerdem umfangreiche Stellenreduzierungen umzusetzen, wodurch ein erheblicher Personalüberhang entsteht. (…) Im Falle des Freiwerdens einer entsprechenden Stelle werden wir eine öffentliche Ausschreibung vornehmen, so dass Sie sich zu diesem Zeitpunkt gezielt bewerben können. (…) Ich bedauere, Ihnen keinen günstigeren Bescheid erteilen zu können. (…)*

e. ABLEHNEN/ABSAGEN, das mit den Sprechakten BESTÄTIGEN und BEGRÜNDEN eingeleitet wird

BEST+BEG+A+ BED+D	*Wir kommen zurück auf Ihre o.g. Bewerbung. Bei der Vielzahl der eingegangenen Bewerbungen war es für uns nicht einfach, eine Entscheidung zu treffen und nach Prüfung der Unterlagen müssen wir Ihnen heute leider mitteilen, dass Ihre Bewerbung nicht in die engere Wahl gekommen ist. (…) Wir bedauern Ihnen keinen positiven Bescheid geben zu können und danken für das unserem Unternehmen entgegengebrachte Interesse. (…)*

f. ABLEHNEN/ABSAGEN, das mit den Sprechakten BESTÄTIGEN und BEDAUERN eingeleitet wird

BEST+BED+A+ BEG	*Bezug nehmend auf Ihre Bewerbung vom … müssen wir Ihnen zu unserem Bedauern einen ablehnenden Bescheid zukommen lassen, da es uns wegen des bestehenden Einstellungsstopps nicht möglich ist, Ihnen den gewünschten Arbeitsplatz zur Verfügung zu stellen. (…)*

g. ABLEHNEN/ABSAGEN, das mit dem Sprechakt DANKEN eingeleitet wird

D+A+AUF	*Haben Sie vielen Dank für Ihre Bewerbung vom … Leider kann ich in unserer Redaktion keinen Platz für Sie finden. Dies soll Sie aber nicht entmutigen, denn die Konkurrenz ist einfach ungeheuer hart. (…)*
D+A+D	*Vielen Dank für Ihre Bewerbung, die wir mit Interesse gelesen haben. Leider müssen wir Ihnen mitteilen, dass wir Ihre Bewerbung bei der zu treffenden engsten Auswahl nicht berücksichtigen konnten. Wir danken Ihnen noch einmal sehr herzlich für das entgegengebrachte Interesse. (…)*
D+A+BED	*Für Ihr Schreiben vom … darf ich Ihnen danken. Leider sehe ich in … keine Möglichkeit einer Mitarbeit als … . Ich bedauere, Ihnen keine andere Auskunft geben zu können. (…)*

D+A+BEG	*Vielen Dank für Ihre Bewerbung als ... Leider können wir Ihnen keine positive Antwort geben, denn bei uns – wie Sie sicher in den Medien verfolgt haben – herrscht ein weiteres Einstellungsstopp.*
D+A+FR	*Vielen Dank für Ihre Bewerbung und Ihr Interesse am ... Leider müssen wir Ihnen mitteilen, dass wir alle relevanten Positionen bereits besetzt haben und Ihnen daher keine Anstellung bei ... anbieten können. Wir haben uns dennoch gefreut, dass Sie sich mit Ihrer Bewerbung an unseren Sender gerichtet haben. (...)*
D+A+TIPP	*Vielen Dank für Ihre Bewerbung und Ihr Interesse an unserem Unternehmen. Wir haben Ihre Bewerbung geprüft. Leider können wir Ihnen zur Zeit keine Ihren Erwartungen und Qualifikationen entsprechende Einsatzmöglichkeit anbieten. Sie können sich aber gerne auf der Jobbörse ... nach interessanten Stellen informieren und sich dann online bewerben. (...)*
D+A+V	*Nochmals vielen Dank für Ihr Interesse an einer Tätigkeit in unserem Hause. Im Moment haben wir keine Ihren Wünschen und Fähigkeiten entsprechende vakante Stelle zu besetzen. Ihr Bewerbungsschreiben lege ich gern auf Wiedervorlage, um zu gegebener Zeit darauf zurückgreifen zu können. (...)*
D+A+AUF+B	*Wir danken Ihnen nochmals für Ihre Bewerbung und das damit gezeigte Interesse an einer Mitarbeit in unserem Unternehmen. Nach Überprüfung eines möglichen Einsatzes müssen wir Ihnen leider mitteilen, dass z. Zt. entsprechend Ihrer Qualifikation keine Einsatzmöglichkeit gegeben ist. Bitte sehen Sie daher unsere Entscheidung nicht als negative Bewertung Ihrer persönlichen und fachlichen Qualifikationen. Wir bitten um Ihr Verständnis (...)*
D+A+BED+B	*Vielen Dank für das Interesse an einer Mitarbeit in ... Leider haben wir zur Zeit nicht die Möglichkeit neue Mitarbeiter einzustellen oder freie Mitarbeiter zu beschäftigen. Ich bedauere, dass ich Ihnen keinen positiven Bescheid geben kann und bitte um Ihr Verständnis. (...)*
D+A+BEG+BED	*Vielen Dank für Ihre Bewerbung (...) Nach Prüfung der Vakanzen in den Fachabteilungen müssen wir Ihnen jedoch leider mitteilen, dass wir zur Zeit ... über keine offenen Stellen verfügen. (...) Wir bedauern Ihnen keine bessere Nachricht geben zu können. (...)*
D+A+BEG+TIPP	*Für das Interesse an einer Tätigkeit in ... danke ich Ihnen. (...) Leider muss ich Ihnen mitteilen, dass in absehbarer Zeit nicht mit weiteren Einstellungen in ... zu rechnen ist. Angesichts der Stelleneinsparungsauflagen sind sowohl in diesem und voraussichtlich im nächsten Jahr keine oder in sehr geringem Umfang Einstellungsmöglichkeiten gegeben. Das ... schreibt vakante Dienstposten, für die externe Bewerber in Frage kommen, grundsätzlich in der FAZ aus. (...)*
D+A+BEG+AUF	*Wir bedanken uns für die Einreichung Ihrer Bewerbungsunterlagen und Ihr Interesse an einer Mitarbeit in unserem Unternehmen. Wir haben inzwischen eine Vorauswahl getroffen. Leider konnten wir Ihre Bewerbung nicht in die engere Wahl ziehen – wir haben uns für einige Kandidatinnen und Kandidaten entschieden, deren Profil noch genauer den Anforderungen der ausgeschriebenen Position entspricht. Bitte sehen Sie unsere Entscheidung nicht als Bewertung Ihrer Kenntnisse und Fähigkeiten an. (...)*
D+A+BEG+AUF+BED	*Vielen Dank für Ihre Bewerbung und das damit bekundete Interesse an unserem Unternehmen. Nach sorgfältiger Prüfung der eingegangenen Bewerbungen müssen wir Ihnen heute leider mitteilen, dass Sie nicht in die engere Wahl gekommen sind. Sie werden sicherlich wissen, dass bei mehreren guten und qualifizierten Bewerberinnen und Bewerbern oft nur Details über die Besetzung einer Position entscheiden. Bitte sehen Sie in unserer Absage nicht ein Werturteil über Ihre persönliche oder fachliche Qualifikation. Wir bedauern Ihnen keine günstigere Nachricht geben zu können (...)*
D+A+TIPP+BED	*Für Ihre Bewerbung und das damit verbundene Interesse an einer Tätigkeit in ... danke ich Ihnen. (...) Ich muss Ihnen leider mitteilen, dass (...) zur Zeit keine freie Stelle zu besetzen hat, so dass Ihrer Bewerbung nicht näher getreten werden kann. Sofern Stellen für eine externe Besetzung vorgesehen sind, werden diese grundsätzlich in der regionalen bzw. überregionalen Presse, über das Internet, sowie über die zuständigen Dienst-*

	stellen der Arbeitsverwaltung veröffentlicht. Ich bedauere, Ihnen keine günstigere Mitteilung geben zu können. (…)
D+A+TIPP+AUF+D	*Ich danke Ihnen für Ihre Bewerbung bei … Leider muss ich Ihnen mitteilen, dass zur Zeit keine passende Stelle frei ist. Ich möchte Sie aber darauf hinweisen, dass freiwerdende Stellen in der Berliner Tagespresse und auf unserer Website … ausgeschrieben werden. Sollte eine für Sie geeignete Stelle inseriert werden, zögern Sie nicht, sich erneut zu bewerben. Ich bedanke mich für Ihr Interesse an einer Tätigkeit in … (…)*
D+A+ TIPP+BED	*Für Ihre Bewerbung und das damit bekundete Interesse an einer Tätigkeit in … danken wir Ihnen. Leider müssen wir Ihnen jedoch mitteilen, dass in absehbarer Zeit keine Ihren Fähigkeiten entsprechende Stelle vakant ist. Ergänzend hierzu informieren wir Sie, dass auch in den nächsten Jahren kaum Dauerstellen zu besetzen sein werden. Unsere aktuellen Stellenausschreibungen (…) finden Sie im Internet. Wir bedauern Ihnen keine günstigere Mitteilung geben zu können. (…)*
D+D+A+BEG+B+BED	*Vielen Dank für Ihre Bewerbung und das damit verbundene Interesse an unserem Unternehmen. Ferner möchten wir uns bei Ihnen für Ihre Geduld bedanken. Leider müssen wir Ihnen mitteilen, dass wir Sie trotz Ihrer interessanten Bewerbung nicht in die engere Wahl genommen haben. Letztendlich kommt es bei der Auswahl des passenden Bewerbers auf eine Vielzahl von Faktoren an, die einen Gesamteindruck ergeben, den wir auch nur abschätzen können. Bei der Vielzahl an qualifizierten Bewerbungen ist es uns nicht leicht gefallen eine Entscheidung zu treffen und wir bitten Sie deshalb diese Absage nicht als Kritik an Ihrer eigenen Person zu sehen. Wir bedauern, Ihnen keinen positiven Bescheid mitteilen zu können. (…)*

h. ABLEHNEN/ABSAGEN, das mit den Sprechakten DANKEN und BEDAUERN eingeleitet wird

D+BED+A+BEG	*Für Ihr Interesse an einer Mitarbeit in unserem Hause danken wir Ihnen, können jedoch zu unserem Bedauern von Ihrer Bewerbung keinen Gebrauch machen, weil geeignete Arbeitsplätze nicht zur Verfügung stehen. (…)*
D+BED+A+EM	*Wir danken Ihnen für Ihre Bewerbung um eine Beschäftigung bei …, bedauern jedoch, Ihnen mitteilen zu müssen, dass eine für Sie geeignete Stelle zur Zeit nicht zu besetzen ist. Da derartige Stellen von uns grundsätzlich öffentlich ausgeschrieben werden, empfehlen wir Ihnen, auf unsere Stellenausschreibungen zu achten (…) und sich ggf. gezielt zu bewerben. (…)*
D+BED+A+D	*Wir danken Ihnen für Ihre Bewerbung. Zu unserem Bedauern müssen wir Ihnen mitteilen, dass wir keinen für Sie in Frage kommenden Arbeitsplatz zu vergeben haben. Wir möchten Ihnen für das Interesse danken, das Sie unserem Unternehmen entgegengebracht haben. (…)*
D+BED+BEG+A+D+BED	*Ich danke für Ihre Bewerbung vom … um eine Stelle als … Zu meinem Bedauern muss ich Ihnen mitteilen, dass ich aufgrund der Sparpolitik des Berliner Senats (…) leider keine Möglichkeit sehe, Ihnen eine Ihrer Qualifikation entsprechende Beschäftigung anbieten zu können. Ich danke für das an einer Tätigkeit in meiner Verwaltung gezeigte Interesse und bedauere, Ihnen keinen günstigen Bescheid erteilen zu können. (…)*

i. ABLEHNEN/ABSAGEN, das mit den Sprechakten DANKEN und BEGRÜNDEN eingeleitet wird

D+BEG+A	*Vielen Dank für Ihr Interesse an einer Mitarbeit in … Eine Vielzahl von Bewerbern impliziert jedoch auch immer eine Vielzahl von Absagen. Es ist uns nicht leicht gefallen, eine Auswahl aus der Menge von qualifizierten Bewerbern zu treffen. Ihre Bewerbung konnten wir leider nicht berücksichtigen. (…)*

D+BEG+A+B+D	*Zunächst möchten wir uns für Ihre Bewerbung und das unserem Theater entgegengebrachte Interesse bedanken. Bedauerlicherweise kommt man bei Stellenausschreibungen immer in die gleiche Situation, wir müssen eine Reihe guter Bewerber ablehnen, da es einen mit noch besseren Voraussetzungen gibt. Leider müssen wir das auch in Ihrem Falle tun. Für diese Entscheidung, die in keiner Weise ein persönliches oder fachliches Werturteil darstellt, bitten wir um Ihr Verständnis. (...) Wir danken Ihnen für Ihr Verständnis und Ihre Geduld (...)*
D+BEG+A+TIPP+BED	*Vielen Dank für Ihr Interesse an einer Tätigkeit als ... bei ... . Wir erhalten wöchentlich eine Vielzahl von ähnlich qualifizierten Bewerbungen, die nur einer sehr begrenzten Anzahl von offenen Stellen gegenüberstehen. Zum jetzigen Zeitpunkt sind bedauerlicherweise keine Ihren Qualifikationen entsprechenden Vakanzen vorhanden. Sofern freiwerdende oder neu eingerichtete Stellen der Bundesverwaltung extern zu besetzen sein sollten, werden sie unter Angabe der erforderlichen Qualifikation bundesweit ausgeschrieben. Des Weiteren finden Sie die Stellenangebote unter ... Ich bedauere, Ihnen keine günstigere Mitteilung machen zu können (...)*

j. ABLEHNEN/ABSAGEN, das mit dem Sprechakt SICH FREUEN eingeleitet wird

FR+BED+A+B	*Über Ihre Bewerbung um eine Einstellung bei ... habe ich mich gefreut. Zu meinem Bedauern stehen mir keine freien Stellen zur Verfügung, so dass ich Ihrem Einstellungswunsch leider nicht entsprechen kann. Ich bitte hierfür um Verständnis. (...)*

6.3.2. ABLEHNEN/ABSAGEN in indirekten Sprechakten

Nicht in jedem Falle werden die Intentionen des Sprechers direkt zum Ausdruck gebracht. Es handelt sich dabei um Fälle, wie sie Searle ([1979] 1982: 52) selbst erläutert, „wodurch es dem Sprecher möglich ist, etwas zu sagen und es zu meinen, aber darüber hinaus noch etwas anderes zu meinen.“ Damit werden die „indirekten Sprechakte“[465] gemeint, mit deren Hilfe zwei Illokutionen ausgedrückt werden. Demgemäß unterscheidet man *primäre Illokutionen* (= die gemeinten Illokutionen), mit denen Handlungen vollzogen werden, und *sekundäre Illokutionen* (= die wörtlich ausgedrückten Illokutionen), die das Vollziehen der primären Akte möglich machen[466].

[465] Von den indirekten Sprechakten werden „implizite Sprechakte“ unterschieden, die Teile der direkten Sprechakte sind, und als intendierte „gefolgert werden, wenn der SPA_1 durch die Äußerung eines Satzes s_i realisiert wird, zu dem es als Folgerungselement eine Existenzaussage s_i gibt und wenn bei Erfüllung der Anwendungsbedingung eine diese berücksichtigende Formulierung von s_j als direkte Realisierung von SPA_2 gelten könnte.“ (Ehrich/Saile 1972: 266), wobei darauf in der vorliegenden Arbeit nicht näher eingegangen wird.

[466] Vgl. hierzu die Erklärung von Ehrich/Saile (1972: 259): „Ein indirekter SPA_2 ist Teil eines direkten Sprechaktes SPA_1 und kann als der intendierte gefolgert werden, wenn SPA_1 unter gewissen Kontextbedingungen eine der für die direkte Realisierung von SPA_2 konstitutiven Voraussetzungen thematisiert.“, und auch die Kritik des Ansatzes von der „doppelten Illokution“ bei Sökeland (1980: 41f.), Meibauer (2001: 104ff.).

Auf Grund ihrer Doppelfunktion werden sie als „eine Komplikation bei der Zuweisung illokutiver Funktionen zu Äußerungsformen“ bezeichnet (vgl. Franck 1975: 219). Dies wird auch in der Definition von Meibauer (2001: 109) hervorgehoben: „Ein indirekter Sprechakt liegt vor, wenn in einem nicht-neutralen Kontext aus dem Satztyp/Satzmodus, eventuellen indirekten illokutionären Indikatoren und Informationen über den Kontext auf das Vorliegen einer Illokution it geschlossen wird, die von der im neutralen Kontext zu erwartenden Illokution it abweicht.“ Die Vielfalt der Realisierungsmöglichkeiten dieser Abweichungen, die sowohl „konventioneller“[467] als auch „nicht-konventioneller Natur“ (Searle [1979] 1982: 57ff.) sein können, lässt die These bestätigen, dass die meisten Äußerungen indirekte Sprechakte sind (vgl. hierzu Ernst 2002: 108). Zimmermann/Müller (1977) sehen in der Doppelfunktion der indirekten Sprechakte die Tendenz zur Sprachökonomie. Somit dienen sie auch zur Andeutung.

Indirekte Sprechakte haben wichtige kommunikative Funktionen[468] zu erfüllen, die von den Sprechaktbedingungen abhängen (vgl. Franck 1975: 225) und „verschiedenen wichtigen Bedürfnissen im Management der Interaktion entsprechen“ (ebd.). Sie wirken abmildernd, denn „sie schaffen Möglichkeiten in der sprachlichen Interaktion, Widersprüche zwischen individuellen und gesellschaftlichen Präferenzen handlungsmäßig befriedigend zu bewältigen.“ (Franck 1975: 228). Dabei wird auch dem Empfänger eine wichtige Rolle in der Interkation zugeschrieben, der „nicht nur seinen eigenen Beitrag gemäß den Konventionen gestalten muß, er muß auch für akzeptable, nicht-riskante Fortsetzungsalternativen des Partners sorgen, wenn er den positiven Verlauf der Interaktion nicht aufs Spiel setzen will.“ (ebd.)

Indirektheit wird in bestimmten Situationen eingesetzt, wie es Błachut/Dębski/Engel (2013: 132) explizieren: „Indirekt reden müssen wir hauptsächlich dann, wenn wir vom Partner etwas wollen, wenn wir ihn zu einem bestimmten Verhalten auffordern.“

---

[467] Sie sind standardisiert und werden regulär zum Vollzug indirekter Sprechakte verwendet, vgl. hierzu Searle ([1979] 1982).

[468] Zu diesen Funktionen zählt Franck (1975) u.a.: Tabuvermeidung, Umgehung unerwünschter commitments oder unberechtigter Beanspruchung, eines Status oder Rechts, Schaffung eines breiteren Fortsetzungs- bzw. Auswegpotentials für sich oder den Partner, Unverfänglichkeit, Unverbindlichkeit.

Park (2000: 6f.) nennt einige Spezifika der Indirektheit, die sie von der Direktheit unterscheiden lassen. Es handelt sich um folgende Aspekte:

- die Indirektheit ist keine Funktion des Sprachsystems, sondern ein erst durch Gebrauch sprachlicher Mittel entstehendes, kommunikationsspezifisches Phänomen; sie ergibt sich erst im kommunikativen Kontext und ist ein „Produkt des *Gebrauchs* der Sprache“ (vgl. ebd.: 7, Hervorhebung im Original) und „nicht Eigenschaft der Sprache“;
- die Indirektheit ist ein „komplexes Interaktionsspiel“ (ebd.); die Interaktanten gestalten die jeweilige Kommunikationssituation mit, indem sie sich aufeinander orientieren;
- die Diskrepanz zwischen dem „Gesagten“ und „Gemeinten“ beinhaltet das Verstehen;
- bei der Indirektheit geht es nicht primär um die illokutionäre Intention des Sprechers, sondern um eine andere Art von Intentionen reflexiver Art;

Man unterscheidet die sog. „Auslöser der pragmatischen Interpretation von Äußerungen“ (Park 2000: 150), die es möglich machen, oder mindestens erleichtern sollen, die in dem jeweiligen indirekten Sprechakt ausgedrückte Intention zu entschlüsseln. Damit sind konkrete „Verstehenshilfen“ seitens des Senders gemeint, d.h. „Handlungen oder Aspekte von Handlungen, mit denen der Sprecher dem Adressaten besondere Hinweise zukommen lässt, wie dieser die Sprecheräußerung interpretieren soll.“ (Schank 1981: 140). Park (2000) zählt zu diesen Verstehenshilfen[469]: Tautologien, Ironie, Andeutung, konversationelle Anspielung, konversationelle Generalisierung, konversationelle Vagheit: Euphemismus[470]. Ehrich/Saile (1972: 276ff.) nennen in diesem Zusammenhang folgende Formen der Indirektheit: implikative Propositionen, zu denen Ironie, Metaphern, Ambiguitäten gezählt werden, negative Urteile über den Adressaten oder Dritte, darunter schlechte Zeugnisse, verdeckte Angriffe, dann Aufforderung zu einer (Sprech-)Handlung, die im Interesse des Sprechers liegt, Komplimente[471], peinliche Fragen, die überwiegend Tabubereiche betreffen, Diskussion über Dritte, auch *Advocatus Diaboli* genannt. Im letztgenannten Falle vertritt der

---

[469] Vgl. hierzu auch „indirekte und uneigentliche sprachliche Handlungen“ bei Berg (1978: 62ff.) sowie die von Berg aufgelisteten „Formen des uneigentlichen Gebrauchs von Sätzen“ (ebd.: 66ff.).

[470] Zu den Euphemismen vgl. Kapitel 5.3.2.

[471] Vgl. Kapitel 8.2.4.

Sprecher eine Ansicht, die er nicht teilt, die aber als kontrovers zu den Ausführungen des Hörers erscheint.

Werlen (1983) analysiert im Kontext der indirekten Sprechakte Vermeidungsrituale und versteht unter diesen „Mittel, geltende Regeln in Situationen zu verletzen, ohne dadurch das kommunikative Ziel zu gefährden und ohne den geltenden oder ausgehandelten Beziehungsrahmen zu zerstören." (ebd.: 215). Indirekte Sprechakte werden demgemäß eingesetzt, um das Gesicht des Senders und des Empfängers zu wahren.

Wie im Falle der direkten Sprechakte gibt es bei der Indirektheit Indikatoren, die sie als eine solche erkennen lassen. Es handelt sich hier um die *sekundären Indikatoren*, die die wirkliche Rolle von Äußerungen anzeigen, also illokutionsindizierend wirken, und der Basisillokution „aufgesetzt werden" (Sökeland 1980: 75). Dazu gehören: Intonation, Akzent, Abtönungspartikeln, Adverbien, propositionaler Gehalt (vgl. Sökeland 1980: 75). Zugleich wird jedoch hervorgehoben, dass bei der Interpretation ihrer Rolle im Konkurrenzverhältnis zu der Basisillokution auch Probleme entstehen können, die sich aus der Dominanz der einen oder der anderen Gruppe von Indikatoren ergeben können. Sökeland (1980: 79) unterscheidet drei Typen von Relationen zwischen sprachlichen Illokutionsindikatoren (ebd.):

1. Sekundärindikatoren, die zu den Basisindikatoren in Konkurrenz stehen: markierte Intonation, Akzent, Partikeln, propositionaler Gehalt,
2. Sekundärindikatoren, die die Basisindikatoren verstärken oder präzisieren: markierte Intonation, Akzent, Partikeln, propositionaler Gehalt,
3. Indikatoren der Basisillokution: explizit performative Formeln, Satzmuster.

Indirektheit liegt dabei vor, wenn einige oder alle sekundären Indikatoren von den Basisindikatoren differieren (vgl. Sökeland 1980: 79).

Im Falle der Übermittlung von negativen Bedeutungen gilt *Indirektheit* als das beste Mittel dazu, das Negative auszudrücken, wobei dieses weitgehend abgeschwächt wird. Das Dekodieren der tatsächlichen Bedeutung erfolgt im Rahmen der gegebenen Situationsbedingungen, wobei „die Realisierung der indirekten Absage nach den bestimmten Regeln des Sprachfunktionierens verwirklicht wird und durch bestimmte Taktik verursacht wird, die des Sprechers Erachtens als beste für die Erreichung des Ziels der Sprechakte ist." (Trozjuk/Demianiuk o. J.: 314).

Eine indirekte ABLEHNUNG/ABSAGE kann unter Anwendung von verschiedenen Techniken erfolgen. Sie kann z.B. „eine Verneinung äußern, einer Kritik unterziehen, beklagen, die mangelnde Logik oder Strittigkeit einer der Komponenten oder des propositionellen Inhalts insgesamt begründen, auch die Unwahrheit einer Handlung oder einer Einstellung des Partners bestätigen." (Trozjuk/Demianiuk o.J.: 315). Es werden dabei auch Strategien des ABLEHNENs/ABSAGENs genannt, zu denen folgende gehören (Trozjuk/Demianiuk o.J.: 315ff.): der Ausdruck der Sicherheit anhand der Unwahrheit der Einstellungen des Partners oder der Handlung selber, der Ausdruck einer Bitte/eines Befehls, das Gesprächsthema oder den Gesprächspartner selber „in Ruhe zu lassen", der Ausdruck der Anweisung auf die negativen Folgen im Fall der Verwirklichung der angebotenen Handlung, die Argumentation der Unangemessenheit der vorgeschlagenen Handlung, die Argumentation des eigenen Gesichtspunktes, der Ausdruck des Wunsches, die Gesprächsrichtung zu ändern, der Ausdruck, dass die angebotene Handlung für die Geschäftsleitung nicht wünschenswert ist, der Ausdruck der Notwendigkeit der vorhergehenden Verwirklichung einer anderen Handlung, die Anweisung auf die Bedingung, bei der eine Handlung verwirklicht sein kann, die Anweisung darauf, dass die angebotene Handlung bereits erfüllt ist.

Im Falle der Absageschreiben handelt es sich um Formulierungen, die keine explizit ausgedrückte ABLEHNUNG/ABSAGE[472] enthalten. Die Bedeutung des ABLEHNENs/ABSAGENs ist aus dem Kontext verstehbar und wird durch den Einsatz anderer Sprechakte angedeutet. Man kann die Absage z.B. durch die Kombination des Sprechaktes DANKEN mit der INFORMATION über die Zurücksendung der Unterlagen ausdrücken, z.B.: *Vielen Dank für Ihre Bewerbung und das Interesse an der Mitarbeit in unserer Agentur, anbei erhalten Sie Ihre Unterlagen zu unserer Entlastung zurück.*, wobei diese Sequenz für die Muster der Absageschreiben eher untypisch ist[473]. Die ABLEHNUNG/ABSAGE ist für den Empfänger in diesem Kontext nur aus dem Zusammenhang verstehbar, obwohl sie nicht explizit genannt wird. Die bloße Zusammenstellung der genann-

---

[472] Vgl. Itakura (2004).

[473] Die oben durchgeführte Analyse der Sprechaktkombinationen in den Absageschreiben (vgl. Kapitel 6.3.1.) hat gezeigt, dass die BEGRÜNDUNG ein unerlässliches Element in solchen Schreiben ist.

ten Sprechakte ohne Hinzufügung anderer, z.B. der BEGRÜNDUNG, und einer explizit ausgedrückten ABLEHNUNG/ABSAGE kann als eine Strategie der Vermeidung gedeutet werden, wobei jedoch ein gegensätzlicher Effekt erreicht wird: das Schreiben wirkt unhöflich und die nicht formulierte, jedoch gemeinte Absage gewinnt dadurch an Intensität.

Mit einer anderen Art der ABLEHNUNG/ABSAGE hat man es im Falle der brieföffnenden Formel: *Sie wissen schon, was dieser Brief bedeutet* zu tun. Diese Formel wird in Verbindung mit der BEGRÜNDUNG direkt nach der Anrede platziert und gilt im Zusammenhang des ganzen Schreibens als der „richtige Hammer", denn es kann kaum vermutet werden, dass der nach diesem Satz vorkommenden oft langen Begründung Aufmerksamkeit geschenkt wird. Aus dieser Perspektive kann die Komposition des Absageschreibens in diesem Falle als Fehlschlag angesehen werden, obwohl die ABLEHNUNG/ABSAGE auch hier indirekt ausgedrückt wird. Es wird nämlich an das Wissen und v.a. die Erfahrungen des Empfängers (= Bewerbers) appelliert, und dem Empfänger selbst kommt die Rolle zu, die ABLEHNUNG/ABSAGE aus diesem Zusammenhang abzuleiten.

In den Absageschreiben kommen auch Formulierungen vor, in denen in Bezug auf das Hauptthema andere Nebenthemen angesprochen werden, um die ABSAGE indirekt zum Ausdruck zu bringen, z.B.: *Im Personalbereich sind umfangreiche Stellenreduzierungen umzusetzen, wodurch ein erheblicher Personalüberhang entsteht* oder *Aufgrund dieser Situation wurde uns ein absoluter Einstellungsstopp auferlegt, dem wir uns beugen müssen*; *Durch die vom Deutschen Bundestag beschlossenen Haushaltseinsparungen sind dem ... im Personalbereich Einsparungen auferlegt, die die Berücksichtigung externer Bewerber zum jetzigen Zeitpunkt grundsätzlich ausschließen.* Es handelt sich hier um ein indirektes Ausdrücken der ABSAGE durch BEGRÜNDUNG, die in den meisten Fällen nach der Dankesformel erfolgt. In der BEGRÜNDUNG selbst wird keine Absage an den Empfänger (= Bewerber) geäußert. Die genannten Bedingungen lassen jedoch diese Interpretation zu. Dabei wird noch ein anderes Ziel erreicht: die Schuld an der Absage wird in anderen Umständen objektiver Art gesehen und somit vom Sender (= Absageschreiber) weggeschoben, im Sinne der Formeln: „wir können nichts anderes machen" und „wir müssen uns unterordnen".

Man findet auch Formulierungen des Typs: *Sie werden sicherlich wissen, dass bei mehreren guten und qualifizierten Bewerberinnen und Bewerbern oft nur Details über die Besetzung einer Position entscheiden.*, im Falle deren mit Hilfe einer Generalisierung an die Erfahrungen des Empfängers (= Bewerbers) appelliert und dadurch sein Verständnis gefordert/erwartet/vorausgesetzt wird. Die ABLEHNUNG/ABSAGE wird nicht direkt ausgedrückt, obwohl sich der Sender (= Absageschreiber) direkt an den Empfänger (= Bewerber) wendet.

An die Erfahrungen des Bewerbers v.a. in Bezug auf das Auswahlverfahren wird auch in folgenden Formulierungen angeknüpft: *Letztendlich kommt es bei der Auswahl des passenden Bewerbers auf eine Vielzahl von Faktoren an, die einen Gesamteindruck ergeben, den wir auch nur abschätzen können.*; *Bedauerlicherweise kommt man bei Stellenausschreibungen immer in die gleiche Situation, wir müssen eine Reihe guter Bewerber ablehnen, da es einen mit noch besseren Voraussetzungen gibt.* In den genannten Fällen wird auch keine direkte ABLEHNUNG/ABSAGE ausgedrückt, sondern es wird zwischen den Zeilen mitgeteilt, dass der angeschriebene Bewerber nicht alle Bedingungen der ausgeschriebenen Stelle erfüllt.

Als Indiz für die Identifizierung der indirekten Sprechakte gilt Höflichkeit, wie es Searle ([1979] 1982: 57) hervorhebt: „bei den Direktiven ist Höflichkeit das Leitmotiv der Indirektheit." Ihr Beitrag zur höflichen Interaktion wird dadurch geleistet, dass mit ihnen „Möglichkeiten geschaffen werden, in der sprachlichen Interaktion, Widersprüche zwischen individuellen und gesellschaftlichen Präferenzen handlungsmäßig zu bewältigen." (Franck 1975: 228). In der Forschungsliteratur werden sie als „Techniken der Imagepflege" betrachtet, unter deren Anwendung der Sprecher versucht „sein Image oder dasjenige des Hörers zu bewahren" (vgl. Ehrich/Saile 1972). Der Beitrag der Höflichkeit zur „Technik" des ABSAGENs wird im Kapitel 8 besprochen.

6.3.3. Doppelte ABLEHNUNG/ABSAGE in den Absageschreiben

Einen besonderen Fall stellen Absageschreiben dar, in denen doppelt oder dreifach abgesagt wird. Dabei wird sehr oft das Gleichgewicht zwischen direktem und indirektem ABLEHNEN/ABSAGEN gehalten. Es handelt sich um eine Bekräftigung des direkten ABLEHNENs/ABSAGENs durch Wiederholung, z.B.: *Leider muss ich Ihnen mitteilen, dass ich Ihnen kein Einstellungsangebot ma-*

chen kann. Im Bundespräsidialamt sind auf absehbare Zeit keine Stellen zu besetzen, für die Sie aufgrund Ihres fachlichen Vorlaufs in Betracht kommen.; *Leider habe ich keine geeignete Stelle zu besetzen. Aufgrund der bestehenden Sparvorhaben, kann ich Ihnen daher kein Stellenangebot unterbreiten.*; *Derzeit stellen wir jedoch keine neuen Mitarbeiter ein, diesbezüglich müssen wir Ihnen leider mitteilen, dass auch auf längere Sicht keine Möglichkeit besteht, Sie in unserem Unternehmen zu integrieren.*; *Sie gehören zu den vielen guten Bewerberinnen und Bewerbern, denen wir leider absagen müssen. Wir haben uns entschieden und sehen z.Z. keine weitere Möglichkeit Sie entsprechend Ihrer Ausbildung und Erfahrung in unserem Hause zu beschäftigen.*

In manchen Fällen folgt auf eine indirekt ausgedrückte ABLEHNUNG/ ABSAGE eine direkte mit Personenbezug, z.B.: *Aufgrund der Vielzahl der bei uns eingegangenen Bewerbungen können wir leider nicht mit allen Bewerbern ein Gespräch führen; daher möchten wir Sie um Verständnis bitten, dass wir Ihnen eine Absage erteilen müssen, ohne Sie persönlich kennen gelernt zu haben.*; *Leider muss ich Ihnen mitteilen, dass in der Senatsverwaltung für Stadtentwicklung keine freien Stellen zur Verfügung stehen, die Ihrer Qualifikation entsprechen. Darüber hinaus besteht im öffentlichen Dienst des Landes Berlin zur Zeit aufgrund der Sparmaßnahmen eine Stellenbesetzungssperre, sodass grundsätzlich keine Stellen besetzt werden dürfen.* Dabei kann die Voranstellung der indirekten ABLEHNUNG/ABSAGE als eine Vorbereitung auf die direkte ABLEHNUNG/ABSAGE interpretiert werden.

Es verwundert in dieser Hinsicht, dass die Verfasser der Absageschreiben nach den erwähnten Mitteln greifen, um dem Bewerber abzusagen. Die Tendenz zur Bekräftigung der Absage sieht man nämlich auch in Formulierungen, in denen der Geltungsbereich des Absageschreibens genannt wird. Er betrifft einerseits die temporale Gültigkeit der erteilten Absage und kann sich auf die Zukunft z.B.: *Bedauerlicherweise muss ich Ihnen mitteilen, dass hier mittelfristig keinerlei geeigneten freien Stellen oder Beschäftigungspositionen zur Verfügung stehen werden.*; *Wir müssen Ihnen mitteilen, dass eine Position, die Ihren beruflichen Qualifikationen entspricht, bei uns in absehbarer Zeit nicht zur Besetzung frei ist.*; *Auch in absehbarer Zeit wird sich leider keine Beschäftigungsmöglichkeit ergeben.*; oder auf die Gegenwart und die Zukunft beziehen, z.B.: *Ich bitte um Ihr Verständnis, dass Ihrer Bewerbung entsprechende Beschäftigungsmög-*

lichkeiten jetzt und in absehbarer Zeit nicht vorhanden sind.; *Ich muss Ihnen mitteilen, dass mir zurzeit und auch in absehbarer Zukunft keine Ihren Vorstellungen entsprechende Stelle zur Verfügung steht.*; *Leider müssen wir Ihnen jedoch mitteilen, dass in absehbarer Zeit keine Ihren Fähigkeiten entsprechende Stelle vakant ist. Ergänzend hierzu informieren wir Sie, dass auch in den nächsten Jahren kaum Dauerstellen zu besetzen sein werden (...)*; *Wir teilen Ihnen mit, dass die Möglichkeit einer Einstellung ... zurzeit nicht gesehen wird bzw. in absehbarer Zeit auch nicht in Aussicht gestellt werden kann.*
Andererseits kann die Gültigkeit der Absage auch räumlich bestimmt werden, z.B.: *Diese Absage gilt auch für alle zu meinem Geschäftsbereich gehörenden Berliner Amtsgerichte.*

In den genannten Fällen entsteht der Eindruck, dass durch den Gebrauch der temporalen oder lokalen Angaben beim Formulieren der ABLEHNUNG/ABSAGE versucht wird, einem erneuten Bewerben seitens des Bewerbers vorzubeugen, was aber im krassen Widerspruch nicht nur zu den Ratschlägen und Empfehlungen beim Formulieren der ABLEHNUNG/ABSAGE steht, sondern auch zu den Strategien der Abmilderung der Kraft der ABLEHNUNG/ABSAGE, die im Einsatz der Höflichkeit erkennbar sind.

7. Absageschreiben – Rhetorische Aspekte

Die Absageschreiben weisen in ihrer Struktur und lexikalischen Realisierung Merkmale der Formelhaftigkeit auf und haben daher einen musterhaften Charakter (vgl. Kapitel 8.4.1.). In ihrem Aufbau sind Elemente des Dispositionsschemas der klassischen Rhetorik erkennbar, da sie den sog. „klassischen" Briefen entsprechen (vgl. Lüger (1991: 148). Es handelt sich nämlich um[474] folgende Strukturkomponenten:

1. *Salutatio* – Anrede, die ein obligatorischer Teil in den Absageschreiben ist und einen entweder offiziellen oder vertraulichen Charakter hat (vgl. Kapitel 3.5.1.1.1.).
2. *Captatio benevolentiae* – Dank und Entschuldigungssequenz, deren Ziel ist, sich am Anfang **die Akzeptanz des Gegenübers zu sichern** oder **Kontakt aufrechtzuerhalten**[475].

In unserem Falle wird *Captatio benevolentiae* am häufigsten am Anfang der Absageschreiben, im *exordium*, d.h. dem Redeanfang, platziert, „in dem nicht nur der Hauptteil der Rede inhaltlich vorbereitet, sondern auch die Beziehung zwischen dem Redegegenstand und dem Redner beziehungsweise dem Publikum vorstrukturiert werden soll und in der vor allem die Kontaktaufnahme des Redners mit seinen Zuhörern erfolgt." (Ottmers 1996: 54).

Diese Aufgabe erfüllen in den Absageschreiben v.a. die Anredeformen, denen die Aufgabe zukommt, den Kontakt mit dem Empfänger herzustellen und die zu den Mitteln der *positiven Höflichkeit* gehören (vgl. Kapitel 8.2.1.3.1.). Durch den Gebrauch der Anredeformen wird das emotionale Verhältnis zu dem Empfänger ausgedrückt.

Hierzu gehören auch die gebrauchten Dankesformeln, der Ausdruck der Freude über die vorangegangene Korrespondenz, Fragmente, in denen die besondere(n) Qualifikation(en) des Bewerbers oder die Qualität der eingereichten Bewerbungsunterlagen hervorgehoben werden, die auch Teile der ausgebauten Dankesformeln sind. *Captatio benevolentiae* kommt auch in den Fragmenten vor, in denen die Hoffnung des Senders (= Absageschreibers) ausgedrückt wird, dass der Emp-

---

[474] Zur Terminologie sowie den Explikationen vgl. z.B. Ottmers (1996), Göttert (2009), Bartoszewicz (2008).

[475] Über diese zwei Funktionen schreibt Bartoszewicz (2008: 49); vgl. auch Ottmers (1996). Sie ist auch mit der phatischen Funktion der Sprache vergleichbar.

fänger (= Bewerber) bald eine Arbeitsstelle findet / finden wird, oder in den „gut gemeinten“ Wünschen für die weitere Arbeitssuche. Diese Fragmente scheinen die zwei erwähnten Funktionen zugleich zu erfüllen und eine Trennlinie ist nur schwer erkennbar. Die Absicht der Aufrechterhaltung des Kontakts wird nämlich in den eigentlichen Absageschreiben implizite signalisiert, worauf der „friedliche und höfliche“ Ton der Korrespondenz hindeuten mag. Trotz der ablehnenden Antwort, die das jeweilige Absageschreiben enthält, sind diese Texte deutlich darauf fokussiert, den Bewerber nicht zu entmutigen. Die Wahrscheinlichkeit, dass man in nächster oder weit entfernter Zukunft Gebrauch von der eingereichten Bewerbung machen und wieder Kontakt zu dem jeweiligen Bewerber aufnehmen wird, scheint zwar gering bis unmöglich zu sein, aber es wird von den Sendern (= Absageschreibern) gefordert, dass der Empfänger (= Bewerber) in der Antwort nicht verprellt wird. *Explizite* wird der Wille zur Fortsetzung des Kontakts in Eisschreiben und Aperitif-Briefen manifestiert. Im Falle der Aperitif-Briefe handelt es sich um die Information über die Fortsetzung des Auswahlverfahrens. Daher gelten sie als Zwischenbescheid (vgl. Menzel/Kuhn 1997 und Kapitel 5.2.2.). In den Eisschreiben ist dies in der getroffenen Vormerkung sichtbar, die als eine Art der Vorsichtsmaßnahme verstanden werden kann.

Es sind auch Formulierungen zu finden, die als *insinuatio*, also „Redeanfang unter erschwerten Bedingungen“ interpretiert werden können. Als „erschwerte Bedingungen“ gilt daher zweifelsohne die unkomfortable Situation, in der sich der Sender (= Absageschreiber) befindet: er muss eine Absage erteilen, was im Gegensatz zu den Erwartungen des Empfängers (= Bewerbers) steht. Wie Ottmers (1996: 54) unterstreicht, wird *insinuatio* oft mit der Einschmeichlung[476], d.h. der Anbiederung an das Publikum gleichgesetzt. Im Falle der Absageschreiben geht es v.a. um Formulierungen hyperbolischen Charakters[477], die die Qualität der Bewerbungsunterlagen oder Qualifikationen des Bewerbers betreffen, z.B.: *Bitte verstehen Sie daher unsere Entscheidung nicht als* ***Wertung Ihrer Person und Qualifikation****; Auch unter* ***Würdigung des von Ihnen dargelegten qualifizierten beruflichen Werdegangs*** *... muss ich Ihnen mitteilen, dass ich Ihnen zur Zeit und in absehbarer Zeit kein Ihren Wünschen und Ihrer Quali-*

[476] Bei Göttert (2009: 32) „glatte Schmeichelei“.
[477] Unter den Mitteln, mit denen *insinuatio* realisiert werden kann, wird auch die Übertreibung genannt, vgl. Ottmers (1996: 54).

fikation entsprechendes Stellenangebot unterbreiten kann. Solche den Bewerber aufwertenden Formulierungen wurden von uns als Komplimente eingestuft und im Kapitel 8.2.4.1. besprochen.

3. *Narratio* – Präsentation des Anliegens, d.h. „die Schilderung des Tathergangs aus der Sicht des Anklägers oder des Verteidigers. Sie ist also immer eine parteiische, **den eigenen Interessen dienende Darstellung eines Sachverhalts** (…)“ (Ottmers 1996: 55, Hervorhebung – J. S.).

Im Falle der Absageschreiben bezieht sich *narratio* v.a. auf das Formulieren der ablehnenden Antwort. In diesem Teil wird die Reaktion auf den früheren Stimulus (= Bewerbung) ausgedrückt. Es handelt sich hier, wie im Kapitel 6.1.1. präsentiert, um eine Antwort auf eine Handlung direktiven Charakters. Darin ist also, wie Bartoszewicz (2008: 63) anführt „pewien przyczynowo-skutkowy i sekwencyjny układ zdarzeń” sichtbar und die Absageschreiben können demgemäß als „efekt (którego przyczyny winny być w należyty i spokojny sposób przedstawione) pewnych zaszłości” aufgefasst werden[478].

4. *Argumentatio* – Beweisführung, die „das eigentliche Herzstück“ einer Rede ist (Ottmers 1996).

In unserem Falle bezieht es sich auf die Begründung für die erteilte Absage. Es handelt sich dabei um eine jedoch einseitig verlaufende Argumentation, deren bewusstes Ziel ist, eventuellen Rückfragen seitens des Empfängers (= Bewerbers) vorzubeugen[479]. Die Argumentationsstrategien in den Absageschreiben werden im Kapitel 7.1.1. besprochen.

5. *Peroratio* – Redeschluss, dem zwei Aufgaben zukommen: „Sie soll das in den Hauptteilen *narratio* und *argumentatio* Gesagte zusammenfassen und – wenn dies vom Redner beabsichtigt ist – die Affekte der Zuhörer, die Emotionen wecken.“ (Ottmers 1996: 55).

In unserem Kontext scheint gerade die zweite Funktion dieses Redeteils in den Absageschreiben besonders relevant zu sein, denn wie Bartoszewicz (2008: 64)

---

[478] Bartoszewicz (2008: 63) gibt auch eine zweite mögliche Interpretation der Texte im Lichte der Rhetorik an, und zwar folgende „ogniwo w pewnym łańcuchu faktów różnego rodzaju, wywołujące kolejne reakcje.“

[479] Im Falle der Absageschreiben ist es jedoch schwer, den Anforderungen gerecht werden, die Bartoszewicz (2008: 63) in Bezug auf *argumentatio* formuliert: „*Argumentatio* ma być wkładem retora w przebieg dyskursu, ponieważ w ten sposób może powstać kolejny punkt odniesienia dla wypowiedzi pojawiającej się w następnej kolejności.”

schreibt: „(…) zakończenie jest szczególnym miejscem, w którym nawet najbardziej racjonalnie zorientowana albo przeciwnie, niezwykle nasycona intensywnymi emocjami mowa powinna zostać wzbogacona o elementy emocjonalne, stwarzające przyjazną atmosferę, sprzyjającą przyjęciu i zaakceptowaniu przedstawionego punktu widzenia.” Dies kann auch anhand der Absageschreiben bestätigt werden, denn es finden sich auch solche Beispiele, in denen zum Schluss des Schreibens dem Bewerber noch einmal gedankt wird[480], oder in den Wünschen für die weitere Arbeitssuche, in denen seine besonderen Qualifikationen zum zweiten Mal hervorgehoben werden. Man kann hier von einer Umklammerung der Texte sprechen. Die in den Absageschreiben direkt oder indirekt ausgedrückte Absage wird in Begleitung anderer Sprechhandlungen ausgeführt, denen zwei Aufgaben zukommen: den Bewerber auf das Erteilen der Absage vorzubereiten und und nachdem sie erfolgt ist, ihre Aussagekraft zu mildern.

7.1. Die Kunst des Argumentierens[481]

Argumentatio als Teil einer Rede in der klassischen Rhetorik erfüllt auch in der alltäglichen Kommunikation eine wichtige Rolle. Es wird nämlich, besonders bei bevorstehenden oder getroffenen Entscheidungen, Versuchen, von etwas zu überzeugen oder zu etwas zu überreden, erwartet, dass entsprechende Argumente – Beweise – angeführt werden, denen die Aufgabe zukommt, die Richtigkeit einer bestimmten Handlung[482] zu bestätigen. Dabei ist

> das Wesentliche an Argumentation weder äußerlicher Schematismus im Sinne der Pro-Contra-Automatik, noch die bloße Entfaltung einer Aussage und erst recht nicht die Selbstreflexion im luftleeren Raum, sondern das alltags- und fachlogische Verhältnis zwischen Behauptungen (Thesen) und Argumenten im Kontext eines sich immer wieder neu definierenden rationalen Diskurses. (Karg 1995: 291).

Zugleich wird ihre Rolle in der Entwicklung von Gemeinschaften unterstrichen: „Sie [Argumentation – J. S.] ist ein konstitutives Element bei der Entstehung, Erhaltung und Weiterentwicklung von Gruppen und Gemeinschaften, soweit zielgerichtetes Handeln und Entscheiden die Gründe ihres Bestehens sind.“ (Karg 1995: 288).

---

480 Es handelt sich hier um die Dankesformeln, die den Inhalt des Schreibens umklammern.
481 Zur ausführlichen Beschreibung der Kunst des Argumentierens vgl. Herbig (1992).
482 Darunter wird die sprachliche Handlung verstanden.

In Anlehnung an Willard (1989) führt Karg (1995: 286f.) drei Typen der Argumentation an, denen verschiedene Ansprüche[483] zu Grunde liegen:

1. Argumentation in Alltagsgesprächen, die v.a. der Beseitigung von Meinungsverschiedenheiten bzw. der Sicherung von Gemeinsamkeiten in einer Gesellschaft dient. Es handelt sich dabei um vorläufige und oft sofortige Lösung potentieller Konflikte, drohender Unstimmigkeiten usw., deren Ursachen in den aktuellen Bedürfnissen der Menschen liegen. Die Argumentation dieser Art verläuft nach den Regeln der alltäglichen Kommunikation und hat keinen schematischen Charakter.
2. epistemische, rechtfertigende und erörternde Argumentation, deren Verlauf bewusst festgelegt ist. Es werden hier gewisse Konventionen gemeint, die im Verlauf beachtet und praktiziert werden. Diese Art der Argumentation ist meist dialogischen Charakters und daher auch sofort kritisch überprüfbar. Die Mittel der Beeinflussung werden hier von den Interaktanten ganz bewusst eingesetzt.
3. Fachdiskurs, bei dem „nicht nur Meinungen und Behauptungen, sondern von Zeit zu Zeit auch topische Denkmuster zur Disposition" gestellt werden, wobei „das Ziel des Erkenntnisfortschritts bzw. der Entscheidungsfindung hier allen anderen argumentativen Zwecken übergeordnet ist."

Die Argumentation ist an keine festen sprachlichen Handlungen gebunden und kann in verschiedenen Sprechhandlungen oder -sequenzen eingesetzt werden, darunter auch beim ZURÜCKWEISEN, ABLEHNEN und ABSAGEN.
Im Lichte der Sprechhandlungstheorie wird Argumentation folgendermaßen definiert: „Argumentation (bzw. Argumentieren) ist der Versuch eines Sprechers, den Hörer mittels unterstützender Äußerungen dazu zu bewegen, **eine strittige** oder möglicherweise **strittige Handlung** bzw. **Sprechhandlung zu akzeptieren**." (Pander Maat 1985: 3, Hervorhebung – J. S.).

Auch vor dem Hintergrund der Sprechhandlungstheorie wird diese Definition bei Herbig (1992: 62) erweitert, indem ARGUMENTIEREN als ein Handlungstyp[484] betrachtet und folgendermaßen definiert wird:

[483] Es handelt sich um folgende Kriterien: Ursache, Zweck, Form und Funktion (vgl. Karg 1995: 286f.).

> ein komplexer Handlungstyp, mit dessen Hilfe ein Sprecher aufgrund seiner Situationseinschätzung **den für einen oder mehrere Adressaten erkennbaren Versuch** unternimmt, diese(n) mit Hilfe einer oder mehrerer unterstützender Äußerungen zu bewegen, tatsächliche oder nur der Situationseinschätzung nach ‚strittige' Geltungsansprüche der Wahrheit oder Richtigkeit von Äußerungen zu akzeptieren[485]. (Herbig 1992: 62, Hervorhebung – J. S.)

Im Lichte des Korpus scheint diese Definition für unsere Analyse besonders geeignet zu sein. Zum einen wird nämlich hervorgehoben, dass das Ziel in der Akzeptanz der dargelegten Sachverhalte seitens des Empfängers liegt. Das deckt sich mit dem Ziel der Sprechhandlung BEGRÜNDUNG, die – wie bereits oben erwiesen – ein obligatorischer Teil der Absageschreiben ist[486]. Es handelt sich hier um das Akzeptieren der von dem angeschriebenen Arbeitgeber (= Absageschreiber) getroffenen negativen Entscheidung bezüglich der eventuellen Einstellung der Bewerbers. Zum anderen wird unterstrichen, dass es immer **ein Versuch** ist. Bestimmte Reaktionen (hier: Akzeptanz) werden also nicht vorausgesetzt und dem Empfänger (= Bewerber) wird dadurch Freiheit in seinen Reaktionen gewährt. Ob er das in einem Absageschreiben mitgeteilte negative Ergebnis seiner Bewerbungsbemühungen akzeptiert, bleibt also nur ihm vorbehalten[487]. Notgedrungen wird es eher hingenommen als akzeptiert, da er in seinen Erwartungen eigentlich enttäuscht wird. Es entsteht also in diesem Kontext ein paradoxer Zusammenhang, in dem das AKZEPTIEREN (= Hinnehmen) der negativen Entscheidung in gewisser Hinsicht durch die Situation „erzwungen" wird. Die dem Bewerber gewährte Freiheit in seinen Reaktionen wird dadurch auch eingeschränkt, denn im Falle des NICHTAKZEPTIERENS ändert sich seine Lage nicht, und er selbst kann durch NICHTAKZEPTIEREN zur Verschlechterung seines emotionalen Zustands beitragen, was sich im Endergebnis für ihn als ungünstig erweist. Er muss sich nämlich erneut bewerben.

---

[484] Vgl. hierzu die Auffassung des Arguments nach Lumer (1990: 27), wobei er für eine sichtbare Trennlinie zwischen „Argumenten als Teilen einer Argumentation" und „als Teilen einer Argumentationshandlung" plädiert.

[485] Vgl. hierzu die Definition der Argumentation von Perelman (1991: 328): „nichtformale Beweisführung, die darauf abzielt, die Zustimmung durch eine Zuhörerschaft hervorzurufen oder zu bekräftigen."

[486] Vgl. hierzu die Analyse der häufigsten Kombinationen von Sprechakten in den Absageschreiben im Kapitel 6.3.1.

[487] Zu den Reaktionen der Bewerber auf Absageschreiben vgl. Müller/Moser (2006).

Zu den häufigsten Handlungstypen im Rahmen des ARGUMENTIERENS gehören ERKLÄREN-WARUM, bei dem das Zustandekommen eines Sachverhalts expliziert wird, RECHTFERTIGEN und BEGRÜNDEN, wobei sich SICH RECHTFERTIGEN auf Richtigkeitsansprüche und BEGRÜNDEN auf Wahrheitsansprüche beziehen (vgl. Herbig 1992: 67). Im Falle der Absageschreiben handelt es sich um den Handlungstyp BEGRÜNDEN, der meist ein obligatorischer Begleiter der getroffenen Entscheidung ist. Das hat die Analyse der Kombinationen von Sprechhandlungen in den Absageschreiben im Kapitel 6.3.1. bewiesen. Dabei kann BEGRÜNDEN in der Struktur der Absageschreiben an zwei unterschiedlichen Stellen platziert werden: entweder vor der Sprechhandlung ABLEHNUNG/ABSAGE, wobei es dann die Funktion erfüllt, den Empfänger auf eine negative Antwort vorzubereiten und als eine Art „Vorsichtsmaßnahme" aufgefasst werden kann, oder nach dem ABLEHNEN/ABSAGEN, was – strategisch gesehen – zum Ziel hat, die Folgen und Schäden des negativen Bescheids zu minimieren, und als ein „Reparaturmechanismus" gedeutet werden kann. Die Sprechhandlung BEGRÜNDEN wird in den Absageschreiben durch Verwendung bestimmter Mittel signalisiert. Es handelt sich u.a. um die kausalen Präpositionen *wegen*, *aufgrund* oder die kausalen Subjunktoren *weil*, *da*.

7.1.1. Argumentationsstrategien in den Absageschreiben[488]

„Die Absage hat – aufgrund ihrer negativen Aussage – den Charakter einer nicht-präferierten Handlung. Nicht-präferierte Handlungen können zu einer Gefahr für das Image der beteiligten Kommunikationspartner werden."[489] (Drescher 1994: 130). Aus diesem Grunde enthalten die Absageschreiben unter ihren Strukturkomponenten den argumentativen Teil, in dem dem Empfänger (= Bewerber) Argumente[490] vorgebracht werden, welche den Entschluss der Firma zu Ungunsten des Kandidaten untermauern und entschuldigen sollen, nach dem Muster: „Ich sage ab, weil ... ."

Argumente haben in der Sprache verschiedene Funktionen zu erfüllen (Bartoszewicz 2000: 21):

488 Vgl. den Beitrag von Szczęk (2009b).

489 Vgl. hierzu „konfliktive Sprechakte" bei Unwerth/Buschmann (1981) und Kapitel 6.1.

490 Unter Argument verstehe ich „Rechtfertigungsgrund, [stichhaltiger, plausibler] Beweisgrund, Punkt einer Beweisführung", vgl. Duden (2007: 174).

- Sie begründen die gestellten Thesen und enthüllen den Gedankengang des Senders / Redners;
- Sie erfüllen die persuasive Funktion, wenn die Frage nach der Plausibilität der wahrgenommenen Argumentation durch den Rezipienten positiv beantwortet wird;
- In der rhetorischen Argumentation sind sie Urteile.

Die Wirkungskraft der Argumente und deren Tauglichkeit für die jeweilige Kommunikationssituation sind relativ und hängen von dem in dem jeweiligen Kommunikationsakt verfolgten Ziel ab. Natürlich ist die Einschätzung der gewählten Argumente hinsichtlich ihrer Wirkungskraft sehr subjektiv und einseitig. Die für die jeweilige Kommunikationssituation gewählten Argumente haben einen „voraussagenden" oder „prognostizierenden" Charakter und ihre Kraft mit den nachfolgenden Wirkungen wird erst in der Interaktion von dem Empfänger revidiert – bewertet. Erst dann wird ihre Kraft beurteilt.

Demzufolge werden Argumente von Bartoszewicz (2000: 22) als „ein kognitiv interessantes und immanentes Element des Kommunikationsprozesses aufgefasst, in dem sich in einem Idealfall beide Seiten auf dem deliberativen Wege um die Aufklärung der Handlungsmotive, und um die Suche nach den besseren Handlungsmotiven bemühen, die bestimmten Vorstellungen, der praktischen Einsicht entsprechen."

Die Rolle der Argumentation ist in der Kommunikation unverkennbar und deren strategischer Einsatz kann Einfluss auf die Qualität des jeweiligen Textes ausüben, denn „sowohl die Wahl und die Organisation der Argumente, wie auch die Wahl der Worte und ihre strukturelle Platzierung im Text beeinflussen die Überzeugungskraft eines argumentierenden Textes, insofern beide Bereiche als notwendig partnerbezogen zu verstehen sind." (Karg 1995: 299).

Die jeweilige Kommunikationssituation erzwingt den Gebrauch von bestimmten Typen von Argumenten[491], die auf das Erreichen des Hauptziels hin gerichtet sind. Im Falle der Absageschreiben gilt die erteilte Absage als *Argumentandum,* und in Bezug auf dieses Element kann die Begründung mit einzelnen Argumenten in der Struktur des Textes unterschiedlichen Platz einnehmen. Dabei wird überwiegend die Technik der aktiven Argumentation eingesetzt, bei

[491] Zu den Klassen/Typen von Argumenten vgl. z.B.: Bartoszewicz (2000), Göttert (1978), Perelman (1991).

der zur Argumentation die Begründung gleich angegeben wird. Es finden sich nur wenige Beispiele für eine induktive Vorgehensweise, wenn die Begründung dem Argument vorangestellt wird, obwohl dieses Vorgehen im Falle eines erwarteten Widerspruchs als die günstigere Art des Argumentierens empfohlen wird.[492] In den meisten Schreiben dominiert das deduktive Vorgehen, d.h. die Begründung wird nachgestellt, obwohl sie in dieser Position für den Empfänger nicht mehr von Belang sein mag.

Zu den Argumenten mit stärkster Wirkung gehören Fakten, mit denen es eher schwer zu diskutieren ist. In den Absageschreiben werden sie auch gebraucht, indem dem Empfänger ganz direkt geschrieben wird: *... weil es Mitarbeiter gibt, die unseres Erachtens besser mit dem von uns beschriebenen Anforderungsprofil harmonieren,* oder noch stärker ausgedrückt: *... weil ich mich für einen anderen Bewerber entschieden habe.* Als Fakten können auch die von dem Sender angeführten Informationen zur finanziellen Lage des Staates, Bundeslandes oder der Stadt interpretiert werden. Ihr Wahrheitsgehalt wird dabei durch deren allgemeine Bekanntheit hervorgehoben und daher gelten sie als unbestreitbar, wie z.B.: *Auf Grund der dramatischen Haushaltslage des Landes ... ist es in diesem Jahr zu drastischen Einsparungen im Bereich der Personalmittel gekommen. Dieser massive Stellenabbau wird sich auch in den kommenden Haushaltsjahren fortsetzen. Im Haushaltsentlastungsgesetz wurde nun festgelegt, dass Nachbesetzungen von Stellen im Wege von Neueinstellungen grundsätzlich nicht möglich sind.*, oder: *Wie Sie aus dem aktuellen Merkblatt ersehen, ist das Höchstalter für Bewerber/innen um ... bei ... auf 30 Jahre festgelegt worden. Da Sie diese Altersgrenze überschritten haben, können wir Ihre Bewerbung leider nicht in das nächste Auswahlverfahren einbeziehen*, was eigentlich im Gegensatz zu den im AGG genannten Kriterien steht. Dank solcher Argumente versucht der Sender (= Absageschreiber) sich aus der Situation zu retten, eine Absage erteilen zu müssen, indem er die Schuld daran auf offensichtliche Fakten verschiebt, die eher als Truismen klingen.

Es lassen sich auch Beispiele für Argumente finden, in denen man sich auf gemeinsame Erfahrungen beider Interaktanten beruft. Sie beruhen „auf der Unterstellung, dass man sich ‚eigentlich' mit dem Kontrahenten einig wäre."

[492] Die erteilte Absage resultiert fast immer in einem Widerspruch, aber im Falle der Absageschreiben gibt es begrenzte Möglichkeiten diesen zu äußern.

(Kienpointner 1983: 150). Dabei werden Gemeinsamkeiten hergestellt, denen die Aufgabe zukommt, „die Wirkung der eigenen Argumente dadurch zu erhöhen, dass man die Zustimmungsbereitschaft des Kontrahenten zu erhöhen versucht." (ebd.) Dadurch wird unseres Erachtens die Begründung eher ins Lächerliche gezogen, wie etwa in dem schon zitierten Beispiel: *Wir wissen, wie viel Arbeit es macht, eine Bewerbung aufzusetzen und die Unterlagen zusammenzustellen. Oft sitzt man ganze Wochen daran. Auch werden Sie viel Zeit investiert haben, umso mehr bedauern wir, dass wir Ihnen heute eine Absage erteilen müssen.* Argumente, die persönliche Empfindungen und Bedürfnisse zum Ausdruck bringen, werden sehr oft im vorthematischen Teil der Absageschreiben, in die Dankesformel integriert, z.B.: *Über Ihre Bewerbung habe ich mich gefreut* ..., oder erfolgen ganz direkt nach der Bestätigungsformel in folgender Form: *Von Ihrer Bewerbung kann ich keinen Gebrauch machen.* Man findet auch eine ganze Reihe kausaler Argumente der Art: *Aufgrund fehlender Vakanzen ..., Wegen bestehenden Einstellungsstopps*; ... *weil wir zur Zeit keine Einstellung vornehmen.*, oder auch Truismen, z.B.: *Eine Anzahl von Bewerbern impliziert jedoch auch immer eine Vielzahl von Absagen.*, durch deren Gebrauch man versucht, das direkte Formulieren der Absage zu umgehen.

In ganz wenigen Fällen finden sich auch Beispiele, die als Mitleidargumente (*argumentum ad misericordiam*) gedeutet werden können. Das kann z.B. an der folgenden Formulierung exemplifiziert werden: *Es ist uns nicht leicht gefallen, eine Auswahl aus der Menge von qualifizierten Bewerbungen zu treffen*, wobei eine Art Solidarität mit dem Bewerber hergestellt wird. Man kann hier nämlich eine Parallele zwischen der Mühe des Bewerbers und der des Absageschreibers ziehen.

Beim Argumentieren werden folgende Themen angesprochen[493]:

1. Betrieb / Firma:
   a. Mangel an freien Stellen: *aufgrund fehlender Vakanzen*;
   b. Mangel an entsprechenden Stellen: *es steht uns keine Stelle zur Verfügung, die wir Ihnen im Hinblick auf Ihre Qualifikationen anbieten könnten, mangels entsprechender Stellen, wir haben keine Ihrer Quali-*

[493] Vgl. hierzu den Beitrag von Szczęk (2009d) und Kapitel 3.5.1.

fikation entsprechende freie Stelle zu besetzen, so dass Ihrer Bewerbung nicht näher getreten werden kann;

c. Einstellungsstopp: *wir nehmen keine Einstellung vor, wegen bestehenden Einstellungsstopps, weil wir zur Zeit keine Einstellung vornehmen wir haben auch in absehbarer Zeit keine Stelle frei, aus personalwirtschaftlichen Gründen können wir leider keine Einstellungen vornehmen*;
d. Stellenabbau: *aufgrund der dramatischen Haushaltslage, aufgrund des fortgesetzten Stellenabbaus*;
e. Umstrukturierung des Betriebs/der Firma: *aufgrund betrieblicher Umstrukturierung, aufgrund struktureller und personalwirtschaftlicher Maßnahmen*;
f. Etatkürzungen: *nach weiteren Etatkürzungen sehen wir uns gezwungen, Einsparungen vorzunehmen*;

2. außerbetriebliche Aspekte:
   a. wirtschaftliche Krise: *aufgrund struktureller und personalwirtschaftlicher Maßnahmen, aufgrund der dramatischen Haushaltslage*;
   b. Konkurrenzlage: *aufgrund der angespannten Konkurrenzsituation*;
3. Bewerber:
   a. Mangel an Qualifikation oder Vorhandensein von Qualifikationen, die nicht gefordert werden: *Zur Zeit ist keine Ihren Qualifikationen entsprechende Position vorhanden, Leider haben wir zur Zeit keine Ihrer Qualifikation entsprechende Stelle zu besetzen*;
   b. angebliches Vorhandensein von besseren Kandidaten, was zugleich nicht ausreichende Qualifikationen des Bewerbers implizieren kann: … *weil es Mitarbeiter gibt, die unseres Erachtens besser mit dem von uns beschriebenen Anforderungsprofil harmonieren*; *bei mehreren gleich qualifizierten Bewerbern sind schon kleine Details ausschlaggebend*;
4. anerkannte Wahrheiten: *eine Anzahl von Bewerbern impliziert zwangsläufig auch eine Vielzahl von Absagen*;

Auch hier ist die Absicht des Senders (= Absageschreibers) erkennbar, selbst keine Schuld für die Absage zu tragen, daher werden gerne Argumente angeführt, die außerhalb der Firma liegen, was wohl mit dem Willen der Arbeitgeber harmoniert, die Verantwortung für die Absage auf andere abzuwälzen.

In der Argumentation versucht man nicht persönlichkeitsbedingte Gründe zu nennen und dadurch auch einen positiven Eindruck zu hinterlassen. Ob dies jedoch den Bewerber befriedigt und für ihn überzeugend ist, ist diskutabel.[494]

Die Art und Qualität der angeführten Argumente erlauben, in den Absageschreiben die Hauptfunktion des Argumentierens zu sehen, die darin besteht, „den Adressaten der Argumentation zur Erkenntnis der These zu führen, genauer: ihn beim Erkennen der Wahrheit oder **bei der Akzeptabilität der These** anzuleiten." (Lumer 2007: 18, Hervorhebung – J.S.). Lumer (ebd.) nennt es „rationales Argumentieren" und schreibt dem Sender eine „Servicefunktion" zu, d.h. dieser gibt dem Empfänger etwas, womit er eine Erkenntnis gewinnen kann.

7.2. Formen der Persuasion

Mit der persuasiven Funktion der Sprache hat man es im alltäglichen Leben jeden Tag zu tun. Die Frage lautet, ob man es mit ihr auch im Falle der negativen Antworten auf Bewerbungen zu tun hat, denn wovon möchte der Verfasser des Textes den jeweiligen Bewerber überzeugen und wozu will er ihn überreden?

Persuasion leitet sich vom lat. *persuadere* = ‚überreden' her und bedeutet Überredungskunst, die eigesetzt wird, um den Interaktanten auf die Art und Weise zu beeinflussen, dass er seine Einstellung ändert.

Wenn man von der Annahme ausgeht, dass *Persuasion* „Beeinflussung von Menschen durch Menschen mittels Sprache" sei (Günert 1974: 9, zit. in Bartoszewicz (2000: 58)), zählt man auf bestimmte Ergebnisse einer solchen Handlung und diese sollen in der Überredung bestehen.

Der Persuasion werden folgende Grundformen zugeschrieben (Bartoszewicz 2000: 59):

1. Informieren über Personen, Dinge, Ereignisse und Sachverhalte,
2. Ausdrücken und Hervorrufen von Gefühlen, Empfindungen, Affekten und Emotionen,
3. Vorbereiten auf bzw. Auslösen von bestimmten Verhaltensweisen:
    a. soll-Verhalten,
    b. muss-Verhalten,

[494] Vgl. hierzu die Untersuchung der Reaktionen der Bewerber auf Ablehnungsschreiben in Müller/Moser (2006).

4. Werten von Dingen, Sachverhalten, Zuständen, Ereignissen, Denk- und Verhaltensweisen, Personen und Personengruppen.

Bartoszewicz (2000: 59) hebt hervor, dass Persuasion in zwei Dimensionen interpretiert wird: zum einen als *überzeugen*, dessen Ziel ist „unter der Bedingung der Übereistimmung zwischen Kommunikationspartnern (…) den zwischen ihnen bestehenden Dissens im Diskurs aufzuheben oder auf Kompromiss einzugehen." Zum anderen geht es um *überreden*, d.h. „eigene Interessen und Zielsetzungen forcieren", was in der Kategorie der Manipulation zu interpretieren ist.

Eine Liste der sprachlichen Strategien mit persuasiver Wirkung, die auch im Falle der Absageschreiben Anwendung gefunden haben, finden wir in Bartoszewicz (2000: 66ff.). Es handelt sich um den kausalen Perspektiven- und Rollenwechsel, der „dem Produzenten ermöglicht, die Verantwortung für das unternommene bzw. zu unternehmende Handeln jemand anderem zuzuschieben"[495] (ebd.), das Wegschieben von Folgen eines Geschehens oder Handelns, d.h. „das Infragestellen des bisher geltenden oder konventionell bedingten Handlungsmusters"[496], die Verharmlosung, Relativierung und Trivialisierung von Ursachen oder Folgen eines Geschehens/Handelns durch Vergleiche, die Quasi-Rationalisierung diskutierter Inhalte, die Überzeichnung von Ursachen oder Folgen eines Geschehens oder Handelns durch die sog. falsche Analogie[497], das intendierte Stereotypisieren bestimmter Situationen, Prozesse, Handlungen[498], das Stereotypisieren in Form der Schwarz-Weiß-Taktik[499], das Stereotypisieren (Euphemisieren) durch die Unterdrückung von für Empfänger wichtigen Informationen[500], das Wecken oder Verstärken des Gefühls der Gruppenzugehörigkeit und der Solidarität durch die sog. Anbiederungs- und Einschleichtechnik[501], das Schaffen einer durch Sprache gesetzten präparierten und trivialisierten Scheinwelt[502], die positive Selbstdarstellung[503], und die Taktik des vernünftigen Redens[504].

495 Bartoszewicz (2000) beruft sich hier auf Wodak (1993).
496 Bartoszewicz (2000) beruft sich hier auf Wodak (1993).
497 Bartoszewicz (2000) beruft sich hier auf Wodak (1993).
498 Bartoszewicz (2000) beruft sich hier auf Wodak (1993), Fischer/Uerpmann (1974).
499 Bartoszewicz (2000) beruft sich hier auf Engel (1988), Schmidt (1972) und Wodak (1993).
500 Bartoszewicz (2000) beruft sich hier auf Engel (1988), Schmidt (1972) und Wodak (1993).
501 Bartoszewicz (2000) beruft sich hier auf Wodak (1993), Engel (1988) und Fischer/Uerpmann (1974).
502 Bartoszewicz (2000) beruft sich hier auf Wodak (1993), Fischer/Uerpmann (1974).

7.2.1. Formen der Persuasion in den Absageschreiben[505]

In den Absageschreiben werden persuasive Strategien im thematischen Teil: Nennen der Absagegründe realisiert. Sehr oft wird die Schuld an der getroffenen Entscheidung größtenteils auf andere angeblich „objektive“ und für alle verständliche, dadurch auch auf unbestreitbare Umstände verschoben. Die Überprüfbarkeit der angeführten Fakten scheint dabei nicht nötig zu sein, denn sie gehören zu den bekannten und immer wiederholten Argumenten z.B. der Art: *Auf Grund der dramatischen Haushaltslage des Landes ... ist es in diesem Jahr zu drastischen Einsparungen im Bereich der Personalmittel gekommen*; *Wegen bestehenden Einstellungsstopps ...*; *Im Haushaltsentlastungsgesetz wurde nun festgelegt, dass Nachbesetzungen von Stellen im Wege von Neueinstellungen grundsätzlich nicht möglich sind.*; *Wir müssen Ihnen sicher nicht sagen, wie desaströs die finanzielle Lage Berlins ist.* Diese Strategie ist mit dem oben besprochenen Einsatz von Fakten-Argumenten vergleichbar. Man kann auch annehmen, dass in vielen Fällen die „Strategie des Stereotypisierens“ gebraucht wird, bei der die für den Empfänger wichtigen Informationen verschwiegen werden und das „mit der Absicht, eventuelle Kontroversen auszuschließen“ (Bartoszewicz 2000: 67). Damit haben wir es z.B. im Falle der folgenden Formulierung zu tun: *Vielen Dank für Ihre Bewerbung und das Interesse an der Mitarbeit in .... Anbei erhalten Sie Ihre Unterlagen zu unserer Entlastung zurück.*, in der keine Begründung für die getroffene Entscheidung angegeben wird, mehr noch: die Absage wird nicht *explizite* ausgedrückt. Dabei entsteht der Eindruck, dass der Sender (= Absageschreiber) diese beiden Elemente absichtlich ausgelassen hat und diese Taktik ein Teil seines strategischen Verfahrens ist. Das Schreiben klingt dabei sehr unhöflich.

Das oben angeführte Argument, das an gemeinsame Erfahrungen beider Interaktanten anknüpft, ist der persuasiven Strategie gleichzusetzen, deren Ziel ist, ein Gefühl der Gruppenzugehörigkeit und der Solidarität zu wecken oder zu verstärken. Das äußert sich in dem bereits von uns zitierten Fragment: *Wir wissen, wie viel Arbeit es macht, eine Bewerbung aufzusetzen und die Unterlagen zusammenzustellen. Oft sitzt man ganze Wochen daran. Auch werden Sie viel Zeit inves-*

---

[503] Bartoszewicz (2000) beruft sich hier auf Wodak (1993).
[504] Bartoszewicz (2000) beruft sich hier auf Engel (1988) und Schmidt (1972).
[505] Vgl. hierzu den Beitrag von Szczęk (2009b).

tiert haben, umso mehr bedauern wir, dass wir Ihnen heute eine Absage erteilen müssen. Von dem Gebrauch der Anbiederungs- und Einschleichtechnik zeugt auch der Gebrauch der Anredeform *du*, die in unserem Korpus sehr selten vorkommt.

Die strategische Anwendung bestimmter Taktiken, deren Ziel ist, jemand von etw. zu überzeugen und dadurch die oben erwähnte „Umbewertung" herbeizuführen, ist ein Element vieler Kommunikationssituationen. In diesem Kontext erhebt sich jedoch die Frage, ob im Falle der Absageschreiben dieses Überzeugen und diese Umbewertung zustande kommen. Man kann es eher bezweifeln, denn mit dem Erhalt der Absage(n) werden die Erwartungen der Empfänger weitgehend enttäuscht. Und die gebrauchten persuasiven Strategien scheinen dabei eine andere, eher unterstützende Rolle zu spielen, die im Zusammenhang mit den gesellschaftlichen und institutionellen Forderungen an den Bewerber steht. Diese unterstützende Rolle manifestiert sich in bestimmten Fragmenten der Absageschreiben, deren Ziel ist z.B. den Bewerber von seinem großen Wert zu überzeugen, wie in den folgenden Formulierungen: *Bitte betrachten Sie die Entscheidung nicht als Wertung Ihrer kreativen Leistung*; *Wenn wir Ihnen hiermit absagen, ist das kein Werturteil*; *Bitte sehen Sie dies nicht als persönliche Bewertung*; *Sehen Sie kein Werturteil darin, wenn wir Ihnen heute mitteilen müssen, dass unsere Entscheidung leider nicht zu Ihren Gunsten ausgefallen ist*; *Wir bitten Sie, diese Absage nicht als persönliches oder fachliches Werturteil zu verstehen*; *Dass wir Ihre Bewerbung leider nicht berücksichtigen können, ist keinesfalls als ein Werturteil Ihrer bisherigen Arbeit anzusehen. Ihre fachliche Qualifizierung steht für uns außer Frage*; *Wir hoffen, dass Sie dieses Ergebnis bei Ihrer Suche nach einem neuen Wirkungskreis nicht entmutigt*, oder Hochachtung ihm gegenüber auszudrücken, indem man sich z.B. auf eine aufwertende Weise für die Bewerbung bedankt: *vielen Dank für die Zusendung Ihrer Bewerbung, die wir mit großem Interesse gelesen haben*, oder seine Freude über die eingereichte Bewerbung ausdrückt: *Es freut uns, dass Sie uns gewählt haben.*; *Ihre Eigeninitiative und Ihr Interesse an einer Tätigkeit in... haben uns gefallen*; *Über Ihre Bewerbung bei ... habe ich mich gefreut*, wobei unseres Erachtens solche Formulierungen kurios wenn nicht lächerlich klingen, zumal wenn man bedenkt, dass Personalabteilungen der Firmen und Betriebe jeden Tag mit Bewerbungen überschüttet werden. Der Ausdruck der Freude scheint in diesem Kontext übertrieben zu sein. Dieselbe Rolle erfüllen Dankesformeln, in denen

Lexeme wie *Vertrauen*, z.B.: *wir danken Ihnen, für das unserer Firma entgegengebrachte Vertrauen / Interesse, wir bedanken uns für Ihre Bewerbung und das damit zum Ausdruck gebrachte Interesse an ...* bewusst gebraucht werden, um die Rolle des Bewerbers besonders hervorzuheben. Damit wird das große Engagement des jeweiligen Bewerbers betont, was sich in dessen Bewertung seitens der angeschriebenen Firma niederschlägt.

Die positive Selbstdarstellung des Senders[506] wird unter Verwendung von positiv wertenden Adjektiven und Partizipien (*intensiv, eingehend, sorgfältig*) in Bezug auf die Prozeduren des Auswahlverfahrens manifestiert. Es handelt sich hier um das Prüfen / Auswerten der Bewerbungsunterlagen, das die intensiven Bemühungen seitens der Firma bestätigen soll, für den Bewerber eine Arbeitsstelle zu finden, z.B.: *Ihre Unterlagen und entsprechende Einsatzalternativen wurden* ***intensiv*** *geprüft.*, *Wir haben die Einsatzmöglichkeiten in unserem Hause* ***sorgfältig*** *geprüft.* Dabei werden dem angeschriebenen Arbeitgeber positive Eigenschaften zugeschrieben. Diese Strategie ist auch in den Formulierungen sichtbar, in denen das persönliche Engagement des Senders (= Absageschreibers) betont wird. Das erfolgt durch den Gebrauch der *ich*-Form, z.B.: *Auf Grund Ihrer Bewerbung um eine Tätigkeit in .../als ... habe ich geprüft, ob eine Beschäftigungsmöglichkeit besteht.* Zum Schluss wird in manchen Fällen das Ziel der eingesetzten persuasiven Strategien offenbart. Es wird versucht, den Bewerber von dem Sinn weiterer Bewerbungsbemühungen zu überzeugen. Das geschieht oft unter Einsatz der imperativischen Formen, z.B.: *Lassen Sie sich von dieser Absage nicht entmutigen*; *Lassen Sie in Ihren Bemühungen nicht nach, Probieren Sie es weiter*; *Bitte scheuen Sie sich jedoch nicht, sich zu einem späteren Zeitpunkt nochmals bei uns zu bewerben, auch wenn wir Ihnen heute Ihre Unterlagen erst einmal wieder zurücksenden müssen.*

Aus den untersuchten Texten geht deutlich die Absicht der Arbeitgeber hervor, die Bewerber zu beruhigen und in ihrem großen Wert und ihrer großen Nützlichkeit für den Arbeitsmarkt zu bestätigen sowie von der Hoffnung auf zukünftige Arbeitsstellen zu überzeugen. Man kann in Bezug darauf eine paradoxe Opposition aufdecken: einerseits bemüht man sich, sehr höflich zu sein und das positive Denken in jedem Bewerber zu stärken, andererseits sagt man ihm aber

[506] Sie wird dadurch realisiert „(…) dass sich der Sender über sich positiv, d.h. im Sinn der allgemeingültigen positiven Normen äußert.“, vgl. hierzu Bartoszewicz (2000: 68).

ab. Durch verschiedene sprachliche Mittel und persuasive Techniken versucht der Sender (= Absageschreiber) 1. sich aus einer eher schwierigen Situation, einem Bewerber *nein* sagen zu müssen, und dies meist in einer schwierigen ökonomischen Situation, zu retten, und 2. eine positive Reaktion des Bewerbers hervorzurufen. Durch den Einsatz von persuasiven Strategien, die mit Hilfe bestimmter sprachlicher Mittel realisiert werden, werden Schreiben verfasst, die äußeren Merkmalen nach Absageschreiben sind, aber von der Absicht des „Absageschreibers" zeugen, den Bewerber nicht zu enttäuschen, denn „im Leben trifft man sich immer zweimal". Ob dies jedoch gelingt, ist eine andere Frage, denn diese ganz geschickt formulierten Texte scheinen eher ein gutes Mittel zu sein, den Bewerber loszuwerden.

In diesem Kontext sei zum Schluss des Kapitels noch auf das Problem der misslungenen argumentativen Handlungen hingewiesen. Im Falle des besprochenen Textkorpus ist es schwer, über Gelingen oder Misslingen des Argumentierens zu sprechen, denn dazu bedürfe man einer breit angelegten Untersuchung bezüglich der Reaktionen der Bewerber[507]. Unseres Erachtens ist es im Falle der Absageschreiben besser, über „nicht- bzw. wenig effektives Argumentieren" zu sprechen. Bartoszewicz (2000: 82ff.) nennt in Anlehnung an Allhof (1992) und Schmidt Faber (1986) unter den Argumentationsbarrieren u.a. eine Strategie, die auf die Absageschreiben zutrifft. Es handelt sich um „scheinbar beruhigende Äußerungen, falschen Trost", durch deren Gebrauch „eventuelle kommunikative Spannungen abgebaut werden und der Sender seine Ziele erfolgreich realisieren kann, weil sich der Gesprächspartner in seinen Problemen akzeptiert fühlt." Damit haben wir es im Falle des bereits zitierten Beispiels des Typs: *Bitte nicht böse sein!* zu tun oder im Falle der angeblich Trost spendenden Formulierungen, in denen Versprechen geäußert werden, z.B.: *Ich komme gerne auf Sie zurück*; *Ihr Bewerbungsschreiben lege ich gern auf Wiedervorlage, um zu gegebener Zeit darauf zurückgreifen zu können*; *Ihre Einwilligung vorausgesetzt, werden wir Ihre Bewerbung gerne in unserer Boxengasse parken. Bei einer freien Startposition werden wir uns mit Ihnen in Verbindung setzen*; *Sobald wir eine neue Kollegin suchen, werden wir uns bei Ihnen melden, versprochen!*; *Wir haben Ihr Profil elektronisch gespeichert.*

---

[507] Es gibt Versuche in diese Richtung, vgl. Müller/Moser (2006).

8. Zur Höflichkeit in den Absageschreiben[508]

Höflichkeit ist wie ein Luftkissen:
Es mag wohl nichts drin sein,
aber sie mildert die Stöße des Lebens.
(Arthur Schopenhauer)

Unser Leben wäre ohne gewisse sprachliche und nichtsprachliche Routinen für jeden schwerer zu ertragen, denn wie Bonacchi (2012b: 19) schreibt: „Wir begrüßen, bedanken uns, bitten um Entschuldigung, machen Geschenke (…), machen Komplimente, bitten um Erlaubnis, etwas zu tun, bitten um Nachsicht für unsere Schwächen." Und das erfolgt automatisch, indem wir uns der vorgeprägten und eingeübten sprachlichen Ausdrücke bedienen und Verhaltensmuster anwenden, ohne lange darüber nachzudenken. Das ist Folge der Erziehung und der uns von Kind an aufgezwungenen Konventionen. Beide werden unter dem Begriff „höfliche Routinen" (Bonacchi 2012b: 19) zusammengefasst, die „ein sprachliches und kulturelles Wissen ausdrücken, das wir im Laufe unseres Lebens internalisiert haben." und „ein wesentliches Element des sozialen Miteinanders sind" (ebd.).

In der einschlägigen Literatur gibt es diverse und zahlreiche Versuche, Höflichkeit zu definieren, die sich auf unterschiedlichen Grundlagen stützen und entweder wissenschaftlichen oder ganz praktischen Charakters sind. Zum Vergleich sei hier auf zwei Auslegungen hingewiesen, in denen die Funktionen der Höflichkeit sichtbar sind: *Höflichkeit* ist „ein sprachliches oder nichtsprachliches Verhalten, das zum normalen **Umgang der Menschen** miteinander gehört und den Zweck hat, **die Vorzüge eines anderen Menschen indirekt zur Erscheinung zu bringen oder ihn zu schonen**." (Weinrich 1986: 24, Hervorhebung – J. S.) oder „ein System persönlicher Beziehungen, das dazu dient, Interaktion **durch die Reduktion potenzieller Konflikte und Konfrontationen**, die in allen menschlichen Interaktionen auftreten können, zu erleichtern." (vgl. Lakoff 1990: 34, Hervorhebung – J. S.).

In den Definitionen in der Forschungsliteratur werden der soziale Nutzen und der normative Charakter der *Höflichkeit* hervorgehoben:

---

[508] Die Grundlage für die Entstehung dieses Kapitels bilden Publikationen von Szczęk (2012a, b, 2013a, b).

> Jede Gesellschaft hat einen bestimmten Satz an sozialen Normen, die mehr oder weniger explizite Regeln beinhalten. Und zwar in Bezug auf ein bestimmtes Verhalten, bestimmte Angelegenheiten und Gedankenwege. Eine positive Evaluation (Höflichkeit) tritt auf, wenn das Verhalten mit den Normen kongruent ist und eine negative Evaluation (Unhöflichkeit) wenn das Verhalten nicht mit den Normen übereinstimmt. (Fraser 1990: 220).

In demselben Sinne definiert die Höflichkeit Lüger (2002: 3) „primär als gesellschaftliche Lebensform, als sittlich-moralische Norm und als raumzeitgebundenes Zeichen von Status- und Gruppenzugehörigkeit."

In den angeführten Definitionen wird die kulturelle Geprägtheit der Höflichkeit hervorgehoben, wobei die kulturelle Verankerung der *Höflichkeit* ihre Definiertheit im Rahmen der jeweiligen Kultur und deren Normen sowie deren kulturellen Determiniertheit bedeutet (vgl. z.B. Ding/Fluck 2002: 98, Yamashita 2002: 318, Nixdorf 2002, Bonacchi 2013 u.a.), was in der folgenden Definition bestätigt wird: *Höflichkeit* ist „ein vielschichtiges kommunikatives Phänomen (…), das polykulturell bedingt ist. Ihm liegt ein Komplex sprachkultureller Eigenschaften zu Grunde, die Menschen als ‚höfliche' Kommunikatoren und Interlokutoren auszeichnen, und es ihnen ermöglicht, bestimmte kommunikative Ziele zu erreichen." (Bonacchi 2011a: 168). Auf den kulturologischen Ansatz in der Höflichkeitsforschung wird im Kapitel 8.2.2. eingegangen.

Im Lichte der angeführten Definitionen, in denen die „Funktion(en)" und Gültigkeitsbereiche der Höflichkeit expliziert werden, soll an dieser Stelle angemerkt werden, dass Höflichkeit auch das nonverbale Verhalten einschließt, wie es Sieradzka (2009: 61) anführt: „Da Höflichkeit gewöhnlich Sprachverhalten begleitet und sich in ihm äußert, wird sie durch sprachliche und gesellschaftliche Normen geprägt. Sie spiegelt die kulturelle Kompetenz des Sprachbenutzers wider und informiert, ob bzw. inwieweit der Sprechende die für die sprachliche Höflichkeit geltenden Konventionen in der Gesellschaft beachtet und anwendet."

Bonacchi (2011a, 2012b) verwendet in diesem Kontext den Terminus *Höflichkeitskompetenz*. Darunter versteht sie „jene kommunikative Kompetenz (…), die einem konkreten Sprecher/Hörer ermöglicht, an *höflichen* Interaktionen (sprachlicher und nichtsprachlicher Natur) in einer konkreten kontextuell gegebenen Situation *adäquat* teilzunehmen." (Bonacchi 2012: 17, Hervorhebung im Original).

In der polonistischen Forschungsliteratur bedient man sich auch des Begriffs „model grzeczności“ (vgl. Ożóg 1982, 1990, 2005), der wie folgt ausgelegt wird: „System społecznie zaaprobowanych i powszechnie przyjętych w danej społeczności (grupie, wspólnocie) zasad, norm, określających pewien usankcjonowany sposób zachowania, także werbalnego, członków tej społeczności w kontaktach między sobą.”

Höflichkeit wird oft instrumental und manipulativ eingesetzt, was in dem bekannten Satz von Schopenhauer ganz treffend formuliert wird:

> Die Höflichkeit ist nämlich die konventionelle und systematische Verleugnung des Egoismus in den Kleinigkeiten des täglichen Verkehrs und ist freilich anerkannte Heuchelei: dennoch wird sie gefordert und gelobt; weil, was sie verbirgt, der Egoismus, so garstig ist, dass man es nicht sehen will, obschon man weiß, dass es da ist. [509] (Schopenhauer 1962: 729).

Sie wird oft der Lüge gleichgesetzt (vgl. Weinrich 1986), was im Kapitel 8.2.5. thematisiert wird.

Die zweite Perspektive, die sich in diesem Zusammenhang anbietet und in der Forschung unterschieden wird, ist die wissenschaftliche Betrachtung der Höflichkeit, im Rahmen deren gewisse Mechanismen / Strategien der Höflichkeit theoretisch fundiert werden[510].

Im Folgenden werden ausgewählte und für unsere Studie relevante Ansätze zur sprachlichen Höflichkeit[511] besprochen und auf deren Grundlage Mittel und Strategien der Höflichkeit in den Absageschreiben analysiert. Als eine besondere Ausdrucksweise der Höflichkeit werden als Nächstes auch Komplimen-

---

509 Zu den bekannten Sentenzen, Zitaten und Sprüchen zum Thema Höflichkeit vgl. die Liste bei Dieckmann/Eisenberg/Ingwer/Voigt-Schneekloth/Zeck (2003).

510 Zur Unterscheidung der „Höflichkeit erster Ordnung“ und der „Höflichkeit zweiter Ordnung“ vgl. Watts/Ide/Ehlich (1992), Eelen (2001), Watts (2003) und Bonacchi (2013: 51), sowie die detaillierte Beschreibung der Merkmale der Höflichkeit zweiter Ordnung in Thaler (2012) und die Zusammenstellung der Unterschiede zwischen Höflichkeit 1 und Höflichkeit 2 (ebd.: 28).

511 An dieser Stelle sei darauf hingewiesen, dass es in der Höflichkeitsforschung verschiedene Ansätze und Modelle der Beschreibung gibt, denen unterschiedliche Konzepte und Kriterien zu Grunde liegen und deren Folge unterschiedliche Typologien sind. Die Präsentation dieser Konzepte ist jedoch nicht das Anliegen der vorliegenden Studie. Aus diesem Grunde wird auf eine detaillierte Darstellung dieser Konzepte verzichtet. Zur Übersicht über die vorhandenen Beschreibungen der Höflichkeit vgl. z.B.: Held (1995), Haferland/Ingwer (1996), Bonacchi (2012b, 2013), Erndl (1998), Vorderwülbecke (2002); vgl. auch die soziale Evolution und drei Stufen der Höflichkeit bei Haferland/Ingwer (1996: 26 ff.).

te und deren Nutzen für die Absageschreiben besprochen. Anschließend werden die Texte im Lichte der Theorie der Lüge diskutiert.

8.1. Exkurs: Indirektheit[512] vs. Höflichkeit

Höflichkeit wird in der Forschungsliteratur als „eine der hauptsächlichsten Funktionen des indirekten Sprechens erwähnt"[513] (Werlen 1983: 197), was folgendermaßen begründet wird: „Politeness is the most prominent motivation for indirektness in requests, and certain forms naturally tend to become the conventionally polite ways of making requests." (Searle 1975: 76).

Unter *indirekten Sprechakten* versteht man Sprechakte, denen folgende Aufgabe zukommt: „Mit indirekten Sprechakten teilt der Sprecher dem Hörer dadurch mehr mit, als er eigentlich sagt, dass er sich darauf verlässt, dass der Hörer rational ist und korrekt sein kann, und dass er mit ihm gewisse (sprachliche wie außersprachliche) Hintergrundinformationen teilt." (…) (Searle 1982: 52f.). Daraus folgt, dass sie „dadurch gekennzeichnet sind, dass die Illokutionsindikatoren (…) nicht auf die eigentliche Sprechabsicht verweisen." (Erndl 1998: 56). Błachut/Dębski/Engel (2013: 132) fassen es treffend zusammen: „(…) wir sagen es [das, was wir sagen wollen – J. S.], durch die Blume', mit einem Quantum Höflichkeit, einem Quantum Zurückhaltung, einem Quantum Ungehaltensein usw."

Man unterscheidet zwei Typen der indirekten Sprechhandlungen (= IS) (vgl. hierzu Lüger 1991: 98f.):

1. konventionalisierte IS, die dem Empfänger eine konventionelle Interpretation in der jeweiligen Sprachgemeinschaft sichern.

Es handelt sich dabei um Formulierungen, die keinen Freiraum für Interpretation gewähren, unabhängig davon, mit welchen sprachlichen Mitteln sie realisiert werden. Im Falle der Absageschreiben sind es überwiegend Formulierungen in den eigentlichen Absageschreiben aus dem thematischen Teil[514]: Beschreibung der Auswahlrituale und des Auswahlverfahrens, die eindeutig eine Absage implizieren[515], z.B.: *Es ist uns nicht leicht gefallen, eine Auswahl aus der Menge von qualifizierten Bewerbungen zu treffen*; *Sicher werden Sie Verständnis dafür*

[512] Zur *Indirektheit* und *indirekten Sprechakten* vgl. Kapitel 6.3.2.

[513] Vgl. hierzu u.a. Sökeland (1980), Meyer-Hermann (1976), Franck (1975), Ehrich/Saile (1972).

[514] Zur thematischen Struktur der Absageschreiben vgl. Kapitel 3.5.1.1.1.

[515] Das kann sich auch daraus ergeben, dass die gebrauchten Formulierungen einen formelhaften Charakter haben und in vielen Absageschreiben wiederholt werden, vgl. hierzu Kapitel 8.4.1.

haben, dass bei mehreren guten Bewerbungen bei der Auswahl oft nur Details entscheiden; *eine Anzahl von Bewerbern impliziert zwangsläufig auch eine Vielzahl von Absagen*; *Im Personalbereich sind umfangreiche Stellenreduzierungen umzusetzen, wodurch ein erheblicher Personalüberhang entsteht*;

2. nichtkonventionalisierte IS, bei denen die Sprechabsicht nur im und durch den Kontext verstehbar ist, die Interpretation dagegen nicht gesichert ist.

Hierzu lassen sich z.B. Formulierungen in den Eisschreiben in dem thematischen Teil Aufs-Eis-Legen zuordnen, in denen von dem Sender zwar gewisse Verpflichtungen zur künftigen Kontaktaufnahme eingegangen werden, der Empfänger jedoch nur auf Grund der im Schreiben geäußerten Intention nicht sicher sein kann, ob dies erfolgen wird.

Absageschreiben sind Texte, in denen neben anderen die Hauptillokution ABLEHNEN/ABSAGEN realisiert wird. Diese gehört zu den gesichtsbedrohenden Sprechakten (vgl. Brown/Levinson 1978, 1987) und wird aus diesem Grunde je nach Möglichkeit gesichtsschonend ausgedrückt. Das bezieht sich v.a. auf die gesprochene Sprache. Dabei finden verschiedene Strategien der *Indirektheit* Anwendung, die „diese gesichtsbedrohenden Akte ‚höflich' bzw. verkraftbar machen." (Bonacchi 2011b: 113) und dies sei v.a. von sozialen Aspekten und in den in der jeweiligen Kulturen geltenden Konventionen bedingt.

Im Falle der Absageschreiben kann man feststellen, dass man es mit dem Ausdruck der Indirektheit v.a. im Falle der Aperitif-Briefe zu tun hat. In den eigentlichen Absagen und Eisschreiben wird die Absage zwar explizit ausgedrückt, aber in dem vorthematischen Teil des Schreibens werden Formulierungen indirekten Charakters gebraucht und ihnen kommt die Aufgabe zu, den Empfänger auf die Absage vorzubereiten. In diesen Schreiben werden also Formen der Indirektheit gebraucht, die mit den Formen höflichen Sprechens gleichzusetzen sind (vgl. Werlen 1983: 197). Es entsteht dabei eine Abhängigkeit zwischen Indirektheit und Höflichkeit: je mehr indirekte Formulierungen in den Absageschreiben gebraucht werden, desto höflicher sollen sie in der Meinung der Absageschreiber wirken[516].

[516] Diese Abhängigkeit ist in der Forschungsliteratur mehrmals bewiesen worden, vgl. z.B. Raible (1987).

Die Indirektheit beim Ausdruck von gewissen Intentionen äußert sich auch in den Strategien der Vermeidung. Indirekte Sprechakte als Fälle von Vermeidungsritualen[517] sind „Mittel, geltende Regeln in Situationen zu verletzen, ohne dadurch das kommunikative Ziel zu gefährden und ohne den geltenden oder ausgehandelten Beziehungsrahmen zu zerstören"[518] (Werlen 1983: 215). Sie sind auf die Goffmansche Unterscheidung zwischen den Vermeidungsritualen (*avoidance rituals*) und Zuvorkommenheitsritualen[519] (*presentational rituals*) zurückzuführen (Goffman 1967: 81), wobei die Ersten „festlegen, was nicht gemacht werden, welche Themen man nicht berühren, was nicht angesprochen werden darf." (vgl. Bonacchi 2013: 100). Zu deren Ausführung werden bestimmte Techniken – „Vermeidungsprozesse" (Goffman 1967: 24) eingesetzt, deren Ziel ist, „(...) schwierige bzw. das Image gefährdende Kommunikationsakte zu vermeiden oder durch Vermittler ausführen zu lassen." (Bonacchi 2013: 102). Strategien, die dabei gebraucht werden, sind: Auslassungen, Defensivpraktiken, protektive Manöver (vgl. Goffman 1967).

8.2. Absagesprechakte in den Theorien zur sprachlichen Höflichkeit

Alltagssprachlich werden unter *Höflichkeit* „taktvolle Umgangsformen im sozialen Miteinander bzw. kultivierte und verfeinerte gesellschaftliche Manieren"[520] (Radden 2005) verstanden. Die angeführte Definition entspricht der Grundauffassung der *Höflichkeit* in der Perspektive „sozialer Norm"[521]. Es handelt sich hier um Anstands- und Etikettenbücher, die das Leben eines jeden Menschen in der Gesellschaft steuern[522].

In sprachwissenschaftlicher und kulturlinguistischer Hinsicht ist das Problem der *Höflichkeit* jedoch komplizierter und bezieht sich nicht ausschließlich auf die in der oben genannten Definition erwähnten Aspekte.

---

[517] Vgl. hierzu die Auffassung der Höflichkeit als Vermeidungsritual in Szlęk (2000).

[518] Vgl. hierzu die von Bonacchi (2013: 63) in Anlehnung an Leech (1983) angeführte „Pollyanna Hypothesis", nach der in einem Gespräch unangenehme Themen vermieden werden. In unserem Falle trifft dies jedoch nicht zu.

[519] „Sie belegen das Gebiet des Sollens einer Polykultur, bestimmen also den Erwartungshorizont des sozialen Handelns." (Bonacchi 2013: 100).

[520] Diese Definition entspricht weitgehend den Forschungen im Rahmen der historischen Dimension der Höflichkeit, vgl. hierzu Haferland/Ingwer (1996: 7).

[521] Die Bezeichnung nach Ding/Fluck (2002: 94).

[522] Vgl. hierzu Bücher und Ratgeber, die Auskunft darüber geben, wie man sich benehmen soll, z.B.: Wolff (1998), Schäfer-Elmayer (1999), Bonneau (2007) u.a.

Zuerst werden zwei Ausprägungen der *Höflichkeit* unterschieden (vgl. Erndl 1998: 36f.):

1. die Höflichkeitsform[523], die konventionell, normenorientiert und sprachlich standardisiert ist, und somit sprachliche Ausdrücke umfasst[524]; dabei unterscheidet man drei Ebenen (Lüger 2002: 8):
   a. die Formulierung von Äußerungen,
   b. das Vorkommen sprachlicher Handlungen,
   c. die Verknüpfung sprachlicher Handlungen zu Sequenzen.
2. der Höflichkeitsstil[525], der individuell, situationsabhängig ist, und sich auf die Kommunikationsstrategien bezieht.

„Die Wahl der sprachlichen Mittel wird durch die Regeln der Höflichkeit gesteuert, die die Sprecher vor allem auf die korrekte Ehrerbietung gegenüber dem Gesprächspartner verpflichten; auch hier müssen die gewählten Mittel miteinander harmonieren." (Schmitt-Sasse 1991: 93f.). Diese These ist zweifelsohne auch auf die Absageschreiben zu beziehen, zumal ABLEHNEN/ABSAGEN zu den Sprechakten gehört, die nicht leicht zu vollziehen sind, was viele Sprachkulturen betrifft[526]. Darauf ist bereits im Kapitel 2 hingewiesen worden.

Die Frage nach der Zugehörigkeit der Absagesprechakte zu den höflichen Verhaltensweisen stellt Gałczyńska (2005: 113) und stellt fest, dass Absage/Ablehnung als solche schwer zu bestimmen ist und eher zu den unhöflichen Sprechakten gehört. In diesem Kontext scheinen aber die Typen von Absagen

---

[523]Vgl. auch die Bezeichnungen „Höflichkeitsformen im engeren Sinne", „situative Höflichkeit", „Kontexthöflichkeit" bei Vorderwülbecke (1986: 262), die Konzeption der sozialen Norm bei Cho (2005: 8ff.), Besch (1996), Schubert (1984) sowie die Routinekonzeption bei Coulmas (1981), Fraser (1981), Cho (2005: 15), „kodifizierte Höflichkeit" bei Haferland/Ingwer (1996: 26) oder „explizite Höflichkeit" bei Rathmayr (1996).

[524] Es handelt sich hier um schablonen- und formelhafte Ausdrücke, vgl. hierzu Stein (1995).

[525] Vgl. auch die Bezeichnungen „Höflichkeitsformen im weiteren Sinne", „autonome Höflichkeitsformen" bei Vorderwülbecke (1986: 262), „reflektierte Höflichkeit" bei Haferland/Ingwer (1996: 26) und „implizite Höflichkeit" bei Rathmayr (1996).

[526] Vgl. z.B. das sprachliche Verhalten der asiatischen Kulturen, in denen direktes Absagen als unhöflich gilt und als deren charakteristische Merkmale oft Zurückhaltung, Bescheidenheit und Vermeidung genannt werden; siehe hierzu Ding/Fluck (2002) und Günther (2002) in Bezug auf die chinesische Kultur u.a., in Bezug auf die japanische Kultur, für die Distanzwahrung charakteristisch ist, Yamashita (2002), Hayashi (1997, 2001) oder das sprachliche Verhalten der muslimischen Kulturen in Bouchara (2002) und das sprachliche Verhalten im Englischen, Deutschen und Russischen bei Nixdorf (2002) sowie multikulturell ausgerichtete Studien, wie etwa Marcjanik (2007a).

wichtig zu sein, die entweder auf höfliche oder unhöfliche Art und Weise erfolgen können (ebd.).

Das ist auch das Ergebnis der Beobachtung von Alltagssituationen, in denen in den meisten Fällen auf eine Bitte oder ein Angebot nicht ein einfaches „Nein" folgt, sondern die Antworten in die Richtung der Indirektheit oder Vermeidung rücken. Das ergibt sich wohl aus der Tatsache, dass man nicht immer im Stande ist, offen zu sprechen und dabei seine Meinung – hier seine Absage – deutlich und ohne Rücksicht auf eventuelle Folgen zum Ausdruck zu bringen. Im Alltag kann man die Notwendigkeit, absagen zu müssen oder zu sollen, nicht umgehen, obwohl die Realisierung solcher Sprechakte nicht zu den angenehmsten kommunikativen Aufgaben gehört. Aus diesem Grunde sucht man nach Mitteln und Möglichkeiten, sich in dieser unangenehmen Situation zu helfen, denn „der Ausdruck offener Nichtübereinstimmung im allgemeinen stark dyspräferiert wird. (…) Man bevorzugt jedoch in vielen Fällen eher eine Art Signalisierung, die (…) den Dissens einschränkt, abschwächt, ja vielleicht sogar verschleiert."[527] (Lüger 2002: 15). Das kann durch indirektes Sprechen[528] – hier indirektes Ablehnen/Absagen[529] – erfolgen. In der Sprache verfügt man nämlich über Strategien und sehr vielfältige Mechanismen[530], dem Unpassenden Ausdruck zu verleihen[531].

Kleinke (2007: 318ff.) erstellt eine Liste der Strategien der verbalen Ablehnung in öffentlichen Internetforen. Dabei versteht sie unter „verbaler Ablehnung" „jeden nicht unterstützenden Gesprächsschritt, in dem eine Person Dissens/Nichteinverstandensein mit einem vorausgegangenen Gesprächsschritt bzw. der Person oder Handlungsweise der Diskussionsteilnehmer/innen innerhalb oder außerhalb der unmittelbaren Diskursdomäne äußert." (ebd.: 312). Solche Sprechakte betrachtet sie als „das positive oder negative Adressatenimage bedrohende Sprechakte, deren Ausübung von S(precher/innen) ein besonderes

[527] Vgl. hierzu auch die Feststellung von Marcjanik „(...) konieczność odmowy odczuwana jest jako dyskomfort." (2006: 257).

[528] Zur Beschreibung der indirekten Sprechakte vgl. Kapitel 6.3.2.

[529] Vgl. auch die „Abschwächungsmaßnahmen in der Konversation" bei Auer/Uhmann (1982) oder Kotthoff (1993) sowie die Analyse der Abschwächungen bei Langner (1994).

[530] Solche Mechanismen sind in den asiatischen Kulturen besonders ausgebaut, da dort Neinsagen zum Tabu gehört, vgl. hierzu z.B.: Harting (2007), Itakura (2004) u.a.

[531] Unter den Mitteln zum Ausdruck von Abschwächungen nennt Lüger (2002: 17) u.a. Vorlaufelemente, Verzögerungen, Präsätze, Adverbien und Partikeln, Modusgebrauch.

Maß an Sorgfalt und in der Regel mehr oder weniger explizite begleitende sprachliche Wiedergutmachungsstrategien erfordert." (ebd.: 312). Sie nennt dabei drei Hauptstrategien, denen entsprechende Substrategien zugeordnet werden (ebd.: 318ff.):

1. die negative Bewertung des propositionalen Gehaltes, die ohne gesichtswahrende Maßnahmen erfolgt:
   a. Formulierung einer Gegenthese ohne explizite Verneinung;
   b. direkte Verneinung des propositionalen Gehaltes;
2. metasprachliche Zurückweisung:
   a. negative Bewertung des allgemeinen Diskursmodus;
   b. negative Einschätzung der Relevanz;
   c. negative Bewertung der Wahrheit;
3. negative Bewertung der Person:
   a. Kritik am persönlichen Verhalten im Diskurs;
   b. unterstellte unzureichende Kenntnisse;
   c. Unterstellung negativer Verhaltensweisen außerhalb des Forums;
   d. explizite persönliche Beschimpfung.

Zu den wichtigsten Strategien, die in der Situation der ABLEHNUNG/ ABSAGE eingesetzt werden, gehört Höflichkeit[532], deren zielgerichteter Gebrauch – Einsatz der Höflichkeit, um kommunikative Ziele zu erreichen[533] – v.a. die Kraft der Absage abzumildern hat, denn die Regeln der Höflichkeit fordern „Anderen entgegenzukommen, ihnen möglichst gefällig zu sein und ihnen insofern auch tatsächlich zu gefallen, (…). Auf diese Weise sollen dem Zusammenleben der Menschen nach Möglichkeit **Schärfe und Härte** genommen werden." (Weinrich 1996: 11f., Hervorhebung – J. S.).

Das erleichtert wesentlich unsere tägliche Kommunikation, denn „stosowana przez uczestników wszystkich form komunikacji językowej (…) grzeczność służy dobremu nastawieniu odbiorcy do nadawcy, aby ten w optymalny sposób osiągnął zamierzony cel komunikacyjny. (…) **grzeczność służy efektywnej współpracy**"[534] (Marcjanik 2007b: 20, Hervorhebung – J. S.).

---

[532] Verstanden als die Realisierung der indirekten Sprechakte, vgl. hierzu Kapitel 6.3.2.

[533] Vgl. hierzu die interkulturell angelegte Studie von Nixdorf (2002).

[534] Vgl. hierzu die in der Höflichkeitstheorie von Leech (1983) formulierte Aufgabe der Höflichkeit als „Mittel der Beziehungsgestaltung" und Brown/Levinson (1978, 1987).

Die Notwendigkeit einer Absage hat zur Folge, dass die Kommunikationsteilnehmer das Gricesche Kooperationsprinzip und die Konversationsmaximen verletzen (vgl. Grice 1979), um eine in ihrer Meinung gute Lösung aus einer unangenehmen Situation zu finden. Aus diesem Grunde geschieht auch oft, dass „(...) wypowiedzi o funkcji odmowy obudowywane są wypowiedziami łagodzącymi." (Marcjanik 2006: 257). Bei Gałczyńska (2005: 114) finden wir einen Ratschlag dazu: „(…) aby uczynić akt odmowy grzecznym, należy dodać do niego usprawiedliwienie bądź akt grzecznościowy (przede wszystkim przeproszenie i podziękowanie)." Das Verletzen der Konversationsmaximen, die sich aus dem Kooperationsprinzip ergeben, erfolgt durch den Einsatz von Höflichkeit, denn man hat es dabei mit einer Situation zu tun, in der das Gesicht des Senders oder des Empfängers bedroht wird[535] (vgl. Brown/Levinson 1978, 1987). Aus diesem Grunde ist es bei der Realisierung der Absagesprechakte nötig, durch Einsatz zielgerichteter kommunikativer Handlungen – Höflichkeitsstrategien[536] – das eigene Gesicht[537] und das Gesicht des Gegenübers[538] zu schützen und aufzuwerten (vgl. dazu auch Harting 2007: 112). Darin besteht in diesem Kontext die Rolle der Höflichkeit, denn „sprachliche Höflichkeit ist als Strategie der Konfliktvermeidung zweifellos universal." (ebd.: 111). Darauf geht auch Gałczyńska (2005: 114) ein, indem sie den Höflichkeitsakten beim Absagen / Ablehnen folgende Funktionen zuschreibt: „Wszystkie te dodatkowe akty mają za zadanie:

- wprowadzić atmosferę grzeczności;
- przyczynić się do przyjęcia aktu odmowy przez adresata;
- zapobiec ewentualnym konfliktom lub sankcjom;
- utwierdzić adresata w przekonaniu, że jest dla nadawcy ważny."

Dabei hebt sie auch die gegenseitige Abhängigkeit der Interaktanten und Determiniertheit ihrer Verhaltensweisen beim Absagen / Ablehnen hervor: „(…) jeżeli on [odbiorca aktu odmowy[539] – J. S.] zachowa się grzecznie względem swojego rozmówcy, to będzie mógł oczekiwać podobnego (tj. grzecznego) zachowania względem siebie." (ebd.). Dabei handelt es sich um die eine Absage oft begleitenden und unterstützenden Sprechakte, wie etwa DANKEN, SICH

[535] Vgl. FTSAs bei Brown/Levinson (1978, 1987).
[536] Im Lichte der untersuchten Textsorte haben sie v.a. den Empfänger zu unterstützen.
[537] d.h. defensiv (Nixdorf 2002: 49).
[538] d.h. protektiv (Nixdorf 2002: 49).
[539] Dies in Bezug auf die mögliche Umkehrung der Rollen beim Absagen / Ablehnen.

ENTSCHULDIGEN, die – wie es Gałczyńska (ebd.: 115) expliziert – pragmatisch begründet sind:

> Ich wspólną funkcją jest łagodzenie kategoryczności odmowy, uniemożliwienie zastosowania w stosunku do nadawcy sankcji. Wszystkie one stwarzają atmosferę grzecznościową. Zakładają relację grzecznościową między rozmówcami. Odbiorca nie może więc – zgodnie z zasadą symetryczności zachowań językowych (Marcjanik 1997: 71-272) – zareagować wypowiedzią niegrzeczną.

In der Forschungsliteratur wurden auch Versuche unternommen, Absage-/ Ablehnungsakte im Lichte der Höflichkeit zu untersuchen, vgl. z.B. Nixdorf 2002, Gass/Houck 1999, Kasper 1981, Labov/Fanshel (1977), Beebe/Cummings 1985 sowie die kulturologisch angelegten Studien von Kinjo 1978, Liao (1994), Grein (2007), Bonacchi (2013) u.a.[540].

Im kulturologischen Ansatz „rückt das rituelle Gleichgewicht in den Vordergrund, das aus der Wechselwirkung von verschiedenen Faktoren resultiert. Die wichtigsten dieser Faktoren sind: idiolektale und idiokulturelle Konstituenten, polylektale und polykulturelle Determinanten, Identität der Interaktanten, Kontext, Situation, Typ der Interaktion." (Bonacchi 2012b: 18). Demgemäß wird auch die sprachliche Höflichkeit von Bonacchi (ebd.) aus dieser Perspektive expliziert:

> Ihm [dem kommunikativen Phänomen – Höflichkeit – J. S.] liegt ein Komplex sprachkultureller Eigenschaften zugrunde, die Menschen als ‚höfliche' Kommunikatoren und Interlokutoren auszeichnet und der es ihnen ermöglicht, ‚kritische' Sprechakte durch eine entsprechende Modulierung (Abtönung oder Verstärkung) in ihrem Konfliktpotenzial verbal zu entschärfen und dabei bestimmte kulturelle kommunikative Ziele (Dialog, Kooperation, gegenseitige Unterstützung, Konfliktsteuerung) zu erreichen.

Im Folgenden werden die Mechanismen der Höflichkeit in den Absageschreiben untersucht. Dabei gilt es zu überprüfen, inwieweit der Sender (= Absageschreiber) Rücksicht auf das negative Gesicht des Empfängers (= Bewerbers) nimmt oder inwieweit er sein positives Gesicht stärkt (vgl. Raible 1987).

Die Analyse der Höflichkeit erfolgt nach dem pragma- und soziolinguistischen Ansatz[541] (vgl. Lakoff 1973, 1975, 1977, Leech 1983, Brown/Levinson

[540] Zur Charakterisierung der einzelnen Analysen der Ablehnung/Absage vgl. Kapitel 6.1.3.

[541] In der Forschungsliteratur wird darauf hingewiesen, dass es in der Entwicklung der Höflichkeitstheorie im Allgemeinen drei (vgl. Mariottini 2007, zit. nach Ehrhardt/Neuland 2009: 13f., Held 1995, Bonacchi 2011: 170ff.) oder vier Ansätze gibt (Fraser 1990). Da die Erfor-

1978, 1987). Die Höflichkeit wird in diesem Sinne als ein Phänomen aufgefasst, das sich in sprachlichen Handlungen vollzieht (vgl. Held 1995: 107) und der Arbeit an der Beziehung zwischen beiden Interaktanten dient (vgl. Held 1995: 107, Bonacchi 2011). Diese Ansätze scheinen für uns relevant zu sein. Der Einsatz der Höflichkeit in den Absageschreiben lässt diese in den Bereich der Indirektheit rücken.

Bei der Analyse wird von folgenden möglichen Reaktionen auf eine Bewerbung ausgegangen: Ablehnung, Ablehnung mit einer Alternative, indirekte und zeitlich verschobene Ablehnung[542], die auch den von uns im Kapitel 1.3. unterschiedenen Textsortenvarianten der Absageschreiben entsprechen. Die Grundlage bildet der Begriff der *strategischen Höflichkeit*, die zielorientiert von einem der Interaktanten (= dem Absageschreiber) eingesetzt wird, um bestimmte kommunikative Ziele zu erreichen.

8.2.1. Pragmalinguistisch orientierter Ansatz in der Höflichkeitsforschung

Die pragmalinguistisch orientierten Studien beruhen auf dem sog. „Grice-Goffman-Paradigma"[543] und sind mit den theoretischen Untersuchungen von Lakoff (1973, 1990), Brown/Levinson (1978, 1987) und Leech (1983) verbunden. Im Zentrum der genannten Analysen stehen einerseits der von Goffman (1967) definierte *face*-Begriff, und andererseits die Maximen von Grice (1979). Es wird hier die „Höflichkeit in der Perspektive der Konversationsmaxime"[544] (vgl. hierzu Ding/Fluck 2002: 94) gemeint.

Dabei wird der Begriff *face* folgendermaßen ausgelegt:

> Der Terminus Face kann als der positive soziale Wert definiert werden, den man für sich durch die Verhaltensstrategie erwirbt, von der die anderen annehmen, man verfolge sie in einer bestimmten Interaktion. Image ist ein in Termini sozial anerkannter Eigenschaften umschriebenes Selbstbild, – ein Bild, das die anderen übernehmen können. (Goffman 1967: 10)

---

schung der Geschichte der Höflichkeit nicht das Anliegen der vorliegenden Arbeit ist, werden diese weiteren Ansätze nicht thematisiert.

[542] Zu den Reaktionen auf Bewerbungen vgl. Kapitel 6.1.3.

[543] Vgl. auch „The conversational-view" bei Fraser (1990).

[544] Vgl. hierzu auch die Kategorie „Indirektheit" bei Searle (1975), die „Indirektheitskonzeption" bei Cho (2005: 10ff.), die „Indirektheitsmodelle" bei Held (1995: 82ff.), die „kommunikative Indirektheit" bei Haferland/Ingwer (1996: 19) sowie Kapitel 6.3.3.

und gilt als „zentrales Steuerungsmoment zwischenmenschlicher Kommunikation“ (Dink/Fluck 2002: 94). Man geht nämlich dabei von der Annahme aus, dass jeder Mensch ein Gesicht habe, das durch soziale Anerkennung gegeben wird oder durch Missachtung entzogen werden kann[545].

Im pragmalinguistischen Ansatz wird Höflichkeit als „rationalitätsgeleitetes Mittel-Zweck-Kalkül“ verstanden, „das auf dem von allen Interaktionsteilnehmern geteilten Kooperationsprinzip und Maximen beruht.“[546] (vgl. Ehrhardt/Neuland 2009: 14, Held 1995: 75, Bonacchi 2011: 170).

Die pragmalinguistisch ausgerichteten Konzepte der Höflichkeit sind entweder hörerbezogen (Leech 1983) oder produktionsbezogen (Brown/Levinson 1978). Es wird aber deutlich unterstrichen, dass es „zum Erreichen des kommunikativen Ziels notwendig ist, den Sprechakt **auf eine möglichst kulturell und sprachlich ‚angemessene‘ Weise** zu realisieren“ (Harting 2007: 111, Hervorhebung – J. S.).

8.2.1.1. Höflichkeitstheorie von Lakoff (1973, 1975, 1977)

Die Theorie der Höflichkeit von Lakoff (1973, 1975, 1977) baut auf der Definition auf, im Lichte deren *Höflichkeit* als ein System persönlicher Beziehungen aufgefasst wird, das dazu dient, Interaktion durch **die Reduktion potenzieller Konflikte und Konfrontationen**, die in allen menschlichen Interaktionen auftreten können, zu erleichtern.[547] (vgl. Lakoff 1990: 34). Dabei wird Höflichkeit als eine Strategie betrachtet, die zielbewusst von einem oder beiden Interaktanten eingesetzt wird.

In ihrem Ansatz verbindet Lakoff grammatische Regeln mit der Pragmatik und formuliert zwei Grundsätze[548] (vgl. Lakoff 1973):

1. *be clear*[549] – dieser Grundsatz ist gültig, wenn bei einem Sprecher der Wunsch im Vordergrund steht, seinem Gegenüber eine Botschaft zu übermitteln[550], was im Falle einer Ablehnung nicht immer das Ziel ist.

---

[545] Vgl. hierzu die bekannten Wendungen: *das Gesicht wahren, das Gesicht verlieren.*

[546] Vgl. den Wortlaut des Kooperationsprinzips von Grice (1979: 248): „Mache deinen Gesprächsbeitrag jeweils so, wie es von dem akzeptierten Zweck oder der akzeptierten Richtung des Gesprächs, an dem du teilnimmst, gerade verlangt wird. Dies könnte man mit dem Etikett Kooperationsprinzip versehen.“

[547] http://othes.univie.ac.at/8244/1/2010-01-17_0304046.pdf, Zugriff am 9.07.2014.

[548] Diese zwei Grundsätze entsprechen weitgehend den Konversationsmaximen von Grice (1979).

2. *be polite*[551] – diese Regel soll angewendet werden, wenn bei einem Sprecher das Anliegen vorliegt, sich statusgerecht oder situationsgerecht zu verhalten; dabei gebührt dem *Höflichkeitsprinzip* Vorrang. Von diesem werden von Lakoff drei Höflichkeitsgrundsätze abgeleitet:
   a. Versuche nicht zu imponieren, zwinge dich nicht auf; dies bezieht sich auf Distanz und Formalität: Sei auf Distanz bedacht[552].
   b. Zeige unterschiedliche Möglichkeiten auf; dies bezieht sich auf Rücksichtnahme: Zeige unterschiedliche Möglichkeiten auf[553].
   c. Sorge dafür, dass sich der Adressat gut fühlt, sei freundlich; dies betrifft die Bemühungen des Sprechers, beim Adressaten beliebt zu sein / werden: Zeige Sympathie[554].

8.2.1.2. Höflichkeitstheorie von Leech (1983)

Einen Schritt weiter geht Leech (1983) in seinem Buch „Principles of Pragmatics". Er formuliert zwei Prinzipien, die einem gelungenen Kommunikationsakt zu Grunde liegen (ebd.: 79ff.): das „Kooperationsprinzip" und das „Höflichkeitsprinzip"[555]. Seine Grundannahme lautet, dass es im Falle der Kommunikation nicht nur um das Vermitteln von Informationen geht, sondern auch **um das Erhalten des sozialen Gleichgewichts**. Diesem Zwecke dient der Einsatz der „Maximen der Höflichkeit" (vgl. Leech 1983), deren Anwendung einen friedlichen Verlauf der Kommunikation sichert, denn „Politeness is a ‚pragmatic mechanism', in which a variety of structures (including non-verbal and prosodic features) work together according to the speaker's intention of achieving smooth communication." (Trosborg 1995: 24).

Demzufolge haben beide Prinzipien in der Kommunikation zwei wichtige Aufgaben zu erfüllen:

---

549 Das sog. *Klarheitsprinzip*, das dem „Kooperationsprinzip" von Grice (1979) weitgehend entspricht.

550 Die Regel verbindet in sich die Griceschen Maximen: die Maxime der Quantität, Qualität, Relevanz und Modalität, vgl. Grice (1979).

551 Das sog. *Höflichkeitsprinzip*.

552 *Don't impose*.

553 *Give options*.

554 *Be friendly*.

555 Sie entsprechen den von Lakoff formulierten Grundsätzen; vgl. hierzu auch die interaktive Konzeption nach Cho (2005: 12ff.), und die Konzeption der Höflichkeit als Grundlage des dialogischen Zusammenhangs bei Lange (1984).

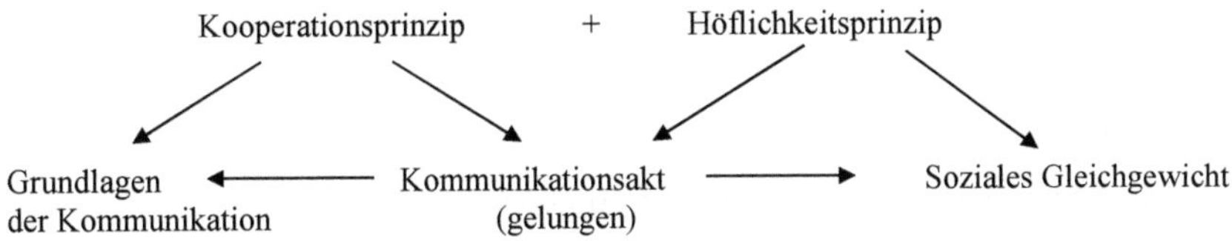

Schema 15. Kommunikationsakt im Lichte der Höflichkeitstheorie von Leech (1983), eigene Darstellung

Leech (1983) unterscheidet dabei vier Typen von kommunikativen Akten, zu deren Bestimmung er die Kriterien der „gegenseitigen Unterstützung", „des sozialen Zwecks" und des „illokutiven Zwecks" heranzieht. Es handelt sich um (zit. nach Bonacchi 2013: 57):

1. „kompetitive Akte", z.B. Befehle, Aufforderungen u.a.
2. „konviviale Akte", z.B.: Angebote, die in unserem Falle in Bezug auf die initiale Handlung – vorangegangene Bewerbung (= Stimulus) zurückzuführen sind, Danksagungen, die ein fester Bestandteil der Absageschreiben sind, worauf im Kapitel 3.5.1.1.1. eingegangen wird, Lob, der in den Absageschreiben im Falle der Begründung für das Erteilen der Absage in Bezug auf die Qualifikation des Bewerbers oder die Qualität seiner Bewerbungsunterlagen ausgedrückt wird.
3. „kollaborative Akte", z.B. Behauptungen, Berichte u.a.
4. „konfliktive Akte"[556], z.B. Drohungen, Anklagen, Beschuldigungen u.a. Diesen Akten könnten u. E. auch Ablehnungen/Absagen in dem gegebenen Kontext subsumiert werden.

Auf der Grundlage des Höflichkeitsprinzips erarbeitete Leech seine „Maximen der Höflichkeit" welche die Funktion haben, bestimmte Sprechakte zu entschärfen[557] (vgl. Bonacchi 2013: 59), die auf der Skala zwischen den Werten „Minimieren" und „Maximieren" zu platzieren sind, und oppositionell gegenübergestellt sind. Sie werden durch „pragmatische skalare Werte" bestimmt: 1. die Skala Aufwand / Nutzen 2. die Optionalitätsskala, 3. die Skala der Indirektheit (Leech 1983: 123). Im Folgenden werden diese Maximen aufgelistet (ebd.):

[556] auch konfliktuelle oder kritische Sprechakte.

[557] Die Takt-Maxime und die Maxime der Großzügigkeit entschärfen Direktiva und Kommissiva, die Maxime der Zustimmung und die Maxime der Bescheidenheit mildern Expressiva und Assertiva ab, die Maxime der Übereinstimmung und die Maxime der Sympathie mindern den Konfliktpotential der Assertiva (Leech 1983: 132); zu den einzelnen Sprechaktklassen vgl. Kapitel 6.

1. die Takt-Maxime (*Tact Maxim*), die in zwei Submaximen zur Ausprägung kommt:
    a. Minimiere den Aufwand / die Kosten für den Anderen!
    b. Maximiere den Nutzen für den Anderen!
2. die Maxime der Großzügigkeit (*Generosity Maxim*), deren Sinn zwei Submaximen ausmachen:
    a. Minimiere den Nutzen für dich selbst!
    b. Maximiere den Aufwand / die Kosten für dich selbst!
3. die Maxime der Zustimmung (*Approbation Maxim*), die in folgenden zwei Submaximen realisiert wird:
    a. Minimiere die Kritik / Geringschätzung des Anderen!
    b. Maximiere die Wertschätzung des Anderen!
4. die Maxime der Bescheidenheit (*Modesty Maxim*), die in zwei Submaximen zum Ausdruck kommt:
    a. Minimiere die Wertschätzung deines Selbst!
    b. Maximiere die Geringschätzung deines Selbst!
5. die Maxime der Übereinstimmung (*Agreement Maxim*), die nach zwei Prinzipien ausgeführt wird:
    a. Minimiere die Unstimmigkeiten zwischen dir und dem Anderen!
    b. Maximiere die Übereinstimmungen zwischen dir und demAnderen!
6. die Maxime der Sympathie (*Sympathy Maxim*), die in zwei Submaximen realisiert wird:
    a. Minimiere die Antipathie zwischen dir und dem Anderen!
    b. Maximiere die Sympathie zwischen dir und dem Anderen!

Die Skala „Maximieren" – „Minimieren" lässt sich folgendermaßen darstellen:

Minimieren	Maximieren
Aufwand des Anderen	eigener Aufwand
eigener Nutzen	Nutzen des Anderen
Kritik des Anderen	Wertschätzung des Anderen
eigene Wertschätzung	eigene Geringschätzung
Unstimmigkeiten	Übereinstimmungen
Antipathie	Sympathie

Schema 16. Maximen der Höflichkeit nach Leech (1983), eigene Darstellung

Demgemäß kann man Höflichkeit im Sinne von Leech als eine „Modulierungsstrategie“ verstehen, „d.h. als Strategie zur skalaren Verstärkung oder Abtönung der illokutionären Kraft kritischer Sprechakte (...), die das Gesicht der Interaktanten gefährden können.“ (Bonacchi 2013: 60). Dabei kommt dem Interaktanten die Rolle zu, die Kraft seiner Äußerungen durch graduellen Gebrauch dieser Skalen zu steuern und zu modifizieren.

8.2.1.2.1. Analyse der Absagesprechakte im Lichte der Theorie von Leech

Im Alltagswissen wird Absage als eine ablehnende Reaktion auf eine initiative Äußerung[558] verstanden (vgl. u.a. Kohnen 1987, Nixdorf 2002). In der Praxis ist es aber nicht so einfach und es werden zum Ausdruck der Ablehnung Strategien eingesetzt, deren Ziel ist, die Kosten eines solchen Bescheids zu minimieren. Es handelt sich in diesem Falle um die sog. „strategische Höflichkeit“ (vgl. Leech 1983, Nixdorf 2002: 51), bei deren Realisierung bestimmte Maximen – Maximen der Höflichkeit – angewendet werden, die zur Lösung des Problems (hier der Absage) verhelfen sollen. Sie sind „Skizzen des möglichen Vorgangs“ (Nixdorf 2002: 56) und weitgehend kulturabhängig[559]. Das hat dementsprechend Einfluss auf die Wahl der entsprechenden Strategie bei der Bewältigung des jeweiligen Problems (hier der Absage).

Im Falle des reaktiven Sprechaktes ABLEHNUNG/ABSAGE[560] werden im Zusammenhang mit den Höflichkeitsmaximen folgende Strategien eingesetzt (vgl. Chen 1995):

Sprechakt oder Strategie	Zuständige Maxime	Kognitive Operation
„Danke“	Zustimmung	Annahme der Proposition
„Lob“	Anerkennung	Lob für den Empfänger oder sein Objekt
„Erklärung“	Takt	Begründung der Nichtannahme
„Alternative“	Takt	Delegieren der Annahme der Proposition auf einen anderen
„Vermeidung“	Takt Sympathie	Versuch der Notwendigkeit auszuweichen, die Proposition anzunehmen

Tabelle 12. Strategien der Ablehnung nach Chen (1993)

558 Zu den initiativen bzw. initialen Handlungen beim ABLEHNEN/ABSAGEN vgl. Kapitel 6.1.1.1.

559 Es handelt sich hier um die Abhängigkeit von den in jeder Sprachgemeinschaft geltenden Konzepten, Normen, Rechten und Pflichten gegenüber den anderen, vgl. hierzu Nixdorf (2002: 56).

560 Chen (1993) bedient sich der Bezeichnung ‚Ablehnung‘ und bezieht seine Analyse auf das Chinesische.

Es wird dabei hervorgehoben, dass „bei Ablehnungen allerdings nur die indirekten semantischen Formeln herangezogen werden, da eine direkte Ablehnung des propositionalen Inhalts mit strategischer Höflichkeit im Sinne von Leech (1983) wenig zu tun hat (…)“ (Nixdorf 2002: 58). Dabei kommt den eingesetzten Maximen die Rolle zu, den Empfänger auf die eigentliche Absage vorzubereiten[561], was sich aus der Tatsache ergibt, dass „właściwa odmowa poprzedzona jest posunięciami przygotowawczymi, wyrażeniem wahania, wskazywaniem na okoliczności uniemożliwające, usprawiedliwianiem się itd.“ (Nęcki 1996: 116).

Im Falle der untersuchten Absageschreiben sind die Strategien der „Vorbereitung“ des Empfängers auf die Erteilung der Absage seitens des Senders schon in der thematischen Struktur[562] dieser Textsorte sichtbar, z.B. in der am Anfang platzierten Dankesformel (vgl. Kapitel 3.5.1.1.1.).

Im Folgenden werden in Anlehnung an die von Leech (1983) entwickelten Maximen der Höflichkeit die Strategien der Höflichkeit in den Absageschreiben präsentiert. Dabei wird auf alle drei Textsortenvarianten der Absageschreiben eingegangen.

1. **Aperitif-Briefe**, die in ihrer thematischen Struktur[563] eigentlich keine explizit ausgedrückte Absage enthalten, deren Bedeutung jedoch als eine Art „Manöver des Ausweichens“, auch „Vermeidungsritual“[564] (Werlen 1983) betrachtet werden kann.

   Es lassen sich hier folgende Strategien unterscheiden:

Textsortenvariante: Aperitif-Brief			
Sprechakt oder Strategie	Maxime	Ziel	Beispiele
Dank	Zustimmung	Bestätigung des Erhalts	*Wir danken Ihnen für die Zusendung Ihrer Bewerbungsunterlagen; Vielen Dank für Ihre Bewerbung;*
		Lob für das Interesse an der Arbeit	*Ich danke Ihnen für das ... entgegengebrachte Interesse; Wir danken Ihnen für Ihr Interesse an der Mitarbeit;*
Freude	Sympathie	Lob für das Interesse an der Arbeit	*Wir freuen uns über Ihr Interesse an einer Mitarbeit in unserem Unternehmen;*

561 Von Nixdorf (2002: 58) werden sie „Adjunkte“ genannt, deren Aufgabe darin besteht, die sog. „Vorbereitungsarbeiten“ zu erledigen.
562 Zur thematischen Struktur der Absageschreiben vgl. Kapitel 3.5.1.1.1. und Kapitel 8.4.1., in dem die Formelhaftigkeit der Absagescheiben thematisiert wird.
563 Vgl. Kapitel 3.5.1.1.1.1.
564 Definiert von Werlen (1983: 193) als „Verfahrensweisen, das Heilige vor Profanierung zu schützen.“

Erklärung	Takt	Begründung der zeitlichen Verschiebung der Entscheidung	*Die Bearbeitung / die Auswertung der eingegangenen Bewerbungsunterlagen wird voraussichtlich einige Zeit in Anspruch nehmen; Aufgrund zahlreicher Zuschriften wird die Bearbeitung Ihrer Bewerbung einige Zeit beanspruchen;*
Bitte	Takt Großzügigkeit	Bitte um Geduld wegen zeitlicher Verschiebung	*Wir bitten Sie um etwas Geduld; Bis dahin bitte ich Sie um Geduld; Ich bitte Sie deshalb, sich vorerst zu gedulden;*
Versprechen	Takt Großzügigkeit	Ankündigung einer möglichen Kontaktaufnahme in Zukunft	*Wir werden uns wieder bei Ihnen melden; Wir werden Sie über die getroffene Entscheidung so bald wie möglich informieren; Wir werden uns unaufgefordert / in Kürze wieder mit Ihnen in Verbindung setzen;*
Information	Takt Großzügigkeit	Informieren über die den weiteren Verlauf	*Wir dürfen Sie noch darauf hinweisen, dass personenbezogene Daten zu Ihrer Bewerbung in einer speziell dafür eingerichteten Datei gespeichert werden; Im Rahmen der Bearbeitung speichern wir Ihre Daten – selbstverständlich unter Sicherung der vertraulichen Behandlung;*

Tabelle 13. Analyse der Aperitif-Briefe im Lichte der Höflichkeitsmaximen von Leech (1983)

Da die Aperitif-Briefe keine direkt oder indirekt formulierte Absage enthalten und deren Bedeutung als „Absage“ für den Empfänger (= Bewerber) nur auf Grund seiner Erfahrungen beim Bewerben interpretiert werden kann, können sie im Ganzen als eine Art Vorbereitung bzw. Ankündigung einer künftig erfolgenden Ablehnung/Absage[565] gedeutet werden. Es bedürfe weiterer soziolinguistisch geprägter Untersuchungen, um überprüfen zu können, wie hoch die Wahrscheinlichkeit ist, dass auf einen Aperitif-Brief ein Absageschreiben folgt, oder ob Aperitif-Briefe eher in der Kategorie einer guten Ausrede – eines Ausweichmanövers oder Vermeidung[566] (vgl. Werlen 1983) – betrachtet werden sollen, und das in der Situation, wenn nach einem Aperitif-Brief keine weiteren Schreiben folgen. Im Falle keiner weiteren Reaktion seitens des Senders (= der angeschriebenen Firma, bei der man sich beworben hat) können Aperitif-Briefe als Ganzes als eine Strategie des Absagens gedeutet werden[567].

2. **Eigentliche Absageschreiben**, deren thematische Struktur[568] am meisten ausgebaut ist, und die in ihrer Struktur das thematische Element ‚Absage‘ enthalten. Die verwendeten Formulierungen lassen sich den in der folgenden Tabelle angeführten Maximen zuordnen:

[565] Auf die Annahme der Bewerbung und die Fortsetzung des Bewerbungsverfahrens wird in der vorliegenden Arbeit nicht eingegangen.

[566] Diese Interpretation würde die Wirksamkeit dieser Strategie sichern, vgl. hierzu Werlen (1983: 194). Vgl. hierzu auch „sprachliche Ausgleichshandlungen“ bei Kleinke (2007: 313).

[567] Das wird von Werlen (1983: 194) als „rituelles Vermeiden“ aufgefasst, dessen Auftreten durch die „Institutionalisierung“ gesichert ist, und in Bezug auf die analysierten Texte genau zutrifft.

[568] Vgl. Kapitel 3.5.1.1.1.3.

Textsortenvariante: Eigentliches Absageschreiben			
Phase der Vorbereitung			
Sprechakt oder Strategie	Maxime	Ziel	Beispiele
Bestätigung	Takt	Bestätigung des Angebots	*Sie haben sich bei uns beworben;*
Entschuldigung	Takt Großzügigkeit	Entschuldigen für das lange Warten	*Entschuldigen Sie, dass wir Ihnen erst jetzt antworten;*
Dank	Zustimmung	Bestätigung des Erhalts	*Ich danke Ihnen für Ihr Schreiben vom ...; Vielen Dank für Ihre Zeilen, die uns über unsere Personalabteilung erreichten;*
		Lob für das Interesse an der Arbeit	*Ich danke Ihnen für das ... entgegengebrachte Interesse; Wir danken Ihnen für Ihr Interesse an der Mitarbeit;*
Freude	Sympathie	Lob für das Interesse an der Arbeit	*Es freut uns, dass Sie uns gewählt haben; Es freut uns, dass Sie Ihre berufliche Perspektive in unserem Unternehmen sehen;*
Information	Takt Großzügigkeit	Informieren	**über den Verlauf der Überprüfung**: *nach eingehender Prüfung Ihrer Bewerbungsunterlagen; Wir haben Ihre Unterlagen mit großer Aufmerksamkeit gelesen;* **über die Gründe der Entscheidung**: *Es ist uns nicht leicht gefallen, eine Auswahl aus der Menge von qualifizierten Bewerbungen zu finden; Sicher werden Sie Verständnis dafür haben, dass bei mehreren guten Bewerbungen bei der Auswahl oft nur Details entscheiden;* **über die Vorgehensweise beim Treffen der Entscheidung**: *Auf Grund Ihrer Bewerbung um eine Tätigkeit in ... / als ... habe ich geprüft, ob eine Beschäftigungsmöglichkeit besteht; Wir haben die Einsatzmöglichkeiten in unserem Hause sorgfältig geprüft;*
Absage			
Phase der Minimierung der Folgen (Reparaturmaßnahmen)			
Sprechakt oder Strategie	Maxime	Ziel	Beispiele
Bedauern	Großzügigkeit	Zeigen des Mitfühlens	*Wir bedauern, Ihnen keinen günstigeren Bescheid geben zu können;*
Mitleid	Großzügigkeit	Zeigen des Mitleids	*Es tut mir Leid, Ihnen nur diese negative Antwort geben zu können;*
Bitte	Takt	Hervorrufen einer Verhaltensweise	*Wir hoffen auf Ihr Verständnis; sicher werden Sie Verständnis dafür haben;*
Komplimentieren[569]	Takt Zustimmung	Aufwerten	*Bitte betrachten Sie unsere Entscheidung nicht als Wertung Ihrer kreativen Leistung; Dieser Bescheid stellt selbstverständlich keine inhaltliche Beurteilung Ihrer ... dar;*
Trost	Zustimmung Übereinstimmung	Aufwerten	*Bitte betrachten Sie die Entscheidung nicht als Wertung Ihrer kreativen Leistung; Wenn wir Ihnen hiermit absagen, ist das kein Werturteil; Bitte sehen Sie dies nicht als persönliche Bewertung;*
Aufmunterung	Zustimmung Übereinstimmung	Aufwerten, Anregen zur weiteren Handlung	*Lassen Sie sich von dieser Absage nicht entmutigen; Lassen Sie in Ihren Bemühungen nicht nach; Probieren Sie es weiter;*
Wünsche	Takt Großzügigkeit	Ausdruck der Hoffnung Anregen zum weiteren Handeln	*Wir wünschen Ihnen für Ihren weiteren beruflichen Lebensweg alles Gute; Für Ihren weiteren beruflichen / und privaten (Lebens-)Weg viel Erfolg sowie persönlich alles Gute; Wir wünschen Ihnen, dass Sie bald einen interessanten beruflichen Wirkungskreis finden werden;*

Tabelle 14. Analyse der eigentlichen Absagen im Lichte der Höflichkeitsmaximen von Leech (1983)

[569] Dieser Strategie und deren Leistung für das Absagen wird ein separates Kapitel gewidmet, vgl. Kapitel 8.2.4.1.

Die eigentlichen Absageschreiben enthalten eine explizit ausgedrückte Absage. Aus dem Grunde ist in diesem Falle kein Ausweichen möglich, da die ABLEHNUNG/ABSAGE die Hauptintention in diesen Schreiben ist, die von dem Sender (= Absageschreiber) realisiert wird. Deswegen ist es also nötig, Maßnahmen zu ergreifen, mit denen das Unausweichliche entschärft werden kann. Demgemäß kann man dann die in den eigentlichen Absageschreiben angewendeten Strategien in zwei Phasen aufteilen: die Phase der Vorbereitung und die Phase der Minimierung der Kosten. Das Ziel der Vorbereitungsstrategien ist das Vorbereiten des Empfängers (= Bewerbers) auf die Erteilung einer Absage. Das erfolgt mit Hilfe der Sprechakte, die die Anforderungen der Takt-, Zustimmungs-, Großzügigkeits- und Sympathiemaxime erfüllen. Durch die Anwendung solcher Sprechakte hofft man, die Aussagekraft der nachfolgenden Absage abzumildern, wobei der Empfänger ins Zentrum des Interesses seitens des Senders gestellt wird.

Das Ziel der Strategien der zweiten Phase ist das Minimieren der Folgen nach der Erteilung einer Absage. Es handelt sich um eine Art Korrektur- bzw. Reparaturmaßnahmen, mit deren Hilfe, nach Meinung des Senders, die unangenehme Nachricht vom Empfänger leichter zu ertragen wäre. Selbstverständlich ist dies nur als eine Vorstellung des Senders zu interpretieren, weil er über das Wissen über die eigentliche Reaktion des Empfängers nicht verfügt. Es werden dabei Sprechakte realisiert, welche auf der Takt-, Zustimmungs-, Übereinstimmungs- und Großzügigkeitsmaxime beruhen. Dabei wird auch ein anderes Ziel verfolgt: nach Meinung des Absageschreibers wird dabei auch ein positiver Eindruck von der Firma hinterlassen[570].

3. **Eisschreiben**, in deren thematischen Struktur[571] wie im Falle der eigentlichen Absageschreiben eine Absage zum Ausdruck gebracht wird. Die Analyse der Texte ergibt folgende Zuordnungen:

[570] Vgl. hierzu die vorhandenen Ratgeber für Absageschreiber, z.B. Hovermann (2009), sowie allgemeine Ratgeber zur Briefkorrespondenz, in denen Absageschreiben berücksichtigt werden, z.B. Duden (1997), Menzel/Kuhn (1997) u.a.

[571] Vgl. Kapitel 3.5.1.1.1.3. der vorliegenden Arbeit.

Textsortenvariante: Eisschreiben			
Phase der Vorbereitung			
Sprechakt oder Strategie	Maxime	Ziel	Beispiele
Bestätigung	Takt	Bestätigung des Angebots	*Sie haben sich bei uns beworben*; *Ich bestätige den Eingang Ihrer Bewerbung*;
Entschuldigung	Takt Großzügigkeit	Entschuldigen für das lange Warten	*Entschuldigen Sie, dass wir Ihnen erst jetzt antworten*;
Dank	Zustimmung	Bestätigung des Erhalts	*Wir danken Ihnen für die Zusendung Ihrer Bewerbung*;
		Lob für das Interesse an der Arbeit	*Wir danken Ihnen für das unserem Hause entgegengebrachte Interesse*;
Freude	Sympathie	Lob für das Interesse an der Arbeit	*Es freut uns, dass Sie Ihre berufliche Perspektive in unserem Unternehmen sehen*;
Information	Takt Großzügigkeit	Informieren	**über den Verlauf der Überprüfung**: *nach eingehender Prüfung Ihrer Bewerbungsunterlagen*; *Wir haben Ihre Unterlagen mit großer Aufmerksamkeit gelesen*; **über die Gründe der Entscheidung**: *Es ist uns nicht leicht gefallen, eine Auswahl aus der Menge von qualifizierten Bewerbungen zu finden*; *Sicher werden Sie Verständnis dafür haben, dass bei mehreren guten Bewerbungen bei der Auswahl oft nur Details entscheiden*; **über die Vorgehensweise beim Treffen der Entscheidung**: *Auf Grund Ihrer Bewerbung um eine Tätigkeit in ... / als ... habe ich geprüft, ob eine Beschäftigungsmöglichkeit besteht*; *Wir haben die Einsatzmöglichkeiten in unserem Hause sorgfältig geprüft*;
Absage			
Phase der Minimierung der Folgen (Reparatur)			
Sprechakt oder Strategie	Maxime	Ziel	Beispiele
Bedauern	Großzügigkeit	Zeigen des Mitfühlens	*Wir bedauern sehr, Ihnen nicht behilflich sein zu können*; *Gern hätten wir Ihnen einen positiven Bescheid erteilt*;
Mitleid	Großzügigkeit	Zeigen des Mitleids	*Es tut mir Leid, Ihnen nur diese negative Antwort geben zu können*;
Bitte	Takt	Hervorrufen einer Verhaltensweise	*Bitte haben Sie Verständnis dafür, dass wir unsere Entscheidung nicht näher begründen können*;
Komplimentieren	Takt Zustimmung	Aufwerten	*Bitte betrachten Sie unsere Entscheidung nicht als Wertung Ihrer kreativen Leistung*; *Dieser Bescheid stellt selbstverständlich keine inhaltliche Beurteilung Ihrer ... dar*;
Aufmunterung	Zustimmung Übereinstimmung	Aufwerten, Anregen zum weiteren Handeln	*Wir hoffen, dass Sie dieses Ergebnis bei Ihrer Suche nach einem neuen Wirkungskreis nicht entmutigt*;
Wünsche	Takt Großzügigkeit	Ausdruck der Hoffnung Anregen zum weiteren Handeln	*Für Ihre Zukunft alles Gute*;
Phase des Versprechens			
Versprechen	Takt Großzügigkeit	Ausdruck der Hoffnung	*Ich komme gerne auf Sie zurück*; *Ihr Bewerbungsschreiben lege ich gern auf Wiedervorlage, um zu gegebener Zeit darauf zurückgreifen zu können*; *Ihre Einwilligung vorausgesetzt, werden wir Ihre Bewerbung gerne in unserer Boxengasse parken*; *Bei einer freien Startposition werden wir uns mit Ihnen in Verbindung setzen*; *sobald wir eine neue Kollegin suchen, werden wir uns bei Ihnen melden, versprochen!*

Tabelle 15. Analyse der Eisschreiben im Lichte der Höflichkeitsmaximen von Leech (1983)

Verglichen mit den eigentlichen Absageschreiben werden die Eisschreiben um eine Strategie bereichert. Es handelt sich um Versprechen – „Aufs-Eis-Legen“ – das auch als eine Strategie der Wiedergutmachung – Reparatur – betrachtet werden kann. In der Höflichkeitsforschung werden solche Strategien den *Reparativen* subsumiert, „die das Ziel haben, das gefährliche Potenzial von kritischen Sprechakten zu entschärfen und ihren negativen kommunikativen Effekten vorzubeugen, sowie das schon beeinträchtigte rituelle Gleichgewicht wiederherzustellen.“ (Bonacchi 2013: 133).

Ob in unserem Falle das Versprechen seitens des Senders eingehalten wird oder nicht, ist schwer zu entscheiden, aber verglichen mit den Aperitif-Briefen können Eisschreiben eher nicht als ein Ausweichmanöver oder Vermeidung interpretiert werden, sondern mehr als Trost: „ein kleiner Funke Hoffnung“, dessen Ziel ist, dem Empfänger dabei zu helfen, die unangenehme Lage (= Absage auf Bewerbung) leichter zu ertragen.

8.2.1.3. Höflichkeitstheorie von Brown/Levinson (1978/1987)

In der Höflichkeitstheorie von Brown/Levinson[572] (1978, 1987) taucht das *face*-Konzept (vgl. Goffman 1955) erneut auf. Den Ausgangspunkt stellt die Annahme dar, dass jeder Sprechakt in der Sprache unterschiedlich realisiert werden kann. Es handelt sich dabei um verschiedene Äußerungen und Satztypen, über deren Verwendung der Sprecher selbst, der Situation gemäß, entscheidet. Dabei wird Höflichkeit einerseits als Methode zum Erreichen eigener Ziele[573], und andererseits als Strategie, welche die Wahrung des Gesichts des Kommunikationspartners zum Ziel hat, verstanden. Zugleich werden auch die Einflussfaktoren gesichtsbedrohender (Sprech-)Handlungen genannt (vgl. Brown/Levinson 1987: 74). Zu diesen gehören: soziale Distanz zwischen Sprecher/Hörer, relative Machtbeziehungen zwischen Sprecher/Hörer, absolute Machtbeziehungen zwischen Sprecher/Hörer.

[572] In der Forschungsliteratur wird dieser Ansatz als „ethnoliguistisch“ bezeichnet, da in ihm „linguistische, anthropologische und soziologische Problemstellungen integriert werden.“ (Hutter 1993: 131).

[573] Vgl. hierzu die Bezeichnung „zweckrationale Höflichkeitsstrategien“ bei Held (1995: 72) sowie den Willen „anerkannt und akzeptiert zu sein“ bei Werlen (1983: 194).

Brown/Levinson (1978, 1987) unterscheiden zwei Arten des Gesichts:

1. das positive Gesicht: der Wunsch von anderen anerkannt und geschätzt zu werden; das Bedürfnis nach einem Gemeinschaftsgefühl; es wird durch Solidarität, Sympathie und Involviertheit realisiert;
2. das negative Gesicht: der Wunsch, dass die eigenen Handlungen von anderen nicht behindert werden; der Wunsch nach Individualität und Handlungsfreiheit; dies wird durch Distanz, Respekt, und Unabhängigkeit erreicht;

Das Obengenannte lässt sich folgendermaßen darstellen:

das positive Gesicht		das negative Gesicht	
Sender	Empfänger	Sender	Empfänger
Anerkennung Schätzung	Solidarität Sympathie Involviertheit	unbehinderte Handlungsfreiheit Individualität	Distanz Respekt Unabhängigkeit

Tabelle 16. Das positive und das negative Gesicht nach Brown/Levinson (1987)

Brown/Levinson (1978: 61f.) bedienen sich dabei des Begriffs der „gesichtsbedrohenden Sprechakte“ (*Face threatening acts* = FTA), gegen die bestimmte Strategien eingesetzt werden können / sollen, um das eigene Gesicht oder das Gesicht des Gegenübers nicht zu bedrohen. Die Unterteilung der FTAs lässt sich folgendermaßen darstellen (ebd.: 103ff.):

Hörer		Sprecher	
Bedrohung des negativen Gesichts	Bedrohung des positiven Gesichts	Bedrohung des negativen Gesichts	Bedrohung des positiven Gesichts
Befehle Angebote Komplimente Einschränkungen des Handlungsspielraums Versprechen Ausdruck des Neids oder der Bewunderung Ausdruck von Emotionen wie Hass, Zorn, Lust.	Kritik Zurückweisungen Beleidigungen Widersprechen starker Emotionsausdruck Aufgreifen heikler Themen Unterbrechen Abgelenktsein	Ausreden Danksagungen Entschuldigungen Annahme von Angeboten	Entschuldigungen Bekenntnisse Selbstkritik Annahme von Komplimenten Zusammenbruch der emotionalen Kontrolle Eingeständnisse von Schuld oder Verantwortung

Tabelle 17. Die Unterteilung der FTAs nach Brown/Levinson (1978)

Es soll dabei jedoch hervorgehoben werden, dass gesichtsbedrohende Sprechakte kulturbedingt sind, wie es Gass/Houck (1999: 3) in Bezug auf Ablehnen explizieren: „Refusals are often played out in lengthy sequences involving not only negotiation of a satisfactory outcome, but face-saving maneuvers to accommodate nature oft the act. Because of the face-threatening nature of refusals, they are often regulated by different cross-cultural face concerns.“

8.2.1.3.1. Analyse der Absagesprechakte im Lichte der Theorie von Brown/Levinson[574]

In unserem Fall handelt es sich um eine Kommunikationssituation, die in Deutschland – einem nordeuropäischen Land – oft vorkommt. Für diese Kultur[575], was Bonacchi hervorhebt, sind starke Individualisierung und Selbstbestimmung des Individuums charakteristisch[576], wobei das Individuum in einer Kommunikationssituation bewusst eine bestimmte Höflichkeitsstrategie auswählt (vgl. hierzu Bonacchi 2013: 72). Das Hauptgewicht wird auf die Untersuchung der sprachlichen Formen von Höflichkeit gelegt. Es wird dabei von der These ausgegangen, dass „sprachliche Höflichkeit üblicherweise nur als textuelle Erscheinung fassbar wird." (Lüger 2002: 22).

Der äußere Rahmen der besprochenen Kommunikationssituation sowie die adäquaten Höflichkeitskonventionen werden durch die äußeren Bedingungen bestimmt[577]. Diese betreffen sowohl den Empfänger (= Bewerber) als auch den Sender (= Absageschreiber). Der Kontext ist in diesem Falle für beide Interaktanten gleich. Es handelt sich um eine Situation, in der von einem Bewerber eine Bitte in Form einer Bewerbung beim potentiellen Arbeitgeber eingereicht wird, die von diesem beantwortet werden soll[578]. Dies geschieht in einem breiteren Kontext der Situation auf dem Arbeitsmarkt in dem jeweiligen Moment. Berücksichtigt werden sollen auch die Anforderungen[579], die dem arbeitslosen Bewerber seitens der Agentur für Arbeit auferlegt werden, und denen er in seiner Tätigkeit (des ständigen Sich-Bemühens) gerecht werden muss.

---

[574] Die Grundlage für die Entstehung dieses Kapitels bilden Publikationen von Szczęk (2012a, 2013a).

[575] Erst im Vergleich zu anderen, z.B. südländischen oder asiatischen Kulturen lässt sich feststellen, dass die Höflichkeit kulturbedingt ist, vgl. hierzu Bonacchi (2013: 72) und Studien zur Höflichkeit anderer Kulturen, z.B. bei Matsumoto (1989), Wierzbicka (1991), Koutlaki (2002); vgl. auch die Kritik an dem pragmatischen Ansatz von Brown/Levinson bei Held (1995), Lüger (2002: 23).

[576] Vgl. hierzu die folgende Begründung: „high value placed on individualism in Western culture" (Kasper 1990: 195).

[577] Dies entspricht den Forderungen, in der Höflichkeitstheorie soziopragmatische und soziokulturelle Aspekte zu berücksichtigen, wie etwa: den Kontext, die Identität der Interaktanten, die kommunikative Situation, das jeweilige Kultursystem, die betreffenden Gattungsregeln, vgl. hierzu Held (1992), Günther (2002: 297), Bonacchi (2013: 71f.), vgl. auch die sog. Einflussvariablen bei Held (1994: 105f.).

[578] Somit wird eine Entscheidung erzwungen, vgl. hierzu die Beschreibung direktiver Sprechakte als initiale Handlung, nach denen Ablehnung/Absage erfolgen kann im Kapitel 6.1.1.1.

[579] Es handelt sich um die Pflicht, sich zu bewerben und die Antworten auf die Bewerbungen beim Arbeitsberater vorzuzeigen.

Im Lichte der Sprechakttheorie[580] handelt es sich hier um eine BITTE (= Bewerbung) in Form eines ANGEBOTs, vgl. Kapitel 6.1.1.1., die in diesem Falle nicht erfüllt wird. Beide Interaktanten kommunizieren in demselben Kultursystem, obwohl sie auch unterschiedlicher Herkunft sein mögen. Durch äußere Bedingungen, wie etwa Vorschriften, Richtlinien und Gesetze[581] werden sie jedoch „gezwungen", sich auf eine bestimmte Art und Weise zu verhalten.

Dies ergibt sich aus der Tatsache, dass eine „Absage – aufgrund ihrer negativen Aussage – den Charakter einer nicht präferierten Handlung hat." (Drescher 1994: 129). Solche Handlungen führen zur Bedrohung des Gesichts von allen Kommunikationspartnern, in unserem Falle sowohl des Senders als auch des Empfängers, wie es Drescher (ebd., Hervorhebung – J. S.) weiter expliziert: „Durch die Zurückweisung ist die Wertschätzung des Adressaten, sein positives Selbstbild in Gefahr. Zugleich ist jedoch auch das Ansehen des Ablehnenden bedroht, da er den Aufwand des Bewerbers **nicht in der erwarteten Weise honoriert**."

Die Bedrohung des Sender-Gesichts (= des Absageschreibers) wird durch die vorangegangene Bewerbung ausgelöst, da er durch sie in die Situation gestellt wird, in der er zu etwas veranlasst wird (= Er soll eine Antwort auf eine Bewerbung verfassen.[582]). Dabei versucht er, sich aus dieser jedoch unkomfortablen Situation (= Erteilen der Absage) zu retten und alle Folgen dieser Situation zu tragen[583]. Die Bedrohung des Adressaten-Gesichts[584] (= des Bewerbers) wird dagegen durch die immer häufigere Notwendigkeit verursacht, sich unaufhörlich zu bewerben und als Folge dessen viele negative Antworten „mit in Kauf zu nehmen". Dementsprechend ist also bei der Realisierung der Absagesprechakte nötig, durch Einsatz zielgerichteter kommunikativer Handlungen, das eigene Gesicht und das Gesicht des Gegenübers zu schützen und aufzuwerten (vgl.

---

[580] Zur Analyse der Absageschreiben im Lichte der Sprechakttheorie vgl. Kapitel 6.

[581] Gemeint sind alle Vorschriften, die das Leben eines Arbeitslosen einerseits und die Verhaltensweise des Absageschreibers andererseits bestimmen, sowie das AGG.

[582] Das kann im Sinne einer interaktiven Sequenz der Sprechakte BITTE-ABLEHNUNG verstanden werden, vgl. hierzu Hayashi (2001: 5), obwohl sie nicht unmittelbar nacheinander folgen.

[583] Es handelt sich hier v.a. um die Absage(n), da die Wahrscheinlichkeit, eine positive Antwort auf eine Bewerbung zu bekommen, nicht hoch ist.

[584] Vgl. hierzu Lüger (2002: 15ff.), der feststellt: „(…) das Ablehnen eines Vorschlags oder Angebots kann leicht als Infragestellung des positiven Gesichts empfunden werden."

dazu auch Harting 2007: 112, Lüger 2002: 18), wie es auch Drescher (1994: 129) erklärt: „Der gesichtsbedrohende Charakter der Absage erklärt auch, warum diese Komponente häufig indirekt oder euphemistisch formuliert und insgesamt ‚versteckt' realisiert wird."

In den untersuchten Texten lassen sich folgende Gesichtsbedrohung verursachende Akte identifizieren:

1. **Bedrohung des negativen Gesichts des Empfängers:**

- **Versprechen**[585], z.B.: *Bei einer freien Startposition werden wir uns mit Ihnen in Verbindung setzen*; *Sobald wir eine neue Kollegin suchen, werden wir uns bei Ihnen melden, versprochen!*; *Wir haben Ihr Profil elektronisch gespeichert*; *Wir werden uns wieder bei Ihnen melden*; *Wir werden Sie über die getroffene Entscheidung so bald wie möglich informieren*;
- **Komplimente**[586], z.B.: *Auch unter Würdigung des von Ihnen dargelegten qualifizierten beruflichen Werdegangs ...*; *Ihre fachliche Qualifizierung steht für uns außer Frage*;

2. **Bedrohung des negativen Gesichts des Sprechers:**

- **Danksagungen**: *Vielen Dank für die Zusendung Ihrer Bewerbung, die wir mit großem Interesse gelesen haben*; *Ich danke Ihnen für Ihr Schreiben vom...*; *Vielen Dank für Ihre Zeilen, die uns über unsere Personalabteilung erreichten*;
- **Entschuldigungen**: *Bitte haben Sie Verständnis dafür, dass wir unsere Entscheidung nicht näher begründen können*; *Es tut mir leid, Ihnen nur diese negative Antwort geben zu können*; *Entschuldigen Sie, dass wir Ihnen erst jetzt antworten*;
- **Bitten**: *Bitte haben Sie Verständnis dafür, dass wir unsere Entscheidung nicht näher begründen können*;

Zur Gesichtswahrung werden Strategien der Höflichkeit verwendet. Es handelt sich hier um *positive* und *negative Höflichkeit* (Brown/Levinson 1978). Das Ziel der „positiven Höflichkeitsstrategien" ist, eine Nachricht so zu formulieren, dass man seinem Kommunikationspartner Würdigung und Respekt ent-

[585] Sie kommen v.a. in den „Eisschreiben" vor, vgl. hierzu Kapitel 3.5.1.1.1.3.

[586] Vgl. hierzu Kapitel 8.2.4.1.

gegenbringt. Zugleich wird die Nähe zum Hörer betont. Der Sprecher gibt zu verstehen, dass er dieselben Interessen hat, wie der Hörer.
Die negativen Höflichkeitsstrategien dagegen haben zum Ziel, die Freiheit und Autonomie des Gesprächspartners nicht zu beeinträchtigen. Es wird mehr auf Distanz geachtet und die Handlungsfreiheit des Adressaten wird auf keinen Fall eingeschränkt. Diese Strategien werden mit Hilfe von abmildernden und abschwächenden Äußerungen realisiert, die auf die „konventionelle Indirektheit“[587], „distanzierte Unaufdringlichkeit“[588], „Impersonalisierung“ (Brown/Levinson 1987, zit. in Bonacchi (2013: 67f.)) zurückzuführen sind.
Diese Strategien lassen sich folgendermaßen zusammenstellen[589]:

Positive Höflichkeit	Negative Höflichkeit
Anspruch auf gleichen Hintergrund („common ground”) Verwendung von In-group-Markierungen Suche nach ‚sicheren' Gesprächsthemen Witze Wiederholung von Aussagen des Vorredners Vermeidung von Differenzen Präsupponieren von Gemeinsamkeiten die Wünsche des Hörers kennen Angebote machen Optimismus zeigen den Hörer mit einbeziehen Geschenke machen	Konventionelle Indirektheit Vagheit, Vermeidung von Verantwortung Pessimismus Verlangen minimieren unterwürfiges Verhalten (z.B. Anredeformen, „Honorifika”) Entschuldigungen FTA als allgemeine Regel darstellen sich in die Schuld vom Hörer stellen

Tabelle 18. Strategien der positiven und negativen Höflichkeit

In den Absageschreiben werden die besprochenen Strategien mit folgenden Formulierungen realisiert[590]:

1. keine Reaktion[591], d.h. Verzicht auf die Ausführung gesichtsbedrohender Sprechakte.
2. eine Reaktion,

---

[587] die v.a. durch den Einsatz der Modalverben zum Ausdruck kommt.
[588] die durch Formen der Entschuldigung das Dringen abschwächt, vgl. hierzu Bonacchi (20013: 67) und mit Hilfe der Abtönungspartikeln oder des Konjunktivs verbalisiert wird.
[589] Vgl. http://www.scipio.ro/documents/194431/291517/03_Ionela+Duduta+-+articol+BT+ultim.pdf, S. 142f., Zugriff am 11.05.2012.
[590] Die Aufteilung der Strategien entspricht der Unterteilung von Brown/Levinson (1978: 69), vgl. hierzu auch Erndl (1998: 24f.).
[591] Darunter kann auch die Sprechhandlung SCHWEIGEN subsumiert werden, da sie als eine der möglichen Reaktionen in der interaktiven Struktur der Sequenz BITTEN-ABLEHNEN genannt wird, vgl. hierzu Hayashi/Yoonsuk (2005: 56); siehe auch Unrath-Schapernack (2004) und Sifianou (1997). Auf die Diskussion, ob Schweigen eine oder keine Reaktion ist, wird in der vorliegenden Arbeit nicht eingegangen.

a. die implizit[592] ausgedrückt wird[593] (*off record*[594]): *Eine Anzahl von Bewerbern impliziert zwangsläufig auch eine Vielzahl von Absagen*; *Bei mehreren gleich qualifizierten Bewerbern sind schon kleine Details ausschlaggebend*; *Nach weiteren Etatkürzungen sehen wir uns gezwungen, Einsparungen vorzunehmen*; *Heute haben wir das Bewerbungsverfahren für unsere ...stelle abgeschlossen*; *Aufgrund der Fülle an Bewerbungen konnten wir leider nicht alle Bewerber berücksichtigen*; *Die bedauere ich sehr, dennoch hat uns die hohe Bewerberzahl zu einer sehr engen Auswahl gezwungen.*
b. die explizit ausgedrückt wird (*on record*)[595]:

- direkt und klar ohne Rücksicht auf das Wahren des Gesichts[596], z.B.: *Wir nehmen keine Einstellung vor*; *Leider ist es nicht möglich, Ihrer Bewerbung zu entsprechen*; *Wir haben auch in absehbarer Zeit keine Stelle frei*; *Wir erteilen Ihnen eine Absage*; *Wir haben keine Beschäftigungsperspektive anzubieten*; *Ihre Bewerbung können wir nicht berücksichtigen*; *Leider haben wir derzeit kein Interesse*; *Wir können keine Einstellungen vornehmen*; *Wir können Ihnen keine entsprechende Stelle anbieten*; *Wir verfügen über keinerlei Vakanz*;
- höflich, mit Rücksicht auf das Wahren des Gesichts:

• mit Rücksicht auf das Wahren des positiven Gesichts des Adressaten, im Sinne der positiven Höflichkeit, wenn der Sprecher nur andeutet, die Wünsche des Adressaten realisieren zu wollen, z.B.: *Gern hätten wir Ihnen einen positiven Bescheid erteilt*; *Wir wissen, wie viel Arbeit es macht, eine Bewerbung aufzusetzen und die Unterlagen zusammenzustellen. Oft sitzt man ganze Wochen daran. Auch werden Sie viel Zeit inves-*

---

592 Diese Strategie der Gesichtswahrung kommt in den Absageschreiben v.a. in der Begründung der Absage vor, wo verschiedene Ursachen genannt werden.
593 = Vermeidungsstrategie.
594 Vgl. hierzu die Auflistung der *off-record*-Strategien bei Bonacchi (2013: 68), zu denen „alle Handlungen des Ausweichens“ gehören, und mit folgenden Formen realisiert wird: Implikaturen, Präsuppositionen, Understatement, Overstatement, Tautologien, rhetorische Fragen, Ironie, Metapher, Ambiguität, Vagheit, Übergeneralisierung, Displacement, Unvollständigkeit, Ellipse.
595 Vgl. dazu die „Strategie der unverblümten Direktheit“ bei Erndl (1998: 24).
596 Dies geschieht in der Übereinstimmung mit dem Griceschen Kooperationsprinzip (vgl. Grice 1979).

tiert haben, umso mehr bedauern wir, dass wir Ihnen heute eine Absage erteilen müssen; *Wir bedanken uns für Ihre Geduld und Ausdauer*;

- mit Rücksicht auf das Wahren des negativen Gesichts des Adressaten[597], im Sinne der negativen Höflichkeit, wenn der Sprecher andeutet, die Interessen des Adressaten so weit wie möglich zu respektieren und eigene Interessen einzuschränken, z.B.: *Ich komme gerne auf Sie zurück*; *Ihr Bewerbungsschreiben lege ich gern auf Wiedervorlage, um zu gegebener Zeit darauf zurückgreifen zu können*; *Bei einer freien Startposition werden wir uns mit Ihnen in Verbindung setzen*; *Sobald wir eine neue Kollegin suchen, werden wir uns bei Ihnen melden, versprochen!*; *Wir hoffen, dass Sie dieses Ergebnis bei Ihrer Suche nach einem neuen Wirkungskreis nicht entmutigt*; *Sehen Sie in unserer Entscheidung auf keinen Fall eine Geringschätzung Ihrer Qualifikationen oder Ihrer Person*; *Probieren Sie es weiter*; *Falls Sie sich von einem Angebot angesprochen fühlen, würden wir uns über Ihre gezielte Bewerbung freuen.*

Durch die gezielte Anwendung der Strategien der positiven Höflichkeit werden die bedrohlichen Aspekte minimiert, indem ein Zusammengehörigkeitsgefühl zwischen dem Sprecher und Hörer (hier: Absageschreiber und Bewerber) aufgebaut wird. Es geht v.a. darum das eigene Gesicht (oft das der jeweiligen Firma) zu wahren und das Gesicht des Bewerbers nicht zu verletzen. Ob diese beiden Ziele erreicht werden, ist eher fraglich, denn eine Absage ist eben eine Absage, unabhängig davon, wie sie sprachlich manifestiert wird. Im Falle der untersuchten Textsorte haben wir es mit einer mehr oder weniger klaren Situation zu tun: der Sender (= Bewerber) ist sich dessen bewusst, dass die Wahrscheinlichkeit, dass er auf sein Angebot (= Bewerbung) eine negative Antwort von dem Adressaten (= Arbeitgeber) bekommt, sehr hoch ist. Bonacchi (2013: 138 und 2014: 351) diskutiert in solchen Fällen den Begriff der „Pseudohöflichkeit“[598], d.h. die Anwendung konventioneller Höflichkeitsformen in Situationen starker affektiver Anteilnahme, „die eine feindliche bzw. aversive Intention birgt“ (Bonacchi 2014: 351), und stellt zu Recht fest, dass diese als „inadäquat

[597] Diese Strategie kommt besonders deutlich in den Aperitif-Briefen und Eisschreiben vor, vgl. hierzu: Szczęk (2008, 2009).

[598] In diesem Kontext kann man auch die „Überhöflichkeit“ anführen, bei der es „um das Gefühl der Überschreitung der Grenze zwischen angemessen/unangemessen in einer gegebenen Situation“ geht (vgl. Bonacchi 2013: 163).

(pseudohöflich) und sogar verletzend" wirken können, zumal der Empfänger (= Bewerber) viele Absageschreiben mit gleichen „höflich zu wirkenden" Absage-, Dankes-, Trost- und Aufmunterungsformulierungen bekommt[599].

Die Strategien der negativen Höflichkeit dagegen helfen, in Zukunft potenzielle Konflikte zu vermeiden, denn es wird angedeutet, dass die jeweilige Angelegenheit immer noch offen bleibt und noch nicht entschieden ist. Es ist formale, routinemäßige Höflichkeit[600] und wirkt distanzaufbauend (vgl. hierzu Schulze 1985: 14). Sie kann auch den Strategien der Vermeidung[601] – „interpersonalen Vermeidungsritualen" (Werlen 1983) – subsumiert werden, die auch andere Merkmale, wie z.B. verbale Handlungen mit entschuldigendem Charakter, die sich auf vergangene Handlungen (= die eingegangene Bewerbung) beziehen, und eine unpersönliche Ausdrucksweise, aufweisen.

Wenn man aber von der in der Forschungsliteratur verbreiteten These ausgeht, dass „die Realisierung von Sprechakten auf universellen pragmatischen Prinzipien beruht"[602] (Harting 2007: 110), kann man annehmen, dass ABLEHNEN/ABSAGEN zu alltäglich realisierten Sprechakten gehört und in der Sprache gewisse Mechanismen entwickelt worden sind, diese zu vollziehen.

Die Analyse der Absageschreiben im Lichte der Höflichkeitstheorie lässt die Architektur der Höflichkeit dieser Texte bestimmen. Es ist nämlich deutlich sichtbar, dass in diesen Schreiben, in denen der kritische Sprechakt ABLEHNEN/ABSAGEN ausgeführt wird, bewusst verschiedene Höflichkeitsakte eingesetzt werden, um potentielle Konflikte zu vermeiden, indem die Aussagekraft der Absage abgemildert wird, wozu sich auch die Absageschreiber bekennen, indem sie ganz offen schreiben: *Gern hätte ich Ihnen eine noch detailliertere Rückmeldung zu Ihren Unterlagen gegeben,* ***um den negativen Beige-***

---

599 Damit verbindet Bonacchi (2013: 153) auch Komplimente, die in einigen Fällen als Distale wirken können, v.a. „wenn sie Bestandteile routinierter Sprachformeln sind, die die Handlung an bestimmten Mustern ausrichten."

600 Vgl. hierzu die „höfliche Etikette" bei Bonacchi (2012b: 18), unter der sie „das Repertoire an höflichen Forme(l)n (Routinen und Rituale)" versteht, „die die Mitglieder einer Kommunikationsgemeinschaft ‚vorfinden' und ihnen gleichsam zur Verfügung stehen, um kommunikativ ‚schwierige' Situationen zu bewältigen, um einen ‚guten Eindruck' auf den Gesprächspartner zu machen, um ihn gut ‚einzustimmen'."

601 Zum Begriff der Vermeidungsstrategien vgl. Held (1995) und Werlen (1983).

602 Vgl. z.B. Austin (1962), Searle (1969, 1975), Fraser (1985).

schmack einer Absage etwas zu mildern. *Ich bitte um Ihr Verständnis, dass mir dies bei der Vielzahl an Bewerbern nicht möglich war*.

In den Absageschreiben lassen sich Sequenzen finden, in denen *Reparative* vorkommen[603], „die das Ziel haben, das gefährliche Potential von kritischen Sprechakten zu entschärfen und ihren negativen kommunikativen Effekten vorzubeugen, sowie das schon beeinträchtigte rituelle Gleichgewicht wiederherzustellen." (Bonacchi 2013: 133). In unserem Falle sind sie v.a. in dem thematischen Teil Trost und Aufmunterung zu finden, in dem der Bewerber aufgewertet wird, z.B.: ... *dass wir Ihre Bewerbung leider nicht berücksichtigen können, ist keinesfalls als ein Werturteil Ihrer bisherigen Arbeit anzusehen. Ihre fachliche Qualifizierung steht für uns außer Frage*; *Wir bitten Sie, diese Absage nicht als persönliches oder fachliches Werturteil zu verstehen*. Dieselbe Funktion haben auch Formulierungen, in denen Bedauern ausgedrückt wird, z.B.: *Wir bedauern, Ihnen keinen günstigeren Bescheid geben zu können*; *wir wissen, wie viel Arbeit es macht, eine Bewerbung aufzusetzen und die Unterlagen zusammenzustellen. Oft sitzt man ganze Wochen daran. Auch werden Sie viel Zeit investiert haben, umso mehr bedauern wir, dass wir Ihnen heute eine Absage erteilen müssen*. Auch Gutgemeinte Ratschläge für die weitere Arbeitssuche können als *Reparative* interpretiert werden, z.B.: *Lassen Sie sich von dieser Absage nicht entmutigen*; *Lassen Sie in Ihren Bemühungen nicht nach*; *Probieren Sie es weiter*. Der zum Schluss des Schreibens platzierte Ausdruck der Überzeugung, dass der Bewerber bald eine Stelle findet, der mit den Wünschen für die weitere Arbeitssuche verbunden ist, kann auch als *Reparativum* gelten, z.B.: *Wir sind überzeugt, dass Sie schon bald einen Arbeitsplatz finden, der Ihren Vorstellungen entspricht. Hierzu und für Ihren weiteren Berufsweg wünschen wir Ihnen viel Erfolg*.

In den Absageschreiben finden sich auch *Supportive*, zu denen u.a. Komplimente gehören. Ihre Analyse erfolgt im Kapitel 8.2.4.1.

8.2.2. Andere Ansätze in der Höflichkeitsforschung

Die Kritik an dem pragmalinguistischen Ansatz in der Höflichkeitsforschung ergab sich aus einem wachsenden Interesse an der Analyse der Höflichkeit in

[603] Vgl. die Typologie der Höflichkeitsakte in Bonacchi (2013: 125ff.).

anderen Kulturen. Die Frucht dessen waren soziolinguistisch und -pragmatisch angelegte Studien, in denen von der Annahme ausgegangen wird, dass Höflichkeit „ein Mittel zum Zweck sei". Das Ziel sei „das soziale Gleichgewicht herzustellen" (Bonacchi 2011a: 172). Es sei hier auf die Studie von Arndt/Janney (1985) hingewiesen, in der der Vorrang der emotiven Komponente zugeschrieben wird, die erst durch Höflichkeit zum Ausdruck kommen kann. Dabei hat der Sprecher die Aufgabe, „interpersonelle Missverständnisse (...) zu vermeiden." (Held 1995: 89), was ein Ergebnis des aufeinander bezogenen Verhaltens der Interaktanten ist (vgl. Arndt/Janney 1985: 293). Der zentrale Begriff ist dabei der *Konflikt*, an dem sich die Kommunikation orientiert. Der Höflichkeit wird die Funktion einer Strategie zur Konfliktvermeidung[604] zugeschrieben.

Eine neue Perspektive in der Untersuchung der Höflichkeit bietet Fraser (1990) mit dem Konzept des „Gesprächsvertrags" an. Er interpretiert Höflichkeit als „die jeweils gültige Norm auf der Basis eines (meist stillschweigend vereinbarten) Gesprächsvertrags" (vgl. Vorderwüllbecke 2002: 31). Auf dieser Grundlage werden wiederum zwei Arten der Höflichkeit unterschieden: die konventionelle[605] und die individuelle Höflichkeit (ebd.).

Einen Schritt in Richtung der soziokulturell orientierten Untersuchungen wagt in seiner Studie zur Höflichkeit Richard Watts (1989). Der zentrale Begriff wird bei ihm als „besondere Ausprägung politischen Verhaltens" verstanden, dessen Ziel sei, „die Relationen zwischen den Menschen aufrechtzuerhalten" (Bonacchi 2013: 74). Daher seien alle „politischen Formen"[606], die einem zur Verfügung stehen, sozial markiert, und gelten nach dem Kriterium der Angemessenheit als höflich. In den soziokulturell orientierten Studien wird das Hauptgewicht „auf die Bestimmung der soziokulturellen Funktionen der Höflichkeitsformen und auf eine genauere Bestimmung der individualpsychologischen Faktoren" (Bonacchi 2011a: 172) gelegt. Die diesem Ansatz folgenden Analysen sind mit den Untersuchungen im Rahmen der Sozio-, Pragma- und Kulturlinguistik[607] eng verbunden. Dabei wird Höflichkeit als der „Versuch de-

[604] Vgl. hierzu „die harmonisierende, konfliktregulierende Funktion" der Höflichkeit bei Held (1994: 103).
[605] Diese Art der Höflichkeit ist mit den früher angeführten Zweiteilungen vergleichbar.
[606] Begriff zur Bezeichnung der Höflichkeitsformen im klassischen Sinne.
[607] Vgl. die These von Günthner (2002: 296): „Der Bereich kultureller Unterschiede wie auch möglicher Universalien in den Konventionen höflichen Verhaltens ist ein zentraler Aspekt der

finiert, Kommunikationskonflikte zu vermeiden und das eigene kommunikative Verhalten sozialverträglich und partnerbezogen zu gestalten." (Ding/Fluck 2002: 95). Dieses Konzept findet in den Studien z.B. von Held (1995), Ehrhardt/Neuland (2009), Ding/Fluck (2002), Günthner (2002), Kotthoff (2003), Bonacchi (2013) seinen Niederschlag. In den genannten Studien wird Bezug u.a. auf andere, oft exotische, Kulturen (China, Japan, muslimische Kulturen) und deren oft komplizierte Höflichkeitssysteme genommen[608]. Dabei wird deutlich hervorgehoben, dass man in solchen Fällen nicht von einer Höflichkeit / einem Höflichkeitssystem sprechen kann, sondern von mehreren, oft sehr differenten, die auch keine Berührungspunkte haben mögen, denn „Höflichkeitspraktiken (…) sind in interkulturellen Situationen insofern relativ komplex, als sie unterschiedlichen Grundlagen und Quellen entstammen." (Günthner 2002: 312). Aus diesem Grunde sollen diese als ein dynamisches und für jede Kultur charakteristisches Phänomen betrachtet und als „das Wissen vom Anderen und dessen jeweiligen Ansprüchen, Bedürfnissen und Notwendigkeiten" (Held 1994: 121) verstanden werden.

Eine weitere Perspektive bietet die Analyse der Höflichkeit im Rahmen des kulturologischen Ansatzes an. Diesem liegt die Annahme zu Grunde, dass Höflichkeit ein kommunikatives Phänomen sei. Demgemäß werde diesem das Merkmal der soziokulturellen Geprägtheit zugeschrieben (vgl. Bonacchi 2013: 89). Das Konzept setzt einen dynamischen Begriff der Höflichkeit voraus, dessen Ziel ist, „die Realisierungsmodalitäten von (un)höflichem Verhalten in verschiedenen polykulturellen Ausprägungen/soziokulturellen Kontexten in Abhängigkeit von den konkreten idiolektalen und idiokulturellen Eigenschaften (…)" (ebd.) ins Zentrum zu stellen. Die Höflichkeitsakte sollen daher multidimensional, multimodal und perspektivisch betrachtet werden. Den Ausgangspunkt für eine solche Vorgehensweise bildet die jeweilige jedoch konkrete Kommunikationsgemeinschaft, deren Höflichkeit in drei Dimensionen betrachtet wird: multidimensional unter Berücksichtigung von verbalen und nonverbalen Kommunikationssystemen, in ihrer sprachkulturellen Gebundenheit und de-

Interkulturellen Kommunikationsforschung und der Kulturanthropologie.", mit der die kulturologische Richtung in der Höflichkeitsforschung ihre Bestätigung findet, vgl. hierzu auch Hutter (1993: 146).

608 Vgl. hierzu die Definition der Höflichkeit als „kultureller Kode" bei Haferland/Ingwer (1996: 13) sowie Erndl (1998: 45 ff.).

ren theoretischen Modellierung (vgl. Bonacchi 2013: 90). Für die Zwecke solch angelegten Analysen wird Höflichkeit „als die Gesamtheit der rezipientengerechten und situationsbedingten kommunikativen Strategien" aufgefasst, „die darauf abzielen, eine gute bzw. ‚adäquate' soziale Kommunikation zu ermöglichen, indem sie eine besondere Art des kommunikativen Gleichgewichts, eben das ‚rituelle Gleichgewicht'[609] zwischen Interaktanten verstärken." (ebd.: 93). Dabei kommt den Höflichkeitsakten die Rolle zu, die illokutionäre Kraft von gewissen Sprechakten zu verstärken oder abzutönen. Sie haben also die Funktion „der Modulierung von Sprechakten" und gelten als „sprachliche Verhaltensregulative" (beide Begriffe nach Bonacchi 2013: 95) und „Mittel der Aufrechterhaltung der rituellen Kohärenz in sozialen Interaktionen." (Bonacchi 2013: 99).

8.2.3. Grammatische Indikatoren der Höflichkeit in den Absageschreiben[610]

Die Realisierung der Höflichkeitsstrategien in den Absageschreiben erfolgt mit Hilfe bestimmter Strukturen – Höflichkeitsformen – die es möglich machen, die Intentionen des jeweiligen Sprechers zum Ausdruck zu bringen. Dabei werden *Höflichkeitsformen* folgendermaßen definiert:

> Höflichkeitsformen sind eine Klasse von formal heterogenen Ausdrücken, die Einheiten der KOMA-[611] oder Textebene dazu geeignet macht, mit ihnen sprachliche Handlungen zu vollziehen, die in einem gegebenen Ko- und Kontext jeweils höflicher sind, als sprachliche Handlungen, die mit jeweils möglichen anderen sprachlichen Formen vollzogen werden. (Vorderwülbecke 1986: 261f.).

Machwirth (1970) unterscheidet zwei Gruppen von verbalen Formen der deutschen Höflichkeit. Zum einen sind es Wendungen und Ausdrücke, „die nach den Regeln der Grammatik und Syntax gebildet sind" (Machwirth 1970: 170), und zum anderen Formen, die als „eine ganz eigenartige Sprachform der Höflichkeit anzusehen" sind. In der Forschungsliteratur werden sie auch „Abschwächungen" genannt (vgl. Langner 1994, Lüger 1992: 99, 106) und lassen sich folgendermaßen unterteilen (vgl. Lüger 1992: 106):

[609] Dieser Begriff geht auf Goffman zurück, vgl. Goffman (1967: 8).
[610] Die Grundlage dieses Kapitels bildet eine Publikation von Szczęk (2011b).
[611] = kommunikative Minimaleinheit, vgl. Zifonun/Hoffmann/Strecker (1997: 935).

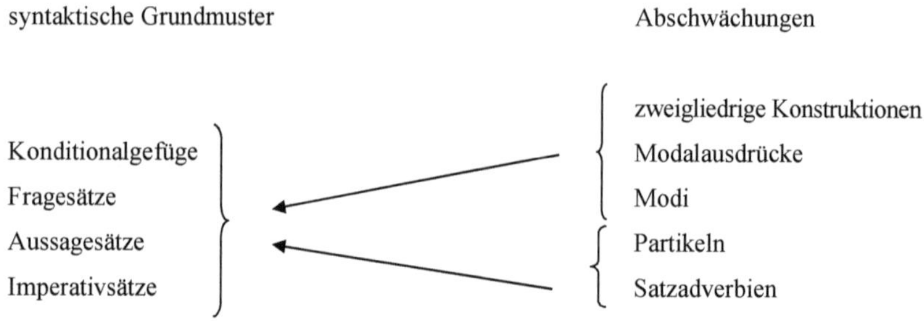

Schema 17. Struktur von Abschwächungen nach Lüger (1992: 106)

Zu den Indikatoren der Höflichkeit gehören in den Absageschreiben folgende Elemente[612]:

1. Pronomen, die ein Teil der Anrede sind; in den Absageschreiben handelt es sich um die Distanzform (auch Respektform) *Sie*, mit der Fremdheit, Distanz, Höflichkeit, Förmlichkeit, Über- oder Unterordnung, kollegiales Verhältnis, Dienstverhältnis, Respekt, Achtung ausgedrückt werden[613].
   a. Anredeformen; in den Absageschreiben kommen entweder offizielle, z.B.: *Sehr geehrte(-r) Frau / Herr*; *Sehr geehrter Bewerber ...*[614], oder vertrauliche Anredeformen, z.B.: *Liebe(-r) Frau / Herr*, *Lieber Bewerber ...* vor, und drücken auch andere Informationen mit aus, wie z.B.: Respekt, Hochachtung, Anerkennung, Distanz, Macht u.a.[615]
2. Modusgebrauch[616], der als einer der „Illokutionsindikatoren" (Sökeland 1980: 52f.) gilt und unter den Mitteln der Höflichkeit genannt wird (vgl. Werlen 1983, Graff 1977: 260ff.). In unserem Falle handelt es sich um einen gezielten Einsatz von zwei Modi:
   a. von Konjunktiv, der „die negativen Bedürfnisse der Angesprochenen schützt." (Erndl 1998: 52) und zum Ausdruck der Höflichkeit dient (vgl. Genzmer 1995: 123).

[612] Vgl. hierzu auch die Liste der verbalen Abschwächungen im Deutschen bei Erndl (1998: 49 ff.).
[613] Vgl. Engst (2008: 385).
[614] Diese allgemeine Anrede, in der nicht einmal der Name des Bewerbers genannt wird, scheint ein weiteres Argument zu sein, das von dem formelhaften Charakter dieser Textsorte zeugt, vgl. hierzu Kapitel 8.4.
[615] Vgl. hierzu Bonacchi (2013: 173).
[616] Zur Beschreibung der Kategorie „Modus" in den Absageschreiben vgl. Kapitel 3.4.1.2.5.

In den Absageschreiben werden die Formen des Konjunktivs eher selten verwendet. Es handelt sich um Formulierungen der Art: *gern hätten wir Ihnen einen positiven Bescheid erteilt,* welche als Ausdruck einer positiven Einstellung und guten Willens seitens des Senders (= Absageschreibers) gedeutet werden können.

b. vom Imperativ[617], dessen Formen in den Absageschreiben die Aufgabe erfüllen, durch eine Aufforderung bei dem Empfänger (= Bewerber) positives Denken hervorzurufen.

   Die Formen des Imperativs werden in folgenden thematischen Teilen verwendet:

   - Entschuldigung für die Erteilung der Absage, z.B.: *Bitte haben Sie Verständnis dafür, dass wir unsere Entscheidung nicht näher begründen können*; *Bitte betrachten Sie die Entscheidung nicht als Wertung Ihrer kreativen Leistung*;
   - Aufmunterung, z.B.: *Bitte verstehen Sie daher unsere Entscheidung nicht als Wertung Ihrer Person und Qualifikation*; *Bitte betrachten Sie unsere Entscheidung nicht als Wertung Ihrer kreativen Leistung*; *Dieser Bescheid stellt selbstverständlich keine inhaltliche Beurteilung Ihrer ... dar*; *Bitte haben Sie Verständnis und betrachten unsere Entscheidung nicht als Wertung Ihrer kreativen Leistung*; *Sehen Sie in unserer Entscheidung auf keinen Fall eine Geringschätzung Ihrer Qualifikationen oder Ihrer Person*;
   - Bitte um Verständnis, z.B.: *Bitte haben Sie Verständnis*, *wir hoffen auf Ihr Verständnis*; *Wir hoffen, Sie haben Verständnis für unsere Absage*; *Bitte haben Sie Verständnis, dass wir diesen Weg der Absage wählen müssen*;
   - Gut gemeinte Ratschläge für die weitere Arbeitssuche, z.B.: *Lassen Sie sich von dieser Absage nicht entmutigen*; *Lassen Sie in Ihren Bemühungen nicht nach; Probieren Sie es weiter, Bitte scheuen Sie sich jedoch nicht, sich zu einem späteren Zeitpunkt nochmals bei uns zu bewerben, auch wenn wir Ihnen heute Ihre Unterlagen erst einmal wieder zurücksenden müssen*;

617 Vgl. Kapitel 3.4.1.2.5.

3. Partikeln[618], deren Beitrag zur Höflichkeit oft hervorgehoben wird, denn „sie reduzieren bzw. behandeln Konflikte, tönen Widersprüche ab und verstecken selbstzentrierte Aussagen, verkleiden unangenehme bzw. unanständige Äußerungen." (Held 2003: 101ff.). Auf der anderen Seite findet man auch Meinungen über eine eher geringe Rolle der Partikeln: „Partikeln verhalten sich der Höflichkeit gegenüber neutral; sie können freundlich wirken – und tun es oft – weil sie erkennen lassen, dass der jeweils Sprechende den Gesprächspartner in seiner Individualität wahrnimmt und mit einbezieht." (Weydt 2003: 38). Es lässt sich aber nicht bestreiten, dass der Gebrauch der Partikeln Einfluss auf die mitgeteilte Intention hat, denn „sie entschärfen gewichtige Illokutionen, reduzieren *face*-Bedrohungen, tönen Widersprüche ab (…)" (ebd.).

Im vorliegenden Kontext handelt es sich v.a. um höfliche Modalpartikeln, deren Mitteilungswert vom Kontext abhängig ist[619], Rangierpartikeln, Gradpartikeln, Abtönungspartikeln, Modaladverbien, z.B.: *leider*: überwiegend beim Formulieren der Absage, z.B.: *… müssen wir leider eine Absage erteilen*; *bedauerlicherweise*: auch beim Formulieren der Absage, z.B.: *bedauerlicherweise müssen wir …*; *freundlicherweise*: im Hinweis auf die eingereichten Unterlagen, z.B.: *die uns freundlicherweise überlassenen Unterlagen …*; *dennoch*: beim Ausdruck des Bedauerns, z.B.: *dennoch tut es uns sehr leid*; *sicherlich*: in den Wünschen für die weitere Arbeitssuche, z.B.: *… dass Sie sicherlich eine Arbeit finden*; *jedoch*: beim Formulieren der Absage, z.B.: *jedoch müssen wir absagen*; *möglicherweise*: in den Wünschen für die weitere Arbeitssuche, z.B.: *Sie können sich möglicherweise bewerben…*; hinzu kommt auch die Höflichkeitspartikel *bitte*, die in fast jedem Absageschreiben gebraucht wird.

8.2.4. Kompliment als Strategie der Höflichkeit

„Jeder Sprechakt spiegelt die zur jeweiligen Kultur gehörenden Normen und Werte wider. Komplimente sind dementsprechend Spiegel der kulturellen Werte aufgrund ihrer Eigenschaft als Urteil bzw. als Ausdruck der Anerkennung eines mit dem Adressaten im Einklang stehenden Aspekts." stellt Probst (2003: 215)

[618] Zur detaillierten Beschreibung der Partikeln vgl. Kapitel 3.4.1.2.4.

[619] Vgl. hierzu auch die Zuordnung der Modalpartikeln zu den Strategien der positiven Höflichkeit bei Ankenbrand (2006: 4f.).

fest. Eine für unsere Zwecke besondere Form des Sprechakts stellt ein Kompliment dar, „in dem ein Sprechakt und ein Höflichkeitsakt sich verbinden." (Bonacchi 2013: 142).

In der einschlägigen Literatur werden Komplimente als eine Höflichkeitsstrategie bezeichnet, die kulturell verankert ist. Probst (2003: 1) stellt nämlich fest, dass:

> das Kompliment als Sprechakt im alltäglichen Sprachgebrauch fest verankert ist. Wenn nicht in allen, so doch in den meisten Sprachgemeinschaften dient der Austausch von Komplimenten als gängige Höflichkeitsstrategie. Während also die Vergabe von Komplimenten mehr oder weniger als universell bezeichnet werden kann, variiert die Form des Gebrauchs sowie der Status von Komplimenten in den unterschiedlichen Sprachen bzw. Kulturen.[620]

Sie sind „höfliche Rituale, in denen Eigenschaften oder Handlungen einer teilnehmenden Person von anderen Interaktanten positiv bewertet werden." (HSKTG 2000: 1270).

Komplimente sind als Sprechakte zu definieren, auch als „kommunikative Taktiken" (Mironovschi 2009: 3), die dem Erreichen eines Ziels dienen. In der einschlägigen Literatur werden sie folgendermaßen ausgelegt:

> A compliment is a speech act which explicitly or implicitly attributes credit to someone other than the speaker, usually the person addressed, for some „good" (possession, characteristic, skill, etc.) which is positively valued by the speaker and the hearer. Compliments normally attribute the valued „good" to the addressee, and even when a compliment apparently refers to a third person, it may well be indirectly complimenting the addressee. (Holmes 1987: 465f.).

Sie spielen eine wichtige gesellschaftliche Rolle, wie es Farenkia (2004: 3) hervorhebt: „Komplimente stärken das Selbstbewusstsein des Individuums und es ihm erleichtern, sich besser wahrzunehmen." Die Wichtigkeit der Komplimente in unserem Leben ergibt sich aus der einfachen Tatsache und Beobachtung, die von Carnegi et al. (2003: 70) folgendermaßen zusammengefasst wird: „Die Beachtung durch andere Menschen schmeichelt uns. Sie gibt uns das Gefühl, etwas Besonderes zu sein, das Gefühl, wichtig zu sein. Wir möchten sie an uns binden. Wir neigen dazu, ihr Interesse zu erwidern, und zeigen unsererseits Interesse an ihnen."

---

[620] Vgl. hierzu auch Frankowska (2011: 31).

Damit ein Kompliment[621] als solches realisiert wird, muss eine Grundbedingung[622] erfüllt werden, und zwar „die vom Sprecher ausgehende positive Bewertung eines Aspekts, der den Hörer auf irgendeine Weise betrifft." (Probst 2003: 2), d.h. im Vordergrund steht der Wunsch des Sprechers, über den Gesprächspartner etwas Gutes zu sagen (vgl. Pomerantz 1978).

Zusätzlich wird eine Reihe von Parametern genannt, die das Gelingen eines Kompliments bestimmen: sozialer Status, Geschlecht der Partner[623], persönliche Beziehung zwischen den Partnern, die thematische Auswahl sowie Sprech- und Formulierungsweise (vgl. Keim/Schwitalla (1993: 138)), da Komplimente „je nach Kultur variieren und unter anderem ihr Wertesystem widerspiegeln." (Frankowska 2012: 19).

In der Kommunikation haben Komplimente eine grundlegende Funktion zu erfüllen: „Ein Kompliment, das ein Sprecher direkt an eine andere Person richtet, dient dazu, jemandem ein positives Urteil entgegen zu bringen. Durch die Äußerung wird zunächst also ein positives Gefühl von Sprecherseite ausgedrückt." (Probst 2003: 4). Mit Hilfe eines Kompliments

> solidarisiert sich der Sprecher mit dem Hörer. (…) **Komplimente schaffen Solidarität, wo eine Beziehung aufgebaut werden soll oder wo eine bestehende Beziehung aufrechterhalten und gepflegt werden soll**[624]. In letzterem Fall wirken Komplimente solidaritätsbestärkend. Der Sprecher zeigt dem Adressaten durch das Kompliment, dass er ihn als Person achtet und schätzt und dass er an ihm und an einer (guten) Beziehung interessiert ist. (Probst 2003: 4, Hervorhebung – J. S.)

Es handelt sich also um „die Aufwertung des positiven *face* des Angesprochenen." (Grein 2008: 18), was in gewisser Hinsicht auf das *face*-Konzept von Goffman (1955, 1967) zurückgeht und als ein Element der Imagepflege – Imagearbeit / Beziehungsarbeit – verstanden werden kann. Dabei gelten Komplimente als „Mittel der Beziehungsgestaltung: Sie bringen zum Ausdruck, wie Kommunizierende miteinander umgehen."[625] (Farenkia 2004: 6).

---

621 Auf die Geschichte und die Entwicklung des Sprechaktes KOMPLIMENT wird in der vorliegenden Studie nicht eingegangen, vgl. hierzu z.B.: Mironovschi (2007: 16f.), Beetz (1981, 1990) u.a.

622 Zu den anderen Bedingungen für Komplimente vgl. z.B. Bonacchi (2013).

623 Vgl. hierzu die Ergebnisse der Analyse von Komplimenterwiderungen in Frankowska (2012).

624 In dieser Auffassung des Kompliments ist der Ansatz der Beziehungsarbeit erkennbar.

625 Vgl. hierzu auch Adamzik (1984: 269ff.) sowie andere Funktionen von Komplimenten: als Mittel zur Herstellung einer gemeinsamen Sicht auf die Welt (Keim 1995: 152), als Mittel

Weitere Funktionen der Komplimente, die in der einschlägigen Literatur genannt werden, sind: Ausdruck der Gemeinsamkeit(en) zwischen Sprecher und Hörer, Schaffen eines Solidaritäts- und Verbundenheitsgefühls (vgl. Grein 2008: 18) oder eine breitere Palette in Farenkia (2004: 3): Kontaktaufnahme bzw. -pflege, Höflichkeit- und Respektbezeugung, Ermunterung, Ansporn, Solidaritäts- oder Sympathiebekundung, Bitte um einen Gefallen, Gesprächseröffnung, Flirten oder ‚Anmachen', Abbau von Stress und Frustrationen, Konfliktreduzierung bzw. -vermeidung, Förderung sozialer Harmonie[626].

Die genannten Funktionen von Komplimenten reihen sich in deren Beitrag zur Höflichkeitsforschung ein, denn sie gelten als eine Form „der Abschwächung der geäußerten Gesichtsbedrohungen" und dienen zugleich zur „Unterstützung des *positiven face* des Hörers"[627] (Casper-Henne 2006: 391).

Im Verlauf der Kommunikation können Komplimente auch strategisch eingesetzt werden und gelten dabei als Aufmerksamkeitsappell, Signal der Gesprächsbereitschaft, Indiz der Themenfokussierung (vgl. hierzu Farenkia 2004: 8). Das kann durch den Einsatz von bestimmten Mitteln – „den Indikatoren der positiven Bewertung erreicht werden, die lexikalisch-semantischer, syntaktischer, stilistischer oder situativer Natur sein können. Sehr oft ergibt sich das Kompliment aus der Kombination von Merkmalen verschiedener Ebenen." (Farenkia 2005: 35).

In Bezug auf die Form und Thematik des Komplimentierens kann festgehalten werden, dass

> die Form dieses Sprechaktes – v.a. im Amerikanischen – gewissen Regularitäten unterliegt. Mit der Wahl vorgefertigter Strukturen erleichtert der Sprecher dem Rezipienten die Identifizierung des Kompliments. Die Regularitäten beziehen sich sowohl auf das semantische als auch auf das syntaktische Gefüge des Sprechaktes. Neben den Regularitäten, die die äußere Form der Komplimentäußerung betreffen, ist auch das Thema, d.h. der zu komplimentierende Aspekt, für die solidarisierende Wirkung maßgebend. (Probst 2003: 5).

---

zum Aufbauen von neuen Beziehungen, „Erwärmung sozialer Beziehungen zum Gesprächspartner (...)" und „emotionaler Umweltschutz" (Schwarze 1994: 11) oder „Sondierungsmittel" bei Lewandowska-Tomaszczyk (1989: 93ff.).

626 Vgl. hierzu auch die strategischen Funktionen von Komplimenten bei Farenkia (2004: 8).

627 Andere die Gesichtsbedrohung abschwächende Sprechakte sind: VORSCHLÄGE, VERSPRECHEN, EINLADUNGEN, LOB, INTERESSIERTE FRAGEN, DANK, vgl. Casper-Henne (2006: 391).

Als vorgeformt gelten dabei formelhafte Äußerungen „die durch Rekurrenz, d.h. durch häufigen Gebrauch fest geworden sind oder fest werden. Aufgrund der Festigkeit im Gebrauch sind oder werden sie lexikalisiert, d.h. sie sind Bestandteile oder werden zu Bestandteilen des Wortschatzes, so dass sie von den Sprachteilhabern als fertige komplexe Einheiten reproduziert werden.“ (Stein 1995: 57).

Dadurch kann man Mehrdeutigkeit, Aufwand, Komplexität in der Realisierung von Komplimenten vermeiden (Farenkia 2005: 42), denn

> die Formelhaftigkeit der Komplimente entlastet die Komplimentproduzenten von Entscheidungsdruck, da sie auf etablierte Komplimentiermuster zurückgreifen können, bei denen die Gefahr, dass das Kompliment misslingt, geringer ist, als bei freien Variationen. Die Komplimentempfänger zumindest scheinen die Formelhaftigkeit keineswegs als Kränkung zu empfinden, die ihrer individuellen Leistung nicht gerecht würde. Formelhafte Komplimente sind daher auch ‚sichere‘ Komplimente, da sie für beide, den Produzenten und den Empfänger, erwartbar und erkennbar sind und dadurch Verhaltenssicherheit und Verlegenheit vermeiden helfen. (Ayaß 1999: 294)[628].

Das Komplementieren gilt in der Theorie der Höflichkeit als eine Strategie der positiven Höflichkeit[629] (vgl. Brown/Levinson 1987). Komplimente gehören aber auch zu den Sprechakten, die gesichtsbedrohend sind (vgl. Brown/Levinson 1987), da sie das negative Gesicht des Komplimentempfängers bedrohen[630]. Sie gelten trotzdem als Mittel der positiven Höflichkeit, auch als „konstruktive Mittel der Gruppensolidarität“[631] (Bonacchi 2013), unter deren Anwendung man seine Empathie seinem Interaktanten gegenüber zeigen kann[632]. Sie werden auch als *Supportive* definiert, also „jene Höflichkeitsakte (…), die darauf abzielen, die Beziehung zwischen Interaktanten zu stärken und das rituelle Gleichgewicht zu unterstützen. Supportive Akte sind mehr als ein Ausdruck der positiven Beziehung zwischen Interaktanten: **Sie sind Mittel der Beziehungsgestaltung**.“ (Bonacchi 2013: 140, Hervorhebung – J. S.). Zugleich

---

[628] Dabei wird von Stein (2004: 280) die Entlastung als eins der Motive für den Gebrauch von formelhaften Äußerungen genannt, wobei „formelhafte Mittel und Strukturen als bewährte, habitualisierte oder konventionalisierte Lösungen für wiederkehrende Kommunikations- und Formulierungsprobleme dienen.“

[629] Vgl. auch Szczęk (2012).

[630] Das ist aber weitgehend davon abhängig, welche Sitten und Verhaltensnormen in der jeweiligen Kultur gelten, vgl. hierzu z.B. Bonacchi (2013).

[631] Vgl. dazu auch Wierzbicka (1991), Drabik (2004).

[632] In der Forschungsliteratur wird darauf hingewiesen, dass die Interpretation der Komplimente und deren Funktionen weitegehend kulturabhängig sind, vgl. hierzu Bonacchi (2013: 70).

werden sie auch den *Expressiva*[633] subsumiert, „weil sie die Freude beim Sprecher ausdrücken, dass er Freude beim Adressaten auslöst.“ (Wierzbicka 1983: 130, zit. in Bonacchi 2013: 141). Das bestätigt auch Drabik (2004: 21) in ihrer Monographie zu den Komplimenten und dem Komplimentieren im Polnischen, indem sie das Kompliment folgendermaßen auslegt: „Mówię ci, nie dlatego, że muszę, ale dlatego, że chcę, że coś w tobie albo z tobą związanego naprawdę mi się podoba, i mówię to, bo chcę, aby nam obojgu było przyjemnie.”
Komplimente gelten demnach als „Ausdruck eines persönlichen Gefühls” (Marten-Cleef 1991: 128) und unterscheiden sich von anderen ähnlichen Sprechhandlungsmustern, z.B. vom LOBEN dadurch, dass „beim LOBEN der Sprecher den Adressaten darüber informiert, daß eine von ihm erbrachte Leistung innerhalb eines bestimmten Normensystems als gut gilt. Damit verbunden ist die didaktische Absicht, den Adressaten in eben dieses Normensystem einzuführen.“ (ebd.: 127f.).
Zusammen mit Lob und Schmeicheleien gehören Komplimente zu den Mitteln, mit denen die Aufwertung des positiven Gesichts des Gegenübers erfolgt und „dienen oft gleichzeitig strategischen Interessen, da sie den A [Adressaten – J. S.] geneigt stimmen, der betreffenden Bitte nachzukommen.“ (Frank 2011: 366).

Von diesen sind aber die sog. pseudosupportiven Komplimente, die „supportiv intendiert sind, aber nicht gelingen“, und Schein- bzw. Pseudokomplimente, „denen eine aversive Illokution zu Grunde liegt“ (Bonacchi 2014: 351) zu unterscheiden. Im Falle der letzteren werden von Drabik (2004) viele Untertypen von Pseudokomplimenten aufgezählt.

KOMPLIMENTE erfolgen immer in einem bestimmten Kontext, in dem in vielen Fällen wichtiger zu sein scheint, Komplimente auszudrücken, als sie selbst zu empfinden (ebd.). Daher wird „beim KOMPLIMENT die Unmittelbarkeit der Gefühlsäußerung dadurch eingeschränkt, daß das Zeigen von Gefühlen allgemein zu den Erwartungsnormen bestimmter sozialer Situation zählt.“ (ebd.). Im Falle unserer Studie trifft dies zu, denn das Ausdrücken von Komplimenten zugunsten des Empfängers (= Bewerbers) scheint völlig gerechtfertigt zu sein, weil es zu den Standards beim Erstellen der Absageschreiben gehört,

[633] Wie Bonacchi (2013: 142) anführt, werden Komplimente unterschiedlich klassifiziert: als Verdiktive in der Taxonomie von Austin ([1962] 1972), als Sprechakte zwischen Assertiven und Expressiven nach nach der Klassifikation Searles ([1969] 1971) u.a.

dass man sich kurz aber positiv zu den eingereichten Bewerbungsunterlagen äußert.

Marten-Cleef (1991: 129) nennt auch Bedingungen, die der Sprechhandlung KOMPLIMENT zu Grunde liegen. Zu diesen gehören:

1. Bedingungen des Sachverhalts. „Sie charakterisieren den vom Sprecher wahrgenommenen Sachverhalt, der Anlaß der Gefühlsäußerung ist, insbesondere im Hinblick auf den Zeitpunkt sowie die Art der Rollenverteilung in Betroffene, Verursacher und Beobachter.“
2. Bedingungen der Präferenz. „Sie geben an, wie der Sprecher den wahrgenommenen Sachverhalt in bezug auf den Adressaten sowie in Rückbezug auf sich selbst bewertet.“
3. Bedingungen der psychischen Basis. „Sie beinhalten die Art des vom Sprecher empfundenen Gefühls angesichts des wahrgenommenen Sachverhalts.“

Der Sprechakt KOMPLIMENT „gilt daher als Ausdruck der Sympathie. Der Sprecher beabsichtigt, dem Adressaten im Hinblick auf den wahrgenommenen Sachverhalt seine Sympathie zu erkennen zu geben.“ (ebd.: 130).

Zugleich wird auch der sequenzielle Charakter der Komplimente hervorgehoben, wobei Kompliment als Aktion und Antwort auf das Kompliment als Reaktion verstanden wird (vgl. hierzu Bonacchi 2013: 142). Und gerade die Reaktion des Komplimentempfängers kann als Indikator für das Gelingen / Misslingen des Kompliments gedeutet werden.

In der Forschungsliteratur werden Bedingungen für das Gelingen der Komplimente genannt, die auf drei Kriterien: positive Judikativität, Aufrichtigkeit und Reziprozität aufbauen (Bonacchi 2013: 141):

1. durch ein Kompliment bringt der Sprecher eine positive Bewertung des Adressaten, seiner Eigenschaften oder seiner Welt zum Ausdruck (positive Judikativität);
2. es ist ein Willensakt, der kein weiteres Ziel verfolgt als die Freude des Adressaten und dadurch des Sprechers zum Ausdruck zu bringen (Aufrichtigkeit und Reziprozität);
3. der judikative Akt des Sprechers entspricht seinem mentalen Zustand (Aufrichtigkeit);

4. der Sprecher will den Adressaten nicht irreführen oder manipulieren (Aufrichtigkeit).

Komplimente haben demgemäß unterschiedliche Funktionen zu erfüllen, wie etwa: die phatische Funktion bei der Gesprächseröffnung, die präsentative Funktion zur Stiftung der Nähe oder Distanz, die reparative Funktion, die emotive Funktion (vgl. Bonacchi 2013: 151ff.).

Es wird jedoch hervorgehoben, dass Kompliment v.a. als „Mittel der Beziehungssicherung“ (Adamzik 1984: 269) eingesetzt wird und wie es Marten-Cleef (1991: 131ff.) expliziert: „Mit einem Sprechakt nach dem Muster KOMPLIMENT als Ausdruck von Sympathie zielt der Sprecher konventionellerweise auf die Herstellung eines kommunikativen Gleichgewichts.“

Im Bereich der Höflichkeitsakte sind auch Erscheinungen der Pseudohöflichkeit zu finden, und zwar „pseudosupportive Komplimente“ (Bonacchi 2013: 155), die die Unaufrichtigkeit des Sprechers entlarven. Zu solchen gehören nach Bonacchi (2013: 156) manipulative, übertriebene, banale, inadäquate, erzwungene, selbstbestätigende, selbstevaluierende Komplimente.

Ein unerlässliches Element des Komplimentierens ist auch das *Bewerten*[634] der angesprochenen Person. Darunter versteht man „den Prozess ideeller Affirmation, Zwecksetzung und Entscheidung (...) die Hervorhebung von Gegenständen, Eigenschaften oder Beziehungen als positiv oder negativ innerhalb eines bestimmten gesamtgesellschaftlichen oder gruppen- bzw. klassenspezifischen Wertsystems (...)“[635] (Ludwig (1976: 10)).

8.2.4.1. Die Kunst des Komplimentierens in den Absageschreiben[636]

Vom Gebrauch der Komplimente bleibt auch die Arbeitswelt nicht verschont, denn „Absagekomplimente sind zu einer üblichen Formulierung geworden, die vor allen Dingen im Berufsalltag häufig angewendet wird.“ (Beck Gloria 2011: 196).

In ihrer thematischen Struktur weisen Absageschreiben inhaltliche Sequenzen auf, in denen Komplimente eingesetzt werden. Dies ergibt sich zum

---

634 Vgl. hierzu die „verdiktiven Sprechakte“ bei Austin ([1962] 1972: 169).

635 Das deckt sich mit der Auffassung der „Verdiktive“ nach Austin ([1962] 1972).

636 Die Grundlage für die Entstehung dieses Kapitels bildet die Publikation von Szczęk (2013).

größten Teil aus der Funktion solcher Schreiben, die nach gewissen Regeln verfasst werden sollen (vgl. hierzu exemplarisch: Hovermann 2009: 75ff., Duden (1997), Menzel/Kuhn (1997)).

In den Absageschreiben erfüllen Komplimente die Funktion der Abmilderung, und dies auf Grund der Tatsache, dass Absagen eigentlich unhöflich ist, was von Gałczyńska erläutert wird: „Akt ten jest bowiem sprzeczny z oczekiwaniem nadawcy wypowiedzi-akcji i narusza jego godność.“ (2005: 113). Sie nennt folgende Mittel, die dazu dienen, höflich abzusagen: Rechtfertigung, Entschuldigung, Danksagung (ebd.: 114ff.). Im Weiteren stellt sie noch fest: „Sposób formułowania odmowy świadczy o stosunku nadawcy do adresata aktu. (...)” (ebd.: 117).

Es verwundert daher nicht, dass in den Absageschreiben verschiedene Mittel verwendet werden, um ihre Aussagekraft abzumildern[637]. Dabei ist die Absicht der Arbeitgeber deutlich sichtbar, „die Bewerber zu beruhigen und in ihrem großen Wert und ihrer großen Nützlichkeit für den Arbeitsmarkt zu bestätigen, sowie sie von der Hoffnung auf zukünftige Arbeitsstellen zu überzeugen. (...)“ (Szczęk 2008: 79).

Man findet sogar fertige Formulierungen, deren Ziel ist, „die Kränkung einer Ablehnung zu mildern“ (Beck Gloria 2011: 195), wobei „die Unvermeidbarkeit der ablehnenden Entscheidung“ herausgestellt wird. (ebd.).

Für unsere Zwecke ist es nötig, die Definition eines Absage-Kompliments anzuführen, das aus zwei Teilen besteht (ebd.):

1. „aus dem Kompliment als Anerkennung und Ausdruck von Wertschätzung für das bisher Geleistete
2. und aus einer Absage mit einer Unvermeidlichkeitsformulierung sowie mit unpersönlichen Wendungen“[638].

In den Absageschreiben werden Komplimente gebraucht, die auf den Empfänger (hier: den Bewerber) hin gerichtet sind. Es handelt sich dabei um den thematischen Strukturteil: Dank für das Interesse an der Arbeit; es sind v.a.

[637] In der Forschungsliteratur werden folgende Strategien behandelt: Beschönigung, Delegierung, lange Verzögerung der Antwort, Distanzierung, Vermeidung, vgl. Müller/Moser (2006: 345).

[638] In der Forschungsliteratur wird darauf hingewiesen, dass es auch einen Dreisatz-Modell für Absage-Komplimente gibt, in dem vor der Absage noch das Verschieben eingesetzt wird, vgl. Beck Gloria (2011: 197f.).

Formulierungen, mit Hilfe deren das Engagement des Bewerbers gelobt[639] wird, dass er sich bei einer bestimmten Firma beworben hat. Dieser Teil kommt in allen drei Formen der Absageschreiben vor.

Man drückt dabei seine Freude aus, z.B.: *Es freut uns, dass Sie uns gewählt haben*; *Es freut uns, dass Sie Ihre berufliche Perspektive in unserem Unternehmen sehen*; *Über Ihre Bewerbung bei ... als ... habe ich mich gefreut.* Die Freude ist auch mit Gefallen verbunden, wodurch dem Bewerber geschmeichelt werden soll, z.B.: *Ihr Interesse an einer Tätigkeit bei uns hat uns gefallen.* Sie wären den sog. Pseudokomplimenten zuzuordnen (vgl. Bonacchi 2014: 351, Drabik 2004), da in solchen Formulierungen der intendierte Inhalt übertrieben ausgedrückt und die Gricesche Maxime der Qualität verletzt wird (vgl. Bonacchi 2014: 352).

Man bedankt sich auch, was den Bewerber in der Richtigkeit seiner Handlung, eine Bewerbung aufzusetzen, bestärken soll, z.B.: *Vielen Dank für die Bewerbung, mit der Sie Interesse für eine Tätigkeit in unserem Hause zum Ausdruck bringen*, was eigentlich als eine Schmeichelei zu interpretieren wäre.

Sogar beim Formulieren der Absage werden gegenüber dem Bewerber Komplimente formuliert, die eher als Lügen interpretiert werden können, z.B.: *Auch unter Würdigung des von Ihnen dargelegten qualifizierten beruflichen Werdegangs muss ich Ihnen mitteilen, dass ich Ihnen zur Zeit und auch in absehbarer Zeit kein Ihren Wünschen und Ihrer Qualifikation entsprechendes Stellenangebot unterbreiten kann.*

Hinzu kommen auch Formulierungen, in denen versucht wird, den Bewerber aufzuwerten, indem Bezug auf den in den Bewerbungsunterlagen geschilderten Lebenslauf genommen wird, z.B.: *Bitte verstehen Sie daher unsere Entscheidung nicht als Wertung Ihrer Person und Qualifikation*; *Bitte betrachten Sie unsere Entscheidung nicht als Wertung Ihrer kreativen Leistung*; *Dieser Bescheid stellt selbstverständlich keine inhaltliche Beurteilung Ihrer Person*

[639] Zum Verhältnis zwischen „Kompliment“ und „Lob“ vgl. Probst (2003: 3) und auch die Explikation bei Wagner (2001: 247 zit. nach Zillig 1982: 92): „Sprecher und Hörer stehen in einem asymmetrischen Verhältnis, in einer ‚pädagogischen Situation‘ im weiten Sinne. Der Sprecher (...) hat die ‚Urteils- und Bewertungskompetenz‘ und drückt seine Zustimmung/Billigung/Anerkennung für eine gelungene Handlung/ein gutes Handlungsergebnis aus, die/das der Hörer zu verantworten hat.“

dar. Dabei wird versucht, das Selbstwertgefühl beim Bewerber zu wecken und zu stärken (vgl. hierzu Wagner (2001: 247)).

Es sind auch Formulierungen zu finden, in denen ein Gefühl der Solidarität mit dem Bewerber erzeugt wird, d.h. der Absageschreiber versucht sich in die Lage des Bewerbers zu versetzen und scheint seine Lage zu verstehen, z.B.: *Wir wissen, wie viel Arbeit es macht, eine Bewerbung aufzusetzen und die Unterlagen zusammenzustellen. Oft sitzt man das ganze Wochenende daran. Für Ihre Mühe bedanken wir uns*; *Wir bedanken uns für Ihre Geduld und Ausdauer.*[640]

In allen angeführten Formulierungen kommt eine überaus positive Wertung des Bewerbers seitens des Absageschreibers zum Ausdruck. Es häufen sich dabei solche Ausdrücke, wie z.B.: *der qualifizierte berufliche Werdegang, kreative Leistung, fachliche Qualifizierung*, die den Bewerber betreffen und ihn in seinem Wert bestätigen und bekräftigen sollen. Sie sind schablonenhaft und werden in fertigen Formulierungen für Absageschreiben benutzt. In manchen Fällen können sie aber eine entgegengesetzte Wirkung erzielen und statt das Gesicht des Empfängers (hier: Bewerbers) zu schonen, ironisch[641] wenn nicht lächerlich klingen. Es handelt sich hier um eine übertriebene Einschätzung in Bezug auf die Qualifikation des Bewerbers oder die Qualität seiner Bewerbungsunterlagen, der die Aufgabe zukommt, die angenomme Frustration und Enttäuschung als Reaktionen des Bewerbers nach dem Erhalt der Ablehnung/Absage zu kompensieren.

Die in den Absageschreiben gebrauchten Komplimente weisen eine gewisse Formelhaftigkeit auf. Durch ihre schablonen- und floskelhafte[642] Wirkung, lassen sie nämlich bei dem Bewerber den Glauben an ihre Wirksamkeit fallen. Aus diesem Grunde können sie der Kategorie der *Distale*, also „Mittel zur Stiftung von Distanz (…), vor allem wenn sie Bestandteile routinierter Sprachformeln sind, die die Handlung an bestimmten Mustern ausrichten." (Bonacchi 2013: 153) zugeordnet werden. Auf der anderen Seite können sie aber als „be-

[640] In dieser Formulierung ist die Gricesche „Maxime der Sympathie" erkennbar (vgl. Grice 1979), bei der es darum geht, Empathie und Aufmerksamkeit dem Interaktanten gegenüber zu zeigen, und ist auch als Strategie der positiven Höflichkeit (Brown/Levinson 1978, 1987) zu interpretieren; vgl. hierzu auch Bonacchi (2013: 59).

[641] Zum ironischen Beiklang der Komplimente vgl. Bonacchi (2013: 60).

[642] Das deckt sich mit der Auffassung der Höflichkeit nach Erndl (1998) in der Bedeutung „Höflichkeitsform".

queme" Mittel gedeutet werden, die in Situationen gebraucht werden, „die durch Häufigkeit und Gleichförmigkeit der Interaktion geprägt sind und die ein Risiko für das gegenseitige Image darstellen." (Vorderwülbecke 1986: 257).

8.2.5. Lüge als Strategie der Höflichkeit und des Absagens[643]

Als eine weitere Strategie[644], das Sagen einer unangenehmen Wahrheit zu umgehen, kann die Lüge angesehen werden. Das beste Mittel dazu ist die Sprache[645], denn wie Antas (2008: 7) schreibt „(...) kłamstwo jest rzeczywistym działaniem mownym, mającym na celu intencjonalne oszukanie kogoś lub zatajenie czegoś." Lüge ist ein Element des menschlichen Lebens. Es wird angenommen, dass jeder Mensch durchschnittlich 200 Mal pro Tag lügt[646], denn „Kłamstwo jako strategia językowa i niewerbalna stanowi w naszym życiu społecznym nieodzowny składnik sztuki rozmowy i w ogóle kontaktu z drugim człowiekiem." (ebd.).

„Warum soll man die Wahrheit sagen, wenn es einem vorteilhafter ist zu lügen?" – fragte Ludwig Wittgenstein. Und diese so direkt formulierte rhetorische Frage überrascht nicht, denn es scheint eine natürliche Neigung des Menschen zu sein, zu lügen[647], wie es Karwatowska (2003: 319, Hervorhebung im Original) expliziert:

> *Kłamstwo* to pojęcie niesłychanie złożone, toteż na ogół odczuwamy w stosunku do niego wyraźną repulsję, to przecież jednocześnie nie potrafimy się bez niego obejść. Niekiedy kłamiemy z zemsty, zawiści, złości, innym razem z pragnienia, aby pokazać się lepszym, wartościowszym w oczach interlokutora, jeszcze innym – z chęci osłonięcia rozmówcy przed trudnymi, bolesnymi dla niego słowami prawdy bądź podejmujemy działania ingracjacyjne, czyli takie, których istotą jest wkupienie się w czyjeś łaski.

Wie es aber die alltägliche Praxis zeigt, ist es nicht immer einfach, denn „Kłamstwo (...) wymaga wielkiego intelektualnego trudu, który polega nie tylko na pobudzeniu wyobraźni i zdolnościach kreatywnych, ale przede wszystkim na

---

643 Die Grundlage für das vorliegende Kapitel stellt die Publikation von Szczęk (2012b) dar.
644 Der Begriff *Strategie* in Bezug auf Lügen wird in Anlehnung an Antas (2008) verwendet.
645 Es soll in dieser Hinsicht darauf hingewiesen werden, dass es auch außersprachliche Mittel des Lügens oder gewisse Reaktionen des Körpers gibt, die einen Lügner leicht verraten können, z.B.: bestimmtes nonverbales Verhalten, mehr hierzu bei Antas (2008).
646 Vgl. hierzu Stiegnitz (1997).
647 Mit dieser These setzt sich Kovács in seinem Beitrag auseinander (2006: 102ff.).

uruchomieniu czegoś, co można by nazwać rozumowaniem semantycznym (...)" (Antas 2008: 21ff., Hervorhebung im Original).

Mit dem Phänomen der Lüge hat man sich bereits seit Langem beschäftigt, wobei die meisten Diskussionen eher in Richtung der Ethik und Moral rücken[648]. In philosophischen Abhandlungen[649] werden Lügen entweder angeprangert (z.B. bei Kant), oder gepriesen (z.B. bei Nietzsche oder Schopenhauer). In religiösen Anschauungen wird die Lüge eher getadelt, z.B. im Christentum wird Lügen dem Verstoß gegen das achte Gebot gleichgesetzt: *Du sollst nicht falsch gegen deinen Nächsten aussagen.*

Die klassische und oft zitierte Definition der *Lüge* stammt von Augustinus[650] und besagt: „Die Lüge ist eine Aussage mit dem Willen, Falsches auszusagen."[651] Dieser Gedanke wurde auch von Thomas von Aquin aufgenommen und folgendermaßen erweitert: „Die Wörter der Sprache sind Zeichen des Geistes; es ist wider ihre Natur und wider den Geist, sie in den Dienst der Lüge zu stellen."[652] Daraus folgt, dass „die Sprache die Gedanken offenbaren, nicht verbergen soll. (…) Die Lüge ist ihre [der Sprache – J. S.] Pervertierung." (Weinrich 2000: 8).

In der Lügen-Forschung werden diese Gedanken weitergeführt, wie z.B. von Ludwig Wittgenstein: „Lying about what I see, you might say, is knowing what I see and saying something else" (1934–36: 280) oder Harald Weinrich: „Die Linguistik sieht (…) eine Lüge als gegeben an, wenn hinter dem (gesagten) Lügensatz ein (ungesagter) Wahrheitssatz steht, der von jenem kontradiktorisch (…) abweicht." (2000: 40).

In der Philosophieforschung findet man auch Aussagen, die Lügen in Schutz nehmen, wie z.B. bei Kołakowski (1997: 29f.):

[648] Vgl hierzu auch Meibauer (2011, 2014), der mehrere Forschungsperspektiven nennt, aus welchen „Lüge" betrachtet werden kann.
[649] Vgl. z.B.: Arendt (2001), Wittgenstein (1995), Nietzsche (1921), Schopenahauer (1979) u.a.
[650] Vgl. Augustinus (395).
[651] Diese Definition wird mit der Begründung untermauert, „dass den Menschen nicht gegeben ist, damit sie sich gegenseitig täuschen, sondern damit sie einander ihre Gedanken mitteilen. Wer also die Sprache zur Täuschung gebraucht, missbraucht die Sprache, und das ist die Sünde.", vgl. hierzu: Weinrich (2000: 8).
[652] Vgl. hierzu Weinrich (2000: 8).

> Cnoty towarzyskie, jak dyskrecja i uprzejmość, bardzo często ocierają się o kłamstwo, ale trudno nie przyznać, że gdyby tych cnót nie było, życie zbiorowe byłoby znacznie gorsze niż jest i nie tyle oddychalibyśmy czystym powietrzem prawdy, ile żylibyśmy wśród chamstwa. I tych, co zawsze bez zastanowienia mówią to, co za prawdę – słusznie czy niesłusznie – mają, uważamy za chamów.

Puzynina definiert *Lüge* auf folgende Art und Weise: „świadome informowanie kogoś o czymś, o czym sądzi się, że tak nie jest"[653] (Puzynina 1992: 195).

Eine moderne Definition besagt: *Lüge* sei „die bewusste oder unbewusste Abwendung von der Wirklichkeit."[654] (Stiegnitz 1997).

Im Lichte der Sprechakttheorie wird LÜGEN zu einer besonderen Art der direkten Sprechakte gezählt (vgl. Ehrich/Saile 1972: 275f.), bei denen der Sprecher seine Absicht nicht offenlegt und die nur dann gelingen, „wenn der Hörer nicht erkennt, dass er getäuscht oder angelogen wird" (ebd.), also im Sinne der Explikation von Searle (1969, 1971) „S täuscht, wenn H nicht weiß, dass S die Sinzeritätsbedingung seines Sprechaktes verletzt." Lügen sind also „direkte, pervertierte oder problematische Sprechakte, mit welchen das allgemeine Kooperationsprinzip bzw. spezielle Konversationsmaximen heimlich und ohne Wissen des Hörers verletzt werden." (ebd.).

Bei Wagner (2001: 248) finden wir folgende Explikation der Sprechhandlung LÜGEN: „Der Hörer soll die Behauptung für wahr halten, während der Sprecher vom Gegenteil, von ihrer Unwahrheit überzeugt ist. Er versucht dadurch, sich einen Vorteil zu verschaffen, bzw. dem Hörer zu schaden."
Meibauer (2011: 278) platziert Lügen im Bereich der linguistischen Pragmatik: „I propose that lying as an object of linguistic study should be firmly settled in linguistic pragmatics, or, to be more precise, in the semantics/pragmatics interface." und betrachtet dieses Phänomen als „an insincere speech act of asserting aiming at influencing the hearer's belief." (ebd.: 289)[655].

Einen interessanten Ansatz in Bezug auf *Lüge* findet man in der Euphemismen-Forschung. Einen Überblick dazu liefert Bąk (2012: 34ff.). Zugleich versucht er *Lüge* als einen Pol auf einer Achse zu verorten, deren zweiter Pol die

---

[653] Bei Puzynina findet man auch eine genaue Explikation der Lüge, die sich auf vier Ebenen vollzieht, vgl. (1992: 200).

[654] Vgl. auch die Explikation der Lüge bei Falkenberg (1982: 19) und Wierzbicka (1999: 31) sowie die Lexikondefinitionen der Lüge z.B. in Duden (2007: 1096).

[655] Vgl. hierzu auch Meibauer (2014).

Synonymie ist (ebd.: 38). Im Hinblick auf die in der Forschungsliteratur vorhandene Zweiteilung der Euphemismen (vgl. Luchtenberg 1985) scheinen die verschleiernden Euphemismen[656] in die Richtung der Lüge zu tendieren.

In der Forschungsliteratur werden bestimmte Eigenschaften der *Lüge* genannt, die deren Charakter von sprachlichen Handlungen deutlich machen (Falkenberg 1982: 14): Lügen sind personal: sie sind immer jemandes Lügen, Lügen sind sozial (oder fremdpersonal): sie richten sich an andere, Lügen sind temporal: sie können datiert werden, Lügen sind intentional: sie geschehen absichtlich, Lügen sind verbal: sie bestehen in der Äußerung von Worten.

Auf dieser Grundlage werden auch die Arten der Lügen unterschieden. Grundsätzlich geht es um zwei Typen der Lüge: die Verheimlichung[657], die durch Weglassen wahrer Informationen entsteht, und die Verfälschung[658], die durch Präsentieren falscher Informationen als Wahrheit zu Stande kommt.

Man findet auch verschiedene Typologien der Lüge[659], denen menschliche Intentionen zu Grunde liegen: „Das lügende Ich (…) soll sozial positiv eingestellt sein, indem es lügt, das heißt, es kann lügen mit der Absicht, anderen dadurch zu nützen, beziehungsweise nicht zu schaden.“[660] (Bühler/Haas 1924: 7). Im Anschluss daran werden folgende „Arten“ der Lüge genannt[661] (ebd.: 7ff.):

- Verlegenheitslüge oder Ausrede, deren Existenz auf gesellschaftlicher Konvention beruht,
- Phantasielüge,
- asoziale Lüge, die in Nichtbeachtung der anderen in ausschließlicher Egozentrizität erfolgt; hierzu gehören auch Notwehrlüge[662], Lüge aus Scham, Begierdelüge[663],

---

[656] Vgl. Kapitel 5.3.2.
[657] Vgl. dazu Duden (2007: 1809).
[658] Vgl. dazu Duden (2007: 1802).
[659] Populärwissenschaftlich werden folgende Arten der Lüge unterschieden: jokes, white lies, defensive lies, offensive lies, embarassement lies. Sie werden nach dem Grad der Stärke ermittelt, vgl. hierzu: http://www.luegendetektortest.de/40854.html, Zugriff am 17.07.2012.
[660] Es werden in diesem Zusammenhang folgende Lügen-Absichten genannt: „Lüge aus sozial-positiver Einstellung, aus Hilfsbereitschaft, Liebe, Freundschaft, Rücksichtnahme, Schonung usw.“, vgl. Bühler/Haas (1924: 7).
[661] Vgl. auch die Arten der Lüge bei Falkenberg (1982: 135ff.).
[662] Lüge „bei der nur auf die eigene Lebensrettung oder Rettung vor Gefahr, Untergang reflektiert wird.“, vgl. Bühler/Haas (1924: 9).

- antisoziale Lüge, zu der das Wissen um die Schädigung oder Übervorteilung eines anderen gehört;

Soziolinguistisch gesehen unterscheidet man folgende Lügenarten[664]:

- Notlügen, um sich selbst aus der Bedrängnis, in die der Fragestellende den Gefragten gebracht hat, wieder zu befreien;
- Lügen aus Gefälligkeit, um andere nicht zu verletzen;
- Lügen, die den Zweck haben zu schmeicheln und sich selbst zu etwas zu verhelfen;
- Lügen aus Affekt, weil man die Verantwortung für etwas nicht tragen will,
- existentielle Lügen, also alles was mit Nahrung, Trinken, Schlafen, Sex zu tun hat. Man lügt, um eine von diesen Sachen zu bekommen.

Falkenberg (1982: 135ff.) unterscheidet drei Arten der Lüge:

1. starke Lüge – dabei behauptet man etwas, von dem man überzeugt ist, dass es nicht so ist, wie man behauptet;
2. schwache Lüge – hier glaubt A weder, dass p, noch dass nicht p.
3. indirekte Lüge – hier wird zwar die Wahrheit gesagt, aber nicht die ganze Wahrheit; man bedient sich dabei der Andeutung.

Lüge steht der *Täuschung* nahe, unterscheidet sich jedoch von dieser, wie es Wagner (2001: 248) erklärt: „LÜGEN ist TÄUSCHEN mit Assertiven, jedoch mit folgendem Unterschied. Eine Täuschung ist erst dann gelungen, wenn der Sprecher den Hörer überzeugt hat; – eine Lüge bereits dann, wenn der Sprecher überzeugt ist, daß er den Hörer überzeugt hat (dieser es aber gar nicht zu sein braucht)."

Auf der Ebene des illokutiven Akts unterscheidet man drei Gruppen von sprachlichen Täuschungen (Giese 1992:78 ff.):

1. Täuschungen hinsichtlich der illokutiven Intention; es sind Täuschungen durch Verletzen der wesentlichen Regel; in diesem Falle hat der Sprecher die mit dem Vollzug des illokutiven Akts verbundene Intention nicht[665];

---

663 „(...) so gibt es auch bei den Begierdelügen eine typisch asoziale Gruppe, bei der, ohne Reflexion auf den Nutzen oder Schaden des anderen, bloß die Befriedigung einer Begierde, eines Wunsches, Bedürfnisses erstrebt wird.", vgl. Bühler/Haas (1924: 9).

664 Arten der Lüge, in: http://www.cosmiq.de/qa/show/2135074/Arten-von-Luege/, Zugriff am 13.07.2012.

665 Es sind starke Lügen nach Falkenberg (1982).

2. Täuschungen hinsichtlich der propositionalen Einstellung: Täuschungen durch Verletzen der Regel der Aufrichtigkeit; es handelt sich hier um Täuschungen, bei denen der Sprecher einen illokutiven Akt vollzieht, ohne die entsprechende Einstellung zu haben;
3. Täuschungen hinsichtlich der Annahmen des Sprechers über die Voraussetzungen für den Vollzug illokutionärer Akte: Täuschungen durch Verletzen von Einleitungsbedingungen; es sind Täuschungen, bei denen der Sprecher beim Vollzug des illokutiven Akts keine der entsprechenden Voraussetzungen für erfüllt hält.

Daneben nennt man auch die sog. „weiße Lüge", auch soziale Lüge, die dem Wohl der belogenen Person dienen soll. Ihr Ziel ist das friedliche Miteinander und die Motivierung zur Leistung. In diesem Kontext verbindet sie sich unzertrennlich mit der Höflichkeit[666] und kann als eine der Absage-Strategien betrachtet werden. Sie erfolgt unter bestimmten Umständen, wie Ossowska (1970: 115) erklärt „Na ogół (...) istnieją okoliczności, w których wolno nam od prawdomówności odstąpić, przy czym rozgrzeszenie może być częściowe lub nawet zupełne."

Die Höflichkeit kann oft gezieltes Lügen verhüllen. Dabei – wie Antas (2008:10) feststellt – „Kłamca korzysta ze wszystkich dobrodziejstw komunikacyjnych: mowy, milczenia, środków słownych i pozasłownych."

8.2.5.1. Absageschreiben im Lichte der Theorie der Lüge[667]

Im Falle der untersuchten Texte handelt es sich überwiegend um die sog. *weiße Lüge*[668], die auch „soziale Lüge", „Notlüge" oder „fromme Lüge" genannt wird. Der Begriff stammt aus dem Englischen:

> Die ‚white lie' bezeichnet die "**gute Lüge**". (...) Die weiße Lüge geschieht oft aus Höflichkeit bzw. um den Mitmenschen Zuneigung, Respekt oder gar Mitleid zu vermitteln. Sie kann somit der Klasse der altruistischen/prosozialen Lügen zugeteilt werden – sie ist funktionales, zentrales Element des **gesellschaftlichen Miteinanders**.[669]

[666] Auf die engen Beziehungen zwischen „Lüge" und „Höflichkeit" wurde in der Forschungsliteratur mehrmals eingegangen, vgl. z.B.: Weinrich (1986), Tomiczek (1991).
[667] Die Grundlage dieses Kapitels bildet die Publikation von Szczęk (2012c).
[668] Vgl. hierzu Antas (2008: 260ff.).
[669] White lie. Die bunte Welt der weißen Lüge. In: http://www.derjo.de/diplom/?p=43, Zugriff am 13.07.2012.

Die kleine „weiße" Lüge hilft den Interaktanten (hier: dem Bewerber und Absageschreiber), besser miteinander auszukommen[670]. Das steht im Einklang mit dem Wesen der Lüge, denn „Akt kłamania z samej swej natury ma za zadanie zmylenie co do wartości przekazywanej informacji (...) Kłamstwa mają na celu ukrycie, a nie wykrycie (...)" (Antas 2008: 164). Forster (2009: 75) spricht in diesem Kontext über „gesellschaftliche Tabus", die gewissermaßen das Entstehen von Lügen erzwingen und in unserem Falle vollkommen zutreffen.

In den Absageschreiben sind bestimmte Formulierungen als Lügen zu interpretieren, die seitens des Senders (= Absageschreibers) erfolgen. Dabei soll hervorgehoben werden, dass – wie Reutner 2009: 372) schreibt – „Die Frage, ob es sich bei einer Aussage um eine Lüge handelt, demnach kaum auf Wortebene, sondern in der Regel nur unter Berücksichtigung des Kontextes der Wortverwendung, des Weltwissens der Beteiligten, der Motive des Sprechers und weiterer Faktoren entschieden werden kann."

Im Weiteren werden die Typen der Absagebriefe in Bezug auf deren Wahrheitsgehalt besprochen. Den Ausgangspunkt bildet die Definition der *Lüge* nach Jolanta Antas (2008: 166, Hervorhebung – J.S) in der die pragmatische Ebene berücksichtigt wird, und zwar:

> Kłamstwo (kłamanie) to złożony akt pragmatyczny i zarazem **strategia językowa**, której cechą zasadniczą jest stan podwójnej świadomości mówiącego, a co za tym idzie, taki rodzaj procesowania semantycznego, który nazwać można 'nieprawdziwym komunikowaniem', komunikowaniem opartym na naruszeniu podstawowych prawideł i maksym konwersacyjnych, regulujących zasady naturalnej i rzetelnej komunikacji.

1. **Aperitif-Briefe**[671]

In diesen Schreiben wird in dem thematischen Teil **Aperitif** die künftige Kontaktaufnahme mit dem Bewerber versprochen, z.B.: *Wir werden uns wieder bei Ihnen melden*; *Wir werden Sie über die getroffene Entscheidung so bald wie möglich informieren*; *Wir werden uns unaufgefordert/in Kürze wieder mit Ihnen in Verbindung setzen*; *Es geht Ihnen unaufgefordert weitere Nachricht zu*; *Sie erhalten zu gegebener Zeit Nachricht/Bescheid von uns*. Es ist jedoch schwer zu entscheiden, ob der Absageschreiber sein Wort halten wird. Die Praxis zeigt,

---

[670] Wir lügen öfter als uns bewusst ist. Weh dem, der lügt - Teil 1. In: http://oe1.orf.at/artikel/201632, Zugriff am 13.07.2012.

[671] Zur thematischen Struktur der Aperitif-Briefe vgl. Kapitel 3.5.1.1.1.1.

dass das in dem „Aperitif" enthaltene Versprechen nicht erfüllt wird[672] und als eine Ausrede gilt, den potentiellen Bewerber loszuwerden. Die Lage des potentiellen Arbeitgebers scheint dabei komfortabel zu sein, denn seine so wie oben angeführt formulierte Antwort kann nicht verifiziert werden. Aus diesem Grunde kann man die These wagen, dass die Aperitif-Briefe Formulierungen enthalten, die der Wahrheit nicht entsprechen mögen.

2. Eigentliche Absageschreiben[673]

Aussagen, die der Wahrheit nicht entsprechen mögen, kommen v.a. in Äußerungen vor, in denen die Absagegründe formuliert werden. Man hat es hier mit einem bewussten Einsatz von Argumenten zu tun, die Verallgemeinerungscharakter haben und eher als Truismen klingen, z.B.: *aus personalwirtschaftlichen Gründen ...*; *wegen bestehenden Einstellungsstopps ...*; *aufgrund struktureller und personalwirtschaftlicher Maßnahmen ...*; *aufgrund der angespannten Konkurrenzsituation ...*; *aufgrund des fortgesetzten Stellenabbaus ...*; *Auf Grund der dramatischen Haushaltslage des Landes (...) ist es in diesem Jahr zu drastischen Einsparungen im Bereich der Personalmittel gekommen. Dieser massive Stellenabbau wird sich auch in den kommenden Haushaltsjahren fortsetzen*; *Im Haushaltsentlastungsgesetz wurde nun festgelegt, dass Nachbesetzungen von Stellen im Wege von Neueinstellungen grundsätzlich nicht möglich sind.* Dabei wird die Schuld an der Absage auf andere Umstände verschoben, wobei diese leicht überprüfbar sind, und dies auf der Grundlage ihres floskelhaften Charakters. Sie haben einen stereotypen Charakter, sind allgemein bekannt und werden oft wiederholt, daher wird selten nach deren Wahrheitsgehalt gefragt.

Der nächste thematische Teil, in dem vermutlich nicht wahre Argumente gebraucht werden, ist die Aufwertung des potentiellen Bewerbers durch den Absageschreiber. Hier werden Strategien angewendet, die den potentiellen Bewerber in seinem Wert für den Arbeitsmarkt bestärken sollen, und die wir im Kapitel 8.2.4.1. als Komplimentierausdrücke interpretiert haben, z.B.: *... ist keinesfalls als ein Werturteil Ihrer bisherigen Arbeit anzusehen*; *Ihre fachliche Qualifizierung steht für uns außer Frage*; *Bitte verstehen Sie daher unsere Entscheidung nicht als Wertung Ihrer Person und Qualifikation*; *Dieser Bescheid stellt*

[672] Vgl. Müller/Moser (2006).

[673] Zur thematischen Struktur der eigentlichen Absagen vgl. Kapitel 3.5.1.1.1.2.

selbstverständlich keine inhaltliche Beurteilung Ihrer ... dar; *Bitte haben Sie Verständnis und betrachten unsere Entscheidung nicht als Wertung Ihrer kreativen Leistung.*

Auf gleiche Art und Weise ist das Bedauern der potentiellen Arbeitgeber zu beurteilen. Es sind folgende Formulierungen: *Wir bedauern sehr, Ihnen nicht behilflich sein zu können*; *Gern hätten wir Ihnen einen positiven Bescheid erteilt*; *Ich bedauere, Ihnen keine günstigere Mitteilung geben zu können*; *Wir bedauern, Ihnen mitteilen zu müssen*; *Es tut mir leid, dir keinen anderen Bescheid geben zu können*; *Es tut uns leid, aber etwas anderes können wir Ihnen nicht sagen*; *Sehr zu unserem Bedauern stehen uns jedoch nur wenige Stellen zur Verfügung und die Zahl der Bewerbungen ist dagegen überaus groß*; *Ich bedaure, Ihnen keine Zusage machen zu können.* In diesem Falle ist es schwer zu erkennen, ob solche Äußerungen es mit echtem Bedauern im Sinne von „Mitgefühl mit jdm. empfinden; jdn. bemitleiden" (Duden 2007: 256) zu tun haben.

Hinzu kommen auch andere Strategien zur Anwendung, in denen die Technik der Schmeichelei[674] angewendet wird. Es geht hier v.a. um die Aufwertung der anderen Person durch Komplimente und Schmeicheleien, z.B.: *Ihre fachliche Qualifizierung steht für uns außer Frage*; *Auch unter Würdigung des von Ihnen dargelegten qualifizierten beruflichen Werdegangs*; *Wir müssen einer Reihe guter Bewerber absagen.*

3. Eisschreiben[675]

Die Eisschreiben haben die gleiche Struktur wie die oben besprochenen eigentlichen Absagen. Das, was sie von jenen unterscheidet, ist der thematische Teil Vormerkung – „Aufs-Eis-Legen": der potentielle Arbeitgeber geht hier ein Versprechen ein, dass er sich in Zukunft, im Falle, wenn es eine freie Stelle geben wird, bei dem Bewerber melden wird, z.B.: *Ich komme gerne auf Sie zurück*; *Ihr Bewerbungsschreiben lege ich gern auf Wiedervorlage, um zu gegebener Zeit darauf zurückgreifen zu können*; *Ihre Einwilligung vorausgesetzt, werden wir Ihre Bewerbung gerne in unserer Boxengasse parken. Bei einer freien Startposi-*

674 In der Forschungsliteratur spricht man über „Ingratiation" oder „działania ingracjacyjne", deren Ziel es ist, die Gunst und Sympathie der anderen Person durch Schmeicheln zu gewinnen, um sie manipulieren zu können, vgl. hierzu Jones (1964) und Antas (2008: 226ff.).

675 Zur thematischen Struktur der Eisschreiben vgl. Kapitel 3.5.1.1.1.3.

tion werden wir uns mit Ihnen in Verbindung setzen; *Sobald wir eine neue Kollegin suchen, werden wir uns bei Ihnen melden, versprochen!*; *Wir haben Ihr Profil elektronisch gespeichert.*
Ob dies allerdings wirklich passiert, ist eher fraglich. Es scheint wiederum eine gute Ausrede[676] zu sein, den/die Bewerber loszuwerden.

Der Einsatz der weißen Lüge kann demgemäß als eine Strategie bewertet werden, das positive Gesicht des Gegenübers nicht zu bedrohen. Man bedient sich dabei verschiedener Vermeidungsstrategien, um nicht abzusagen (z.B. in den Aperitif-Briefen), nicht endgültig abzusagen (z.B. in den Eisschreiben) oder die Absage abzumildern (z.B. in den eigentlichen Absagen).

Die Absageschreiber scheinen dabei nach dem Muster zu handeln, „sag/schreib so, wie es sich gehört"[677]. Aus demselben Grund ist es auch vorstellbar, dass die „Absagesammler" solche Antworten auf ihre Bewerbungen erwarten. Es bedeutet aber nicht, dass sie an die in solchen Schreiben enthaltenen Floskeln, Komplimente, Danksagungen und Lobsprüche glauben müssen. Der Wahrheitsgehalt solcher Äußerungen ist für sie leicht verifizierbar, denn es wird ihnen schließlich abgesagt und sie müssen wieder mit dem Bewerben anfangen. Daher werden auch höfliche Lügen, die in den Absageschreiben formuliert werden[678], auch hingenommen und nicht entlarvt. Es kann auch daraus resultieren, dass „etwas anderes äußern als man empfindet, nicht lügen bedeuten muss." (Szlęk 2000: 152). Das scheint auch durch die sich in den Absageschreiben wiederholenden Formulierungen, hinter denen sich die Absageschreiber mit ihren wahren Gefühlen und Intentionen „verstecken", bestätigt zu werden.

Willkommen sind Truismen, Verallgemeinerungen, Halbwahrheiten, Ausreden, Komplimente, Schmeicheleien, Ausdruck eigener Emotionen (z.B. Bedauern), Versprechen und manchmal gewinnt man den Eindruck, dass die Empfänger solcher Schreiben auch auf diese Art und Weise belogen werden wollen, denn

---

[676] Vgl. hierzu die Analyse der Absageschreiben im Lichte der Strategien der Höflichkeit im Kapitel 8.
[677] Vgl. dazu auch Antas (2008: 269).
[678] Nicht ohne Einfluss darauf bleiben die Grundsätze der Schriftkultur, die das Verfassen von doch dienstlichen Schreiben wesentlich beeinflussen.

bez tych uprzejmych kłamstw, które przenikają codzienność, nasze życie społeczne stanowiłoby koszmar prawdy nie do zniesienia. Większość kłamstw udaje się (...) dlatego, że są sankcjonowane społecznie, szczególnie zaś sankcjonowane są właśnie kłamstwa grzecznościowe. (Antas 2008: 277).

8.3. Unhöflichkeit in den Absageschreiben

Wie wir es bereits oft unterstrichen haben, wird in den Absageschreiben besonders darauf geachtet, die Kraft der mitgeteilten Information – Absage – durch Einsatz von Höflichkeit abzumildern. Ob es den Absageschreibern in jedem Falle gelingt, ist eine andere Frage. In den Schreiben lassen sich aber auch Fragmente finden, in denen mit dem Bewerber nicht besonders höflich umgegangen wird. Sie lassen sich der Unhöflichkeit subsumieren, also „einer intentional gesichtsbedrohenden Strategie." (Bonacchi 2013: 78), die „den sozialen Frieden gefährdet und soziale Störung verursacht." (Culpeper 1996: 350, zit. in Bonacchi (2013: 81)).

Dabei erfolgt die Bewertung von Sprechhandlungen als höflich, nicht höflich bzw. unhöflich, indem auf die in der jeweiligen Gesellschaft geltenden sozialen Normen, auf die Realisierung sozialer Zwecke und auf die geltenden Wertschemata (vgl. Bonacchi (2013: 84) Bezug genommen wird.

Die in den Absageschreiben gebrauchten Strategien des Ablehnens lassen sich demgemäß auf der von Bonacchi (2013) erstellten Skala höflich – nicht höflich – unhöflich verorten, wobei Ausdrücke des Nicht-Höflich-Seins und des Unhöflichseins[679] im Vergleich zu jenen des Höflichseins viel seltener vorkommen. Dies ergibt sich sicherlich aus dem konfliktiven Charakter der Sprechakte des ABLEHNENs/ABSAGENs, der den höflichen Umgang mit dem Empfänger in gewisser Hinsicht erzwingt.

In der Forschungsliteratur unterscheidet man fünf Formen der Unhöflichkeit, in denen das Höflichkeitskonzept von Brown/Levinson (1978, 1987) erkennbar ist. Es handelt sich um[680]:

1. bald *on-record impoliteness*, „die in Situationen auftritt, in denen *facework* nicht notwendig oder nicht relevant ist." (Bonacchi 2013: 82),
2. *positive impoliteness*, „bei der die Bedürfnisse des Hörers nach Anerkennung des eigenen Gesichts (positive Gesichtsbedürfnisse) nicht berück-

[679] Vgl. die Typologie der Unhöflichkeitsakte in Bonacchi (2013: 157).

[680] Die Strategien in Anlehnung an Culpeper (1996, 2008) zit. in Bonacchi (2013: 82).

sichtigt werden.“ (ebd.) und die sich in folgenden Formen äußert (vgl. Culpeper 1996: 357f. zit. in Bonacchi (2013: 82): ignore, snub the other, exclude the other from an activity, dissiciate from the other, be disinterested, unconcerned, unsympathetic, use inappriopriate identity markers, use obscure secretive language, seek disagreement, make the othe feel uncomfortable, use taboo words, call the other names,

3. *negative impoliteness*, „bei der die Bedürfnisse nach uneingeschränkter Handlungsfreiheit des Hörers (negative Gesichtsbedürfnisse) nicht berücksichtigt werden.“ (ebd.) und die in folgenden Strategien sichtbar ist: frighten condescend, scorn or ridicule, invade the other's space, explicitely associate the other with a negative aspect, put the other's indebeteness on record (ebd.),
4. Sarkasmus,
5. *withhold politeness*, „die auftritt, wenn Höflichkeit ausbleibt, wo sie präferentiell ist bzw. erwartet wird.“ (ebd.)

Die Unhöflichkeit in den Absageschreiben bezieht sich sowohl auf die Form, als auch auf die sprachliche Seite.

Im Falle der Form handelt es sich um Absageschreiben, die Formulierungen enthalten, mittels deren keine explizit ausgedrückte ABLEHNUNG/ABSAGE erfolgt. Die Bedeutung des ABLEHNENs/ABSAGENs ist aus dem Kontext verstehbar und wird durch den Einsatz anderer Sprechakte angedeutet. Man kann die Absage z.B. durch die Kombination des Sprechaktes DANKEN mit der INFORMATION über die Zurücksendung der Unterlagen ausdrücken, z.B.: *Vielen Dank für Ihre Bewerbung und das Interesse an der Mitarbeit in unserer Agentur, anbei erhalten Sie Ihre Unterlagen zu unserer Entlastung zurück.*, wobei diese Sequenz für die Muster der Absageschreiben eher untypisch ist[681]. Die ABLEHNUNG/ABSAGE ist für den Empfänger in diesem Kontext nur aus dem Zusammenhang verstehbar, da sie nicht explizit geäußert wird. Die bloße Zusammenstellung der genannten Sprechakte ohne Hinzufügung anderer, z.B. der BEGRÜNDUNG, und einer explizit ausgedrückten ABLEHNUNG/ABSAGE kann als eine Strategie der Vermeidung gedeutet werden, wobei aber ein gegen-

[681] Die oben durchgeführte Analyse der Sprechaktkombinationen in den Absageschreiben (vgl. Kapitel 6.3.1.) hat gezeigt, dass die BEGRÜNDUNG ein unerlässliches Element in solchen Schreiben ist.

sätzlicher Effekt als der gewünschte erreicht wird: das Schreiben wirkt unhöflich und die nicht formulierte, jedoch gemeinte Absage gewinnt dadurch an Intensität.

In Bezug auf die sprachlichen Ausdrücke lassen sich in den Absageschreiben Formulierungen finden, die weniger als höflich sind. Sie kommen in dem thematischen Teil: Formulieren der Absage vor, z.B.: *bezüglich Ihrer Frage nach freier Mitarbeit müssen wir Sie enttäuschen, von Ihrer Bewerbung kann ich keinen Gebrauch machen,* wobei die unverblümte Direktheit und Offenheit bei deren Ausdruck überrascht und das Absageschreiben als weniger höflich wirken lässt, zumal keine abmildernden sprachlichen Mittel eingesetzt werden. Hinzu kommt auch die zwischen den Zeilen erkennbare negativ gefärbte Bewertung des Bewerbers / seiner Bewerbungsunterlagen, von denen man *keinen Gebrauch machen* kann, oder *die nicht benötigt sind.*

Unhöflich klingen auch manche Begründungen, die gegen das „Allgemeine Gleichbehandlungsgesetz“[682] verstoßen, indem als Begründung das Kriterium des Bewerberalters angeführt wird, z.B.: *wie Sie aus dem aktuellen Merkblatt ersehen, ist das Höchstalter für Bewerber/innen um ... bei ... auf 30 Jahre festgelegt worden. Da Sie diese Altersgrenze überschritten haben, können wir Ihre Bewerbung leider nicht in das nächste Auswahlverfahren einbeziehen.* Es finden sich auch Beispiele für unhöfliche Formulierungen, die in einem offensichtlichen Gegensatz zu den Ratschlägen und Empfehlungen in den Briefstellern und Ratgebern stehen, die sich auf Erstellen von Absageschreiben spezialisieren. So liest man z.B. bei Hovermann (2009: 79): „Vermeiden Sie daher möglichst eine Rechtfertigung Ihrer Entscheidung. Die Begründung für eine Ablehnung könnte als Diskriminierung angesehen werden.“

Enttäuschend und unhöflich klingen auch Formulierungen der Art: *Leider müssen wir Ihnen mitteilen, dass wir die Stelle zwischenzeitlich an einen anderen Bewerber vergeben haben,* in denen dem Bewerber die Hoffnung geraubt wird.

Interessant sind auch Formulierungen, die sich im thematischen Teil befinden, in dem Bezug auf die Bewerbungsunterlagen genommen wird. Wenn man z.B. folgende Fragmente liest: *aus Portoersparnissen können wir deshalb Ihnen die Unterlagen nicht mehr zurückschicken. Bitte holen Sie diese selbst ab*;

[682] Vgl. http://www.gesetze-im-internet.de/agg/BJNR189710006.html, Zugriff am 17.07.2012.

aus Portoersparnisgründen bitte ich bei künftigen Bewerbungen einen Freiumschlag beizufügen (fett gedruckt), bekommt man den Eindruck, dass die Firmen die Bewerber für immer los werden wollen, indem sie ihnen ankündigen, dass von ihnen keine Spur im Unternehmen bleiben soll. Hinzu kommt noch das Gefühl, dass der Bewerber die jeweilige Firma mit seinen Bewerbungsunterlagen besonders „belastet", daher soll sie von ihm entlastet werden und er soll die Unterlagen abholen, wie es z.B. in folgenden Fragmenten direkt ausgedrückt wird: *die eingereichten Unterlagen senden wir Ihnen* ***zu unserer Entlastung*** *zurück, Die eingereichten Bewerbungsunterlagen sind* ***zu meiner Entlastung*** *wieder beigefügt.*

Zum Schluss sei noch auf Beispiele der sog. „Überhöflichkeit" hingewiesen, die auch als negativ markiertes Verhalten interpretiert werden kann. Unter *Überhöflichkeit* werden Verhaltensweisen subsumiert, „bei [denen – J. S.] es immer um das Gefühl der Überschreitung der Grenze zwischen angemessen / unangemessen in einer gegebenen Situation geht." (Bonacchi 2013: 163). In den Absageschreiben sind auch Beispiele dafür zu finden, in denen z.B. Bedauern oder Mitleid mit dem Bewerber ausgedrückt werden oder Wünsche in Bezug auf die weitere berufliche Laufbahn des Bewerbers formuliert werden, die ganz unehrlich klingen und den Eindruck erwecken, dass sie gezielt nach dem Formulieren der Absage eingesetzt werden, um diese zu entkräften, z.B.: *Es ist für mich keine angenehme Aufgabe, einen abschlägigen Bescheid geben zu müssen, ich möchte dieses Schreiben deshalb damit verbinden, Ihnen ganz besonders meine und die besten Wünsche der (...) für Ihre weitere wissenschaftliche Laufbahn auszusprechen.*

8.4. Formelhaftigkeit

Richtig absagen zu können ist aber eine Kunst, der nicht jeder Absageschreiber mächtig ist. Andererseits ist es auch die Fähigkeit, ein Gleichtgewicht in einer solchen Situation halten zu können, denn die Absagephrasen werden von den Bewerbern sofort erkannt, dagegen ehrliche Absagegründe den jeweiligen Bewerber vertletzen und demotivieren können. Die Notwendigkeit, auf eine Bewerbung eine Antwort zu geben, gehört in jeder Firma zu den wiederkehrenden Handlungen des Geschäftsalltags, die bewältigt werden müssen. Diese Erkenntnis reiht sich in die Grundlagen der Funktionalen Pragmatik[683] ein, im Rahmen deren „die Menschen Sprache bzw. sprachliches Handeln aus praktischen Gründen heraus entwickelt haben. Formen sprachlichen Handelns dienen also dazu, verallgemeinerte, **repetitive Bedürfnisse in wiederkehrenden Situationen der Wirklichkeit** zu befriedigen.“ (Redder 2010: 10, Hervorhebung – J. S.). Das bestätigt auch Tappe (2002: 130), indem sie anführt: „Formelhafte Strukturen bilden ein Repertoire auf das der Sprachteilhaber bei der Bewältigung kommunikativer Aufgaben sowohl im Produktions- als auch im Rezeptionsprozess zurückgreifen kann. Dies gilt auf allen Textebenen.“

Im Falle der Absageschreiben erfolgt die Befriedigung dieser Bedürfnisse nach allen Regeln der Kunst und unter Berücksichtigung der Faktoren[684], die auch vom Gesetz her vorgeschrieben sind. Es verwundert in dem gegebenen Kontext daher nicht, dass die Absageschreiber sehr oft nach fertigen Vorlagen greifen, die ihnen eine schnelle und problemlose Erledigung dieser Aufgabe sichern. Das ergibt sich auch daraus, dass das Verfassen von Absageschreiben, wie jede andere Handlung, zu einer routinierten Handlung wird, denn

> Jede Handlung, die man häufig wiederholt, verfestigt sich zu einem Modell, welches **unter Einsparung von Kraft** reproduziert werden kann und dabei vom Handelnden als Modell aufgefasst wird. Habitualisierung in diesem Sinne bedeutet, dass die betreffende Handlung auch in Zukunft ebenso und mit eben der Einsparung von Kraft ausgeführt werden kann. (Berger/Luckmann 1980: 56, Hervorhebung – J. S.).

Die Analyse der Absageschreiben im Sinne ihrer Formelhaftigkeit reiht sich in das Konzept der Höflichkeit im Sinne der Routinekonzeptionen[685] ein, die v.a. mit Coulmas (1981), Hartmann (1973) zu verbinden sind[686].

Der zentrale Begriff in diesem Kontext ist *Routine*[687]. Coulmas (1981: 69) definiert *Routinen* als „syntaktisch unvollständige Teilsätze (...) mit wörtlicher Bedeutung“ und in Bezug auf deren Funktion das „sprachliche Gewand kollektiver Strategien zielorientierten Handelns und Reagierens.“ (ebd.: 68). Sie steu-

---

[683] Die Ansätze der Funktionalen Pragmatik sind auf Rehbein (2001) und Ehlich (2007) zurückzuführen.

[684] Vgl. Kapitel 3.2.

[685] Vgl. hierzu die ausführliche Darstellung bei Held (1995), Haferland/Ingwer (1996: 38 ff.).

[686] Vgl. hierzu auch Bonacchi (2011, 2012).

[687] Routinen werden auch „Höflichkeitsindikatoren“ genannt, vgl. Vorderwülbecke (2002: 31), und stehen den „Routineformeln“, „Kommunikationsformeln“ oder „pragmatischen Phraseologismen“ (Burger 1998) nahe.

ern kommunikative Handlungen aller Art (Schulze 1985: 103) und „markieren zumeist physische sowie soziale Zugänglichkeitspositionen“ (ebd.).
Auf den praktischen Wert der Routinen verweist Lüger (1992: 18, Hervorhebung im Original), indem er feststellt: „Routinen kann man somit auffassen als **verfestigte, wiederholbare Prozeduren, die den Handelnden als fertige Problemlösungen zur Verfügung stehen.**“[688] Sie sind erprobt, haben sich in der sozialen Interaktion bewährt und deswegen wird nach ihnen sehr oft gegriffen[689], wie es auch Bonacchi (2012b: 18) hervorhebt: „Der jeweilige Sprecher/Hörer (…) kann auf ein sprachliches Inventar zurückgreifen, dessen soziale Akzeptanz schon geprüft wurde.“

Auch in unserem Kontext scheinen Routinen besonders relevant zu sein, denn wie Holly (2001: 27, Hervorhebung – J. S.) schreibt „werden mit den Routinen große Teile des Beziehungsaspekts in der Interaktion dem reflektierten Umgang entzogen; wo Konventionen alles regeln, **sind die Konfliktmöglichkeiten gemindert** und die Energien bleiben frei für die Regelung des ‚eigentlichen‘, des textsortenkonstitutiven Kernbereichs der Interaktion.“
Dies reiht sich in die von Bonacchi (2012b: 18) vorgeschlagenen Realisierungsformen des Höflichkeitsverhaltens ein. Bonacchi unterscheidet nämlich zwischen der sog. „Routinisierung“, d.h. „höflicher Etikette“, also „einem Repertoire an höflichen Formel(n) (Routinen und Ritualen), die die Mitglieder einer Kommunikationsgemeinschaft ‚vorfinden‘ und die ihnen gleichsam zur Verfügung stehen, um kommunikativ ‚schwierige‘ Situationen zu bewältigen, um einen ‚guten Eindruck‘ auf den Gesprächspartner zu machen, um ihn gut ‚einzustimmen‘ “ und „Kreativität“, d.h. Höflichkeitskompetenz.
Routinen dienen grundsätzlich drei Zwecken (Coulmas 1981):

1. der Durchsetzung gemeinsamer zielorientierter Strategien; hier handelt es sich um das Wahren des Gesichts sowohl des Senders (= Absageschreibers) als auch des Empfängers (= Bewerbers) und um das Finden einer

---

[688] Vgl. auch „zweckmäßiges ökonomisches Verfahren“ bei Lüger (1992: 24) sowie die Explikation bei Bonacchi (2013: 110): „Sprachliche Routinen haben den Zweck, die Bewältigung von rekurrierenden Handlungsabläufen zu erleichtern.“
[689] Vgl. hierzu auch die Definition von Textmustern bei Fix (2008b: 196), die hervorhebt: „Die Mitglieder einer Kultur- und Kommunikationsgemeinschaft verfügen über Textsorten routinehaft. Sie haben sie als Muster ihres sprachlichen Handelns verinnerlicht.“

Lösung in einer unangenehmen Situation, die beide Seiten zufriedenstellen würde;

2. der Antizipation des Verlaufs von Kommunikationsgeschehen; das betrifft im Falle der Absageschreiben den Empfänger, der an den in den Absageschreiben gebrauchten Formulierungen des Typs: *im Personalbereich sind umfangreiche Stellenreduzierungen umzusetzen, wodurch ein erheblicher Personalüberhang entsteht, bei mehreren gleich qualifizierten Bewerbern sind schon kleine Details ausschlaggebend* im Stande ist, sofort zu erkennen, dass es sich um eine Absage handelt. Es wird auch versucht, das Verhalten des Bewerbers zu beeinflussen, indem z.B. folgende Formulierungen gebraucht werden: *Vielen Dank für die Zusendung Ihrer Bewerbungsunterlagen ... Wir bedauern, Ihnen mitteilen zu müssen, dass es in absehbarer Zeit keine freie Stelle in unserer Online-Redaktion geben wird.* (...)
3. der Bewältigung rekurrenter kommunikativer Akte; das betrifft im untersuchten Fall den Sender, der sich in der Situation befindet, auf die eingereichten Bewerbungen antworten zu müssen. Es handelt sich bei den Absageschreiben um formelle Briefe, die kaum Platz für Kreativität des Verfassers einräumen und zur alltäglich gewordenen Routine geworden sind. Das bestätigen Absageschreiben, die auf dem Kopiergerät vervielfältigt werden oder Absagegeneratoren[690].

Hinzu kommt noch die thematische Struktur der Absageschreiben[691], die in den untersuchten Texten dem gleichen Muster folgt und in diesem Sinne zu einem „festen Handlungsschema" geworden ist (vgl. Lüger 1992: 18). Bonacchi (2012b: 18) bemerkt zu Recht dazu, dass es für jeden Menschen von Vorteil ist, dass er auf „ein Repertoire an Alltagsritualen" zurückgreifen kann, denn „höfliche Routinen prägen unser Alltagsleben und drücken ein sprachliches und kulturelles Wissen aus, das wir im Laufe unseres Lebens internalisiert haben." (ebd.: 19).

Eine Subklasse der Routinen stellen *Rituale*[692] dar, bei denen davon ausgegangen wird, dass alle Handlungen „(...) auch mit rekurrenten Handlungs-

[690] Vgl. hierzu z.B.: http://www.absage-bewerbung.de/absagen-generator-absagen-individuell-zusammenstellen/, Zugriff am 4.08.2014.

[691] Vgl. Kapitel 3.5.1.1.1.

[692] *Ritual* ist ein Begriff, den auch Goffman (1967: 25) verwendet.

mustern, also mit konventionellen Strukturen und Sequenzen (...)"[693] in Verbindung stehen, „die die soziale Interaktion regeln bzw. kontrollieren und gleichzeitig aus den spezifischen Konstellationen, in denen sie obligat sind, auch ihre Bedeutung und ihre Funktionen gewinnen."[694] (Held 1995: 92). Sie sind feste Handlungsmuster, die der „symbolischen Bewältigung von Situationen" dienen (Hartmann 1973: 139) und mit Hilfe deren „ständig wechselnde Einschätzungen des Gegenübers vorgenommen werden" (Schulze 1985: 104). Sie erfolgen nach „konventionellen Vorgaben" (Lüger 1992: 23) und sind „habituell gewordene Lösungsmuster" (ebd.). Das ergibt sich aus der ursprünglichen Bedeutung dieses Begriffs, der „mit Brauch, Weise, Sitte, Ritus, Mode, Zeremonie, Gewohnheit, wohlhergebrachter Ordnung, mit standardisierter individueller oder kollektiver Verhaltensweise" (Rauch 1992: 13) verglichen[695] und von Rauch (1992: 39, Hervorhebung im Original) funktional folgendermaßen definiert wird: „Rituale dienen der Beziehungsgestaltung und dem geregelten Umgang mit Gefühlen."

Rauch (1992: 44) dagegen unterscheidet zwei Typen von Spreachhandlungen:

- institutionelle Sprechhandlungen, „die konstitutive Bestandteile von Institutionen als historisch-politischen konstitutionellen Einrichtungen darstellen und sie miterzeugen." (ebd.) und
- institutionalisierte Sprachhandlungen, die „auf Konvention und Festlegung beruhen, also selber ‚Institutionen' sind. Sie unterliegen bestimmten lexikalisch-syntaktisch-sprecherischen Restriktionen, kommen wortwörtlich oder nur mit geringer Variation in bestimmten Gesprächssituationen vor und beruhen auf gesamtgesellschaftlicher, gruppenspezifischer oder individueller Konvention." (ebd.)

---

[693] Vgl. hierzu die Definition des Rituals bei Werlen (1983: 193): „institutionalisierte expressive Handlung oder Folge von Handlungen", in der die expressive Komponente als Kriterium bei der Unterscheidung von Ritualen und Routinen gilt sowie dessen Überblick über die Definitionen in Werlen (1984).

[694] Vgl. hierzu auch die von Bonacchi (2013: 49) in Anlehnung an Assmann (2005) angeführte Definition der „Kultur": „ein Komplex identitätssichernder Wissens (...), der in Gestalt symbolischer Formen und Rituale vergegenwärtigt wird und die „Sinnkonstanz der Weltinterpretationen" sichert."

[695] Die Definitionen des Rituals außerhalb der linguistischen Forschung werden an dieser Stelle nicht angeführt. Einen Überblick findet man in Rauch (1992: 14ff.). Zum Ritual in der sprachwissenschaftlichen Forschung vgl. exemplarisch Holly (1979), Coulmas (1979), Lüger (1980), Leitner (1983), Werlen (1984), Bukow (1984), Paul (1990) u.a.

Lüger (1992: 27) unterscheidet dabei folgende Arten von *Ritualen*[696]:

1. Rituale im engeren Sinne, d.h. Handlungen und Handlungssequenzen, die an bestimmte Institutionen gebunden sind und deren Ausführung durch schriftlich fixierte Anweisungen geregelt ist. Mit diesen sind folgende Züge des Rituals verbunden (vgl. Werlen 1984): Formalisierung, Stilisierung, Repetitivität, Stereotypisierung, die sich auf institutionalisiertes Handeln beziehen.
2. Rituale im weiteren Sinne, d.h. Handlungen, die einen symbolischen Verweischarakter haben;
3. Ritualisierungen, d.h. Rückgriffe auf vorgefertigte sprachliche Muster (Sprichwörter, Gemeinplätze u.a.).

Routinen und Rituale sind in Zusammenhang mit Schemata zu setzen. Diese „(…) steuern auch das Handeln, d.h. sie wirken wahrnehmungssteuernd und handlungsleitend, sie regeln Verhaltensmuster, Erwartungen, Evaluierungen." (Bonacchi 2013: 46) Daher können Absageschreiben, die gewissen vorgeprägten Mustern folgen (vgl. Duden 1997, Menzel/Kuhn 1997), als deren Frucht interpretiert werden.

8.4.1. Formelhaftigkeit in den Absageschreiben

Die Absageschreiben weisen sowohl in ihrer Form als auch in ihrer sprachlichen Realisierung gewisse Formelhaftigkeit auf.

Im Falle der Form handelt es sich um die Funktion der „rechtsverbindlichen Bestätigung" (Lüger 1992: 141)[697], da sie als Antworten auf Bewerbungen verfasst werden und bestimmtes Handeln (Aperitif-Briefe und zum Teil Eisschreiben) bzw. Nicht-Handeln (eigentliche Absageschreiben) ankündigen.

In Bezug auf die Form bzw. Struktur, die weitgehend Merkmale der Formelhaftigkeit aufweist, was bereits im Kapitel 8.4. gezeigt wurde, ist nach Tappe (2002: 130) anzuführen, „dass sich die Vorgaben nicht nur auf die Gliederung der Texte beziehen, sondern dass häufig auch spezifische Formulierungen und Phrasen an bestimmte Textstellen angebunden werden." In diesem Sinne kann

[696] Vgl. hierzu auch die von Rauch (1992: 94) die Typologie von Ritualen.

[697] Lüger nennt noch eine weitere Funktion der Briefe, und zwar die „Erfüllung konventioneller Höflichkeitspflichten" (1992: 141), die auf den Bereich der privaten Mitteilungen beschränkt ist. Da die Absageschreiben diesem Bereich nicht angehören, wird diese Funktion nicht näher thematisiert.

man von der Formelhaftigkeit der Texte – hier der Absageschreiben – auf zwei Ebenen sprechen, die zueinander in einem Wechselverhältnis stehen und in gewisser Hinsicht einander bedingen. Gewisse strukturell-thematische Teile, die sich in den Absageschreiben unterscheiden lassen, „erzwingen“ die Verwendung von bestimmten sprachlichen Strukturen, die nur in diesen strukturell-thematischen Teilen ihren Platz haben können, worauf auch Tappe (2002: 130) hinweist: „Formelhafte Strukturen auf den unterschiedlichen Textebenen zeichnen sich dadurch aus, dass bestimmte Teile der sprachlichen Formeln oder formelhaften Makrostrukturen nicht frei besetzbar sind, sondern von vornherein syntaktisch, semantisch, prosodisch oder eben pragmatisch vorgeprägt sind.“

Die Aufbauform der Absageschreiben weicht von den klassischen Mustern der offiziellen Korrespondenz auch nicht ab. Die klassischen Muster umfassen in Bezug auf Kontakteröffnung und -beendigung[698] (Lüger 1992: 145 ff.) folgende Elemente, die auch als Manifestation der „phatischen Funktion“[699] der Sprache gelten[700]:

1. Texteröffnung: Anrede, der die Aufgabe zukommt, die Beziehung zwischen dem Sender (Absageschreiber) und dem Empfänger (Bewerber) zu markieren, Bezugnahme auf Schreibanlass/Dank für vorherige Mitteilung, Entschuldigung für verspätete Antwort;
2. Textschluss: Schlusseinleitung, Wiederholung des Danks, Wünsche, Verweis auf Folgekontakte, Grüße, Schlussformel, Unterschrift;

Drescher (1994: 131) schreibt diesen Elementen die Funktion der „rahmenden Position“ zu. Wie Dobrzyńska (2009: 39) feststellt, sind solche Signale ein unabdingbares Element der mündlichen Kommunikation, jedoch das deutlichste Beispiel deren Gebrauchs stellen Briefe dar, was auch in unserem Falle zutrifft.

Unter Bezugnahme auf die von Lüger (1992) angeführten formelhaften Komponenten eines Briefes und unter Berücksichtigung der thematischen Ele-

[698] Vgl. hierzu auch die Diskussion über die Merkmale der Texte, darunter über „granice tekstu“ bei Dobrzyńska (2009: 38ff.) sowie das Kapitel zu den Anfangsformeln und Beendigungen alltäglicher Konversationen in Werlen (1984).

[699] Ihr Ziel ist die Aufrechterhaltung der sozialen Kontakte zwischen den Interaktanten, vgl. hierzu die Definition von Malinowski (1923: 315): „a type of speech in which ties of union are created by a mere exchange of words.“

[700] In der Höflichkeitsforschung werden sie den „Präsentativen“ zugeordnet, „die in der höflichen Kommunikation die Selbstdarstellung des Sprechers und des Hörers ermöglichen und die Gesprächspartner als Diskursobjekte in die sprachliche Interaktion einführen.“ (Bonacchi 2013: 126).

mente der Struktur von Absageschreiben lässt sich die Form der drei Typen von Absageschreiben folgendermaßen darstellen:

Textsortenvariante: Aperitif-Brief		
Briefteil	**vertraut, förmlich**	**distanziert, geschäftlich**
	Kontakteröffnung	
Anrede	*Liebe(-r) Frau/ Herr, Lieber Bewerber...*	*Sehr geehrte(-r) Frau/ Herr; Sehr geehrter Bewerber;*
Bezugnahme auf Schreibanlass / Dank für vorherige Mitteilung	*Wir freuen uns über Ihr Interesse an einer Mitarbeit in unserem Unternehmen; vielen Dank für Ihre Bewerbung;*	*Ich bestätige den Eingang Ihrer Bewerbung; wir nehmen Bezug auf die vorausgegangene Korrespondenz;*
Entschuldigung für verspätete Antwort		
	Kontaktbeendigung	
Verweis auf Folgekontakte	*Wir werden uns wieder bei Ihnen melden; wir werden Sie über die getroffene Entscheidung so bald wie möglich informieren; Sie erhalten zu gegebener Zeit Nachricht/Bescheid von uns;*	*Wir werden uns unaufgefordert/in Kürze wieder mit Ihnen in Verbindung setzen; Es geht Ihnen unaufgefordert weitere Nachricht zu;*
Grüße		
Schlussformel	*Mit freundlichen Grüßen; wir verbleiben mit freundlichen Grüßen; mit besten Wünschen; mit Bitte um Verständnis und den besten Grüßen*	*Mit freundlichen Grüßen; wir verbleiben mit freundlichen Grüßen; mit besten Wünschen;*
Unterschrift	*Ihr...*	Vorname, Familienname, Angabe der Dienststellung

Tabelle 19. Formelhafte Elemente bei der Kontakteröffnung und -beendigung in den Aperitif-Briefen

Textsortenvariante: eigentliches Absageschreiben		
Briefteil	**vertraut, förmlich**	**distanziert, geschäftlich**
	Kontakteröffnung	
Anrede	*Liebe(-r) Frau/ Herr, Lieber Bewerber...*	*Sehr geehrte(-r) Frau/ Herr; Sehr geehrter Bewerber*
Bezugnahme auf Schreibanlass / Dank für vorherige Mitteilung	*Sie haben sich bei uns beworben; Ich danke Ihnen für Ihr Schreiben vom...; vielen Dank für Ihre Zeilen, die uns über unsere Personalabteilung erreichten;*	*Ich bestätige den Eingang Ihrer Bewerbung; Wir danken Ihnen für die Zusendung Ihrer Bewerbung;*
Entschuldigung für verspätete Antwort	*Entschuldigen Sie, dass wir Ihnen erst jetzt antworten;*	
	Kontaktbeendigung	
Wünsche	*Wir wünschen Ihnen, dass Sie bald einen interessanten beruflichen Wirkungskreis finden werden; Für Ihre Zukunft alles Gute; Weiter so mit Ihren Bewerbungsbemühungen; Viel Erfolg anderswo; An anderer Stelle viel Erfolg; Bei der weiteren Arbeitssuche viel Glück und Erfolg;*	*Wir wünschen Ihnen für Ihren weiteren beruflichen Lebensweg alles Gute; Für Ihren weiteren beruflichen/ und privaten (Lebens-)Weg viel Erfolg sowie persönlich alles Gute; In der Hoffnung, dass Sie recht bald eine Ihren Vorstellungen und Interessen entsprechende Anstellung finden, wünschen wir Ihnen für die Zukunft alles Gute;*
Grüße		
Schlussformel	*Mit freundlichen Grüßen; wir verbleiben mit freundlichen Grüßen; mit besten Wünschen; mit Bitte um Verständnis und den besten Grüßen*	*Mit freundlichen Grüßen; wir verbleiben mit freundlichen Grüßen; mit besten Wünschen;*
Unterschrift	*Ihr...*	i.A., Vorname, Familienname, Angabe der Dienststellung

Tabelle 20. Formelhafte Elemente bei der Kontakteröffnung und -beendigung in den eigentlichen Absageschreiben

Textsortenvariante: Eisschreiben		
Briefteil	**vertraut, förmlich**	**distanziert, geschäftlich**
Kontakteröffnung		
Anrede	*Liebe(-r) Frau/ Herr, Lieber Bewerber...*	*Sehr geehrte(-r) Frau/ Herr; Sehr geehrter Bewerber*
Bezugnahme auf Schreibanlass / Dank für vorherige Mitteilung	*Es freut uns, dass Sie uns gewählt haben; Es freut uns, dass Sie Ihre berufliche Perspektive in unserem Unternehmen sehen;*	*Wir danken Ihnen für das unserem Hause entgegengebrachte Interesse;*
Entschuldigung für verspätete Antwort		
Kontaktbeendigung		
Wiederholung des Danks	*Wir bedanken uns für Ihre Geduld und Ausdauer;*	
Wünsche		*Wir wünschen Ihnen für Ihren weiteren beruflichen Lebensweg alles Gute;*
Verweis auf Folgekontakte	*Ich komme gerne auf Sie zurück; Ihr Bewerbungsschreiben lege ich gern auf Wiedervorlage, um zu gegebener Zeit darauf zurückgreifen zu können; Ihre Einwilligung vorausgesetzt, werden wir Ihre Bewerbung gerne in unserer Boxengasse parken. Bei einer freien Startposition werden wir uns mit Ihnen in Verbindung setzen; Sobald wir eine neue Kollegin suchen, werden wir uns bei Ihnen melden, versprochen!; wir haben Ihr Profil elektronisch gespeichert*	
Grüße		
Schlussformel	*Mit freundlichen Grüßen; wir verbleiben mit freundlichen Grüßen; mit besten Wünschen; mit Bitte um Verständnis und den besten Grüßen*	*Mit freundlichen Grüßen; wir verbleiben mit freundlichen Grüßen; mit besten Wünschen;*
Unterschrift	*Ihr...*	i.A., Vorname, Familienname, Angabe der Dienststellung

Tabelle 21. Formelhafte Elemente bei der Kontakteröffnung und -beendigung in den Eisschreiben

Wie es sich der Zusammenstellung entnehmen lässt, bedienen sich die Absageschreiber gerne der schablonen-, floskelhaften und „erprobten" Mittel, um eine Antwort auf eine Bewerbung zu verfassen. Daher kann man sie auch als fertige Muster betrachten, die wenig Spielraum für Kreativität lassen[701]. Die Massenproduktion der Absageschreiben hat dazu geführt, dass auch andere thematische Elemente dieser Schreiben zur Formelhaftigkeit neigen, z.B.: Information über das Auswahlverfahren, Erteilung der Absage, Absagegründe, Ausdruck des Bedauerns u.a. Dabei ist ein „Vorrat" an fertigen sprachlichen Bausteinen für das Verfassen von Absageschreiben entstanden.

[701] Zur Kreativität vgl. die künstlich aufgesetzten Absageschreiben, in denen ihre Formelhaftigkeit zugunsten der Parodie ausgenutzt wird. Ein Beispiel dafür sind die im Internet organisierten Wettbewerbe für die schönste Absage oder für den schönsten Aperitif-Brief. Vgl. hierzu auch die Definition von „wypowiedzi niekreatywne" in Marcjanik (1987: 72).

Auch die in den Absageschreiben verwendeten sprachlichen Formulierungen weisen weitegehende Formelhaftigkeit auf. Es handelt sich dabei um die sog. „Formulierungsmuster", unter denen „Ausdrücke und Ausdruckskombinationen" verstanden werden, die „vorgegeben den Kommunikationsteilnehmern zur Verfügung stehen, um sie bei der Textproduktion zu entlasten." (Heinemann/Viehweger 1991: 164).

Dies wird dadurch bestätigt, dass sich in den untersuchten Texten dieselben Ausdrücke vielfach wiederholen. Es mag einerseits das Ergebnis der immer wiederkehrenden Situation sein, in der auf eine Bewerbung eine meist negative Antwort erteilt werden muss. Andererseits kann die Formelhaftigkeit aber auch als eine mögliche Strategie betrachtet werden, die Last der Entscheidung zu mindern.

Als formelhaft gelten sprachliche Ausdrücke, die „durch Rekurrenz, d.h. durch häufigen Gebrauch fest geworden sind oder fest werden. Aufgrund der Festigkeit im Gebrauch sind oder werden sie lexikalisiert, d.h. sie sind Bestandteile oder werden zu Bestandteilen des Wortschatzes, so dass sie von den Sprachteilhabern als fertige komplexe Einheiten reproduziert werden." (Stein 1995: 57). Sie sind mit den in der Phraseologieforschung bekannten „kommunikativen Formeln" (= KF) (Fleischer 1997) gleichzusetzen, unter denen „automatisierte Ausdrücke, die zur Bewältigung kommunikativer Situationen dienen" (vgl. Coulmas 1981, Lüger 1992, Laskowski 2003, Sosa Mayor 2006) verstanden werden. Sie umfassen: Abschiedsformeln, Bemerkungen, Ausrufe, Dankesformeln, Fragen, Fluchformeln, Kommentare, Konversationsformeln, Scheltformeln, Stimulierungsformeln, Tischformeln, Grußformeln (vgl. Wotjak/Richter 1997) und haben eine pragmatische Funktion zu erfüllen. Daher gelten sie als „textgliedernde oder kommunikationssteuernde Signale" (Fleischer 1997: 131), mit deren Hilfe das Ausdrücken unterschiedlicher kommunikativer Intentionen[702] möglich ist.

In der Forschungsliteratur wird für eine Zweiteilung der KF plädiert[703]. Man unterscheidet zwei Haupttypen solcher Einheiten (vgl. Hyvärinen 2011: 12):

---

[702] Vgl. die vorhandenen Typologien der Routineformeln z.B. bei Fleischer (1997), Burger (1998), Pilz (1978), Stein (1995) u.a.

[703] So z.B. bei Wotjak (2005: 372f), Hyvärinen (2011: 12).

a. situations(typ)- und sprechaktgebundene KF, meistens monofunktional; sie werden meist Routineformeln (im engeren Sinne) genannt. Es geht hier „um satzwertige (potenziell) äußerungsautonome Einheiten, die voll-, teil- oder nicht-idiomatisch sein können (…)“.
b. multisituationell einsetzbare KF, metakommunikativ, multifunktional gesprächsspezifisch; meist Gesprächsformeln bezeichnet. Es handelt sich in diesem Falle um Formeln, „die nicht-idiomatisch sind und in eine Äußerung eingebettet werden, oder aber eine Rahmenstruktur bilden, die mit frei wählbarem lexikalischem Material komplettiert wird“.

In unserem Falle handelt es sich um sprechaktgebundene KF, die eine Gruppe im Rahmen der evaluativen Formeln bilden (vgl. Lenk 2014: 87).

Durch ihre Reproduzierbarkeit ist also der Sender sicher, dass er durch deren Gebrauch seine kommunikativen Ziele erreichen kann, da sie schon als erprobte sprachliche Mittel gelten. Auf der anderen Seite schränkt der Einsatz von formelhaften Ausdrücken die Kreativität des Senders ein und mindert auch weitgehend seine Glaubwürdigkeit[704]. Im Falle der Absageschreiben hat man es mit einer solchen Situation zu tun. Beweis dafür sind Absageschreiben, in denen gleiche Formulierungen wiederholt werden[705].

Interessant sind in diesem Kontext die Ergebnisse der Studie[706], die *wortwelt*, eine auf marken- und serviceorientierte Schreibkultur spezialisierte Agentur durchgeführt hat. Im Rahmen einer Untersuchung wurden Absageschreiben von hundert österreichischen Unternehmen aus dem Jahr 2013 analysiert. Die Hauptfrage betraf das Verhältnis zwischen der Firmenmarke und der Korrespondenz. Das Ergebnis lässt sich in einem Satz zusammenfassen: „Wenn eine Worthülse die nächste jagt, hält man sehr wahrscheinlich ein Absageschreiben in Händen.“[707] Und die daraus folgende Schlussfolgerung ist auch nicht erfreulich: „Die Unternehmensmarke spiegle sich im Phrasen-Dreschen nicht wider.“, was eigentlich im Gegensatz zu den von uns zitierten Ratschlägen in der Ratge-

---

[704] Vgl. hierzu auch die Feststellung von Brehmer: „Durch ihre inflationäre Verwendung verlieren an pragmatischer Ausdruckskraft und werden so zu Formeln, deren ursprünglich vorhandene originelle Bedeutung weitgehend verblasst ist (…)“ (Brehmer 2009: 74).

[705] Das kann eine Folge dessen sein, dass inzwischen viele Ratgeber erschienen sind, in denen fertige Konstruktionen als mögliche Antworten auf Bewerbungen oder deren Fragmente dargeboten werden.

[706] http://derstandard.at/1395057056406/Von-Vorgestern-Absageschreiben, Zugriff am 9.07.2014.

[707] http://derstandard.at/1395057056406/Von-Vorgestern-Absageschreiben, Zugriff am 9.07.2014.

berliteratur steht. Als Folge der Studie ist ein „Floskelranking“ entstanden, der folgende „Klassiker“ enthält:

Abbildung 2. Floskelranking in den Absageschreiben[708]

Aus den genannten Gründen können Absageschreiben als formelhafte Texte klassifiziert werden, die eher reproduziert als produziert werden, da deren Autoren sowohl nach vorgeprägten Strukturen als auch fertigen sprachlichen Ausdrücken greifen. Absageschreiben gehören zu den halb-offiziellen Briefen, deren formeller Aufbau „weitegehend starr nach einem vorgeformten Muster verläuft, wobei selbst die Formulierungen weitegehend vorgegeben sind.“ (Tappe 2002: 142), was produktions- und rezeptionserleichternd, v.a. im institutionellen Bereich, wirken kann.

Wie oben angeführt sind sie prototypisch in Bezug auf die Hauptsprechhandlung organisiert, der die anderen Handlungen untergeordnet sind. Nach Rauch (1992: 94) können sie „rigiden, institutionellen Ritualtypen“ subsumiert werden, für die ein „schriftliches Formular mit geringen Ausgestaltungsmöglichkeiten“ typisch ist, und das „keine mündliche Realisierung“ vorsieht.

[708] http://www.karriere.at/blog/absageschreiben.html, Zugriff am 9.07.2014.

9. Zum Ausdruck der Emotionen beim Absagen

Die Kommunikationssituation, in der sich der Sender (= Absageschreiber) und Empfänger (= Bewerber) befinden, kann verschiedene Verhaltensweisen und Haltungen evozieren. Diese finden ihren Ausdruck auf der emotionalen Ebene, denn

> Emotionen lassen sich nicht *per se* aus dem Gesamtphänomen des Menschlichen lösen. Dennoch sind spezifische Konzeptualisierungen möglich und für wissenschaftliche Untersuchungen nötig. (...) Spezifische Muster der Kommunikation von Emotionen sind unter bestimmten Umständen und in bestimmten Situationen auffindbar. (Jahr 2000: 49).

Im Kontext der im Kapitel 1.6. besprochenen Kommunikationssituation findet die folgende Feststellung ihre Bestätigung: „Emotionen treten als Reaktion auf eine Situation auf, die ein Individuum als persönlich bedeutsam wahrgenommen hat" (Kleinginna/Kleinginna, 1981) und „beziehen sich auf solche Aspekte der Äußerungsbedeutung von Zeichen, für welche im Hinblick auf Gefühle systematische Form-Bedeutung-Beziehungen konstatiert werden können. (...) das heißt, dass Emotionen mittels systematischer (...) Form-Bedeutung-Beziehungen (...) in dem (...) erläuterten zweifachen Sinn ausgedrückt werden." (Fries 2007: 6). Sie sind also den reaktiven Sprechakten (vgl. Kapitel 6.1.1.) insofern zu subsumieren, „als ihr Vollzug immer ein Ereignis oder eine Handlung voraussetzt, auf die das Gefühl des Sprechers und dessen Äußerung eine Reaktion darstellen." (Marten-Cleef 1991: 81).

In diesem Kontext ist es auch wichtig, auf die in der einschlägigen Literatur vorgenommene Unterscheidung zwischen *Gefühl* und *Emotion* einzugehen. Eine klare Trennungslinie führt Fries (1995: 142 ff., Hervorhebung im Original) ein, indem er unter *Gefühlen* „dem Menschen zugängliche Gestimmtheiten, die in ihrer Qualität ausschließlich *introspektiv* wahrnehmbar sind;" versteht und noch hinzufügt, dass „es sich bei ihnen um ganzheitliche psychische zentralnervöse wie peripher körperliche Phänomene handelt." *Emotionen* dagegen sind „ausschließlich dem Menschen verfügbare, mittels Sprache systematisch ausdrückbare spezifische *Bedeutungen*." (ebd.: 143, Hervorhebung im Original). Daher sind Emotionen „theoretische Beschreibungsgrößen der Linguistik", die „bestimmte Aspekte der Äußerungsbedeutung in Sprechakten" umfasst." (ebd.).

Zum Ausdrücken der Emotionen können demgemäß unterschiedliche Mittel eingesetzt werden, die Fries (ebd.: 146) in folgende Bereiche gruppiert:

- lexikalische Mittel, darunter Interjektionen, Phraseologismen, Lexem-Minipaare, Wortbildungsmittel (Diminutiv- und Augmentativbildungen), Flexionskategorien;
- phonologisch-phonetische Mittel, zu denen markierte Laut-Quantitäten, bestimmte Akzentrealisierungen, Mehrfachakzentuierungen, Intonation gehören.

Als ein großes Untersuchungsfeld bietet sich hier die Untersuchung der Manifestation von Emotionen in Texten. Dabei handelt sich um bestimmte Kriterien, die sich aus der „Selbstbetroffenheit des Verfassers von Texten und den Bewertungen, die der Autor bezüglich der thematisierten Sachverhalte vornimmt“ ergeben (Jahr 2000: 33). Nach diesen Kriterien sollen „die emotionale Betroffenheit des Textautors abgeschätzt werden und (…) die Zuordnung zu bestimmten Typen von Emotionen erfolgen.“ (Jahr 2000: 33).
Jahr (2000: 33f.) listet folgende Kriterien auf:

1. psychologische Nähe zu der im Text behandelten Thematik; es geht hier um die Ich-Beteiligung des Textverfassers;
2. Wichtigkeit der thematisierten Sachverhalte für die Menschheit bzw. die Gesellschaft; damit wird die sog. Erwünschtheit bzw. Unerwünschtheit gemeint, die auch weitere Faktoren umfasst, wie etwa:
- Bedrohung der Lebensmöglichkeiten, existenzielle Fragen,
- Notwendigkeit der Veränderung von Zuständen, Abschaffung von Missständen,
- Vorhandensein und Quantität / Qualität der Bewältigungsressourcen, um den Schaden abzuwenden;
3. Wichtigkeit für die eigene Person, darunter:
- erfolgter oder antizipierter Angriff von Kontrahenten des Textproduzenten,
- Unterminierung des Selbstwertgefühls,
- Prestigeverlust, Machtverlust,
4. Erwartung oder Nichterwartung, im Einzelnen:
- Grad der Erwartung, dass der Sachverhalt eintreten wird,

- Grad der Erwartetheit / Unerwartetheit bzw. der Ereignisabschwächung, nachdem der Sachverhalt eigetreten ist.

5. Tadelnswürdigkeit oder Verdiensthaftigkeit, hier bezogen auf Personen, Einrichtungen oder Institutionen,
6. Grad der sozialen Zustimmung,
7. Grad der Überzeugtheit von der eigenen Position,
8. Gesteigerte Betroffenheit.

Hinzu kommen noch drei Aspekte:

1. der situative Rahmen,
2. die Inhaltsseite des Textes,
3. die sprachliche Ausdrucksseite.

Der angeführte Kriterienkatalog sollte dann dazu dienen, die Emotionen in den Texten (= Sachtexten) zu untersuchen, dabei könnte die Analyse der Struktur von Emotionen durch „eine Zuordnung zu bestimmten Gruppen von Emotionen, die dem Verfasser unterstellt werden“ (Mees 1991, zit. in Jahr 2000: 36f.) erfolgen.

Das Hauptkriterium seien dabei die Bewertungen, die von dem Textverfasser vorgenommen werden.

9.1. Emotionen in den Absageschreiben[709]

In den untersuchten Texten hat man es mit Emotionen zu tun, die entweder explizit oder implizit zum Ausdruck gebracht werden. Sie sind den Bewertungsreaktionen gleichzusetzen (vgl. Ortony/Clore/Colins 1988: 18, zit. in Rolf 1997: 220f.).

Die Hauptillokution, die in Absageschreiben realisiert wird, ist die ABLEHNUNG/ABSAGE, die reaktiven Charakters ist. Als Stimulus für die Erteilung der Absage gilt eine Bitte – hier in Form einer Bewerbung / eines Angebots. Man hat es also mit der Situation der Ablehnung eines Sachverhalts zu tun, da der von dem Bewerber erwünschte Sachverhalt (= Annahme der Bewerbung und folglich Zusage einer Arbeitsstelle) nicht eintritt.

[709] Die Grundlage für das vorliegende Kapitel stellt die Publikation von Szczęk (2015, im Druck) dar.

ABLEHNUNG als ein Sprechakt kann unterschiedliche Emotionen evozieren, wie es Yakovleva (2004: 205) formuliert: „Bei der Ablehnung werden solche Gefühle wie Wut, Ärger, Enttäuschung, Empörung u.a. ausgedrückt.“[710]

Im Lichte der Struktur der Emotionen für Textuntersuchungen hat man es in den analysierten Absageschreiben mit folgenden Typen der Emotionen zu tun (vgl. Jahr 2000: 38f.):

1. Wohlergehens-Emotionen:
   a. Zufriedensein, das v.a. in folgenden strukturell-thematischen Teilen der Absageschreiben zum Ausdruck gebracht wird:
   - Dank für die Bewerbung, z.B.: *Wir danken Ihnen für die Zusendung Ihrer Bewerbung; vielen Dank für Ihre Post/Ihre Bewerbung; Vielen Dank für die Zusendung Ihrer Bewerbung, die wir mit großem Interesse gelesen haben;*
   - Freude, die neben anderen Gemütszuständen zu den Emotionen gehört, die schwer zu definieren sind, denn „problematisch bei der Erforschung und Erklärung von Emotionen ist generell, dass es sich um interne und damit absolut subjektive Eigenschaften des Menschen handelt, die (...) nicht direkt, sondern nur über ihre Ausdrucksmanifestationen beobachtbar sind.“ (Schwarz-Friesel 2007: 44). Sie wird folgendermaßen expliziert[711]: „Freude ist ein Gemütszustand, eine Empfindung, ein Gefühl, ein Affekt, eine (angenehme) Stimmung, eine psychische Disposition, ein positives subjektives Erlebnis“. (Rössler 2001, 113). Die Dreidimensionalität dieses Hauptkonzepts[712] wird hervorgehoben, indem drei Typen der Explikative genannt werden: 1. Explikative, die sich hauptsächlich auf die Erregung bzw. Auslösung der Freude beziehen, 2. Explikative, die sich auf das Empfinden bzw. Erleben der Freude beziehen, 3. Explikative, die sich auf die Äußerungsform der Freude beziehen (vgl. ebd.: 117).

[710] Vgl. hierzu die EXPRESSIVA.

[711] Eine solche Definition der *Freude* wird als Hauptkonzept bezeichnet, vgl. Rössler (2001: 117).

[712] Es wird darauf hingewiesen, dass es auch weitere Konzepte der Freude gibt, wie z.B.: Freude an einer Person, an einer Sache, an einer Handlung, an einer Wahrnehmung, an der Erfüllung/Befriedigung primär physiologischer Bedürfnisse, an der Erfüllung ethischer und/oder sozialer Bedürfnisse, an der Erfüllung intellektueller und/oder ästhetischer Bedürfnisse, an der Erfüllung religiöser Bedürfnisse, vgl. hierzu Rössler (2001: 118).

Im untersuchten Korpus kommen nur wenige Formulierungen dieses Typs vor, in denen die Illokution mit dem explizit performativen Verb *sich freuen* ausgedrückt wird. Es handelt sich um einen Ausdruck der Freude im brieföffnenden Teil: *Über Ihre Bewerbung um eine Einstellung bei ... habe ich mich gefreut.*, wobei die verwendete Formel auch die Aufgabe hat, den Eingang der Bewerbung zu bestätigen, und im briefschließenden Fragment: *Wir haben uns dennoch gefreut, dass Sie sich mit Ihrer Bewerbung an unseren Sender gerichtet haben.* (…), in dem durch den zusätzlichen Einsatz der Partikel *dennoch* versucht wird, die Kraft der Aussage – der oben formulierten ABLEHNUNG, abzumildern. Ob das aber gelingt, ist fraglich.

- Dank für das Interesse an der Arbeit, z.B.: *Vielen Dank für die Bewerbung, mit der Sie Interesse für eine Tätigkeit in unserem Hause zum Ausdruck bringen*; *Ich danke Ihnen für das Interesse an einer Tätigkeit in meinem Amt*; *Ich danke Ihnen für das gezeigte Interesse an unserer Firma*;

2. Erwartungs-Emotionen:
   a. Erwartung, die v.a. als Hoffnung realisiert wird, und Bezug auf die Zukunft nimmt. Sie wird in folgenden strukturell-thematischen Teilen der Absageschreiben zum Ausdruck gebracht:
   - Bitte um Verständnis, z.B.: *Wir hoffen auf Ihr Verständnis*; *Sicher werden Sie Verständnis dafür haben*; *Sicher werden Sie Verständnis dafür haben, dass bei mehreren guten Bewerbungen bei der Auswahl nur Details entscheiden*;
   - Wünsche für die weitere Arbeitssuche, wobei ebenfalls Bezug auf die Zukunft genommen und der Bewerber in dem Gefühl verstärkt wird, bei der Arbeitssuche nicht aufzugeben. Dabei macht man ihn auch auf positive Zukunftsvorstellungen aufmerksam, z.B.: *Wir hoffen, dass Sie bald eine Ihren Qualifikationen Fähigkeiten und Neigungen entsprechende Stelle finden*; *Weiter so mit Ihren Bewerbungsbemühungen*;

   b. Enttäuschung, die v.a. in folgenden strukturell-thematischen Teilen der Absageschreiben zum Ausdruck gebracht wird:
   - Formulieren der Absage, z.B.: *Ihrer Bewerbung vermag ich zu meinem Bedauern nicht zu entsprechen*; *Leider müssen wir Ihnen mitteilen, ...*

dass wir keine Möglichkeit sehen, Ihrer Bewerbung zu entsprechen / ... dass wir die Stelle an einen anderen Bewerber vergeben haben / ... dass wir Ihre Bewerbung nicht berücksichtigen konnten; *Leider haben wir kein Interesse*;

- Nennen der Absagegründe, z.B.: *Bei mehreren gleich qualifizierten Bewerbern sind schon kleine Details ausschlaggebend*; *Nach eingehender Prüfung Ihrer Bewerbung bin ich zu dem Ergebnis gekommen, dass ich Ihnen kein Angebot in unserem Haus machen kann*; *Wie Sie aus dem aktuellen Merkblatt ersehen, ist das Höchstalter für Bewerber/innen um ... bei ... auf 30 Jahre festgelegt worden. Da Sie diese Altersgrenze überschritten haben, können wir Ihre Bewerbung leider nicht in das nächste Auswahlverfahren einbeziehen.*

3. Billigung-Emotionen:
   a. Wertschätzung[713], darunter v.a. Achtung und Bewunderung, die am Beispiel folgender Formulierungen aus den Absageschreiben sichtbar sind:

- Aufwertung, z.B.: *Bitte verstehen Sie daher unsere Entscheidung nicht als Wertung Ihrer Person und Qualifikation*; *Bitte betrachten Sie unsere Entscheidung nicht als Wertung Ihrer kreativen Leistung*; *Dieser Bescheid stellt selbstverständlich keine inhaltliche Beurteilung Ihrer ... dar*;
- Entschuldigung für die Erteilung der Absage, z.B.: *Dass wir Ihre Bewerbung leider nicht berücksichtigen können, ist keinesfalls als ein Werturteil Ihrer bisherigen Arbeit anzusehen. Ihre fachliche Qualifizierung steht für uns außer Frage*; *Bitte haben Sie Verständnis und betrachten unsere Entscheidung nicht als Wertung Ihrer kreativen Leistung*; *Dieser Bescheid stellt selbstverständlich keine inhaltliche Beurteilung Ihrer Person dar*;

Man findet auch Formulierungen, in denen die emotionalen Reaktionen der Bewerber von den Absageschreibern „prognostiziert" werden. Dabei versucht man, sich in die Lage des Bewerbers, der eine Absage bekommt, zu versetzen, und die eigenen Emotionen zu verbalisieren, z.B.: *Sicher sind Sie etwas enttäuscht, eine Absage von uns zu erhalten*; *Wir können es gut verstehen, wenn Sie jetzt enttäuscht sind – enttäuscht auch darüber, dass wir uns „nicht einmal*

[713] Vgl. Kapitel 8.2.4., in dem Komplimente als eine Strategie der Höflichkeit besprochen werden.

Zeit für ein Gespräch genommen haben.", wobei Mitgefühl erzeugt wird und besseres Verständnis der Lage seitens des Absageschreibers ausgedrückt wird. Die unkomfortable Situation, in der sich der „Absageschreiber" und der Bewerber befinden, kann in den Absageschreiben durch Einsatz der Emotionen teilweise abgeschwächt werden. Man kann sich allerdings die Frage stellen, ob die beschriebenen Emotionen echt sind oder eher als Floskel gebraucht werden und an den entsprechenden Stellen in dem Antwortschreiben auf eine Bewerbung eingesetzt werden.

Im Lichte des untersuchten Korpus kann man feststellen, dass die Gefühle des Bewerbers nicht im Zentrum der Absagebriefe stehen. Es ist schon aus den Begründungen und floskelhaften Formulierungen ersichtlich, dass mit jeder Bewerbung nicht individuell umgegangen wird. Aus diesem Grunde tendieren die Absageschreiber eher zur Neutralität in der Ausdrucksweise und greifen nach vorgefertigten Mustern der Absageschreiben, was im Kapitel 8.4. nachgewiesen wird.

10. Schlussfolgerungen

Die durchgeführte Analyse der deutschen Absageschreiben auf Bewerbungen erstreckte sich auf vielen Ebenen, auf denen sowohl textlinguistische als auch pragmalinguistische Aspekte der analysierten Textsorte untersucht wurden. Das Ziel dieser Analyse bestand darin, einen theoretischen Rahmen für die analysierte Textsorte zu umreißen, zumal diese in der bisherigen Forschungsliteratur nicht viel Beachtung fand, und dies auch mit dem Zweck, die Ursachen für die Wirkung der Absageschreiben in ihren drei Ausprägungen zu ergründen und folglich Schlüsse in Bezug auf die Produktion dieser Texte zu ziehen.

Den Ausgangspunkt bildete die Hauptsprechhandlung – ablehnende Reaktion auf eine Bewerbung, die in Form von Sprechakten des ABLEHNENs/ABSAGENs realisiert wird. Diese wurde im Zusammenhang mit der initiierenden Sprechhandlung – ANGEBOT (= Bewerbung) – untersucht.

Die text- und pragmalinguistische Analyse hat gezeigt, dass Absageschreiben an sich komplexe Texte respondierenden Charakters sind, auf deren Struktur und sprachliche Realisierung mehrere Faktoren – Umstände in der gegebenen Kommunikationssituation – Einfluss ausüben. Daher stellen sie für den jeweiligen Absageschreiber eine nicht so einfach zu bewältigende Aufgabe dar. Und dies in vielerlei Hinsicht.

Zum einen handelt es sich dabei um außersprachliche Faktoren, die mit der Situation auf dem Arbeitsmarkt und der des jeweiligen Bewerbers verbunden sind, und das Aufkommen bzw. das häufige Vorkommen wenn nicht Zwang zum Verfassen von Absageschreiben zur Folge haben. Und diese in letzter Zeit ein bisschen dynamischer gewordene ökonomische Situation beeinflusst, wie an den besprochenen Beispielen erwiesen wurde, immer mehr die massenweise Produktion von Absageschreiben.

Es lassen sich dabei einige Trends beobachten:

- Das Verfassen von Absagen wird immer mehr vom Gesetz her geregelt; es sei hier z.B. auf die Vorschriften des Allgemeinen Gleichbehandlungsgesetzes hingewiesen, in denen genau und exakt vorgeschrieben wird, welche Inhalte ein Absageschreiben umfassen darf und welche nicht. Das dabei entstandene Wechselverhältnis zwischen der Wirklichkeit, dem Gesetzgeber und der Textsortenlinguistik scheint ein Zeichen unserer Zeiten zu sein. Man denke z.B. an einige Beispiele der Absageschreiben aus dem gesammelten Korpus, die aus den Jahren 2003/2004 stammen, in denen vom Gesetz als nicht akzeptabel markierte Inhalte auftauchen. Die Wirklichkeit hat die Gesetzgeber aber überholt und in gewisser Hinsicht Änderungen erzwungen.

- Das Schreiben von Absagen wird immer mehr vereinfacht; man denke z.B. an die Ratgeber zum Erstellen der Absageschreiben oder an die Absagegeneratoren, die jederzeit online zugänglich sind.
- Das Verfassen von Absageschreiben ist inzwischen zu einer massenweisen Produktion geworden, wobei aber den Verfassern dieser Texte kein Freiraum gewährt wird. Durch den Einsatz fertiger Muster sowohl struktureller als auch sprachlicher Art werden deren Kreativität und Eigenleistung wesentlich beschränkt, wobei es sich in diesem Zusammenhang die Frage erhebt, ob diese gefragt werden. Dabei spielen der Zeit-Faktor und die Anzahl der eingereichten Bewerbungen sicher eine große Rolle. Das massenweise gewordene Einreichen von Bewerbungen wird wiederum vom Gesetz her erzwungen: jeder Arbeitslose muss sich nämlich ständig bemühen und die Beweise seiner Bemühungen sammeln, um sie bei den Behörden vorzuweisen. In dieser Hinsicht kann man hier wiederum einen engen Zusammenhang zwischen der Wirklichkeit und der künstlich geschaffenen Situation beobachten, dessen Frucht – die Absageschreiben – textlinguistischer Natur ist.
- Durch die massenweise Produktion von Absagen, die inzwischen zu einem Sammelobjekt geworden sind, sind auch die Glaubwürdigkeit und das Prestige dieser Textsorte wesentlich gesunken. Die im Alltag schwer zu vollziehende Sprechhandlung ABLEHNEN wird in Anbetracht der Absageproduktion trivialisiert, banalisiert und in den Absageschreiben ohne größere Bedenken automatisch ausgeführt.
- Im Korpus überwiegen eigentliche Absageschreiben, in denen dem Bewerber eine abschlägige Antwort direkt oder indirekt erteilt wird. Dies kann auch als ein Zeichen der Zeit gedeutet werden, weil Firmen und Unternehmen im Falle jeder Stellenausschreibung und auch ohne jeden Anlass mit Bewerbungen überschüttet werden. Daher ist es nicht verwunder-

lich, dass nicht gewählten Kandidaten keine Versprechen mitgeteilt werden.

- Diachronisch gesehen lässt sich die Tendenz beobachten, dass im Laufe der Zeit die Absageschreiber die Absage immer direkter formulieren, ohne dabei etwaige Begründungen, Entschuldigungen u.a. anzuführen, die eigentlich nichts an den Tatsachen ändern. Hier ist eine gewisse Routiniertheit bemerkbar, die im Gegensatz zu dem in den Briestellern und Ratgebern geforderten Individualismus beim Behandeln von Bewerbungsunterlagen steht.

Zum anderen lässt sich feststellen, dass sich die Absage als solche nicht von dem Inhalt des Schreibens trennen lässt. Der Empfänger (= Bewerber) wird gezielt und geschickt von Anfang an auf die negative Antwort vorbereitet, worauf die Gestaltung dieser Schreiben, die bewusst eingesetzten Strategien der sprachlichen Ausgestaltung, die Typen und Kombination der ausgedrückten Sprechhandlungen sowie der strategische Einsatz von Höflichkeit hindeuten mögen. Es handelt sich um Mechanismen, mit deren Hilfe das offensichtliche und undiskutable Unbehagen in der besprochenen Kommunikationssituation vermieden werden kann, und die wiederum der Entkräftung der Absage dienen. Dadurch wird angeblich in der Meinung der Absageschreiber das unangenehme Thema umgangen, wobei man sich allerding die Frage stellen kann, ob die verwendeten Mittel ihre Aufgabe erfüllen oder eher den Floskeln nahe stehen, die an den entsprechenden Stellen in dem Antwortschreiben auf eine Bewerbung eingesetzt werden. Das kann dem Absageschreiber helfen, sich in einer unangenehmen Situation abzufinden und bedrohliche Aspekte zu minimieren, indem ein Zusammengehörigkeitsgefühl zwischen dem Sprecher und Hörer (hier: Absageschreiber und Bewerber) aufgebaut wird und im Sinne der Ratschläge, die in der Ratgeberliteratur oft zitiert werden, einen angeblich guten Eindruck zu hinterlassen. Durch geschickte Formulierungen werden in den untersuchten Absageschreiben seitens der Arbeitgeber mehrere Ziele verfolgt. Sie versuchen dabei Gleichgewicht zu halten, d.h. ihr eigenes Gesicht zu wahren, ihr Image nicht zu zerstören und den Bewerber nicht zu enttäuschen. Dabei greifen sie nach verschiedenen Argumenten, die vermutlich nichts mit der wirklichen Lage zu tun haben. Dies wird auch dadurch bestätigt, dass sich die sprachlichen Formeln, die man in diesen Texten benutzt, wiederholen. Für den potentiellen Arbeitnehmer ändert es aber nichts, weil eine Absage halt eine Absage ist, und im Lichte der durchgeführten Analyse wagen wir es, die These aufzustellen, dass die angewendeten Mittel und Strategien zur Abmilderung bzw. Abschwächung der Absage wegen ihres formel- und floskelhaften Charakters schon längst an ihrer Wirkung verloren haben. Es ist nämlich schon an den Begründungen und floskelhaften Formulierungen ersichtlich, dass mit jeder Bewerbung nicht individuell umgegangen wird. Aus diesem Grunde tendieren die Absageschreiber immer häufiger zur Neutralität in der Ausdrucksweise und greifen nach vorgefertigten Mustern der Absageschreiben.

Jedem Absageschreiber kommt zudem eine schwierige Aufgabe zu, denn er muss in seiner Antwort auf eine Bewerbung mehrere Aspekte vereinbaren, die sich auf beide Kommunikationspartner beziehen:

- bezogen auf den Bewerber: den Bewerber beruhigen, das positive Denken beim Bewerber aufwecken, den Bewerber in seinem großen Wert und seiner Nützlichkeit für den Arbeitsmarkt bestätigen und bestärken, den Bewerber von der Hoffnung auf eine zukünftige Arbeitsstelle überzeugen;
- bezogen auf den „Absageschreiber“ und demzufolge auf den Arbeitgeber: sich aus einer eher schwierigen Situation, einem Bewerber *Nein* sagen zu müssen, und dies meist in einer für diesen schwierigen ökonomischen Situation, retten, die Aussagekraft der Ablehnung abmildern, sein Gesicht wahren, einen positiven Eindruck von der Firma hinterlassen.

Man kann in Bezug darauf eine paradoxe Opposition aufdecken: einerseits bemüht man sich, sehr höflich zu sein und das positive Denken in dem Bewerber aufzuwecken, andererseits sagt man aber ab, wobei wie es die Belege bestätigen, das Eine das Andere nicht ausschließt. Man bedient sich dabei verschiedener Vermeidungsstrategien, um nicht abzusagen (z.B. in den Aperitif-Briefen), nicht endgültig abzusagen (z.B. in den Eisschreiben) oder die Absage abzumildern (z.B. in den eigentlichen Absagenschreiben). Die „Absageschreiber“ handeln nach dem Muster „sag/schreib so, wie es sich gehört“[714]. Aus demselben Grund erwarten die „Absagesammler“ solche Antworten auf ihre Bewerbungen. Es bedeutet aber nicht, dass sie an die in solchen Schreiben enthaltenen Floskeln, Komplimente, Danksagungen und Entschuldigungen glauben müssen. Die

[714] Vgl. dazu auch Antas (2008: 269).

Wahrheit solcher Äußerungen ist für sie leicht verifizierbar, denn es wird ihnen abgesagt und sie müssen wieder mit dem Bewerben anfangen. Daher werden auch höfliche Lügen, die in den Absageschreiben formuliert werden, auch hingenommen und nicht entlarvt. Willkommen sind Truismen, Verallgemeinerungen, Halbwahrheiten, Ausreden, Komplimente, Schmeicheleien, Ausdruck eigener Emotionen (z.B. Bedauern), Versprechen, die sehr gerne geäußert, aber mit großer Wahrscheinlichkeit nicht eingehalten werden.

Die Zusammenstellung der Absageschreiben aus dem Zeitraum 2001–2012 hat zusätzlich gezeigt, dass das Verfassen von Absagebriefen zu einer Routinehandlung geworden ist. Die Briefe, in denen ablehnende Reaktionen mitgeteilt werden, sind sachlicher, „trockener“ im Ausdruck und emotionslos geworden, was sicherlich damit zusammenhängen mag, dass Verfassen von Absageschreiben zu immer häufiger anfallenden Aufgaben im Rahmen der Geschäftskorrespondenz wird.

11. Ausblick

Die durchgeführte Analyse schöpft die angesprochene Thematik nicht aus, mehr noch: sie lässt viele Forschungsfelder offen, die sich in Bezug auf die einzelnen in unserer Studie besprochenen Aspekte entdecken lassen.
Es handelt sich dabei sowohl um intra- als auch um interlingual angelegte Forschungen.

Es bietet sich z.B. eine vergleichende Analyse der Absageschreiben in anderen Kulturen im Rahmen einer kulturologisch angelegten Untersuchung an. Sie könnte einen Beitrag nicht nur zur kontrastiven Textlinguistik und Textsortenlinguistik leisten, sondern auch Gemeinsamkeiten und Unterschiede in der Realisierung der Sprechhandlung ABLEHNEN entdecken lassen. Es wäre wichtig, zu überprüfen, ob in anderen Kulturen die Textsorte Absageschreiben bekannt ist und gebraucht wird, und aus welchen makro- und mikrostrukturellen Elementen sie besteht. Darüber hinaus könnte man Einblick in die Höflichkeitsmechanismen und -strukturen gewinnen, die in den Schreiben angewendet werden. Eine solche Analyse könnte im Rahmen einer Untersuchung der Transkulturalität der Textsorte erfolgen, wie es Zhao (2011: 135) anführt: es sei wichtig, „die Gemeinsamkeiten derselben oder ähnlicher Textsorten in verschiedenen Kulturen nicht außer acht zu lassen, zumal diese als Grundlage des gegenseitigen Verstehens dienen können." (Zhao 2011: 135).

In Bezug auf eine Kultur wäre es auch nötig, Absageschreiben in anderen Bereichen, z.B. im Schulwesen (Stipendienabsagen), Bankwesen (Kreditabsagen) u.a. mit den Absagen auf Bewerbungen zu vergleichen, um zu überprüfen, ob beim Absagen in anderen Bereichen dieselben Mechanismen verwendet werden, was wesentlich zur Beschreibung der Kunst des Absagens überhaupt beitragen könnte und gewisse Folgerungen in Bezug auf das Absage-Verhalten und die Korrespondenz in der jeweiligen Kultur ermöglichen würde.

Daran angeknüpft bleibt die Analyse der ablehnenden Reaktionen in der gesprochenen Sprache immer noch ein wenig erforschtes Gebiet. Dies könnte interessante Folgerungen in Bezug auf das ablehnende Verhalten der jeweiligen Kultur liefern und einen großen Beitrag zur Interkulturellen Kommunikation leisten. Damit ist auch die immer noch ausbleibende Untersuchung nonverbalen Verhaltens beim Neinsagen verbunden. Auch hier wäre es wichtig, auf kulturelle

Unterschiede einzugehen, was einen praktisch umsetzbaren Nutzen mit sich bringen könnte.

Es bleibt auch, genauer auf die Geschlechtsunterschiede beim Ablehnen-Verhalten einzugehen, wobei die ersten Ansätze z.B. von Heilmann (1990, 1993) den Ausgangspunkt bilden könnten.

Im Deutschen fehlen auch eingehende Analysen zur Semantik und Syntax der Verben des Ablehnens, die z.B. im Polnischen vorhanden sind. Es wäre daher nötig, diese unter die Lupe zu nehmen und ihre Unterschiede in verschiedenen Kontexten zu bestimmen.

Aus der sozio- und psycholinguistischen Perspektive wäre es auch interessant zu untersuchen, wie die Betroffenen – Bewerber – auf die Absageschreiben reagieren, zumal in diesen die in den Briefstellern empfohlenen Lösungen und Formulierungen angewendet werden. Eine vergleichende Untersuchung der von den Absageschreibern projizierten Reaktionen und Verhalten mit denen der Bewerber könnte interessante Ergebnisse liefern und Änderungen im Bereich der Schriftkultur nach sich ziehen. Damit verbindet sich auch eine weitere Dimension, im Rahmen deren es nötig wäre, zu überprüfen, wie hoch die Anzahl der nach einem Aperitif-Brief folgenden Ab- bzw. Zusagen ist, und im Falle der Eisschreiben, ob es dann zu einem späteren Zeitpunkt tatsächlich nach den früher eingereichten und zunächst negativ beantworteten Bewerbungsunterlagen laut Versprechen (= Aufs-Eis-Legen) gegriffen wird, oder ob dieses Versprechen eher im Bereich der guten Ausreden und der Strategie, den Bewerber für immer loszuwerden, zu platzieren ist.

Zum Schluss sei noch auf die zeitliche Dimension hingewiesen, genauer auf die vergleichende Analyse der Absageschreiben aus unterschiedlichen Zeiträumen. Wichtig wäre es dabei zu ergründen, ob im Absage-Verhalten in Bezug auf die Form und/oder sprachliche Seite Änderungen zu verzeichnen sind.

Anhang

WALTER DE GRUYTER GMBH & CO. KG
Genthiner Straße 13 · 10785 Berlin
Postfach 30 34 21 · 10728 Berlin

Telefon +49-(0)30-2 60 05-0
Telefax +49-(0)30-2 60 05-251

de Gruyter
Berlin · New York

Unsere Zeichen	we/he
Telefon	2 60 05 114
Telefax	2 60 05 100
E-mail	heiner@degruyter.com
Homepage	http://www.deGruyter.de
Datum	20.11.01

Ihre Bewerbung für die Lektoratsassistenz in unserem Hause
Stellenausschreibung in der „Zeit" vom 18. Oktober 2001

Sehr geehrter Herr

für die Mühe, die Sie für die Bewerbung aufgewendet haben, möchten wir Ihnen herzlich danken.

Sie gehören zu den vielen guten Bewerberinnen und Bewerbern, denen wir leider absagen müssen. Wir haben uns entschieden und sehen z. Z. keine weitere Möglichkeit Sie entsprechend Ihrer Ausbildung und Erfahrung in unserem Hause zu beschäftigen.

Wir senden Ihnen Ihre Bewerbungsunterlagen mit nochmaligem Dank zurück und verbleiben mit guten Wünschen für Sie.

Mit freundlichen Grüßen

WALTER DE GRUYTER GmbH & Co. KG

i. A.

Ute Heiner
Personalwesen

Walter de Gruyter GmbH & Co. KG: *vormals G.J. Göschen'sche Verlagshandlung, J. Guttentag, Verlagsbuchhandlung, Georg Reimer, Karl J. Trübner, Veit & Comp.*

Konten: Berliner Bank AG, Depositenkasse 32, Potsdamer Straße 111–113, 10783 Berlin, Konto-Nr.: 320/523 500, BLZ 100 200 00 . Postbank Berlin [illegible]

Beispiel Nr. 1. Ganz individuelles eigentliches Absageschreiben, angepasst an die jeweilige Bewerbung

Leipziger Verlags- und Druckereigesellschaft mbH & Co. KG

Peterssteinweg 19, 04107 Leipzig, Geschäftsbereich Personal- und Sozialwesen, Tel. 2181 1307

Leipzig, den 26.02.2002

Sehr geehrter Herr

nochmals vielen Dank für Ihr Interesse an einer Tätigkeit in unserem Hause.

Wie dieser Tage besprochen, sende ich Ihnen Ihre Unterlagen zu unserer Entlastung zurück, da wir im Moment keine Ihren Wünschen und Fähigkeiten entsprechende vakante Stelle zu besetzen haben.

Ihr Bewerbungsschreiben lege ich gern auf Wiedervorlage, um zu gegebener Zeit darauf zurückgreifen zu können.

Mit freundlichen Grüßen

Klesse

Beispiel Nr. 2. Ganz individuelles Eisschreiben, angepasst an die jeweilige Bewerbung

vhs Landesverband der Volkshochschulen von NRW e.V.

Landesverband der Volkshochschulen von NRW e.V.
Postfach 10 42 42 | 44042 Dortmund

An die Bewerberinnen und Bewerber
um die Stelle der Sprachenreferentin/
des Sprachenreferenten

Heiliger Weg 7-9 | 44135 Dortmund
Fon 0231 952058-0
Fax 0231 952058-3
www.vhs-nrw.de

Sparkasse Dortmund
Konto 106 92 33
BLZ 440 501 99

Reiner Hammelrath
Verbandsdirektor
Fon 0231 952058-19
Fax 0231 952058-73
hammelrath@vhs-nrw.de

2005-06-20

Sehr geehrte Damen und Herren,

zunächst möchte ich mich für Ihr Interesse an der Mitarbeit in der Geschäftsstelle unseres Landesverbandes bedanken.

Angesichts der Vielzahl qualifizierter Bewerbungen, die bei uns eingegangen sind, ist mir die Auswahl wahrlich nicht leicht gefallen.

Ihnen muss ich auf diesem Wege bedauerlicherweise mitteilen, dass Sie nicht in die engere Wahl gezogen wurden.

Zu unserer Entlastung reiche ich Ihnen beiliegend Ihre Bewerbungsunterlagen zurück.

Ich hoffe, dass Sie mit Ihrer nächsten Bewerbung Erfolg haben und wünsche Ihnen persönlich und beruflich alles Gute.

Mit freundlichen Grüßen

Anlage: Bewerbungsunterlagen

Volkshochschule.
Das kommunale

Beispiel Nr. 3. Formbrief

Email: info@achterbahn.de
Internet: www.achterbahn.de
Vorstand Jens Nieswand
Vorsitzender des Aufsichtsrates
Hans Kettwig

Verkehrsnr. 11296
Amtsgericht Kiel
HRB 4418
USt-IdNr.
DE 134866021

Vereins- und Westbank AG
BLZ 200 300 00
Konto 2 330 470
SEB AG · BLZ 210 101 11
Konto 1 330 558 801

Achterbahn AG
Buch-, Musik- und Filmverlag

Werftbahnstrasse 8 · D-24143 Kiel
Postfach 6128 · D-24122 Kiel
T +49. (0)431. 70 28-200
F +49. (0)431. 70 28-228

Achterbahn AG Werftbahnstrasse 8 · D-24143 Kiel

achter
bahn
AG

Kiel, den 11. Februar 2002

Liebe Autorin, lieber Autor,
liebe Zeichnerin, lieber Zeichner,

ein Formbrief. Ja leider.

Lieber würden wir Ihnen persönlich und ausführlich schreiben, aber das ist uns bei der Menge der eingesandten Manuskripte leider nicht möglich. Täglich werden wir bis über beide Ohren mit Einsendungen zugedeckt und verwenden viel Zeit darauf, alles mit Sorgfalt zu prüfen.

Wenn wir Ihnen jetzt das vorgeschlagenen Projekt absagen, ist das kein Werturteil. Es besagt einzig und allein, dass es nicht in unser Verlags- oder Programmkonzept passt.

Wir danken Ihnen für das in uns gesetzte Vertrauen und schicken Ihnen anbei die uns zur Prüfung überlassenen Unterlagen wieder zurück.
Hoffentlich finden Sie bald einen passenden Verlag für Ihre Arbeiten.

Mit den besten Grüßen aus Kiel

V. Hunte-Busche

Victoria Hunte-Busche
Achterbahn Verlag

Beispiel Nr. 4. Formbrief

Umweltbundesamt, Berlin, 01. 05.06.02

Bezug: Ihr Schreiben vom 01.06.02

Sehr geehrte/r ~~Frau~~/Herr

wir danken Ihnen für Ihr Interesse und bestätigen den Eingang Ihres o.a. Schreibens.

Die Prüfung wird einige Zeit in Anspruch nehmen. Wir werden Sie über den Fortgang und über die getroffene Entscheidung so bald wie möglich informieren.

Mit freundlichen Grüßen
Im Auftrag

Beispiel Nr. 5. Postkarte mit einem standardisierten Text

BERLINER MIETERVEREIN
Landesverband Berlin im Deutschen Mieterbund

Berliner Mieterverein e.V. Wilhelmstr. 74 10117 Berlin

Datum 10.6.02

Fon – Durchwahl 030 / 226 26 - 115

Unser Zeichen Wi/Je

Betr.: Bewerbung

Anliegende(s) Schriftstück(e) übersandt mit der Bitte um

[ ] in Erledigung Ihres Briefes / Anrufes vom

[ ] Kenntnisnahme Rückgabe nicht erforderlich
[ ] Telefonanruf am zwischen und Uhr
[ ] Klageerhebung über den/die bereits benannte/n Rechtsanwalt/anwältin

[ ] schriftl. Stellungnahme
[ ] Telefonanruf nach Fristablauf
[ ] mit der Bitte um weitere Verteilung

[ ] Erledigung / Zahlung
[ ] Unterzeichnung u. Rückgabe (der Vollmacht)

[X] Sehr geehrter Herr
vielen Dank für Ihre Bewerbung. Leider haben wir keinen Bedarf.
Viel Erfolg anderswo.

Mit freundlichen Grüßen
i. A. [illegible]

Telefon – Zentrale
Fon 030 / 226 26 - 0
Fax 030 / 226 26 - 161

Hauptgeschäftsstelle
Wilhelmstraße 74
10117 Berlin - Mitte

nahe Brandenburger Tor
S-Bhf. Unter den Linden
U-Bhf. Mohrenstr. / Französische Str.

Beispiel Nr. 6. Formblatt mit einer handschriftlich erstellten Notiz

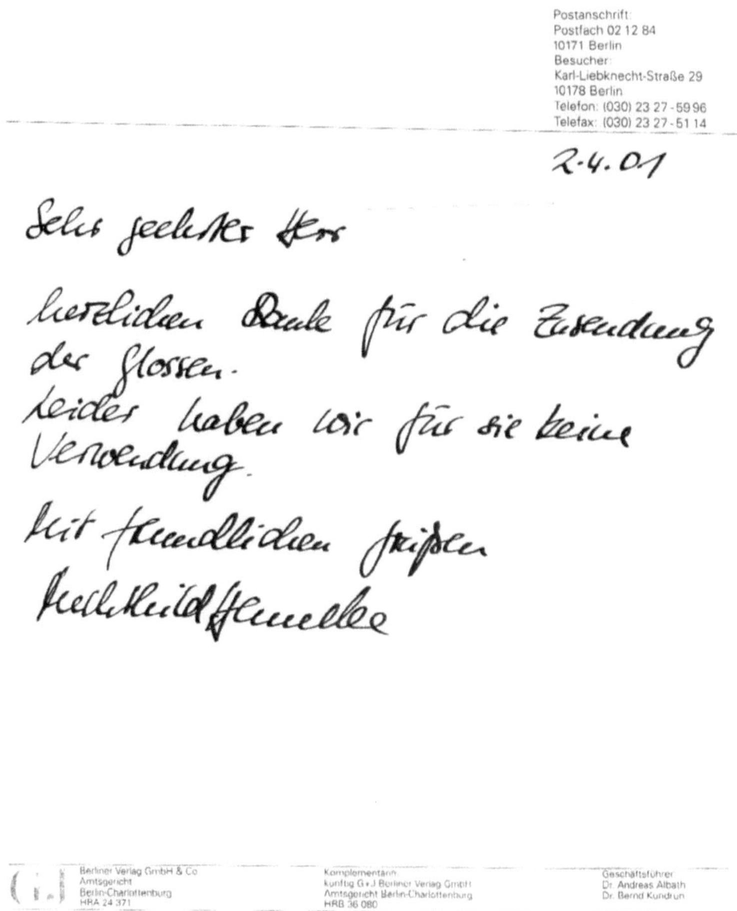

Postanschrift:
Postfach 02 12 84
10171 Berlin
Besucher:
Karl-Liebknecht-Straße 29
10178 Berlin
Telefon: (030) 23 27 - 59 96
Telefax: (030) 23 27 - 51 14

2.4.01

Sehr geehrter Herr

herzlichen Dank für die Zusendung der Glossen.
Leider haben wir für sie keine Verwendung.

Mit freundlichen Grüßen

[signature]

Berliner Verlag GmbH & Co
Amtsgericht
Berlin-Charlottenburg
HRA 24 371

Komplementärin
künftig G+J Berliner Verlag GmbH
Amtsgericht Berlin-Charlottenburg
HRB 36 080

Geschäftsführer
Dr. Andreas Albath
Dr. Bernd Kundrun

Beispiel Nr. 7. Handschriftlich verfasstes Absageschreiben, das für weitere Bewerber auf einem Kopiergerät vervielfältigt wurde

Berliner Kulturveranstaltungs-GmbH

Theater am Halleschen Ufer

Hallesches Ufer 32
D-10963 Berlin

Telefon +49 30 251 06 55 · Telefax +49 30 251 27 16
info@thub.de · http://www.thub.de

Berlin, den 18.06.02

Sehr geehrter Herr

herzlichen Dank für Ihr Interesse am Theater am Halleschen Ufer.
Das Theater am Halleschen Ufer, 1993 als zentrale Spielstätte der freien Gruppen Berlins eingerichtet, ist heute einer der profiliertesten und anerkanntesten Spiel- und Produktionsorte/ für die Darstellenden Künste mit Schwerpunkt im Tanz-, Performancebereich.

Leider sehen wir keine Möglichkeit, Sie als Online- Redakteur oder im Archiv etc. an unserem Haus zu beschäftigen.

Wir wünschen Ihnen jedoch weiterhin viel Erfolg und verbleiben mit freundlichen Grüßen,

S. Franke

i. A. Sara Franke
Künstlerisches Betriebsbüro

Beispiel Nr. 8. Absageschreiben mit Werbeinhalt

Literaturverzeichnis

A

Adamzik, Kirsten (1984): *Sprachliches Handeln und sozialer Kontakt. Zur Integration der Kategorie 'Beziehungsaspekt' in eine sprechakttheoretische Beschreibung des Deutschen.* Tübingen.

Adamzik, Kirsten (1995): *Textsorten – Texttypologie. Eine kommentierte Bibliographie.* Münster.

Adamzik, Kirsten (2000a): *Textsorten. Analysen und Reflexionen.* Tübingen.

Adamzik, Kirsten (2000b): Was ist pragmatisch orientierte Textsortenforschung? In: Adamzik, K. (Hrsg.): *Textsorten. Analysen und Reflexionen.* Tübingen, S. 91–112.

Adamzik, Kirsten (2001): Die Zukunft der Textsortenlinguistik. Textsortennetze, Textsortenfelder, Textsorten im Verbund. In: Fix, U. / Habscheid, S. / Klein, J. (Hrsg.): *Zur Kulturspezifik von Textsorten.* Tübingen, S. 15–30.

Adamzik, Kirsten (2004): *Textlinguistik. Eine einführende Darstellung.* Tübingen.

Adamzik, Kirsten (2008): Textsorten und ihre Beschreibung. In: Janich, N. (Hrsg.): *Textlinguistik. 15 Einführungen.* Tübingen, S. 145–175.

Adamzik, Kirsten (im Druck): Kulturwissenschaftliche Orientierung in der Textlinguistik. In: Jäger, L. / Holly, W. / Krapp, P. / Weber, S. (Hrsg.): *Sprache – Kultur – Kommunikation. Ein internationales Handbuch zu Linguistik als Kulturwissenschaft.* Berlin / New York. In: http://www.unige.ch/lettres/alman/adamzik/90%20Textlinguistik%20Adamzik.pdf.

Agricola, Erhard (1976): Vom Text zum Thema. In: Daneš, F. / Viehweger, D. (Hrsg.): *Probleme der Textgrammatik.* Berlin, S. 13–27.

Agricola, Erhard (1979): *Textstruktur – Textanalyse – Informationskern.* Leipzig.

Alberti, Robert / Emmons, Michael (2011): *Asertywność. Sięgaj po to, czego chcesz, nie raniąc innych.* Sopot.

Allhof, Dieter, W. (1992): Rhetorik als Gesprächspädagogik. In: Wierlacher, A. (Hrsg.): *Jahrbuch Deutsch als Fremdsprache* 18, S. 308–328.

Altmann, Hans (1987): Zur Problematik der Konstitution der von Satzmodi als Funktionstypen. In: Meibauer, J. (Hrsg.): *Satzmodus zwischen Grammatik und Pragmatik.* Tübingen, S. 22–52.

Altmann, Hans (1993): Satzmodus. In: Jacobs, J. / von Stechow, A. / Sternefeld, W. / Venneman, T. (Hrsg.): *Syntax. Ein internationales Handbuch zeitgenössischer Forschung. Handbücher zur Sprach- und Kommunikationswissenschaft,* Bd. 9.1, Berlin / New York, S. 1007–1029.

Altmeyer, C. (2004): *Kultur als Hypertext. Zu Theorie und Praxis der Kulturwissenschaft im Fach Deutsch als Fremdsprache.* München.

Ankenbrand, Katrin (2006): Modalpartikeln und Höflichkeit. In: Fries, N. / Fries, Ch. (Hrsg.): *Deutsche Grammatik im europäischen Dialog. Beiträge zum Kongress Krakau 2006.* In: http://krakau2006.anaman.de/beitraege/ankenbrand.pdf, Zugriff am 27.07.2013.

Antas, Jolanta (1991): *O mechanizmach negowania. Wybrane semantyczne i pragmatyczne aspekty negacji.* Kraków.

Antas, Jolanta (2008): *O kłamstwie i kłamaniu.* Kraków.

Antos, Gerd (1997): Texte als Konstitutionsformen von Wissen. Thesen zu einer evolutionstheoretischen Begründung der Textlinguistik. In: Antos, G. / Tietz, H. (Hrsg.): *Die Zukunft der Textlinguistik. Traditionen, Transformationen, Trends.* Tübingen, S. 43–63.

Antos, Gerd (2001): Sprachdesign als Stil? Lifting oder: Sie werden die Welt mit anderen Augen sehen. In: Jakobs E.-M. / Rohtkegel, A. (Hrsg.): *Perspektiven auf Stil.* Tübingen, S. 5–75.

Antos, Gerd (2007): „Texte machen Wissen sichtbar!“ Zum Primat der Medialität im Spannungsfeld von Textwelten und (inter-)kulturellen Wirklichkeitskonstruktionen. In: Grucza, F. / Olpinska, M. / Schwenk, H.-J. (Hrsg.): *Germanistische Wahrnehmungen der Multimedialität, Multilingualität und Multikulturalität.* Warszawa, S. 34–45.

Antos, Gerd / Tietz, Heike (1997): *Die Zukunft der Textlinguistik. Traditionen – Transformationen – Trends*. Tübingen.
Antos, Gerd / Spitzmüller, Jürgen (2007): Was bedeutet ‚Textdesign'? Überlegungen zu einer Theorie typographischen Wissens. In: Roth, K., S. / Spitzmüller, J. (Hrsg.): *Textdesign und Textwirkung in der massenmedialen Kommunikation*. Konstanz, S. 35–48.
Arendt, Hannah (2001): *Między czasem minionym a przyszłym*. Warszawa.
Argyle, Michael (1979): *Körpersprache und Kommunikation*. Paderborn.
Argyle, Michael (2005): *Körpersprache & Kommunikation: Das Handbuch zur nonverbalen Kommunikation*. Paderborn.
Argyle, Michael (2013): *Körpersprache & Kommunikation: Nonverbaler Ausdruck und soziale Interaktion*. Paderborn.
Arndt, Horst / Janney, Richard W. (1985): Politeness revisited. Cross-modal supportive strategies. In: *International review of applied linguistics*, 23/4, S. 281–300.
Asmali, Mehmet (2013): Cross-cultural Comparison of Non-native Speakers' Refusal Strategies in English. In: *International Journal of English Language & Translation Studies Vol-1, Issue-3* , S. 111–135. (http://www.eltsjournal.org).
Assmann, Jan (2005): *Das kulturelle Gedächtnis. Schrift, Erinnerung und politische Identität in frühen Hochkulturen*. München.
Attal, Pierre (1984): Deux niveaux de négation. In: *Langue Français* 62, S. 4–11.
Auer, Peter (1999): *Sprachliche Interaktion. Eine Einführung anhand von 22 Klassikern*. Tübingen.
Auer, Peter / Uhman, Susanne (1982): Aspekte der konversationellen Organisation von Bewertungen. In: *Deutsche Sprache* 10, S. 1–32.
Augustinus (1953): Über die Lüge. In: Augustinus: *Die Lüge und gegen die Lüge*. Übertragen und erläutert von P. Keseling. Würzburg.
Austin, John, L. (1962): *How to Do Things with Words*. Cambridge.
Austin John L. (1972): *Zur Theorie der Sprechakte*. Stuttgart.
Austin, John, L. (1989): *Zur Theorie der Sprechakte*. Stuttgart.
Awdiejew, Aleksy (1983): Klasyfikacja funkcji pragmatycznych. In: *Polonica* 9, S. 53–87.
Ayaß, Ruth (1999): Versachlicht oder veraltet: Positive Moralisierungen in alltäglichen und institutionellen Kontexten. In: Bergmann, J. / Luckmann, Th. (Hrsg.): *Kommunikative Konstruktion von Moral*. Bd. 2: *Von der Moral zu den Moralen*. Opladen / Wiesbaden, S. 289–327.
Ayata, Canan, S. (2009): Sind Textsorten kulturell bedingt? Ein interkultureller Vergleich literaturkritischer Texte anhand von konkreten Beispielen. In: Hess-Lüttich, E. (Hrsg.): *Translation und Transgression. Aspekte der Übersetzungswissenschaft*. Frankfurt a. M., S. 309–323.

B

Bachtin Michaił (1979/1986): *Estetyka twórczości słownej*. Warszawa.
Bach, Kent / Harnish, Robert, M. (1979): *Linguistic Communication and Speech Bridge*. Mass / London.
Ballmer, Thomas, T. (1979): Probleme der Klassifikation von Sprechakten. In: Grewendorf, G. (Hrsg.): *Sprechakttheorie und Semantik*. Frankfurt am Main, S. 247–274.
Balters, Antje (2001): *Mut zum Neinsagen. Grenzen setzen ohne Schuldgefühle*. Pößneck.
Bardovi-Harlig, Kathleen / Hartford, Beverly, S. (1991): Saying 'no' in English: Native and non-native rejections. In: Bouton, L. / Kachru, Y. (Hrsg.): *Pragmatics and Language Learning 2*, Urbana-Champaign, S. 41–58.
Bąk, Paweł (2012): *Euphemismen des Wirtschaftsdeutschen aus Sicht der anthropozentrischen Linguistik*. (= Warschauer Studien zur Germanistik und zur Angewandten Linguistik 2). Frankfurt am Main.
Bartmiński, Jerzy / Niebrzegowska Bartmińska, Stanisława (2009): *Tekstologia*. Warszawa.

Bartoszewicz, Iwona (2000): *Formen der Pesuasion im deutsch-polnischen politischen Dialog. Untersuchungen zu politischen Reden zwischen 1989 und 1995.* Wrocław.
Bartoszewicz, Iwona (2008): *Krainy retoryczne. Zapiski z podróży.* Wrocław.
Beaugrande, Robert-Alain de / Dressler, Wolfgang U. (1981): *Einführung in die Textlinguistik.* Tübingen
Beck, Gloria (2012): *Komplimente. Die raffinierte Kunst der schönen Lüge.* Zürich.
Beck, Götz (1980): *Sprechakte und Sprachfunktionen. Untersuchungen zur Handlungsstruktur der Sprache und ihren Grenzen.* Tübingen.
Beckers, Astrid, Maria (1999): *How to Say 'No' without Saying 'No' – A Study of the Refusal Strategies of Americans and Germans.* Unveröffentlichte Diss. Mississipi.
Beebe, Leslie, M. / Cummings, Martha (1985a): *Speech act performance: A function of data collection procedure.* New York.
Beebe, Leslie, M. / Cummings, Martha (1985b): Natural speech act data versus written questionnaire data: How data collection method affects speech act performance. In: Gass, S., M. / Neu, J. (Hrsg.): *Speech Acts across Cultures: Challenges to Communictaion in a Second Language.* Berlin, S. 65–86.
Beebe, Leslie M. / Takahashi, Tomoko / Uliss-Weltz, Robin (1990): Pragmatic transfer in ESL refusals. In: Scarcella, R., C. / Andersen, E., S. / Krashen, S. (Hrsg.): *Developing Communicative Competence in a second Language.* New York, S. 55–73.
Beetz, Manfred (1981): Komplimentierverhalten im Barock. Aspekte linguistischer Pragmatik an einem literarhistorischen Gegenstandsbereich. In: Frier, W. (Hrsg): *Amsterdamer Beiträge zur neueren Germanistik* 13. Amsterdam, S. 135–181.
Beetz, Manfred (1990): *Frühmoderne Höflichkeit. Komplimentierkunst und Gesellschaftsrituale im altdeutschen Sprachraum.* Stuttgart.
Behagel, Otto (1923–1932): *Deutsche Syntax. Eine geschichtliche Darstellung.* Heidelberg.
Belke, Gerlind (1973): Kommunikationstheoretische, semiotisch-linguistische Versuche der Typologisierung und Klassifizierung von Texten. In: Belke, H. (Hrsg.): *Literarische Gebrauchsformen.* Düsseldorf, S. 37–57.
Bellert, Irena (1972): Über eine Bedingung für die Kohärenz von Texten. In: Kallmeyer, W. et al. (Hrsg.): *Lektürekolleg zur Textlinguistik*, S. 213–245.
Benedict, Antoni (2003): *Asertywność jako proces skutecznej komunikacji.* Wrocław.
Berdychowska, Zofia (2003): *Personaldeixis: Typologie, Interpretation und Exponenten im Deutschen und im Polnischen.* Kraków.
Berdychowska, Zofia / Bilut-Homplewicz, Zofia / Mikołajczyk, Beata (2013): *Textlinguistik als Querschnittsdisziplin. Studien zur Text- und Diskursforschung.* Frankfurt am Main.
Berg, Wolfgang (1978): *Uneigentliches Sprechen. Zur Pragmatik und Semantik von Metapher, Metonymie, Ironie, Litotes und rhetorischer Frage.* Tübingen.
Berger, Peter, L. / Luckmann, Thomas (1980): *Die gesellschaftliche Konstruktion der Wirklichkeit.* Frankfurt am Main.
Bergmann, Marc, L. / Kasper, Gabriele (1993): Perception and performace in native and nonnative competence. In: Kasper, G. / Blum-Kulka, S. (Hrsg.): *Interlanguage pragmatics.* New York / Oxford. S. 43–57.
Berkhan, Barbara (2006): *Sanfte Selbstbehauptung. Die 5 besten Strategien, sich souverän durchzusetzen.* München.
Besch, Werner (1996): *Duzen, Siezen, Titulieren. Zur Anrede im Deutschen heute und gestern.* Göttingen.
Bilut-Homplewicz, Zofia (2013): *Prinzip Perspektivierung. Germanistische und polonistische Textlinguistik – Entwicklungen, Probleme, Desiderata. Teil I: Germanistische Textlinguistik.* Frankfurt am Main u.a.
Bishop, Sue (2010): *Asertywność.* Poznań.

Blühdorn, Hardarik (2012): *Negation im Deutschen: Syntax, Informationsstruktur, Semantik*. Tübingen.
Blum-Kulka, Shoshana / House, J. / Kasper, Gabriele (1989): *Cross-Cultural-Pragmatics. Requests and Apologies*. Norwood / New York.
Błachut, Edyta / Dębski, Antoni / Engel, Ulrich (2013): INDIREKT REDEN. In: Engel, Ulrich / Tomiczek, Eugeniusz (2010): *Wie wir reden? Sprechen im deutsch-polnischen Kontrast*. Wrocław, S. 131–155.
Bogusławski Andrzej (1983): Słowo o zdaniu i tekście. In: Dobrzyńska, T. / Janus, E. (Hrsg.): *Tekst i zdanie*. Wrocław, S. 7–31.
Bohlen, Andreas (1994): *Die sanfte Offensive: Untersuchungen zur Verwendung politischer Euphemismen in britischen und amerikanischen Printmedien bei der Berichterstattung über den Golfkrieg im Spannungsfeld zwischen Verwendung und Mißbrauch der Sprache*. Frankfurt am Main u.a.
Bonacchi, Silvia (2009): Zur Vieldeutigkeit des Ausdrucks Kultur und zur anthropozentrischen Kulturtheorie. In: *Kwartalnik Neofilologiczny* LV 1/2009, S. 25–45.
Bonacchi, S. (2010a) Zum Gegenstand der anthropozentrischen Kulturwissenschaft. In: *Lingwistyka Stosowana* 2/2010, S. 69–81.
Bonacchi, Silvia (2010b): Pragmatische und soziokulturelle Funktionen der sprachlichen Höflichkeit. In: *Komunikacja Specjalistyczna* 3, S. 51–64.
Bonacchi, Silvia (2011a): *Höflichkeitsausdrücke und anthropozentrische Linguistik*. Warszawa.
Bonacchi, Silvia (2011b): *Ich habe leider keine Zeit …*: Kulturlinguistische Bemerkungen über höfliche Verweigerungen im deutsch-polnischen-italienischen Vergleich. In: Ehrhardt, C. / Neuland, E. / Yamashita, H. (Hrsg.): *Sprachliche Höflichkeit zwischen Etikette und kommunikativer Kompetenz*. Frankfurt am Main, S. 111– 128.
Bonacchi, Silvia (2012a): Interkulturelle Kommunikation, Dialog- und Konfliktforschung: Einige Bemerkungen Zum Forschungsgegenstand, zu den Erkenntniszielen und Untersuchungsmethoden der anthropozentrischen Kulturologie. In: Pawłowski, G. / Olpińska-Szkiełko, M. / Bonacchi, S. (Hrsg.): *Mensch – Sprachen – Kulturen*. Warszawa, S. 35–49.
Bonacchi, Silvia (2012b): Einige Bemerkungen zum Begriff der Höflichkeitskompetenz. In: *Kwartalnik Neofilologiczny* LIX, 1. S. 17–35.
Bonacchi, Silvia (2013): *(Un)Höflichkeit*. Frankfurt am Main.
Bonacchi, Silvia (2014): Scheinbeleidigungen und perfide Komplimente: kulturologische Bemerkungen zur obliquen Kommunikation in interkultureller Perspektive. In: Lukas, K. / Olszewska, D. (Hrsg.): *Deutsch im Kontakt und im Kontrast. Festschrift für Prof. Andrzej Kątny zum 65. Geburtstag*. Frankfurt am Main, S. 341–356.
Bonnafont, Claude (1990): *Die Botschaft der Körpersprache. Was mehr als tausend Worte sagt*. München.
Bonneau, Elisabeth (2007): 300 *Fragen zum guten Benehmen: Stilsicher in allen Situationen*. München.
Bonsiepe, Gui (1996): *Interface. Design neu begreifen*. Mannheim.
Bouchara, Abdelaziz (2002): *Höflichkeitsformen in der Interaktion zwischen Deutschen und Arabern. Ein Beitrag zur interkulturellen Kommunikation*. Tübingen.
Brandt, Margareta / Reis, Marga / Rosengren, Inger / Zimmermann, Ilse (1992): Satztyp, Satzmodus und Illokution. In: Rosengren, I. (Hrsg.): *Satz und Illokution*. Bd. I, Tübingen, S. 1–90.
Brehmer, Berhnard (2009): *Höflichkeit zwischen Konvention und Kreativität. Eine pragmalinguistische Analyse von Dankesformeln im Russischen*. München / Berlin.
Brettschneider, Gunter (1972): Zur Explikationsbasis für ‚Texte' und ‚Textsorten'. In: Gülich, E. / Raible W. (Hrsg.): *Textsorten. Differenzierungskriterien aus linguistischer Sicht*. Frankfurt am Main, S. 125–134.
Brinker, Kraul (1983): Textfunktionen. Ansätze zu ihrer Beschreibung. In: *Zeitschrift für germanistische Linguistik* 11, S. 127–148.

Brinker, Klaus (1991): *Aspekte der Textlinguistik.* Hildesheim u.a.
Brinker, Klaus (1983): Textfunktionen. Ansätze zu ihrer Beschreibung. In: *Zeitschrift für Germanistische Linguistik* 11/83, S. 127–148.
Brinker, Klaus (1997): *Linguistische Textanalyse. Eine Einführung in Grundbegriffe und Methoden.* 4., durchgesehene und ergänzte Auflage. Berlin.
Brinker, Klaus (2010): *Linguistische Textanalyse. Eine Einführung in Grundbegriffe und Methoden.* 7. überarbeitete und erweiterte Auflage. Berlin.
Brown, Penelope / Levinson, Stephen, C. (1978): Universals of language usage: Politeness phenomena. In: Goody, E., N. (Hrsg.): *Questions and politeness.* Cambridge, S. 56–289.
Brown, Penelope / Levinson, Stephen, C. (1987): *Politeness. Some Universals in Language Usage.* Cambridge.
Brucker, Marion (2008): Imagepflege für Arbeitgeber. In: *Markt und Mittelstand,* 01.10.2008, Nr. 10, S. 28–39.
Bühler, Charlotte / Haas, Johanna (1924): *Gibt es Fälle, in denen man lügen muß? Eine pädagogisch-psychologische Untersuchung über die Kinderlüge auf Grund einer Erhebung.* Wien / Leipzig.
Bühler, Karl (1934): *Sprachtheorie. Die Darstellungsfunktion der Sprache.* Jena.
Bukow, Wolf-Dietrich (1984): *Ritual und Fetisch in fortgeschrittenen Industriegesellschaften: Formen kultureller Kommunikation.* Frankfurt am Main.
Bulut, Dogan (o. J.): Saying ‚No' in a Foreign Language: Can You Really Do It? In: http://210.101.116.28/W_files/kiss9/58800400_pv.pdf, Zugriff am 4.08.2014.
Burger, Harald (1973): *Idiomatik des Deutschen.* Tübingen.
Burger, Harald (1998): *Phraseologie. Eine Einführung am Beispiel des Deutschen.* Berlin.
Bussmann, Hadumod (1990): *Lexikon der Sprachwissenschaft.* Stuttgart.
Bussmann, Hadumod (2002): *Lexikon der Sprachwissenschaft.* Stuttgart.
Büter, Dieter / Schimke, Hans-Jürgen (1993): *Anleitung zur Bescheidtechnik.* Berlin.

C

Carnegie, Dale / ASSOC (2003): *Der Erfolg ist in dir! Wie man in einer sich rasch verändernden Welt mit Menschen umgeht, Probleme löst und sich durchsetzt. Ein Leitfaden für den Menschen im Alltag und Beruf.* Frankfurt am Main.
Casper-Henne, Hiltraud (2006): *Deutsch-amerikanische Alltagskommunikation. Zur Beziehungsarbeit in interkulturellen Gesprächen.* Tübingen.
Cenoz, Jasone/Valencia, Jose (1996): Cross-cultural communication and interlanguage pragmatics: American vs. European request. In: Bouton, L., F. (Hrsg.): *Pragmatics and Language Learning.* Urbana-Champaign, S. 51–54.
Cerwinka, Gabriele / Schranz, Gabriele E. (1999): *Die Macht der versteckten Signale. Wortwahl, Körpersprache, Emotionen.* Wien.
Chen, Rong (1993): Responding to compliments. A contrastive Study of politeness strategies between American English and Chinese Speakers. In: *Journal of Pragmatics* 20, S. 49–75.
Chen, Xing / Ye Lei / Zhang Yanyin (1995): Refusing in Chinese. In: Kasper, G. (Hrsg.): *Pragmatics of Chinese and Native an Target Language.* Manoa, S. 119–163.
Cho, Yongkil (2005): *Grammatik und Höflichkeit im Sprachvergleich.* Tübingen.
Chojak, Jolanta (2006): *Semantyka i składnia czasowników oznaczających reakcje słowne.* Warszawa.
Cloud, Henry / Townsend, John (2010): *Nein sagen ohne Schuldgefühle.* Holzgerlingen.
Coseriu, Eugenio (2007): *Textlinguistik. Eine Einführung.* Tübingen.
Coulmas, Florian (1979): Riten des Alltags. Sequenzierungsbedingungen in präfigurierter Rede. In: Vandeweghe, W. / van de Velde, M. (Hrsg.): *Bedeutung, Sprechakte und Texte. Akten des 13. Linguistischen Kolloquiums: Gent 1978,* Bd. 2. XII. Tübingen, S. 171–180.

Coulmas, Florian (1981) (Hrsg.): *Conversational Routine. Explorations in standardized communication situations and prepatterned speech.* The Hague.
Culpeper, Jonathan (1996): Towards an anatomy of impoliteness. In: *Journal of Pragmatics* 25 (3), S. 349–367.
Culpeper, Jonathan (2008): Reflections on impoliteness, relational work and power. In: Bousfield, D. / Locher, M. (Hrsg.): *Impoliteness in Language.* Berlin, S. 17–44.
Czachur, Waldemar (2005): Zu Entschuldigungsformeln im Deutschen und Polnischen. In: *Studia Niemcoznawcze* XXIX, S. 753–769.
Czachur, Waldemar (2007): *Textmuster im Wandel. Ein Beitrag zur textlinguistischen Erforschung der Vereinssatzungen im 19. Jahrhundert.* Wrocław / Dresden.
Czekańska, M (1988): O różnych znaczeniach polskiegi czasownika "odmawiać". In: *Poradnik Językowy* z. 9-10, S. 657–667.

D

Daneš, František (1970): Zur linguistischen Analyse der Textstruktur. In: *Folia Linguistica* 4, S. 72–78.
Daneš, František (1976): Zur semantischen und thematischen Struktur des Kommunikats. In: Daneš, F. / Viehweger, D. (Hrsg.): *Probleme der Textgrammatik.* Berlin, S. 29–41.
da Silva Antonio, José Bacelar (2003): The Effects of Instruction on Pragmatic Development: teaching Polite Refusals in English. In: *SLS Papers*, 22, Number 1, S. 55–106.
Dąbrowska, Anna (1994): *Eufemizmy współczesnego języka polskiego.* Wrocław.
Dąbrowska, Anna (2005): *Słownik eufemizmów polskich czyli w rzeczy mocno, w sposobie łagodnie.* Warszawa.
Dieckmann, Walther / Eisenberg, Peter / Ingwer, Paul / Voigt-Schneekloth / Gerhard, Zeck / Jürgen (2003): Sprachliche Höflichkeit. In: *Praxis Deutsch* 178, S. 4–11.
Diewald, Gabriele, Maria (1991): *Deixis und Textsorten im Deutschen.* Tübingen.
Dijk, Teun A. van (1980): *Textwissenschaft.* Tübingen.
Dimter, Matthias (1981): *Textklassenkonzepte heutiger Alltagssprache. Kommunikationssituation, Textfunktion und Textinhalt alltagssprachlicher Textklassifikation.* Tübingen.
Ding, Yingchun / Fluck, Hans-R. (2002): Höflichkeitsprinzipien im Chinesischen und Deutschen. In: Lüger, H.-H. (Hrsg.): *Höflichkeitsstile.* Frankfurt am Main u.a., S. 91–110.
Dobrzyńska, Teresa (1993): *Tekst. Próba syntezy.* Warszawa.
Dobrzyńska, Teresa (2009): Pojęcie tekstu. Tekst – całościowy komunikat. In: Bilut-Homplewicz, Z. / Czachur, W. / Smykała M. (Hrsg.): Lingwistyka *tekstu w Polsce i w Niemczech. Pojęcia, problemy, perspektytwy.* Wrocław, S. 35–44.
Dölling, Johannes (1988): *Natursprachliche Negation und logische Negationsoperatoren. Ein Beitrag zur semantischen Analyse der lexikalischen Einheit nicht.* (= Liguistische Studien. Reihe A, Arbeitsberichte). Berlin.
Dornseiff, Franz (2000): *Der deutsche Wortschatz nach Sachgruppen.* Wiesbaden.
Drabik, Beata (2004): *Komplement i komplementowanie jako akt mowy i strategia komunikacyjna.* Kraków.
Drescher, Martina (1994): Für zukünftige Bewerbungen wünschen wir Ihnen mehr Erfolg. Zur Formelhaftigkeit von Absagebriefen. In: *Deutsche Sprache* H. 2, S. 117–137.
Dressler, Wolfgang (1972): *Einführung in die Textlinguistik.* Tübingen.
Dressler, Wolfgang (1978): *Textlinguistik.* Darmstadt.
Duden (1997): *Briefe gut und richtig schreiben. Ratgeber für richtiges und modernes Schreiben.* Mannheim / Leipzig / Wien / Zürich.
Duden (2001): *Deutsches Universalwörterbuch.* Mannheim / Leipzig / Wien / Zürich.
Duden (2005a): *Wzory listów niemieckich.* Warszawa.
Duden (2005b): *Moderne Geschäftsbriefe leicht gemacht.* Mannheim / Leipzig / Wien.
Duden (2006): *Die Grammatik.* Mannheim / Leipzig / Wien / Zürich.

Duden (2007): *Deutsches Universalwörterbuch*. Mannheim / Leipzig / Wien / Zürich.
Duden (2010): *Briefe und E-Mails gut und richtig schreiben*. Mannheim / Leipzig / Wien / Zürich.
Dürscheid, Christa (2006): *Einführung in die Schriftlinguistik*. Göttingen.
Duszak, Anna (1998): *Tekst, dyskurs, komunikacja międzykulturowa*. Warszawa.

E

Ebert, Robert, Peter / Reichmann, Oskar / Solms, Hans-Joachim / Wegera, Klaus-Peter (1993): *Frühneuhochdeutsche Grammatik*. Tübingen.
Eelen, Gino (2001): *A Critique of Politeness Theories*. Manchester.
Ehlich, Konrad (1984): Zum Textbegriff. In: Rothkegel, A. / Sandig, B. (Hrsg.): *Text – Textsorten – Semantik. Linguistische Modelle und maschinelle Verfahren*. Hamburg, S. 9–25.
Ehlich, Konrad (2007): *Sprache und sprachliches Handeln*. Bd. 1-3. Berlin u.a.
Ehlich, Konrad / Rehbein, Jochen (1979): Sprachliche Handlungsmuster. In: Soeffner, H.-G. (Hrsg.): *Interpretative Verfahren in den Sozial- und Textwissenschaften*. Stuttgart, S. 243–274.
Ehlich, Konrad / Rehbein, Jochen (1986): *Muster und Institution*. Tübingen.
Ehrhardt, Claus / Heringer, Jürgen (2011): *Pragmatik*. Paderborn.
Ehrhardt, Claus / Neuland, Eva (2009): Sprachliche Höflichkeit in interkultureller Kommunikation und im DaF-Unterricht. Zur Einführung. In: Ehrhardt, C. / Neuland, E. (Hrsg.): *Sprachliche Höflichkeit in interkultureller Kommunikation und im DaF-Unterricht*. Frankfurt am Main u.a., S. 7–24.
Ehrich, Veronika / Saile, Günter (1972): Über nicht-direkte Sprechakte. In: Wunderlich, D. (Hrsg.): *Linguistische Pragmatik*. Frankfurt am Main, S. 255–287.
Eisenstein, Miriam / Bodman, Jean (1993): Expressing gratitude in American English. In: Kasper, G. / Blum-Kulka, S. (Hrsg.): *Interlanguage pragmatics*. New York / Oxford. S. 64–81.
Engel, Ulrich (1988): *Deutsche Grammatik*. Heidelberg.
Engel, Ulrich et al. (2000): *Deutsch-polnische kontrastive Grammatik*. Warszawa.
Engel, Ulrich / Tomiczek, Eugeniusz (2010): *Wie wir reden? Sprechen im deutsch-polnischen Kontrast*. Wrocław / Dresden.
Engel, Ulrich (2013): *Argumentieren. Sprechen im deutsch-polnischen Kontrast*. Wrocław.
Engst, Judith (2008): *Duden – Der Deutsch-Knigge: sicher formulieren, sicher kommunizieren, sicher auftreten*. Mannheim u.a.
Ermert, Karl (1979): *Briefsorten. Untersuchung zu Theorie und Empirie der Textklassifikation*. Tübingen.
Erndl, Rudolf (1998): *Höflichkeit im Deutschen. Konzeption zur Integration einer zentralen Gesprächskompetenz im Deutsch als Fremdsprache-Unterricht*. Regensburg.
Ernst, Peter (2002): *Pragmalinguistik. Grundlagen, Anwendungen, Probleme*. Berlin / New York.
Essl, Elke (2010): *Zur Kunst der Lügenmäuler, Schwindelgeister, Flunkerer und Fabelhanse: Untersuchungen zur Beziehung zwischen österreichischen Phraseologismen und Lüge*. Saarbrücken.
Eunson, Baden (1990): *Betriebspsychologie*. Hamburg / New York.

F

Falkenberg, Gabriel (1982): *Lügen. Grundzüge einer Theorie sprachlicher Täuschung*. Tübingen.
Fandrych, Christian / Thurmair, Maria (2011): *Textsorten im Deutschen. Linguistische Analysen aus didaktischer Sicht*. Tübingen.
Farenkia, Mulo B. (2004): *Kontrastive Pragmatik der Komplimente und Komplimenterwiderungen. Kamerunisch-Deutsch*. Aachen.
Fast, Julius (1988): *Körpersprache*. Hamburg.

Farahian, Majid (2012): Does Direct Instruction Develop Pragmatic Competence? Teaching Refusals to EFL Learners of English. In: *Journal of Language Teaching and Research*, Vol. 3, No. 4, S. 814–821.

Farenkia, Mulo B. (2005): Kreativität und Formelhaftigkeit in der Realisierung von Komplimenten: Ein deutsch-kamerunischer Vergleich. In: *Linguistik online* 22, 1/05, S. 33–44.

Fensterheim, Bruno / Baer, Jean (2006): *Sag nicht ja, wenn du nein sagen willst. Wie man seine Persönlichkeit wahrt und durchsetzt*. München.

Fetzer, Anita (1994): *Negative Interaktionen: kommunikative Strategien im britischen Englisch und interkulturelle Interferenzen*. Frankfurt am Main u.a.

Fetzer, Anita (1998): NEIN-SAGEN. In: Pittner, R. / Pittner, K. (Hrsg.): *Beiträge zu Sprache & Sprachen, 5. Münchener Linguistik Tage*. München, S. 183–191.

Fischer, Hans-Dieter / Uerpmann, Horst (1974): Vom nichtssagenden Reden. Manipulation durch Sprache oder: Bemerkungen zur Sprache der Diplomatie. In: *Muttersprache* 3, Jg. 84, S. 57–72.

Fiukowski, Heinz / Ptok, Gabriel (1996): Sprechstile ausgewählter Berufsgruppen. In: Kalverkämper, H. / Baumann, K.-D. (Hrsg.): *Fachliche Textsorten. Komponenten – Relationen – Strategien*. Tübingen, S. 663–682.

Fix, Ulla (2006): Was heißt Texte kulturwell verstehen? Ein- und Zuordnungsprozesse beim Verstehen von Texten als kulturellen Entitäten. In: Blühdorn, H. / Breindl. E. / Waßner, U., H. (Hrsg.): *Text-Verstehen. Grammatik und darüber hinaus*. Berlin / New York, S. 254–273.

Fix, Ulla (2008a): *Texte und Textsorten – sprachliche, kommunikative und kulturelle Phänomene*. Berlin.

Fix, Ulla (2008b): Die erklärende Kraft von Textsorten. Textsortenbeschreibungen als Zugang zu mehrfach strukturiertem – auch kulturellem – Wissen über Texte. In: Fix, U. (Hrsg.): *Texte und Textsorten – sprachliche, kommunikative und kulturelle Phänomene*. Berlin, S. 130–147.

Fix, Ulla (2009): Stand und Entwicklungstendenzen der Textlinguistik (I). In: *Deutsch als Fremdsprache*, H. 1, S. 11–20.

Fix, Ulla / Antos, Gerd / Klemm, Michael (2002): *Brauchen wir einen neuen Textbegriff? Antworten auf eine Preisfrage*. Frankfurt am Main u.a.

Fleischer, Wolfgang (1997): *Phraseologie der deutschen Gegenwartssprache*. Tübingen.

Forgas, Joseph P. (1995): *Soziale Interaktion und Kommunikation*. Weinheim.

Forster, Iris (2009): *Euphemistische Sprache im Nationalsozialismus*. Bremen.

Franck, Dorothea (1975): Zur Analyse indirekter Sprechakte. In: *Beiträge zur Grammatik und Pragmatik*. Kronberg, S. 219–231.

Frank, Birgit (2011): *Aufforderung im Französischen: ein Beitrag zur Geschichte sprachlicher Höflichkeit*. Berlin.

Franke, Wilhelm (1987): Texttypen – Textsorten – Textexemplare: Ein Ansatz zu ihrer Klassifizierung und Beschreibung. In: *Zeitschrift für germanistische Linguistik* 15, S. 263–281.

Franke, Wilhelm (1990): *Elementare Dialogstrukturen*. Tübingen.

Franke, Wilhelm (1991): Linguistische Texttypologie. In: Brinker, K. (Hrsg.): *Aspekte der Textlinguistik*. Hildesheim, S. 157–182.

Frankowska, Violetta (2011): Obraz grzeczności na przykładzie reakcji na komplementy polskich i niemieckich studentów. In: *Język w Poznaniu* 2, S. 27–40.

Frankowska, Violetta (2012): Höflichkeit und Geschlecht. Eine deutsch-polnische Analyse von Komplimenterwiderungen. In: Wiktorowicz, J. (Hrsg.): *Studien zur deutschen Gegenwartssprache*. Warszawa, S. 19–30.

Fraser, Bruce (1981): On Apologizing. In: Coulmas, F. (Hrsg.): *Conversational Routine. Explorations in standardized communication situations and prepatterned speech*. The Hague, S. 259–273.

Fraser, Bruce (1985): On the universality of speech act strategies. In: George, S. (Hrsg.): *From the linguistic to the social context*. Bologna, S. 43–49.

Fraser, Bruce (1990): Perspectives on politeness. In: *Journal of Pragmatics* 14, S. 219–236.

Fried, Yitzak / Tiegs, Robert / Bellamy, Alphonso (1992): Personal and interpersonal predictors of supervisors‘ avoidance of evaluating subordinates. In: *Journal of Applied Psychology* 77, S. 462–468.

Fries, Norbert (1994): Emotionen, sprachliche Struktur und Äußerungsbedeutung. In: *Sprachen und Pragmatik*, 33, S. 1–37.

Fries, Norbert (1995): Emotionen in der Semantischen Form und in der Konzeptuellen Repräsentation. In: Kertész, A. (Hrsg.): *Sprache als Kognition – Sprache als Interaktion. Studien zum Grammatik-Pragmatik-Verhältnis*. Frankfurt am Main, S. 139–181.

Fries, Norbert (2006): *The bigger, the better*. Zur Sprach- und Kulturspezifik von Texten. In: Grucza, F. (Hrsg.): *Texte. Gegenstände germanistischer Forschung und Lehre*. Warszawa, S. 129–142.

Fries, Norbert (2007): Die Kodierung von Emotionen in Texten: Grundlagen. In: *Journal of Literary Theory*, 2007/1(2), S. 293–337.

Fritz, Gerd (1982): *Kohärenz. Grundfragen der linguistischen Kommunikationsanalyse*. Tübingen.

Fritz, Gerd / Hundsnurscher, Franz (1994): *Handbuch der Dialoganalyse*. Tübingen.

G

Gałczyńska, Anna (2003): *Akty odmowy we współczesnym języku polskim*. Kielce.

Gałczyńska, Anna (2005): Grzeczne i niegrzeczne akty odmowy w języku polskim. In: *Język a Kultura* 17, Wrocław, S. 113–118.

Gansel, Christina / Jürgens, Frank (2007): *Textlinguistik und Textgrammatik. Eine Einführung*. Stuttgart / Göttingen.

Gansel, Christina / Jürgens, Frank (2009): *Textlinguistik und Textgrammatik*. Göttingen.

Gass, Susan, M. / Houck, Noël (1999): *Interlanguage Refusals*. Berlin / New York.

Genzmer, Herbert (1995): *Deutsche Grammatik*. Frankfurt am Main u.a.

Ghazanfari, Mohammad / Bonyadi, Alireza / Malekzadeh, Shirin (2013): Investigating cross-linguistic differences in refusal speech act among native Persian and English speakers. In: *International Journal of Research Studies in Language Learning*, Volume 2 Number 4, S. 49–63.

Giese, Barbara (1992): *Untersuchungen zur sprachlichen Täuschung*. Tübingen.

Gläser, Rosemarie (1990a): *Fachtextsorten im Englischen*. Tübingen.

Gläser, Rosemarie (1990b): Textsorten der fachexternen Kommunikation. In: Mackeldey, R. (Hrsg.): *Textsorten / Textmuster in der Sprech- und Schriftkommunikation. Festschrift zum 65. Geburtstag von W. Heinemann*. Leipzig, S. 85–95.

Glinz, Hans (1970/71): *Deutsche Grammatik*. Bad Homburg.

Glück, Helmut (1993): *Metzler-Lexikon Sprache*. Stuttgart / Weimar.

Goffman, Erving (1955): On Face-Work. An Analysis of Ritual elements in Social Interaction. In: *Psychiatry. Journal for the Study of Interpersonal Processes* 18/3, S. 213–231.

Goffman, Erving (1967): *Interaktionsrituale. Über Verhalten in direkter Kommunikation*. Frankfurt am Main.

Goffman, Erving (1974): *Das Individuum im öffentlichen Austausch*. Frankfurt am Main.

Göttert, Karl-Heinz (1978): *Argumentation. Grundzüge ihrer Theorie im Bereich des theoretischen Wissens und praktischen Handelns*. Tübingen.

Göttert, Karl-Heinz (2009): *Einführung in die Rhetorik*. Stuttgart.

Grabias, Stanisław (1994): *Język w zachowaniach społecznych*. Lublin.

Graff, Rainer (1977): *Der Konjunktiv in gesprochener Sprache*. Tübingen.

Greimas, Algirdas, J. (1974): Die Isotopie der Rede. In: Kallmeyer, W. / Klein, W. / Meyer-Hermann, R. / Netzer, K. / Siebert, H., J. (Hrsg.): *Lektürekolleg zur Textlinguistik*. Band 2: Reader. Frankfurt am Main, S. 126–152.

Grein, Marion (2007): *Kommunikative Grammatik im Sprachvergleich. Die Sprechaktsequenz Direktiv und Ablehnung im Deutschen und Japanischen.* Tübingen.

Grein, Marion (2008): Der Sprechakt des Kompliments im interkulturellen Vergleich. In: Grein, M. (Hrsg.): *Dialogue in and between Different Cultures*, Iada 1/08, S. 15–32, online: http://iada-web.org/download/iada.online.series_volume01.pdf, Zugriff am 7.10.2013.

Greń, Zbigniew (1994): *Semantyka i składnia czasowników oznaczających akty mowy w języku polskim i czeskim.* Warszawa.

Grice, Herbert, Paul (1979): Logik und Konversation. In: Meggle, G. (Hrsg.): *Handlung, Kommunikation, Bedeutung.* Frankfurt am Main, S. 243–265.

Große, Ernst, Ulrich (1974): *Texttypen. Linguistik gegenwärtiger Kommunikationsakte. Theorie und Deskription.* Kohlhammer / Stuttgart / Berlin / Köln / Mainz.

Große, Ulrich (1976): *Text und Kommunikation. Eine linguistische Einführung in die Funktionen der Texte.* Stuttgart.

Grucza, Franciszek (1978): Glottodydaktyka w świetle modeli komunikacji językowej. In: Grucza F. (Hrsg.): *Teoria komunikacji językowej a glottodydaktyka.* Warszawa, S. 7–26.

Grucza, Franciszek (1983): *Zagadnienia metalingwistyki. Lingwistyka – jej przedmiot, lingwistyka stosowana.* Warszawa.

Grucza, Franciszek (1988): Zum Begriff der Sprachkompetenz, Kommunikationskompetenz und Kulturkompetenz. In: Honsza, N. / Roloff, H.-G. (Hrsg.): *Daß eine Nation die Andere verstehen möge. Festschrift für M. Szyrocki zu seinem 60. Geburtstag.* Amsterdam, S. 309–331.

Grucza, Franciszek (1992): O komunikacji międzyludzkiej – jej podstawach, środkach, rodzajach, płaszczyznach, składnikach i zewnętrznych uwarunkowaniach. In: Woźniakowski, W. (Hrsg.): *Modele komunikacji międzyludzkiej.* Warszawa, S. 9–30.

Grucza, Franciszek (1993a): Zagadnienia ontologii lingwistycznej: o językach ludzkich i ich (rzeczywistym) istnieniu. In: *Opuscula logopedica in honorem Leonis Kaczmarek.* Lublin, S. 25–47.

Grucza, Franciszek (1993b): Język, ludzkie właściwości językowe, językowa zdolność ludzi. In: Piontek, J. / Wiercińska A. (Hrsg.): *Człowiek w perspektyiwe ujęć biokulturowych.* Poznań, S. 151–174.

Grucza, Franciszek (2000): Kultur aus der Sicht der Angewandten Linguistik. In: Schlosser, H., D. (Hrsg.): *Sprache und Kultur.* Frankfurt am Main, S. 17–29.

Grucza, Franciszek (2005): Wyrażenie „unpowszechnianie nauki" – jego status i znaczenie w świetle teorii aktów komunikacyjnych i lingwistyki tekstów. In: Grucza, F. / Wiśniewski, W. (Hrsg.): *Teoria i praktyka upowszechniania nauki wczoraj i jutro.* Warszawa, S. 41–76.

Grucza, Franciszek (2012a): Antropocentryczna a paradygmatyczna (tradycyjna) lingwistyka (stosowana) i kulturologia (stosowana). In: *Lingwistyka Stosowana* 6, S. 5–43.

Grucza, Franciszek (2012b): Kulturologia antropocentryczna a kulturoznawstwo. In: Grzywka, K. / Filipowicz, M. / Godlewicz-Adamiec, J. / Jagłowska, A. et al. (Hrsg.): *Kultura Literatura Język: Pogranicza komparatystyki. Prace ofiarowane Profesorowi Lechowi Kolago w 70. rocznicę urodzin. Kultur Literatur Sprache: Gebiete der Komparatistik. Festschrift für Herrn Professor Kolago zum 70. Geburtstag.* Warszawa. S. 79–102.

Grucza, Sambor (2004): *Od lingwistyki tekstu do lingwistyki tekstu specjalistycznego.* Warszawa.

Grucza, Sambor (2007a): „Text" und *Text* – Zu ihrer Stratifikation. In: Grzywka-Kolago, K. / Godlewicz-Adamiec, K. / Grabowska, M. / Kosacka, M. / Małecki, R. (Hrsg.): *Kultura – Literatura – Język. Prace ofiarowane Profesorowi Lechowi Kolago w 65. rocznicę urodzin / Kultur – Literatur – Sprache. Festschrift für Herrn Profesor Lech Kolago zum 65. Geburtstag.* Warszawa, S. 904–918.

Grucza, Sambor (2007b): *Od lingwistyki tekstu do lingwistyki tekstu specjalistycznego.* Warszawa.

Grucza, Sambor (2009): Lingwistyka tekstu – jej przedmiot i cele cząstkowe badań. In: Bilut-Homplewicz, Z. / Czachur, W. / Smykała M. (Hrsg.): *Lingwistyka tekstu w Polsce i w Niemczech. Pojęcia, problemy, perspektytwy*. Wrocław, S. 95–107.

Grucza, Sambor (2013): Textlinguistik – eine Querschnittsdisziplin? Zu Missverständnissen über Forschungsgegenstände und Aufgaben der Textlinguistik. In: Berdychowska, Z. / Bilut-Homplewicz, Z. / Mikołajczyk, B. (Hrsg.): *Textlinguistik als Querschnittsdisziplin*. Frankfurt am Main, S. 27–41.

Gülich, Elisabeth (1986): Textsorten in der Kommunikationspraxis. In: Kallmeyer, W. (Hrsg.): *Kommunikationstypologie. Handlungsmuster, Textsorten, Situationstypen*. Jahrbuch 1985 des Instituts für deutsche Sprache (= Sprache der Gegenwart LXVII). Düsseldorf, S. 15–46.

Gülich, Elisabeth / Wolfgang Raible (Hg.) (1972): *Textsorten. Differenzierungskriterien aus linguistischer Sicht*. Frankfurt am Main.

Gülich, Elisabeth / Heger, Klaus / Raible, Wolfgang (1974): *Linguistische Textanalyse. Überlegungen zur Gliederung von Texten*. Hamburg.

Gülich, Elisabeth / Raible, Wolfgang (1977): *Linguistische Textmodelle. Grundlagen und Möglichkeiten*. München.

Günert, Horst (1974): *Sprache und Politik*. Berlin / New York.

Günthner, Susanne (2002): Höflichkeitspraktiken in der interkulturellen Kommunikation – am Beispiel chinesisch-deutscher Interaktionen. In: Lüger, H.-H. (Hrsg.): *Höflichkeitsstile*. Frankfurt am Main u.a., S. 295–312.

Günthner, Susanne (2003): Eine Sprachwissenschaft der lebendigen Rede. Ansätze einer Anthropologischen Linguistik. In: Linke, A. / Ortner, H. / Portmann-Tselikas, P., R. (Hrsg.): *Sprache und mehr. Ansätze einer Linguistik der sprachlichen Praxis*. Tübingen, S. 189–208.

Guo, Yinling (2012): Chinese and American Refusal Strategy: A Cross-cultural Approach. In: *Theory and Practice in Language Studies*, Vol. 2, No. 2, S. 247–256.

Gut, Jerzy / Haman, Wojciech (1993): *Docenić konflikt. Od walki i manipulacji do współpracy*. Warszawa.

H

Habermas, Jürgen / Luhmann, Niklas (1971): *Theorie der Gesellschaft oder Sozialtechnologie – Was leistet die Systemforschung?* Frankfurt am Main.

Habermas, Jürgen (1981): *Theorie des kommunikativen Handelns*. Bd. 1, 2. Frankfurt am Main.

Haferland, Harald / Ingwer, Paul (1996): Eine Theorie der Höflichkeit. In: *Osnabrücker Beiträge zur Sprachtheorie* 52, S. 7 69.

Hagemann, Jörg (2003): Typographische Kommunikation. In: Hagemann J. / Sager S. F. (Hrsg.): *Schriftliche und mündliche Kommunikation. Begriffe – Methoden – Analysen. Festschrift zum 65. Geburtstag von Klaus Brinker*. Tübingen, S. 101–116.

Hagemann, Jörg (2007): Typographie und logisches Textdesign. In: Roth, K. S. / Spitzmüller, J. (Hrsg.): *Textdesign und Textwirkung in der massenmedialen Kommunikation*. Konstanz, S. 77–91.

Hare, Beverly (1997): *Bądź asertywny*. Ravi.

Harras, Gisela (2004): *Handlungssprache und Sprechhandlung. Eine Einführung in die theoretischen Grundlagen*. Berlin / New York.

Harting, Axel (2007): Höflichkeit in deutschen und japanischen Bitten: ein Forschungsüberblick. In: *Hiroshima Gaikokugokyoikukenkyu*, 10, S. 109–126.

Hartmann, Peter (1968): Zum Begriff des sprachlichen Zeichens. In: *Zeitschrift für Phonetik, Sprachwissenschaft und Kommunikationsforschung* 21, S. 205–222.

Hartmann, Peter (1971): Texte als linguistisches Objekt. In: Stempel W.-D. (Hrsg.): *Beiträge zur Textlinguistik*. München, S. 9–29.

Hartung, Wolfdietrich (2000): Kommunikationsorientierte und handlungstheoretisch ausgerichtete Ansätze. In: Brinker, K. (Hrsg.): *Text- und Gesprächslinguistik. Ein internationales Handbuch zeitgenössischer Forschung.* Berlin / New York. S. 83–96.
Harweg, Roland (1968): *Pronomina und Textkonstitution.* München.
Hayashi, Akiko (1997): BITTEN und ABSAGEN im Gespräch – Reaktion der Japaner auf die deutschen Strategien. In: *Bulletin of Tokyo Gakugei University, Sekt. II Humanities*, Vol. 48, S. 109–121.
Hayashi, Akiko (2000): Konversationsstrukturen und Strategien zur Verbesserung.: Die Interaktion zwischen Bitten und Ablehnungen in einer kontrastiven Analyse zwischen Japanisch und Deutsch. In: *Bulletin of Tokyo Gakugei University. Section II Humanities* 51, S. 81–94.
Hayashi, Akiko (2001): Japanische Gesprächsstrategien im Kontrast zum Deutschen – Interaktive Struktur der BITTEN-ABLEHNEN/AKZEPTIEREN Sequenz und darinstehende Kontextualisierungshinweise. In: Gössman, H . /Mrugalla, A. (Hrsg.): *11. Deutschsprachiger Japanologentag in Trier 1999*, Band II. Hamburg, S. 3–16.
Hayashi, Akiko / Yoonsuk, Kim (2005): SCHWEIGEN und BEGRÜNDEN als Kontextualisierungshinweise. Am Beispiel von deutschen, japanischen und koreanischen Rollenspielen. In: *Bulletin of Tokyo Gakugei University* Sekt. II Humanities, Vol. 56, S. 55–65.
Heilmann, Christa (1990): Argumentative Zurückweisung – ein Mittel zur kommunikativen Partnerakzeptanz. In: Geißner, H. (Hrsg.): *Sprache und Sprechen*, Bd. 23/24. Frankfurt am Main, S. 143–154.
Heilmann, Christa, M. (1993): Geschlechtsspezifische Aspekte des Zurückweisens. In: Pawlowski, K. (Hrsg.): *Sprechen, Hören, Sehen. Rundfunk und Fernsehen in Wissenschaft und Praxis.* München / Basel, S. 72–80.
Heinemann, Wolfgang (1983): *Negation und Negierung. Handlungstheoretische Aspekte einer linguistischen Kategorie.* Leipzig.
Heinemann, Wolfgang (1989): Komponenten und Funktionen globaler Textmuster. In: *Linguistische Studien* 199, S. 182–192.
Heinemann, Wolfgang (2000a): Textsorte – Textmuster – Texttyp. In: Brinker et al. (Hrsg.): *Text- und Gesprächslinguistik. Ein internationales Handbuch zeitgenössischer Forschung.* 1. Halbband. Berlin/New York, S. 509–517.
Heinemann, Wolfgang (2000b): Textsorten. Zur Diskussion um Basisklassen des Kommunizierens. Rückschau und Ausblick. In: Adamzik, K. (Hrsg.): *Textsorten. Analysen und Reflexionen.* Tübingen, S. 9–29.
Heinemann, Wolfgang / Heinemann, Margot (2002): *Grundlagen der Textlinguistik. Interaktion – Text – Diskurs.* Tübingen.
Heinemann, Wolfgang / Viehweger, Dieter (1991): *Textlinguistik. Eine Einführung.* Tübingen.
Helbig, Gerhard / Ricken, Helga (1973): *Die Negation.* Lepizig.
Helbig, Gerhard (1975): Zu Problemen der linguistischen Beschreibung des Dialogs im Deutschen. In: *Deutsch als Fremdsprache* 2, S. 65–80.
Helbig, Gerhard / Buscha, Joachim (2001): *Deutsche Grammatik. Ein Handbuch für den Ausländerunterricht.* Berlin u.a.
Helbig, Gerhard / Kötz, Werner (1981): *Die Partikeln. Zur Theorie und Praxis des Deutschunterrichts für Ausländer.* Leipzig.
Held, Gudrun (1992): Politeness in linguistic research. In: Watts, R., J. / Ide, S. / Ehlich, K. (Hrsg.): *Politeness in language.* Berlin / New York, S. 131–153.
Held, Gudrun (1994): Höflichkeitsstrategien in der Alltagsinteraktion (mit einem Bittbeispiel aus dem Italienischen. In: Held, G. (Hrsg.): *Verbale Interaktion.* Hamburg, S. 101–124.
Held, Gudrun (1995): *Verbale Höflichkeit. Studien zur linguistischen Theorienbildung und empirische Untersuchung zum Sprachverhalten französischer und italienischer Jugendlicher in Bitt- und Dankessituationen.* Tübingen.

Held, Gudrun (2003): Partikeln und Höflichkeit oder: wie problematisch ist die Symbiose wirklich? In: Held, G. (Hrsg.): *Partikeln und Höflichkeit*. Frankfurt am Main, S. 3–9.
Hempel, Carl, Gustav / Oppenheim, Paul (1948): *Studies in the Logic of Explanation*. In: *Philosophy of Science* 15, S. 135–175.
Hentschel, Elke (1998): *Negation und Interrogation. Studien zur Universalität ihrer Funktionen*. Tübingen.
Herbig, Albert, F. (1992): *„Sie argumentieren doch scheinheilig!" Sprach- und sprechwissenschaftliche Aspekte einer Stilistik des Argumentierens*. Frankfurt am Main.
Hindelang, Götz (1978): *AUFFORDERN. Die Untertypen des Aufforderns und ihre sprachlichen Realisierungsformen*. Göppingen.
Hindelang, Götz (1980): Argumentatives Ablehnen. In: Kühlwein, W. / Raasch, A. (Hrsg.): *Sprache und Verstehen. Kongreßberichte der 10. Jahrestagung der Gesellschaft für Angewandte Linguistik, Mainz 1979*. Mainz, S. 58–68.
Hindelang, Götz (2010): *Einführung in die Sprechakttheorie: Sprechakte, Äußerungsformen, Sprechaktsequenzen*. 5., neu bearbeitete und erweiterte Auflage. Berlin / New York.
Hoffmann, Rolf-Rüdiger (1982): *Politische Fernsehinterviews*. Tübingen.
Holly, Werner (1979): *Imgaearbeit in Gesprächen*. Frankfurt am Main.
Holly, Werner (2001): *Einführung in die Pragmalinguistik*. Berlin u.a.
Holmes, Janet (1987): Compliments and Compliment Responses in New Zealand English. In: *Anthropological Linguistics*, S. 28, S. 458–508.
House, Juliane / Kasper, Gabriele (1981): Politeness markers in English and German. In: Coulmas, F. (Hrsg.): *Conversational routine*. Den Haag, S. 157–185.
Hovermann, Claudia (2009): *Stilvolle Absagen im Geschäftsalltag: Wie Sie negative Informationen freundlichen und konstruktiv vermitteln*. Bonn.
HSKTG: Brinker, Klaus / Antos, Gerd / Heinemann, Wolfgang / Sager, Sven, F. (2000): *Text und Gesprächslinguistik. Ein internationales Handbuch zeitgenössischer Forschung*. (= Handbücher zur Sprach- und Kommunikationswissenschaft 16.1). Berlin / New York.
Hundsnurscher, Franz (1981): On Insisting. In: Parret, H. / Sbisà, M. / Verschueren, J. (Hrsg.): *Possibilities and Limitations of Pragmatics. Proceedings of the Conference on Pragmatics, Urbino, July 8-14, 1979*. Amsterdam, S. 343–357.
Huszcza, Romuald (2006): *Honoryfikatywność. Gramatyka Pragmatyka Typologia*. Warszawa.
Hutter, Otto (1993): Zur Pragmatik wissenschaftlicher Texte: Höflichkeit. In: *Germanistische Linguistik* 119-120, S. 129–149.
Hyvärinen, Irma (2011): Zur Abgrenzung und Typologie pragmatischer Phraseologismen – Forschungsüberblick und offene Fragen. In: Hyvärinen, Irma (Hrsg.): *Beiträge zur pragmatischen Phraseologie*. Frankfurt am Main u.a. (= Finnische Beiträge zur Germanistik 25), S. 9–43.

I

Isenberg, Horst (1968): Überlegungen zur Texttheorie. In: *ASG-Bericht* Nr.2. Berlin, S. 1–18.
Isenberg, Horst (1983): Grundfragen der Texttypologie. In: Daneš, F., Viehweger, D. (Hrsg.): *Ebenen der Textstruktur* (= Linguistische Studien Reihe A Arbeitsberichte 112). Berlin, S. 303–342.
Itakura, Uta (2001): Empfehlen und Absagen. Verkaufsgespräche von Deutschen und Japanern im Vergleich. In: Fürnkäs, J. et al. (Hrsg.): *Zwischenzeiten – Zwischenwelten. Festschrift für Kozo Hirao*. Frankfurt am Main, S. 375–385.
Itakura, Uta (2004): Absagen bei der Einkaufs-/Verkaufshandlung im Deutschen und Japanischen. Versuch einer pragmatischen Interpretation. In: *Deutsch als Fremdsprache* 4, S. 220–226.

J
Jahr, Silke (2000): *Emotionen und Emotionsstrukturen in Sachtexten. Ein interdisziplinärer Ansatz zur qualitativen und quantitativen Beschreibung der Emotionalität in Texten.* Berlin / New York.
Jakobson, Roman (1971): Linguistik und Poetik. In: Ihwe, J. (Hg.): *Literaturwissenschaft und Linguistik. Ergebnisse und Perspektiven*, Frankfurt am Main.
Joerger, Gernot (1979): Bescheidtechnik. In: Schweickhardt, R. (Hrsg.): *Allgemeines Verwaltungsrecht*. Stuttgart, S. 209–731.
Jones, Edward, E. (1964): *Ingratiation*. New York.

K
Kallmeyer, Werner (1978): Fokuswechsel und Fokussierungen als Aktivitäten der Gesprächskonstitution. In: Meyer-Hermann, R. (Hrsg.): *Sprechen – Handeln – Interaktion*. Tübingen, S. 191–241.
Kallmeyer, Werner / Meyer-Hermann, Reinhard (1980): Textlinguistik. In: Althaus, H. / Henne, P., H. / Wiegand, Herbert E. (Hrsg.): *Lexikon der Germanistischen Linguistik*. 2. Auflage. Tübingen, S. 242–258.
Kantorczyk, Urszula (2008): *Pragmatik von Aufforderungshandlungen im Deutschen*. Szczecin / Rostock.
Karg, Jakob (1995): Was ist Argumentation und warum sollte sie gelehrt werden? In: *Wirkendes Wort* 2, S. 282–305.
Karwatowska, Małgorzata (2003): Językowy obraz kłamstwa. In: Bartmiński, J. (Hrsg.): *Język w kręgu wartości. Studia semantyczne*. Lublin, S. 319–337.
Kasper, Gabriele (1981): *Pragmatische Aspekte der Interimsprache. Eine Untersuchung des Englischen fortgeschrittener deutscher Lerner*. Tübingen.
Kasper, Gabriele (1990): Linguistic politeness: Cirrent Research Issues. In: *Journal of Pragmatics* 14, S. 193–2018.
Keim, Inken (1995): *Kommunikation in der Stadt, Teil 3. Kommunikative Stilistik einer sozialen Welt »kleiner Leute« in der Mannheimer Innenstadt* (= Bd. 4.1. der Schriften des Instituts für deutsche Sprache). Berlin / New York.
Keim, Irene / Schwitalla, Johannes (1993): Formen der Höflichkeit – Merkmale sozialen Stils. In: Janota, J. (Hrsg.): *Vielfalt der kulturellen Systeme und Stile*. Tübingen, S. 129–145.
Kercher, Jan (2013): *Nonverbale Kommunikation. Grundlagen, Formen, Wirkung und Funktionen*. Norderstedt.
Kern, Peter (1969): Bemerkungen zum Problem der Textklassifikation. In: *Forschungsberichte des Instituts für deutsche Sprache in Mannheim* 3. Mannheim, S. 3–23.
King, Kendall A. / Silver, Rita, Elaine (1993). "Sticking points": Effects of instruction on NNS refusal strategies. In: *Working Papers in Educational Linguistics*, 9, S. 47–82.
Kinjo, Hiromi (1987): Oral refusals of invitations and requests in English and Japanese. In: *Journal of Asian Culture* 1, S. 83–106.
Klaas, Brian / Dell'omo, Gregory (1997): Managerial use of dismissal: Orgnizational-level determinants. In: *Personnel Psychology* 50, S. 927–953.
Klein, Wolfgang (1980): Argumentation und Argument. In: *Zeitschrift für Literaturwissenschaft und Linguistik* 38/39, S. 9–57.
Kleinginna, Paul / Kleinginna Anne (1981): A categorized list of emotion definitions, with suggestions for a consensual definition. In: *Motivation and Emotion*, 5, S. 345–379.
Kleinke, Sonja (2007): Sprachliche Strategien verbaler Ablehnung in öffentlichen Diskussionforen im Internet. In: Hermnn, S., K. / Krämer, S. / Kuch, H. (Hrsg.): *Verletzende Worte. Die Grammatik sprachlicher Missachtung*. Bielefeld, S. 311–336.
Kienpointner, Manfred (1983): *Argumentationsanalyse*. Innsbruck.

Klemm, Michael (2002a): Ausgangspunkte: Jedem seinen Textbegriff? In: Fix, U. / Adamzik, K. / Antos, A. / Klemm, M. (Hrsg.): *Brauchen wir einen neuen Textbegriff?* Frankfurt am Main u.a., S. 17–29.
Klemm, Michael (2002b): Wie hältst Du's mit dem Textbegriff? Pragmatische Antworten auf eine Gretchenfrage der (Text-)Linguistik. In: Fix, U. /A damzik, K. / Antos, A. / Klemm, M. (Hrsg.): *Brauchen wir einen neuen Textbegriff?* Frankfurt am Main, u.a., S. 143–161.
Kleszczowa, Krystyna / Termińska, Kamila (1983): Wypowiedzenia rozkaźnikowe. In: *Socjolingwistyka* 5, S. 115–127.
Kluge, Friedrich (2002): *Etymologisches Wörterbuch der deutschen Sprache*. Berlin / New York.
Kohnen, Thomas (1987): *Zurückweisungen in Diskussionen*. Frankfurt am Main u.a.
Kohz, Armin (1982): *Linguistische Aspekte des Anredeverhaltens. Untersuchungen am Deutschen und Schwedischen. Mit einer selektiven Bibliographie zur Linguistik der Anrede und des Grußes*. Tübingen.
Kołakowski, Leszek (1997): O kłamstwie. In: *Mini-wykłady w maksi-sprawach*. Warszawa.
Kotorova, Elizaveta (2009): Performativität im Deutschen: Sprechaktenklassen und Äußerungsformen. In: Bartoszewicz, I. / Szczęk, J. / Tworek, A. (Hrsg.): *Germanistische Linguistik extra muros – Aufgaben*. Wrocław / Dresden, S. 57–64.
Kotorova, Elizaveta (2010): Illokutionäre Indikatoren im deutschen Diskurs: sprechaktabhängige Besonderheiten. In: Lipczuk, R. / Schiewe, J. / Westphal, W. / Misiek, D. (Hrsg.): *Diskurslinguistik – Systemlinguistik: Theorien – Texte – Fallstudien*. Hamburg, S. 245–261.
Kotorova, Elizaveta (2013): Die kommissiven Sprechakte im deutschen und russischen Diskurs. In: Knipf-Komlósi E. / Öhl, P. / Péteri, A. / V. Rada, R. (Hrsg.): *Dynamik der Sprache(n) und der Disziplinen. 21. internationale Linguistiktage der Gesellschaft für Sprache und Sprachen in Budapest* (= Budapester Beiträge zur Germanistik, Band 70). Budapest, S. 347–354.
Kotthoff, Helga (1993): Disagreement and concession in disputes: On the context sensitivity of prefereance structures. In: *Language in Society* 22, S. 193–216.
Kotthoff, Helga (2003): Aspekte der Höflichkeit im Vergleich der Kulturen. In: *Muttersprache* 4, S. 289–306.
Koutlaki, Sofia (2002): Offers and Expressions of Thanks as Face Enhancing Acts: Ta'arof in Persian. In: *Journal of Pragmatics*, 34, S. 1733–1756.
Kovács, Benedek (2006): Die Lüge und die Sprache. In: Gárgyán, G. / Hum, R. / Molnár, P. (Hrsg.): *Linguistische Beiträge ungarischer Nachwuchswissenschaftler*, Szeged, S. 101–118.
König, Peter-Paul (2000): Loben, danken und gedenken. Zur Funktion partnerbezogender Expressiva in öffentlichen Reden. In: Beckmann, W. / König, P., P. / Wolf, G. (Hrsg.): *Sprachspiel und Bedeutung. Festschrift für Franz Hundsnurscher zum 65. Geburtstag*. S. 434–352.
Krause, Wolf-Dieter (1990): Zur Ontologie von Textsorten. In: Mackeldey, R. (Hrsg.): *Textsorten / Textmuster in der Sprech- und Schriftkommunikation. Festschrift zum 65. Geburtstag von W. Heinemann*. Leipzig, S. 31–36.
Krause, Wolf-Dieter (2000): *Textsorten. Kommunikationslinguistische und konfrontative Aspekte*. Frankfurt am Main.
Krause, Wolf-Dieter (2007): Text, Textsorte, Textvergleich. In: Adamzik, K. (Hrsg.): *Textsorten. Reflexionen und Analysen*. Tübingen, S. 45–73.
Krause, Wolf-Dieter (2010): *Das Fremde und der Text. Fremdsprachige Kommunikation und ihre Ergebnisse*. Potsdam.
Krąpiec, Mieczysław, A. (1991): *Dzieła. U podstaw rozumienia kultury*. Lublin.
Król-Fijewska, Maria (1993): *Trening asertywności*. Warszawa.
Krüger, Elke (1993): *„Zustimmen" und „Ablehnen": Sprechhandlungen des Akzeptierens und Formen ihrer Realisierung in spanischen Interviews unter besonderer Berücksichtigung kooperativer Bestätigungen*. Diss., Mannheim.
Kürschner, Wilfired (1983): *Studien zur Negation im Deutschen*. Tübingen.

L

Labov, William / Waletzky, Joshua (1967): *Narrative Analysis Oral Versions of Personal Experience*. In: Helm, J. (Hrsg.): Essays on the verbal and visual arts. Seattle, S. 12–44.

Labov, William / David, D. Fanshel (1977): *Therapeutic Discourse: Psychotherapy as Conversation*. New York.

Lage-Müller, Kathrin von der (1995): *Text und Tod. Eine handlungstheoretisch orientierte Textsortenbeschreibung am Beispiel der Todesanzeige in der deutschsprachigen Schweiz*. Tübingen.

Lakoff, Robin T. (1973): The Logic of Politeness; or Minding your P's and Q's. In: Corum, C. et al. (Hrsg.): *Papers from the Ninth Regional Meeting of the Chicago Linguistic Society*. Chicago, S. 292–305.

Lakoff, Robin T. (1975): *Language and Woman`s place*. New York u.a.

Lakoff, Robin T. (1977): What you can do with words: Politeness, pragmatics and performatives. In: Rogers, R. / Wall, R. / Murphy, J. (Hrsg.): *Proceedings of the Texas Conference on Performatives, Presuppositions and Implicatures*. Arlington, S. 79–106.

Lakoff, Robin T. (1990): *Talking Power. The Politics of Language in Our Lives*. New York.

Lange, Willi (1984): *Aspekte der Höflichkeit. Überlegungen am Beispiel der Entschuldigungen im Deutschen*. Frankfurt am Main / Bern / New York / Nancy.

Langner, Michael (1984): *Zur kommunikativen Funktion von Abschwächungen: Pragma- und soziolinguistische Untersuchungen*. Münster.

Laskowski, Marek (2003): *Semantische und pragmatische Aspekte der deutschen und polnischen Phraseologie*. Zielona Góra.

Leathers, Dale, G. (2007): *Komunikacja niewerbalna. Zasady i zastosowania*. Warszawa.

Leech, Goeffrey (1983): *Principles of Pragmatics*. London u.a.

Leitner, Gerhard (1983): *Gesprächsanalyse und Rundfunkkommunikation. Die Struktur englischer phone-ins*. Hildesheim.

Lenk, Helmut, E. (2014): Kommunikative Routineformeln in Zeitungskommentaren. In: Lenk, E. H. / Tittula, L. (Hrsg.): *Kommunikative Routinen. Formen, Formeln, Forschungsbereiche. Festschrift zum 65. Geburtstag von Prof. Dr. Irma Hyvärinen*. Frankfurt am Main, S. 77–98.

Levinson, Stephen, C. (1990): *Pragmatik*. Tübingen.

Lewandowski, Theodor (1980): *Linguistisches Wörterbuch*. Bd. I-III. Heidelberg.

Lewandowska-Tomaszczyk, Barbara (1989): Praising and complimenting. In: Oleksy, W. (Hrsg.): *Contrastive Pragmatics*. Amsterdam / Philadelphia, S. 73–100.

Liao, Chao-chih (1994): *A study on the Strategies, Maxims and Development of Refusal in Mandarin Chinese*. Taiwan.

Liedtke, Frank (1997): Gesagt – getan. Über illokutionäre Indikatoren. In: Rolf, E. (Hrsg.): *Pragmatik. Implikaturen und Sprechakte*. Opladen, S. 189–213.

Liedtke, Frank (1998): *Grammatik der Illokution. Über Sprechhandlungen und ihre Realisierungsformen im Deutschen*. Tübingen.

Linhart, Helmut (1975): *Form, Aufbau und Inhalt von Schreiben. Bescheiden und Rechtsnormen in der Verwaltung*. München.

Linhart, Helmut (1994): *Der Bescheid. Form, Aufbau und Inhalt*. München.

Linke, Angelika/Nussbaumer, Markus/Portmann, Paul R. (1996): *Studienbuch Linguistik*. Tübingen.

Linke, Angelika / Nussbaumer, Markus / Portmann, Paul R. (2001): *Studienbuch Linguistik*. Tübingen.

Lipczuk, Ryszard (2000): O wielości i wieloznaczności terminów. (Na przykładzie klasyfikacji aktów mowy). In: *Acta ac Communitas* 9, S. 169–176.

Lötscher, Andreas (1983): *Satzakzent und funktionale Satzperspektive im Deutschen*. Tübingen.

Lötscher, Andreas (1987): *Text und Thema: Studien zur thematischen Konstituenz von Texten*. Tübingen.

Lubbers, Bernd (1982): *Persönliche und geschäftliche Briefe im Privatleben. Musterbriefe und Erläuterungen für: Glückwünsche, Danksagungen, Einladungen, Zusagen, Absagen, Bewerbungen, Kündigungen, Mahnungen, Beschwerden, Behördenkorrespondenz, Beileidschreiben*. Landsberg am Lech.

Luchtenberg, Sigrid (1985): *Euphemismen im heutigen Deutsch*. Frankfurt am Main / Bern / New York.

Luckmann, Thomas (1986): Grundformen der gesellschaftlichen Vermittlung des Wissens: Kommunikative Gattungen. In: Neidhardt, F. / Lepsius R., M. / Weiß, J. (Hrsg.): *Kultur und Gesellschaft*. Opladen, S. 191–211.

Ludwig, Klaus-Dieter (1976): *Zum Verhältnis von Sprache und Wertung. Untersuchungen zu einigen Adjektiven, die negative ästhetische oder moralische Wertungen fixieren*. Berlin.

Lüger, Heinz-Helmut (1980): Formen rituellen Sprachgebrauchs. Eine vorläufige Skizze. In: *Deutsche Sprache* 8, S. 21–39.

Lüger, Heinz-Helmut (1991): Indirektheit und Höflichkeit – ein landeskundliches Thema? In: Lüger, H.-H. (Hrsg.): *Landeskunde und Lehrwerkanalyse*. Konstanz, S. 93–114.

Lüger, Heinz-Helmut (1992): *Sprachliche Routinen und Rituale*. Frankfurt am Main.

Lüger, Heinz-Helmut (2002): Höflichkeit und Höflichkeitsstile. In: Lüger, H.-H. (Hrsg.): *Höflichkeitsstile*. Frankfurt am Main, S. 3–23.

Lumer, Christoph (1990): *Praktische Argumentationstheorie*. Braunschweig.

Lumer, Christoph (2007): Überreden ist gut, überzeugen ist besser! Argumentativer Ethos in der Rhetorik. In: G. Kreuzbauer / N. Gratzl / E. Hiebl (Hrsg.): *Persuasion und Wissenschaft: Aktuelle Fragestellungen von Rhetorik und Argumentationstheorie*. Wien, S. 7–33.

Lux, Friedemann (1981): *Text, Situation, Textsorte*. Tübingen.

M

Machwirth, Eckart (1970): *Höflichkeit: Geschichte, Inhalt, Bedeutung*. Bringen / Rhein.

Malinowski, Bronisław (1923): The Problem of Meaning in Primitive Languages. In: Ogden, C., K. / Richards, I., A. (Hrsg.): *The Meaning of Meaning. A Study of the Influence of Language Upon Thought and of the Science of Symbolism. Supplementary Essays by B. Malinowski and F. G. Crookshank*. Harcourt.

Mandl, Heinz / Spada, Hans (1988): *Wissenspsychologie*. München.

Mansfield, Patricia (1995): *Jak być asertywnym*. Poznań.

Marcjanik, Małgorzata (1997): *Polskie czasowniki adresatywne (pragmatyka, semantyka, składnia)*. Kielce.

Marcjanik, Małgorzata (2006): *Retoryka codzienności. Zwyczaje językowe współczesnych Polaków*. Warszawa.

Marcjanik, Małgorzata (2007a): *Grzeczność na krańcach świata*. Warszawa.

Marcjanik, Małgorzata (2007b): *Grzeczność w komunikacji językowej*. Warszawa.

Marcjanik, Małgorzata (2009): *Mówimy uprzejmie. Poradnik językowego savoir-vivre'u*. Warszawa.

Marcjanik, Małgorzata (2014): *Słownik językowego savoir-vivre'u*. Warszawa.

Mariottini, Laura (2007): *La cortesia*. Roma.

Markt & Technik (2005): Gute Absageschreiben gehören zum „Employer Branding". Gekonnt bauchpinseln. In: *Markt und Technik*, Heft 20, S. 64.

Marten-Cleef, Susanne (1991): *Gefühle ausdrücken. Die expressiven Sprechakte*. Göppingen.

Mathesius, Vilém (1929): Zur Satzperspektive im modernen Englisch. In: *Archiv für das Studium der neueren Sprachen und Literaturen* 84 (1929), S. 202–210

Matsumoto, Yoshiko (1989): Politeness and Conversational Universals – Observation from Japanese. In: *Multilingua* 8, S. 207–221.

Mayenowa, Maria, Renata (Hrsg.) (1971): *O spójności tekstu*. Wrocław.
Mees, Ulrich (1991): *Die Struktur der Emotionen*. Göttingen / Toronto / Zürich.
Meibauer, Jörg (2001): *Pragmatik. Eine Einführung*. Tübingen.
Meibauer, Jörg (2011): On lying: intentionality, implicature, and imprecision. In: *Intercultural Pragmatics* 8-2, S. 277–292.
Meibauer, Jörg (2014): *Lying at the Semantics-Pragmatics Interface*. Berlin / Boston.
Meireles, Martins Selma (2003): Dissens und Höflichkeit – deutscher Diskussionsstil aus einer fremden Perspektive. In: *Pandemonium Germanicum* 7, S. 215–232.
Menzel, Wolfgang / Kuhn, Michael (1997): *Korrespondenz. Erfolgreiche Briefe – geschäftlich und privat für jeden Anlass*. o. O.
Meyer-Hermann, Reinhard (1976): Direkter und indirekter Sprechakt. In: *Deutsche Sprache* 4, S. 1–19.
Mikołajczyk, Beata (2007): Der Sprechakt DROHEN und seine Ausführungen im Deutschen und im Polnischen. In: Grucza, F. / Schwenk, H., J. / Olpińska, M. (Hrsg.): *Germanistische Wahrnehmungen der Mulitmedialität, Multilingualität und Multikulturalität*. Warszawa, S. 256–268.
Miodek, Wacław (2012): Verbales Grußverhalten und Anredeformen im Deutschen, Schwedischen und Polnischen, kulturübergreifend betrachtet. In: Majkiewicz, A. / Dahlmauch, K. (Hrsg.): *Germanistik in vielen Kulturen. Studien und Reflexionen*. Częstochowa, S. 87– 99.
Mironovschi, Lilia (2009): *Komplimente und Komplimenterwiderungen im Russischen und im Deutschen*. Frankfurt am Main u.a.
Molcho, Samy (1983): *Körpersprache*. München.
Morciniec, Norbert / Cirko, Lesław / Ziobro, Ryszard (1995): *Słownik walencyjny czasowników niemieckich i polskich*. Wrocław.
Morris, Charles W. (1946): *Signs, Language, and Behavior*. Englewood Cliffs.
Morrow, Christopher (1995): *The pragmatic effects of instruction on ESL learners' production of complaint and refusal speech acts*. Ph. D. dissertation, State University of New York at Buffalo.
Motsch, Wolfgang (1987): Zur Illokutionsstruktur von Feststellungstexten. In: *Zeitschrift für Phonetik, Sprachwissenschaft und Kommunikationsforschung* 40, S. 45–67.
Motsch, Wolfgang / Viehweger, Dieter (1981): Sprachhandlungen. Satz und Text. In: Rosengren, I. (Hrsg.): *Sprache und Pragmatik. Lunder Symposium*. Lund, S. 125–154.
Muhr, Rudolf (1990): *Entschuldigen Sie Frau Kollegin ...* Sprechaktrealisierungsunterschiede an Universitäten in Österreich und Deutschland. In: Held, G. (Hrsg.): *Verbale Interaktion*. Hamburg, S. 126–143.
Müller, Elke / Moser, Klaus (2006): Reaktionen auf Ablehnungsschreiben an Bewerber. Das Beispiel „Eisschreiben". In: *Zeitschrift für Personalforschung* 20(4), 2006, S. 343–355.
Müller, Jörn / Nissing, Hanns-Gregor (2007): *Die Lüge: ein Alltagsphänomen aus wissenschaftlicher Sicht*. Darmstadt.

N

Nagatomo, Masami Th. (1986): *Die Leistung der Anrede- und Höflichkeitsformen in den zwischenmenschlichen Beziehungen*. Munster.
Nagel, Friederike (2012): *Die Wirkung Verbaler und Nonverbaler Kommunikation in TV-Duellen. Eine Untersuchung am Beispiel von Gerhard Schröder und Angela Merkel*. Wiesbaden.
Nęcki, Zbigniew (1996): *Komunikacja międzyludzka*. Kraków.
Nietzsche Friedrich (1921): *Über Wahrheit und Lüge im außermoralischen Sinn. Unzeitgemäße Betrachtungen*. Stuttgart.
Nixdorf, Nina (2002): *Höflichkeit im Englischen, Deutschen, Russischen: ein interkultureller Vergleich am Beispiel von Ablehnungen und Komplimenterwiderungen*. Marburg.

O
Olpińska-Szkiełko, Magdalena (2012): Glottodidaktische Implikationen der anthropozentrischen Sprachentheorie. In: Pawłowski, G. / Olpińska-Szkiełko, M. / Bonacchi, S. (Hrsg.): *Mensch – Sprachen – Kulturen*. Warszawa, S. 240–248.
Oomen, Ursula (1971): Systemtheorie der Texte. In: *Folia Linguistica* 5, S. 12–34.
Opałek, Kazimierz (1974): *Z teorii dyrektyw i norm*. Warszawa.
Osika, Grażyna (2011): *Procesy i akty komunikacyjne*. Kraków.
Ortony, Andrew / Clore, Gerald, L. / Collins, Allan (1988): *The cognitive structure of emotions*. Cambridge.
Ossowska, Maria (1970): *Normy moralne. Próba systematyzacji*. Warszawa.
Ottmers, Clemens (1996): *Rhetorik*. Stuttgart.
Ożóg, Kazimierz (1982): *Zwroty grzecznościowe w języku mówionym mieszkańców Krakowa*. Kraków.
Ożóg, Kazimierz (1990): *Zwroty grzecznośiowe współczesnej polszczyzny mówionej (na materiale języka mówionego mieszkańców Krakowa)*. Kraków.
Ożóg, Kazimierz (2005): Współczesny model polskiej grzeczności językowej. In: *Język a Kultura* 17. Wrocław, S. 9–15.

P
Pander Maat, Henk (*1985*): *Argumentation*. Zur Charakterisierung und Abgrenzung eines Forschungsgegenstandes. In: *Studium Linguistik* 16, S. 1– 20.
Park, Song, Chol (2000): *Kommunikative Indirektheit. Eine Untersuchung ihrer sprachtheoretischen Relevanz sowie ihrer Funktionsweise und Leistung*. Münster / Hamburg / London.
Paul, Ingwer (1990): *Rituelle Kommunikation: sprachliche Verfahren zur Konstitution ritueller Bedeutung und zur Organisation des Rituals*. Tübingen.
Perelman, Chaim (1979): *Logik und Argumentation*. Königstein / Taunus.
Pfeifer, Wolfgang (2000): *Etymologisches Wörterbuch des Deutschen*. München.
Pilz, Klaus D. (1978): *Phraseologie. Versuch einer interdisziplinären Abgrenzung, Begriffsbestimmung und Systematisierung unter besonderer Berücksichtigung der deutschen Gegenwartssprache*. Göppingen.
Pomerantz, Anita (1978): Compliment responses. Notes on the co-operation of multiple constriants. In: Schenkein, J. (Hrsg.): *Studies in the Organization of Conversational Interaction*. New York, S. 79–112.
Pottelberge, van, Jeroen (2007): Funktionsverbgefüge und verwandte Erscheinungen. In: Burger, H. / Dobrovol'skij, D. / Kühn, P. / Norrick, N., R. (Hrsg.): Phraseologie. Ein internationales Handbuch der zeitgenösischen Forschung. Berlin / New York. S. 436–444.
Pörings, Ralf/Schmitz, Ulrich (Hrsg.) (1999): *Sprache und Sprachwissenschaft*. Tübingen.
Pörings, Ralf / Schmitz, Ulrich (2003): *Sprache und Sprachwissenschaft. Eine kognitiv orientiere Einführung*. Tübingen.
Probst, Julia (2003): Ein Kompliment in Ehren ... Aspekte eines „höflichen“ Sprechaktes in mehreren Sprachen. In: Baumgarten, N. et al. (Hrsg.): *Übersetzen, Interkulturelle Kommunikation, Spracherwerb und Sprachvermittlung das Leben mit mehreren Sprachen. Festschrift für Juliane House zum 60.Geburtstag*, (= Zeitschrift für Interkulturellen Fremdsprachenunterricht, 8, Bd. 2/3), S. 210–225. Online: https://zif.spz.tu-darmstadt.de/jg-08-2-3/beitrag/Probst1.htm, Zugriff am 7.08.2014.
Puzynina, Jadwiga (1992): O kłamaniu i kłamstwie. In: Puzynina, J. (Hrsg.): *Język wartości*, Cz. II, Warszawa, S. 186–202.

R
Rada, Roberta (2001): *Tabus und Euphemismen in der deutschen Gegenwartssprache. Mit besonderer Berücksichtigung der Eigenschaften von Euphemismen*. Budapest.

Rada, Roberta V. (2013): *„Und man zieht aus diesem Buch stilistischen Gewinn.“ Stilistisch motivierte typologische Intertextualität in deutschen und ungarischen Gebrauchstexten.* Budapest.

Radden, Günter (2005): Verhaltensaspekte in der Sprache „Höflichkeit“ im Englischen. In: Dose, G. / Schmidt, J., N. / Tiedje, E. (Hrsg.): *So nah und doch so fern: Englische Mentalität und „Englishnes“ in Kultur, Gesellschaft und Alltag.* München, S. 141–159.

Radecki, Monika (2010): *Nein sagen. Die besten Strategien.* Freiburg.

Raible, Wolfgang (1987): Sprachliche Höflichkeit. Realisierungsformen im Deutschen und im Französischen. In: *Zeitschrift für französische Sprache und Literatur* 97, S. 145–168.

Rathmayr, Renate (1996): *Pragmatik der Entschuldigung. Vergleichende Untersuchung am Beispiel der russischen Sprache und Kultur.* Köln / Weimar / Wien.

Rathmayr, Renate (2003): Höfliche Selbstdarstellung und Distanzhöflichkeit: Die russische Partikel prosto (einfach) im Verhandlungsdiskurs. In: Held, G. (Hrsg.) *Partikeln und Höflichkeit.* Cross Cultural Communication. Vol. 10. Frankfurt am Main u.a., S. 155–178.

Rauch, Elisabeth (1992): *Sprachrituale in institutionellen und institutionalisierten Text- und Gesprächsarten.* Frankfurt am Main.

Rauch, Sang-Yi (2004): *Bereiche verbaler und nonverbaler Kommunikation im Koreanischen und im Deutschen.* Bonn.

Redder, Angelika (2010): *Grammatik und sprachliches Handeln in der Funktionalen Grammatik.* In: Grammatik und sprachliches Handeln. Japanische Gesellschaft für Germanistik. München, S. 9–24.

Refline AG (2004): *Die besten Eisschreiben an Bewerber.* Gummersbach.

Refline AG (2006): *Die besten Aperitif-Briefe an Bewerber.* Gummersbach.

Refline AG (2009): *Die besten Absageschreiben an Bewerber.* Gummersbach.

Rehbein, Jochen (1977): *Komplexes Handeln: Elemente zur Handlungstheorie der Sprache.* Stuttgart.

Rehbein, Jochen (2001): Konzepte der Diskursanalyse. In: Brinker K. et al.: *Text und Gesprächslinguistik.* HSK 16.2. Berlin, S. 927–945.

Reutner, Ursula (2009): *Sprache und Tabu: Interpretationen zu französischen und italienischen Euphemismen.* Tübingen.

Rolf, Eckard (1993): *Die Funktionen der Gebrauchstextsorten.* Berlin / New York.

Rolf, Eckard (1997): *Illokutionäre Kräfte. Grundbegriffe der Illokutionslogik.* Opladen.

Rössler, Gerda (2001): *>>Freude<< Ein linguistischer Beitrag zur Semantik von Gefühlswörtern.* Mannheim.

Rosen, Sidney / Grandison, Richard / Stewart II, John (1974): Discriminatory buckpassing: Delegating transmission of bad news. In: *Organizational Behavior and Human Performance* 12, S. 249–263.

Roth, Kersten Sven / Spitzmüller Jürgen (2007): Textdesign und Textwirkung in der massenmedialen Kommunikation: Zur Einführung. In: Roth, K., S. / Spitzmüller J. (Hrsg.): *Textdesign und Textwirkung in der massenmedialen Kommunikation.* Konstanz, S. 9–14.

Rothaus, Paul / Morton, Robert/Hanson, Philip (1965): Performance appraisal and psychological distance. In: *Journal of Applied Psychology* 49, S. 48–54.

Rothkegel, Annely (1984): Frames und Textstruktur. In: Rothkegel, A. / Sandig, B. (Hrsg): *Text – Textsorten – Semantik. Linguistische Modelle und maschinelle Verfahren.* Hamburg, S. 238–261.

Rubin, Joan (1983): How to tell when someone is saying ‚no‘ revisited. In: Wolfson, N. / Eliot, J. (Hrsg.): *Sociolinguistics and language acquisition.* Rowley / Maas; S. 10–17.

Rüttinger, Bruno (1995): *Konflikt und Konfliktlösen.* Reinbeck.

Rzeszutko-Iwan, Małgorzata (2009): Pojęcie tekstu w badaniach tekstologicznych. In: Bilut-Homplewicz, Z. / Czachur, W. / Smykała M. (Hrsg.): *Lingwistyka tekstu w Polsce i w Niemczech. Pojęcia, problemy, perspektywy.* Wrocław, S. 57–68.

S
Sander, Thorsten (2003): Expressive (Rede-)Handlungen. In: *Divinatio* 18, S. 7–34: online: http://www.uni-due.de/~gph130/Sander_Expressive%20RH.pdf, Zugriff am 8.08.2013.
Sandig, Barbara (1972): Zur Differenzierung gebrauchssprachlicher Textsorten im Deutschen. In: Gülich, E./Raible, W. (Hrsg.): *Textsorten. Differenzierungskriterien aus linguistischer Sicht*. Frankfurt, S. 113–124.
Sandig, Barbara (1979): Beschreibung des Gebrauchs von Abtönungspartikeln im Dialog. In: Weydt, H. (Hrsg.): Die Partikeln der deutschen Sprache. Berlin / New York, S. 84–93.
Sandig, Barbara (1986): *Stilistik der deutschen Sprache*. Berlin / New York.
Sandig, Barbara (1989): Stilistische Mustermischung in der Gebrauchssprache. In: *Zeitschrift für Germanistik* 10, S.133–150.
Sandig, Barbara (1997): Formulieren und Textmuster. Am Beispiel von Wissenschaftstexten. In: Jakobs, E.-M. / Knorr, D. (Hrsg.): *Schreiben in den Wissenschaften*. Frankfurt am Main / Berlin / Bern, S. 25–44.
Sandig, Barbara (2000): Text als prototypisches Konzept. In: Mangasser-Wahl, M. (Hrsg.): *Prototypentheorie in der Linguistik*. Tübingen, S. 93–112.
Sandig, Barbara (2006): *Textstilistik des Deutschen*. 2. Auflage. Berlin.
Sandig, Barbara (1989): Stilistische Mustermischung in der Gebrauchssprache. In: *Zeitschrift für Germanistik* 10, S. 133–150
Schäfer-Elmayer, Thomas (1999): *Gutes Benehmen gefragt*. Wien.
Schank, Gerd (1981): *Untersuchungen zum Ablauf natürlicher Dialoge*. München.
Scherer, Klaus, R. (1972): *Non-verbale Kommunikation. Ansätze zur Beobachtung und Analyse der außersprachlichen Aspekte von Interaktionsverhalten*. Hamburg.
Schindler, Kirsten (2004): *Adressatenorientierung beim Schreiben. Eine linguistische Untersuchung am Beispiel des Verfassens von Spielanleitungen, Bewerbungsbriefen und Absagebriefen*. Frankfurt am Main.
Schmidt, Siegfried, J. (1972): *Sprache und Politik. Zum Postulat* rationalen politischen Handelns. In: Rucktäschel, A. (Hrsg.): *Sprache und Gesellschaft*. München, S. 81–101.
Schmidt, Siegfried J. (1973): *Texttheorie. Probleme einer Linguistik der sprachlichen Kommunikation*. München.
Schmidt-Faber, Werner (1986): *Argument und Scheinargument. Grundlagen und Modelle zu rationalen Begründungen im Alltag*. München.
Schmitt-Sasse, Joachim (1991): Ein Zeichen, das an Pflicht erinnert. Kommunikationsvorstellungen in J. B. von Rohrs Einleitungen zur Ceremoniel-Wissenschaft. In: Montandon, A. (Hrsg.): *Über die deutsche Höflichkeit: Entwicklung der Kommunikationsvorstellungen in den Schriften über Umgangsformen in den deutschsprachigen Ländern*. Bern u.a., S. 61–99.
Schönherr, Beatrix (1997): *Syntax, Prosodie, nonverbale Kommunikation: Empirische Untersuchungen zur Interaktion sprachlicher und parasprachlicher Ausdrucksmittel im Gespräch*. Tübingen.
Schopenhauer, Arthur (1962): *Sämtliche Werke*. Stuttgart, Frankfurt am Main.
Schopenhauer, Arthur (1979): Preisschrift über die Grundlage der Moral. In: *Die beiden Grundprobleme der Ethik*. Hamburg.
Schröder, Thomas (2003): *Die Handlungsstruktur von Texten. Ein integrativer Beitrag zur Texttheorie*. Tübingen.
Schubert, Klaus (1984): Modernes russisches Anredeverhalten. In: Winter, W. (Hrsg.): *Anredeverhalten*. (= Ars Linguistica 13). Mannhein, S. 73–113.
Schulze, Rainer (1985): *Höflichkeit im Englischen. Zur linguistischen Beschreibung und Analyse von Alltagsgesprächen*. Tübingen.
Schwarz-Friesel, Monika (2007): *Sprache und Emotion*. Tübingen.
Schwarze, Achim (1994): *Die Magie der schönen Worte. Alles über Komplimente*. Frankfurt am Main.

Searle, John, R. (1969): *Speech Acts*. Cambridge.

Searle, John, R. (1971): *Sprechakte. Ein sprachphilosophischer Essay*. Frankfurt am Main.

Searle, John, R. (1975): A Taxonomy of Illocutionary Acts. In: Gunderson, K. (Hrsg.) *Language, Mind, and Knowledge*. Minneapolis, S. 344–369.

Searle, John (1975): Indirect speech acts. In: Cole, P. / Morgan, J., L. (Hrsg.): *Syntax and Semantics, 3: Speech Acts*, New York, S. 59–82.

Searle, John R. (1979): *Expression and Meaning*. Cambridge.

Searle, John, R. (1982): *Ausdruck und Bedeutung*. Frankfurt am Main.

Searle, John, R. / Vanderveken, Daniel (1985): *Foundations of illocutionary logic*. Cambridge.

Shumiatska, Oleksandra (2012): Pragmatische Struktur des Sprechaktes der Entschuldigung: sprachliche Realisierungsmittel. In: Zybatow, L., N. / Ustaszewski, M. (Hrsg.): *Translationswissenschaftlicher Nachwuchs forscht. IATI-Beiträge II*. Frankfurt am Main u.a., S. 89–95.

Sieradzka, Małgorzata (2009): *Höflichkeit im Deutschen und Polnischen. Ästhetisch-stilistische Besonderheiten von Anredeformen im literarischen Text und ihre Übersetzung*. In: Henn-Memmesheimer, B. (Hrsg.): *Die Ordnung des Standard und die Differenzierung der Diskurse. Akten des 41. Linguistischen Kolloquiums in Mannheim 2006*. (= Linguistik International). Frankfurt am Main, S. 61–74.

Sifianou, Maria (1997): Silence and Politeness. In: Jaworski, A. (Hrsg.): *Silence. Interdisciplinary Perspektives*. Berlin / New York, S. 63–84.

Silva, Antonio José Bacelar da (2003): The effects of instruction on pragmatic development: teaching polite refusals in English. In: *Second Language Studies, 22*(1), Fall, S. 55–106.

Simmler, Franz (1984): Zur Fundierung des Text- und Textsorten-Begriffs. In: Eroms, H.-W. (Hrsg.): *Studia Linguistica et Philologica. Festschrift für Klaus Matzel zum 60. Geburtstag*. Heidelberg, S. 25–50.

Simmler, Franz (1996): Teil und Ganzes in Texten. Zum Verhältnis von Textexemplar, Textteilen, Teiltexten, Textauszügen und Makrostrukturen. In: *Daphnis* 25, S. 597–625.

Simmler, Franz (1997): Die informationsorientierten Textsorten und ihre Varianten in der Fußballberichterstattung des 'kicker sportmagazins'. In: Simmler, F. (Hrsg.): *Textsorten und Textsortentraditionen*. Bern u.a., S. 63–144.

Simon, Ulrike (2009): Sprachliche Höflichkeit im interkulturellen Kommunikationstraining. In: Ehrhardt, C. / Neuland, E. (Hrsg.): *Sprachliche Höflichkeit in interkultureller Kommunikation und im DaF-Unterricht*. Frankfurt am Main u.a., S. 267–282.

Smith, Manuel (2011): *Sag Nein ohne Skrupel*. München.

Sökeland, Werner (1980): *Indirektheit von Sprechhandlungen*. Tübingen.

Sosa Mayor, Igor (2006): *Routineformeln im Spanischen und im Deutschen. Eine pragmalinguistische kontrastive Analyse*. Wien.

Spillner, Bernd (1978): Methoden der Kontrastiven Linguistik in der Frankreichkunde. In: Arndt, H./Weller, F.-R. (Hrsg.): *Landeskunde und Fremdsprachenunterricht*, Frankfurt am Main / Berlin / München 1978, S. 151–178.

Spillner, Bernd (1981): Textsorten im Sprachvergleich. Ansätze zu einer kontrastiven Textologie. In: Kühlwein, W. / Thome, G. / Wilss, W. (Hrsg.): *Kontrastive Linguistik und Übersetzungswissenschaft*. Akten des Internationalen Kolloquiums Trier / Saarbrücken 25.-30.9.1978, München 1981, S. 239–250.

Spillner, Bernd (2013): Textlinguistik: pragmatisch, semiotisch, diachronisch, kulturell und kontrastiv? In: Berdychowska, Z. / Bilut-Homplewicz, Z. / Mikołajczyk, B. (Hrsg.): *Textlinguistik als Querschnittsdisziplin*. Frankfurt am Main, S. 43–49.

Spitzmüller, Jürgen (2006): Typographie. In: Dürscheid, C. (Hrsg.): *Einführung in die Schriftlinguistik*. Göttingen.

Sprenziger, Jürgen (2008): *Sehr geehrter Herr Hornbach, um ein Haar hätte ich mich bei Ihnen beworben. Absagen auf unverlangte Stellenangebote*. Straßberg.

Staffeldt, Sven (2008): *Einführung in die Sprechakttheorie. Ein Leitfaden für den akademischen Unterricht*. Tübingen.
Stede, Manfred (2007): *Korpusgestützte Textanalyse. Grundzüge der Ebenen-orientierten Textlinguistik*. Tübingen.
Stein, Stephan (1995): *Formelhafte Sprache. Untersuchungen zu ihren pragmatischen und kognitiven Funktionen im gegenwärtigen Deutsch*. Frankfurt am Main.
Stickel, Gerhard (1970): *Untersuchungen zur Negation im heutigen Deutsch*. Braunschweig.
Stiegnitz, Peter (1997): *Die Lüge. Das Salz des Lebens*. Wien.
Stolarczyk, Bartłomiej (2010): *Naucz ich, jak mają Cię traktować. Praktyczny podręcznik asertywności*. Gliwice.
Stöckl, Hartmut (2004): Typographie: Gewand und Körper des Textes – Linguistische Überlegungen zur typographischen Gestaltung. In: *Zeitschrift für Angewandte Linguistik* 41, S. 5–48.
Straub, Reiner (2014): Absagen mit Stil und Respekt. In: *Personalmagazin* 11, S. 30.
Szczęk, Joanna (2006a): Absageschreiben im Deutschen – Auf der Suche nach einer neuen (?) Textsorte. In: Kotin, M. L. / Krycki, P. / Laskowski, M. / Zuchewicz, T. (Hrsg.): *Das Deutsche als Forschungsobjekt und als Studienfach. Synchronie – Diachronie-Sprachkontrast – Glottodidaktik*. Akten der Internationalen Fachtagung anlässlich des 30jährigen Bestehens der Germanistik in Zielona Góra/Grünberg (= Sprache – System und Tätigkeit 53), Frankfurt am Main u.a., S. 319–325.
Szczęk, Joanna (2006b): Formelhaft aber höflich abgefertigt – Zur Analyse der deutschen Absageschreiben auf Bewerbungen. In: Balzer, B. / Tomiczek, E. (Hrsg.): *Wrocław – Berlin. Germanistischer Brückenschlag im deutsch-polnischen Dialog*. II. Kongress der Breslauer Germanistik, Bd. 1. Sprachwissenschaft. Wrocław / Dresden, S. 236–246.
Szczęk, Joanna (2007): Die Kunst des Absagens im Deutschen (am Beispiel der Analyse von Absageschreiben auf Bewerbungen). In: *Orbis Linguarum* 32, S. 283–297.
Szczęk, Joanna (2008): Formem der Persuasion in den Antworttexten auf Bewerbungen (Absageschreiben, Aperitifbriefe, Eisschreiben). In: *Acta Philologica*, S. 71–80.
Szczęk, Joanna (2009a): „Ganz schön aufs Eis gelegt" – Zur Analyse der deutschen „Eisschreiben". In: Fekete-Csizmazia, Z. / Lang, E. / Pólay, V. / Szatmári, P. (Hrsg.) *Sprache – Kultur – Berührungen* (= Acta Germanistica Savariensia 10). Sombathely, S. 197–208.
Szczęk, Joanna (2009b): *Bei mehreren gleich qualifizierten Bewerbern sind schon kleine Details ausschlaggebend*. Zu den Argumentationsstrategien in den Absageschreiben auf Bewerbungen im Deutschen. In: *Studia Germanistica* 5, Ostrava, S. 103–112.
Szczęk, Joanna (2009c): Bitte nicht böse sein! – Zu den Formen der Persuasion in den deutschen Absageschreiben. In: *Germanica Wratislaviensia* 129, S. 107–116.
Szczęk, Joanna (2011a): Absage, Eisschreiben, Aperitif-Brief? – Zur Analyse der Antworten auf Bewerbungen. In: *Orbis Linguarum* 37, S. 301–308.
Szczęk, Joanna (2011b): Zur Analyse der grammatischen Ebene in den Absageschreiben. In: Wierzbicka, M. / Wawrzyniak, Z. (Hrsg.): *Grammatik im Text und im Diskurs*. Frankfurt am Main, S. 205–220.
Szczęk, Joanna (2012a): Zur positiven und negativen Höflichkeit in den deutschen Absageschreiben. In: *Studia Germanica Gedanensia*, 27, 2012. S. 66–78.
Szczęk Joanna (2012b): Lügt man im Deutschen, wenn man höflich absagt? In: Bartoszewicz, I. (Hrsg.): *Persuasive Texte als Objekt linguistischer Rezension*. (= Forum Artis Rhetoricae 4, 31), S. 64–81.
Szczęk, Joanna (2013): Assertiv sprechen – Absageschreiben im Lichte der Selbstbehauptungstheorie. In: Błachut, E. / Jarosz, J. / Małgorzewicz, A. / Opiłowski, R. (Hrsg.): *Sprachwissenschaft im Fokus germanistischer Forschung und Lehre*. Wrocław / Dresden, S. 193–204.
Szczęk, Joanna (2013a): *Das Gesicht wahren oder verlieren? – Zur Analyse der deutschen Absageschreiben im Lichte der Höflichkeitstheorie*. In: Knipf-Komlósi, E. / Öhl, P. / Péteri, A. / V. Rada, R. (Hrsg.): *Dynamik der Sprache(n) und der Disziplinen. 21. internationale*

Linguistiktage der Gesellschaft für Sprache und Sprachen in Budapest (= Budapester Beiträge zur Germanistik, Band 70). Budapest 2013, S. 97–104.
Szczęk, Joanna (2013b): Ihre fachliche Qualifizierung steht für uns außer Frage oder da ist ein gutes Kompliment teuer! – Zur Analyse der Komplimente in den deutschen Absageschreiben. In: *Folia Germanica* 9, S. 105–118.
Szczęk, Joanna (2015, im Druck): *Über Ihre Bewerbung habe ich mich gefreut!* – Zu den Emotionen in den deutschen Absageschreiben auf Bewerbungen. In: *Studia Germanistica* XV.
Szlęk, Stanisław (2000): Höflichkeit und Lüge aus linguistischer Sicht. In: Niederhauser, J. / Szlęk, S. (Hrsg.): *Sprachsplitter und Sprachspiele. Nachdenken über Sprache und Sprachgebrauch.* Berlin u.a., S. 139–154.

T

Takahasi, Tomoko / Beebe, Leslie, M. (1987): The development of pragmatic competence by Japanese learners of English. In: *Japanese Association of Language Teachers Journal* 8, S. 131–155.
Tanck, Sharyl (2004): Speech act sets of refusal and complaint: a comparison native and non-native speakers' production. In: http://www.american.edu/cas/tesol/pdf/upload/WP-2004-Tanck-Speech-Act.pdf, Zugriff am 22.07.2014.
Tappe, Silke (2002): Formelhaftigkeit und Argumentation. In: Bastian, S. / Hammer, F. (Hrsg.): *Aber, wie sagt man doch so schön ... Beiträge zu Metakommunikation und Reformulierung in argumentativen Texten.* Frankfurt am Main, S. 107–143.
Tesser, Abraham/Rosen, Sidney/Batchelor, Thomas (1972): Some message variables and the MUM effect. In: *Journal of Communication* 22, S. 239–256.
Thaler, Verena (2012): *Sprachliche Höflichkeit in computervermittelter Kommunikation.* Tübingen.
Thiel, Erhard (1994): *Körpersprache verrät mehr als tausend Worte.* Genf / München.
Thurmair, Maria (1989): *Modalpartikeln und ihre Kombinationen.* Tübingen.
Thurmair, Maria (2013): Satztyp und Modalpartikeln. In: Meibauer, J. / Steinbach, M. / Altmann, H. (Hrsg.): *Satztypen des Deutschen.* Berlin/New York, S. 627–651
Thomas, Alexander (1994): Kulturelle Divergenzen in der deutsch-deutschen Wirtschaftskooperation. In: Kornbichler, T. / Hartwig, C.-J., (Hrsg.): *Kommunikationskultur und Arbeitswelt: psychologische Dimensionen der beruflichen Weiterbildung im Transformationsprozeß. Berichte – Erfahrungen – Trends.* Berlin, S. 42–52.
Tomiczek, Eugeniusz (1983): *System adresatywny współczesnego języka polskiego i niemieckiego. Socjolingwistyczne studium konfrontatywne.* Wrocław.
Tomiczek, Eugeniusz (1991): Polska etykieta językowa. In: *Język a Kultura* 6, Wrocław, S. 15–27.
Tomiczek, Eugeniusz (1992): Z badań nad istotą grzeczności językowej. In: Anusiewicz, J. / Marcjanik, M. (Hrsg.): *Polska etykieta językowa* (= Język a Kultura 6). Wrocław, S. 15–25.
Toulmin, Stephen (1958): *The Uses of Argument.* Cambridge.
Toulmin, Stephen (1975): *Der Gebrauch von Argumenten.* Kronberg.
Trillitzsch, Robert (2008): *Grade geschlechtsspezifischer Assertivität am Beispiel von politischem Diskurs.* München.
Tregubova, Yana (2008): Der Sprechakt der Entschuldigung im Deutschen und im Russischen. In: Grein, M. (Hrsg.): *Dialogue in and between Different Cultures*, Iada 1/08, S. 33-52. Online: http://iada-web.org/download/iada.online.series_volume01.pdf, Zugriff am 7.10.2013.
Trosborg, Anna (1995): *Interlanguage pragmatics: Requests, complaints and apologies.* Berlin.
Trozjuk, T., P., Demianiuk, O.A. (o.J.): Sprachliche Mittel zum Ausdruck des Sprechaktes Absage in deutschsprachiger Geschäftskorrespondenz. Online: http://archive.nbuv.gov.ua/portal/chem_biol/Vnuvgp/2009_1/v4541.pdf, Zugriff am 9.08.2013.

U

Ueda, Keiko (1972): Sixteen ways to Avoid Saying ‚No' in Japan. In: Condon. J. C. / M. Saito, M. (Hrsg.): *Intercultural Encounters with Japan*. Tokyo.

Ulkan, Maria (1992): *Zur Klassifikation von Sprechakten. Eine grundlagentheoretische Fallstudie*. Tübingen.

Ullrich, Rüdiger / Ullrich de Muynck, Rita (1990): *Soziale Kompetenz. Experimentelle Ergebnisse zum Assertiveness-Training-Programm ATP*. München.

Ungeheuer, Gerold (1972): Paraphrase und syntaktische Tiefenstruktur. In: Ungeheuer, G. (Hrsg.): *Sprache und Kommunikation*. Hamburg, S. 65–114.

Unrath-Schapernack, Katrin (2004): Schweigen – wortlose Kommunikation? Kommunikative, metakommunikative und nicht-kommunikative Formen und Funktionen des Schweigens. In: Pittner, K. / Pittner, R., J. / Schütte, J. C. (Hrsg.): *Beiträge zu Sprache und Sprachen* 4. München, S. 243–255.

Unwerth, Heinz-Jürgen von / Buschmann, Ulrich (1981): Konfliktive Sprechakte und Lehrwerktext. In: *Konfrontative Semantik*, S. 60–71.

V

Vanderveken, Daniel (1990): *Meaning and speech acts. Vol.1 Principles of Language Use*. Cambridge.

Vater, Heinz (1992): *Einführung in die Textlinguistik*. München.

Vater, Heinz (1994): *Einführung in die Textlinguistik*. München.

Vater, Heinz (2002): *Einführung in die Sprachwissenschaft*. München.

Vater, Heinz (2002): *Einführung in die Textlinguistik*. München.

Vater, Heinz (2005): *Einführung in die Textlinguistik*. München.

Viehweger, Dieter (1976): Semantische Merkmale und Textstrukturen. In: Daneš, F. / Viehweger, D. (Hrsg.): *Probleme der Textgrammatik*. Berlin, S. 195–206.

Viehweger, Dieter (1989): *Illokutive Handlungen, globale Handlungen, Illokutionsstrukturen*. Berlin.

Vivelo, Frank, R. (1981): *Handbuch der Kulturanthropologie. Eine grundlegende Einführung*. Stuttgart.

Vollmer, Helmut / Olshtain, Elite (1989): The language of apologies in German. In: Blum-Kulka, S. et al. (Hrsg.): *Cross-cultural pragmatics Requests and apologies*. New York, S. 197–218.

Voderwülbecke, Klaus (1986): Höflichkeit und Höflichkeitsformen. In: Zifonun, G. (Hrsg.): *Vor-Sätze zu einer neuen deutschen Grammatik*. Tübingen, S. 247–279.

Vorderwülbecke, Klaus (2002): Höflichkeit in Linguistik, Grammatik und DaF-Lehrwerk. In: Lüger, H.-H. (Hrsg.): *Höflichkeitsstile*. Frankfurt am Main, S. 27–45.

W

Wagner, Klaus (1978): *Sprechplanung. Empirie, Theorie und Didaktik der Sprecherstrategien*. Frankfurt am Main.

Wagner, Klaus (2001): *Pragmatik der deutschen Sprache*. Frankfurt am Main / Berlin / Bern / Bruxelles / New York / Oxford / Wien.

Warnke, Ingo (2001): Intrakulturell versus Interkulturell – zur kulturellen Bedingtheit von Textmustern. In: Fix, U. / Habscheid, St. / Klein, J. (Hrsg.): *Zur Kulturspezifik von Textsorten*. Tübingen, S. 241–254.

Watts, Richard J. (1989): Relevance and Relational Work: Linguistics Politeness as Politic Behavior. In: *Multilingua* 8 (2-3), S. 131–166.

Watts, Richard J. (2003): *Politeness. Key topics in sociolinguistics*. Cambridge.

Watts, Richard J. / Ide, Sachiko / Ehlich, Konrad (1992): *Politeness in language. Studies in its History, Theory and Practice*. Berlin.

Waung, Marie/Highhouse, Scott (1997): Fear or conflict and emphatic buffering: Two explanations for the inflation of performance feedback. In: *Organizational Behaviour and Decision Processes* 71, S. 37–54.
Waung, Marie / Brice, Thomas (2000): Communicating negative hire decisions to applicants: Fulfilling psychological contrasts. In: *Journal of Business and Psychology* 15, S. 247–263.
Wawrzyniak, Zdzisław (1980): *Einführung in die Textwissenschaft*. Warszawa.
Wawrzyniak, Zdzisław (2006): Textbildungspronzipien. In: Grucza, F. (Hrsg.): *Texte. Gegenstände germanistischer Forschung und Lehre*. Warszawa, S. 31–40.
Wehrle, Hugo / Eggers, Hans (1968): *Deutscher Wortschatz*. Stuttgart.
Weidacher, Georg (2007): Multimodale Textkompetenz. In: Weidacher, G. (Hrsg.): *Textkompetenz. Eine Schlüsselkompetenz und ihre Vermittlung. Festschrift für Paul R. Portmann-Tselikas zum 60. Geburtstag*. Tübingen, S. 39–55.
Weigand, Edda (1989): *Sprache als Dialog. Sprechakttaxonomie und kommunikative Grammatik*. Tübingen.
Weigand, Edda (2003): *Sprache als Dialog. Sprechakttaxonomie und kommunikative Grammatik*. Tübingen.
Weiland, Anton, K. D. (1993): *Soziale Kompetenz, Vom Umgang mit Mitarbeitern*. Düsseldorf.
Weinrich, Harald (1964): *Tempus – Besprochene und erzählte Welt*. Stuttgart.
Weinrich, Harald (1986): *Lügt man im Deutschen, wenn man höflich ist?* [Rede anläßlich der Ehrung mit dem Konrad-Duden-Preis der Stadt Mannheim am 12. März 1986]. Mannheim / Wien / Zürich.
Weinrich, Harald (1996): *Ehrensache Höflichkeit*, Vortrag anlässlich der Verleihung der Ehrendoktorwürde der Philosophischen Fakultät II der Universität Augsburg am 11. Mai 1995. Augsburg.
Weinrich, Harald (2000): *Linguistik der Lüge*. München.
Werlen, Iwar (1983): Vermeidungsritual und Höflichkeit. Zu einigen Formen konventionalisierter indirekter Sprechakte im Deutschen. In: *Deutsche Sprache* 3, S. 193–217.
Werlen, Iwar (1984): *Ritual und Sprache*. Tübingen.
Werlich, Egon (1975): *Typologie der Texte. Entwurf eines textlinguistischen Modells zur Grundlegung einer Textgrammatik*. Heidelberg.
Weydt, Harald (2003): (Warum) Spricht man mit Partikeln überhaupt höflich? In: Held, G. (Hrsg.): *Partikeln und Höflichkeit*. Frankfurt am Main, S. 13–40.
Wierzbicka, Anna (1983): Genry mowy. In: Dobrzyńska, T. / Janus, E. (Hrsg.): *Tekst i zdanie. Zbiór studiów*. Wrocław, S. 125–137.
Wierzbicka, Anna (1986): Analiza lingwistyczna aktów mowy jako potencjalny klucz do kultury. In: Brodzka, H. / Hopfinger, M. / Lalewicz, J. (Hrsg.): *Problemy wiedzy o kulturze*, Warszawa, S. 103–114.
Wierzbicka, Anna (1983): Genry mowy. In: Dobrzyńska, T. / Janus, E. (Hrsg.): *Tekst i zdanie*. Warszawa, S. 125–138.
Wierzbicka, Anna (1987): *Englisch Speech Act Verbs. A Semantic Dictionary*. Sydney.
Wierzbicka, Anna (1991): *Cross-cultural pragmatics: The semantics of human interaction*. Berlin u.a.
Wierzbicka, Anna (1999): *Język – Umysł – Kultura*. Warszawa.
Willard, Charles Arthur (1989): *A Theory of Argumentation*. Tuscaloosa / Alabama.
Wilske, Ludwig (2000): Textsortenstrukturen. In: Krause, W.-D. (Hrsg.) (2000): *Textsorten. Kommunikationslinguistische und konfrontative Aspekte*. Frankfurt am Main, S. 68–86.
Wittgenstein, Ludwig (1934-1936): *Notes for Lectures on ‚private Experience' and ‚Sense Data'*. o. O.
Wittgenstein, Ludwig (1953): *Philosophical investigations*. Oxford.
Wittgenstein, Ludwig (1968): Notes for lectures on „private experience" and „sense data". In: *The Philosophical Review* 77, S. 271–320.

Wittgenstein, Ludwig (1971): *Philosophische Untersuchungen*. Frankfurt am Main.
Wittgenstein, Ludwig (1995): *Uwagi o religii i etyce*. Kraków.
Wittgenstein, Ludwig (2003): *Philosophische Untersuchungen*. Frankfurt am Main.
Wodak, Ruth (1993): „Waldheimjäger“ und „unschuldige Täter“. Antisemitismen im österreichischen Alltag. In: Sandig, B. / Püschel, U. (Hrsg.): *Stilistik. Band III: Argumentationsstile*. Hildesheim / New York / Olms.
Wolff, Inge (1998): *Umgangsformen – ein moderner Knigge*. Niederhausen.
Wotjak, Barbara (2005): Routinerformeln im Lernerwörterbuch. In: Barz, Irmhild / Bergenhotz, Henning / Korhinen, Jarmo (Hrsg.): *Schreiben, Verstehen, Übersetzen, Lernen. Zu ein- und zweisprachigen Wörterbüchern mit Deutsch*. Frankfurt am Main u.a. (= Finnische Beiträge zur Germanistik 14), S. 371–387.
Wotjak, Barbara / Richter, Manfred (1997): *Sage und schreibe. Deutsche Phraseologismen. Ein Übungsbuch für Ausländer*. Berlin u.a.
Wunderlich, Dieter (1972): Zur Konventionalität von Sprechakten. In: Wunderlich, D. (Hrsg.): *Linguistische Pragmatik*. Frankfurt am Main, S. 11–58.
Wunderlich, Dieter (1976): *Studien zur Sprechakttheorie*, Frankfurt am Main.
Wunderlich, Dieter (1979): Was ist das für ein Sprechakt? In: Grewendorf, G. (Hrsg.): *Sprechakttheorie und Semantik*. Frankfurt am Main, S. 275–324.
Wunderlich Dieter (1986): Wie kommen wir zu einer Klassifikation der Sprechakte? In: *Neuphilologische Mitteilungen* 87 (1986), S. 498–509.

Y

Yang, Jia (2008): How to Say ‘No’ in Chinese: A Pragmatic Study of Refusal Strategies in Five TV Series. In: Chan, M., K. M. / Kang, H. (Hrsg.): *Proceedings of the 20th North American Conference on Chinese Linguistics (NACCL-20)*. Vol. 2. Columbus / Ohio, S. 1041–1058.
Yakovleva, Elena (2004): *Deutsche und russische Gespräche: Ein Beitrag zur interkulturellen Pragmatik*. Tübingen.
Yamashita, Hitoshi (2002): Höflichkeitsstile im Deutschen und Japanischen. In: Lüger, H.-H. (Hrsg.): *Höflichkeitsstile*. Frankfurt am Main u.a., S. 315–334.

Z

Zaron, Zofia (1983): *Ze studiów nad semantyką i składnią czasownika. Polskie czasowniki z uzupełnieniem werbalnym oznaczające realcję osobową z argumentem zdarzeniowym*. Wrocław.
Zgólka, Tadeusz (2005): Życzenie jako kategoria językowo-komunikacyjna. In: *Język a Kultura* 17. Wrocław, S. 17–22.
Zhao, Jin (2011): Kulturspezifik, Inter- und Transkulturalität von Textsorten. In: Habscheid, Stephan (2011): *Textsorten, Handlungsmuster, Oberflächen. Linguistische Typologien der Kommunikation*. Berlin / New York, S. 123–143.
Zifonun, Gisela / Hoffmann, Ludger / Strecker, Bruno (1997): *Grammatik der deutschen Sprache*. Bd. 1. Berlin / New York.
Zillig, Werner (1982): *Bewerten. Sprechakttypen der bewertenden Rede*. Tübingen.
Zimmermann, Klaus (1978): *Erkundungen zur Texttypologie mit einem Ausblick auf die Nutzung einer Texttypologie für eine Corpustheorie*. Tübingen.
Zimmermann Klaus / Müller Peter (1977): Indirekte und implizite Sprechakte. In: *Deutsche Sprache*, Bd.5, S. 238–254.

Ż

Żebrowska, Ewa (2013): *Text – Bild – Hypertext*. Frankfurt am Main u.a.
Żydek-Bednarczuk, Urszula (2005): *Wprowadzenie do lingwistycznej analizy tekstu*. Kraków.

Internetquellen

http://www.duden.de/rechtschreibung/Bewerber, Zugriff am 10.09.2013.
http://www.duden.de/rechtschreibung/Kandidat, Zugriff am 10.09.2013.
http://www.duden.de/rechtschreibung/ablehnen, Zugriff am 28.08.2013.
http://www.karriere.at/blog/absageschreiben.html, Zugriff am 9.07.2014.
www.spiegel.de/unispiegel/jobundberuf/html, Zugriff am 8.07.2014.
http://www.derjo.de/diplom/?p=43, Zugriff am 13.07.2012.
http://oe1.orf.at/artikel/201632, Zugriff am 13.07.2012.
http://sjp.pwn.pl/lista.php?co=asertywny, Zugriff am 2.11.2011.
http://othes.univie.ac.at/8244/1/2010-01-17_0304046.pdf, Zugriff am 9.07.2014.
http://www.p8n.net/5790.0.html, Zugriff am 4. November 2007.
http://www.p8n.net/5790.0.html, Zugriff am 4. November 2007.
http://www.enzyklo.de/Begriff/Selbstbehauptung, Zugriff am 2.11.2011.
http://www.duden.de/rechtschreibung/verweigern, Zugriff am 9.10.2013.
http://www.duden.de/rechtschreibung/Angebot, Zugriff am 10.09.2013.
http://www.duden.de/rechtschreibung/absagen, Zugriff am 28.08.2013.
http://www.luegendetektortest.de/40854.html, Zugriff am 17.07.2012.
http://www.templeilluminatus.com/group/empathsupportgroup/forum/topics/the-empath-and-assertiveness, Zugriff am 2.07.2014.
http://www.projekt-kaktus.ch/downloads/Kaktus_Kommunikationsfaehigkeit.pdf, Zugriff am 2.11.2011.
http://www.testtube.de/index2.php?option=com_content&do_pdf=1&id=97, Zugriff am 2.11.2011.
http://www.epa.admin.ch/themen/ausbildung/00268/index.html?lang..., Zugriff am 2.11.2011.
http://hypermedia.ids-mannheim.de/evalbu/index.html, Zugriff am 16.03.2014.
http://www.duden.de/rechtschreibung/zurueckweisen, Zugriff am 22.02.2014.
https://www.google.pl/search?q=absageschreiben&ie=utf-8&oe=utf-8&rls=org.mozilla:de:official&client=firefox-a&gws_rd=cr#fp=15c073715b598ea5&q=ablehnungsschreiben+bewerbung&revid=1342781830&rls=org.mozilla:de:official, Zugriff am 28.08.2013.
http://www.bewerbung-forum.de/forum/absagen-und-bewerbungserfahrungen-f25.html, http://www.bewerbung-tipps.com/forum/forum28.html, http://www.elo-forum.org/job-netzwerk/78112-skurrilsten-absagen-bewerbungen.html u.a., Zugriff am 28.08.2013.
http://www.absage-bewerbung.de/absagen-generator-absagen-individuell-zusammenstellen/, Zugriff am 13.09.2013.
http://www.gesetze-im-internet.de/agg/BJNR189710006.html, Zugriff am 17.07.2012.
http://www.azubee.de/fileadmin/user_upload/.pdf/azubee_allgemein/Bewerbern_diskriminierungsfrei_absagen.pdf, Zugriff am 23.07.2013.
http://www.manager-magazin.de/koepfe/karriere/0,2828,321132,00.html, Zugriff am 4. 11.2007.
http://www.duden.de/rechtschreibung/Eis_Wasser_Speise, Zugriff am 13.09.2013.
http://www.nia.din.de/cmd;jsessionid=F1775A4E5A514966FFDB89BA07B48D43.3?level=tpl-artikel&menuid=46419&cmsareaid=46419&cmsrubid=46422&menurubricid=46422&cmstextid=125498&bcru, Zugriff am 26.07.2012.
http://www.absage-bewerbung.de/absagen-generator-absagen-individuell-zusammenstellen/, Zugriff am 8.07.2014.
http://www.scipio.ro/documents/194431/291517/03_Ionela+Duduta+-+articol+BT+ultim.pdf, S. 142f., Zugriff am 11.05.2012.
http://www.cosmiq.de/qa/show/2135074/Arten-von-Luege/, Zugriff am 13.07.2012.

http://www.absage-bewerbung.de/absagen-generator-absagen-individuell-zusammenstellen/, Zugriff am 4.08.2014.

http://derstandard.at/1395057056406/Von-Vorgestern-Absageschreiben, Zugriff am 9.07.2014.

http://derstandard.at/1395057056406/Von-Vorgestern-Absageschreiben, Zugriff am 9.07.2014.

http://hypermedia.ids-mannheim.de/call/public/termwb.ansicht?v_app=g&v_id=146, Zugriff am 10.01.2015.

Tabellen-, Schema- und Abbildungsverzeichnis

Tabellenverzeichnis

Schemaverzeichnis

Abbildungsverzeichnis

Summary

Saying *No* is often a great skill to language users, as it is a kind of reaction which frequently results in other effects, especially of social nature. At the same time, mechanisms of producing refusals seem to be related firmly to social and cultural standards of a language society. Apart from the frame of a communicative situation, a refusal assumes lack of acceptance for the formulated condition and it stays in opposition to agreement or acceptance and is a reply to an imperative act of a request, a suggestion, or an offer.

The essay is an attempt at discussing, in the pragmalinguistic context, the mechanisms of formulating refusals on the basis of Geman refusal letters (as 'appetizers' – Aperitif-Briefe, regular refusal letters, Eisschreiben) to job applications. The core of the analysis is based on 253 authentic German refusal letters collected within the period of 2001-2012.

The aims of the text are as follows: specifying the conditions and structure of the communicative situation when the negative response happens in the form of a refusal letter, specification and description of characteristic features of the analyzed kind of text and its variations, describing of the illocutionary structure of refusal letters with emphasizing its sequential character, as well as an attempt of creating a refusal reaction typology on the example of the analyzed material, indicating rhetoric aspects and mechanisms appearing in refusal letters with the emphasis on argumentation and persuasion, showing the wide spectrum of lexical possibilities concerning formulating refusals, describing the relations between the skill of refusing and polite mechanisms applied by refusal letter authors, including their emotional structure.

For the description of the above phenomena, a wide research spectrum was taken, including aspects of pragmalinguistic (illocutionary structure), also those related to text linguistics, culture science, psychology (self-assertion), as well as elements of grammatical description of chosen phenomena. The starting point is a wide aspect of culture perspective, manifested in specified texts (see Grucza F. 2012a: 27), and their producer is a human being, as their creator, which offers the possibility for discussing the analyzed texts in the anthropocentric perspective.

At the beginning of the text there is a revision of literary sources concerning refusal mechanisms, as well as a part devoted to cultural and language aspects. This is complemented with a chapter about self-assertion, including also its language manifestation. The next part is a description of German refusal letters in relation to text linguistics, including information from language guidebooks and text patterns, text structure descriptions, their indication and feature characteristics as a text type, as well as its variations and functions. The pragmalinguistic perspective is opened with the analysis of the illocutionary structure in the light of the theory of speech acts, with the division into so called *direkte* and *indirekte* speech acts. The chapter is the basis for the analysis within the sphere of argumentation and persuasion, as well as the structures and polite strategies applied in German refusal letters. At the end of the paper there is a study of the emotional structure included in the analyzed texts.

The wide-range discussion over the analyzed texts seen as products, in this case, of German culture makes it possible to formulate the following conclusions:

- the analysis of letters from the chosen period of 2001-2012 shows that both the context and the structure of refusal letters is getting more and more in harmony with legal regulations (Allgemeines Gleichbehandlungsgesetz), which seems to be a sing of our times.
- refusal letters are getting more and more formal and stereotyped, which is a result of their mass production and appliances available on the internet (so called refusal letter generators). Using ready-made patterns and language structures is the cause for the authors' lack of creativity.
- as a result of economical changes, refusal letters became a 'collection object,' which reduces significantly their value and reliability.
- within the analyzed core the majority are the regular refusal letters, whereas the 'appetizers' (Aperitif-Briefe) and the so called Eisschreiben constitute a minority, which confirms the fact of almost massive production of standard refusal letters for job applications and a significant routine and formality within composing refusal responses. It is worth emphasizing that in more recent letters the refusal is formulated in a more direct way.

Politeness used by authors of refusal letters seems to be exclusively of conventional character, the phrases applied are standard and prove authors' lack of concern about the communication situation. This also causes certain reactions on the side of the addressees, who, as 'collectors' of such texts, are not inclined to believe in genuine intentions of the authors, who tend to salvage themselves using inadequate flattery, compliments, truism, excuses, or generalizations, hoping for saving face in the inconvenient situation. As the analyzed examples show, the effects they get are opposite to the intended ones. Refusal letters sound insincere and unreliable.

The presented analysis leaves numerous questions open, which concern especially the culture perspective in the aspect of confrontation, the research of the mechanisms used for formulating refusals on the example of refusal letters in other communication situations, and first of all, the refusal mechanisms applied in spoken language, including the nonverbal aspects. Another perspective is the analysis of the behaviour of the addressees of the refusal letters, including those who apply for a job, as well as quantitative analysis related to the above mentioned variations of refusal letters.

Übersetzung: *Małgorzata Wierzbicka*

SPRACHWISSENSCHAFT

Bd. 1 Sergio Viaggio: A General Theory of interlingual Mediation.
408 Seiten. ISBN 978-3-86596-063-4

Bd. 2 Karl-Ernst Sommerfeldt: Regionalgeschichte im Spiegel der Sprache.
188 Seiten. ISBN 978-3-86596-077-1

Bd. 3 Ulla Fix: Stil – ein sprachliches und soziales Phänomen. Beiträge zur Stilistik.
Herausgegeben von Irmhild Barz, Hannelore Poethe, Gabriele Yos.
462 Seiten. ISBN 978-3-86596-138-9

Bd. 4 Anja Seiffert: Autonomie und Isonomie fremder und indigener Wortbildung am Beispiel ausgewählter numerativer Wortbildungseinheiten.
418 Seiten. ISBN 978-3-86596-141-9

Bd. 5 Ulla Fix: Texte und Textsorten – sprachliche, kommunikative und kulturelle Phänomene. 510 Seiten. ISBN 978-3-86596-179-2

Bd. 6 Juliana Goschler: Metaphern für das Gehirn. Eine kognitiv-linguistische Untersuchung. 244 Seiten. ISBN 978-3-86596-188-4

Bd. 7 Maria Wirf Naro: La composition en allemand : structure sémantique et fonction littéraire. Mit einer ausführlichen Zusammenfassung in deutscher Sprache.
416 Seiten. ISBN 978-3-86596-284-3

Bd. 8 Bettina Bock/Ulla Fix/Steffen Pappert (Hg.): Politische Wechsel – sprachliche Umbrüche. 404 Seiten. ISBN 978-3-86596-363-5

Bd. 9 Kerstin Preiwuß: Ortsnamen in Zeit, Raum und Kultur. Die Städte Allenstein/Olsztyn und Breslau/Wrocław. 470 Seiten. ISBN 978-3-86596-368-0

Bd. 10 Werner Holly: Sprache und Politik. Pragma- und medienlinguistische Grundlagen und Analysen, herausgegeben von Sonja Ruda und Christine Domke.
394 Seiten. ISBN 978-3-86596-438-0

Bd. 11 Hatice Deniz Canoğlu: *Kanak Sprak* versus *Kiezdeutsch* – Sprachverfall oder sprachlicher Spezialfall? Eine ethnolinguistische Untersuchung.
138 Seiten. ISBN 978-3-86596-483-0

Bd. 12 Ulla Fix: Sprache in der Literatur und im Alltag. Ausgewählte Aufsätze.
452 Seiten. ISBN 978-3-86596-369-7

Bd. 13 Anja Hennemann/Claudia Schlaak (Hg.): Korpuslinguistische Untersuchungen. Analysen einzelsprachlicher Phänomene. 202 Seiten. ISBN 978-3-86596-519-6

Bd. 14 Joachim Born/Wolfgang Pöckl (Hg.): „Wenn die Ränder ins Zentrum drängen …". Außenseiter in der Wortbildung(sforschung). 304 Seiten. ISBN 978-3-86596-449-6

SPRACHWISSENSCHAFT

Bd. 15 Ulla Fix: Sprache, Sprachgebrauch und Diskurse in der DDR. Ausgewählte Aufsätze. 744 Seiten. ISBN 978-3-86596-549-3

Bd. 16 Jenny Brumme/Sandra Falbe (ed.): The Spoken Language in a Multimodal Context. Description, Teaching, Translation. 316 Seiten. ISBN 978-3-7329-0021-3

Bd. 17 Inna Kozlova: De la búsqueda a la consulta. Resolución de problemas léxicos en producción textual en lengua extranjera. 374 Seiten. ISBN 978-3-7329-0049-7

Bd. 18 Gerd Antos/Ulla Fix/Bettina Radeiski (Hg.): Rhetorik der Selbsttäuschung. 262 Seiten. ISBN 978-3-86596-513-4

Bd. 19 Carmela Pérez-Salazar/Inés Olza (eds.): Del discurso de los medios de comunicación a la lingüística del discurso. Estudios en honor de la profesora María Victoria Romero. 598 Seiten. ISBN 978-3-7329-0058-9

Bd. 20 Cordula Schwarze/Carmen Konzett (Hg.): Interaktionsforschung: Gesprächsanalytische Fallstudien und Forschungspraxis. 234 Seiten. ISBN 978-3-7329-0073-2

Bd. 21 Ingrid Wotschke: How Educated English Speak English. Pronunciation as Social Behaviour. 282 Seiten. ISBN 978-3-7329-0062-6

Bd. 22 Rudolf von Raumer: Geschichtliche Grammatik der Deutschen Sprache (1851). Faksimile der Handschrift und Transkription, herausgegeben von Hannelore Schwartze-Köhler. Mit einer Einleitung von Horst Haider Munske. 326 Seiten. ISBN 978-3-7329-0079-4

Bd. 23 Josef Klein: Grundlagen der Politolinguistik. Ausgewählte Aufsätze. 392 Seiten. ISBN 978-3-7329-0110-4

Bd. 24 Joanna Szczęk: Absageschreiben auf Bewerbungen. Eine pragma-linguistische Studie. 420 Seiten. ISBN 978-3-7329-0146-3

Bd. 25 Hartmut E.H. Lenk/Ulrike Richter-Vapaatalo (Hg.): Sie leben nicht vom Verb allein. Beiträge zur historischen Textanalyse, Valenz- und Phraseologieforschung. 228 Seiten. ISBN 978-3-7329-0098-5

Bd. 26 Anja Hennemann/Claudia Schlaak (Hg.): Politische und mediale Diskurse. Fallstudien aus der Romania. 296 Seiten. ISBN 978-3-7329-0074-9

Bd. 27 Alejandro González Villar: Un análisis funcional y descriptivo de los marcadores pragmáticos y su traducción como herramienta en la construcción del diálogo ficticio. Estudio contrastivo alemán-catalán-español en base a tres novelas de Hans Fallada. 436 Seiten. ISBN 978-3-7329-0183-8

Bd. 28 Josef Klein: Von Gandhi und al-Qaida bis Schröder und Merkel. Politolinguistische Analysen, Expertisen und Kritik. 432 Seiten. ISBN 978-3-7329-0123-4

SPRACHWISSENSCHAFT

Bd. 29 Sorin Gadeanu: Intelligente Laute: Ein System mit eigener Ordnung. Dynamisch-funktionale Kategorien zur „Phonetologie" des Deutschen für Rumänischsprachige / Sunete inteligente: Un sistem cu ordine propie. Categorii dinamic-funcţionale ale „fonetologiei" limbii germane pentru vorbitorii de limba română. 344 Seiten. ISBN 978-3-7329-0229-3

Bd. 30 Juan Cuartero Otal/Juan Pablo Larreta Zulategui/Christoph Ehlers (Hg.): Querschnitt durch die deutsche Sprache aus spanischer Sicht. Perspektiven der Kontrastiven Linguistik. 272 Seiten. ISBN 978-3-7329-0244-6

Bd. 31 Uwe Grund: Orthographische Regelwerke im Praxistest. Schulische Rechtschreibleistungen vor und nach der Rechtschreibreform. 248 Seiten. ISBN 978-3-7329-0279-8

Bd. 32 Enrico Garavelli/Hartmut E. H. Lenk (Hg.): Verhüllender Sprachgebrauch. Textsorten- und diskurstypische Euphemismen. 174 Seiten. ISBN 978-3-7329-0213-2

Bd. 33 Bettina Radeiski: Denkstil, Sprache und Diskurse. Überlegungen zur Wiederaneignung Ludwik Flecks für die Diskurswissenschaft nach Foucault. 210 Seiten. ISBN 978-3-7329-0325-2

Bd. 34 Coline Baechler/Eva Martha Eckkrammer/Johannes Müller-Lancé/Verena Thaler (Hg.): Medienlinguistik 3.0 – Formen und Wirkung von Textsorten im Zeitalter des Social Web. 354 Seiten. ISBN 978-3-7329-0078-7

Bd. 35 Joanna Szczęk: Phraseologie der Farben. Phraseologisches Wörterbuch Deutsch–Polnisch/Polnisch–Deutsch. 130 Seiten. ISBN 978-3-7329-0337-5

Bd. 36 Dieter Cherubim: Sprachliche Aneignung der Wirklichkeit. Studien zur Sprachgeschichte des neueren Deutsch. 636 Seiten. ISBN 978-3-7329-0250-7

Bd. 37 Bernd Spillner: Error Analysis in the World. A Bibliography. 586 Seiten. ISBN 978-3-7329-0356-6

Bd. 38 Karolina Suchowolec: Sprachlenkung – Aspekte einer übergreifenden Theorie. 458 Seiten. ISBN 978-3-7329-0339-9

Bd. 39 Anna Gondek/Joanna Szczęk (Hg.): Kulinarische Phraseologie. Intra- und interlinguale Einblicke. 250 Seiten. ISBN 978-3-7329-0389-4

Bd. 40 Marcelina Kałasznik: Bezeichnungen für bekannte Personen im Polnischen und im Deutschen. Eine lexikologische Analyse. 512 Seiten. ISBN 978-3-7329-0398-6

Bd. 41 Larissa Naiditsch/Anna Pavlova: Prädikatives Attribut. Eine Vergleichsstudie für Deutsch und Russisch. ISBN 978-3-7329-0426-6. 180 Seiten

SPRACHWISSENSCHAFT

Bd. 42 Irmtraud Behr/Florence Lefeuvre (éds): Le genre bref. Des contraintes grammaticales, lexicales et énonciatives à une exploitation ludique et esthétique. 238 Seiten. ISBN 978-3-7329-0412-9

Bd. 43 Hana Menclová: Diminutiva im Deutschen und Tschechischen. Eine Studie am Beispiel von Märchen des 19. Jahrhunderts und der Gegenwart. 292 Seiten. ISBN 978-3-7329-0494-5

Bd. 44 Gerd Antos: Wissenskommunikation. Ausgewählte Aufsätze. 514 Seiten. ISBN 978-3-7329-0602-4

Bd. 45 Cinzia Giglioni: Linguistic and Rhetorical Perspectives on Congressional Hearings. 150 Seiten. ISBN 978-3-7329-0646-8

Bd. 46 Sylvia Weber: Computergesteuerte etymologische Wörterbücher. Konzeption und Umsetzung anhand des Französischen. 388 Seiten. ISBN 978-3-7329-0710-6

Bd. 47 Hartmut E.H. Lenk/Hans W. Giessen (Hg.): Persuasionsstile in Europa. Strategien und Mittel des Überzeugens in Zeitungskommentaren aus kulturkontrastiver Sicht. 238 Seiten. ISBN 978-3-7329-0517-1

Bd. 48 Mélanie Maradan: Uncertainty in deliberate lexical interventions. Exploring Esperanto speakers' opinions through corpora. 372 Seiten. ISBN 978-3-7329-0690-1

Bd. 49 Andi Gredig: Schreiben mit der Hand. Begriffe – Diskurs – Praktiken. 306 Seiten. ISBN 978-3-7329-0730-4

Bd. 50 Theodor Ickler: Der Rat für deutsche Rechtschreibung in Dokumenten und Kommentaren. 354 Seiten. ISBN 978-3-7329-0737-3

Bd. 51 Ulla Fix: Stil – Denkstil – Text – Diskurs. Die Phänomene und ihre Zusammenhänge. 576 Seiten. ISBN 978-3-7329-0754-0

Bd. 52 Aenne Vajen: Transfer nutzen – Interkomprehension im Norwegisch-Unterricht. 408 Seiten. ISBN 978-3-7329-0597-3

Bd. 53 Božinka Petronijević/Nikola Vujčić: Phraseologisches Übersetzungswörterbuch. Deutsch–Serbisch/Serbisch–Deutsch. Prevodni frazeološki rečnik. Nemačko–srpski/Srpsko–nemački. 410 Seiten. ISBN 978-3-7329-0733-5

Bd. 54 Sarah Olthoff: Herausforderung Passiv? Das werden-Passiv in Texten für Schülerinnen und Schüler. 338 Seiten. ISBN 978-3-7329-0820-2

Bd. 55 Holger Kuße/Boris Justinovič Norman: Linguistik im Garten. Einführung in die Theorie der semantischen Invarianz. 230 Seiten. ISBN 978-3-7329-0735-9

SPRACHWISSENSCHAFT

Bd. 56 Ulla Fix: Macht und Widerständigkeit durch Sprache.
332 Seiten. ISBN 978-3-7329-0768-7

Bd. 57 Naima Tahiri: Einführung in die Syntax des Deutschen.
226 Seiten. ISBN 978-3-7329-0911-7

Bd. 58 Silvia Verdiani: Stille, Bilder und Wörter. Die Bedeutungskonstitution in der digitalen Multimodalität. 562 Seiten. ISBN 978-3-7329-0899-8

OST-WEST-EXPRESS. KULTUR UND ÜBERSETZUNG

Bd. 27 Gabriela Lehmann-Carli/Betty Johannsmeyer/Karl-Dieter Johannsmeyer/Maike Schult (Hg.): Zerreißproben: Trauma – Tabu – EmpathieHürden. 450 Seiten. ISBN 978-3-7329-0294-1

Bd. 28 Constanze Wünscher: Das *Corpus Tibullianum* in Russland. Zur produktiven Rezeption der römischen Liebeselegie in der russischen Lyrik zu Beginn des 19. Jahrhunderts. 384 Seiten. ISBN 978-3-7329-0347-4

Bd. 29 Eva Kowollik/Gabriela Lehmann-Carli/Tatjana Petzer (Hg.): (Südost-)Europa. Narrative der Bewegtheit. Festschrift zum 65. Geburtstag von Angela Richter. 516 Seiten. ISBN 978-3-7329-0345-0

Bd. 30 Anke Niederbudde/Nora Scholz (Hg.): Revolution und Avantgarde. 516 Seiten. ISBN 978-3-7329-0288-0

Bd. 31 Christine Engel/Birgit Menzel (Hg.): Russland und/als Eurasien: Kulturelle Konfigurationen. 344 Seiten. ISBN 978-3-7329-0353-5

Bd. 32 Zahra Samareh: Translation and Censorship. An Agent-oriented Approach. 192 Seiten. ISBN 978-3-7329-0343-6

Bd. 33 Aleksey Tashinskiy: Literarische Übersetzung als Universum der Differenz. Mit einer analytischen Studie zu deutschen Übersetzungen des Romans *Oblomov* von I. A. Gončarov. 326 Seiten. ISBN 978-3-7329-0497-6

Bd. 34 Stefan Felber (Hg.): Zwischen Babel und Jerusalem – Aspekte von Sprache und Übersetzung. 260 Seiten. ISBN 978-3-7329-0501-0

Bd. 35 Viktoriya Stukalenko: *Seele/Duša* als semiotischer Text im Spiegel der russisch-deutschen Übersetzung. 288 Seiten. ISBN 978-3-7329-0449-5

Bd. 36 Irina Pohlan: Translation in den Geistes- und Sozialwissenschaften zwischen Russland und Deutschland. Akteure, Diskurse, Texte. 290 Seiten. ISBN 978-3-7329-0550-8

Bd. 37 Nina Friess/Konstantin Kaminskij (eds.): Resignification of Borders: Eurasianism and the Russian World. 206 Seiten. ISBN 978-3-7329-0570-6

Bd. 38 Walentin Belentschikow: Im Namen des Pazifismus: Wassili W. Wereschtschagin und Bertha von Suttner. 314 Seiten. ISBN 978-3-7329-0620-8

Bd. 39 Christine Engel/Irina Pohlan/Stephan Walter (Hg.): Russland übersetzen / Russia in Translation / Россия в переводе. Festschrift für Birgit Menzel. 326 Seiten. ISBN 978-3-7329-0555-3

OST-WEST-EXPRESS. KULTUR UND ÜBERSETZUNG

Bd. 40 Hans Günther: Revolution und Melancholie. Andrej Platonovs Prosa der 1920er Jahre. 182 Seiten. ISBN 978-3-7329-0692-5

Bd. 41 Yvonne Drosihn/Ingeborg Jandl/Eva Kowollik (Hg.): Transgenerationale Narrative in der Gegenwartsliteratur zum ost-, ostmittel- und südosteuropäischen Raum. 528 Seiten. ISBN 978-3-7329-0600-0

Bd. 42 Alexander D. Shveitser: „Mit den Augen eines Dolmetschers". Memoiren. Herausgegeben, eingeleitet und übersetzt von Igor Panasiuk. 136 Seiten. ISBN 978-3-7329-0709-0

Bd. 43 Sabine Fahl/Dieter Fahl (Hg.), unter Mitarbeit von Philipp Ammon: Im Wort gibt sich die Weisheit kund. Gedenkschrift für Gottfried Sturm. 576 Seiten. ISBN 978-3-7329-0726-7

Bd. 44 Lena F. Schraml: Kollektives Gedächtnis und literarische Erinnerungskultur. Erinnern und Vergessen in polnischen und persischen Texten der Gegenwart. 360 Seiten. ISBN 978-3-7329-0848-6

Bd. 45 Tatjana Chelbaeva/Gabriela Lehmann-Carli (Hg.), unter Mitarbeit von Maxim Schuhmacher: Verbunden mit den Slaven. Festschrift für Swetlana Mengel. 648 Seiten. ISBN 978-3-7329-0861-5

Bd. 46 Elisabeth Stadlinger: Carlo Gozzi in Russland. Zur Rezeptionsgeschichte aus zwei Jahrhunderten. 286 Seiten. ISBN 978-3-7329-0632-1

Frank & Timme